.NET 开发经典名著

C#入门经典
更新至 C# 9 和.NET 5

[英] 马克·J. 普赖斯(Mark J. Price) 著

叶伟民 译

清华大学出版社

北 京

北京市版权局著作权合同登记号   图字：01-2021-2705

Copyright Packt Publishing 2020. First published in the English language under the title C# 9 and .NET 5—Modern Cross-Platform Development: Build intelligent apps, websites, and services with Blazor, ASP.NET Core, and Entity Framework Core using Visual Studio Code, 5th Edition - (978-1-80056-810-5).

本书封面贴有清华大学出版社防伪标签，无标签者不得销售。
版权所有，侵权必究。举报：010-62782989，beiqinquan@tup.tsinghua.edu.cn。

图书在版编目(CIP)数据

C#入门经典：更新至C# 9和.NET 5 / (英) 马克•J.普赖斯(Mark J. Price) 著；叶伟民译. — 北京：清华大学出版社，2021.6（2022.1重印）

(.NET 开发经典名著)

书名原文：C# 9 and .NET 5—Modern Cross-Platform Development: Build intelligent apps, websites, and services with Blazor, ASP.NET Core, and Entity Framework Core using Visual Studio Code, 5th Edition

ISBN 978-7-302-58388-2

Ⅰ. ①C… Ⅱ. ①马… ②叶… Ⅲ. ①C 语言—程序设计 Ⅳ. ①TP312.8

中国版本图书馆 CIP 数据核字(2021)第 102330 号

责任编辑：王　军
装帧设计：孔祥峰
责任校对：成凤进
责任印制：沈　露

出版发行：清华大学出版社
网　　址：http://www.tup.com.cn，http://www.wqbook.com
地　　址：北京清华大学学研大厦 A 座　　邮　编：100084
社 总 机：010-62770175　　邮　购：010-62786544
投稿与读者服务：010-62776969，c-service@tup.tsinghua.edu.cn
质 量 反 馈：010-62772015，zhiliang@tup.tsinghua.edu.cn

印 装 者：大厂回族自治县彩虹印刷有限公司
经　　销：全国新华书店
开　　本：170mm×240mm　　印　张：37.5　　字　数：1058 千字
版　　次：2021 年 7 月第 1 版　　印　次：2022 年 1 月第 2 次印刷
定　　价：139.00 元

产品编号：091564-01

译者序

C# 9.0 已于 2020 年 11 月 10 日正式发布，这一 C#版本的主要落脚点放在数据的简洁性和不可变性方面。C# 9.0 的新特性如下：

- init 关键字
    - 只初始化属性设置器
    - init 属性访问器和只读字段
- 记录类型
    - with 表达式
    - 基于值的相等
    - 继承
    - 位置记录
- 顶级程序(Top-Level Program)
- 增强的模式匹配
    - 简单类型模式
    - 关系模式
- 类型推导的 new 表达式
- 返回值类型支持协变
- 本地大小的整型——nint 和 nuint
- 静态匿名方法
- 模块初始化器
- 本地函数支持 Attribute
- 扩展的分部方法
- Lambda 弃元参数
- 类型推导的条件表达式
- 方法指针
- 禁止发出 localsinit 标记
- 扩展了 GetEnumerator 以支持 foreach 循环

本书内容简洁明快、行文流畅，每个主题都配有实际动手演练项目。本书还是一本循序渐进的指南，可用于通过跨平台的.NET 学习现代 C#实践，书中还简要介绍可以使用它们构建的主要应用程序类型。本书分为 21 章，还包含两个附录，内容包括 C#与.NET 入门，C#编程基础，控制程序流程和转换类型，编写、调试和测试函数，使用面向对象编程技术构建自己的类型，实现接口和继承类，理解和打包.NET 类型，使用常见的.NET 类型，处理文件、流和序列化，保护数据和应用程序，使用 Entity Framework Core 处理数据库，使用 LINQ 查询和操作数据，使用多任务提高性能和可伸缩性，C#和.NET 的实际应用，使用 ASP.NET Core Razor Pages 构建网站，使用 MVC 模式构建网站，使用内容管理系统构建网站，构建和消费 Web 服务，使用机器学习构建智能应用程序，使用 Blazor 构建 Web 用户界面以及使用 Xamarin.Forms 构建跨平台的移动应用程序。

本书适合 C#和.NET 初学者阅读，不要求读者具有任何编程经验；同时也适合使用过 C#但感觉在过去几年自身技术已落伍的程序员；既可供软件项目管理人员、开发团队成员学习参考，也可作为高等院校计算机专业的教材或教学参考用书，甚至可作为通信、电子信息、自动化等相关专业的教材。

在这里要感谢清华大学出版社的编辑，他们为本书的翻译投入了巨大的热情并付出了很多心血。没有他们的帮助和鼓励，本书不可能顺利付梓。

对于这本经典之作，译者本着"诚惶诚恐"的态度，在翻译过程中力求"信、达、雅"，但是由于译者水平有限，失误在所难免，如有任何意见和建议，请不吝指正。

—叶伟民

译 者 介 绍

叶伟民

- 广州.NET 俱乐部主席
- 全国各地.NET 社区微信群/联系方式名录维护者
- .NET 并发编程实战》译者
- .NET 内存管理宝典》合译者
- "神机妙算 Fintech 信息汇总"公众号号主
- 17 年.NET 开发经验
- 曾在美国旧金山工作

软件质量需要程序员和测试员一起来保证，书的质量同样如此。十分感谢来自以下.NET 社区的试读者：

- 胶东.NET 社区——陆楠
- 广州.NET 俱乐部、微软 MVP——周豪
- 广州.NET 俱乐部、微软 MVP——林德熙
- 广州.NET 俱乐部——张陶栋
- 广州.NET 俱乐部、微软 Regional Director、微软 MVP ——卢建晖

译者叶伟民拥有全国各地.NET 社区微信群/联系方式名录，欢迎全国各地.NET 开发者加入所在地区的.NET 社区。

作者简介

  Mark J. Price 是一位拥有 20 多年教育和编程经验的微软认证技术专家,他专注于 C#编程以及构建 Azure 云解决方案。

  自 1993 年以来,Mark 已经通过了 80 多项微软编程考试,他特别擅长传道授业。他的学生既有具有几十年经验的专业人士,也有毫无经验的 16 岁学徒。他通过结合教育技能以及亲自为世界范围内的企业提供咨询和开发系统的实际经验,成功指导了所有这些学生。

  从 2001 年到 2003 年,Mark 在美国雷德蒙德全职为微软编写官方课件。当 C#还处于 alpha 版本时,他的团队就为 C#编写了第一个培训教程。在微软任职期间,他为"培训师"上课,指导微软认证培训师快速掌握 C#和.NET。

  目前,Mark 为 Episerver 的数字体验平台提供培训课程,包括内容云、商务云和智能云等主题。该平台目前是最优秀的.NET CMS 数字营销和电子商务平台。

  2010 年,Mark 获得了研究生教育证书(Postgraduate Certificate in Education,PGCE)。他在伦敦两所中学讲授 GCSE 和 A-Level 数学课程。他拥有计算机科学学士学位,毕业于英国布里斯托尔大学。

审校者简介

Damir Arh 拥有多年的软件开发和维护经验,其中包括复杂的企业级软件项目以及现代的面向消费者的移动应用。尽管他使用过各种不同的语言,但他最钟爱的语言仍然是 C#。在对更出色的开发过程的不懈追求中,他是测试驱动开发、持续集成和持续部署的忠实支持者。他通过在本地用户组和会议上演讲、撰写博客和文章来分享自己的渊博知识。他曾连续 9 次获得微软 MVP 称号。在业余时间,他总是喜欢运动,比如徒步旅行、地理探索、跑步和攀岩。

致 谢

感谢我的父母 Pamela 和 Ian，是你们把我培养成一个有礼貌、勤奋、对世界充满好奇心的人。感谢我的妹妹 Emily 和 Juliet，感谢你们爱我，尽管我有些愚笨。感谢我的朋友和同事们，是你们激发了我的技术潜能和创造力。最后，感谢我多年来教过的所有学生，是你们激励我成为最出色的老师。

——Mark J. Price

我要感谢我的家人和朋友，在那么多个周末和晚上，正是他们的耐心和理解，才让本书能够更好地为每个人服务。

——Damir Arh

前言

有些C#书籍长达数千页,旨在全面介绍C#编程语言和.NET Framework。

本书与众不同,内容简洁明快、行文流畅,每个主题都配有实际动手演练项目。进行总体叙述的广度是以牺牲一定深度为代价的,但如果愿意,你就会发现许多主题都值得进一步探索。

本书也是一本循序渐进的学习指南,可用于通过跨平台的.NET 学习现代 C#实践,并简要介绍可以使用它们构建的主要应用程序类型。本书最适合 C#和.NET 初学者阅读,也适合学过 C#但感觉在过去几年自身技术已落伍的程序员阅读。

本书将指出 C#和.NET 的一些优缺点,这样就可以给你留下深刻的印象,并快速提高工作效率。本书的解释不会事无巨细,以免因放慢速度导致读者感到无聊,而是假设读者足够聪明,能够自行对一些初、中级程序员需要了解的主题进行解释。

本书内容

第 1 章介绍如何设置开发环境,并通过 C#和.NET,使用 Visual Studio Code 创建最简单的应用程序。通过学习本章,你将了解如何在任何受支持的操作系统(Windows、macOS 和 Linux 发布版)中编写和编译代码,对于简化的控制台应用程序,可以使用 C# 9.0 中引入的顶级程序功能。本章还介绍了可以从哪里寻求帮助。

第 2 章介绍 C#的版本,并通过一些表介绍各个版本的新特性,然后解释 C#日常用来为应用程序编写源代码的语法和词汇。特别是,你在本章将学习如何声明和处理不同类型的变量,以及 C# 8.0 中引入可空引用类型后带来的巨大变化。

第 3 章讨论如何使用操作符对变量执行简单的操作,包括比较、编写决策,C# 7.0~C# 9.0 中的模式匹配,以及重复语句块和类型之间的转换。本章还介绍了在不可避免地发生错误时,如何编写防御性代码来处理这些错误。

第 4 章讲述如何遵循 Don't Repeat Yourself (不要重复自己,DRY)原则,使用命令式和函数式风格编写可重用的函数。你将学习使用调试工具来跟踪和删除 bug,在执行代码时监视代码以诊断问题,以及在将代码部署到生产环境之前严格测试代码,以删除 bug 并确保稳定性和可靠性。

第 5 章讨论类可以拥有的所有不同类别的成员,包括存储数据的字段和执行操作的方法。本章将不可避免地涉及面向对象编程(Object-Oriented Programming,OOP)概念,如聚合和封装。你将学习一些语言特性,比如元组语法支持和 out 变量,默认的字面值和推断出的元组名称。你还将学习如何使用 C# 9.0 中引入的 record 关键字、init-only 属性和 with 表达式来定义和使用不可变类型。

第 6 章解释如何使用面向对象编程(OOP)从现有类派生出新的类。你将学习如何定义操作符、本地函数、委托和事件,如何实现关于基类和派生类的接口,如何覆盖类型成员以及使用多态性,如何创建扩展方法,以及如何在继承层次结构中的类之间进行转换。

第 7 章介绍.NET 的版本,并给出了一些表来说明哪些版本引入了一些新特性,然后介绍与.NET Standard 兼容的.NET 类型以及它们与 C#的关系。你将学习如何部署和打包自己的应用程序和库。

第 8 章讨论允许代码执行的实际任务的类型,例如操作数字和文本、在集合中存储对象以及实现国际化。

第 9 章讨论与文件系统的交互、对文件和流的读写、文本编码，诸如 JSON 和 XML 的序列化格式，还涉及改进的功能以及.NET 5 中引入的 System.Text.Json 类的性能问题。

第 10 章探讨如何使用加密方法来保护数据不被恶意用户查看，使用哈希和签名防止数据被操纵或破坏。你将了解如何通过身份验证和授权来保护应用程序免受未授权用户的攻击。

第 11 章解释如何使用对象关系映射(Object Relational Mapping，ORM——技术名称是 Entity Framework Core——来读写数据库，如 Microsoft SQL Server 和 SQLite。

第 12 章介绍语言集成查询(LINQ)——LINQ 扩展语言增加了处理项目序列、筛选、排序，以及将它们投影到不同输出的能力。

第 13 章讨论如何通过允许多个动作同时发生来提高性能、可伸缩性和用户生产率。你将了解 async Main 特性以及如何使用 System.Diagnostics 名称空间中的类型来监视代码，以度量性能和效率。

第 14 章介绍可以使用 C#和.NET 构建的跨平台应用程序的类型。本章还将通过构建实体模型来表示 Northwind 数据库。Northwind 数据库将贯穿使用于本书的第 15~21 章。

第 15 章介绍在服务器端通过 ASP.NET Core 使用现代 HTTP 架构构建网站的基础知识。你将学习如何实现 ASP.NET Core 特性(称为 Razor 页面)，从而简化为小型网站创建动态网页以及构建 HTTP 请求和响应管道的过程。

第 16 章讨论程序员团队如何利用 ASP.NET Core MVC 以一种易于进行单元测试和管理的方式构建大型、复杂的网站。你将了解启动配置、身份验证、路由、模型、视图和控制器。

第 17 章解释 Web 内容管理系统(Content Management System，CMS)如何使开发人员能够使用可定制的用户界面快速构建网站，非技术用户可以使用这一用户界面创建和管理自己的内容。你将构建一个简单的、基于.NET Core 的开源网站，并将之命名为 Piranha CMS。

第 18 章解释如何使用 ASP.NET Core Web API 构建后端 REST 体系结构 Web 服务，以及如何使用工厂实例化的 HTTP 客户端正确地使用它们。

第 19 章介绍 ML.NET 开源包中的机器学习算法，这些机器学习算法可用于把自适应智能嵌入任何跨平台的.NET 应用程序，比如电子商务网站，从而为游客推荐能够添加到购物车中的商品。

第 20 章介绍如何使用 Blazor 构建 Web 用户界面组件，这些组件既可以在服务器端执行，也可以在客户端的 Web 浏览器中执行。本章还将讨论 Blazor Server 和 Blazor WebAssembly 的区别，以及如何构建能够更容易地在这两种托管模型之间进行切换的组件。

第 21 章通过构建跨平台的 iOS 和 Android 应用程序来介绍 C#移动平台。本章的应用程序可使用 Visual Studio 2019 for Mac 在 macOS 中进行构建。

附录 A 提供了各章练习的解决方案。

附录 B 除了介绍.NET 5 及其 Windows 桌面包如何使 Windows 窗体应用程序和 WPF 应用程序在.NET 5 上运行时受益之外，还介绍 XAML 的基础知识，从而为 Windows Presentation Foundation (WPF)或 Universal Windows Platform (UWP) 图形应用程序定义用户界面。你将能够通过使用 Fluent Design 的原则和特性来点亮 UWP 应用程序。附录 B 中的应用程序只能使用 Windows 10 上的 Visual Studio 2019 来构建。

要做的准备工作

可在许多平台上使用 Visual Studio Code 开发和部署 C#和.NET 应用程序，包括 Windows、macOS 和各种 Linux 发行版。拥有支持 Visual Studio Code 和互联网连接的操作系统是学习第 1~20 章所必需的。

另外，第 21 章需要使用 macOS 来构建应用程序，拥有 macOS 和 Xcode 是编译 iOS 应用程序的必要条件。

在线资源

书中的一些截图用彩色效果可能更佳，因为这样有助于你更好地理解输出中的变化。为此，我们专门制作了一份 PDF 文件。读者可通过使用手机扫描封底的二维码来下载这份 PDF 文件，以及本书的附录、各章练习的解决方案等所有在线资源。

目 录

第 1 章 C#与.NET 入门·················1
1.1 设置开发环境····················1
1.1.1 使用 Visual Studio Code 进行跨平台开发················1
1.1.2 使用 GitHub Codespaces 在云中进行开发················2
1.1.3 使用 Visual Studio 2019 进行 Windows 应用程序开发········3
1.1.4 使用 Visual Studio for Mac 进行移动应用程序开发·········3
1.1.5 各章的推荐工具·············3
1.1.6 跨平台部署··················3
1.1.7 理解 Visual Studio Code 版本·······4
1.1.8 下载并安装 Visual Studio Code·······5
1.1.9 安装其他扩展················5
1.2 理解.NET······················6
1.2.1 理解.NET Framework···········6
1.2.2 理解 Mono 和 Xamarin 项目·······6
1.2.3 理解.NET Core··············7
1.2.4 了解.NET 5 的未来版本········7
1.2.5 了解.NET 支持···············8
1.2.6 .NET Core 与.NET 5 的区别······10
1.2.7 了解.NET Standard···········10
1.2.8 本书使用的.NET 平台和工具·····11
1.2.9 理解中间语言···············12
1.2.10 比较.NET 技术··············12
1.3 使用 Visual Studio Code 构建控制台应用程序·············12
1.3.1 使用 Visual Studio Code 编写代码··12
1.3.2 使用 dotnet CLI 编译和运行代码····14
1.3.3 编写顶级程序···············14
1.4 从 GitHub 存储库下载解决方案代码······················15
1.4.1 使用 Git 和 Visual Studio Code······15
1.4.2 备份图书解决方案代码存储库·····15

1.5 寻求帮助······················16
1.5.1 阅读微软文档···············16
1.5.2 获取关于 dotnet 工具的帮助·····16
1.5.3 获取类型及其成员的定义·······17
1.5.4 在 Stack Overflow 上寻找答案·····18
1.5.5 使用谷歌搜索答案···········19
1.5.6 订阅官方的.NET 博客·········19
1.6 实践和探索····················19
1.6.1 练习 1.1：测试你掌握的知识·····19
1.6.2 练习 1.2：在任何地方练习 C#····20
1.6.3 练习 1.3：探索主题··········20
1.7 本章小结······················20

第 2 章 C#编程基础················21
2.1 介绍 C#······················21
2.1.1 理解语言版本和特性·········21
2.1.2 发现 C#编译器版本··········24
2.1.3 启用特定的语言版本编译器·····25
2.2 了解 C#基本知识···············26
2.2.1 了解 C#语法················27
2.2.2 了解 C#词汇表··············28
2.3 使用变量······················32
2.3.1 命名和赋值·················32
2.3.2 存储文本···················33
2.3.3 存储数字···················34
2.3.4 存储布尔值·················38
2.3.5 使用 Visual Studio Code 工作区···38
2.3.6 存储任何类型的对象·········38
2.3.7 动态存储类型···············39
2.3.8 声明局部变量···············40
2.3.9 获取类型的默认值···········41
2.3.10 存储多个值················41
2.4 处理空值······················42
2.4.1 使值类型可空···············42
2.4.2 启用可空引用类型和不可空引用类型····················44

2.4.3	声明不可为空的变量和参数 ………… 44	3.4.2	使用 System.Convert 类型进行
2.4.4	检查 null ………………………… 45		转换 ……………………………… 70
2.5	深入研究控制台应用程序 ………… 46	3.4.3	圆整数字 ………………………… 70
2.5.1	向用户显示输出 …………………… 46	3.4.4	从任何类型转换为字符串 ………… 71
2.5.2	理解格式字符串 …………………… 47	3.4.5	从二进制对象转换为字符串 ……… 72
2.5.3	从用户那里获取文本输入 ………… 48	3.4.6	将字符串转换为数值或日期和
2.5.4	导入名称空间 ……………………… 48		时间 ……………………………… 73
2.5.5	简化控制台的使用 ………………… 49	3.4.7	在转换类型时处理异常 …………… 74
2.5.6	获取用户的重要输入 ……………… 49	3.4.8	检查溢出 ………………………… 76
2.5.7	获取参数 ………………………… 50	3.5	实践和探索 ……………………… 78
2.5.8	使用参数设置选项 ………………… 51	3.5.1	练习 3.1：测试你掌握的知识 …… 79
2.5.9	处理不支持 API 的平台 …………… 52	3.5.2	练习 3.2：探索循环和溢出 ……… 79
2.6	实践和探索 ……………………… 52	3.5.3	练习 3.3：实践循环和运算符 …… 79
2.6.1	练习 2.1：测试你掌握的知识 …… 53	3.5.4	练习 3.4：实践异常处理 ………… 80
2.6.2	练习 2.2：练习数字的大小和范围 … 53	3.5.5	练习 3.5：测试你对运算符的认识
2.6.3	练习 2.3：探索主题 ……………… 53		程度 ……………………………… 80
2.7	本章小结 ………………………… 54	3.5.6	练习 3.6：探索主题 ……………… 80
第 3 章	控制程序流程和转换类型 ………55	3.6	本章小结 ………………………… 81
3.1	操作变量 ………………………… 55	第 4 章	编写、调试和测试函数 ………… 82
3.1.1	一元运算符 ……………………… 55	4.1	编写函数 ………………………… 82
3.1.2	二元算术运算符 …………………… 56	4.1.1	编写乘法表函数 …………………… 82
3.1.3	赋值运算符 ……………………… 57	4.1.2	编写带返回值的函数 ……………… 84
3.1.4	逻辑运算符 ……………………… 57	4.1.3	编写数学函数 ……………………… 86
3.1.5	条件逻辑运算符 …………………… 58	4.1.4	使用 XML 注释解释函数 ………… 89
3.1.6	按位和二元移位运算符 …………… 59	4.1.5	在函数实现中使用 lambda ……… 90
3.1.7	其他运算符 ……………………… 60	4.2	在开发过程中进行调试 …………… 92
3.2	理解选择语句 …………………… 61	4.2.1	创建带有故意错误的代码 ………… 92
3.2.1	使用 if 语句进行分支 ……………… 61	4.2.2	设置断点 ………………………… 93
3.2.2	if 语句为什么应总是使用花括号 …… 62	4.2.3	使用调试工具栏进行导航 ………… 94
3.2.3	模式匹配与 if 语句 ………………… 62	4.2.4	调试窗格 ………………………… 94
3.2.4	使用 switch 语句进行分支 ………… 63	4.2.5	单步执行代码 ……………………… 95
3.2.5	模式匹配与 switch 语句 …………… 64	4.2.6	自定义断点 ……………………… 96
3.2.6	使用 switch 表达式简化 switch	4.3	在开发和运行时进行日志记录 …… 97
	语句 ……………………………… 65	4.3.1	使用 Debug 和 Trace 类型进行
3.3	理解迭代语句 …………………… 66		插装 ……………………………… 97
3.3.1	while 循环语句 …………………… 66	4.3.2	写入默认的跟踪侦听器 …………… 98
3.3.2	do 循环语句 ……………………… 66	4.3.3	配置跟踪侦听器 …………………… 98
3.3.3	for 循环语句 ……………………… 67	4.3.4	切换跟踪级别 ……………………… 99
3.3.4	foreach 循环语句 ………………… 67	4.4	单元测试函数 …………………… 102
3.4	类型转换 ………………………… 68	4.4.1	创建需要测试的类库 ……………… 102
3.4.1	隐式和显式地转换数值 …………… 68	4.4.2	编写单元测试 ……………………… 103

		4.4.3　运行单元测试 ································ 104
4.5	实践和探索 ·· 105
	4.5.1　练习 4.1：测试你掌握的知识 ········ 105
	4.5.2　练习 4.2：使用调试和单元测试 　　　　练习函数的编写 ······················ 105
	4.5.3　练习 4.3：探索主题 ······················ 106
4.6	本章小结 ·· 106

第 5 章　使用面向对象编程技术构建
##　　　　自己的类型 ··· 107

- 5.1　面向对象编程 ·· 107
- 5.2　构建类库 ·· 108
  - 5.2.1　创建类库 ·· 108
  - 5.2.2　实例化类 ·· 110
  - 5.2.3　管理多个文件 ·································· 111
  - 5.2.4　对象 ·· 111
- 5.3　在字段中存储数据 ································ 112
  - 5.3.1　定义字段 ·· 112
  - 5.3.2　理解访问修饰符 ······························ 112
  - 5.3.3　设置和输出字段值 ·························· 113
  - 5.3.4　使用 enum 类型存储值 ···················· 114
  - 5.3.5　使用 enum 类型存储多个值 ············ 115
  - 5.3.6　使用集合存储多个值 ······················ 116
  - 5.3.7　使字段成为静态字段 ······················ 117
  - 5.3.8　使字段成为常量 ······························ 118
  - 5.3.9　使字段只读 ······································ 118
  - 5.3.10　使用构造函数初始化字段 ············ 119
  - 5.3.11　使用默认字面量设置字段 ············ 120
- 5.4　写入和调用方法 ···································· 121
  - 5.4.1　从方法返回值 ·································· 121
  - 5.4.2　使用元组组合多个返回值 ·············· 122
  - 5.4.3　定义参数并将参数传递给方法 ······ 124
  - 5.4.4　重载方法 ·· 124
  - 5.4.5　传递可选参数和命名参数 ·············· 125
  - 5.4.6　控制参数的传递方式 ······················ 126
  - 5.4.7　使用 partial 关键字分割类 ·············· 128
- 5.5　使用属性和索引器控制访问 ················ 128
  - 5.5.1　定义只读属性 ·································· 128
  - 5.5.2　定义可设置的属性 ·························· 129
  - 5.5.3　定义索引器 ······································ 130
- 5.6　模式匹配和对象 ···································· 131
  - 5.6.1　创建和引用.NET 5 类库 ·················· 131

		5.6.2　定义飞机乘客 ································ 132
	5.6.3　C# 9.0 对模式匹配做了增强 ············ 133
5.7	使用记录 ·· 134
	5.7.1　init-only 属性 ·································· 134
	5.7.2　理解记录 ·· 135
	5.7.3　简化数据成员 ·································· 135
	5.7.4　位置记录 ·· 136
5.8	实践和探索 ·· 136
	5.8.1　练习 5.1：测试你掌握的知识 ········ 137
	5.8.2　练习 5.2：探索主题 ······················ 137
5.9	本章小结 ·· 137

第 6 章　实现接口和继承类 ································ 138

- 6.1　建立类库和控制台应用程序 ················ 138
- 6.2　简化方法 ·· 140
  - 6.2.1　使用方法实现功能 ·························· 140
  - 6.2.2　使用运算符实现功能 ······················ 141
  - 6.2.3　使用局部函数实现功能 ·················· 142
- 6.3　触发和处理事件 ···································· 143
  - 6.3.1　使用委托调用方法 ·························· 143
  - 6.3.2　定义和处理委托 ······························ 144
  - 6.3.3　定义和处理事件 ······························ 145
- 6.4　实现接口 ·· 146
  - 6.4.1　公共接口 ·· 146
  - 6.4.2　排序时比较对象 ······························ 146
  - 6.4.3　使用单独的类比较对象 ·················· 148
  - 6.4.4　使用默认实现定义接口 ·················· 149
- 6.5　使类型可以安全地与泛型
  　　一起重用 ·· 151
  - 6.5.1　使用泛型类型 ·································· 152
  - 6.5.2　使用泛型方法 ·································· 153
- 6.6　使用引用类型和值类型管理内存 ······ 154
  - 6.6.1　处理 struct 类型 ······························ 154
  - 6.6.2　释放非托管资源 ······························ 155
  - 6.6.3　确保调用 Dispose 方法 ·················· 157
- 6.7　从类继承 ·· 158
  - 6.7.1　扩展类 ·· 158
  - 6.7.2　隐藏成员 ·· 158
  - 6.7.3　覆盖成员 ·· 159
  - 6.7.4　防止继承和覆盖 ······························ 160
  - 6.7.5　理解多态 ·· 161

6.8	在继承层次结构中进行 类型转换	162
	6.8.1 隐式类型转换	162
	6.8.2 显式类型转换	162
	6.8.3 避免类型转换异常	163
6.9	继承和扩展.NET 类型	164
	6.9.1 继承异常	164
	6.9.2 无法继承时扩展类型	165
6.10	实践和探索	167
	6.10.1 练习 6.1：测试你掌握的知识	167
	6.10.2 练习 6.2：练习创建继承层次 结构	167
	6.10.3 练习 6.3：探索主题	167
6.11	本章小结	168

第7章 理解和打包.NET 类型 169

7.1	.NET 5 简介	169
	7.1.1 .NET Core 1.0	170
	7.1.2 .NET Core 1.1	170
	7.1.3 .NET Core 2.0	170
	7.1.4 .NET Core 2.1	170
	7.1.5 .NET Core 2.2	171
	7.1.6 .NET Core 3.0	171
	7.1.7 .NET 5	171
	7.1.8 从.NET Core 2.0 到.NET 5 不断 提高性能	172
7.2	了解.NET 组件	172
	7.2.1 程序集、包和名称空间	173
	7.2.2 导入名称空间以使用类型	175
	7.2.3 将 C#关键字与.NET 类型相关联	175
	7.2.4 使用.NET Standard 类库在旧平台 之间共享代码	177
7.3	发布用于部署的应用程序	178
	7.3.1 创建要发布的控制台应用程序	178
	7.3.2 dotnet 命令	179
	7.3.3 发布自包含的应用程序	180
	7.3.4 发布单文件应用	181
	7.3.5 使用 app trimming 系统减小应用 程序的大小	182
7.4	反编译程序集	182
7.5	为 NuGet 分发打包自己的库	185
	7.5.1 引用 NuGet 包	185

	7.5.2 为 NuGet 打包库	186
	7.5.3 测试包	188
7.6	从.NET Framework 移植到.NET 5	189
	7.6.1 能移植吗	189
	7.6.2 应该移植吗	190
	7.6.3 .NET Framework 和.NET 5 之间的 区别	190
	7.6.4 .NET 可移植性分析器	190
	7.6.5 使用非.NET Standard 类库	190
7.7	实践和探索	192
	7.7.1 练习 7.1：测试你掌握的知识	192
	7.7.2 练习 7.2：探索主题	192
7.8	本章小结	193

第8章 使用常见的.NET 类型 194

8.1	处理数字	194
	8.1.1 处理大的整数	195
	8.1.2 处理复数	195
8.2	处理文本	196
	8.2.1 获取字符串的长度	196
	8.2.2 获取字符串中的字符	196
	8.2.3 拆分字符串	196
	8.2.4 获取字符串的一部分	197
	8.2.5 检查字符串的内容	197
	8.2.6 连接、格式化和其他的字符串 成员方法	198
	8.2.7 高效地构建字符串	199
8.3	模式匹配与正则表达式	199
	8.3.1 检查作为文本输入的数字	199
	8.3.2 正则表达式的语法	200
	8.3.3 正则表达式的例子	201
	8.3.4 分割使用逗号分隔的复杂字符串	201
	8.3.5 改进正则表达式的性能	202
8.4	在集合中存储多个对象	203
	8.4.1 所有集合的公共特性	203
	8.4.2 理解集合的选择	204
	8.4.3 使用列表	206
	8.4.4 使用字典	207
	8.4.5 集合的排序	207
	8.4.6 使用专门的集合	208
	8.4.7 使用不可变集合	208
8.5	使用 Span、索引和范围	209

8.5.1	高效地使用内存	209	
8.5.2	用索引类型标识位置	209	
8.5.3	使用 Range 值类型标识范围	209	
8.5.4	使用索引和范围	210	

8.6 使用网络资源 ················ 211
    8.6.1 使用 URI、DNS 和 IP 地址 ···211
    8.6.2 ping 服务器 ··············212
8.7 处理类型和属性 ················213
    8.7.1 程序集的版本控制 ··········213
    8.7.2 阅读程序集元数据 ··········214
    8.7.3 创建自定义特性 ···········215
    8.7.4 更多地使用反射 ···········217
8.8 处理图像 ····················218
8.9 国际化代码 ··················219
8.10 实践和探索 ·················221
    8.10.1 练习 8.1：测试你掌握的知识 ···221
    8.10.2 练习 8.2：练习正则表达式 ····222
    8.10.3 练习 8.3：练习编写扩展方法 ··222
    8.10.4 练习 8.4：探索主题 ········222
8.11 本章小结 ···················223

第9章 处理文件、流和序列化 ······224
9.1 管理文件系统 ················224
    9.1.1 处理跨平台环境和文件系统 ····224
    9.1.2 管理驱动器 ···············225
    9.1.3 管理目录 ················226
    9.1.4 管理文件 ················228
    9.1.5 管理路径 ················229
    9.1.6 获取文件信息 ·············230
    9.1.7 控制如何处理文件 ·········231
9.2 用流来读写 ·················231
    9.2.1 写入文本流 ··············233
    9.2.2 写入 XML 流 ············234
    9.2.3 文件资源的释放 ···········235
    9.2.4 压缩流 ·················237
    9.2.5 使用 Brotli 算法进行压缩 ····238
    9.2.6 使用管道的高性能流 ·······240
    9.2.7 异步流 ·················240
9.3 编码和解码文本 ··············240
    9.3.1 将字符串编码为字节数组 ····241
    9.3.2 对文件中的文本进行编码和解码 ···243
9.4 序列化对象图 ················243
    9.4.1 序列化为 XML ···········243
    9.4.2 生成紧凑的 XML ·········245
    9.4.3 反序列化 XML 文件 ·······246
    9.4.4 用 JSON 序列化格式 ······246
    9.4.5 高性能的 JSON 处理 ······248
9.5 实践和探索 ··················249
    9.5.1 练习 9.1：测试你掌握的知识 ···249
    9.5.2 练习 9.2：练习序列化为 XML ···249
    9.5.3 练习 9.3：探索主题 ·······250
9.6 本章小结 ····················250

第 10 章 保护数据和应用程序 ······251
10.1 理解数据保护术语 ···········251
    10.1.1 密钥和密钥的大小 ········252
    10.1.2 IV 和块大小 ············252
    10.1.3 salt ··················252
    10.1.4 生成密钥和 IV ··········253
10.2 加密和解密数据 ·············253
10.3 哈希数据 ···················257
10.4 签名数据 ···················260
10.5 生成随机数 ·················263
    10.5.1 为游戏生成随机数 ········263
    10.5.2 为密码生成随机数 ········264
10.6 密码学有什么新内容 ········264
10.7 用户的身份验证和授权 ······265
    10.7.1 实现身份验证和授权 ······267
    10.7.2 保护应用程序功能 ········269
10.8 实践和探索 ·················270
    10.8.1 练习 10.1：测试你掌握的知识 ···270
    10.8.2 练习 10.2：练习使用加密和
           哈希方法保护数据 ·······270
    10.8.3 练习 10.3：练习使用解密
           保护数据 ···············270
    10.8.4 练习 10.4：探索主题 ·····270
10.9 本章小结 ···················271

第 11 章 使用 Entity Framework Core 处理数据库 ···············272
11.1 理解现代数据库 ············272
    11.1.1 理解旧的实体框架 ········272
    11.1.2 理解 Entity Framework Core ···273
    11.1.3 使用示例关系数据库 ······273

	11.1.4	为SQLite创建Northwind示例	
		数据库	275
	11.1.5	使用SQLiteStudio管理Northwind	
		示例数据库	275
11.2	设置EF Core		276
	11.2.1	选择EF Core数据提供程序	276
	11.2.2	安装dotnet-ef工具	277
	11.2.3	连接到数据库	277
11.3	定义EF Core模型		278
	11.3.1	EF Core约定	278
	11.3.2	EF Core注解特性	278
	11.3.3	EF Core Fluent API	279
	11.3.4	理解数据播种	280
	11.3.5	构建EF Core模型	280
11.4	查询EF Core模型		287
	11.4.1	过滤和排序产品	289
	11.4.2	记录EF Core	291
	11.4.3	使用查询标记进行日志记录	294
	11.4.4	模式匹配与Like	294
	11.4.5	定义全局过滤器	295
11.5	使用EF Core加载模式		296
	11.5.1	立即加载实体	296
	11.5.2	启用延迟加载	296
	11.5.3	显式加载实体	297
11.6	使用EF Core操作数据		299
	11.6.1	插入实体	299
	11.6.2	更新实体	300
	11.6.3	删除实体	301
	11.6.4	池化数据库环境	302
	11.6.5	事务	302
	11.6.6	定义显式事务	303
11.7	实践和探索		303
	11.7.1	练习11.1：测试你掌握的知识	303
	11.7.2	练习11.2：练习使用不同的	
		序列化格式导出数据	304
	11.7.3	练习11.3：研究EF Core文档	304
11.8	本章小结		304
第12章	**使用LINQ查询和操作数据**		**305**
12.1	编写LINQ查询		305
	12.1.1	使用Enumerable类扩展序列	305
	12.1.2	使用Where扩展方法过滤实体	306

	12.1.3	实体的排序	309
	12.1.4	根据类型进行过滤	310
12.2	使用LINQ处理集合		312
12.3	使用LINQ与EF Core		313
	12.3.1	序列的筛选和排序	315
	12.3.2	将序列投影到新的类型中	316
	12.3.3	连接和分组序列	317
	12.3.4	聚合序列	320
12.4	使用语法糖美化LINQ语法		320
12.5	使用带有并行LINQ的多个		
	线程		322
12.6	创建自己的LINQ扩展方法		324
12.7	使用LINQ to XML		327
	12.7.1	使用LINQ to XML生成XML	327
	12.7.2	使用LINQ to XML读取XML	327
12.8	实践和探索		328
	12.8.1	练习12.1：测试你掌握的知识	328
	12.8.2	练习12.2：练习使用LINQ	
		进行查询	329
	12.8.3	练习12.3：探索主题	329
12.9	本章小结		329
第13章	**使用多任务提高性能和**		
	可伸缩性		**330**
13.1	理解进程、线程和任务		330
13.2	监控性能和资源使用情况		331
	13.2.1	评估类型的效率	331
	13.2.2	监控性能和内存使用情况	332
	13.2.3	实现Recorder类	332
13.3	异步运行任务		335
	13.3.1	同步执行多个操作	336
	13.3.2	使用任务异步执行多个操作	337
	13.3.3	等待任务	338
	13.3.4	继续执行另一项任务	339
	13.3.5	嵌套任务和子任务	340
13.4	同步访问共享资源		341
	13.4.1	从多个线程访问资源	341
	13.4.2	对资源应用互斥锁	342
	13.4.3	理解lock语句并避免死锁	343
	13.4.4	事件的同步	344
	13.4.5	使CPU操作原子化	345
	13.4.6	应用其他类型的同步	345

13.5 理解 async 和 await ·············· 346
    13.5.1 提高控制台应用程序的响应
          能力 ························· 346
    13.5.2 改进 GUI 应用程序的响应能力 ·· 347
    13.5.3 改进 Web 应用程序和 Web 服务
          的可伸缩性 ················· 347
    13.5.4 支持多任务处理的常见类型 ····· 347
    13.5.5 在 catch 块中使用 await
          关键字 ······················· 348
    13.5.6 使用 async 流 ··············· 348
13.6 实践和探索 ························· 349
    13.6.1 练习 13.1：测试你掌握的知识 ·· 349
    13.6.2 练习 13.2：探索主题 ········· 349
13.7 本章小结 ···························· 349

第 14 章 C#和.NET 的实际应用 ······· 350
14.1 理解 C#和.NET 的应用模型 ······ 350
    14.1.1 使用 ASP.NET Core 构建网站 ······ 350
    14.1.2 使用 Web 内容管理系统
          构建网站 ···················· 351
    14.1.3 理解 Web 应用程序 ········· 351
    14.1.4 构建和使用 Web 服务 ······· 352
    14.1.5 构建智能应用 ··············· 352
14.2 ASP.NET Core 的新特性 ··········· 352
    14.2.1 ASP.NET Core 1.0 ············ 352
    14.2.2 ASP.NET Core 1.1 ············ 352
    14.2.3 ASP.NET Core 2.0 ············ 353
    14.2.4 ASP.NET Core 2.1 ············ 353
    14.2.5 ASP.NET Core 2.2 ············ 353
    14.2.6 ASP.NET Core 3.0 ············ 354
    14.2.7 ASP.NET Core 3.1 ············ 354
    14.2.8 Blazor WebAssembly 3.2 ······· 354
    14.2.9 ASP.NET Core 5.0 ············ 354
14.3 理解 SignalR ······················· 355
14.4 理解 Blazor ························ 356
    14.4.1 JavaScript 存在的问题 ········ 356
    14.4.2 Silverlight ················ 356
    14.4.3 WebAssembly ·············· 356
    14.4.4 服务器端或客户端 Blazor ····· 357
14.5 构建 Windows 桌面应用程序和
      跨平台的移动应用程序 ············ 357
    14.5.1 构建跨平台的移动应用程序 ····· 357

    14.5.2 使用旧技术构建 Windows 桌面
          应用程序 ···················· 358
14.6 为 Northwind 示例数据库构建
      实体数据模型 ····················· 358
    14.6.1 为 Northwind 实体模型创建
          类库 ························· 358
    14.6.2 为 Northwind 数据库上下文创建
          类库 ························· 361
14.7 本章小结 ···························· 363

第 15 章 使用 ASP.NET Core Razor Pages
         构建网站 ······················· 365
15.1 了解 Web 开发 ····················· 365
    15.1.1 HTTP ······················ 365
    15.1.2 客户端 Web 开发 ············ 367
15.2 了解 ASP.NET Core ················ 368
    15.2.1 传统的 ASP.NET 与现代的
          ASP.NET Core ················ 369
    15.2.2 创建 ASP.NET Core 项目 ······ 369
    15.2.3 测试和保护网站 ············· 371
    15.2.4 控制托管环境 ··············· 373
    15.2.5 启用静态文件和默认文件 ····· 374
15.3 了解 Razor Pages ··················· 376
    15.3.1 启用 Razor Pages ············ 376
    15.3.2 定义 Razor 页面 ············· 376
    15.3.3 通过 Razor 页面使用共享布局 ··· 377
    15.3.4 使用后台代码文件与 Razor
          页面 ························· 379
15.4 使用 Entity Framework Core 与
      ASP.NET Core ····················· 381
    15.4.1 将 Entity Framework Core 配置为
          服务 ························· 381
    15.4.2 使用 Razor 页面操作数据 ····· 383
15.5 使用 Razor 类库 ··················· 384
    15.5.1 创建 Razor 类库 ············· 384
    15.5.2 禁用压缩文件夹功能 ········· 385
    15.5.3 在 Razor 类库中显示员工 ····· 386
    15.5.4 实现分部视图以显示单个员工 ·· 387
    15.5.5 使用和测试 Razor 类库 ······· 388
    15.5.6 配置服务和 HTTP 请求管道 ··· 389
    15.5.7 注册服务 ··················· 390
    15.5.8 配置 HTTP 请求管道 ········· 391

		15.5.9	创建一个简单的 ASP.NET Core 网站项目	394
15.6	实践和探索			395
	15.6.1	练习 15.1：测试你掌握的知识		395
	15.6.2	练习 15.2：练习建立数据驱动的网页		395
	15.6.3	练习 15.3：练习为控制台应用程序构建 Web 页面		395
	15.6.4	练习 15.4：探索主题		395
15.7	本章小结			396

第 16 章 使用 MVC 模式构建网站 … 397

16.1	设置 ASP.NET Core MVC 网站	397
	16.1.1 创建和探索 ASP.NET Core MVC 网站	397
	16.1.2 审查 ASP.NET Core MVC 网站	399
	16.1.3 回顾 ASP.NET Core Identity 数据库	401
16.2	探索 ASP.NET Core MVC 网站	401
	16.2.1 了解 ASP.NET Core MVC 的启动	401
	16.2.2 理解 MVC 使用的默认路由	403
	16.2.3 理解控制器和操作	403
	16.2.4 理解视图搜索路径约定	405
	16.2.5 单元测试 MVC	405
	16.2.6 过滤器	405
	16.2.7 实体和视图模型	407
	16.2.8 视图	408
16.3	自定义 ASP.NET Core MVC 网站	410
	16.3.1 自定义样式	411
	16.3.2 设置类别图像	411
	16.3.3 Razor 语法	411
	16.3.4 定义类型化视图	412
	16.3.5 测试自定义首页	414
	16.3.6 使用路由值传递参数	415
	16.3.7 模型绑定程序	417
	16.3.8 验证模型	419
	16.3.9 视图辅助方法	422
	16.3.10 查询数据库和使用显示模板	422
	16.3.11 使用异步任务提高可伸缩性	424
16.4	使用其他项目模板	425

16.5	实践与探索	427
	16.5.1 练习 16.1：测试你掌握的知识	427
	16.5.2 练习 16.2：通过实现类别详细信息页面来练习实现 MVC	427
	16.5.3 练习 16.3：理解和实现异步操作方法以提高可伸缩性	427
	16.5.4 练习 16.4：探索主题	427
16.6	本章小结	428

第 17 章 使用内容管理系统构建网站 … 429

17.1	了解 CMS 的优点	429
	17.1.1 了解 CMS 的基本特性	429
	17.1.2 了解企业级 CMS 的特性	430
	17.1.3 了解 CMS 平台	430
17.2	了解 Piranha CMS	430
	17.2.1 开源库和许可	431
	17.2.2 创建 Piranha CMS 网站	431
	17.2.3 探索 Piranha CMS 网站	432
	17.2.4 编辑站点和页面内容	433
	17.2.5 创建一个新的顶级页面	436
	17.2.6 创建一个新的子页面	437
	17.2.7 回顾博客归档	438
	17.2.8 文章和页面评论	439
	17.2.9 探索身份验证和授权	440
	17.2.10 探索配置	441
	17.2.11 测试新内容	442
	17.2.12 了解路由	442
	17.2.13 了解媒体	444
	17.2.14 理解应用程序服务	444
	17.2.15 理解内容类型	445
	17.2.16 理解标准块	449
	17.2.17 检查组件类型和标准块	450
17.3	定义组件、内容类型和模板	451
	17.3.1 创建自定义区域	452
	17.3.2 创建实体数据模型	453
	17.3.3 创建自定义页面类型	454
	17.3.4 创建自定义视图模型	454
	17.3.5 为内容类型自定义内容模板	455
	17.3.6 通过配置启动和导入数据库	458
	17.3.7 学习如何使用项目模板创建内容	460
17.4	测试 Northwind CMS 网站	461

	17.4.1	上传图像并创建类别根目录 …… 461
	17.4.2	导入类别和产品内容 ……………… 462
	17.4.3	管理类别内容 …………………………… 463
	17.4.4	Piranha 如何存储内容 …………… 464
17.5	实践和探索 ………………………………………… 465	
	17.5.1	练习 17.1：测试你掌握的知识 …… 465
	17.5.2	练习 17.2：练习定义块类型，用以呈现 YouTube 视频 …………… 465
	17.5.3	练习 17.3：探索主题 …………………… 466
17.6	本章小结 …………………………………………… 466	

第 18 章 构建和消费 Web 服务 …… 467

18.1	使用 ASP.NET Core Web API 构建 Web 服务 ……………………………… 467	
	18.1.1	理解 Web 服务缩写词 ………………… 467
	18.1.2	创建 ASP.NET Core Web API 项目 ………………………………………… 468
	18.1.3	检查 Web 服务的功能 ………………… 470
	18.1.4	为 Northwind 示例数据库创建 Web 服务 ………………………………… 471
	18.1.5	为实体创建数据存储库 ……………… 473
	18.1.6	实现 Web API 控制器 ………………… 476
	18.1.7	配置客户存储库和 Web API 控制器 ………………………………………… 477
	18.1.8	指定问题的细节 ………………………… 480
	18.1.9	控制 XML 序列化 ……………………… 481
18.2	解释和测试 Web 服务 ………………………… 481	
	18.2.1	使用浏览器测试 GET 请求 ………… 481
	18.2.2	使用 REST Client 扩展测试 HTTP 请求 ………………………………… 482
	18.2.3	启用 Swagger ……………………………… 485
	18.2.4	使用 Swagger UI 测试请求 ………… 486
18.3	使用 HTTP 客户端消费服务 ……………… 490	
	18.3.1	了解 HttpClient 类 ……………………… 490
	18.3.2	使用 HttpClientFactory 配置 HTTP 客户端 ……………………………… 490
	18.3.3	在控制器中以 JSON 的形式 获取客户 ………………………………… 491
	18.3.4	支持跨源资源共享 ……………………… 493
18.4	实现高级功能 …………………………………… 494	
	18.4.1	实现健康检查 API ……………………… 495
	18.4.2	实现 Open API 分析器和约定 …… 495
	18.4.3	实现临时故障处理 ……………………… 496
	18.4.4	理解端点路由 …………………………… 496
	18.4.5	配置端点路由 …………………………… 496
	18.4.6	添加 HTTP 安全标头 ………………… 498
	18.4.7	保护 Web 服务 …………………………… 499
18.5	了解其他通信技术 …………………………… 499	
	18.5.1	了解 WCF ………………………………… 499
	18.5.2	了解 gRPC ………………………………… 500
18.6	实践和探索 ………………………………………… 500	
	18.6.1	练习 18.1：测试你掌握的知识 … 500
	18.6.2	练习 18.2：练习使用 HttpClient 创建和删除客户 …………………………… 500
	18.6.3	练习 18.3：探索主题 …………………… 500
18.7	本章小结 …………………………………………… 501	

第 19 章 使用机器学习构建智能 应用程序 ……………………………… 502

19.1	了解机器学习 …………………………………… 502	
	19.1.1	了解机器学习的生命周期 ………… 502
	19.1.2	了解用于训练和测试的数据集 … 503
	19.1.3	了解机器学习任务 ……………………… 503
	19.1.4	了解 Microsoft Azure Machine Learning …………………………………… 504
19.2	理解 ML.NET ……………………………………… 504	
	19.2.1	了解 Infer.NET …………………………… 505
	19.2.2	了解 ML.NET 学习管道 ……………… 505
	19.2.3	了解模型训练的概念 ………………… 506
	19.2.4	了解缺失值和键类型 ………………… 506
	19.2.5	了解特性和标签 ………………………… 506
19.3	进行产品推荐 …………………………………… 507	
	19.3.1	问题分析 …………………………………… 507
	19.3.2	数据的收集和处理 ……………………… 507
	19.3.3	创建 NorthwindML 网站项目 …… 508
	19.3.4	测试产品推荐网站 ……………………… 519
19.4	实践和探索 ………………………………………… 521	
	19.4.1	练习 19.1：测试你掌握的知识 … 521
	19.4.2	练习 19.2：使用样本进行练习 … 521
	19.4.3	练习 19.3：探索主题 …………………… 521
19.5	本章小结 …………………………………………… 522	

第20章 使用 Blazor 构建 Web 用户界面 ······523

20.1 理解 Blazor ······523
- 20.1.1 理解 Blazor 托管模型 ······523
- 20.1.2 理解 Blazor 组件 ······524
- 20.1.3 比较 Blazor 和 Razor ······524
- 20.1.4 比较 Blazor 项目模板 ······524

20.2 使用 Blazor 服务器构建组件 ······532
- 20.2.1 定义和测试简单的组件 ······532
- 20.2.2 将实体放入组件 ······533
- 20.2.3 为 Blazor 组件抽象服务 ······535
- 20.2.4 使用 Blazor 表单 ······537

20.3 使用 Blazor WebAssembly 构建组件 ······542
- 20.3.1 为 Blazor WebAssembly 配置服务器 ······543
- 20.3.2 为 Blazor WebAssembly 配置客户端 ······545
- 20.3.3 Web 应用程序的渐进式支持 ······548

20.4 实践和探索 ······550
- 20.4.1 练习 20.1：测试你掌握的知识 ······550
- 20.4.2 练习 20.2：练习创建组件 ······550
- 20.4.3 练习 20.3：探索主题 ······550

20.5 本章小结 ······551

第21章 构建跨平台的移动应用程序 ······552

21.1 了解 XAML ······552
- 21.1.1 使用 XAML 简化代码 ······553
- 21.1.2 选择常见的控件 ······553
- 21.1.3 理解标记扩展 ······554

21.2 了解 Xamarin 和 Xamarin.Forms ······554
- 21.2.1 Xamarin.Forms 扩展了 Xamarin ······554
- 21.2.2 移动先行，云先行 ······554
- 21.2.3 不同移动平台的市场份额 ······555
- 21.2.4 了解一些额外功能 ······555
- 21.2.5 了解 Xamarin.Forms 用户界面组件 ······556

21.3 使用 Xamarin.Forms 构建移动应用程序 ······557
- 21.3.1 添加 Android SDK ······558
- 21.3.2 创建 Xamarin.Forms 解决方案 ······558
- 21.3.3 创建具有双向数据绑定的实体模型 ······559
- 21.3.4 为拨打电话号码创建组件 ······562
- 21.3.5 为客户列表和客户详细信息创建视图 ······565
- 21.3.6 测试移动应用程序 ······569

21.4 在移动应用程序中消费 Web 服务 ······571
- 21.4.1 配置 Web 服务以允许不安全的请求 ······572
- 21.4.2 配置 iOS 应用程序以允许不安全的连接 ······572
- 21.4.3 配置 Android 应用程序，允许进行不安全连接 ······573
- 21.4.4 添加用于消费 Web 服务的 NuGet 包 ······573
- 21.4.5 从 Web 服务中获取客户 ······574

21.5 实践和探索 ······575
- 21.5.1 练习 21.1：测试你掌握的知识 ······575
- 21.5.2 练习 21.2：探索主题 ······576

21.6 本章小结 ······576

附录部分(请扫描封底二维码获取)
- 附录 A 练习题答案
- 附录 B 构建 Windows 桌面应用程序

第 1 章
C#与.NET 入门

本章的目标是建立开发环境，让你了解.NET 5、.NET Core、.NET Framework 和.NET Standard 之间的异同，然后使用微软的 Visual Studio Code 通过 C# 9.0 和.NET 5 创建尽可能简单的应用程序。

在第 1 章之后，本书可以分为三大部分：第一大部分介绍 C#语言的语法和词汇；第二大部分介绍.NET Core 中用于构建应用程序功能的可用类型；第三大部分介绍可以使用 C#和.NET 构建的一些常见的跨平台应用程序。

大多数人学习复杂主题的最佳方式是模仿和重复，而不是阅读关于理论的详细解释；因此，本书不会对每一步都做详细解释，而是写一些代码，利用这些代码构建应用程序，然后观察程序的运行。

你不需要立即知道所有的细节。随着时间的推移，你将学会创建自己的应用程序，你得到的东西将超越任何书籍所能教你的。

借用 1755 年版《英语词典》的作者 Samuel Johnson 的话来说，我犯了"一些愚蠢的错误，书中有一些可笑的荒谬之处，这些错误和荒谬之处是任何具有如此多样性的作品都无法避免的。"我对这些问题负全部责任，希望你能理解我面临的挑战，为了解决这些问题，我所编写的这本书涉及一些快速发展的技术(如 C#和.NET)，而读者可以用它们构建应用程序。

本章涵盖以下主题：
- 配置开发环境
- 了解.NET
- 使用 Visual Studio Code 构建控制台应用程序
- 从 GitHub 存储库中下载解决方案代码
- 寻求帮助

1.1 设置开发环境

在开始编程之前，你需要准备一款针对C#的代码编辑器。微软提供了一系列代码编辑器和集成开发环境(IDE)，包括：
- Visual Studio Code
- GitHub Codespaces
- Visual Studio 2019
- Visual Studio 2019 for Mac

1.1.1 使用 Visual Studio Code 进行跨平台开发

可以选择的最现代、最轻量级的代码编辑器是 Visual Studio Code，这也是唯一一个来自微软的跨平台代码编辑器。Visual Studio Code 可以运行在所有常见的操作系统中，包括 Windows、macOS 和许多 Linux 发行版，例如 Red Hat Enterprise Linux (RHEL)和 Ubuntu。

Visual Studio Code 是现代的跨平台开发代码的最佳选择，因为它提供了一个广泛的、不断增长的扩展集来支持除 C#外的多种语言，是跨平台的、轻量级的，可以安装在所有平台上(应用程序将被部署到这些平台上)，可以快速修复 bug，等等。

Visual Studio Code 也是目前最流行的开发环境，根据 Stack Overflow 在 2019 年所做的调查，超过一半的开发者选择了它(但这个问题在 2020 年的调查中没有提到)，如图 1.1 所示。

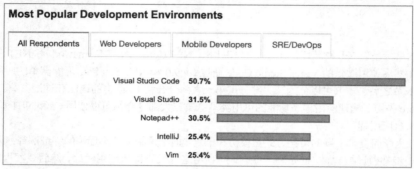

图 1.1　最流行的开发环境

更多信息：可通过以下链接了解这项调查——https://insights.stackoverflow.com/survey/2019#development-environments-and-tools。

使用 Visual Studio Code 意味着开发人员可以使用跨平台的代码编辑器来开发跨平台的应用程序。因此，除了本书的最后一章之外，本书的其他章节都会选择使用 Visual Studio Code，因为在构建移动应用程序时，一些特性在 Visual Studio Code 中是不可用的。

更多信息：可通过以下链接了解微软的 Visual Studio Code 计划——https://github.com/Microsoft/vscode/wiki/Roadmap。

如果喜欢使用 Visual Studio 2019 或 Visual Studio for Mac 而不是 Visual Studio Code，当然可以继续使用，但本书假设读者已经熟悉如何使用它们，所以本书不会一步一步地说明如何使用它们。本书不会介绍如何使用代码编辑器，而是传授如何编写代码，因为不管使用什么工具，编写的代码都是一样的。

更多信息：可通过以下链接了解 Visual Studio Code 和 Visual Studio 2019——https://www.itworld.com/article/3403683/visual-studio-code-stepping-on-visual-studios-toes.html。

1.1.2　使用 GitHub Codespaces 在云中进行开发

GitHub Codespaces 是一种完全配置好的基于 Visual Studio Code 的开发环境，可在云托管的环境中运行，并可通过任何 Web 浏览器进行访问。由于支持 Git repos 且拥有良好的可扩展性和内置的命令行界面，因此可以在任何设备上编辑、运行和测试。

更多信息：可通过以下链接了解 GitHub Codespaces——https://docs.github.com/en/github/developing-online-with-codespaces/about-codespaces。

1.1.3 使用 Visual Studio 2019 进行 Windows 应用程序开发

Visual Studio 2019 只能在 Windows 7 SP1 或更高的 Windows 操作系统版本中运行，比如，必须在 Windows 10 上运行 Visual Studio 2019，才能创建通用的 Windows 平台(UWP)应用程序。UWP 可从 Windows Store 中安装，并在沙箱中运行，以保护计算机。Visual Studio 2019 是创建 Windows 应用程序的唯一微软开发工具，可通过以下链接获得相关的 PDF 文档：https://static.packt-cdn.com/downloads/9781800568105_Appendices.pdf。

1.1.4 使用 Visual Studio for Mac 进行移动应用程序开发

要在运行 iOS 等苹果操作系统的 iPhone 和 iPad 等设备上创建应用程序，必须有 Xcode 工具，但这个工具只能在 macOS 上运行。尽管可以在 Windows 上使用 Visual Studio 2019 和 Xamarin 扩展来编写跨平台的移动应用程序，但仍然需要 macOS 和 Xcode 才能编译。

因此，第 21 章将介绍如何在 macOS 上使用 Visual Studio 2019 for Mac。

1.1.5 各章的推荐工具

为了帮助设置使用本书的最佳环境，表 1.1 总结了建议在本书的每一章和附录 B 中使用的工具和操作系统。

表 1.1 为本书各章推荐使用的工具和操作系统

章节编号	工具	操作系统
第 1～20 章	Visual Studio Code	Windows、macOS、Linux
第 21 章	Visual Studio 2019 for Mac	macOS
附录 B	Visual Studio 2019	Windows 10

为了写这本书，笔者使用了 MacBook Pro 和以下列出的软件：
- macOS 上的 Visual Studio Code，用于作为主要的代码编辑器。
- 虚拟机中 Windows 10 上的 Visual Studio Code，用于测试操作系统特定的行为，比如使用文件系统。
- 虚拟机中 Windows 10 上的 Visual Studio 2019，用于构建 Windows 应用程序。
- macOS 上的 Visual Studio 2019 for Mac，用于构建移动应用。

 更多信息：谷歌和 Amazon 是 Visual Studio Code 的支持者，详情可参考 https://www.cnbc.com/2018/12/20/microsoft-cmo-capossela-says-google-employees-use-visual-studio-code.html。

1.1.6 跨平台部署

对代码编辑器和开发用的操作系统所做的选择并不限制代码的部署位置。.NET 5 支持以下部署平台。
- Windows 7 SP1 或更高版本，Windows 10 版本 1607 或更高版本，Windows Server 2012 R2 SP1 或更高版本，Nano Server 版本 1809 或更高版本。
- macOS High Sierra(10.13 版)或更高版本。

- Alpine Linux 3.11 或更高版本，CentOS 7 或更高版本，Debian 9 或更高版本，Fedora 30 或更高版本，Linux Mint 18 或更高版本，openSUSE 15 或更高版本，Red Hat Enterprise Linux (RHEL) 7 或更高版本，SUSE Enterprise Linux 12 SP2 或更高版本，Ubuntu 18.04、19.10、20.04 或更高版本。

更多信息：可通过以下链接获得支持的操作系统的官方列表——https://github.com/dotnet/core/blob/master/release-notes/5.0/5.0-supported-os.md。

.NET 5 及后续版本对 Windows ARM64 提供支持意味着，现在可以在 Windows ARM 设备上进行开发和部署，比如 Microsoft Surface Pro X。

更多信息：可通过以下链接了解更多与 Windows ARM64 支持有关的信息——https://github.com/dotnet/runtime/issues/36699。

1.1.7　理解 Visual Studio Code 版本

微软几乎每个月都会发布 Visual Studio Code 的新特性版本，并且更频繁地发布 bug 修复版本。例如：
- 1.49 版，2020 年 8 月发布的新特性版本。
- 1.49.1 版，2020 年 8 月发布的 bug 修复版本。

更多信息：可通过以下链接了解 Visual Studio Code 的最新版本——https://code.visualstudio.com/updates。

本书使用的是 1.49.1 版，但是 Visual Studio Code 版本不如稍后安装的 C# for Visual Studio Code 扩展版本重要。

C#扩展虽然不是必需的，但在执行输入、代码导航和调试特性时却能提供智能感知功能，因此十分有必要安装。为了支持 C# 9.0，应该安装 C#扩展版本 1.23 或更高版本。

本书将展示使用 macOS 版本的 Visual Studio Code 的键盘快捷键和屏幕截图。Windows 和 Linux 中的 Visual Studio Code 实际上是相同的，尽管键盘快捷键可能不同。

本书使用的一些常见的键盘快捷键如表 1.2 所示。

表 1.2　本书常用的键盘快捷键

动作	macOS	Windows
Show Command Palette	Cmd + Shift + P 和 F1	Ctrl + Shift + P 和 F1
Go To Definition	F12	F12
Go Back	Ctrl + -	Alt + ←
Go Forward	Ctrl + Shift + -	Alt + →
Show Terminal	Ctrl + `（反引号）	Ctrl + '（单引号）
New Terminal	Ctrl + Shift + `（反引号）	Ctrl + Shift +'（单引号）
Toggle Line Comment	Ctrl + /	Ctrl + /
Toggle Block Comment	Shift + Option + A	Shift + Alt + A

建议根据使用的操作系统下载一份 PDF 格式的操作系统快捷键。
- Windows：https://code.visualstudio.com/shortcuts/keyboard-shortcuts-windows.pdf。
- macOS：https://code.visualstudio.com/shortcuts/keyboard-shortcuts-macos.pdf。
- Linux：https://code.visualstudio.com/shortcuts/keyboard-shortcuts-linux.pdf。

更多信息：可通过以下链接了解 Visual Studio Code 的默认绑定键以及如何自定义它们——https://code.visualstudio.com/docs/getstarted/keybindings。

在过去几年中，Visual Studio Code 得到了极大改进，它的受欢迎程度让微软感到惊喜。如果读者很勇敢，喜欢挑战，那么有一个内部版本可用，这是每日构建的下一个版本。

1.1.8　下载并安装 Visual Studio Code

现在，可下载并安装 Visual Studio Code 及其 C#扩展和.NET 5 SDK 了，步骤如下：

(1) 从以下链接下载并安装 Visual Studio Code 的稳定版本或内部版本：https://code.visualstudio.com/。

(2) 从以下链接下载并安装.NET 5 SDK：https://www.microsoft.com/net/download。

(3) 要安装 C#扩展，必须首先启动 Visual Studio Code 应用程序。

(4) 在 Visual Studio Code 中，单击 Extensions 图标或导航到 View | Extensions。

(5) C#扩展是最流行的扩展之一，你在列表的顶部应该能够看到它；你也可以在搜索框中输入 C#，如图 1.2 所示。

图 1.2　搜索 C#扩展

(6) 单击 Install，等着下载和安装支持包。

更多信息：可通过以下链接了解更多关于 Visual Studio Code 如何对 C#提供支持的信息——https://code.visualstudio.com/docs/languages/csharp。

1.1.9　安装其他扩展

本书后续章节将使用更多扩展，如表 1.3 所示。

表 1.3 本书用到的其他扩展

扩展	说明
C# for Visual Studio Code (由 OmniSharp 提供支持) ms-vscode.csharp	提供 C#编辑支持，包括语法高亮、智能感知、Go to Definition、查找所有引用，对.NET Core(CoreCLR)的调试支持，以及在 Windows、macOS 和 Linux 中对.csproj 项目的支持
MSBuild 项目工具 tinytoy.msbuild-project-tools	为 MSBuild 项目文件提供智能感知功能，包括</PackageReference>元素的自动完成
C# XML Documentation Comments k--kato.docomment	为 Visual Studio Code 生成 XML 文档注释
C# Extensions jchannon.csharpextensions	添加 C#类，添加 C#接口，从构造函数中添加字段和属性，以及从属性中添加构造函数
REST Client humao.rest-client	发送 HTTP 请求并在 Visual Studio Code 中直接查看响应
ILSpy .NET Decompiler icsharpcode.ilspy-vscode	反编译 MSIL 程序集——支持.NET 框架、.NET Core 和.NET Standard

1.2 理解.NET

.NET5、.NET Framework、.NET Core 和 Xamarin 是相关的，它们是开发人员用来构建应用程序和服务的平台。本节就来介绍这些.NET 概念。

1.2.1 理解.NET Framework

.NET Framework 开发平台包括公共语言运行库(CLR)和基类库(BCL)，前者负责管理代码的执行，后者提供了丰富的类库来构建应用程序。微软最初设计.NET Framework 是为了使应用具有跨平台的可能性，但是微软在将它们的实现努力投入后，发现这一平台在 Windows 上工作得最好。

自.NET Framework 4.5.2 成为 Windows 操作系统的官方组件以来，.NET Framework 已经安装在超过 10 亿台计算机上，所以对它的改动必须尽可能少。即使是修复 bug 也会导致问题，所以更新频率很低。

在计算机中，为.NET Framework 编写的所有应用程序都共享相同版本的 CLR 以及存储在全局程序集缓存(GAC)中的库，如果其中一些应用程序需要特定版本以保证兼容性，就会出问题。

最佳实践：实际上，.NET Framework 仅适用于 Windows，因为是旧平台，所以不建议使用它创建新的应用程序。

1.2.2 理解 Mono 和 Xamarin 项目

一些第三方开发了名为 Mono 项目的 .NET Framework 实现。Mono 是跨平台的，但是它远远落后于.NET Framework 的官方实现。

更多信息：可通过以下链接阅读更多关于 Mono 项目的信息——http://www.mono-project.com/。

6

Mono 作为 Xamarin 移动平台以及 Unity 等跨平台游戏开发平台的基础，已经找到了自己的价值所在。

 更多信息：可通过以下链接阅读更多关于 Unity 的信息——https://docs.unity3d.com/。

微软在 2016 年收购了 Xamarin，并且在 Visual Studio 2019 中免费提供曾经昂贵的 Xamarin 扩展。微软将只能创建移动应用程序的 Xamarin Studio 开发工具更名为 Visual Studio 2019 for Mac，并赋予它创建其他类型应用程序(如控制台应用程序和 Web 服务)的能力。有了 Visual Studio 2019 for Mac，微软就能够将 Xamarin Studio 编辑器的部分功能替换为 Visual Studio 2019 for Windows 的部分功能，以提供更接近的体验和性能。

1.2.3 理解.NET Core

今天，我们生活在真正跨平台的世界里，现代移动技术和云计算的发展使得 Windows 作为操作系统变得不那么重要了。正因为如此，微软一直致力于将.NET 从它与 Windows 的紧密联系中分离出来。在将.NET Framework 重写为真正跨平台的同时，微软也利用这次机会重构并删除了不再被认为是核心的主要部分。

新产品被命名为.NET Core，其中包括名为 CoreCLR 的 CLR 跨平台实现和名为 CoreFX 的精简类库。

微软负责.NET 的项目经理 Scott Hunter 认为：".NET Core 客户中有 40%是全新的平台开发人员，这正是我们想要的结果。我们想引入新人。"

.NET Core 的运行速度很快，因为可以与应用程序并行部署，所以.NET Core 可以频繁地更改，因为这些更改不会影响同一台计算机上的其他.NET Core 应用程序。微软对.NET Core 所做的改进不能添加到.NET Framework 中。

 更多信息：可通过以下链接了解微软对.NET Core 和.NET Framework 的定位——https://devblogs.microsoft.com/dotnet/update-on-net-core-3-0-and-net-framework-4-8/。

1.2.4 了解.NET 5 的未来版本

在 2020 年 5 月的 Microsoft Build 开发者大会上，.NET 团队宣布，.NET 的统一化延迟了。已发布的.NET 5 将统一除移动平台外的所有.NET 平台。直到 2021 年 11 月计划发布的.NET 6，统一的.NET 平台才会支持移动设备。

.NET Core 已重命名为.NET，主版本号则跳过了数字 4，以免与.NET Framework 4.x 混淆。微软计划每年 11 月发布主版本，就像苹果在每年 9 月的第二周发布 iOS 的主版本一样。

 更多信息：可通过以下链接了解更多关于微软.NET 计划的信息——https://devblogs.microsoft.com/dotnet/announcing-net-5-preview-4-and-our-journey-to-one-net/。

表 1.4 显示了现代.NET 的主版本是什么时候发布的，计划什么时候发布未来的版本，以及本书的各个版本使用的是哪个.NET 版本。

表 1.4 对比.NET 的不同版本

.NET 版本	发布日期	本书的版本	本书英文版的出版日期
.NET Core RC1	2015 年 11 月	第 1 版	2016 年 3 月
.NET Core 1.0	2016 年 6 月		
.NET Core 1.1	2016 年 11 月		
.NET Core 1.0.4 和.NET Core 1.1.1	2017 年 3 月	第 2 版	2017 年 3 月
.NET Core 2.0	2017 年 8 月		
.NET Core for UWP in Windows 10 Fall Creators Update	2017 年 10 月	第 3 版	2017 年 11 月
.NET Core 2.1 (LTS)	2018 年 5 月		
.NET Core 2.2 (Current)	2018 年 12 月		
.NET Core 3.0 (Current)	2019 年 9 月	第 4 版	2019 年 10 月
.NET Core 3.1 (LTS)	2019 年 12 月		
.NET 5.0 (Current)	2020 年 11 月	第 5 版	2020 年 11 月
.NET 6.0 (LTS)	2021 年 11 月	第 6 版	2021 年 11 月

1.2.5 了解.NET 支持

.NET 版本可以是长期支持的(LTS)，也可以是当前的(Current)。

- LTS 版本是稳定的，在其生命周期中很少需要更新。对于不打算频繁更新的应用程序，这是不错的选择。.NET 一般在得到 3 年的支持之后，就会变成 LTS 版本。
- Current 版本包含可根据反馈进行更改的功能。对于正在积极开发的应用程序来说，这是很好的选择，因为它们提供了最新的改进。在经过 3 个月的维护期之后，以前的次版本将不再受支持。

.NET 在整个生命周期中，都要接受安全性和可靠性方面的关键修复。必须更新最新的补丁才能获得支持。例如，如果系统运行的是 1.0 版本，但微软已经发布了 1.0.1 版本，那就需要安装 1.0.1 版本。

为了帮助你更好地理解 Current 和 LTS 版本，使用色条对它们进行直观的观察是很有帮助的。对于 LTS 版本，色条不会褪色；对于 Current 版本，颜色变浅的部分表示 Current 版本结束前、新版本发布后的 3 个月时间，如图 1.3 所示。

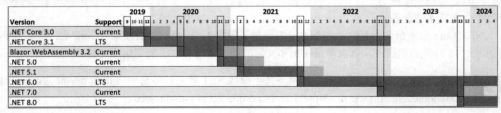

图 1.3 各个版本的支持情况

例如，如果使用.NET 5.0 创建项目，而微软在 2021 年 2 月发布了.NET 5.1，那你就需要在 2021 年 5 月底之前将项目升级到.NET 5.1。

如果需要微软的长期支持，那么现在就选择.NET Core 3.1 而不是.NET 5.0。如果.NET 6.0 在 2021 年 11 月发布，那么在将项目升级到.NET 6.0 之前，还有一年多的支持时间。

除了LTS版本之外，.NET Core的所有版本都已走到尽头，如下所示：
- .NET Core 2.1 将于2021年8月21日停止支持。
- .NET Core 3.1 将于2022年12月3日停止支持。
- .NET 6.0 如果按计划在2021年11月发布，那么将于2024年11月停止支持。

更多信息：可通过以下链接阅读更多关于.NET支持策略的信息——https://dotnet.microsoft.com/platform/support/policy/dotnet-core。

1. 了解.NET Runtime 和.NET SDK版本

.NET Runtime版本控制遵循语义版本控制，也就是说，主版本表示非常大的更改，次版本表示新特性，而补丁版本表示bug的修复。

.NET SDK版本控制不遵循语义版本控制。主版本号和次版本号与匹配的运行时版本绑定。补丁版本遵循的约定指明了.NET SDK的主版本和次版本，如表1.5所示。

表1.5 .NET SDK版本不遵循语义版本控制

变更	运行时	SDK
初始版本	5.0.0	5.0.100
SDK bug 修复	5.0.0	5.0.101
运行时和SDK bug 修复	5.0.1	5.0.102
SDK 新功能	5.0.1	5.0.200

更多信息：可通过以下链接了解关于版本如何工作的更多信息——https://docs.microsoft.com/en-us/dotnet/core/versions/。

2. 删除.NET的旧版本

.NET Runtime更新与主版本兼容，比如5.x版。.NET SDK的更新版本保留了构建适用于旧版运行时的应用程序的能力，这使得安全删除旧版.NET成为可能。

执行以下命令后，就可以看到目前安装了哪些SDK和运行时：
- dotnet --list-sdks
- dotnet --list-runtimes

在Windows上，可使用App & features部分删除.NET SDK。
在macOS或Windows上，可使用dotnet-core-uninstall工具删除.NET SDK。

更多信息：可通过以下链接了解关于.NET Uninstall Tool的更多信息——https://docs.microsoft.com/en-us/dotnet/core/additional-tools/uninstall-tool。

例如，在编写本书第4版时，笔者每个月都执行以下命令：

```
dotnet-core-uninstall --all-previews-but-latest --sdk
```

更多信息：可通过以下链接阅读关于删除.NET SDK和运行时的更多信息——https://docs.microsoft.com/en-us/dotnet/core/install/remove-runtime-sdk-versions。

1.2.6 .NET Core 与.NET 5 的区别

.NET Core 比.NET Framework 的当前版本要小，因为非跨平台的旧技术已被移除。例如，Windows Forms 和 Windows Presentation Foundation (WPF) 可用于构建图形用户界面(GUI)应用程序，但它们与 Windows 生态系统紧密相连，因此已从 macOS 和 Linux 的.NET Core 中移除。

.NET 5 的一大特性就是支持使用 Windows Desktop Pack 运行旧的 Windows 窗体和 WPF 应用程序，Windows Desktop Pack 是.NET 5 的 Windows 版本附带的组件，这也就是为什么它比用于 macOS 和 Linux 的 SDK 更大的原因。如果需要，可以对旧的 Windows 应用做一些小的改动，还可以为.NET 5 重新构建应用程序，以利用新的特性和性能改进。在附录 B 中，你将了解微软为构建这类 Windows 应用程序提供的支持。

ASP.NET Web Forms 和 Windows Communication Foundation (WCF) 是旧的 Web 应用开发和服务技术，现在很少有开发人员选择在新的开发项目中使用它们，所以它们也从.NET 5 中移除了。相反，开发人员更喜欢使用 ASP.NET MVC 和 ASP.NET Web API。这两种技术已经重组并结合成一个运行在.NET Core 上的新产品，名为 ASP.NET Core。第 15、16 和 18 章将介绍 ASP.NET Core 技术。

更多信息：一些.NET Framework 开发人员对.NET 5 中没有 ASP.NET Web Forms、WCF 和 Windows Workflow (WF) 感到非常失望，并且希望微软能改变这一状况。一些开源项目支持将 WCF 和 WF 迁移到.NET 5。可通过以下链接阅读更多内容：https://devblogs.microsoft.com/dotnet/supporting-the-community-with-wf-and-wcf-oss-projects/。以下链接提供了一个使用了 Blazor Web Forms 组件的开源项目：https://github.com/FritzAndFriends/BlazorWebForms-Components。

Entity Framework 6 是一种对象-关系映射技术，用于处理存储在关系数据库(如 Oracle 和 Microsoft SQL Server)中的数据。多年来，Entity Framework 一直背负着沉重的包袱，因此这一跨平台 API 被精简了，并且将支持非关系数据库(如 Microsoft Azure Cosmos DB)，微软将之重命名为 Entity Framework Core，详见第 11 章。

如果现有的应用程序使用旧的 Entity Framework，那么.NET Core 3.0 或更高版本将支持 Entity Framework 6.3。

更多信息：尽管.NET 5 在名称中去掉了 Core 这个单词，但是 ASP.NET Core 和 Entity Framework Core 却在名称中保留了 Core，以帮助你区别相应技术的遗留版本，可访问 https://docs.microsoft.com/en-us/dotnet/core/dotnet-five 来了解详情。

除了从.NET Framework 中移除大的部分来构建.NET Core 之外，微软还将.NET Core 组件化成 NuGet 包，这些 NuGet 包是可以独立部署的小的功能块。

微软的主要目标不是让.NET 比.NET Framework 更小，而是将.NET 组件化，以支持现代技术并减少依赖，这样部署时就只需要应用程序必需的那些包。

1.2.7 了解.NET Standard

2019 年，.NET 的情况是，微软控制着三个.NET 平台分支，如下所示。
- .NET Core：用于跨平台和新应用。
- .NET Framework：用于旧应用。
- Xamarin：用于移动应用。

以上每种.NET 平台都有优点和缺点，因为它们都是针对不同的场景设计的。这导致如下问题：

开发人员必须学习三个.NET 平台,每个.NET 平台都有令人讨厌的怪癖和限制。因此,微软定义了.NET Standard:一套所有.NET 平台都可以实现的 API 规范,从而用来指示它们的兼容性级别。例如,与.NET Standard 1.4 兼容的平台表明提供基本的支持。

在.NET Standard 2.0 及后续版本中,微软已将这三个.NET 平台融合到现代的最低标准,这使开发人员可以更容易地在任何类型的.NET 之间共享代码。

在.NET Core 2.0 及后续版本中,微软增加了许多缺失的 API,开发人员需要将你为.NET Framework 编写的旧代码移植到跨平台的.NET Core 中。但是,有些 API 已经实现了,可以抛出异常来指示开发人员,不应该实际使用它们!这通常是由于运行.NET 的操作系统不同。第 2 章将介绍如何处理这些异常。

理解.NET Standard 只是一种标准是很重要的。你不能安装.NET Standard,就像不能安装 HTML5 一样。要使用 HTML5,就必须安装实现了 HTML5 标准的 Web 浏览器。

要使用.NET Standard,就必须安装实现了.NET Standard 规范的.NET 平台。.NET Standard 2.0 是由最新版本的.NET Framework、.NET Core 和 Xamarin 实现的。

最新的.NET Standard 2.1 仅由.NET Core 3.0、Mono 和 Xamarin 实现。C# 8.0 的一些特性需要.NET Standard 2.1,.NET Framework 4.8 没有实现.NET Standard 2.1,所以应该把.NET Framework 当作旧技术。

一旦.NET 6 在 2021 年 11 月发布,对.NET Standard 的需求就会大大减少,因为有了适用于所有平台的.NET,包括移动平台。即便如此,为.NET Framework 创建的应用程序和网站也需要得到支持,所以你必须了解的是,我们可以创建.NET Standard 2.0 类库,这些类库向后兼容旧的.NET 平台,理解这一点很重要。

更多信息:.NET Standard 版本以及支持这些版本的.NET 平台详见链接 https://github.com/dotnet/standard/blob/master/docs/versions.md。

微软承诺,到 2021 年年底,.NET 平台只会有一个。.NET 6 将会有一个基类库和两个运行时:一个运行时用于优化服务器或桌面,例如基于.NET Core 运行时的网站和 Windows 桌面应用程序,另一个运行时用于优化基于 Xamarin 运行时的移动应用程序。

1.2.8 本书使用的.NET 平台和工具

本书的第 1 版写于 2016 年 3 月,作者主要关注.NET Core 功能,但当时.NET Core 还没有实现重要或有用的功能,所以作者使用了.NET Framework,因为那时还没有发布.NET Core 1.0 的最终版本。书中的大多数例子都使用了 Visual Studio 2015,并且只简单地显示 Visual Studio Code。

本书的第 2 版(几乎)完全清除了所有的.NET Framework 代码示例,以便读者能够关注真正跨平台运行的.NET Core 示例。

本书的第 3 版完成了转换,所有代码都是完全使用.NET Core 编写的。但是,由于要为 Visual Studio Code 和 Visual Studio 2019 中的所有任务提供详细的指令,因此增加了不必要的复杂性。

在本书的第 4 版中,除了最后两章之外,只展示如何使用 Visual Studio Code 编写代码示例,从而延续这一趋势。第 20 章需要使用运行在 Windows 10 上的 Visual Studio 2019,第 21 章则需要使用运行在 Mac 上的 Visual Studio 2019。

在本书的第 5 版中,原来的第 20 章变成了附录 B,以便为新内容腾出空间。Blazor 项目可以使用 Visual Studio Code 来创建。

在计划出版的第 6 版中,第 21 章将完全重写,从而展示如何使用 Visual Studio Code 和扩展创建跨平台的移动和桌面应用程序以支持.NET MAUI(多平台应用程序 UI)。微软将在 2021 年 11 月发布带有.NET 6 的.NET MAUI。目前，本书的所有例子都将使用 Visual Studio Code。

1.2.9 理解中间语言

dotnet CLI 工具使用的 C#编译器(名为 Roslyn)会将 C#源代码转换成中间语言(Intermediate Language, IL)代码，并将 IL 存储在程序集(DLL 或 EXE 文件)中。IL 代码语句就像汇编语言指令，由.NET 的虚拟机 CoreCLR 执行。

在运行时，CoreCLR 从程序集中加载 IL 代码，再由即时(JIT)编译器将 IL 代码编译成本机 CPU 指令，最后由机器上的 CPU 执行。以上三步编译过程带来的好处是，微软能为 Linux、macOS 以及 Windows 创建 CLR。在编译过程中，相同的 IL 代码会到处运行，这将为本地操作系统和 CPU 指令集生成代码。

不管源代码是用哪种语言编写的，例如 C#、Visual Basic 或 F#，所有的.NET 应用程序都会为存储在程序集中的指令使用 IL 代码。使用微软和其他公司提供的反汇编工具(如.NET 反编译工具 ILSpy)可以打开程序集并显示 IL 代码。

1.2.10 比较.NET 技术

下面对.NET 技术进行总结和比较，如表 1.6 所示。

表 1.6 比较.NET 技术

.NET 技术	说明	驻留的操作系统
.NET 5	现代功能集，完全支持 C# 9.0，支持移植现有应用程序，可用于创建新的 Windows 和 Web 应用程序及服务	Windows、macOS 和 Linux
.NET Framework	旧的特性集，提供有限的 C# 8.0 支持，不支持 C# 9.0，用于维护现有的应用程序	只用于 Windows
Xamarin	用于移动和桌面应用程序	Android、iOS 和 macOS

1.3 使用 Visual Studio Code 构建控制台应用程序

本节的目标是展示如何使用 Visual Studio Code 构建控制台应用程序。本节中的指令和屏幕截图都是针对 macOS 的，但是相同的操作也适用于 Windows 和 Linux 发行版的 Visual Studio Code。主要区别在于本机命令行操作，比如在 Windows、macOS 和 Linux 上，删除文件时使用的命令和路径就可能不同。幸运的是，dotnet 命令行工具在所有平台上都是相同的。

1.3.1 使用 Visual Studio Code 编写代码

下面开始编写代码，步骤如下：
(1) 启动 Visual Studio Code。
(2) 在 macOS 中，导航到 File | Open；在 Windows 中，导航到 File | Open Folder。也可以在浏览器窗格中直接单击 Open Folder 按钮或单击 Welcome 标签页上的 Open folder…链接，如图 1.4 所示。

第 1 章　C#与.NET 入门

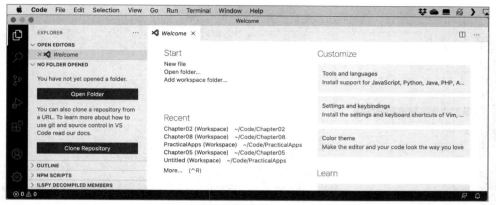

图 1.4　Visual Studio Code 的欢迎界面

（3）在打开的对话框中导航到 macOS 中的用户文件夹(文件夹名为 markjprice)、Windows 中的 Documents 文件夹或者任何希望保存项目的目录或驱动器。

（4）单击 New Folder 按钮，将文件夹命名为 Code。

（5）在 Code 文件夹中，创建名为 Chapter01 的新文件夹。

（6）在 Chapter01 文件夹中，创建名为 HelloCS 的新文件夹。

（7）选择 HelloCS 文件夹，在 macOS 中单击 Open 或在 Windows 中单击 Select Folder。

（8）导航到 View | Terminal，或在 macOS 中按 Ctrl + `(反引号)组合键，或在 Windows 中按 Ctrl + '(单引号)组合键。令人困惑的是，在 Windows 中，组合键 Ctrl + '(单引号)可以分隔当前窗口！

（9）在终端输入以下命令：

```
dotnet new console
```

（10）执行后，dotnet 命令行工具会在当前文件夹中创建一个新的 Console Application 项目，资源管理器中显示了创建的两个文件 HelloCS.csproj 和 Program.cs，如图 1.5 所示。

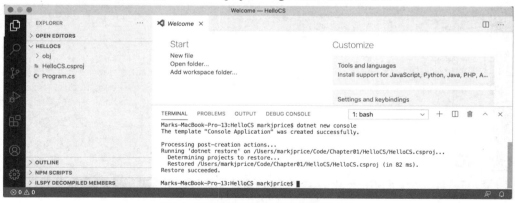

图 1.5　资源管理器中显示了创建的两个文件

（11）在资源管理器中，单击名为 Program.cs 的文件，在编辑器窗口中打开它。第一次打开时，如果在安装 C#扩展时没有下载并安装 C#依赖项，Visual Studio Code 将提示下载并安装它们，比如 OmniSharp、Razor 语言服务器和.NET Core 调试器。

(12) 如果出现警告，就说明所需的资产丢失了，单击 Yes，如图 1.6 所示。

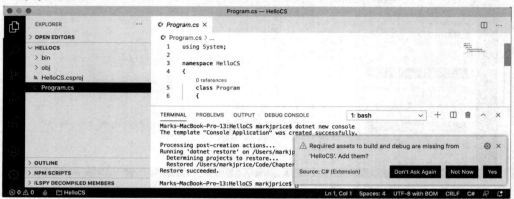

图 1.6　用于提示添加所需的构建和调试资产的警告消息

(13) 过了几秒后，名为 .vscode 的文件夹将出现在资源管理器中。如第 4 章所述，这些将在调试期间使用。

(14) 在 Program.cs 中，修改第 9 行，使写入控制台的文本显示为 "Hello，C#！"。

(15) 导航到 File | Auto Save，从而省去每次重新构建应用程序之前都要保存的麻烦。

1.3.2　使用 dotnet CLI 编译和运行代码

下一个任务是编译并运行代码，步骤如下。

(1) 导航到 View | Terminal，输入以下命令：

```
dotnet run
```

(2) 执行后，终端将显示应用程序的运行结果，如图 1.7 所示。

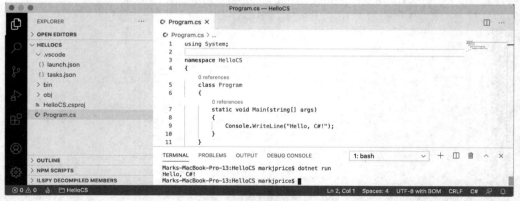

图 1.7　应用程序的运行结果

1.3.3　编写顶级程序

仅仅输出 "Hello, World！" 就需要编写很多代码！虽然样板代码是由项目模板自动编写的，但是有没有更简单的方式呢？

有,这在C# 9.0中被称为顶级程序。

下面对它们进行一下比较。传统的控制台应用程序如下所示:

```
using System;

class Program
{
  static void Main(string[] args)
  {
    Console.WriteLine("Hello World!");
  }
}
```

新的顶级程序则如下所示:

```
using System;

Console.WriteLine("Hello World!");
```

相比而言,顶级程序简单多了。如果必须从一个空白文件开始,自己编写所有的语句,显然顶级程序更好。

在编译期间,所有用于定义 Program 类及其 Main 方法的样板代码都会生成并封装在我们编写的语句中。using 语句仍然必须放在文件的顶部,并且项目中只能有一个这样的文件。

就个人而言,尤其在讲授 C#时,笔者计划继续使用传统的项目模板,因为它们是真实的。出于同样的原因,本人并不热衷于魔幻的隐藏代码。

笔者不喜欢使用图形用户界面隐藏元素,这虽然能简化体验,但会让用户感到沮丧,因为他们无法发现自己需要的特性。

例如,参数可以传递给控制台应用程序;而在顶级程序中,即使看不到参数,也要知道 args 参数是存在的。

1.4 从 GitHub 存储库下载解决方案代码

Git是一种常用的源代码管理系统。GitHub则使管理Git变得更容易。微软于2018年收购了GitHub,因此Git将继续与微软的工具进行更紧密的集成。

1.4.1 使用 Git 和 Visual Studio Code

Visual Studio Code 支持 Git,但也需要使用操作系统的 Git 安装,因此在获得这些特性之前,必须先安装 Git 2.0 或更高版本。可通过以下链接安装 Git:https://git-scm.com/download。

如果喜欢使用图形用户界面,可从以下链接下载 GitHub Desktop:https://desktop.github.com。

1.4.2 备份图书解决方案代码存储库

下面备份图书解决方案代码存储库,步骤如下。

(1) 在用户或 Documents 文件夹中创建名为 Repos 的文件夹,也可在希望存储 Git 存储库的任何地方创建该文件夹。

(2) 在 Visual Studio Code 中打开 Repos 文件夹。

(3) 导航到 View | Terminal,输入以下命令:

```
git clone https://github.com/markjprice/cs9dotnet5.git
```

(4) 备份所有章节的所有解决方案需要一分钟左右的时间，如图1.8所示。

更多信息：有关Visual Studio Code的源代码版本控制的更多信息，请访问链接 https://code.visualstudio.com/Docs/editor/versioncontrol。

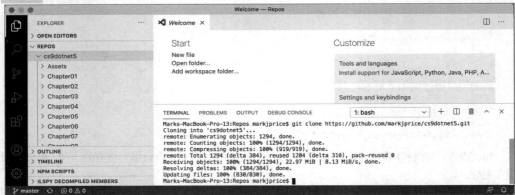

图1.8　备份所有解决方案

1.5　寻求帮助

本节主要讨论如何在网络上查找关于编程的高质量信息。

1.5.1　阅读微软文档

关于微软开发工具和平台帮助的权威资源是Microsoft Docs，参见 https://docs.microsoft.com/。

1.5.2　获取关于dotnet工具的帮助

在命令行，可以向dotnet工具请求有关dotnet命令的帮助。

1) 要在浏览器窗口中打开dotnet new命令的官方文档，请在命令行或Visual Studio Code终端输入以下命令：

```
dotnet help new
```

2) 要在命令行中获得帮助输出，可以使用-h或--help标志，命令如下所示：

```
dotnet new console -h
```

部分输出如下：

```
Console Console Application (C#)
Author: Microsoft
Description: A project for creating a command-line application that can run on .NET Core on
Windows, Linux and macOS
Options:
  -f|--framework  The  target framework for the project.
                      net5.0           - Target net5.0
                      netcoreapp3.1    - Target netcoreapp3.1
```

```
                        netcoreapp3.0      - Target netcoreapp3.0
                        Default: net5.0

  --langVersion         Sets langVersion in the created project file
                        text - Optional

  --no-restore          If specified, skips the automatic restore of the project on create.
                        bool - Optional
                        Default: false / (*) true

* Indicates the value used if the switch is provided without a value.
```

1.5.3　获取类型及其成员的定义

Visual Studio Code 中最有用的快捷键之一是用来表示 Go to Definition 特性的 F12 功能键。这将通过读取已编译的程序集中的元数据来显示类型或成员的公共定义。有些工具，如.NET 反编译工具 ILSpy，甚至可以将元数据和 IL 代码反向工程化为 C#。执行以下步骤：

(1) 在 Visual Studio Code 中打开 HelloCS 文件夹。

(2) 在 Program.cs 的 Main 方法中，输入以下语句，声明一个名为 z 的整型变量：

```
int z;
```

(3) 单击 int 内部，然后按 F12 功能键，或右击并从弹出菜单中选择 Go To Definition。在新出现的代码窗口中，可以看到 int 数据类型是如何定义的，如图 1.9 所示。

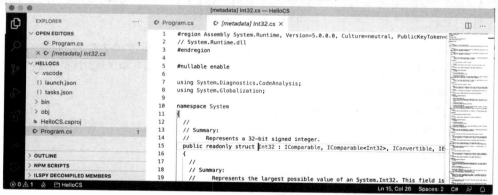

图 1.9　int 数据类型

我们可以看到，int 数据类型
- 是使用 struct 关键字定义的。
- 在 System.Runtime 程序集中。
- 在 System 名称空间中。
- 被命名为 Int32。
- 是 System.Int32 的别名。
- 实现了 IComparable 等接口。
- 最大值和最小值为常数。
- 拥有类似于 Parse 的方法。

最佳实践：当尝试使用 Go to Definition 特性时，有时会看到错误，指示没有找到定义(No definition found)。这是因为 C#扩展不知道当前项目。导航到 View | Command Palette，输入并选择 OmniSharp: Select Project，然后选择要使用的正确项目即可。

现在，Go To Definition 特性似乎不是很有用，因为你还不知道这些术语的含义。

等到阅读完本书的第一部分，你就会对这个特性有足够的了解，使用时也会变得非常方便。

(4) 在代码编辑器窗口中，向下滚动，找到从第 87 行开始的带单个 string 参数的 Parse 方法，如图 1.10 所示。

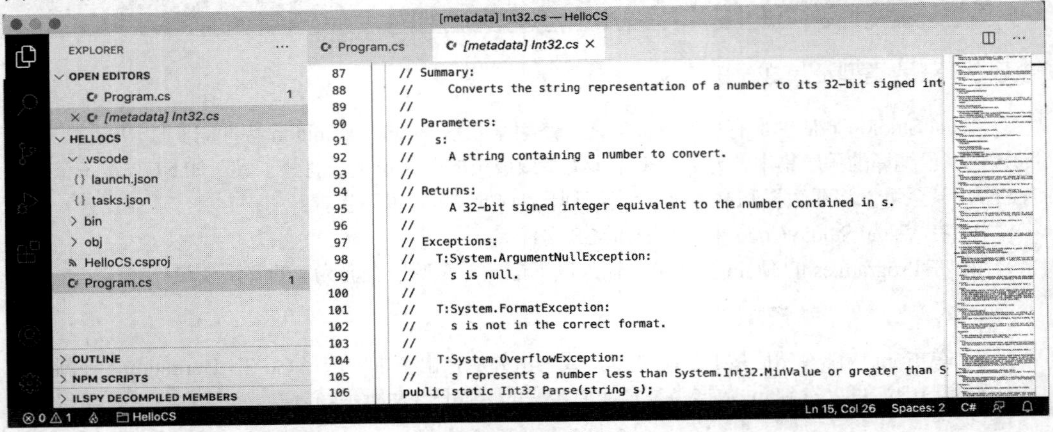

图 1.10　Parse 方法的注释

在注释中，微软记录了调用这个方法后会发生什么异常，包括 ArgumentNullException、FormatException 和 OverflowException。现在，我们知道了需要在 try 语句中封装对这个方法的调用，并且知道了要捕获哪些异常。

你可能已经迫不及待地想要了解这一切意味着什么!

再忍耐一会儿。本章差不多结束了，第 2 章将深入介绍 C#语言的细节。下面我们再看看还可以从哪里寻求帮助。

1.5.4　在 Stack Overflow 上寻找答案

Stack Overflow 是最受欢迎的第三方网站，你可以在上面找到编程难题的答案。Stack Overflow 非常受欢迎，像 DuckDuckGo 这样的搜索引擎有一种特殊的方式来编写查询和搜索网站。执行如下步骤：

(1) 启动喜欢的 Web 浏览器。

(2) 进入 DuckDuckGo.com，输入以下查询，并注意搜索结果，如图 1.11 所示。

```
!so securestring
```

第 1 章　C#与.NET 入门

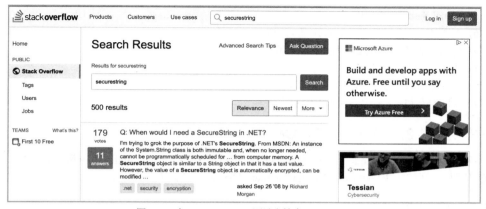

图 1.11　在 Stack Overflow 网站上搜索 securestring

1.5.5　使用谷歌搜索答案

可以使用谷歌提供的高级搜索选项，以增大找到答案的可能性。执行以下步骤：

(1) 导航到谷歌。

(2) 使用简单的谷歌查询搜索关于 garbage collection(垃圾收集)的信息。请注意，你可能会先看到一堆与本地区垃圾回收服务相关的广告，然后才能看到维基百科针对垃圾回收在计算机科学领域的定义。

(3) 可通过将搜索结果限制在有用的站点(如 Stack Overflow)、删除我们可能不关心的语言(如 C++、Rust 和 Python)或显式地添加 C#和.NET 来改进搜索，如下所示：

```
garbage collection site:stackoverflow.com +C# -Java
```

1.5.6　订阅官方的.NET 博客

要想跟上.NET 的最新动态，值得订阅的优秀博客就是.NET 工程团队编写的官方.NET 博客，网址为 https://devblogs.microsoft.com/dotnet/。

1.6　实践和探索

现在尝试回答一些问题，从而测试自己对知识的理解程度，获得一些实际操作经验，并对本章涉及的主题进行更深入的研究。

1.6.1　练习 1.1：测试你掌握的知识

试着回答以下问题，记住，虽然大多数答案可以在本章中找到，但你需要进行一些在线研究或编写一些代码来回答其他问题：

1) 为什么程序员可使用不同的语言(例如 C#和 F#)编写运行在.NET 上的应用程序？
2) 可在提示符中输入什么来创建控制台应用程序？
3) 可在提示符中输入什么来构建和执行 C#源代码？
4) 可在 Visual Studio Code 中使用什么键盘快捷键来查看终端？

19

5) Visual Studio 2019 比 Visual Studio Code 更好吗？
6) .NET Core 比.NET Framework 更好吗？
7) 什么是.NET Standard？为什么它很重要？
8) .NET 控制台应用程序的入口点方法是什么？应该怎么声明？
9) 在哪里寻找关于 C#关键字的帮助？
10) 在哪里寻找常见编程问题的解决方案？

1.6.2 练习 1.2：在任何地方练习 C#

不需要 Visual Studio Code，甚至不需要 Visual Studio 2019 或 Visual Studio 2019 for Mac 就可以编写 C#代码。你可以访问.NET Fiddle(https://dotnetfiddle.net/)并且开始在线编码。

1.6.3 练习 1.3：探索主题

可通过以下链接来阅读关于本章所涉及主题的更多细节。

- Visual Studio Code 文档：https://code.visualstudio.com/docs。
- .NET：https://dotnet.microsoft.com。
- .NET Core Command-Line Interface (CLI)工具：https://aka.ms/dotnet-cli-docs。
- .NET Core 运行时和 CoreCLR：https://github.com/dotnet/runtime。
- .NET Core Roadmap：https://github.com/dotnet/core/blob/master/roadmap.md。
- .NET Standard FAQ：https://github.com/dotnet/standard/blob/master/docs/faq.md。
- Stack Overflow：https://stackoverflow.com/。
- Google Advanced Search：https://www.google.com/advanced_search。
- Microsoft Learn：https://docs.microsoft.com/en-us/learn/。
- .NET Videos：https://dotnet.microsoft.com/learn/videos。
- Microsoft Channel 9 – .NET Videos：https://channel9.msdn.com/Search?term=.net&lang-en=true。

1.7 本章小结

本章设置了开发环境，讨论了.NET 5、.NET Core、.NET Framework、Xamarin 和.NET Standard 的差异，还使用 Visual Studio Code 和.NET Core SDK 创建了一个简单的控制台应用程序，学习了如何从 GitHub 存储库中下载本书的解决方案代码，最重要的是你知道了如何寻求帮助。

第 2 章将学习 C#。

第 2 章
C#编程基础

本章介绍 C#编程语言的基础知识。在本章,你将学习如何使用 C#语法编写语句,还将了解到一些几乎每天都会用到的常用词汇。除此之外,到本章结束时,你将对在计算机内存中临时存储和处理信息充满信心。

本章涵盖以下主题:
- 介绍 C#
- 理解 C#的基础知识
- 使用变量
- 处理空值
- 进一步探索控制台应用程序

2.1 介绍 C#

本书的第一大部分是关于 C#语言的——每天用来编写应用程序源代码的语法和词汇。

编程语言与人类语言有很多相似之处,除了一点:在编程语言中,可以创建自己的单词!

2.1.1 理解语言版本和特性

本书的第一大部分主要是为初学者编写的,因此涵盖了所有开发人员都需要知道的基本主题,从声明变量到存储数据,再到如何定义自己的自定义数据类型。

一些高级和晦涩的主题,如 ref 局部变量的重新分配和具有值类型的引用语义,这里都没有涉及。

本节涵盖 C#语言从版本 1.0 到最新版本 9.0 的所有特性。如果已经对旧版 C#有了一定的了解,并且对最新版本的 C# 9.0 中的新特性很感兴趣,那么建议读者仔细阅读本节的内容。

 更多信息:可通过以下链接了解 C#语言的当前状态——https://github.com/dotnet/roslyn/blob/master/docs/Language%20Feature%20Status.md。

1. C# 1.0

C# 1.0 于 2002 年发布,其中包含了静态类型的面向对象编程语言的所有重要特性,本书第 2~6 章将介绍这些特性。

2. C# 2.0

C# 2.0 是在 2005 年发布的,重点是使用泛型实现强数据类型,以提高代码性能、减少类型错误,其中包含的主题如表2.1所示。

表2.1　C# 2.0中包含的主题

功能	涉及的章节	主题
可空的值类型	第2章	使值类型为空
泛型	第6章	使类型与泛型更加可重用

3. C# 3.0

C# 3.0是在2007年发布的,重点是使用语言集成查询(LINQ)以及匿名类型和lambda表达式等支持声明式编程,其中包含的主题如表2.2所示。

表2.2　C# 3.0中包含的主题

功能	涉及的章节	主题
隐式类型的局部变量	第2章	推断局部变量的类型
LINQ	第12章	所有的主题详见第12章

4. C# 4.0

C# 4.0是在2010年发布的,重点是利用F#和Python等动态语言改进互操作性,其中包含的主题如表2.3所示。

表2.3　C# 4.0中包含的主题

功能	涉及的章节	主题
动态类型	第2章	dynamic类型
命名/可选参数	第5章	可选参数和命名参数

5. C# 5.0

C# 5.0发布于2012年,重点是简化异步操作支持,从而在编写类似于同步语句的语句时自动实现复杂的状态机,其中包含的主题如表2.4所示。

表2.4　C# 5.0中包含的主题

功能	涉及的章节	主题
简化异步任务	第13章	理解async和await

更多信息: 可通过以下链接下载 C#语言规范 5.0 —— https://www.microsoft.com/en-us/download/details.aspx?id = 7029。

6. C# 6.0

C# 6.0于2015年发布,专注于对语言的细微改进,其中包含的主题如表2.5所示。

表 2.5　C# 6.0 中包含的主题

功能	涉及的章节	主题
静态导入	第 2 章	简化了控制台的使用
内插字符串	第 2 章	向用户显示输出
表达式体成员	第 5 章	定义只读属性

　更多信息：可通过以下链接阅读 C#语言规范 6.0 的草案——https://docs.microsoft.com/en-us/dotnet/csharp/language-reference/。

7. C# 7.0

C# 7.0 是在 2017 年 3 月发布的，重点是添加功能语言特性，如元组和模式匹配，还对语言做了细微改进，其中包含的主题如表 2.6 所示。

表 2.6　C# 7.0 中包含的主题

功能	涉及的章节	主题
二进制字面量和数字分隔符	第 2 章	存储整数
模式匹配	第 3 章	利用 if 语句进行模式匹配
out 变量	第 5 章	控制参数的传递方式
元组	第 5 章	将多个值与元组组合在一起
局部函数	第 6 章	定义局部函数

8. C# 7.1

C# 7.1 是在 2017 年 8 月发布的，重点是对语言做了细微改进，其中包含的主题如表 2.7 所示。

表 2.7　C# 7.1 中包含的主题

功能	涉及的章节	主题
默认字面量表达式	第 5 章	使用默认字面量设置字段
推断元组元素的名称	第 5 章	推断元组名称
async Main	第 13 章	改进对控制台应用程序的响应

9. C# 7.2

C# 7.2 是在 2017 年 11 月发布的，重点是对语言做了细微改进，其中包含的主题如表 2.8 所示。

表 2.8　C# 7.2 中包含的主题

功能	涉及的章节	主题
数字字面量中的前导下画线	第 2 章	存储整数
非追踪的命名参数	第 5 章	可选参数和命名参数
private protected 访问修饰符	第 5 章	理解访问修饰符
可以使用元组类型测试==和!=	第 5 章	比较元组

10. C# 7.3

C# 7.3 于 2018 年 5 月发布，主要关注性能导向型的安全代码，并且改进了 ref 变量、指针和

stackalloc。这些都是高级功能，对于大多数开发人员来说很少使用，因此本书不涉及它们。

 更多信息：如果感兴趣，可通过以下链接了解更多详细信息——https://docs.microsoft.com/en-us/dotnet/csharp/whats-new/csharp-7-3。

11. C# 8.0

C# 8.0 于 2019 年 9 月发布，主要关注与空处理相关的语言的重大变化，其中包含的主题如表 2.9 所示。

表 2.9　C# 8.0 中包含的主题

功能	涉及的章节	主题
可空引用类型	第 2 章	使引用类型可空
switch 表达式	第 3 章	使用 switch 表达式简化 switch 语句
默认的接口方法	第 6 章	了解默认的接口方法

12. C# 9.0

C# 9.0 于 2020 年 11 月发布，关注于记录类型、模式匹配的细化以及极简代码(Minimal-Code)控制台应用程序，其中包含的主题如表 2.10 所示。

表 2.10　C# 9.0 中包含的主题

功能	涉及的章节	主题
极简代码控制台应用程序	第 1 章	顶级程序
改进的模式匹配	第 5 章	与对象的模式匹配
记录	第 5 章	操作记录

 更多信息：可通过以下链接了解关于 C# 9.0 新特性的更多信息——https://docs.microsoft.com/en-us/dotnet/csharp/whats-new/csharp-9。

2.1.2　发现 C#编译器版本

在 C# 7.x 中，微软决定加快语言发布的节奏——发布次版本号，也称为点发布。

.NET 语言编译器(对于 C#、Visual Basic 和 F#也称为 Roslyn)和 F#的独立编译器是作为.NET Core SDK 的一部分发布的。要使用特定版本的 C#，就必须至少安装对应版本的.NET Core SDK，如表 2.11 所示。

表 2.11　不同 C#版本对应的.NET Core SDK 版本

.NET Core SDK 版本	Roslyn 版本	C#版本
1.0.4	2.0～2.2	7.0
1.1.4	2.3 和 2.4	7.1
2.1.2	2.6 和 2.7	7.2
2.1.200	2.8～2.10	7.3
3.0	3.0～3.4	8.0
5.0	5.0	9.0

更多信息：可通过以下链接查看版本列表——https://github.com/dot.net/roslyn/wiki/NuGet-packages.md。

下面看看有哪些可用的 C#编译器版本。执行以下步骤：

(1) 启动 Visual Studio Code。
(2) 导航到 View | Terminal。
(3) 要确定可以使用哪个版本的.NET Core SDK，请输入以下命令：

```
dotnet --version
```

(4) 注意，撰写本书时使用的版本是 5.0.100，这是 SDK 的初始版本，没有任何 bug 或新特性，输出如下：

```
5.0.100
```

(5) 要确定可用的 C#编译器版本，请输入以下命令：

```
csc -langversion:?
```

(6) 请注意在撰写本书时所有可用的版本，如下所示：

```
Supported language versions:
default
1
2
3
4
5
6
7.0
7.1
7.2
7.3
8.0
9.0 (default)
latestmajor
preview
latest
```

更多信息：在 Windows 上，执行步骤(3)中的命令时会返回如下错误：名称 csc 不能识别为命令、函数、脚本文件或可执行程序的名称。这个问题的解决方法可参考以下链接中的说明：
https://docs.microsoft.com/en-us/dotnet/csharp/language-reference/compiler-options/command-line-building-with-csc-exe。

2.1.3 启用特定的语言版本编译器

一些开发人员工具，如 Visual Studio Code 和 dotnet 命令行接口，都假设你希望在默认情况下使用 C#语言编译器的最新主版本。所以在 C# 8.0 发布之前，C# 7.0 是最新主版本，于是默认就使用 C# 8.0。要使用 C#次版本(如 C# 7.1、C# 7.2、C# 7.3)中的改进，就必须在项目文件中添加配置元素，如下所示：

```
<LangVersion>7.3</LangVersion>
```

如果微软发布了 C# 9.1 编译器,并且希望使用 C# 9.0 的新语言特性,那就必须在项目文件中添加配置元素,如下所示:

```
<LangVersion>9.1</LangVersion>
```

<LangVersion>的潜在取值如表 2.12 所示。

表 2.12 <LangVersion>的潜在取值

潜在取值	说明
7、7.1、7.2、7.3、8、9	如果已经安装了特定的版本,就使用相应的编译器
latestmajor	使用最高的主版本,例如 2019 年 8 月发布的 C# 7.0、2019 年 10 月发布的 C# 8.0 和 2020 年 11 月发布的 C# 9.0
latest	使用最高的主版本和次版本,例如 2017 年发布的 C# 7.2、2018 年发布的 C# 7.3、2019 年发布的 C# 8.0、2020 年发布的 C# 9.0 以及 2021 年可能发布的 C# 9.1
preview	使用可用的最高预览版本,例如 2020 年 5 月发布的 C# 9.0,其中也会附带安装.NET Core 5.0 Preview 4

使用 dotnet 命令行工具创建新项目后,可以编辑.csproj 文件并添加<LangVersion>元素,如下所示:

```
<Project Sdk="Microsoft.NET.Sdk">
  <PropertyGroup>
    <OutputType>Exe</OutputType>
    <TargetFramework>net5.0</TargetFramework>
    <LangVersion>preview</LangVersion>
  </PropertyGroup>
</Project>
```

项目必须以.net5.0 为目标,这样才能使用 C# 9.0 的全部特性。

如果还没有安装 MSBuild 项目工具,现在就请安装它。安装后,系统即可在你在编辑.csproj 文件时提供智能感知功能,包括轻松添加具有适当值的<LangVersion>元素。

更多信息: 关于 C#语言版本控制的更多信息可参考以下链接——https://docs.microsoft.com/en-us/dotnet/csharp/language-reference/configure-language-version。

2.2 了解 C#基本知识

为了学习 C#,我们需要创建一些简单的应用程序。为了避免过快地提供过多的信息,本书第一大部分的章节将使用最简单的应用程序类型:控制台应用程序。

下面从 C#的语法和词汇基础开始讲解。本章将创建多个控制台应用程序,每个控制台应用程序显示 C#语言的一个特性。我们首先创建一个用来显示编译器版本的控制台应用程序。执行以下步骤:

(1) 如果已经完成了第 1 章,那么用户文件夹中应该有了 Code 文件夹;如果没有,那么需要创建 Code 文件夹。

(2) 创建名为 Chapter02 的子文件夹,再在其中创建名为 Basics 的子文件夹。

(3) 启动 Visual Studio Code 并打开 Chapter02/Basics 文件夹。

第 2 章　C#编程基础

(4) 在 Visual Studio Code 中导航到 View | Terminal，输入以下命令：

```
dotnet new console
```

(5) 在资源管理器中单击 Program.cs 文件，然后单击 Yes 以添加缺少的必需资产。

(6) 打开 Program.cs 文件，导航到文件的顶部，在 using 语句下添加如下语句：

```
#error version
```

(7) 导航到 View | Problems，注意编译器版本和语言版本显示为编译器错误码 CS8304，如图 2.1 所示。

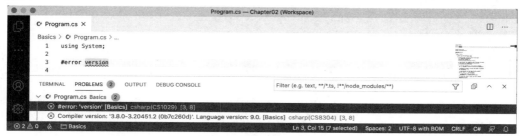

图 2.1　显示的编译器错误码

(8) 注释掉导致编译错误的语句，如下所示：

```
// #error version
```

2.2.1　了解 C#语法

C#语法包括语句和块。要描述代码，可以使用注释。

　最佳实践：注释永远不应该是记录代码的唯一方式。为变量和函数选择合理的名称、编写单元测试和创建文字文档是描述代码的其他方法。

1. 语句

在英语中，人们使用句点来表示句子的结束。句子可由多个单词和短语组成，单词的顺序是语法的一部分。例如，在英语句子 the black cat 中，形容词 black 在名词 cat 之前；而在法语中，含义相同的句子为 le chat noir，形容词 noir 跟在名词 chat 的后面。从这里可以看出，单词的顺序很重要。

C#用分号表示语句的结束。C#语句可以由多个变量和表达式组成。例如，在下面的 C#语句中，totalPrice 是变量，而 subtotal + salesTax 是表达式。

```
var totalPrice = subtotal + salesTax;
```

以上表达式由一个名为 subtotal 的操作数、运算符+和另一个名为 salesTax 的操作数组成。操作数和运算符的顺序很重要。

2. 注释

在编写代码时，可以使用双斜杠//添加注释以解释代码。通过插入//，编译器将忽略//后面的所有内容，直到行尾，如下所示：

```
// sales tax must be added to the subtotal
var totalPrice = subtotal + salesTax;
```

如果按 Ctrl + K + C 组合键来添加注释或按 Ctrl + K + U 组合键来删除注释,那么 Visual Studio Code 将在当前选中行的开头添加或删除注释用的双斜杠。在 macOS 中,对应的方法是按 Cmd 键而不是 Ctrl 键。

要编写多行注释,请在注释的开头使用/*,在结尾使用*/,如下所示:

```
/*
This is a multi-line
comment.
*/
```

3. 块

C#使用花括号{}表示代码块(简称块)。块以声明开始,以指示正在定义什么。例如,块可以定义名称空间、类、方法或语句,稍后详细介绍。

在当前项目中,请注意 C#语法是用 dotnet CLI 工具编写的。在项目模板的语句中添加一些注释,如下所示:

```
using System; // a semicolon indicates the end of a statement

namespace Basics
{ // an open brace indicates the start of a block
  class Program
  {
    static void Main(string[] args)
    {
      Console.WriteLine("Hello World!"); // a statement
    }
  }
} // a close brace indicates the end of a block
```

2.2.2 了解 C#词汇表

C#词汇表由关键字、符号、字符和类型组成。

你在本书中可能看到的一些预定义的保留关键字包括 using、namespace、class、static、int、string、double、bool、if、switch、break、while、do、for 和 foreach。你在本书后面看到的一些符号字符可能包括"、'、+、-、*、/、%、@和$。

默认情况下,Visual Studio Code 以蓝色显示 C#关键字,以便与其他代码区分开来。Visual Studio Code 允许自定义配色方案。执行以下步骤:

(1) 在 Visual Studio Code 中导航到 Code | Preferences | Color Theme (在 Windows 的 File 菜单中),也可按 Ctrl 或 Cmd + K 以及 Ctrl 或 Cmd + T 快捷键。

(2) 选择一种颜色主题。作为参考,这里使用 Light + (default light)颜色主题,这样屏幕截图看起来会更好。

还有一些其他的上下文关键字,它们只在特定的上下文中具有特定的含义。然而,这仍然意味着 C#语言中只有大约 100 个实际的 C#关键字。

英语有超过 250 000 个不同的单词,那么 C#怎么可能只有大约 100 个关键字呢?此外,如果 C#

的单词量仅为英语的 0.04%，那么为什么 C#会如此难学呢？

人类语言和编程语言之间的关键区别是：开发人员需要能够定义具有新含义的新"单词"。除了 C#语言中的大约 100 个关键字之外，本书还将介绍其他开发人员定义的数十万个"单词"中的一些，你将学习如何定义自己的"单词"。

更多信息：全世界的程序员都必须学习英语，因为大多数编程语言使用的都是英语单词，比如 namespace 和 class。有些编程语言使用其他人类语言，如阿拉伯语，但它们很少见。如果感兴趣，下面这段 YouTube 视频展示了一种阿拉伯编程语言：https://youtu.be/dkO8cdwf6v8。

1. 如何编写正确的代码

像记事本这样的纯文本编辑器并不能帮助你写出正确的英语。同样，记事本也不能帮助写出正确的 C#代码。

微软的 Word 软件可以帮助你写英语，Word 软件会用红色波浪线来强调拼写错误，比如 icecream 应该是 ice-cream 或 ice cream；而用蓝色波浪线强调语法错误，比如句子应该使用大写的首字母。

类似地，Visual Studio Code 的 C#扩展可通过突出显示拼写错误(比如方法名 WriteLine 中的 L 应该大写)和语法错误(比如语句必须以分号结尾)来帮助编写 C#代码。

C#扩展不断地监视输入的内容，并通过彩色的波浪线高亮显示问题来提供反馈，这与 Word 软件类似。

下面看看具体是如何运作的。

(1) 在 Program.cs 中，将 WriteLine 方法中的 L 改为小写。

(2) 删除语句末尾的分号。

(3) 导航到 View | Problems，也可按 Ctrl 或 Cmd + Shift + M 快捷键。注意，红色的波浪线出现在错误代码的下方，具体细节显示在 PROBLEMS 窗格中，如图 2.2 所示(本书为黑白印刷，彩色效果可参考在线资源，后面类似情形不再单独说明)。

图 2.2　查看 PROBLEMS 窗格中显示的编译错误

(4) 修复两处编码错误。

2. 动词表示方法

在英语中，动词是动作或行动，例如 run 和 jump。在 C#中，动作或行动被称为方法。C#有成千上万个方法可用。在英语中，动词的写法取决于动作发生的时间。例如，jump 的过去进行时是 was jumping,现在时是 jumps,过去时是 jumped,将来时是 will jump。

在 C#中,像 WriteLine 这样的方法会根据操作的细节改变调用或执行的方式。这称为重载,第 5 章将详细讨论这个问题。但现在,考虑以下示例:

```
// outputs a carriage-return
Console.WriteLine();

// outputs the greeting and a carriage-return
Console.WriteLine("Hello Ahmed");

// outputs a formatted number and date and a carriage-return
Console.WriteLine(
  "Temperature on {0:D} is {1}°C.", DateTime.Today, 23.4);
```

另一个不同的类比是:有些单词的拼写相同,但根据上下文有不同的含义。

3. 名词表示类型、字段和变量

在英语中,名词是指事物的名称。例如,Fido 是一只狗的名字。

在 C#中,等价物是类型、字段和变量。例如,Animal 和 Car 是类型;也就是说,它们是用来对事物进行分类的名词。Head 和 Engine 是字段,它们是属于 Animal 和 Car 的名词。Fido 和 Bob 是变量,也就是说,它们是指代特定事物的名词。

C#有成千上万种可用的类型,但是注意,这里并没有说"C#中有成千上万种类型"。这种差别很细微,但很重要。C#语言只有一些类型关键字,如 string 和 int。严格来说,C#没有定义任何类型。类似于 string(看起来像是类型)的关键字是别名,它们表示运行 C#的平台所提供的类型。

你要知道,C#不能单独存在;毕竟,C#是一种运行在不同.NET 变体上的语言。理论上,可以为 C#编写使用不同平台和底层类型的编译器。实际上,C#的平台是.NET,.NET 为 C#提供了成千上万种类型,包括 System.Int32(int 类型映射的 C#关键字别名)以及许多更复杂的类型,如 System.Xml.Linq.XDocument。

注意,术语 type(类型)与 class(类)很容易混淆。你有没有玩过室内游戏《二十个问题》?在这个游戏中,任何东西都可以归类为动物、蔬菜或矿物。在 C#中,每种类型都可以归类为类、结构体、枚举、接口或委托。C#关键字 string 是类,而 int 是结构体。因此,最好使用术语 type 指代它们两者。

4. 揭示 C#词汇表的范围

我们知道,C#中有大约 100 个关键字,但是有多少类型呢?下面编写一些代码,以便找出简单的控制台应用程序中有多少类型(及方法)可用于 C#。

现在不用担心代码是如何工作的,这里使用了一种叫作反射的技术。执行以下步骤。

(1) 在 Program.cs 文件的顶部添加以下代码:

```
using System.Linq;
using System.Reflection;
```

(2) 在 Main 方法内删除用于写入"Hello World!"的语句,并将它们替换为以下代码:

```
// loop through the assemblies that this app references
foreach (var r in Assembly.GetEntryAssembly()
```

```
    .GetReferencedAssemblies())
{
  // load the assembly so we can read its details
  var a = Assembly.Load(new AssemblyName(r.FullName));

  // declare a variable to count the number of methods
  int methodCount = 0;

  // loop through all the types in the assembly
  foreach (var t in a.DefinedTypes)
  {
    // add up the counts of methods
    methodCount += t.GetMethods().Count();
  }

  // output the count of types and their methods
  Console.WriteLine(
    "{0:N0} types with {1:N0} methods in {2} assembly.",
    arg0: a.DefinedTypes.Count(),
    arg1: methodCount,
    arg2: r.Name);
}
```

(3) 导航到 View | Terminal。
(4) 在终端输入以下命令：

```
dotnet run
```

(5) 运行上述命令后，输出如下，其中显示了在 macOS 上运行时，在最简单的应用程序中可用的类型和方法的实际数量。这里显示的类型和方法的数量可能会根据使用的操作系统而有所不同，如下所示：

```
// Output on Windows
0 types with 0 methods in System.Runtime assembly.
103 types with 1,094 methods in System.Linq assembly.
46 types with 662 methods in System.Console assembly.

// Output on macOS
0 types with 0 methods in System.Runtime assembly.
103 types with 1,094 methods in System.Linq assembly.
57 types with 701 methods in System.Console assembly.
```

(6) 在 Main 方法的顶部添加语句以声明一些变量，如下所示：

```
static void Main(string[] args)
{
  // declare some unused variables using types
  // in additional assemblies
  System.Data.DataSet ds;
  System.Net.Http.HttpClient client;
```

通过声明要在其他程序集中使用类型的变量，应用程序将加载这些程序集，从而允许代码查看其中的所有类型和方法。编译器会警告存在未使用的变量，但这不会阻止代码的运行。

(7) 再次运行控制台应用程序，结果应该如下所示：

```
// Output on Windows
0 types with 0 methods in System.Runtime assembly.
376 types with 6,763 methods in System.Data.Common assembly.
533 types with 5,193 methods in System.Net.Http assembly.
103 types with 1,094 methods in System.Linq assembly.
46 types with 662 methods in System.Console assembly.

// Output on macOS
0 types with 0 methods in System.Runtime assembly.
376 types with 6,763 methods in System.Data.Common assembly.
522 types with 5,141 methods in System.Net.Http assembly.
103 types with 1,094 methods in System.Linq assembly.
57 types with 701 methods in System.Console assembly.
```

现在，你应该可以更好地理解为什么学习 C#是一大挑战，因为有太多的类型和方法需要学习。方法只是类型可以拥有的成员的类别，而其他程序员正在不断地定义新成员！

2.3 使用变量

所有应用程序都要处理数据。数据都是先输入，再处理，最后输出。数据通常来自文件、数据库或用户输入，可以临时放入变量中，这些变量存储在运行程序的内存中。当程序结束时，内存中的数据会丢失。数据通常输出到文件和数据库中，抑或输出到屏幕或打印机。当使用变量时，首先应该考虑它在内存中占了多少空间，其次考虑它的处理速度有多快。

变量可通过选择合适的类型来控制。可以将简单的常见类型(如 int 和 double)视为不同大小的存储盒，其中较小的存储盒占用的内存较少，但处理速度可能没有那么快；例如，在 64 位操作系统中添加 16 位数字的速度，可能不如添加 64 位数字的速度快。这些盒子有的可能堆放在附近，有的可能被扔到更远的一大堆盒子里。

2.3.1 命名和赋值

事物都有命名约定，最好遵循这些约定，如表 2.13 所示。

表 2.13 命名约定

命名约定	示例	适用场合
驼峰样式	cost、orderDetail、dateOfBirth	局部变量、私有字段
标题样式	String、Int32、Cost、DateOfBirth、Run	类型、非私有字段以及其他成员(如方法)

最佳实践：遵循一组一致的命名约定，将使代码更容易被其他开发人员理解(以及将来自己理解)。可通过以下链接找到关于命名约定的更多信息——https://docs.microsoft.com/en-us/dotnet/standard/design-guidelines/naming-guidelines。

下面的代码块显示了一个声明已命名的局部变量并使用=符号为之赋值的示例。注意，可以使用 C# 6.0 中引入的关键字 nameof 来输出变量的名称：

```
// let the heightInMetres variable become equal to the value 1.88
double heightInMetres = 1.88;
```

```
Console.WriteLine($"The variable {nameof(heightInMetres)} has the value
{heightInMetres}.");
```

在上面的代码中，用双引号括起来的消息发生了换行，当你在代码编辑器中输入类似这样的语句时，请将它们全部输到一行中。

字面值

在给变量赋值时，赋予的经常(但不总是)是字面值。什么是字面值呢？字面值是表示固定值的符号。数据类型的字面值有不同的表示法，接下来将列举使用字面符号为变量赋值的示例。

2.3.2 存储文本

对于一些文本，比如单个字母(如 A)，可存储为 char 类型，并在字面值的两边使用单引号来赋值，也可直接赋予函数调用的返回值，如下所示：

```
char letter = 'A'; // assigning literal characters
char digit = '1';
char symbol = '$';

char userChoice = GetKeystroke(); // assigning from a function
```

对于另一些文本，比如多个字母(如 Bob)，可存储为字符串类型，并在字面值的两边使用双引号进行赋值，也可直接赋予为函数调用的返回值，如下所示：

```
string firstName = "Bob"; // assigning literal strings
string lastName = "Smith";
string phoneNumber = "(215) 555-4256";

// assigning a string returned from a function call
string address = GetAddressFromDatabase(id: 563);
```

理解逐字字符串

在字符串变量中存储文本时，可以包括转义序列，转义序列使用反斜杠表示特殊字符，如制表符和新行，如下所示：

```
string fullNameWithTabSeparator = "Bob\tSmith";
```

更多信息：可通过以下链接阅读关于转义序列的更多信息——https://devblogs.microsoft.com/csharpfaq/what-character-escape-sequences-are-available/。

但是，如果要将路径存储到文件中，并且路径中有文件夹的名称以 t 开头，如下所示：

```
string filePath = "C:\televisions\sony\bravia.txt";
```

那么编译器将把\t 转换成制表符，这显然是错误的!
逐字字符串必须加上@符号作为前缀，如下所示：

```
string filePath = @"C:\televisions\sony\bravia.txt";
```

更多信息：可通过以下链接阅读关于逐字字符串的更多信息——https://docs.microsoft.com/en-us/dotnet/csharp/language-reference/token/verbatim。

下面进行总结。
- 字面字符串：用双引号括起来的一些字符。它们可以使用转义字符\t 作为制表符。
- 逐字字符串：以@为前缀的字面字符串，以禁用转义字符，因此反斜杠就是反斜杠。
- 内插字符串：以$为前缀的字面字符串，以支持嵌入式的格式化变量，详见本章后面的内容。

2.3.3 存储数字

数字是希望进行算术计算(如乘法)的数据。例如，电话号码不是数字。要决定是否应该将变量存储为数字，请考虑是需要对数字执行算术运算，还是数字应包含圆括号或连字符等非数字字符，以便将数字格式化为(414)555-1234。在本例中，数字是字符序列，因此应该存储为字符串。

数字可以是自然数，如42，用于计数；也可以是负数，如-42(也称为整数)；另外，它们还可以是实数，例如3.9(带有小数部分)，在计算中称为单精度浮点数或双精度浮点数。

下面探讨数字。执行以下步骤：

(1) 在 Chapter02 文件夹中创建一个名为 Numbers 的新文件夹。
(2) 在 Visual Studio Code 中打开 Numbers 文件夹。
(3) 在终端使用 dotnet new console 命令创建一个新的控制台应用程序。
(4) 在 Main 方法内部输入以下语句，以使用不同的数据类型声明一些数字变量：

```
// unsigned integer means positive whole number
// including 0
uint naturalNumber = 23;

// integer means negative or positive whole number
// including 0
int integerNumber = -23;

// float means single-precision floating point
// F suffix makes it a float literal
float realNumber = 2.3F;

// double means double-precision floating point
double anotherRealNumber = 2.3; // double literal
```

1. 存储整数

计算机把所有东西都存储为位。位的值不是0就是1。这就是所谓的二进制数字系统。人类使用的是十进制数字系统。

十进制数字系统也称为以10为基数的系统，意思是有10个基数，从0到9。虽然十进制数字系统是人类文明最常用的数字基数系统，但其他一些数字基数系统在科学、工程和计算领域也很受欢迎。二进制数字系统以2为基数，也就是说只有两个基数：0和1。

表2.14 显示了计算机如何存储数字10。注意其中8和2所在的列，对应的值是1，所以8+2=10。

表2.14　计算机如何存储数字10

128	64	32	16	8	4	2	1
0	0	0	0	1	0	1	0

十进制数字10在二进制中表示为00001010。

C# 7.0 及更高版本中的两处改进是使用下画线_作为数字分隔符以及支持二进制字面值。可以在数字字面值(包括十进制、二进制和十六进制表示法)中插入下画线，以提高可读性。例如，可以将十进制数字 100 000 写成 1_000_000。

二进制记数法以 2 为基数，只使用 1 和 0，数字字面值的开头是 0b。十六进制记数法以 16 为基数，使用的是 0~9 和 A~F，数字字面值的开头是 0x。

下面在 Main 方法的底部输入如下语句，使用下画线分隔符声明一些数字变量：

```
// three variables that store the number 2 million
int decimalNotation = 2_000_000;
int binaryNotation = 0b_0001_1110_1000_0100_1000_0000;
int hexadecimalNotation = 0x_001E_8480;

// check the three variables have the same value
// both statements output true
Console.WriteLine($"{decimalNotation == binaryNotation}");
Console.WriteLine(
  $"{decimalNotation == hexadecimalNotation}");
```

运行控制台应用程序，注意结果表明三个数字是相同的，如下所示：

```
True
True
```

计算机总是可以使用 int 类型及其兄弟类型(如 long 和 short)精确地表示整数。

2. 存储实数

计算机并不能总是精确地表示浮点数。float 和 double 类型使用单精度和双精度浮点数存储实数。大多数编程语言都实现了 IEEE 浮点运算标准。IEEE 754 是电气和电子工程师协会(IEEE)于 1985 年建立的浮点运算技术标准。

更多信息：如果想深入了解浮点数，可通过以下链接阅读一本优秀的入门教程——https://ciechanow.ski/exposing-floating-point/。

表 2.15 显示了计算机如何用二进制记数法表示数字 12.75。注意其中 8、4、½、¼所在的列，对应的值是 1，所以 8+4+½+¼=12.75。

表2.15 计算机如何存储数字 12.75

128	64	32	16	8	4	2	1	.	1/2	1/4	1/8	1/16
0	0	0	0	1	1	0	0	.	1	1	0	0

十进制数字 12.75 在二进制中表示为 00001100.1100。可以看到，数字 12.75 可以用位精确地表示。然而，有些数字不能用位精确地表示，稍后将探讨这个问题。

3. 编写代码以探索数字的大小

C#提供的名为 sizeof()的操作符可返回类型在内存中使用的字节数。有些类型有名为 MinValue 和 MaxValue 的成员，它们返回可以存储在类型变量中的最小值和最大值。现在，我们将使用这些特性创建一个控制台应用程序来研究数字类型。

(1) 在 Main 方法的内部输入如下语句，显示三种数字数据类型的大小：

```
Console.WriteLine($"int uses {sizeof(int)} bytes and can store numbers in the range
  {int.MinValue:N0} to {int.MaxValue:N0}.");
```

```
Console.WriteLine($"double uses {sizeof(double)} bytes and can store numbers in the range
    {double.MinValue:N0} to {double.MaxValue:N0}.");
Console.WriteLine($"decimal uses {sizeof(decimal)} bytes and can store numbers in the range
    {decimal.MinValue:N0} to {decimal.MaxValue:N0}.");
```

注意，放在双引号中的字符串值必须在一行中输入(这里受限于纸面宽度而发生了换行)，否则将出现编译错误。

(2) 输入 dotnet run 以运行控制台应用程序并查看输出，结果如图 2.3 所示。

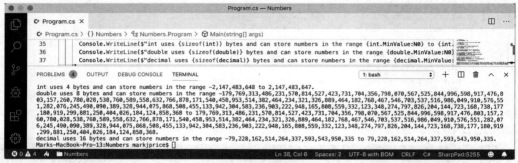

图 2.3　有关数字数据类型的信息

int 变量使用 4 字节的内存，可以存储正数或负数。double 变量使用 8 字节的内存，因而可以存储更大的值！decimal 变量使用 16 字节的内存，虽然可以存储较大的数字，但却不像 double 类型那么大。

你可能会问，为什么 double 变量能比 decimal 变量存储更大的数字，却只占用一半的内存空间呢？现在就去找出答案吧！

4. 比较 double 和 decimal 类型

现在，编写一些代码来比较 double 和 decimal 值。尽管代码不难理解，但我们现在不要担心语法。

(1) 在前面的语句中，声明两个 double 变量，将它们相加并与预期结果进行比较，然后将结果写入控制台，如下所示：

```
Console.WriteLine("Using doubles:");
double a = 0.1;
double b = 0.2;

if (a + b == 0.3)
{
  Console.WriteLine($"{a} + {b} equals 0.3");
}
else
{
  Console.WriteLine($"{a} + {b} does NOT equal 0.3");
}
```

(2) 运行控制台应用程序并查看结果，如下所示：

```
Using doubles:
0.1 + 0.2 does NOT equal 0.3
```

double 类型不能保证值是精确的，因为有些数字不能表示为浮点值。

 更多信息：关于为什么浮点数中不存在 0.1 的原因，详见 https://www.exploringbinary.com/why-0-point-1-does-not-exist-in-floating-point /。

根据经验，应该只在准确性不重要时使用 double 类型，特别是在比较两个数字的相等性时。例如，当测量一个人的身高时。

上述问题可通过计算机如何存储数字 0.1 或 0.1 的倍数来说明。要用二进制表示 0.1，计算机需要在 1/16 列存储 1、在 1/32 列存储 1、在 1/256 列存储 1、在 1/512 列存储 1，以此类推，参见表 2.16，于是小数中的数字 0.1 是 0.00011001100110011…。

表 2.16　数字 0.1 的存储

4	2	1	.	1/2	1/4	1/8	1/16	1/32	1/64	1/128	1/256	1/512	…
0	0	0	.	0	0	0	1	1	0	0	1	1	…

 最佳实践：永远不要使用==比较两个 double 值。在第一次海湾战争期间，美国爱国者导弹系统在计算时使用了 double 值，这种不精确性导致导弹无法跟踪和拦截来袭的伊拉克飞毛腿导弹，详见 https://www.ima.umn.edu/~arnold/disasters/patriot.html。

(3) 复制并粘贴之前编写的语句(使用了 double 变量)。

(4) 修改语句，使用 decimal 并将变量重命名为 c 和 d，如下所示：

```
Console.WriteLine("Using decimals:");
decimal c = 0.1M; // M suffix means a decimal literal value
decimal d = 0.2M;

if (c + d == 0.3M)
{
  Console.WriteLine($"{c} + {d} equals 0.3");
}
else
{
  Console.WriteLine($"{c} + {d} does NOT equal 0.3");
}
```

(5) 运行控制台应用程序并查看结果，输出如下所示：

```
Using decimals:
0.1 + 0.2 equals 0.3
```

decimal 类型是精确的，因为这种类型可以将数字存储为大的整数并移动小数点。例如，可以将 0.1 存储为 1，然后将小数点左移一位。再如，可以将 12.75 存储为 1275，然后将小数点左移两位。

 最佳实践：对整数使用 int 类型进行存储，而对不会与其他值做比较的实数使用 double 类型进行存储。decimal 类型适用于货币、CAD 绘图、一般工程学以及任何对实数的准确性要求较高的场合。

double 类型有一些有用的特殊值：double.NaN 表示不是数字，double.Epsilon 是可以存储在 double 里的最小正数，double.Infinity 意味着无限大的值。

2.3.4 存储布尔值

布尔值只能是如下两个字面值中的一个：true 或 false。

```
bool happy = true;
bool sad = false;
```

它们最常用于分支和循环。你不需要完全理解它们，因为第 3 章会详细介绍它们。

2.3.5 使用 Visual Studio Code 工作区

在创建更多项目之前，下面先讨论一下工作区。

尽管可以继续为每个项目创建和打开单独的文件夹，但同时打开多个文件夹可能很有用。在 Visual Studio 中，名为工作区的特性可以实现这一点。

下面为本章到目前为止创建的两个项目创建工作区。

(1) 在 Visual Studio Code 中导航到 File | Save Workspace As…。

(2) 输入 Chapter02 作为工作区的名称，更改到 Chapter02 文件夹，然后单击 Save 按钮，如图 2.4 所示。

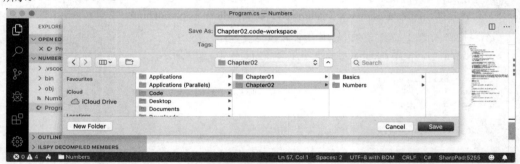

图 2.4 保存工作区

(3) 导航到 File | Add Folder to Workspace…。

(4) 选择 Basics 文件夹，单击 Add 按钮，注意 Basics 和 Numbers 文件夹现在是 Chapter02 工作区的一部分。

 最佳实践： 在使用工作区时，在终端输入命令时要小心。在输入可能具有破坏性的命令之前，请确保处于正确的文件夹中！

2.3.6 存储任何类型的对象

有一种名为 object 的特殊类型，这种类型可以存储任何数据，但这种灵活性是以混乱的代码和可能较差的性能为代价的。由于这两个原因，应该尽可能避免使用 object 类型。

(1) 创建一个名为 Variables 的新文件夹，并将其添加到 Chapter02 工作区中。

(2) 导航到 Terminal | New Terminal。

(3) 选择 Variables 项目，如图 2.5 所示。

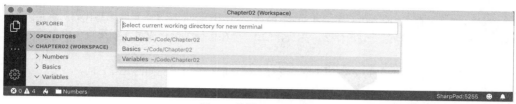

图 2.5　选择 Variables 项目

(4) 输入如下用来创建新控制台应用程序的命令：dotnet new console。
(5) 导航到 View | Command Palette。
(6) 输入并选择 OmniSharp: Select Project。
(7) 选择 Variables 项目，如果出现提示，就单击 Yes 按钮以添加调试所需的资产。
(8) 在资源管理器中，在 Variables 项目中打开 Program.cs。
(9) 在 Main 方法中添加声明语句，并通过 object 类型来使用一些变量，如下所示：

```
object height = 1.88; // storing a double in an object
object name = "Amir"; // storing a string in an object
Console.WriteLine($"{name} is {height} metres tall.");

int length1 = name.Length; // gives compile error!
int length2 = ((string)name).Length; // tell compiler it is a string
Console.WriteLine($"{name} has {length2} characters.");
```

(10) 在终端输入 dotnet run 以执行代码，注意第四条语句不能编译，因为编译器不知道 name 变量的数据类型。
(11) 将注释用的双斜杠添加到不能编译的语句的开头。
(12) 在终端输入 dotnet run 以执行代码。注意，如果程序员明确告诉编译器，object 变量包含字符串，那么编译器可以访问字符串的长度，如下所示：

```
Amir is 1.88 metres tall.
Amir has 4 characters.
```

object 类型自从 C#的第一个版本就已经可用了，但是 C# 2.0 及后续版本有了更好的选择——泛型，参见第 6 章，泛型可提供我们想要的灵活性，但没有性能开销。

2.3.7　动态存储类型

还有一种特殊类型名为 dynamic，可用于存储任何类型的数据，并且灵活性相比 object 类型更强，代价是性能下降了。dynamic 关键字是在 C# 4.0 中引入的。但是，与 object 变量不同的是，存储在 dynamic 变量中的值可以在没有显式进行强制转换的情况下调用成员。

(1) 在 Main 方法中添加如下语句，声明一个 dynamic 变量并为它赋予一个字符串：

```
// storing a string in a dynamic object
dynamic anotherName = "Ahmed";
```

(2) 添加如下语句以获得这个字符串的长度：

```
// this compiles but would throw an exception at run-time
// if you later store a data type that does not have a
// property named Length
int length = anotherName.Length;
```

dynamic 类型存在的限制是，Visual Studio Code 不能显示智能感知来帮助编写代码。这是因为编译器在编译期间不能检查类型是什么。相反，CLR 会在运行时检查成员，如果缺少成员，则抛出异常。

异常是指示出错的一种方式。第 3 章将详细介绍它们，并且说明如何处理它们。

2.3.8 声明局部变量

局部变量是在方法中声明的，它们只在方法执行期间存在，一旦方法返回，分配给任何局部变量的内存都会被释放。

严格地说，值类型会被释放，而引用类型必须等待垃圾收集。第 6 章将介绍值类型和引用类型之间的区别。

1. 指定和推断局部变量的类型

下面进一步探讨使用特定类型声明的局部变量并使用类型推断。

(1) 在 Main 方法中输入如下语句，使用特定的类型声明一些局部变量并赋值：

```
int population = 66_000_000; // 66 million in UK
double weight = 1.88; // in kilograms
decimal price = 4.99M; // in pounds sterling
string fruit = "Apples"; // strings use double-quotes
char letter = 'Z'; // chars use single-quotes
bool happy = true; // Booleans have value of true or false
```

Visual Studio Code 将在每个变量名称的下方显示绿色的波浪线，以警告这个变量虽然已经被赋值了，但它的值从未使用过。

可以使用 var 关键字来声明局部变量。编译器将从在赋值操作符=之后赋予的值推断类型。

没有小数点的字面数字可推断为 int 类型，除非添加 L 后缀，在这种情况下，则会推断为 long 类型。

带有小数点的字面数字可推断为 double 类型，除非添加 M 后缀(在这种情况下，可推断为 decimal 类型)或 F 后缀(这种情况下，则推断为 float 类型)。双引号用来指示字符串变量，单引号用来指示 char 变量，true 和 false 值则被推断为 bool 类型。

(2) 修改前面的语句以使用 var 关键字，如下所示：

```
var population = 66_000_000; // 66 million in UK
var weight = 1.88; // in kilograms
var price = 4.99M; // in pounds sterling
var fruit = "Apples"; // strings use double-quotes
var letter = 'Z'; // chars use single-quotes
var happy = true; // Booleans have value of true or false
```

最佳实践： 虽然使用 var 关键字很方便，但有些开发人员却总是想避免使用它，以便读者更容易理解代码中使用的类型。就我个人而言，我只在类型明显的时候才使用 var 关键字。例如，在下面的代码中，第一条语句与第二条语句都清楚地说明了变量的类型，但是第一条语句明显更短些。另外，第三条语句表述不清楚，所以第四条语句更好些。

(3) 在类文件的顶部，导入一些名称空间，如下所示：

```
using System.IO;
using System.Xml;
```

(4) 继续添加语句以创建一些新的对象,如下所示:

```
// good use of var because it avoids the repeated type
// as shown in the more verbose second statement
var xml1 = new XmlDocument();
XmlDocument xml2 = new XmlDocument();

// bad use of var because we cannot tell the type, so we
// should use a specific type declaration as shown in
// the second statement
var file1 = File.CreateText(@"C:\something.txt");
StreamWriter file2 = File.CreateText(@"C:\something.txt");
```

2. 使用面向类型的 new 实例化对象

在 C# 9.0 中,微软引入了另一种用于实例化对象的语法,称为面向类型的 new。当实例化对象时,可以先指定类型,再使用 new,而不用重复写出类型,如下所示:

```
XmlDocument xml3 = new(); // target-typed new in C# 9.0
```

2.3.9 获取类型的默认值

除了 string 之外,大多数基本类型都是值类型,这意味着它们必须有值。可以使用 default()操作符确定类型的默认值。

string 类型是引用类型。这意味着 string 变量包含值的内存地址而不是值本身。引用类型的变量可以有空值,空值是字面量,表示变量尚未引用任何东西。空值是所有引用类型的默认值。

第 6 章将介绍更多关于值类型和引用类型的知识。

下面看看默认值。

(1) 在 Main 方法中添加如下语句以显示 int、bool、DateTime 和 string 类型的默认值:

```
Console.WriteLine($"default(int) = {default(int)}");
Console.WriteLine($"default(bool) = {default(bool)}");
Console.WriteLine(
  $"default(DateTime) = {default(DateTime)}");
Console.WriteLine(
  $"default(string) = {default(string)}");
```

(2) 运行控制台应用程序并查看结果,输出如下所示(注意,根据不同的时区,日期和时间的输出格式可能会有所不同):

```
default(int) = 0
default(bool) = False
default(DateTime) = 01/01/0001 00:00:00
default(string) =
```

2.3.10 存储多个值

当需要存储同一类型的多个值时,可以声明数组。例如,当需要在 string 数组中存储四个名称时,就可以这样做。

下面的代码可用来为存储四个字符串值的数组分配内存。首先在索引位置 0~3 存储字符串值(数组是从 0 开始计数的,因此最后一项比数组长度小 1)。然后使用 for 语句循环遍历数组中的每一项,详见第 3 章。

下面是使用数组的详细步骤：

(1) 在 Chapter02 文件夹中创建一个名为 Arrays 的新文件夹。
(2) 将 Arrays 文件夹添加到 Chapter02 工作区。
(3) 为 Arrays 项目创建一个新的终端窗口。
(4) 在 Arrays 文件夹中创建一个新的控制台应用程序项目。
(5) 选择 Arrays 作为 OmniSharp 的当前项目。
(6) 在 Arrays 项目中，在 Program.cs 的 Main 方法中添加如下语句，以声明和使用字符串数组：

```
string[] names; // can reference any array of strings

// allocating memory for four strings in an array
names = new string[4];

// storing items at index positions
names[0] = "Kate";
names[1] = "Jack";
names[2] = "Rebecca";
names[3] = "Tom";

// looping through the names
for (int i = 0; i < names.Length; i++)
{
  // output the item at index position i
  Console.WriteLine(names[i]);
}
```

(7) 运行控制台应用程序并注意结果，输出如下所示：

```
Kate
Jack
Rebecca
Tom
```

在分配内存时，数组的大小总是固定的，因此需要在实例化之前确定数组要存储多少项。

数组对于临时存储多个项很有用，但是在动态添加和删除项时，集合是更灵活的选择。现在不需要担心集合，第 8 章会讨论它们。

2.4 处理空值

前面介绍了如何在变量中存储数字之类的基本值。但是，如果变量没有值呢？怎么表示呢？C# 有空值的概念，空值可以用来指示变量没有赋值。

2.4.1 使值类型可空

默认情况下，像 int 和 DateTime 这样的值类型必须总是有值。但有时，例如，当读取存储在数据库中允许的空值或缺失值时，允许值类型为 null 是很方便的，我们称之为可空值类型。

可通过在声明变量时将问号作为后缀添加到类型中来启用这一功能。下面来看一个例子。

(1) 在 Chapter02 文件夹中创建一个名为 NullHandling 的新文件夹。
(2) 将 NullHandling 文件夹添加到 Chapter02 工作区。

(3) 为 NullHandling 项目创建一个新的终端窗口。
(4) 在 NullHandling 文件夹中创建一个新的控制台应用程序项目。
(5) 选择 NullHandling 作为 OmniSharp 的当前项目。
(6) 在 NullHandling 项目中，在 Program.cs 的 Main 方法中添加如下语句，以声明 int 变量并赋值（包括 null）：

```
int thisCannotBeNull = 4;
thisCannotBeNull = null; // compile error!

int? thisCouldBeNull = null;
Console.WriteLine(thisCouldBeNull);
Console.WriteLine(thisCouldBeNull.GetValueOrDefault());

thisCouldBeNull = 7;
Console.WriteLine(thisCouldBeNull);
Console.WriteLine(thisCouldBeNull.GetValueOrDefault());
```

(7) 注释掉出现编译错误的语句。
(8) 运行控制台应用程序并查看结果，输出如下所示：

```
0
7
7
```

第一行是空的，因为输出的是空值！

理解可空引用类型

在许多编程语言中，空值的使用如此普遍，以至于许多有经验的程序员从不怀疑空值的存在。但是在很多情况下，如果不允许变量有空值，就可以编写更好、更简单的代码。

更多信息：null 的发明者 Sir Charles Antony Richard Hoare 在一段长达一小时的录音讲话中承认了自己所犯的错误，详见 https://www.infoq.com/presentations/Null-References-The-Billion-Dollar-Mistake-Tony-Hoare。

C# 8.0 语言中最重要的变化是引入了可空引用类型和不可空引用类型。"但是等一下！"你可能会想，"引用类型已经可以为空了！"

你可能是对的，但是在 C# 8.0 中，可通过设置文件级或项目级选项来启用这一有用的新特性，从而将引用类型配置为不再允许空值。因为这对 C#来说是一个巨大的变化，所以微软决定选择加入这个特性。

这个新的 C#语言特性需要几年的时间才能产生影响，因为有成千上万的现有库包和应用程序仍保持旧的行为。甚至微软也没有时间在所有主要的.NET 5 包中完全实现这个新特性。

更多信息：可通过以下链接阅读关于在.NET 5 中实现 80%注释的更多信息——https://twitter.com/terrajobst/status/1296566363880742917。

在过渡期间，你可以为自己的项目选择如下几种方案。
- 保持默认：不需要更改。不支持不可空引用类型。

- opt-in project，opt-out files：在项目级别启用这一特性，对于需要与旧行为保持兼容的任何文件，选择退出。这是微软内部使用的方案，同时请更新自己的包以使用这个新特性。
- Opt-in files：仅为单个文件启用这一特性。

2.4.2 启用可空引用类型和不可空引用类型

要在项目级别启用这一特性，请将以下内容添加到项目文件中：

```
<PropertyGroup>
  <Nullable>enable</Nullable>
</PropertyGroup>
```

要在文件级别禁用这一特性，请在代码文件的顶部添加以下内容：

```
#nullable disable
```

要在文件级别启用这一特性，请在代码文件的顶部添加以下内容：

```
#nullable enable
```

2.4.3 声明不可为空的变量和参数

如果启用了可空引用类型，并希望为引用类型分配空值，那么使用的语法必须与使值类型为null的相同：在类型声明后添加? 符号。

那么，可空引用类型是如何工作的呢？下面看一个例子。在存储关于地址的信息时，可能希望强制存储街道、城市和地区信息，但建筑物信息可以留空(为 null)。

(1) 在 NullHandling.csproj 中添加一个元素来启用可空引用类型，如下所示：

```
<Project Sdk="Microsoft.NET.Sdk">
  <PropertyGroup>
    <OutputType>Exe</OutputType>
    <TargetFramework>net5.0</TargetFramework>
    <Nullable>enable</Nullable>
  </PropertyGroup>
</Project>
```

(2) 在 Program.cs 文件的顶部添加如下语句以启用可空引用类型：

```
#nullable enable
```

(3) 在 Program.cs 中，在 Program 类上方的 NullHandling 名称空间中添加如下语句，以声明包含四个字段的 Address 类：

```
class Address
{
  public string? Building;
  public string Street;
  public string City;
  public string Region;
}
```

(4) 几秒后，注意 C#扩展会警告像 Street 这样的非空字段有问题，如图 2.6 所示。
(5) 将空字符串值分配给不可空的三个字段，如下所示：

```
public string Street = string.Empty;
```

```
public string City = string.Empty;
public string Region = string.Empty;
```

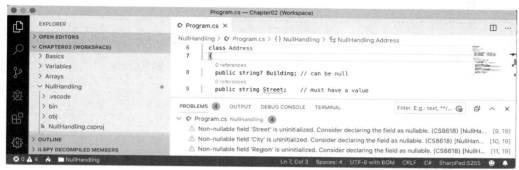

图 2.6　PROBLEMS 窗口中出现了关于不可空字段的警告消息

(6) 在 Main 方法中添加如下语句以实例化 Address 并设置其属性：

```
var address = new Address();
address.Building = null;
address.Street = null;
address.City = "London";
address.Region = null;
```

(7) 观察图 2.7 所示的警告信息。

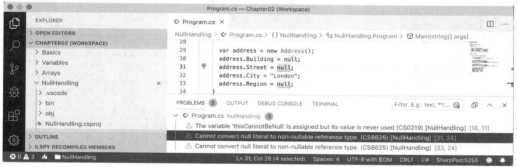

图 2.7　将 null 赋值给不可空字段后出现的警告消息

因此，这就是这一新语言特性被命名为可空引用类型的原因。从 C# 8.0 开始，未修饰的引用类型可以变为不可空，并且使用与值类型相同的语法，从而使引用类型变为可空。

　更多信息：可通过以下链接观看一段视频，了解如何永远摆脱空引用异常——https://channel9.msdn.com/Shows/On-NET/This-is-how-you-get-rid-of-null-reference-exceptions-forever。

2.4.4　检查 null

检查可空引用类型变量或可空值类型变量当前是否包含空值非常重要，因为如果不包含空值，就可能会抛出 NullReferenceException，从而导致错误。应该在使用可空变量之前检查空值，如下所示：

```
// check that the variable is not null before using it
```

```
if (thisCouldBeNull != null)
{
  // access a member of thisCouldBeNull
  int length = thisCouldBeNull.Length; // could throw exception
  ...
}
```

如果试图使用可能为空的变量的成员，请使用空条件运算符?.，如下所示：

```
string authorName = null;

// the following throws a NullReferenceException
int x = authorName.Length;

// instead of throwing an exception, null is assigned to y
int? y = authorName?.Length;
```

更多信息：可通过以下链接阅读关于空条件运算符的更多信息——https://docs.microsoft.com/en-us/dotnet/csharp/language-reference/operators/null-conditional-operators。

有时，我们希望为结果分配一个变量或者使用另一个值，比如 3(假设变量为 null)。为此，可以使用空合并操作符??，如下所示：

```
// result will be 3 if authorName?.Length is null
var result = authorName?.Length ?? 3;
Console.WriteLine(result);
```

更多信息：可通过以下链接了解空合并操作符的更多信息——https://docs.microsoft.com/en-us/dotnet/csharp/language-reference/operators/null-coalescing-operator。

2.5 深入研究控制台应用程序

前面创建并使用了基本的控制台应用程序，下面更深入地研究它们。

控制台应用程序是基于文本的，在命令行中运行。它们通常执行需要编写脚本的简单任务，例如编译文件或加密配置文件的一部分。

同样，它们也可通过传递过来的参数来控制自己的行为。这方面的典型例子是，可使用 F#语言创建一个新的控制台应用程序，并使用指定的名称而不是当前文件夹的名称，如下所示：

```
dotnet new console -lang "F#" --name "ExploringConsole"
```

2.5.1 向用户显示输出

控制台应用程序执行的两个最常见的任务是写入和读取数据。前者使用 WriteLine 方法来输出数据，但是，如果不希望行末有回车符，那么可以使用 Write 方法。

1. 使用编号的位置参数进行格式化

生成格式化字符串的一种方法是使用编号的位置参数。

诸如 Write 和 WriteLine 的方法就支持这一特性，对于不支持这一特性的方法，可以使用 string 类型的 Format 方法对 string 参数进行格式化。

(1) 向 Chapter02 文件夹和工作区新添加一个名为 Formatting 的控制台应用程序项目。
(2) 在 Main 方法中添加如下语句，声明一些数值变量并将它们写入控制台：

```
int numberOfApples = 12;
decimal pricePerApple = 0.35M;

Console.WriteLine(
  format: "{0} apples costs {1:C}",
  arg0: numberOfApples,
  arg1: pricePerApple * numberOfApples);

string formatted = string.Format(
  format: "{0} apples costs {1:C}",
  arg0: numberOfApples,
  arg1: pricePerApple * numberOfApples);

//WriteToFile(formatted); // writes the string into a file
```

WriteToFile 方法是不存在的，这里只是用来说明这种思想。

2. 使用内插字符串进行格式化

C# 6.0 及后续版本有一个方便的特性叫作内插字符串。以$为前缀的字符串可以在变量或表达式的名称两边使用花括号，从而输出变量或表达式在字符串中相应位置的当前值。

(1) 在 Main 方法的底部输入如下语句：

```
Console.WriteLine($"{numberOfApples} apples costs {pricePerApple * numberOfApples:C}");
```

(2) 运行控制台应用程序并查看结果，输出如下所示：

```
12 apples costs £4.20
```

对于短格式的字符串，内插字符串更容易阅读。但是对于本书中的代码示例，一行代码需要跨越多行显示，这可能比较棘手。本书中的许多代码示例将使用编号的位置参数。

2.5.2 理解格式字符串

可以在逗号或冒号之后使用格式字符串对变量或表达式进行格式化。

N0 格式的字符串表示有千位分隔符且没有小数点的数字，而 C 格式的字符串表示货币。货币格式由当前线程决定。例如，如果在英国的个人计算机上运行这段代码，会得到英镑，此时把逗号作为千位分隔符；但如果在德国的个人计算机上运行这段代码，会得到欧元，此时把圆点作为千位分隔符。

格式项的完整语法如下：

```
{ index [, alignment ] [ : formatString ] }
```

每个格式项都有一个对齐选项，这在输出值表时非常有用，其中一些值可能需要在字符宽度内左对齐或右对齐。值的对齐处理的是整数。正整数右对齐，负整数左对齐。

例如，为了输出一张水果表以及每类水果有多少个，你可能希望将名称左对齐到某一 8 字符长的列中，并将格式化为数字的计数值右对齐到另一 6 字符长的列中，列的小数位数为 0。

(1) 在 Main 方法的底部输入如下语句：

```
string applesText = "Apples";
int applesCount = 1234;
```

```
string bananasText = "Bananas";
int bananasCount = 56789;

Console.WriteLine(
  format: "{0,-8} {1,6:N0}",
  arg0: "Name",
  arg1: "Count");

Console.WriteLine(
  format: "{0,-8} {1,6:N0}",
  arg0: applesText,
  arg1: applesCount);

Console.WriteLine(
  format: "{0,-8} {1,6:N0}",
  arg0: bananasText,
  arg1: bananasCount);
```

(2) 运行控制台应用程序,注意对齐后的效果和数字格式,输出如下所示:

```
Name       Count
Apples     1,234
Bananas   56,789
```

更多信息:可通过以下链接阅读关于.NET 中格式化类型的更多细节——https://docs.microsoft.com/en-us/dotnet/standard/base-types/formatting-types。

2.5.3 从用户那里获取文本输入

可以使用 ReadLine 方法从用户那里获取文本输入。ReadLine 方法会等待用户输入一些文本,然后用户一按 Enter 键,用户输入的任何内容都将作为字符串返回。

(1) 在 Main 方法中输入如下语句,询问用户的姓名和年龄,然后输出用户输入的内容:

```
Console.Write("Type your first name and press ENTER: ");
string firstName = Console.ReadLine();

Console.Write("Type your age and press ENTER: ");
string age = Console.ReadLine();

Console.WriteLine(
  $"Hello {firstName}, you look good for {age}.");
```

(2) 运行控制台应用程序。
(3) 输入姓名和年龄,输出如下所示:

```
Type your name and press ENTER: Gary
Type your age and press ENTER: 34
Hello Gary, you look good for 34.
```

2.5.4 导入名称空间

注意,与第 1 章中的第一个应用程序不同,这里没有在 Console 之前输入 System。这是因为 System 是名称空间,类似于类型的地址。

System.Console.WriteLine 告诉编译器在 System 名称空间的 Console 类型中查找 WriteLine 方法。为了简化代码，dotnet new console 命令在代码文件的顶部添加了一条语句，告诉编译器始终在 System 名称空间中查找没有加上名称空间前缀的类型，如下所示：

```
using System;
```

我们称这种操作为导入名称空间。导入名称空间的效果是，名称空间中的所有可用类型都对程序可用，而不需要输入名称空间前缀，在编写代码时名称空间将以智能感知的方式显示。

2.5.5 简化控制台的使用

在 C# 6.0 及更高版本中，可以使用 using 语句进一步简化代码。然后就不需要在整个代码中输入 Console 类型了。可以使用 Visual Studio Code 的 Replace 功能来删除以前编写的 Console 类型。

(1) 在 Program.cs 文件的顶部添加一条语句来静态导入 System.Console 类型，如下所示：

```
using static System.Console;
```

(2) 在代码中选择第一个 Console.，确保选择了单词 Console 之后的句点。

(3) 导航到 Edit | Replace，注意出现了覆盖提示框，输入想要的内容以替换 Console，如图 2.8 所示。

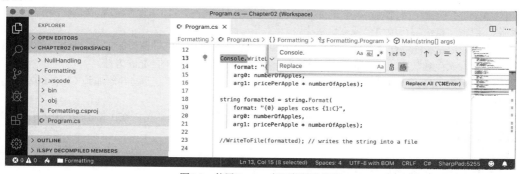

图 2.8 使用 Replace 提示框简化代码

(4) 单击 Replace All 按钮(Replace 输入框右侧的两个按钮中的第二个按钮)，也可按 Alt + A 或 Alt + Cmd + Enter 组合键以替换全部的 Console，然后单击右上角的十字按钮以关闭 Replace 提示框。

2.5.6 获取用户的重要输入

可以使用 ReadKey 方法从用户那里获得重要输入。ReadKey 方法会等待用户输入内容，然后用户按下 Enter 键，用户输入的任何内容都将作为 ConsoleKeyInfo 值返回。

(1) 在 Main 方法中输入如下语句，要求用户按任意组合键，然后输出相关信息：

```
Write("Press any key combination: ");
ConsoleKeyInfo key = ReadKey();
WriteLine();
WriteLine("Key: {0}, Char: {1}, Modifiers: {2}",
  arg0: key.Key,
  arg1: key.KeyChar,
  arg2: key.Modifiers);
```

(2) 运行控制台应用程序,按 K 键并注意结果,输出如下所示:

```
Press any key combination: k
Key: K, Char: k, Modifiers: 0
```

(3) 运行控制台应用程序,按住 Shift 键并按 K 键,然后注意结果,输出如下所示:

```
Press any key combination: K
Key: K, Char: K, Modifiers: Shift
```

(4) 运行控制台应用程序,按 F12 键并注意结果,输出如下所示:

```
Press any key combination:
Key: F12, Char: , Modifiers: 0
```

在 Visual Studio Code 的终端窗口中运行控制台应用程序时,一些按键组合将被代码编辑器或操作系统捕获,然后由应用程序处理。

2.5.7 获取参数

Main 方法中的 string[] args 参数是什么?它们是用于向控制台应用程序传递参数的数组,下面看看它们具体是如何工作的。

命令行参数由空格分隔。其他字符(如连字符和冒号)被视为参数值的一部分。要在实参值中包含空格,请将实参值括在单引号或双引号中。

假设我们希望能够在命令行中输入前景色和背景色的名称以及终端窗口的大小。为此,可从 args 数组中读取颜色和数字,而 args 数组总是被传递给控制台应用程序的 Main 方法。

(1) 为控制台应用程序项目创建一个名为 Arguments 的新文件夹,并将其添加到 Chapter02 工作区中。

(2) 添加一条语句以静态导入 System.Console 类型,再添加一条语句以输出传递给应用程序的参数数量,如下所示:

```
using System;
using static System.Console;

namespace Arguments
{
  class Program
  {
    static void Main(string[] args)
    {
      WriteLine($"There are {args.Length} arguments.");
    }
  }
}
```

 最佳实践:记住在所有项目中静态地导入 System.Console 以简化代码,因为这些指令不会每次都重复。

(3) 运行控制台应用程序并查看结果,输出如下所示:

```
There are 0 arguments.
```

(4) 在终端窗口中，在 dotnet run 命令的后面输入一些参数，如下所示：

```
dotnet run firstarg second-arg third:arg "fourth arg"
```

(5) 输出结果显示有四个参数，如下所示：

```
There are 4 arguments.
```

(6) 要枚举或迭代(也就是循环遍历)这四个参数的值，请在输出数组长度后添加以下语句：

```
foreach (string arg in args)
{
  WriteLine(arg);
}
```

(7) 在终端窗口中，在 dotnet run 命令的后面重复相同的参数，如下所示：

```
dotnet run firstarg second-arg third:arg "fourth arg"
```

(8) 输出结果显示了这四个参数的详细信息，如下所示：

```
There are 4 arguments.
firstarg
second-arg
third:arg
fourth arg
```

2.5.8 使用参数设置选项

现在，这些参数将允许用户为输出窗口选择背景色和前景色，并指定光标的大小。

必须导入 System 名称空间，这样编译器才知道 ConsoleColor 和 Enum 类型。如果在智能感知列表中看不到它们，那么很可能是因为文件的顶部缺少 using System;语句。

(1) 添加语句以警告用户，如果他们不输入完三个参数就解析这些参数并使用它们设置控制台窗口的颜色和光标的大小，系统将发出警告，如下所示：

```
if (args.Length < 3)
{
  WriteLine("You must specify two colors and cursor size, e.g.");
  WriteLine("dotnet run red yellow 50");
  return; // stop running
}

ForegroundColor = (ConsoleColor)Enum.Parse(
  enumType: typeof(ConsoleColor),
  value: args[0],
  ignoreCase: true);

BackgroundColor = (ConsoleColor)Enum.Parse(
  enumType: typeof(ConsoleColor),
  value: args[1],
  ignoreCase: true);

CursorSize = int.Parse(args[2]);
```

(2) 在终端窗口中输入以下命令：

```
dotnet run red yellow 50
```

在 Linux 上，这将正常工作。在 Windows 上，这虽然能够运行，但光标不会改变大小。在 macOS 上，则会出现未处理的异常，如图 2.9 所示。

图 2.9　在 macOS 上出现了未处理的异常

虽然编译器没有给出错误或警告，但是在运行时，一些 API 调用可能在某些平台上失败。虽然在 Linux 上运行的控制台应用程序可以更改光标的大小，但在 macOS 上不能。

2.5.9　处理不支持 API 的平台

如何解决这个问题呢？可以使用异常处理程序。第 3 章将介绍关于 try-catch 语句的更多细节，所以现在只需要输入代码即可。

(1) 修改代码，将更改光标大小的代码行封装到 try 语句中，如下所示：

```
try
{
  CursorSize = int.Parse(args[2]);
}
catch (PlatformNotSupportedException)
{
  WriteLine("The current platform does not support changing the size of the cursor.");
}
```

(2) 重新运行控制台应用程序；注意异常会被捕获，并向用户显示一条友好的消息。

处理操作系统差异的另一种方法是使用 OperatingSystem 类，如下所示：

```
if (OperatingSystem.IsWindows())
{
  // execute code that only works on Windows
}
```

OperatingSystem 类提供了与其他常见操作系统(如 Android、iOS、Linux、macOS 甚至浏览器)相同的方法，这对 Blazor Web 组件很有用。

2.6　实践和探索

你可以通过回答一些问题来测试自己对知识的理解程度，进行一些实践，并深入探索本章涵盖的主题。

2.6.1 练习2.1：测试你掌握的知识

为了得到这些问题的最佳答案，你需要自己做研究。笔者希望你们"跳出书本进行思考"，所以本书故意不提供所有的答案。

我们希望读者养成去别处寻求帮助的好习惯，本书遵循"授人以渔"的原则。

请问，下列"数字"应选择什么类型？

- 一个人的电话号码。
- 一个人的身高。
- 一个人的年龄。
- 一个人的工资。
- 一本书的 ISBN。
- 一本书的价格。
- 一本书的运输重量。
- 一个国家的人口。
- 宇宙中恒星的数量。
- 英国每个中小企业的员工人数(每个企业最多 5 万名员工)。

2.6.2 练习2.2：练习数字的大小和范围

创建一个名为 Exercise02 的控制台应用程序项目，输出以下每种数值类型使用的内存字节数，以及它们可能具有的最小值和最大值：sbyte、byte、short、ushort、int、uint、long、ulong、float、double 和 decimal。

 更多信息：可通过以下链接来了解如何在控制台应用程序中对齐文本——https://docs.microsoft.com/en-us/dotnet/standard/base-types/composite-formatting。

运行控制台应用程序，结果应该如图 2.10 所示。

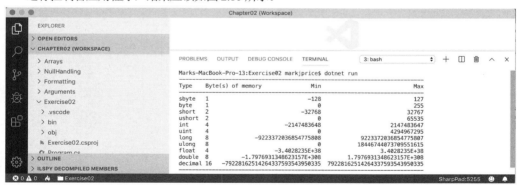

图 2.10　每种数值类型使用的内存字节数和能够表示的数值范围

2.6.3 练习2.3：探索主题

可通过以下链接来阅读本章所涉及主题的更多细节。

- C#关键字：https://docs.microsoft.com/en-us/dotnet/csharp/language-reference/keywords/index。
- Main()方法和命令行参数(C#编程指南)：https://docs.microsoft.com/en-us/dotnet/csharp/programming-guide/main-and-command-args/。
- 类型(C#编程指南)：https://docs.microsoft.com/en-us/dotnet/csharp/programming-guide/types/。
- 语句、表达式和运算符(C#编程指南)：https://docs.microsoft.com/en-us/dotnet/csharp/programming-guide/statements-expressions-operators/。
- 字符串(C#编程指南)：https://docs.microsoft.com/en-us/dotnet/csharp/programming-guide/strings/。
- 可空类型(C#编程指南)：https://docs.microsoft.com/en-us/dotnet/csharp/programming-guide/nullable-types/。
- 可空引用类型：https://docs.microsoft.com/en-us/dotnet/csharp/nullable-references/。
- 控制台类：https://docs.microsoft.com/en-us/dotnet/api/system.console?view=.netcore-3.0。

2.7 本章小结

本章介绍了如何声明具有指定类型或推断类型的变量；讨论了用于数字、文本和布尔值的一些内置类型，如何在数值类型之间进行选择以及类型的可空性；还介绍了如何在控制台应用程序中控制输出格式。

第3章将介绍运算符、分支、循环和类型转换。

第 3 章
控制程序流程和转换类型

本章的内容主要是一些编码实践,其中包括编写代码、对变量执行简单的操作、做出决策、重复执行语句块、将变量或表达式值从一种类型转换为另一种类型、处理异常以及在数值变量中检查溢出。

本章涵盖以下主题:
- 操作变量
- 理解选择语句
- 理解迭代语句
- 类型转换
- 处理异常
- 检查溢出

3.1 操作变量

运算符可将简单的操作(如加法和乘法)应用于操作数(如变量和字面值)。它们通常返回一个新值,作为分配给变量的操作的结果。

大多数运算符是二元的,这意味着它们可以处理两个操作数,如下所示:

```
var resultOfOperation = firstOperand operator secondOperand;
```

有些运算符是一元的,也就是说,它们只能作用于一个操作数,并且可以在这个操作数之前或之后应用,如下所示:

```
var resultOfOperation = onlyOperand operator;
var resultOfOperation2 = operator onlyOperand;
```

一元运算符可用于递增操作以及检索类型或大小(以字节为单位),如下所示:

```
int x = 5;
int incrementedByOne = x++;
int incrementedByOneAgain = ++x;
Type theTypeOfAnInteger = typeof(int);
int howManyBytesInAnInteger = sizeof(int);
```

三元运算符则作用于三个操作数,如下所示:

```
var resultOfOperation = firstOperand firstOperator
secondOperand secondOperator thirdOperand;
```

3.1.1 一元运算符

有两个常用的一元运算符,它们可用于递增(++)和递减(--)数字。下面通过一些示例来说明它们的工作方式。

(1) 如果完成了前面的章节，那么 user 文件夹中应该已经有了 Code 文件夹。如果没有，就创建 Code 文件夹。

(2) 在 Code 文件夹中创建一个名为 Chapter03 的文件夹。

(3) 启动 Visual Studio Code，关闭任何打开的工作区或文件夹。

(4) 将当前工作区保存在 Chapter03 文件夹中，命名为 Chapter03.code-workspace。

(5) 创建一个名为 Operators 的新文件夹，并将其添加到 Chapter03 工作区。

(6) 导航到 Terminal | New Terminal。

(7) 在终端窗口中输入命令，从而在 Operators 文件夹中创建新的控制台应用程序。

(8) 打开 Program.cs。

(9) 静态导入 System.Console 名称空间。

(10) 在 Main 方法中，声明两个名为 a 和 b 的整型变量，将 a 设置为 3，在将结果赋值给 b 的同时增加 a，然后输出它们的值，如下所示：

```
int a = 3;
int b = a++;
WriteLine($"a is {a}, b is {b}");
```

(11) 在运行控制台应用程序之前，问自己一个问题：当输出时，b 的值是多少？考虑到这一点后，运行控制台应用程序，并将预测结果与实际结果进行比较，如下所示：

```
a is 4, b is 3
```

变量 b 的值为 3，因为++运算符在赋值后执行；这称为后缀运算符。如果需要在赋值之前递增，那么可以使用前缀运算符。

(12) 复制并粘贴语句，然后修改它们以重命名变量，并使用前缀运算符，如下所示：

```
int c = 3;
int d = ++c; // increment c before assigning it
WriteLine($"c is {c}, d is {d}");
```

(13) 重新运行控制台应用程序并观察结果，输出如下所示：

```
a is 4, b is 3
c is 4, d is 4
```

最佳实践：由于递增、递减运算符与赋值运算符在前缀和后缀方面容易让人混淆，Swift 编程语言的设计者决定在 Swift 3 中取消对递增、递减运算符的支持。建议在 C#中不要将++和--运算符与赋值运算符=结合使用。可将操作作为单独的部件执行。

3.1.2 二元算术运算符

递增和递减运算符是一元算术运算符。其他算术运算符通常是二元的，允许对两个数字执行算术运算。

(1) 将如下语句添加到 Main 方法的底部，对两个整型变量 e 和 f 进行声明并赋值，然后对这两个变量执行 5 种常见的二元算术运算：

```
int e = 11;
int f = 3;
WriteLine($"e is {e}, f is {f}");
```

```
WriteLine($"e + f = {e + f}");
WriteLine($"e - f = {e - f}");
WriteLine($"e * f = {e * f}");
WriteLine($"e / f = {e / f}");
WriteLine($"e % f = {e % f}");
```

(2) 重新运行控制台应用程序并观察结果,输出如下所示:

```
e is 11, f is 3
e + f = 14
e - f = 8
e * f = 33
e / f = 3
e % f = 2
```

为了理解将除法/和取模%运算符应用到整数时的情况,需要回想一下小学课程。假设有 11 颗糖果和 3 名小朋友。怎么把这些糖果分给这些小朋友呢?可以给每个小朋友分 3 颗糖果,还剩下两颗。剩下的两颗糖果是模数,也称余数。如果有 12 颗糖果,那么每个小朋友正好可以分得 4 颗,所以余数是 0。

(3) 添加如下语句,声明名为 g 的 double 变量并赋值,以显示整数和整数相除与整数和实数相除的差别:

```
double g = 11.0;
WriteLine($"g is {g:N1}, f is {f}");
WriteLine($"g / f = {g / f}");
```

(4) 重新运行控制台应用程序并观察结果,输出如下所示:

```
g is 11.0, f is 3
g / f = 3.6666666666666665
```

如果第一个操作数是浮点数,比如变量 g,值为 11.0,那么除法运算符也将返回一个浮点数(比如 3.6666666666666665)而不是整数。

3.1.3 赋值运算符

前面已经使用了最常用的赋值运算符=。

为了使代码更简洁,可以把赋值运算符和算术运算符等其他运算符结合起来,如下所示:

```
int p = 6;
p += 3; // equivalent to p = p + 3;
p -= 3; // equivalent to p = p - 3;
p *= 3; // equivalent to p = p * 3;
p /= 3; // equivalent to p = p / 3;
```

3.1.4 逻辑运算符

逻辑运算符对布尔值进行操作,因此它们返回 true 或 false。下面研究一下用于操作两个布尔值的二元逻辑操作符。

(1) 创建一个新的文件夹和名为 BooleanOperators 的控制台应用程序,并将它们添加到 Chapter03 工作区。记得使用 Command Palette 选择 BooleanOperators 作为当前项目。

最佳实践:记得静态导入 System.Console 类,这样可以简化控制台应用程序中的语句。

(2) 在 Program.cs 的 Main 方法中添加语句以声明两个布尔变量，它们的值分别为 true 和 false，然后输出真值表，显示应用 AND、OR 和 XOR(exclusive OR)逻辑运算符之后的结果，如下所示：

```
bool a = true;
bool b = false;
WriteLine($"AND | a      | b ");
WriteLine($"a   | {a & a,-5} | {a & b,-5} ");
WriteLine($"b   | {b & a,-5} | {b & b,-5} ");
WriteLine();
WriteLine($"OR  | a      | b ");
WriteLine($"a   | {a | a,-5} | {a | b,-5} ");
WriteLine($"b   | {b | a,-5} | {b | b,-5} ");
WriteLine();
WriteLine($"XOR | a      | b ");
WriteLine($"a   | {a ^ a,-5} | {a ^ b,-5} ");
WriteLine($"b   | {b ^ a,-5} | {b ^ b,-5} ");
```

(3) 运行控制台应用程序并观察结果，输出如下所示：

```
AND | a     | b
a   | True  | False
b   | False | False
OR  | a     | b
a   | True  | True
b   | True  | False
XOR | a     | b
a   | False | True
b   | True  | False
```

对于 AND 逻辑运算符&，如果结果为 true，那么两个操作数都必须为 true。对于 OR 逻辑操作符|，如果结果为 true，那么两个操作数中至少有一个为 true。对于 XOR 逻辑运算符^，如果结果为 true，那么任何一个操作数都可以为 true (但不能两个同时为 true)。

更多信息：可通过如下链接阅读真值表——https://en.wikipedia.org/wiki/Truth_table。

3.1.5 条件逻辑运算符

条件逻辑运算符类似于逻辑运算符，但需要使用两个符号而不是一个符号。例如，需要使用&&而不是&，以及使用||而不是|。

第 4 章将详细介绍函数，但是现在需要简单介绍一下函数以解释条件逻辑运算符(也称为短路布尔运算符)。

函数会执行语句，然后返回一个值。这个值可以是布尔值，如 true，从而在布尔操作中使用。下面举例说明如何使用条件逻辑运算符：

(1) 在 Main 方法之后声明一个函数，用于向控制台写入消息并返回 true，如下所示：

```
class Program
{
  static void Main(string[] args)
  {
    ...
```

```
        }

        private static bool DoStuff()
        {
          WriteLine("I am doing some stuff.");
          return true;
        }
}
```

(2) 在 Main 方法的底部,对变量 a 和 b 以及函数的调用结果执行 AND 操作,如下所示:

```
WriteLine($"a & DoStuff() = {a & DoStuff()}");
WriteLine($"b & DoStuff() = {b & DoStuff()}");
```

(3) 运行控制台应用程序,查看结果,注意函数被调用了两次,一次是为变量 a,另一次是为变量 b,输出如下所示:

```
I am doing some stuff.
a & DoStuff() = True
I am doing some stuff.
b & DoStuff() = False
```

(4) 将代码中的&运算符改为&&运算符,如下所示:

```
WriteLine($"a && DoStuff() = {a && DoStuff()}");
WriteLine($"b && DoStuff() = {b && DoStuff()}");
```

(5) 运行控制台应用程序,查看结果,注意函数在与变量 a 合并时会运行,但函数在与变量 b 合并时不会运行。因为变量 b 为 false,结果为 false,所以不需要执行函数,输出如下所示:

```
I am doing some stuff.
a && DoStuff() = True
b && DoStuff() = False // DoStuff function was not executed!
```

最佳实践:你现在可以看出为什么将条件逻辑运算符描述为短路布尔运算符了。它们可以使应用程序更高效,并且会在假定函数总是被调用的情况下引入一些细微的 bug。最安全的办法是避开它们。

更多信息:可通过以下链接了解条件逻辑运算符的副作用——https://en.wikipedia.org/wiki/Side_effect_(computer_science)。

3.1.6　按位和二元移位运算符

按位运算符影响的是数字中的位。二元移位运算符相比传统运算符能够更快地执行一些常见的算术运算。

下面研究按位和二元移位运算符。

(1) 创建一个名为 BitwiseAndShiftOperators 的新文件夹和一个控制台应用程序项目,并将这个项目添加到工作区。

(2) 向 Main 方法添加如下语句,声明两个整型变量,值分别为 10 和 6,然后输出应用 AND、OR 和 XOR 按位运算符后的结果:

```
int a = 10; // 0000 1010
int b = 6;  // 0000 0110
```

```
WriteLine($"a = {a}");
WriteLine($"b = {b}");
WriteLine($"a & b = {a & b}"); // 2-bit column only
WriteLine($"a | b = {a | b}"); // 8, 4, and 2-bit columns
WriteLine($"a ^ b = {a ^ b}"); // 8 and 4-bit columns
```

(3) 运行控制台应用程序并观察结果，输出如下所示：

```
a = 10
b = 6
a & b = 2
a | b = 14
a ^ b = 12
```

(4) 向 Main 方法中添加如下语句，应用左移操作符并输出结果：

```
// 0101 0000 left-shift a by three bit columns
WriteLine($"a << 3 = {a << 3}");

// multiply a by 8
WriteLine($"a * 8 = {a * 8}");

// 0000 0011 right-shift b by one bit column
WriteLine($"b >> 1 = {b >> 1}");
```

(5) 运行控制台应用程序并观察结果，输出如下所示：

```
a << 3 = 80
a * 8 = 80
b >> 1 = 3
```

将变量 a 左移 3 位相当于乘以 8，而将变量 b 右移 1 位相当于除以 2。

3.1.7 其他运算符

处理类型时，nameof 和 sizeof 是十分常用的运算符。

- **nameof** 运算符以字符串的形式返回变量、类型或成员的短名称(没有名称空间)，这在输出异常消息时非常有用。
- **sizeof** 运算符返回简单类型的字节大小，这对于确定数据存储的效率很有用。

还有其他很多运算符。例如，变量与其成员之间的点称为成员访问运算符，函数或方法名末尾的圆括号称为调用运算符，示例如下：

```
int age = 47;

// How many operators in the following statement?
char firstDigit = age.ToString()[0];

// There are four operators:
// = is the assignment operator
// . is the member access operator
// () is the invocation operator
// [] is the indexer access operator
```

更多信息：可通过以下链接了解关于这些运算符的更多信息——https://docs.microsoft.com/en-us/dotnet/csharp/language-reference/operators/member-access-operators。

3.2 理解选择语句

每个应用程序都需要能够从选项中进行选择，并沿着不同的代码路径进行分支。C#中的两个选择语句是if和switch。可以对所有代码使用if语句，但是switch语句可以在一些常见的场景中简化代码，例如当一个变量有多个值，而每个值都需要进行不同的处理时。

3.2.1 使用if语句进行分支

if语句通过计算布尔表达式来确定要执行哪个分支。如果布尔表达式为true，就执行if语句块，否则执行else语句块。if语句可以嵌套。

if语句也可与其他if语句以及else if分支结合使用，如下所示：

```
if (expression1)
{
  // runs if expression1 is true
}
else if (expression2)
{
  // runs if expression1 is false and expression2 if true
}
else if (expression3)
{
  // runs if expression1 and expression2 are false
  // and expression3 is true
}
else
{
  // runs if all expressions are false
}
```

每个if语句的布尔表达式都独立于其他语句，而不像switch语句那样需要引用单个值。

下面创建一个控制台应用程序来研究if语句。

(1) 创建一个文件夹和一个名为SelectionStatements的控制台应用程序项目，并将这个项目添加到工作区。

(2) 在Main方法中添加以下语句，检查是否有参数传递给这个控制台应用程序：

```
if (args.Length == 0)
{
  WriteLine("There are no arguments.");
}
else
{
  WriteLine("There is at least one argument.");
}
```

(3) 在终端窗口中输入以下命令，运行控制台应用程序：

```
dotnet run
```

3.2.2 if语句为什么应总是使用花括号

由于每个语句块中只有一条语句，因此前面的代码可以不使用花括号来编写，如下所示：

```
if (args.Length == 0)
  WriteLine("There are no arguments.");
else
  WriteLine("There is at least one argument.");
```

你应该避免使用这种 if 语句，因为可能引入严重的缺陷。例如，苹果的 iOS 操作系统中就存在臭名昭著的#gotofail 缺陷。2012 年 9 月，在 iOS 6 发布了 18 个月之后，其 SSL(Secure Sockets Layer，安全套接字层)加密代码出现了漏洞，这意味着任何用户在运行 iOS 6 设备上的网络浏览器 Safari 时，如果试图连接到安全的网站，比如银行，将得不到适当的安全保护，因为不小心跳过了一项重要检查。

更多信息：可通过以下链接进一步了解这个臭名昭著的缺陷——https://gotofail.com/。

你不能仅仅因为可以省去花括号就真的这样做。没有了它们，代码不会"更有效率"；相反，代码的可维护性会更差，而且可能更危险。

3.2.3 模式匹配与 if 语句

模式匹配是 C# 7.0 及其后续版本引入的一个特性。if 语句可以将 is 关键字与局部变量声明结合起来使用，从而使代码更加安全。

(1) 将如下语句添加到 Main 方法的末尾。这样，如果存储在变量 o 中的值是 int 类型，就将值分配给局部变量 i，然后可以在 if 语句中使用局部变量 i。这比使用变量 o 更安全，因为可以确定 i 是 int 变量。

```
// add and remove the "" to change the behavior
object o = "3";
int j = 4;

if (o is int i)
{
  WriteLine($"{i} x {j} = {i * j}");
}
else
{
  WriteLine("o is not an int so it cannot multiply!");
}
```

(2) 运行控制台应用程序并查看结果，输出如下所示：

```
o is not an int so it cannot multiply!
```

(3) 删除 3 两边的双引号字符，从而使变量 o 中存储的值是 int 类型而不是 string 类型。
(4) 重新运行控制台应用程序并查看结果，输出如下所示：

```
3 x 4 = 12
```

3.2.4　使用 switch 语句进行分支

switch 语句与 if 语句不同，因为前者会对单个表达式与多个可能的 case 语句进行比较。每个 case 语句都与单个表达式相关。每个 case 部分必须以如下内容结尾：

- break 关键字(比如下面代码中的 case 1)。
- 或者 goto case 关键字(比如下面代码中的 case 2)。
- 或者没有语句(比如下面代码中的 case 3)。
- 或者 return 关键字，以退出当前函数(下面的代码中未显示这种情况)。

下面编写一些代码来研究 switch 语句。

(1) 在前面编写的 if 语句之后，为 switch 语句输入一些代码。注意，第一行是一个可以跳转到的标签，第二行将生成一个随机数。switch 语句将根据这个随机数的值进行分支，如下所示：

```
A_label:
var number = (new Random()).Next(1, 7);
WriteLine($"My random number is {number}");

switch (number)
{
  case 1:
    WriteLine("One");
    break; // jumps to end of switch statement
  case 2:
    WriteLine("Two");
    goto case 1;
  case 3:
  case 4:
    WriteLine("Three or four");
    goto case 1;
  case 5:
    // go to sleep for half a second
    System.Threading.Thread.Sleep(500);
    goto A_label;
  default:
    WriteLine("Default");
    break;
} // end of switch statement
```

最佳实践：可以使用 goto 关键字跳转到另一个 case 或标签。goto 关键字并不为大多数程序员所接受，但在某些情况下，这是一种很好的代码逻辑解决方案。请谨慎使用 goto 关键字。

更多信息：可通过以下链接阅读有关 goto 关键字的更多信息——https://docs.microsoft.com/en-us/dotnet/csharp/language-reference/keywords/goto。

(2) 多次运行控制台应用程序，以查看对于不同的随机数会发生什么，输出示例如下：

```
bash-3.2$ dotnet run
My random number is 4
Three or four
One
bash-3.2$ dotnet run
My random number is 2
```

```
Two
One
bash-3.2$ dotnet run
My random number is 1
One
```

3.2.5 模式匹配与 switch 语句

与 if 语句一样,switch 语句在 C# 7.0 及更高版本中支持模式匹配。case 值不再必须是字面值,还可以是模式。

下面看一个使用文件夹路径与 switch 语句匹配的模式示例。如果使用的是 macOS,那么交换设置 path 变量的注释语句,并将笔者的用户名替换为读者的用户文件夹名。

(1) 将以下语句添加到文件的顶部,以导入用于处理输入输出的类型:

```
using System.IO;
```

(2) 在 Main 方法的末尾添加如下语句以声明文件的字符串路径,将其作为只读流或可写流打开,然后根据流的类型和功能显示消息:

```
// string path = "/Users/markjprice/Code/Chapter03";
string path = @"C:\Code\Chapter03";

Write("Press R for readonly or W for write: ");
ConsoleKeyInfo key = ReadKey();
WriteLine();

Stream s = null;

if (key.Key == ConsoleKey.R)
{
  s = File.Open(
    Path.Combine(path, "file.txt"),
    FileMode.OpenOrCreate,
    FileAccess.Read);
}
else
{
  s = File.Open(
    Path.Combine(path, "file.txt"),
    FileMode.OpenOrCreate,
    FileAccess.Write);
}

string message = string.Empty;

switch (s)
{
  case FileStream writeableFile when s.CanWrite:
    message = "The stream is a file that I can write to.";
    break;
  case FileStream readOnlyFile:
    message = "The stream is a read-only file.";
    break;
  case MemoryStream ms:
```

```
      message = "The stream is a memory address.";
      break;
    default: // always evaluated last despite its current position
      message = "The stream is some other type.";
      break;
    case null:
      message = "The stream is null.";
      break;
}
WriteLine(message);
```

(3) 运行控制台应用程序并注意，名为 s 的变量被声明为 Stream 类型，因而可以是流的任何子类型，比如内存流或文件流。在上面这段代码中，流是使用 File.Open 方法创建的文件流。由于使用了 FileMode，而文件流是可写的或只读的，因此我们得到一条描述情况的消息，如下所示：

```
The stream is a file that I can write to.
```

在.NET 中，还有多种类型的流，包括 FileStream 和 MemoryStream。在 C# 7.0 及后续版本中，代码可以基于流的子类型更简洁地进行分支，可以声明并分配本地变量以安全地使用流。第 9 章将详细介绍 System.IO 名称空间和 Stream 类型。

此外，case 语句可以包含 when 关键字以执行更具体的模式匹配。观察前面的步骤(2)，在第一个 case 子句中，只有当流是 FileStream 且 CanWrite 属性为 true 时，s 变量才是匹配的。

 更多信息：可通过以下链接阅读关于模式匹配的更多信息——https://docs.microsoft.com/en-us/dotnet/csharp/pattern-matching。

3.2.6　使用 switch 表达式简化 switch 语句

在 C# 8.0 及更高版本中，可以使用 switch 表达式简化 switch 语句。

大多数 switch 语句都非常简单，但是它们需要大量的输入。switch 表达式的设计目的是简化需要输入的代码，同时仍然表达相同的意图。所有 case 子句都将返回一个值以设置单个变量。switch 表达式使用=>来表示返回值。

下面实现前面使用 switch 语句的代码，这样就可以比较这两种风格了。

(1) 在 Main 方法的末尾添加如下语句，根据流的类型和功能，使用 switch 表达式设置消息：

```
message = s switch
{
  FileStream writeableFile when s.CanWrite
    => "The stream is a file that I can write to.",
  FileStream readOnlyFile
    => "The stream is a read-only file.",
  MemoryStream ms
    => "The stream is a memory address.",
  null
    => "The stream is null.",
  _
    => "The stream is some other type."
};
WriteLine(message);
```

区别主要是去掉了 case 和 break 关键字。下画线字符用于表示默认的返回值。

(2) 运行控制台应用程序，注意结果与前面相同。

更多信息：可通过以下链接阅读关于模式和 switch 表达式的更多信息——https://devblogs. microsoft.com/dotnet/do-more-with-patterns-in-c-8-0/。

3.3 理解迭代语句

当条件为真时，迭代语句会重复执行语句块，或为集合中的每一项重复执行语句块。具体使用哪种循环语句则取决于解决逻辑问题的易理解性和个人偏好。

3.3.1 while 循环语句

while 循环语句会对布尔表达式求值，并在布尔表达式为 true 时继续循环。

(1) 创建一个新的文件夹和一个名为 IterationStatements 的控制台应用程序项目，并将这个项目添加到工作区。

(2) 在 Main 方法中输入以下代码：

```
int x = 0;

while (x < 10)
{
  WriteLine(x);
  x++;
}
```

(3) 运行控制台应用程序并查看结果，结果应该是数字 0~9，如下所示：

3.3.2 do 循环语句

do 循环语句与 while 循环语句类似，只不过布尔表达式是在语句块的底部而不是顶部进行检查的，这意味着语句块总是至少执行一次。

(1) 在 Main 方法的后面输入以下代码：

```
string password = string.Empty;

do
{
  Write("Enter your password: ");
  password = ReadLine();
}
while (password != "Pa$$w0rd");
```

```
WriteLine("Correct!");
```

(2) 运行控制台应用程序，程序将重复提示输入密码，直到输入的密码正确为止，如下所示：

```
Enter your password: password
Enter your password: 12345678
Enter your password: ninja
Enter your password: correct horse battery staple
Enter your password: Pa$$w0rd
Correct!
```

(3) 作为一项额外的挑战，可添加语句，使用户在显示错误消息之前只能尝试输入密码 10 次。

3.3.3　for 循环语句

for 循环语句与 while 循环语句类似，只是更简洁。for 循环语句结合了如下表达式：
- 初始化表达式，它在循环开始时执行一次。
- 条件表达式，它在循环开始后的每次迭代中执行，以检查循环是否应该继续。
- 迭代器表达式，它在每个循环的底部语句中执行。

for 循环语句通常与整数计数器一起使用。

(1) 输入如下 for 循环语句，输出数字 1～10：

```
for (int y = 1; y <= 10; y++)
{
  WriteLine(y);
}
```

(2) 运行控制台应用程序并查看结果，结果应该是数字 1～10。

3.3.4　foreach 循环语句

foreach 循环语句与前面的三种循环语句稍有不同。foreach 循环语句用于对序列(例如数组或集合)中的每一项执行语句块。序列中的每一项通常是只读的，如果在循环期间修改序列结构，如添加或删除项，将抛出异常。

(1) 使用类型语句创建一个字符串变量数组，然后输出每个字符串变量的长度，如下所示：

```
string[] names = { "Adam", "Barry", "Charlie" };

foreach (string name in names)
{
  WriteLine($"{name} has {name.Length} characters.");
}
```

(2) 运行控制台应用程序并查看结果，输出如下所示：

```
Adam has 4 characters.
Barry has 5 characters.
Charlie has 7 characters.
```

理解 foreach 循环语句如何工作的

从技术上讲，foreach 循环语句适用于符合以下规则的任何类型：
- 类型必须有一个名为 GetEnumerator 的方法，该方法会返回一个对象。

- 返回的这个对象必须有一个名为 Current 的属性和一个名为 MoveNext 的方法。
- 如果有更多的项需要枚举，那么 MoveNext 方法必须返回 true，否则返回 false。

有两个名为 IEnumerable 和 IEnumerable<T>的接口，它们正式定义了这些规则，但是从技术角度看，编译器不需要类型来实现这些接口。

编译器会将前一个例子中的 foreach 语句转换成下面的伪代码：

```
IEnumerator e = names.GetEnumerator();

while (e.MoveNext())
{
  string name = (string)e.Current; // Current is read-only!
  WriteLine($"{name} has {name.Length} characters.");
}
```

由于使用了迭代器，因此 foreach 循环语句中声明的变量不能用于修改当前项的值。

3.4 类型转换

我们常常需要在不同类型之间转换变量的值。例如，数据通常在控制台中以文本形式输入，因此它们最初存储在字符串类型的变量中，但随后需要将它们转换为日期/时间、数字或其他数据类型，这取决于它们的存储和处理方式。

有时需要在数字类型之间进行转换，比如在整数和浮点数之间进行转换，然后才执行计算。

转换也称为强制类型转换，分为隐式的和显式的两种。隐式的强制类型转换是自动进行的，并且是安全的，这意味着不会丢失任何信息。

显式的强制类型转换必须手动执行，因为可能会丢失一些信息，例如数字的精度。通过进行显式的强制类型转换，可以告诉 C#编译器，我们理解并接受这种风险。

3.4.1 隐式和显式地转换数值

将 int 变量隐式转换为 double 变量是安全的，因为不会丢失任何信息。

(1) 创建一个新的文件夹和一个名为 CastingConverting 的控制台应用程序项目，并将这个项目添加到工作区。

(2) 在 Main 方法中输入如下语句以声明并赋值一个 int 变量和一个 double 变量，然后在给 double 变量 b 赋值时，隐式地转换 int 变量 a 的值：

```
int a = 10;
double b = a; // an int can be safely cast into a double
WriteLine(b);
```

(3) 在 Main 方法中输入以下语句：

```
double c = 9.8;
int d = c; // compiler gives an error for this line
WriteLine(d);
```

(4) 导航到 View | Problems，打开 PROBLEMS 窗格，注意其中显示的错误消息，如图 3.1 所示。

如果需要创建所需的资产以显示 PROBLEMS 窗格，可以尝试关闭并重新打开工作区，为 OmniSharp 选择正确的项目，然后在提示创建缺少的资产(如.vscode 文件夹)时单击 Yes 按钮。状态栏将显示当前活动的项目，就像图 3.1 底部显示的 CastingConverting 一样。

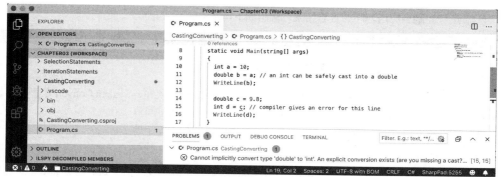

图3.1 注意显示的错误消息

不能隐式地将 double 变量转换为 int 变量,因为这可能是不安全的,可能会丢失数据。

(5) 查看终端窗口,输入 dotnet run 命令,注意出现的错误消息,如下所示:

```
Program.cs(19,15): error CS0266: Cannot implicitly convert type 'double' to 'int'. An explicit
conversion exists (are you missing a cast?)
[/Users/markjprice/Code/Chapter03/CastingConverting/CastingConverting.csproj]
The build failed. Fix the build errors and run again.
```

必须在要转换的 double 类型的两边使用一对圆括号,才能显式地将 double 变量转换为 int 变量,这对圆括号是强制类型转换运算符。即使这样,也必须注意小数点后的部分将自动删除,因为我们选择了执行显式的强制类型转换。

(6) 修改变量 d 的赋值语句,如下所示:

```
int d = (int)c;
WriteLine(d); // d is 9 losing the .8 part
```

(7) 运行控制台应用程序并查看结果,输出如下所示:

```
10
9
```

在大整数和小整数之间转换时,必须执行类似的操作。再次提醒,可能会丢失信息,因为任何太大的值都将以意想不到的方式复制并解释二进制位。

(8) 输入如下语句以声明一个 64 位的 long 变量并将它赋给一个 32 位的 int 变量,它们两者都使用一个可以工作的小值和一个不能工作的大值:

```
long e = 10;
int f = (int)e;
WriteLine($"e is {e:N0} and f is {f:N0}");
e = long.MaxValue;
f = (int)e;
WriteLine($"e is {e:N0} and f is {f:N0}");
```

(9) 运行控制台应用程序并查看结果,输出如下所示:

```
e is 10 and f is 10
e is 9,223,372,036,854,775,807 and f is -1
```

(10) 将变量 e 的值修改为 50 亿,如下所示:

```
e = 5 000 000 000;
```

(11) 运行控制台应用程序并查看结果，输出如下所示：

```
e is 5,000,000,000 and f is 705,032,704
```

3.4.2 使用 System.Convert 类型进行转换

使用强制类型转换运算符的另一种方法是使用 System.Convert 类型。System.Convert 类型可以转换为所有的 C#数值类型，也可以转换为布尔值、字符串、日期和时间值。

(1) 在 Program.cs 文件的顶部静态导入 System.Convert 类型，如下所示：

```
using static System.Convert;
```

(2) 在 Main 方法的底部添加如下语句以声明 double 变量 g 并为之赋值，将变量 g 的值转换为整数，然后将这两个值写入控制台：

```
double g = 9.8;
int h = ToInt32(g);
WriteLine($"g is {g} and h is {h}");
```

(3) 运行控制台应用程序并查看结果，输出如下所示：

```
g is 9.8 and h is 10
```

可以看出，double 值 9.8 被转换并圆整为 10，而不是去掉小数点后的部分。

3.4.3 圆整数字

如前所述，强制类型转换运算符会对实数的小数部分进行处理，而使用 System.Convert 类型的话，则会向上或向下圆整。然而，圆整规则是什么？

1. 理解默认的圆整规则

如果小数部分是 0.5 或更大，则向上圆整；如果小数部分比 0.5 小，则向下圆整。

下面探索 C#是否遵循相同的规则。

(1) 在 Main 方法的底部添加如下语句，以声明一个 double 数组并赋值，将其中的每个 double 值转换为整数，然后将结果写入控制台：

```
double[] doubles = new[]
  { 9.49, 9.5, 9.51, 10.49, 10.5, 10.51 };

foreach (double n in doubles)
{
  WriteLine($"ToInt({n}) is {ToInt32(n)}");
}
```

(2) 运行控制台应用程序并查看结果，输出如下所示：

```
ToInt(9.49) is 9
ToInt(9.5) is 10
ToInt(9.51) is 10
ToInt(10.49) is 10
ToInt(10.5) is 10
ToInt(10.51) is 11
```

C#中的圆整规则略有不同：
- 如果小数部分小于 0.5，则向下圆整。
- 如果小数部分大于 0.5，则向上圆整。
- 如果小数部分是 0.5，那么在非小数部分是奇数的情况下向上圆整，在非小数部分是偶数的情况下向下圆整。

以上规则又称为"银行家的圆整法"，以上规则之所以受青睐，是因为可通过上下圆整的交替来减少偏差。遗憾的是，其他编程语言(如 JavaScript)使用的是默认的圆整规则。

2. 控制圆整规则

可以使用 Math 类的 Round 方法来控制圆整规则。

(1) 在 Main 方法的底部添加如下语句，使用"远离 0"的圆整规则(也称为向上圆整)来圆整每个 double 值，然后将结果写入控制台：

```
foreach (double n in doubles)
{
  WriteLine(format:
    "Math.Round({0}, 0, MidpointRounding.AwayFromZero) is {1}",
    arg0: n,
    arg1: Math.Round(value: n, digits: 0,
        mode: MidpointRounding.AwayFromZero));
}
```

(2) 运行控制台应用程序并查看结果，输出如下所示：

```
Math.Round(9.49, 0, MidpointRounding.AwayFromZero) is 9
Math.Round(9.5, 0, MidpointRounding.AwayFromZero) is 10
Math.Round(9.51, 0, MidpointRounding.AwayFromZero) is 10
Math.Round(10.49, 0, MidpointRounding.AwayFromZero) is 10
Math.Round(10.5, 0, MidpointRounding.AwayFromZero) is 11
Math.Round(10.51, 0, MidpointRounding.AwayFromZero) is 11
```

更多信息：MidpointRounding.AwayFromZero 是默认的圆整规则。可通过以下链接阅读关于控制圆整规则的更多信息——https://docs.microsoft.com/en-us/dotnet/api/system.math.round?view=netcore-3.0。

最佳实践：对于使用的每种编程语言，检查圆整规则。它们可能不会以你期望的方式工作!

3.4.4 从任何类型转换为字符串

最常见的转换是从任何类型转换为字符串变量，以便输出人类可读的文本，因此所有类型都提供了从 System.Object 类继承的 ToString 方法。

ToString 方法可将任何变量的当前值转换为文本表示形式。有些类型不能合理地表示为文本，因此它们返回名称空间和类型名称。

(1) 在 Main 方法的底部输入如下语句以声明一些变量，将它们转换为字符串表示形式，并将它们写入控制台：

```
int number = 12;
WriteLine(number.ToString());

bool boolean = true;
WriteLine(boolean.ToString());

DateTime now = DateTime.Now;
WriteLine(now.ToString());

object me = new object();
WriteLine(me.ToString());
```

(2) 运行控制台应用程序并查看结果，输出如下所示：

```
12
True
27/01/2019 13:48:54
System.Object
```

3.4.5 从二进制对象转换为字符串

对于将要存储或传输的二进制对象，例如图像或视频，有时不想发送原始位，因为不知道如何解释那些位，例如通过网络协议传输或由另一个操作系统读取及存储的二进制对象。

最安全的做法是将二进制对象转换成安全字符串，程序员称之为 Base64 编码。

Convert 类型提供了两个方法——ToBase64String 和 FromBase64String，用于执行这种转换。

(1) 将如下语句添加到 Main 方法的末尾，创建一个字节数组，在其中随机填充字节值，将格式良好的每个字节写入控制台，然后将相同的字节转换为 Base64 编码并写入控制台：

```
// allocate array of 128 bytes
byte[] binaryObject = new byte[128];

// populate array with random bytes
(new Random()).NextBytes(binaryObject);

WriteLine("Binary Object as bytes:");

for(int index = 0; index < binaryObject.Length; index++)
{
  Write($"{binaryObject[index]:X} ");
}
WriteLine();

// convert to Base64 string and output as text
string encoded = Convert.ToBase64String(binaryObject);

WriteLine($"Binary Object as Base64: {encoded}");
```

默认情况下，如果采用十进制记数法，就会输出一个 int 值。可以使用:X 这样的格式，通过十六进制记数法对值进行格式化。

(2) 运行控制台应用程序并查看结果，输出如下所示：

```
Binary Object as bytes:
B3 4D 55 DE 2D E BB CF BE 4D E6 53 C2 9B 67 3 45 F9 E5 20 61 7E 4F 7A 81 EC 49 F0 49 1D
8E D4 F7 DB 54 AF A0 81 5 B8 BE CE F8 36 90 7A D4 36 42 4 75 81 1B AB 51 CE 5 63 AC 22 72
```

```
DE 74 2F 57 7F CB E7 47 B7 62 C3 F4 2D 61 93 85 18 EA 6 17 12 AE 44 A8 D B8 4C 89 85 A9 3C
D5 E2 46 E0 59 C9 DF 10 AF ED EF 8AA1 B1 8D EE 4A BE 48 EC 79 A5 A 5F 2F 30 87 4A C7 7F 5D
C1 D 26 EE
Binary Object as Base64: s01V3i0Ou8++TeZTw8KbZwNF
+eUgYX5PeoHsSfBJHY7U99tUr6CBBbi+zvg2kHrUNkIEdYEbq1HOBWOsInLedC9Xf8vnR7diw/QtYZOFGOoGFxK
RKgNuEyJhak81eJG4FnJ3xCv7e+KobGN7kq+SO_x5pQpfLzCHSsd/XcENJu4=
```

3.4.6 将字符串转换为数值或日期和时间

还有一种十分常见的转换是将字符串转换为数值或日期和时间。

作用与 ToString 方法相反的是 Parse 方法。只有少数类型有 Parse 方法，包括所有的数值类型和 DateTime。

(1) 在 Main 方法中添加如下语句，从字符串中解析出整数以及日期和时间，然后将结果写入控制台：

```
int age = int.Parse("27");
DateTime birthday = DateTime.Parse("4 July 1980");

WriteLine($"I was born {age} years ago.");
WriteLine($"My birthday is {birthday}.");
WriteLine($"My birthday is {birthday:D}.");
```

(2) 运行控制台应用程序并查看结果，输出如下所示：

```
I was born 27 years ago.
My birthday is 04/07/1980 00:00:00.
My birthday is 04 July 1980.
```

默认情况下，日期和时间输出为短日期格式。可以使用诸如 D 的格式代码，仅输出使用了长日期格式的日期部分。

更多信息：还有许多可用于其他常见场景的格式代码，可通过以下链接获取更多信息——https://docs.microsoft.com/en-us/dotnet/standard/base-types/standards-date-and-time-format-strings。

Parse 方法存在的问题是：如果字符串不能转换，就会报错。

(3) 在 Main 方法的底部添加如下语句，尝试将一个包含字母的字符串解析为整型变量：

```
int count = int.Parse("abc");
```

(4) 运行控制台应用程序并查看结果，输出如下所示：

```
Unhandled Exception: System.FormatException: Input string was not in a correct format.
```

与前面的异常消息一样，你会看到堆栈跟踪。本书未介绍堆栈跟踪，因为它们会占用太多的篇幅。

使用 TryParse 方法避免异常

为了避免错误，可以使用 TryParse 方法。TryParse 方法将尝试转换输入的字符串，如果可以转换，则返回 true，否则返回 false。

out 关键字是必需的，从而允许 TryParse 方法在转换时设置 count 变量。

(1) 将 int count 声明替换为使用 TryParse 方法的语句，并要求用户输入鸡蛋的数量，如下所示：

```
Write("How many eggs are there? ");
int count;
```

```
string input = ReadLine();
if (int.TryParse(input, out count))
{
  WriteLine($"There are {count} eggs.");
}
else
{
  WriteLine("I could not parse the input.");
}
```

(2) 运行控制台应用程序。

(3) 输入 12 并查看结果,输出如下所示:

```
How many eggs are there? 12
There are 12 eggs.
```

(4) 再次运行控制台应用程序。

(5) 输入 twelve 并查看结果,输出如下所示:

```
How many eggs are there? twelve
I could not parse the input.
```

你还可以使用 System.Convert 类型的方法将字符串转换为其他类型;但是,与 Parse 方法一样,如果不能进行转换,这里也会报错。

3.4.7 在转换类型时处理异常

前面介绍了在转换类型时发生错误的几个场景。当发生这种情况时,就会抛出运行时异常。

可以看到,控制台应用程序的默认行为是编写关于异常的消息,包括输出中的堆栈跟踪,然后停止运行应用程序。

最佳实践:一定要避免编写可能会抛出异常的代码,这可通过执行 if 语句检查来实现,但有时也可能做不到。在这些场景中,可以捕获异常,并以比默认行为更好的方式处理它们。

1. 将容易出错的代码封装到 try 块中

当知道某个语句可能导致错误时,就应该将其封装到 try 块中。例如,从文本到数值的解析可能会导致错误。只有当 try 块中的语句抛出异常时,才会执行 catch 块中的任何语句。我们不需要在 catch 块中做任何事。

(1) 创建一个文件夹和一个名为 HandlingExceptions 的控制台应用程序项目,并将这个项目添加到工作区。

(2) 在 Main 方法中添加如下语句,提示用户输入年龄,然后将年龄写入控制台:

```
WriteLine("Before parsing");
Write("What is your age? ");
string input = ReadLine();
try
{
  int age = int.Parse(input);
  WriteLine($"You are {age} years old.");
}
```

```
catch
{
}
WriteLine("After parsing");
```

上面这段代码包含两条消息,分别在解析之前和解析之后显示,以帮助清楚地理解代码中的流程。当示例代码变得更加复杂时,这将特别有用。

(3) 运行控制台应用程序。

(4) 输入有效的年龄,例如 47 岁,然后查看结果,输出如下所示:

```
Before parsing
What is your age? 47
You are 47 years old.
After parsing
```

(5) 再次运行控制台应用程序。

(6) 输入无效的年龄,例如 kermit,然后查看结果,输出如下所示:

```
Before parsing
What is your age? Kermit
After parsing
```

当执行代码时,异常被捕获,不会输出默认消息和堆栈跟踪,控制台应用程序继续运行。这比默认行为更好,但是查看发生的错误类型可能更有用。

2. 捕获所有异常

要获取可能发生的任何类型的异常信息,可以为 catch 块声明类型为 System.Exception 的变量。
(1) 向 catch 块中添加如下异常变量声明,并将有关异常的信息写入控制台:

```
catch(Exception ex)
{
  WriteLine($"{ex.GetType()} says {ex.Message}");
}
```

(2) 运行控制台应用程序。

(3) 输入无效的年龄,例如 kermit,然后查看结果,输出如下所示:

```
Before parsing
What is your age? kermit
System.FormatException says Input string was not in a correct format.
After parsing
```

3. 捕获特定异常

现在,在知道发生了哪种特定类型的异常后,就可以捕获这种类型的异常,并定制想要显示给用户的消息以改进代码。

(1) 保留现有的 catch 块,在上方为格式异常类型添加另一个新的 catch 块,如下所示(相关代码已加粗显示):

```
catch (FormatException)
{
  WriteLine("The age you entered is not a valid number format.");
}
catch (Exception ex)
```

```
{
  WriteLine($"{ex.GetType()} says {ex.Message}");
}
```

(2) 运行控制台应用程序。

(3) 输入无效的年龄,例如 kermit,然后查看结果,输出如下所示:

```
Before parsing
What is your age? kermit
The age you entered is not a valid number format.
After parsing
```

之所以保留前面的那个 catch 块,是因为可能会发生其他类型的异常。

(4) 运行控制台应用程序。

(5) 输入一个对于整数来说过大的数值,例如 9 876 543 210,查看结果,输出如下所示:

```
Before parsing
What is your age? 9876543210
System.OverflowException says Value was either too large or too small for an Int32.
After parsing
```

你可以为这种类型的异常添加另一个 catch 块。

(6) 保留现有的 catch 块,为溢出异常类型添加新的 catch 块,如下面加粗显示的代码所示:

```
catch (OverflowException)
{
  WriteLine("Your age is a valid number format but it is either too big or small.");
}
catch (FormatException)
{
  WriteLine("The age you entered is not a valid number format.");
}
```

(7) 运行控制台应用程序。

(8) 输入一个对于整数来说过大的数值,然后查看结果,输出如下所示:

```
Before parsing
What is your age? 9876543210
Your age is a valid number format but it is either too big or small.
After parsing
```

异常的捕获顺序很重要。正确的顺序与异常类型的继承层次结构有关。第 5 章将介绍继承。但是,不用太担心——如果以错误的顺序得到异常,编译器会报错。

3.4.8 检查溢出

如前所述,在数值类型之间进行强制类型转换时,可能会丢失信息,例如在将 long 变量强制转换为 int 变量时。如果类型中存储的值太大,就会溢出。

1. 使用 checked 语句抛出溢出异常

checked 语句告诉.NET,要在发生溢出时抛出异常。

下面把 int 变量 x 的初值设置为 int 类型所能存储的最大值减 1。然后,将变量 x 递增几次,每次递增时都输出值。一旦超出最大值,就会溢出到最小值,并从那里继续递增。

(1) 创建一个文件夹和一个名为 **CheckingForOverflow** 的控制台应用程序项目,并将这个项目添加到工作区。

(2) 在 **Main** 方法中输入如下语句,声明 int 变量 x 并赋值为 int 类型所能存储的最大值减 1,然后将 x 递增三次,并且每次递增时都把值写入控制台:

```
int x = int.MaxValue - 1;
WriteLine($"Initial value: {x}");
x++;
WriteLine($"After incrementing: {x}");
x++;
WriteLine($"After incrementing: {x}");
x++;
WriteLine($"After incrementing: {x}");
```

(3) 运行控制台应用程序并查看结果,输出如下所示:

```
Initial value: 2147483646
After incrementing: 2147483647
After incrementing: -2147483648
After incrementing: -2147483647
```

(4) 现在,使用 checked 块封装语句,编译器会警告出现了溢出。

```
checked
{
  int x = int.MaxValue - 1;
  WriteLine($"Initial value: {x}");
  x++;
  WriteLine($"After incrementing: {x}");
  x++;
  WriteLine($"After incrementing: {x}");
  x++;
  WriteLine($"After incrementing: {x}");
}
```

(5) 运行控制台应用程序并查看结果,输出如下所示:

```
Initial value: 2147483646
After incrementing: 2147483647
Unhandled Exception: System.OverflowException: Arithmetic operation resulted in an overflow.
```

(6) 与任何其他异常一样,应该将这些语句封装在 try 块中,并为用户显示更友好的错误消息,如下所示:

```
try
{
  // previous code goes here
}
catch (OverflowException)
{
  WriteLine("The code overflowed but I caught the exception.");
}
```

(7) 运行控制台应用程序并查看结果,输出如下所示:

```
Initial value: 2147483646
After incrementing: 2147483647
```

```
The code overflowed but I caught the exception.
```

2. 使用 unchecked 语句禁用编译时检查溢出

unchecked 语句能够关闭由编译器在一段代码内执行的溢出检查。

(1) 在前面语句的末尾输入下面的语句。编译器不会编译这条语句，因为编译器知道会发生溢出：

```
int y = int.MaxValue + 1;
```

(2) 导航到 View | Problems，打开 PROBLEMS 窗格，注意编译时检查显示的错误消息，如图 3.2 所示。

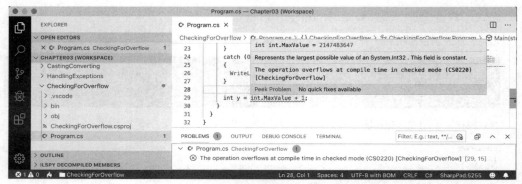

图 3.2　PROBLEMS 窗口中显示的编译时检查结果

(3) 要禁用编译时检查，请将语句封装在 unchecked 块中，将 y 的值写入控制台，递减 y，然后重复，如下所示：

```
unchecked
{
  int y = int.MaxValue + 1;
  WriteLine($"Initial value: {y}");
  y--;
  WriteLine($"After decrementing: {y}");
  y--;
  WriteLine($"After decrementing: {y}");
}
```

(4) 运行控制台应用程序并查看结果，输出如下所示：

```
Initial value: -2147483648
After decrementing: 2147483647
After decrementing: 2147483646
```

当然，我们很少希望像这样显式地关闭编译时检查，从而允许发生溢出。但是，也许在某个场景中，我们需要显式地关闭溢出检查。

3.5　实践和探索

你可以通过回答一些问题来测试自己对知识的理解程度，进行一些实践，并深入探索本章涵盖的主题。

3.5.1 练习3.1：测试你掌握的知识

回答以下问题：

(1) 把 int 变量除以 0，会发生什么？

(2) 把 double 变量除以 0，会发生什么？

(3) 当 int 变量溢出时，也就是当把 int 变量设置为超出 int 类型所能存储的最大值时，会发生什么？

(4) x = y++;和 x = ++y;的区别是什么？

(5) 当在循环语句中使用时，break、continue 和 return 语句的区别是什么？

(6) for 语句的三个部分是什么？哪些是必需的？

(7) 运算符=和==之间的区别是什么？

(8) 下面的语句可以编译吗？

```
for ( ; true; )
```

(9) 下画线_在 switch 表达式中表示什么？

(10) 对象必须实现哪个接口才能使用 foreach 循环语句来枚举？

3.5.2 练习3.2：探索循环和溢出

如果执行下面这段代码会发生什么问题？

```
int max = 500;
for (byte i = 0; i < max; i++)
{
  WriteLine(i);
}
```

在 Chapter03 文件夹中创建名为 Exercise02 的控制台应用程序项目，然后输入前面的代码。运行控制台应用程序并查看输出，会发生什么问题呢？

可通过添加什么代码(不要更改前面的任何代码)来警告发生的问题？

3.5.3 练习3.3：实践循环和运算符

FizzBuzz 是一款小游戏，能让小朋友学习除法。玩家轮流递增计数，用 fizz 代替任何能被 3 整除的数字，用 buzz 代替任何能被 5 整除的数字，用 fizzbuzz 代替任何能被 3 和 5 同时整除的数字。

有些面试官会让应聘者在面试中解决一些简单的 FizzBuzz 问题。大多数优秀的程序员应该能在几分钟的时间内在纸上或白板上写出一个程序，输出模拟的 FizzBuzz 游戏。

在 Chapter03 文件夹中创建一个名为 Exercise03 的控制台应用程序项目,用于模拟 FizzBuzz 游戏，计数到 100，效果如图 3.3 所示。

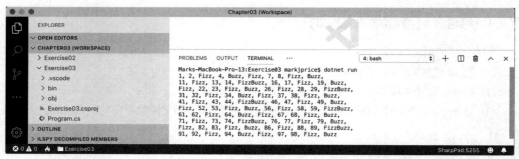

图 3.3 模拟 FizzBuzz 游戏

3.5.4 练习 3.4：实践异常处理

在 Chapter03 文件夹中创建一个名为 Exercise04 的控制台应用程序项目，向用户询问 0～255 范围内的两个数字，然后用第一个数字除以第二个数字。

```
Enter a number between 0 and 255: 100
Enter another number between 0 and 255: 8
100 divided by 8 is 12
```

编写异常处理程序以捕获抛出的任何错误，输出如下所示：

```
Enter a number between 0 and 255: apples
Enter another number between 0 and 255: bananas
FormatException: Input string was not in a correct format.
```

3.5.5 练习 3.5：测试你对运算符的认识程度

执行下列语句后，x 和 y 的值是多少？

1) x = 3;
   y = 2 + ++x;
2) x = 3 << 2;
   y = 10 >> 1;
3) x = 10 & 8;
   y = 10 | 7;

3.5.6 练习 3.6：探索主题

可通过以下链接来阅读关于本章所涉及主题的更多细节。

- C#运算符：https://docs.microsoft.com/en-us/dotnet/csharp/programming-guide/statements-expressions-operator/operators。
- 按位和移位运算符：https://docs.microsoft.com/en-us/dotnet/csharp/language-reference/operators/bitwise-and-shift-operators。
- 语句关键字(C#参考)：https://docs.microsoft.com/en-us/dotnet/articles/csharp/language-reference/keywords/jump-statements。
- 类型转换和强制类型转换(C#编程指南)：https://docs.microsoft.com/en-us/dotnet/articles/csharp/programming-guide/types/casting-and-type-conversions。

3.6 本章小结

本章介绍了一些运算符，还介绍了如何进行分支和循环，如何在类型之间进行转换，以及如何捕获异常。

现在，你已经准备好学习如何通过定义函数来重用代码块，如何向代码块传递值并获取值，以及如何跟踪代码中的 bug 并消除它们!

第 4 章
编写、调试和测试函数

本章介绍如何编写函数来重用代码，调试开发过程中的逻辑错误，在运行时记录日志，以及对代码进行单元测试以消除 bug，并确保稳定性和可靠性。

本章涵盖以下主题：
- 编写函数
- 在开发过程中进行调试
- 在运行时记录日志
- 进行单元测试

4.1 编写函数

编程的一条基本原则是"不要重复自己(DRY)"。

编程时，如果发现自己一遍又一遍地编写同样的语句，就应把这些语句转换成函数。函数就像完成一项小任务的微型程序。例如，可以编写一个函数来计算营业税，然后在财会类应用程序的许多地方重用该函数。

与程序一样，函数通常也有输入输出。它们有时被描述为黑盒，在黑盒的一端输入一些原材料，在另一端生成制造的物品。函数一旦创建，就不需要考虑它们是如何工作的。

可以十分简便地生成某个数字的乘法表，比如 12 乘法表：

```
1 x 12 = 12
2 x 12 = 24
...
12 x 12 = 144
```

你在前面的章节中已经学习了 for 循环语句，所以当存在规则模式时，比如 12 乘法表，for 循环语句就可以用来生成重复的输出行，如下所示：

```
for (int row = 1; row <= 12; row++)
{
  Console.WriteLine($"{row} x 12 = {row * 12}");
}
```

但是，我们不想仅仅输出 12 乘法表，而希望程序更灵活一些，输出任意数字的乘法表。为此，可以创建乘法表函数。

4.1.1 编写乘法表函数

下面创建用于绘制乘法表的函数。

(1) 在 Code 文件夹中创建一个名为 Chapter04 的文件夹。

(2) 启动 Visual Studio Code。关闭任何打开的文件夹或工作区,并将当前工作区保存在 Chapter04 文件夹中,名为 Chapter04.code-workspace。

(3) 在 Chapter04 文件夹中创建一个名为 WritingFunctions 的文件夹,将这个新创建的文件夹添加到 Chapter04 工作区,并在其中创建一个新的控制台应用程序项目。

(4) 修改 Program.cs,如下所示:

```csharp
using static System.Console;

namespace WritingFunctions
{
  class Program
  {
    static void TimesTable(byte number)
    {
      WriteLine($"This is the {number} times table:");

      for (int row = 1; row <= 12; row++)
      {
        WriteLine(
          $"{row} x {number} = {row * number}");
      }
      WriteLine();
    }

    static void RunTimesTable()
    {
      bool isNumber;
      do
      {
        Write("Enter a number between 0 and 255: ");

        isNumber = byte.TryParse(
          ReadLine(), out byte number);

        if (isNumber)
        {
          TimesTable(number);
        }
        else
        {
          WriteLine("You did not enter a valid number!");
        }
      }
      while (isNumber);
    }

    static void Main(string[] args)
    {
      RunTimesTable();
    }
  }
}
```

在上述代码中，请注意下列事项：
- Console 类型已经被静态导入，这样就可以简化对一些方法的调用，比如 WriteLine 方法。
- 我们编写了一个名为 TimesTable 的函数，但必须把一个名为 number 的 byte 值传递给它。
- TimesTable 函数不向调用者返回值，所以需要使用 void 关键字来声明它。
- TimesTable 函数使用 for 循环语句输出传递给它的数字的乘法表。
- 我们还编写了一个名为 RunTimesTable 的函数，它会提示用户输入一个数字，然后调用 TimesTable 函数。将输入的数字传递给 TimeTable 函数，从而在用户输入有效数字时进行循环。
- 最后在 Main 方法中调用 RunTimesTable 函数。

(5) 运行控制台应用程序。

(6) 输入一个数字，例如 6，然后查看结果，输出如下所示：

```
Enter a number between 0 and 255: 6
This is the 6 times table:
1 x 6 = 6
2 x 6 = 12
3 x 6 = 18
4 x 6 = 24
5 x 6 = 30
6 x 6 = 36
7 x 6 = 42
8 x 6 = 48
9 x 6 = 54
10 x 6 = 60
11 x 6 = 66
12 x 6 = 72
```

4.1.2 编写带返回值的函数

前面编写的函数虽然能够执行操作(循环并写入控制台)，但却没有返回值。假设需要计算销售税或附加税(VAT)。在欧洲，附加税的税率从瑞士的 8%到匈牙利的 27%不等。在美国，州销售税从俄勒冈州的 0%到加州的 8.25%不等。

(1) 在 Program 类中添加一个名为 CalculateTax 的函数，并运行另一个 CalculateTax 函数。在运行之前，请注意以下几点。
- CalculateTax 函数有两个参数：名为 amount 的参数表示花费的金额；名为 twoLetterRegionCode 的参数表示花费金额时所在的区域。
- CalculateTax 函数使用 switch 语句进行计算，然后将所欠的销售税或附加税以 decimal 值的形式返回；因此，可在函数名之前声明返回值的数据类型。
- RunCalculateTax 函数提示用户输入金额和区域代码，然后调用 CalculateTax 函数并输出结果。

```
static decimal CalculateTax(
  decimal amount, string twoLetterRegionCode)
{
  decimal rate = 0.0M;

  switch (twoLetterRegionCode)
  {
    case "CH": // Switzerland
      rate = 0.08M;
      break;
```

```
      case "DK": // Denmark
      case "NO": // Norway
        rate = 0.25M;
        break;
      case "GB": // United Kingdom
      case "FR": // France
        rate = 0.2M;
        break;
      case "HU": // Hungary
        rate = 0.27M;
        break;
      case "OR": // Oregon
      case "AK": // Alaska
      case "MT": // Montana
        rate = 0.0M;
        break;
      case "ND": // North Dakota
      case "WI": // Wisconsin
      case "ME": // Maryland
      case "VA": // Virginia
        rate = 0.05M;
        break;
      case "CA": // California
        rate = 0.0825M;
        break;
      default: // most US states
        rate = 0.06M;
        break;
  }

  return amount * rate;
}

static void RunCalculateTax()
{
  Write("Enter an amount: ");
  string amountInText = ReadLine();

  Write("Enter a two-letter region code: ");
  string region = ReadLine();

  if (decimal.TryParse(amountInText, out decimal amount))
  {
    decimal taxToPay = CalculateTax(amount, region);
    WriteLine($"You must pay {taxToPay} in sales tax.");
  }
  else
  {
    WriteLine("You did not enter a valid amount!");
  }
}
```

(2) 在 Main 方法中注释掉 RunTimesTable 方法调用并调用 RunSalesTax 方法，如下所示：

```
// RunTimesTable();
RunCalculateTax();
```

(3) 运行控制台应用程序。

(4) 输入金额(如 149)和有效的区域代码(如 FR)，查看结果，输出如下所示：

```
Enter an amount: 149
Enter a two-letter region code: FR
You must pay 29.8 in sales tax.
```

CalculateTax 函数有什么问题吗？如果用户输入的代码是 fr 或 UK，会发生什么？如何重写函数来加以改进？使用 switch 表达式而不是 switch 语句会更清楚吗？

4.1.3 编写数学函数

尽管可能永远都不需要创建具备数学功能的应用程序，但是几乎每个人都在学校里学习过数学，所以使用数学是学习函数的常用方法。

1. 将数字从序数转换为基数

用来计数的数字称为基数，例如 1、2 和 3；而用于排序的数字是序数，例如第 1、第 2、第 3。下面创建一个函数，用它把序数转换为基数。

(1) 编写一个名为 CardinalToOrdinal 的函数，将作为基数的 int 值转换为序数字符串；例如，将 1 转换为 1st，将 2 转换为 2nd，等等。

```csharp
static string CardinalToOrdinal(int number)
{
  switch (number)
  {
    case 11: // special cases for 11th to 13th
    case 12:
    case 13:
      return $"{number}th";
    default:
      int lastDigit = number % 10;

      string suffix = lastDigit switch
      {
        1 => "st",
        2 => "nd",
        3 => "rd",
        _ => "th"
      };
      return $"{number}{suffix}";
  }
}

static void RunCardinalToOrdinal()
{
  for (int number = 1; number <= 40; number++)
  {
    Write($"{CardinalToOrdinal(number)} ");
  }
  WriteLine();
}
```

根据上述代码，请注意下列事项。
- CardinalToOrdinal 函数有一个名为 number 的 int 型参数，输出为字符串类型的返回值。
- 外层的 switch 语句用于处理输入为 11、12 和 13 的情况。
- 嵌套的 switch 语句用于处理所有其他情况：如果最后一个数字是 1，就使用 st 作为后缀；如果最后一个数字是 2，就使用 nd 作为后缀；如果最后一个数字是 3，就使用 rd 作为后缀；如果最后一个数字是除了 1、2、3 以外的其他数字，就使用 th 作为后缀。
- RunCardinalToOrdinal 函数使用 for 语句从 1 循环到 40，为每个数字调用 CardinalToOrdinal 函数，并将返回的字符串写入控制台，中间用空格字符分隔。

(2) 在 Main 方法中注释掉 RunSalesTax 方法调用，并调用 RunCardinalToOrdinal 方法，如下所示：

```
// RunTimesTable();
// RunCalculateTax();
RunCardinalToOrdinal();
```

(3) 运行控制台应用程序并查看结果，输出如下所示：

```
1st 2nd 3rd 4th 5th 6th 7th 8th 9th 10th 11th 12th 13th 14th 15th 16th 17th 18th 19th 20th
21st 22nd 23rd 24th 25th 26th 27th 28th 29th 30th 31st 32nd 33rd 34th 35th 36th 37th 38th
39th 40th
```

2. 用递归计算阶乘

下面编写函数 Factorial，计算作为参数传递给它的 int 型整数的阶乘。这里使用一种称为递归的巧妙技术，这意味着需要在 Factorial 函数的实现中直接或间接地调用自身。

更多信息：递归虽然智能，但也会导致一些问题，比如由于函数调用太多而导致堆栈溢出。因为内存用于在每次调用函数时存储数据，所以程序最终会使用大量的内存。在像 C#这样的编程语言中，迭代是一种更实用的解决方案，尽管不那么简洁。可访问 https://en.wikipedia.org/wiki/Recursion_(computer_science)#Recursion_versus_iteration 以了解更多信息。

(1) 先添加一个名为 Factorial 的函数，再添加另一个名为 RunFactorial 的函数，后者用于调用前者，如下所示：

```
static int Factorial(int number)
{
  if (number < 1)
  {
    return 0;
  }
  else if (number == 1)
  {
    return 1;
  }
  else
  {
    return number * Factorial(number - 1);
  }
}
```

```
static void RunFactorial()
{
  for (int i = 1; i < 15; i++)
  {
    WriteLine($"{i}! = {Factorial(i):N0}");
  }
}
```

和以前一样，上述代码中有如下几个值得注意的地方。
- 如果输入的数字为 0 或负数，那么 Factorial 函数返回 0。
- 如果输入的数字是 1，那么 Factorial 函数返回 1，因此停止调用自身。如果输入的数字大于 1，那么 Factorial 函数将该数乘以 Factorial 函数调用本身的结果，并传递比该数小 1 的数，这便形成了函数的递归调用。
- RunFactorial 函数使用 for 语句输出了 1~14 的阶乘：首先在循环内调用 Factorial 函数，然后输出结果。可使用代码 N0 对结果进行格式化。N0 表示数字格式，并使用千位分隔符，没有小数位。

(2) 在 Main 方法中注释掉 RunCardinalToOrdinal 方法调用，并调用 RunFactorial 函数。
(3) 运行控制台应用程序并查看结果，输出如下所示：

```
1! = 1
2! = 2
3! = 6
4! = 24
5! = 120
6! = 720
7! = 5,040
8! = 40,320
9! = 362,880
10! = 3,628,800
11! = 39,916,800
12! = 479,001,600
13! = 1,932,053,504
14! = 1,278,945,280
```

在上面的输出中，虽然并不明显，但 13 及更大数字的阶乘将溢出 int 类型的存储范围，因为结果太大了。例如，12!是 479 001 600，不到 5 亿，而能够存储到 int 变量中的最大正数约为 20 亿；再如，13!是 6 227 020 800，大约 62 亿，当存储到 32 位的整型变量中时，一定会溢出，但编译器没有发出任何提示。

当溢出发生时，应该怎么做呢？当然，通过使用 64 位的 long 变量代替 32 位的 int 变量，就可以解决 13!和 14!的存储问题，但很快会再次溢出。这里的重点是让你知晓数字会溢出以及如何处理溢出，而不是如何计算阶乘！

(4) 修改 Factorial 函数以检查溢出，如下所示：

```
checked // for overflow
{
  return number * Factorial(number - 1);
}
```

(5) 修改 RunFactorial 函数以处理调用 Factorial 函数时的溢出异常，如下所示：

```
try
{
```

```
    WriteLine($"{i}! = {Factorial(i):N0}");
}
catch (System.OverflowException)
{
    WriteLine($"{i}! is too big for a 32-bit integer.");
}
```

(6) 运行控制台应用程序并查看结果,输出如下所示:

```
1! = 1
2! = 2
3! = 6
4! = 24
5! = 120
6! = 720
7! = 5,040
8! = 40,320
9! = 362,880
10! = 3,628,800
11! = 39,916,800
12! = 479,001,600
13! is too big for a 32-bit integer.
14! is too big for a 32-bit integer.
```

4.1.4 使用 XML 注释解释函数

默认情况下,当调用 CardinalToOrdinal 这样的函数时,Visual Studio Code 将显示带有基本信息的工具提示,如图 4.1 所示。

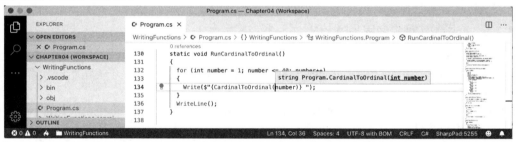

图 4.1 工具提示

下面通过添加额外的信息来改进工具提示。

(1) 如果还没有安装 C# XML 文档注释扩展,现在就安装吧!安装 Visual Studio Code 扩展的说明已在第 1 章介绍。

(2) 在位于 CardinalToOrdinal 函数上方的那些行的行首输入三个斜杠,从而将它们扩展为 XML 注释并识别出名为 number 的参数。

(3) 为 XML 文档注释输入适当的信息,如下所示(参见图 4.2):

```
/// <summary>
/// Pass a 32-bit integer and it will be converted into its ordinal equivalent.
/// </summary>
/// <param name="number">Number is a cardinal value e.g. 1, 2, 3, and so on.</param>
/// <returns>Number as an ordinal value e.g. 1st, 2nd, 3rd, and so on.</returns>
```

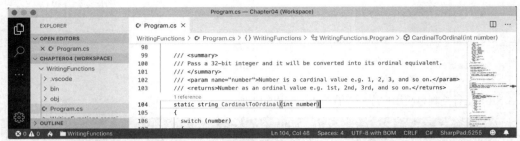

图 4.2　XML 文档注释

(4) 现在，当调用 CardinalToOrdinal 函数时，你将看到更多的细节，如图 4.3 所示。

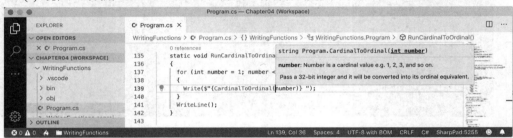

图 4.3　通过工具提示显示更详细的方法签名

 最佳实践：可将 XML 文档注释添加到所有函数中。

4.1.5　在函数实现中使用 lambda

F#是以强类型函数为首选函数的微软编程语言，与 C#代码一样，F#代码也会首先被编译成 IL，然后由.NET 执行。函数式语言由 lambda 演算发展而来，lambda 是一种仅基于函数的计算系统。

函数式语言的一些重要属性如下。

- 模块化：在 C#中定义函数的好处同样适用于函数式语言——能够将大的复杂代码库分解成小的代码片段。
- 不变性：C#意义中的变量不存在了。函数内的任何数据都不能再更改。相反，可从现有数据创建新的数据。这样可以减少错误。
- 可维护性：代码变得更加清晰明了。

自 C# 6.0 以来，微软一直致力于为该语言添加特性，以支持更多的功能。例如，微软在 C# 7.0 中添加了元组和模式匹配，在 C# 8.0 中添加了非空引用类型并改进了模式匹配，在 C# 9.0 中添加了记录——一种不可变的类对象。

从 C# 6.0 版本开始，微软增加了对 expression-bodied 函数成员的支持。

斐波那契数列总是从 0 和 1 开始。然后，按照将前两个数字相加的规则生成其余的数字，如下所示：

```
0 1 1 2 3 5 8 13 21 34 65 …
```

下面使用斐波那契数列来说明命令式函数和声明式函数的区别。

(1) 添加两个函数，分别名为 FibImperative 和 RunFibImperative。在 RunFibImperative 函数中，使用 for 语句循环调用 FibImperative 函数，如下所示：

```
static int FibImperative(int term)
{
  if (term == 1)
  {
    return 0;
  }
  else if (term == 2)
  {
    return 1;
  }
  else
  {
    return FibImperative(term - 1) + FibImperative(term - 2);
  }
}

static void RunFibImperative()
{
  for (int i = 1; i <= 30; i++)
  {
    WriteLine("The {0} term of the Fibonacci sequence is {1:N0}.",
      arg0: CardinalToOrdinal(i),
      arg1: FibImperative(term: i));
  }
}
```

(2) 在 Main 方法中，注释掉其他方法调用，然后调用 RunFibImperative 方法。

(3) 运行控制台应用程序并查看结果，输出如下所示：

```
The 1st term of the Fibonacci sequence is 0.
The 2nd term of the Fibonacci sequence is 1.
The 3rd term of the Fibonacci sequence is 1.
The 4th term of the Fibonacci sequence is 2.
The 5th term of the Fibonacci sequence is 3.
The 6th term of the Fibonacci sequence is 5.
The 7th term of the Fibonacci sequence is 8.
The 8th term of the Fibonacci sequence is 13.
The 9th term of the Fibonacci sequence is 21.
The 10th term of the Fibonacci sequence is 34.
The 11th term of the Fibonacci sequence is 55.
The 12th term of the Fibonacci sequence is 89.
The 13th term of the Fibonacci sequence is 144.
The 14th term of the Fibonacci sequence is 233.
The 15th term of the Fibonacci sequence is 377.
The 16th term of the Fibonacci sequence is 610.
The 17th term of the Fibonacci sequence is 987.
The 18th term of the Fibonacci sequence is 1,597.
The 19th term of the Fibonacci sequence is 2,584.
The 20th term of the Fibonacci sequence is 4,181.
The 21st term of the Fibonacci sequence is 6,765.
The 22nd term of the Fibonacci sequence is 10,946.
The 23rd term of the Fibonacci sequence is 17,711.
```

```
The 24th term of the Fibonacci sequence is 28,657.
The 25th term of the Fibonacci sequence is 46,368.
The 26th term of the Fibonacci sequence is 75,025.
The 27th term of the Fibonacci sequence is 121,393.
The 28th term of the Fibonacci sequence is 196,418.
The 29th term of the Fibonacci sequence is 317,811.
The 30th term of the Fibonacci sequence is 514,229.
```

(4) 再添加两个函数，分别名为 FibFunctional 和 RunFibFunctional。在 RunFibFunctional 函数中，使用 for 语句循环调用 FibFunctional 函数，如下所示：

```
static int FibFunctional(int term) =>
  term switch
  {
    1 => 0,
    2 => 1,
    _ => FibFunctional(term - 1) + FibFunctional(term - 2)
  };

static void RunFibFunctional()
{
  for (int i = 1; i <= 30; i++)
  {
    WriteLine("The {0} term of the Fibonacci sequence is {1:N0}.",
      arg0: CardinalToOrdinal(i),
      arg1: FibFunctional(term: i));
  }
}
```

(5) 在 Main 方法中，注释掉 RunFibImperative 方法调用，然后调用 RunFibFunctional 方法。
(6) 运行控制台应用程序并查看结果，输出与步骤(3)中的相同。

4.2 在开发过程中进行调试

本节介绍如何在开发过程中调试问题。

 更多信息： 为 Visual Studio Code 设置 OmniSharp 调试器可能比较棘手。如有困难，请参考以下链接中的信息：https://github.com/OmniSharp/omnisharp-vscode/blob/master/debugger.md。

4.2.1 创建带有故意错误的代码

下面首先创建一个带有故意错误的控制台应用程序以探索调试功能，然后使用 OmniSharp 调试器工具进行跟踪和修复。

(1) 在 Chapter04 文件夹中创建一个名为 Debugging 的文件夹和一个控制台应用程序项目，将这个项目添加到工作区。

(2) 导航到 View | Command Palette，输入并选择 OmniSharp: Select Project，然后选择 Debugging 项目。

(3) 看到弹出警告消息，指出所需的资产丢失时，单击 Yes 以添加它们。

(4) 在 Debugging 文件夹中打开并修改 Program.cs，定义一个故意带有错误的函数，并在 Main 方法中调用这个函数，如下所示：

```
using static System.Console;

namespace Debugging
{
  class Program
  {
    static double Add(double a, double b)
    {
      return a * b; // deliberate bug!
    }

    static void Main(string[] args)
    {
      double a = 4.5; // or use var
      double b = 2.5;
      double answer = Add(a, b);
      WriteLine($"{a} + {b} = {answer}");
      ReadLine(); // wait for user to press ENTER
    }
  }
}
```

(5) 运行控制台应用程序并查看结果，输出如下所示：

```
4.5 + 2.5 = 11.25
```

(6) 按回车键结束控制台应用程序。

但是等等，这里有错误发生！4.5 加上 2.5 应该是 7 而不是 11.25！下面使用调试工具来查找和消除错误。

4.2.2 设置断点

断点允许你标记想要暂停的代码行，以检查程序状态并找到错误。

(1) 单击 Main 方法开头的左花括号。

(2) 导航到 Debug | Toggle Breakpoint 或按 F9 功能键。然后，有个红色的圆圈将出现在左侧的空白栏中，表示设置了断点，如图 4.4 所示。

图 4.4　设置断点

可以使用 F9 功能键切换断点，还可以在页边的空白处单击以打开和关闭断点，或者右击以查看更多选项，如删除、禁用或编辑现有断点，以及在断点尚不存在时添加断点、条件断点或日志点。

(3) 在 Visual Studio Code 中导航到 View | Run，也可按 Ctrl 键或 Cmd + Shift + D 组合键。

(4) 在 DEBUG 窗格的顶部打开 Start Debugging 按钮(三角形的"播放"按钮)右侧的下拉菜单，选择.NET Core Launch (console) (Debugging)，如图 4.5 所示。

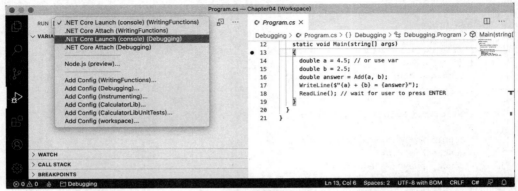

图 4.5　进行调试

(5) 在 DEBUG 窗格的顶部单击 Start Debugging 按钮(三角形的"播放"按钮)或按 F5 功能键。Visual Studio Code 启动控制台应用程序，然后在遇到断点时暂停。这就是所谓的中断模式。接下来要执行的代码行将以黄色高亮显示，黄色的块点显示在左侧的空白栏中，如图 4.6 所示。

图 4.6　中断模式

4.2.3　使用调试工具栏进行导航

Visual Studio Code 中显示的调试工具栏包含 6 个按钮，用于方便大家访问调试功能。

- Continue / F5(蓝色竖条加三角形)：这个按钮从当前位置继续运行程序，直到运行结束或遇到另一个断点为止。
- Step Over / F10、Step Into / F11、Step Out / Shift + F11(蓝色箭头加蓝点)：这些按钮将以不同的方式一步一步地执行语句，稍后讲述。
- 重新启动/Ctrl 或 Cmd + Shift + F5(绿色的圆形箭头)：这个按钮将停止程序，然后立即重启程序。
- Stop Debugging / Shift + F5(红色方块)：这个按钮将停止程序。

4.2.4　调试窗格

左侧的 RUN 窗格允许在单步执行代码时监视有用的信息，例如变量。RUN 窗格包含如下 4 部分内容。
- VARIABLES：这部分包括局部变量，其中将自动显示任何局部变量的名称、值和类型。在单步执行代码时，请密切注意这部分。
- WATCH：这部分会显示手动输入的变量和表达式的值。
- CALL STACK：这部分显示函数调用的堆栈。
- BREAKPOINTS：这部分显示所有断点并允许对它们进行更好的控制。

当处于中断模式时，编辑区域的底部还将显示 DEBUG CONSOLE 窗格以支持与代码进行实时交互。例如，可通过输入 1+2 并按回车键来询问诸如 "1+2 等于什么？" 的问题。你还可通过输入变量的名称来询问程序的状态，如图 4.7 所示。

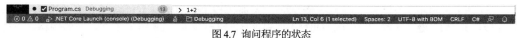

图 4.7　询问程序的状态

4.2.5　单步执行代码

下面探索单步执行代码的一些方法。

(1) 导航到 Run | Step Into 或单击工具栏中的 Step Into 按钮，也可按 F11 功能键。单步执行的代码行会以黄色高亮显示。

(2) 导航到 Run | Step Over 或单击工具栏中的 Step Over 按钮，也可按 F10 功能键。单步执行的代码行会以黄色高亮显示。现在，你可以看到，Step Into 和 Step Over 按钮的使用效果是没有区别的。

(3) 再次按 F10 功能键，调用了 Add 方法的行会以黄色高亮显示，如图 4.8 所示。

图 4.8　单步执行代码

Step Into 和 Step Over 按钮之间的区别会在准备执行方法调用时显示出来。
- 如果单击 Step Into 按钮，调试器将单步执行方法，以便执行方法中的每一行。
- 如果单击 Step Over 按钮，整个方法将一次执行完毕，但不会跳过方法而不执行。

(4) 单击 Step Into 按钮进入方法内部。

(5) 选择表达式 a * b，右击这个表达式，然后选择 Add to Watch…。

表达式 a * b 将被添加到 WATCH 窗格中，在将 a 与 b 相乘后，得到结果 11.25。可以看到，这明显是错的，如图 4.9 所示。

如果将鼠标指针悬停在代码编辑窗格中的 a 或 b 参数上，将会出现显示当前值的工具提示。

(6) 可通过在 watch 表达式和函数中将*改为+来修复这个错误。

(7) 停止并重新编译，方法是单击绿色的圆形箭头(重启)按钮，也可按 Ctrl 键或 Cmd + Shift + F5 组合键。

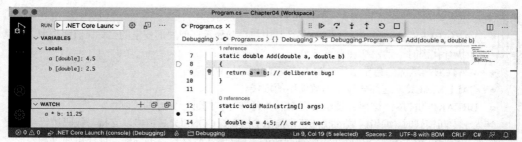

图4.9 在WATCH窗格中添加元素

(8) 进入并单步执行函数，尽管现在需要花一分钟时间来留意计算是否正确，方法是单击Continue按钮或按F5功能键。注意，当调试期间写入控制台时，输出显示在DEBUG CONSOLE窗格而不是TERMINAL窗格中。

4.2.6 自定义断点

我们很容易就能生成更复杂的断点。

(1) 如果仍在调试，请单击浮动工具栏中的Stop按钮或导航到Run | Stop Debugging，也可按Shift+F5组合键。

(2) 在BREAKPOINTS窗格中单击迷你工具栏中的最后一个按钮Remove All Breakpoints，或导航到Debug | Remove All Breakpoints。

(3) 单击WriteLine语句。

(4) 按F9功能键或导航到Run | Toggle Breakpoint以设置断点。

(5) 右击断点并选择Edit Breakpoint…。

(6) 输入一个表达式，比如answer＞9，注意这个表达式的值只有为true才能激活断点，如图4.10所示。

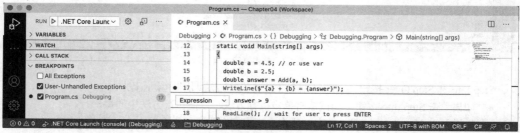

图4.10 自定义断点

(7) 开始调试，注意没有遇到断点。

(8) 停止调试。

(9) 编辑断点，将表达式更改为answer＜9。

(10) 开始调试，这一次遇到了断点。

(11) 停止调试。

(12) 编辑断点并选择Hit Count，然后输入数字3，这意味着断点在激活之前需要遇到三次才行。

(13) 将鼠标指针悬停在断点的红色圆圈上以查看摘要，如图4.11所示。

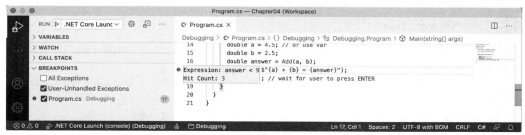

图 4.11 自定义断点的摘要

前面我们使用一些调试工具修复了错误,并且看到了用于设置断点的一些高级工具。

更多信息:可通过以下链接了解关于使用 Visual Studio Code 调试器的更多信息——https://code.visualstudio.com/docs/editor/debugging。

4.3 在开发和运行时进行日志记录

一旦相信所有的 bug 都已经从代码中清除了,就可以编译发布版本并部署应用程序,以便人们使用。但 bug 是不可避免的,应用程序在运行时可能会出现意外的错误。

当错误发生时,终端用户在记忆、承认和准确描述他们正在做的事情方面实在太糟糕了,所以不应该指望他们准确地提供有用的信息以重现问题,进而指出问题的原因并修复。

最佳实践:可在整个应用程序中添加代码以记录正在发生的事情,特别是在发生异常时,这样就可以查看日志,并使用它们来跟踪和修复问题。

有两个类型可用于将简单的日志记录添加到代码中:Debug 和 Trace。在更详细地研究它们之前,看看如下概述:

- Debug 类型用于添加在开发过程中编写的日志。
- Trace 类型用于添加在开发和运行时编写的日志。

4.3.1 使用 Debug 和 Trace 类型进行插装

前面介绍了如何在 Visual Studio Code 中使用 Console 类型以及 WriteLine 方法向控制台、终端窗口或 DEBUG CONSOLE 窗格提供输出。

此外,还有一对类型,名为 Debug 和 Trace,它们在写入位置方面能够提供更大的灵活性。

更多信息:可通过以下链接阅读关于 Debug 类型的更多信息——https://docs.microsoft.com/en-us/dotnet/api/system.diagnostics.debug。

Debug 和 Trace 类型可以将输出写入任何跟踪侦听器。跟踪侦听器是一种类型,可以配置为在调用 Trace.WriteLine 时,将输出写入自己喜欢的任何位置。.NET 提供了几个跟踪监听器,甚至可通过继承 TraceListener 类型来创建自己的跟踪监听器。

更多信息:可通过以下链接查看从 TraceListener 派生的跟踪侦听器列表——https://docs.microsoft.com/en-us/dotnet/api/system.diagnostics.tracelistener。

4.3.2 写入默认的跟踪侦听器

跟踪侦听器 DefaultTraceListener 可以自动配置并将输出写入 Visual Studio Code 的 DEBUG CONSOLE 窗格,也可以使用代码手动配置其他跟踪侦听器。

(1) 在 Chapter04 文件夹中创建一个名为 Instrumenting 的文件夹和一个控制台应用程序项目,将这个项目添加到工作区。

(2) 修改 Program.cs,如下所示:

```
using System.Diagnostics;

namespace Instrumenting
{
  class Program
  {
    static void Main(string[] args)
    {
      Debug.WriteLine("Debug says, I am watching!");
      Trace.WriteLine("Trace says, I am watching!");
    }
  }
}
```

(3) 导航到 RUN 视图。

(4) 可通过启动 Instrumenting 控制台应用程序开始调试,注意 DEBUG CONSOLE 窗格以蓝色显示了两条消息,它们与其他调试信息混合在一起,比如加载的程序集 DLL 以橙色显示,如图 4.12 所示。

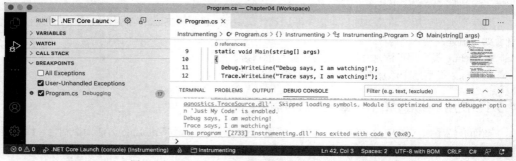

图 4.12 DEBUG CONSOLE 窗格中显示了两条蓝色的消息

4.3.3 配置跟踪侦听器

现在,配置另一个跟踪侦听器以写入文本文件。

(1) 修改代码,添加一条语句以导入 System.IO 名称空间,创建一个新的文本文件以进行日志记录并启用自动刷新缓冲区,如下所示:

```
using System.Diagnostics;
using System.IO;

namespace Instrumenting
{
  class Program
```

```
{
  static void Main(string[] args)
  {
    // write to a text file in the project folder
    Trace.Listeners.Add(new TextWriterTraceListener(
      File.CreateText("log.txt")));

    // text writer is buffered, so this option calls
    // Flush() on all listeners after writing
    Trace.AutoFlush = true;

    Debug.WriteLine("Debug says, I am watching!");
    Trace.WriteLine("Trace says, I am watching!");
  }
}
```

表示文件的任何类型通常都会实现缓冲区来提高性能。数据不是立即写入文件，而是写入内存中的缓冲区，并且只有在缓冲区满了之后才将数据写入文件。这种行为在调试时可能会令人困惑，因为我们不能马上看到结果！启用自动刷新缓冲区意味着每次写入后会自动调用 Flush 方法。

(2) 在 Instrumenting 项目的终端窗口中输入以下命令，运行控制台应用程序：

```
dotnet run --configuration Release
```

什么事也不会发生。

(3) 在资源管理器中打开名为 log.txt 的文件，注意其中包含这样一条消息：Trace says, I am watching!

(4) 在 Instrumenting 项目的终端窗口中输入以下命令，再次运行控制台应用程序：

```
dotnet run --configuration Debug
```

(5) 在资源管理器中打开名为 log.txt 的文件，注意其中包含两条消息："Debug says, I am watching!"和"Trace says, I am watching!"。

最佳实践：当使用 Debug 配置运行时，Debug 和 Trace 都是活动的，并且将在 DEBUG CONSOLE 窗格中显示它们的输出。当使用 Release 配置运行时，只显示 Trace 输出。因此，可以在整个代码中自由使用 Debug.WriteLine 调用，在构建应用程序的发布版本时，将自动删除这些调用。

4.3.4 切换跟踪级别

即使在发布后，Trace.WriteLine 调用仍然留在代码中。所以，如果能很好地控制它们的输出时间，那就太好了，而这正是跟踪开关的作用。

跟踪开关的值可以是数字或单词。例如，数字 3 可以替换为单词 Info，如表 4.1 所示。

表 4.1　跟踪开关的值

数字	单词	说明
0	Off	不会输出任何东西
1	Error	只输出错误
2	Warning	输出错误和警告

(续表)

数字	单词	说明
3	Info	输出错误、警告和信息
4	Verbose	输出所有级别

下面研究一下如何使用跟踪开关。你需要添加一些包以支持从 appsettings.json 文件中加载配置设置。

(1) 导航到终端窗口。
(2) 输入以下命令：

```
dotnet add package Microsoft.Extensions.Configuration
```

(3) 输入以下命令：

```
dotnet add package Microsoft.Extensions.Configuration.Binder
```

(4) 输入以下命令：

```
dotnet add package Microsoft.Extensions.Configuration.Json
```

(5) 输入以下命令：

```
dotnet add package Microsoft.Extensions.Configuration.FileExtensions
```

(6) 打开 Instrumenting.csproj，留意额外的<ItemGroup>部分和一些额外的包，如下所示：

```xml
<Project Sdk="Microsoft.NET.Sdk">
  <PropertyGroup>
    <OutputType>Exe</OutputType>
    <TargetFramework>net5.0</TargetFramework>
  </PropertyGroup>
  <ItemGroup>
    <PackageReference
      Include="Microsoft.Extensions.Configuration"
      Version="5.0.0" />
    <PackageReference
      Include="Microsoft.Extensions.Configuration.Binder"
      Version="5.0.0" />
    <PackageReference
      Include="Microsoft.Extensions.Configuration.FileExtensions"
      Version="5.0.0" />
    <PackageReference
      Include="Microsoft.Extensions.Configuration.Json"
      Version="5.0.0" />
  </ItemGroup>
</Project>
```

(7) 在 Instrumenting 文件夹中添加一个名为 appsettings.json 的文件。
(8) 修改 appsettings.json，如下所示：

```
{
  "PacktSwitch": {
    "Level": "Info"
  }
}
```

(9) 在 Program.cs 中导入 Microsoft.Extensions.Configuration 名称空间。

(10) 在 Main 方法的末尾添加一些语句，创建一个配置生成器，该配置生成器用于在当前文件夹中查找名为 appsettings.json 的文件，然后构建配置、创建跟踪开关、通过绑定配置设置跟踪开关级别，最后输出四个跟踪开关级别，如下所示：

```
var builder = new ConfigurationBuilder()
  .SetBasePath(Directory.GetCurrentDirectory())
  .AddJsonFile("appsettings.json",
  optional: true, reloadOnChange: true);

IConfigurationRoot configuration = builder.Build();

var ts = new TraceSwitch(
  displayName: "PacktSwitch",
  description: "This switch is set via a JSON config.");

configuration.GetSection("PacktSwitch").Bind(ts);

Trace.WriteLineIf(ts.TraceError, "Trace error");
Trace.WriteLineIf(ts.TraceWarning, "Trace warning");
Trace.WriteLineIf(ts.TraceInfo, "Trace information");
Trace.WriteLineIf(ts.TraceVerbose, "Trace verbose");
```

(11) 为 Bind 语句设置断点。

(12) 开始调试 Instrumenting 控制台应用程序。

(13) 在 VARIABLES 窗格中展开 ts 变量，注意 Level 为 Off，TraceError、TraceWarning 等都为 false。

(14) 单击 Step into 或 Step Over 按钮或者按 F11 或 F10 功能键，进入对 Bind 方法的调用，注意 ts 变量已更新到 Info 级别。

(15) 单步执行四个 Trace.WriteLineIf 调用。注意，达到 Info 级别的所有跟踪信息都将写入 DEBUG CONSOLE 窗格，但 Verbose 级别除外，如图 4.13 所示。

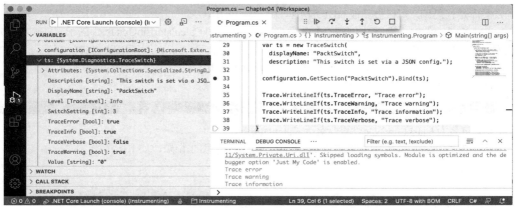

图 4.13　DEBUG CONSOLE 窗格中显示了不同的跟踪级别

(16) 停止调试。

(17) 修改 appsettings.json，将级别设置为 2，表示警告，如下所示：

```
{
  "PacktSwitch": {
```

```
    "Level": "2"
  }
}
```

(18) 保存更改。

(19) 在 Instrumenting 项目的终端窗口中输入以下命令，运行控制台应用程序：

```
dotnet run --configuration Release
```

(20) 打开 log.txt 文件，注意这一次只显示错误和警告级别的跟踪信息：

```
Trace says, I am watching!
Trace error
Trace warning
```

如果没有传递任何参数，那么默认的跟踪级别为 Off(0)，因此不输出任何跟踪信息。

4.4 单元测试函数

修复代码中的 bug 所要付出的代价很昂贵。开发过程中发现错误的时间越早，修复成本就越低。单元测试是在开发早期发现 bug 的好方法。一些开发人员甚至遵循这样的原则：程序员应该在编写代码之前创建单元测试，这称为测试驱动开发(Text-Driven Development，TDD)。

更多信息：可通过以下链接了解关于 TDD 的更多信息——https://en.wikipedia.org/wiki/Test-driven_development。

微软提供了专有的单元测试框架，名为 MSTest；但是，这里将使用免费、开源的第三方单元测试框架 xUnit.net。

4.4.1 创建需要测试的类库

类库是代码包，可以被其他.NET 应用程序分发和引用。

(1) 在 Chapter04 文件夹中创建两个名为 CalculatorLib 和 CalculatorLibUnitTests 的子文件夹，并将它们分别添加到工作区。

(2) 导航到 Terminal | New Terminal 并选择 CalculatorLib。

(3) 在终端窗口中输入以下命令：

```
dotnet new classlib
```

(4) 将名为 Class1.cs 的文件重命名为 Calculator.cs。

(5) 修改 Calculator.cs 文件以定义 Calculator 类(带有故意的错误)，如下所示：

```
namespace Packt
{
  public class Calculator
  {
    public double Add(double a, double b)
    {
      return a * b;
    }
  }
}
```

(6) 在终端窗口中输入以下命令：

```
dotnet build
```

(7) 导航到 Terminal | New Terminal 并选择 CalculatorLibUnitTests。

(8) 在终端窗口中输入以下命令：

```
dotnet new xunit
```

(9) 单击名为 CalculatorLibUnitTests.csproj 的文件，修改配置以添加 ItemGroup 部分，其中包含对 CalculatorLib 项目的引用，如下所示：

```
<Project Sdk="Microsoft.NET.Sdk">
  <PropertyGroup>
    <TargetFramework>net5.0</TargetFramework>
    <IsPackable>false</IsPackable>
  </PropertyGroup>
  <ItemGroup>
    <PackageReference Include="Microsoft.NET.Test.Sdk"
      Version="16.8.0" />
    <PackageReference Include="xunit"
      Version="2.4.1" />
    <PackageReference Include="xunit.runner.visualstudio"
      Version="2.4.3" />
    <PackageReference Include="coverlet.collector"
      Version="1.3.0" />
  </ItemGroup>
  <ItemGroup>
    <ProjectReference
      Include="..\CalculatorLib\CalculatorLib.csproj" />
  </ItemGroup>
</Project>
```

更多信息：可通过以下链接查看微软的 NuGet 提要，以及寻找最新的 Microsoft.NET.Test.Sdk 和其他包——https://www.nuget.org。

(10) 将文件 UnitTest1.cs 重命名为 CalculatorUnitTests.cs。

(11) 在终端窗口中输入以下命令：

```
dotnet build
```

4.4.2 编写单元测试

好的单元测试包含如下三部分。
- **Arrange**：这部分为输入输出声明和实例化变量。
- **Act**：这部分执行想要测试的单元。在我们的例子中，这意味着调用要测试的方法。
- **Assert**：这部分对输出进行断言。断言是一种信念，如果不为真，则表示测试失败。例如，当计算 2 加 2 时，期望结果是 4。

现在让我们为 Calculator 类编写单元测试。

(1) 打开 CalculatorUnitTests.cs，将类重命名为 CalculatorUnitTests，导入 Packt 名称空间，然后修改 CalculatorUnitTests 类，使其拥有两个测试方法，分别用于计算 2 加 2 以及 2 加 3，如下所示：

```
using Packt;
```

```csharp
using Xunit;

namespace CalculatorLibUnitTests
{
  public class CalculatorUnitTests
  {
    [Fact]
    public void TestAdding2And2()
    {
      // arrange
      double a = 2;
      double b = 2;
      double expected = 4;
      var calc = new Calculator();

      // act
      double actual = calc.Add(a, b);

      // assert
      Assert.Equal(expected, actual);
    }

    [Fact]
    public void TestAdding2And3()
    {
      // arrange
      double a = 2;
      double b = 3;
      double expected = 5;
      var calc = new Calculator();

      // act
      double actual = calc.Add(a, b);

      // assert
      Assert.Equal(expected, actual);
    }
  }
}
```

4.4.3 运行单元测试

现在运行单元测试并查看结果。

(1) 在 CalculatorLibUnitTest 项目的终端窗口中输入以下命令：

```
dotnet test
```

(2) 请注意，输出结果表明运行了两个测试：一个测试通过，另一个测试失败，如图4.14所示。
(3) 纠正 Add 方法中的 bug。
(4) 再次运行单元测试，你会发现 bug 已经修复。
(5) 关闭工作区。

第 4 章 编写、调试和测试函数

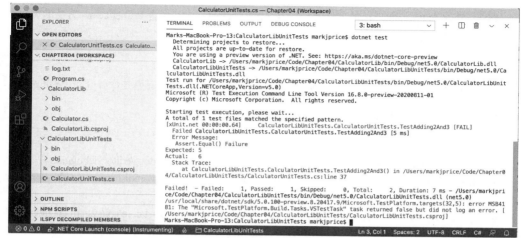

图 4.14 单元测试的结果

4.5 实践和探索

你可以通过回答一些问题来测试自己对知识的理解程度，进行一些实践，并深入探索本章涵盖的主题。

4.5.1 练习 4.1：测试你掌握的知识

回答下列问题。如果遇到了难题，可以尝试用谷歌搜索答案。

1) C#关键字 void 是什么意思？
2) 命令式编程风格和函数式编程风格有什么不同？
3) 在 Visual Studio Code 中，快捷键 F5、Ctrl、Cmd + F5、Shift + F5 与 Ctrl、Cmd + Shift + F5 之间的区别是什么？
4) Trace.WriteLine 方法会将输出写到哪里？
5) 五个跟踪级别分别是什么？
6) Debug 和 Trace 之间的区别是什么？
7) 好的单元测试包含哪三部分？
8) 在使用 xUnit 编写单元测试时，必须用什么特性装饰测试方法？
9) 哪个 dotnet 命令可用来执行 xUnit 测试？
10) TDD 是什么？

4.5.2 练习 4.2：使用调试和单元测试练习函数的编写

质因数是最小质数的组合，当把它们相乘时，就会得到原始的数。考虑下面的例子：

- 4 的质因数是 2×2。
- 7 的质因数是 7。
- 30 的质因数是 5×3×2。
- 40 的质因数是 5×2×2×2。
- 50 的质因数是 5×5×2。

创建一个名为 PrimeFactors 的工作区，其中包含三个项目：一个包含 PrimeFactors 方法的类库，当传递一个整数作为参数时，该方法将返回一个字符串来显示这个整数的质因数；一个单元测试项目；以及一个使用这个单元测试项目的控制台应用程序。

为了简单起见，可以假设输入的最大数字是 1000。

使用调试工具并编写单元测试，以确保函数在多个输入条件下都能正常工作并返回正确的输出。

4.5.3 练习 4.3：探索主题

可通过以下链接来阅读本章所涉及主题的更多细节。

- 在 Visual Studio Code 中进行调试：https://code.visualstudio.com/docs/editor/debugging。
- 用于设置.NET Core 调试器的指令：https://github.com/OmniSharp/omnisharp-vscode/blob/master/debugger.md。
- System.Diagnostics 名称空间：https://docs.microsoft.com/en-us/dotnet/core/api/system.diagnostics。
- 在.NET 中进行单元测试：https://docs.microsoft.com/en-us/dotnet/core/testing/。
- xUnit.net 网站：http://xunit.github.io/。

4.6 本章小结

本章介绍了如何编写可重用的函数，如何使用 Visual Studio Code 的调试和诊断功能来修复其中的 bug，以及如何对代码进行单元测试。

第 5 章将介绍如何使用面向对象编程技术构建自己的类型。

第 5 章
使用面向对象编程技术构建自己的类型

本章介绍如何使用面向对象编程(Object-Oriented Programming，OOP)技术构建自己的类型，讨论类型可以拥有的所有不同类别的成员，包括用于存储数据的字段和用于执行操作的方法。你将掌握诸如聚合和封装的 OOP 概念，了解诸如元组语法支持、out 变量、推断的元组名称和默认的字面量等语言特性。

本章涵盖以下主题：
- 讨论 OOP
- 构建类库
- 使用字段存储数据
- 编写和调用方法
- 使用属性和索引器控制访问
- 增强的模式匹配
- 处理记录

5.1 面向对象编程

现实世界中的对象是一种事物，例如汽车或人；而编程中的对象通常表示现实世界中的某些东西，例如产品或银行账户，但也可以是更抽象的东西。

在 C#中，可使用 C#关键字 class(通常)或 struct(偶尔)来定义对象的类型。第 6 章将介绍类和结构之间的区别。可以将类型视为对象的蓝图或模板。

面向对象编程的概念简述如下：
- 封装是与对象相关的数据和操作的组合。例如，BankAccount 类型可能拥有数据(如 Balance 和 AccountName)和操作(如 Deposit 和 Withdraw)。在封装时，我们通常希望控制哪些内容可以访问这些操作和数据，例如，限制如何从外部访问或修改对象的内部状态。
- 组合是指物体是由什么构成的。例如，一辆汽车是由不同的部件组成的，包括四个轮子、几个座位和一台发动机。
- 聚合是指什么可以与对象相结合。例如，一个人不是汽车的一部分，但他可以坐在驾驶座上，成为汽车司机。通过聚合两个独立的对象，可以形成一个新的组件。
- 继承是指从基类或超类派生子类来重用代码。基类的所有功能都由派生类继承并在派生类中可用。例如，基类或超类 Exception 有一些成员，它们在所有异常中具有相同的实现，而子类或派生的 SqlException 类继承了这些成员，此外还有一些额外的成员，它们仅与 SQL 数据库异常(如用于数据库连接的属性)有关。

- 抽象是指捕捉对象的核心思想而忽略细节。C#关键字 abstract 用来形式化这个概念。一个类如果不是显式抽象的，那就可以描述为具体的。基类或超类通常是抽象的，例如超类 Stream，Stream 的子类(如 FileStream 和 MemoryStream)是具体的。只有具体的类可以用来创建对象；抽象类只能作为其他类的基类，因为它们缺少一些实现。抽象是一种微妙的平衡。一个类如果能更抽象，就会有更多的类能够继承它，但同时能够共享的功能会更少。
- 多态性是指允许派生类通过重写继承的操作来提供自定义的行为。

5.2 构建类库

类库程序集能将类型组合成易于部署的单元(DLL 文件)。前面除了学习单元测试之外，我们只创建了包含代码的控制台应用程序。为了使编写的代码能够跨多个项目重用，应该将它们放在类库程序集中，就像微软所做的那样。

5.2.1 创建类库

第一个任务是创建可重用的.NET 类库。

(1) 在现有的 Code 文件夹中创建一个名为 Chapter05 的文件夹，并在 Chapter05 文件夹中创建一个名为 PacktLibrary 的子文件夹。

(2) 在 Visual Studio Code 中导航到 File | Save Workspace As…，输入名称 Chapter05，选择 Chapter05 文件夹，然后单击 Save 按钮。

(3) 导航到 File | Add Folder to Workspace…，选择 PacktLibrary 文件夹，然后单击 Add 按钮。

(4) 在终端窗口中输入以下命令：

```
dotnet new classlib
```

(5) 打开 PacktLibrary.csproj 文件。请注意，默认情况下，类库的目标是.NET 5，因此只能与其他兼容.NET 5 的程序集一起工作，如下所示：

```
<Project Sdk="Microsoft.NET.Sdk">

  <PropertyGroup>
    <TargetFramework>net5.0</TargetFramework>
  </PropertyGroup>

</Project>
```

(6) 修改目标框架以支持.NET Standard 2.0，如下所示：

```
<Project Sdk="Microsoft.NET.Sdk">

  <PropertyGroup>
    <TargetFramework>netstandard2.0</TargetFramework>
  </PropertyGroup>

</Project>
```

(7) 保存并关闭文件。
(8) 在终端窗口中使用命令 dotnet build 编译项目。

最佳实践：为了使用最新的 C#语言和.NET 平台特性，需要将类型放在.NET 5 类库中。为支持.NET Core、.NET Framework 和 Xamarin 等传统的.NET 平台，可将有可能重用的类型放在.NET Standard 2.0 类库中。

1. 定义类

下一个任务是定义表示人的类。

(1) 在资源管理器中将名为 Class1.cs 的文件重命名为 Person.cs。
(2) 打开 Person.cs 文件，并将类名更改为 Person。
(3) 将名称空间更改为 Packt.Shared。

最佳实践：这样做是因为将类放在逻辑命名的名称空间中是很重要的。更好的名称空间名称应该是特定于域的，例如 System.Numerics 表示与高级数值相关的类型。但在本例中，我们创建的类型是 Person、BankAccount 和 WondersOfTheWorld，它们没有正常的域。

Person.cs 文件中的代码现在应该如下所示：

```
using System;

namespace Packt.Shared
{
  public class Person
  {
  }
}
```

注意，C#关键字 public 位于 class 之前。这个关键字叫作访问修饰符，public 访问修饰符表示允许所有其他代码访问这个 Person 类。

如果没有显式地应用 public 关键字，那么只能在定义类的程序集中访问这个类。这是因为类的隐式访问修饰符是 internal。由于需要在程序集之外访问 Person 类，因此必须确保使用了 public 关键字。

2. 成员

Person 类还没有封装任何成员。接下来将创建一些成员。成员可以是字段、方法或它们两者的特定版本。

- 字段用于存储数据。字段可分为三个专门的类别，如下所示。
  - 常量字段：数据永远不变。编译器会将数据复制到读取它们的任何代码中。
  - 只读字段：在类实例化之后，数据不能改变，但是可以在实例化时从外部源计算或加载数据。
  - 事件：数据引用一个或多个方法，方法在发生事件时执行，例如单击按钮或响应来自其他代码的请求。事件的相关内容详见第 6 章。
- 方法用于执行语句。第 4 章在介绍函数时提到了一些示例。此外还有四类专门的方法。
  - 构造函数：使用 new 关键字分配内存和实例化类时执行的语句。
  - 属性：获取或设置数据时执行的语句。数据通常存储在字段中，但是也可以存储在外部或者在运行时计算。属性是封装字段的首选方法，除非需要公开字段的内存地址。
  - 索引器：使用数组语法[]获取或设置数据时执行的语句。
  - 运算符：对类型的操作数使用+和/之类的运算符执行的语句。

5.2.2 实例化类

下面创建 Person 类的实例,这称为实例化 Person 类。

1. 引用程序集

在实例化一个类之前,需要引用包含这个类的程序集。

(1) 在 Chapter05 文件夹中创建一个名为 PeopleApp 的子文件夹。

(2) 在 Visual Studio Code 中导航到 File | Add Folder to Workspace…,选择 PeopleApp 文件夹,然后单击 Add 按钮。

(3) 导航到 Terminal | New Terminal,选择 PeopleApp。

(4) 在终端窗口中输入以下命令:

```
dotnet new console
```

(5) 在资源管理器中单击名为 PeopleApp.csproj 的文件。

(6) 添加对 PacktLibrary 项目的项目引用,如下所示:

```xml
<Project Sdk="Microsoft.NET.Sdk">
  <PropertyGroup>
    <OutputType>Exe</OutputType>
    <TargetFramework>net5.0</TargetFramework>
  </PropertyGroup>
  <ItemGroup>
    <ProjectReference Include="../PacktLibrary/PacktLibrary.csproj" />
  </ItemGroup>
</Project>
```

(7) 在终端窗口中输入如下命令以编译 PeopleApp 项目及其依赖项目 PacktLibrary:

```
dotnet build
```

(8) 选择 PeopleApp 作为 OmniSharp 的活动项目。

2. 导入名称空间以使用类

现在编写使用 Person 类的语句。

(1) 在 Visual Studio Code 中打开 PeopleApp 文件夹中的 Program.cs。

(2) 在 Program.cs 文件的顶部输入如下语句以导入 People 类的名称空间并静态导入 Console 类:

```csharp
using Packt.Shared;
using static System.Console;
```

(3) 在 Main 方法中输入一些语句,目的是
- 创建 Person 类的实例。
- 使用实例的文本描述输出实例。

new 关键字用来为对象分配内存,并初始化任何内部数据。可以用 Person 代替 var 关键字,但是,使用 var 关键字时需要的输入较少,如下所示:

```csharp
var bob = new Person();
WriteLine(bob.ToString());
```

为什么 bob 变量会有名为 ToString 的方法?Person 类是空的!别担心,我们马上就知道原因了!

(4) 在终端窗口中输入 dotnet run 命令以运行应用程序，然后查看结果，输出如下所示：

```
Packt.Shared.Person
```

5.2.3 管理多个文件

如果想同时处理多个文件，那么可在编辑它们时将它们并排放置。

(1) 在资源管理器中展开这两个项目。

(2) 打开 Person.cs 和 Program.cs 文件。

(3) 单击、按住并拖动其中一个打开的文件的 Edit Window 选项卡，对它们进行排列，这样就可以同时看到 Person.cs 和 Program.cs 文件了。

(4) 单击 Split Editor Right 按钮或按 Cmd + \组合键，这两个文件就会垂直并排打开。

更多信息：可通过以下链接了解关于使用 Visual Studio Code 用户界面的更多信息——https://code.visualstudio.com/docs/getstarted/userinterface。

5.2.4 对象

虽然 Person 类没有显式地选择从类型中继承，但是所有类型最终都直接或间接地从名为 System.Object 的特殊类型继承而来。

System.Object 类型中 ToString 方法的实现结果只是输出完整的名称空间和类型名称。

回到原始的 Person 类，可以明确地告诉编译器，Person 类从 System.Object 类型继承而来，如下所示：

```
public class Person : System.Object
```

当类 B 继承自类 A 时，我们说类 A 是基类或超类，类 B 是派生类或子类。在这里，System.Object 是基类或超类，Person 是派生类或子类。

也可以使用 C#别名关键字 object：

```
public class Person : object
```

继承 System.Object

下面让 Person 类显式地从 System.Object 继承，然后检查所有对象都有哪些成员。

(1) 修改 Person 类以显式地继承 System.Object。

(2) 单击 object 关键字的内部并按 F12 功能键，或右击 object 关键字并从弹出菜单中选择 Go to Definition。

这会显示微软定义的 System.Object 类型及其成员。这些细节你并不需要了解，但请注意名为 ToString 的方法，如图 5.1 所示。

最佳实践：假设其他程序员知道，如果不指定继承，类将从 System.Object 继承。

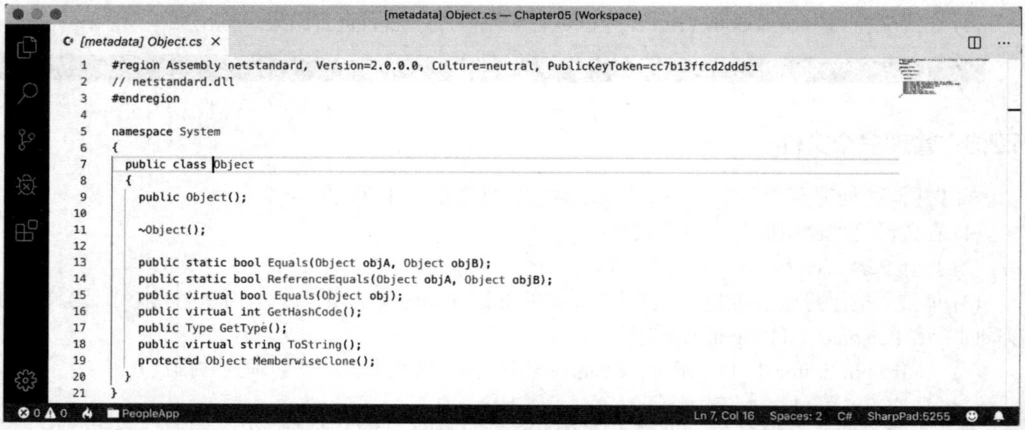
[metadata] Object.cs — Chapter05 (Workspace)
[metadata] Object.cs
#region Assembly netstandard, Version=2.0.0.0, Culture=neutral, PublicKeyToken=cc7b13ffcd2ddd51
// netstandard.dll
#endregion
namespace System
{
public class Object
{
public Object();
~Object();
public static bool Equals(Object objA, Object objB);
public static bool ReferenceEquals(Object objA, Object objB);
public virtual bool Equals(Object obj);
public virtual int GetHashCode();
public Type GetType();
public virtual string ToString();
protected Object MemberwiseClone();
}
}
PeopleApp
Ln 7, Col 16 Spaces: 2 C# SharpPad:5255

图 5.1 System.Object 类型的定义

5.3 在字段中存储数据

本节将定义类中的一组字段，以存储一个人的信息。

5.3.1 定义字段

假设一个人的信息是由姓名和出生日期组成的。在 Person 类的内部封装这两个值，它们在 Person 类的外部可见。

在 Person 类中编写如下语句，声明两个公共字段，分别用来存储一个人的姓名和出生日期：

```
public class Person : object
{
  // fields
  public string Name;
  public DateTime DateOfBirth;
}
```

可以对字段使用任何类型，包括数组和集合(如列表和字典)。如果需要在命名字段中存储多个值，就可以使用这些类型。在这个例子中，一个人的姓名和出生日期是唯一的。

5.3.2 理解访问修饰符

封装的一部分是选择成员的可见性。

注意，就像对类所做的一样，可以显式地将 public 关键字应用于这些字段。如果没有这样做，那么它们对类来说就是隐式私有的，这意味着它们只能在类的内部访问。

访问修饰符有四个，并且有两种组合可以应用到类的成员，如字段或方法，如表 5.1 所示。

表 5.1 访问修饰符

访问修饰符	描述
private	成员只能在类型的内部访问，这是默认设置
internal	成员可在类型的内部或同一程序集的任何类型中访问
protected	成员可在类型的内部或从类型继承的任何类型中访问

(续表)

访问修饰符	描述
public	成员在任何地方都可以访问
internal protected	成员可在类型的内部、同一程序集的任何类型以及从该类型继承的任何类型中访问，与虚构的访问修饰符 internal_or_protected 等效
private protected	成员可在类型的内部、同一程序集的任何类型以及从该类型继承的任何类型中访问，相当于虚构的访问修饰符 internal_and_protected。这种组合只能在 C# 7.2 或更高版本中使用

最佳实践：即使想为成员使用隐式的访问修饰符 private，也需要显式地将一个访问修饰符应用于所有类型成员。此外，字段通常应该是私有的或受保护的，然后应该创建 public 属性来获取或设置字段值。

5.3.3 设置和输出字段值

下面在控制台应用程序中使用这些字段。

(1) 在 Program.cs 文件的顶部确保导入了 System 名称空间。

(2) 在 Main 方法内部更改语句，以设置姓名和出生日期，然后输出格式良好的字段，如下所示：

```
var bob = new Person();
bob.Name = "Bob Smith";
bob.DateOfBirth = new DateTime(1965, 12, 22);

WriteLine(
  format: "{0} was born on {1:dddd, d MMMM yyyy}",
  arg0: bob.Name,
  arg1: bob.DateOfBirth);
```

也可以使用字符串插值，但对于长字符串，由于可能跨越多行，因此很难阅读。在本书的代码示例中，请记住{0}是 arg0 的占位符，{1}是 arg1 的占位符，等等。

(3) 运行应用程序并查看结果，输出如下所示：

```
Bob Smith was born on Wednesday, 22 December 1965
```

arg1 的格式代码由几个部分组成。dddd 指的是星期几。d 表示月份中的日期。MMMM 表示月份的名称。小写的 m 表示分钟。yyyy 表示四位数的年份。yy 表示两位数的年份。

还可以使用花括号，通过简化的对象初始化语法来初始化字段。

(4) 在现有代码的下方添加以下代码，创建另一个人的信息。注意，在写入控制台时，出生日期的格式代码不同：

```
var alice = new Person
{
  Name = "Alice Jones",
  DateOfBirth = new DateTime(1998, 3, 7)
};

WriteLine(
  format: "{0} was born on {1:dd MMM yy}",
  arg0: alice.Name,
  arg1: alice.DateOfBirth);
```

(5) 运行应用程序并查看结果，输出如下所示：

```
Bob Smith was born on Wednesday, 22 December 1965
Alice Jones was born on 07 Mar 98
```

请记住，根据语言环境(语言和文化)的不同，每个人的输出看起来也可能会有所不同。

5.3.4 使用 enum 类型存储值

有时，值是一组有限选项中的某个选项。例如，世界上有七大古迹，某人可能喜欢其中的一个。在其他情况下，值是一组有限选项的组合。例如，某人可能有一份想要参观的古迹清单。

可通过定义 enum 类型来存储这些数据。

enum 类型是一种非常有效的方式，可以存储一个或多个选项，因为在内部，enum 类型结合了整数值与使用字符串描述的查找表。

(1) 选择 PacktLibrary，单击迷你工具栏中的 New File 按钮，输入名称 WondersOfTheAncientWorld.cs，向类库中添加一个新类。

(2) 修改 WondersOfTheAncientWorld.cs 文件，如下所示：

```
namespace Packt.Shared
{
  public enum WondersOfTheAncientWorld
  {
    GreatPyramidOfGiza,
    HangingGardensOfBabylon,
    StatueOfZeusAtOlympia,
    TempleOfArtemisAtEphesus,
    MausoleumAtHalicarnassus,
    ColossusOfRhodes,
    LighthouseOfAlexandria
  }
}
```

(3) 在 Person 类中将以下语句添加到字段列表中：

```
public WondersOfTheAncientWorld FavoriteAncientWonder;
```

(4) 在 Program.cs 文件的 Main 方法中添加以下语句：

```
bob.FavoriteAncientWonder =
  WondersOfTheAncientWorld.StatueOfZeusAtOlympia;

WriteLine(format:
  "{0}'s favorite wonder is {1}. Its integer is {2}.",
  arg0: bob.Name,
  arg1: bob.FavoriteAncientWonder,
  arg2: (int)bob.FavoriteAncientWonder);
```

(5) 运行应用程序并查看结果，输出如下所示：

```
Bob Smith's favorite wonder is StatueOfZeusAtOlympia. Its integer is 2.
```

为提高效率，enum 值在内部存储为 int 类型。int 值从 0 开始自动分配，因此 enum 中的第三大世界古迹的值为 2。可以分配 enum 中没有列出的 int 值，它们将输出 int 值而不是名称，因为找不到匹配项。

5.3.5 使用 enum 类型存储多个值

对于选项列表，可以创建 enum 实例的集合，本章稍后将解释集合，但是还有更好的方法。可以使用标志将多个选项组合成单个值。

(1) 使用[System.Flags]特性修改 enum。
(2) 为每个表示不同位列的古迹显式地设置字节值，如下所示：

```
namespace Packt.Shared
{
  [System.Flags]
  public enum WondersOfTheAncientWorld : byte
  {
    None                    = 0b_0000_0000, // i.e. 0
    GreatPyramidOfGiza      = 0b_0000_0001, // i.e. 1
    HangingGardensOfBabylon = 0b_0000_0010, // i.e. 2
    StatueOfZeusAtOlympia   = 0b_0000_0100, // i.e. 4
    TempleOfArtemisAtEphesus = 0b_0000_1000, // i.e. 8
    MausoleumAtHalicarnassus = 0b_0001_0000, // i.e. 16
    ColossusOfRhodes        = 0b_0010_0000, // i.e. 32
    LighthouseOfAlexandria  = 0b_0100_0000  // i.e. 64
  }
}
```

为每个选项分配显式的值，这些值在查看存储到内存中的位时不会重叠。还应该使用[System.Flags]特性装饰 enm 类型，这样在返回值时，就可以自动匹配多个值(作为逗号分隔的字符串)而不是只返回一个 int 值。通常，enum 类型在内部使用一个 int 变量，但是由于不需要这么大的值，因此可以减少 75%的内存需求。也就是说，可以使用一个 byte 变量，这样每个值就只占用 1 字节而不是占用 4 字节。

如果想要表示待参观的古迹清单中包括巴比伦空中花园和摩索拉斯陵墓，可将位列 16 和 2 设置为 1。换句话说，存储的值是 18。

64	32	16	8	4	2	1	0
0	0	1	0	0	1	0	0

在 **Person** 类中，将以下语句添加到字段列表中：

```
public WondersOfTheAncientWorld BucketList;
```

(3) 在 **PeopleApp** 的 **Main** 方法中添加以下语句，使用|运算符(逻辑 OR)组合 enum 值以设置待参观的古迹清单。也可以使用数字 18 来设置值，并强制转换为 enum 类型，但不应该这样做，因为会使代码更难理解：

```
bob.BucketList =
  WondersOfTheAncientWorld.HangingGardensOfBabylon
  | WondersOfTheAncientWorld.MausoleumAtHalicarnassus;

// bob.BucketList = (WondersOfTheAncientWorld)18;

WriteLine($"{bob.Name}'s bucket list is {bob.BucketList}");
```

(4) 运行应用程序并查看结果，输出如下所示：

```
Bob Smith's bucket list is HangingGardensOfBabylon, MausoleumAtHalicarnassus
```

 最佳实践：建议使用 enum 值存储离散选项的组合。如果最多有 8 个选项，可从 byte 类型派生 enum 类型；如果最多有 16 个选项，可从 short 类型派生 enum 类型；如果最多有 32 个选项，可从 int 类型派生 enum 类型；如果最多有 64 个选项，可从 long 类型派生 enum 类型。

5.3.6 使用集合存储多个值

下面添加一个字段来存储一个人的子女信息。这是聚合的典型示例，因为代表子女的子类与 Person 类相关，但不是 Person 类本身的一部分。下面将使用一种通用的 List<T> 集合类型。

(1) 在 Person.cs 类文件的顶部导入 System.Collections.Generic 名称空间，如下所示：

```
using System.Collections.Generic;
```

第 8 章将详述集合。

(2) 在 Person 类中声明一个新的字段，如下所示：

```
public List<Person> Children = new List<Person>();
```

List<Person> 读作 "Person 列表"，例如，"名为 Children 的属性的类型是 Person 实例列表"。必须确保将集合初始化为 Person 列表的新实例，才能添加项，否则字段将为 null，并抛出运行时异常。

List<T> 类型中的尖括号代表 C# 中名为泛型的特性，泛型是在 2005 年的 C# 2.0 中引入的。这只是一个让集合成为强类型的术语，也就是说，编译器更明确地知道可以在集合中存储什么类型的对象。泛型可以提高代码的性能和正确性。

强类型与静态类型不同。旧的 System.Collection 类型是静态类型，用以包含弱类型的 System.Object 选项。更新的 System.Collection.Generic 也是静态类型，用以包含强类型的<T>实例。具有讽刺意味的是，泛型这个术语意味着可以使用更具体的静态类型！

(1) 在 Main 方法中添加如下语句，为 Bob 添加两个子女，然后显示 Bob 有多少个子女以及相应子女的姓名：

```
bob.Children.Add(new Person { Name = "Alfred" });
bob.Children.Add(new Person { Name = "Zoe" });

WriteLine(
  $"{bob.Name} has {bob.Children.Count} children:");

for (int child = 0; child < bob.Children.Count; child++)
{
  WriteLine($"  {bob.Children[child].Name}");
}
```

也可以使用 foreach 语句。作为一项额外的挑战，可以改用 foreach 语句输出相同的信息。

(2) 运行应用程序并查看结果，输出如下所示：

```
Bob Smith has 2 children:
  Alfred
  Zoe
```

5.3.7 使字段成为静态字段

到目前为止,我们创建的字段都是实例成员,这意味着对于创建的类的每个实例,每个字段都存在不同的值。bob 变量的 Name 值与 alice 变量的不同。

有时,我们希望定义一个字段,该字段只有一个值,能在所有实例之间共享。这称为静态成员,但是,字段不是唯一的静态成员。

下面看看使用静态字段可以实现什么。

(1) 在 PacktLibrary 项目中添加一个新的名为 BankAccount.cs 的类文件。

(2) 修改 BankAccount 类,为它指定两个实例字段和一个静态字段,如下所示:

```
namespace Packt.Shared
{
  public class BankAccount
  {
    public string AccountName;          // instance member
    public decimal Balance;             // instance member
    public static decimal InterestRate; // shared member
  }
}
```

每个 BankAccount 实例都有自己的 AccountName 和 Balance 值,但所有实例都共享单个 InterestRate 值。

(3) 在 Program.cs 文件的 Main 方法中添加如下语句,设置共享利率,然后创建 BankAccount 类的两个实例:

```
BankAccount.InterestRate = 0.012M; // store a shared value

var jonesAccount = new BankAccount();
jonesAccount.AccountName = "Mrs. Jones";
jonesAccount.Balance = 2400;

WriteLine(format: "{0} earned {1:C} interest.",
  arg0: jonesAccount.AccountName,
  arg1: jonesAccount.Balance * BankAccount.InterestRate);

var gerrierAccount = new BankAccount();
gerrierAccount.AccountName = "Ms. Gerrier";
gerrierAccount.Balance = 98;

WriteLine(format: "{0} earned {1:C} interest.",
  arg0: gerrierAccount.AccountName,
  arg1: gerrierAccount.Balance * BankAccount.InterestRate);
```

:C 是一种格式代码,用于告诉.NET 对数字使用货币格式。第 8 章将介绍如何控制货币符号的区域性。现在,可为操作系统使用默认设置。由于笔者住在英国伦敦,因此这里的输出显示英镑(£)。

(4) 运行应用程序并查看结果,输出如下所示:

```
Mrs. Jones earned £28.80 interest.
Ms. Gerrier earned £1.18 interest.
```

5.3.8 使字段成为常量

如果字段的值永远不会改变,那么可以使用 const 关键字并在编译时为字段分配字面值。

(1) 在 Person 类中添加以下代码:

```
// constants
public const string Species = "Homo Sapien";
```

(2) 在 Main 方法中添加一条语句,将 Bob 的姓名和种族写入控制台,如下所示:

```
WriteLine($"{bob.Name} is a {Person.Species}");
```

要获取 const 字段的值,就必须写入类的名称而不是实例的名称。

(3) 运行应用程序并查看结果,输出如下所示:

```
Bob Smith is a Homo Sapien
```

微软提供的 const 字段示例包括 System.Int32.MaxValue 和 System.Math.PI,因为这两个值都不会改变,如图 5.2 所示。

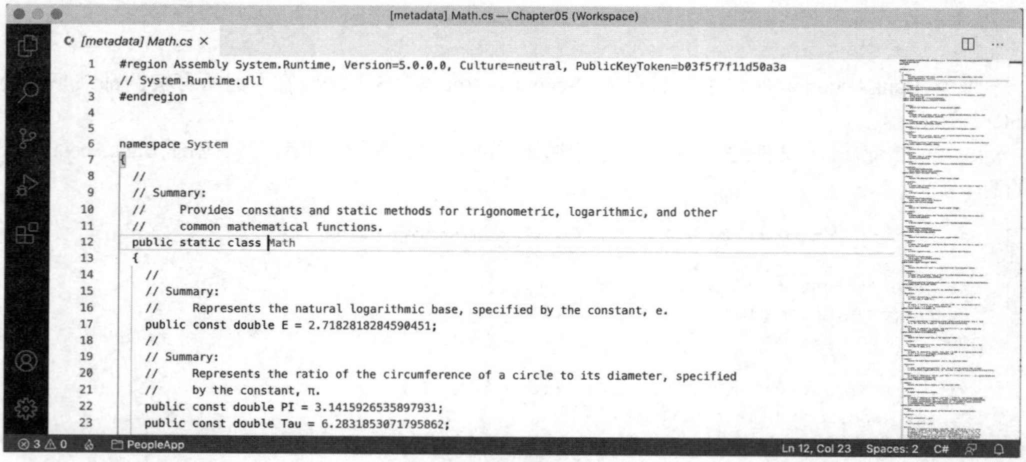

图 5.2　const 字段示例

最佳实践: 应该避免使用常量,这主要有两个重要原因。在编译时必须知道值,并且值必须可以表示为字面量字符串、布尔值或数字值。在编译时,对 const 字段的每个引用都将被替换为字面值。因此,如果值在将来的版本中发生了更改,并且没有重新编译引用 const 字段的任何程序集来获得新值,就无法反映出这种情况。

5.3.9 使字段只读

对于不应该更改的字段,更好的选择是将它们标记为只读字段。

(1) 在 Person 类的内部添加如下语句,将实例声明为只读字段以存储一个人居住的星球:

```
// read-only fields
public readonly string HomePlanet = "Earth";
```

还可以声明静态的只读字段,其值可在类型的所有实例之间共享。

(2) 在 Main 方法的内部添加一条语句，将 Bob 的姓名和居住的星球写入控制台，如下所示：

```
WriteLine($"{bob.Name} was born on {bob.HomePlanet}");
```

(3) 运行应用程序并查看结果，输出如下所示：

```
Bob Smith was born on Earth
```

 最佳实践：使用只读字段有两个重要的原因：值可以在运行时计算或加载，并且可以使用任何可执行语句来表示。因此，可以使用构造函数或字段赋值来设置只读字段。对字段的每个引用都是活动引用，因此将来的任何更改都将通过调用代码正确地反映出来。

5.3.10 使用构造函数初始化字段

字段通常需要在运行时初始化。可在构造函数中执行初始化操作，系统在使用 new 关键字创建类的实例时将调用构造函数。构造函数则在使用类型的代码设置任何字段之前执行。

(1) 在 Person 类中，在现有的只读字段 HomePlanet 之后添加如下代码：

```
// read-only fields
public readonly string HomePlanet = "Earth";
public readonly DateTime Instantiated;

// constructors
public Person()
{
  // set default values for fields
  // including read-only fields
  Name = "Unknown";
  Instantiated = DateTime.Now;
}
```

(2) 在 Main 方法中添加语句以实例化 Person 类，然后输出初始字段值，如下所示：

```
var blankPerson = new Person();

WriteLine(format:
  "{0} of {1} was created at {2:hh:mm:ss} on a {2:dddd}.",
  arg0: blankPerson.Name,
  arg1: blankPerson.HomePlanet,
  arg2: blankPerson.Instantiated);
```

(3) 运行应用程序并查看结果，输出如下所示：

```
Unknown of Earth was created at 11:58:12 on a Sunday
```

一个类可以有多个构造函数，这对于鼓励开发人员为字段设置初始值特别有用。

(4) 在 Person 类中添加语句以定义第二个构造函数，该构造函数允许开发人员设置姓名和居住的星球的初始值，如下所示：

```
public Person(string initialName, string homePlanet)
{
  Name = initialName;
  HomePlanet = homePlanet;
  Instantiated = DateTime.Now;
}
```

(5) 在 Main 方法中添加以下代码：

```
var gunny = new Person("Gunny", "Mars");

WriteLine(format:
  "{0} of {1} was created at {2:hh:mm:ss} on a {2:dddd}.",
  arg0: gunny.Name,
  arg1: gunny.HomePlanet,
  arg2: gunny.Instantiated);
```

(6) 运行应用程序并查看结果，输出如下所示：

```
Gunny of Mars was created at 11:59:25 on a Sunday
```

5.3.11 使用默认字面量设置字段

C# 7.1 中引入的语言特性之一就是默认字面量。第 2 章介绍过 default(type)关键字。

提醒一下，如果希望在构造函数中将类的某些字段初始化为它们的默认类型值，就可以从 C# 2.0 开始使用 default(type)关键字。

(1) 在 PacktLibrary 文件夹中添加一个名为 ThingOfDefault.cs 的新文件。

(2) 在 ThingOfDefault.cs 文件中添加语句以声明一个类，这个类包含四个不同类型的字段，可在构造函数中将它们设置为默认值，如下所示：

```
using System;
using System.Collections.Generic;

namespace Packt.Shared
{
  public class ThingOfDefaults
  {
    public int Population;
    public DateTime When;
    public string Name;
    public List<Person> People;

    public ThingOfDefaults()
    {
      Population = default(int); // C# 2.0 and later
      When = default(DateTime);
      Name = default(string);
      People = default(List<Person>);
    }
  }
}
```

编译器应该能够在不被明确告知的情况下计算出指定的类型，但是在 C#编译器的生命历程中的前 15 年里，并没有这样做。最后，在 C# 7.1 及后续版本中，编译器做到了。

(3) 简化默认值的设置语句，如下所示：

```
using System;
using System.Collections.Generic;

namespace Packt.Shared
{
```

```
public class ThingOfDefaults
{
  public int Population;
  public DateTime When;
  public string Name;
  public List<Person> People;

  public ThingOfDefaults()
  {
    Population = default; // C# 7.1 and later
    When = default;
    Name = default;
    People = default;
  }
}
```

构造函数是一种特殊的方法。下面更详细地介绍方法。

5.4 写入和调用方法

方法是执行语句块的类型成员。

5.4.1 从方法返回值

方法可以返回单个值，也可以什么都不返回。
- 执行某些操作但不返回值的方法，在方法名前用 void 关键字表示。
- 执行一些操作并返回单个值的方法，在方法名之前用返回值的类型关键字表示。

例如，创建如下两个方法。
- WriteToConsole：向控制台写入一些文本，但是不会返回任何内容，由 void 关键字表示。
- GetOrigin：返回一个字符串值，由 string 关键字表示。

下面编写代码。

(1) 在 Person 类的内部静态导入 System.Console 名称空间。

(2) 添加语句以定义上面那两个方法，如下所示：

```
// methods
public void WriteToConsole()
{
  WriteLine($"{Name} was born on a {DateOfBirth:dddd}.");
}

public string GetOrigin()
{
  return $"{Name} was born on {HomePlanet}.";
}
```

(3) 在 Main 方法的内部添加语句以调用这两个方法，如下所示：

```
bob.WriteToConsole();
WriteLine(bob.GetOrigin());
```

(4) 运行应用程序并查看结果，输出如下所示：

```
Bob Smith was born on a Wednesday.
Bob Smith was born on Earth.
```

5.4.2 使用元组组合多个返回值

每个方法只能返回具有单一类型的单一值，可以是简单类型(如字符串)、复杂类型(如 Person)或集合类型(如 List<Person>)。

假设要定义一个名为 GetTheData 的方法，该方法将返回一个字符串值和一个 int 值。可以定义一个名为 TextAndNumber 的新类，它有一个字符串字段和一个 int 字段，并且会返回一个复杂类型的实例，如下所示：

```csharp
public class TextAndNumber
{
  public string Text;
  public int Number;
}

public class Processor
{
  public TextAndNumber GetTheData()
  {
    return new TextAndNumber
    {
      Text = "What's the meaning of life?",
      Number = 42
    };
  }
}
```

但是，为了合并两个值而专门定义类是没有必要的，因为在 C#的现代版本中可以使用元组。

自从元组的第一个版本出现以来，元组就一直是 F#等语言的一部分，但是.NET 只在.NET 4.0 中提供对 System.Tuple 类型的支持。

只有在 C# 7.0 中，C#才添加对元组的语言语法支持。与此同时，.NET 也添加了新的 System.ValueTuple 类型，它在某些常见场景中相比旧的.NET 4.0 System.Tuple 类型更有效。C#元组会从中选择使用更有效的类型。

(1) 在 Person 类中添加语句以定义返回字符串和 int 元组的方法，如下所示：

```csharp
public (string, int) GetFruit()
{
  return ("Apples", 5);
}
```

(2) 在 Main 方法中添加语句以调用 GetFruit 方法，然后输出元组中的字段(自动命名的字段 Item1 和 Item2 等)，如下所示：

```csharp
(string, int) fruit = bob.GetFruit();

WriteLine($"{fruit.Item1}, {fruit.Item2} there are.");
```

(3) 运行应用程序并查看结果，输出如下所示：

```
Apples, 5 there are.
```

1. 命名元组中的字段

对于元组中的字段，默认名称是 Item1、Item2 等。你也可以显式地指定字段名。

(1) 在 Person 类中添加语句以定义一个方法，该方法将返回一个带有指定字段的元组，如下所示：

```
public (string Name, int Number) GetNamedFruit()
{
  return (Name: "Apples", Number: 5);
}
```

(2) 在 Main 方法中添加语句，以调用刚才定义的方法并输出元组中的命名字段，如下所示：

```
var fruitNamed = bob.GetNamedFruit();

WriteLine($"There are {fruitNamed.Number} {fruitNamed.Name}.");
```

(3) 运行应用程序并查看结果，输出如下所示：

```
There are 5 Apples.
```

2. 推断元组名称

要从另一个对象构造元组，可以使用 C# 7.1 中引入的名为"元组名称推断"的功能。
下面在 Main 方法中创建两个元组，每个元组由一个字符串值和一个 int 值组成，如下所示：

```
var thing1 = ("Neville", 4);
WriteLine($"{thing1.Item1} has {thing1.Item2} children.");

var thing2 = (bob.Name, bob.Children.Count);
WriteLine($"{thing2.Name} has {thing2.Count} children.");
```

在 C# 7.0 中，两者都将使用 Item1 和 Item2 命名方案。在 C# 7.1 及后续版本中，可以推断出名称 Name 和 Count。

3. 解构元组

可以将元组分解为单独的变量，语法与命名字段元组相同，但元组没有变量名，如下所示：

```
// store return value in a tuple variable with two fields
(string name, int age) tupleWithNamedFields = GetPerson();
// tupleWithNamedFields.name
// tupleWithNamedFields.age

// deconstruct return value into two separate variables
(string name, int age) = GetPerson();
// name
// age
```

这样做的效果是将元组分解为多个部分，并将这些部分分配给新的变量。

(1) 在 Main 方法中添加如下代码：

```
(string fruitName, int fruitNumber) = bob.GetFruit();

WriteLine($"Deconstructed: {fruitName}, {fruitNumber}");
```

(2) 运行应用程序并查看结果，输出如下所示：

```
Deconstructed: Apples, 5
```

 更多信息：解构并不只是针对元组。任何类型都可以被解构，只要有解构的方法。可通过以下链接了解更多细节——https://docs.microsoft.com/en-us/dotnet/csharp/deconstruct。

5.4.3 定义参数并将参数传递给方法

可以定义参数并将参数传递给方法以改变它们的行为。参数的定义有点像变量的声明，但位置是在方法的圆括号内。

(1) 在 Person 类中添加语句以定义两个方法，第一个方法没有参数，第二个方法只有一个参数，如下所示：

```
public string SayHello()
{
  return $"{Name} says 'Hello!'";
}

public string SayHelloTo(string name)
{
  return $"{Name} says 'Hello {name}!'";
}
```

(2) 在 Main 方法中添加语句以调用刚才定义的两个方法，并将返回值写入控制台，如下所示：

```
WriteLine(bob.SayHello());
WriteLine(bob.SayHelloTo("Emily"));
```

(3) 运行应用程序并查看结果，输出如下所示：

```
Bob Smith says 'Hello!'
Bob Smith says 'Hello Emily!'
```

在输入调用方法的语句时，IntelliSense 会显示工具提示，其中包含任何参数的名称和类型以及方法的返回类型，如图 5.3 所示。

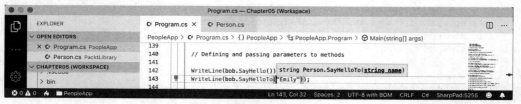

图 5.3　调试方法时的工具提示

5.4.4 重载方法

可以为两个方法指定相同的名称，而不是使用两个不同的方法名。这是允许的，因为每个方法都有不同的签名。

方法签名是可在调用方法(以及返回值的类型)时传递的参数类型列表。

(1) 在 Person 类中将 SayHelloTo 方法的名称改为 SayHello。

(2) 在 Main 方法中将方法调用改为使用 SayHello 方法，并注意该方法的快速说明信息，如图 5.4 所示。

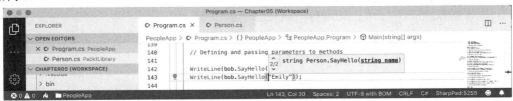

图 5.4　方法的快速说明信息

最佳实践：可使用重载的方法简化类。

5.4.5　传递可选参数和命名参数

简化方法的另一种方式是使参数可选。通过在方法的参数列表中指定默认值，可以使参数成为可选的。可选参数必须始终位于参数列表的最后。

更多信息：可选参数总是排在参数列表的最后，但是也有例外。C#关键字 params 允许以数组的形式传递以逗号分隔的任意长度的参数列表。可通过以下链接阅读关于 params 关键字的更多信息——https://docs.microsoft.com/en-us/dotnet/csharp/language-reference/keywords/params。

下面创建一个带三个可选参数的方法。

(1) 在 Person 类中添加语句以定义如下方法：

```
public string OptionalParameters(
  string command = "Run!",
  double number = 0.0,
  bool active = true)
{
  return string.Format(
    format: "command is {0}, number is {1}, active is {2}",
    arg0: command, arg1: number, arg2: active);
}
```

(2) 在 Main 方法中添加语句以调用刚才定义的方法，并将返回值写入控制台，如下所示：

```
WriteLine(bob.OptionalParameters());
```

(3) 输入代码时，IntelliSense 会显示工具提示，内容包括三个可选参数及其默认值，如图 5.5 所示。

(4) 运行应用程序并查看结果，输出如下所示：

```
command is Run!, number is 0, active is True
```

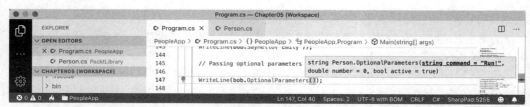

图 5.5 输入代码时将显示可选参数

(5) 在 Main 方法中添加语句,以传递 command 参数的字符串值和 number 参数的 double 值,如下所示:

```
WriteLine(bob.OptionalParameters("Jump!", 98.5));
```

(6) 运行应用程序并查看结果,输出如下所示:

```
command is Jump!, number is 98.5, active is True
```

command 和 number 参数的默认值已被替换,但 active 参数的默认值仍然为 true。

在调用方法时,可选参数通常与命名参数结合在一起,因为命名参数允许以不同于声明的顺序传递值。

(7) 在 Main 方法中添加语句,为 command 参数传递字符串值,并为 number 参数传递 double 值,但使用的是命名参数,这样它们的传递顺序就可以互换,如下所示:

```
WriteLine(bob.OptionalParameters(
  number: 52.7, command: "Hide!"));
```

(8) 运行应用程序并查看结果,输出如下所示:

```
command is Hide!, number is 52.7, active is True
```

我们甚至可以使用命名参数跳过可选参数。

(9) 在 Main 方法中添加语句,使用位置顺序传递 command 参数的字符串值,跳过 number 参数并使用指定的 active 参数,如下所示:

```
WriteLine(bob.OptionalParameters("Poke!", active: false));
```

(10) 运行应用程序并查看结果,输出如下所示:

```
command is Poke!, number is 0, active is False
```

5.4.6 控制参数的传递方式

当传递参数给方法时,参数可通过以下三种方式之一传递。

- 通过值(这里是默认值)。
- 通过引用作为 ref 参数。
- 作为 out 参数。

下面是传入和传出参数的一些示例。

(1) 在 Person 类中添加语句以定义一个方法,它有一个 int 参数、一个 ref 参数和一个 out 参数,如下所示:

```
public void PassingParameters(int x, ref int y, out int z)
{
```

```
    // out parameters cannot have a default
    // AND must be initialized inside the method
    z = 99;

    // increment each parameter
    x++;
    y++;
    z++;
}
```

(2) 在 Main 方法中添加语句以声明一些 int 变量，将它们传递给刚才定义的那个方法，如下所示：

```
int a = 10;
int b = 20;
int c = 30;

WriteLine($"Before: a = {a}, b = {b}, c = {c}");
bob.PassingParameters(a, ref b, out c);
WriteLine($"After: a = {a}, b = {b}, c = {c}");
```

(3) 运行应用程序并查看结果，输出如下所示：

```
Before: a = 10, b = 20, c = 30
After: a = 10, b = 21, c = 100
```

默认情况下，将变量作为参数传递时，传递的是变量的当前值而不是变量本身。因此，x 是变量 a 的副本。变量 a 保留了原来的值 10。将变量作为 ref 参数传递时，对变量的引用将被传递到方法中。因此，参数 y 是对 b 变量的引用。当参数 y 增加时，变量 b 也随之增加。当将变量作为 out 参数传递时，对变量的引用也将被传递到方法中。因此，参数 z 是对变量 c 的引用。变量 c 能被方法内部执行的任何代码代替。只要不给变量 c 赋值 30，就可以简化 Main 方法中的代码，因为无论如何变量 c 总是会被替换。

在 C# 7.0 及后续版本中，可以简化使用 out 变量的代码。

(4) 在 Main 方法中添加语句以声明更多的变量，其中包括内联声明的 out 参数 f，如下所示：

```
int d = 10;
int e = 20;

WriteLine(
  $"Before: d = {d}, e = {e}, f doesn't exist yet!");

// simplified C# 7.0 syntax for the out parameter
bob.PassingParameters(d, ref e, out int f);
WriteLine($"After: d = {d}, e = {e}, f = {f}");
```

在 C# 7.0 及后续版本中，ref 关键字不仅可用于将参数传递给方法，还可用于返回值。这将允许外部变量引用内部变量，并在方法调用后修改值。这在高级场景中可能很有用，例如将占位符传递到大的数据结构中，但这超出了本书的讨论范围。

 更多信息：可通过以下链接阅读关于使用 ref 关键字作为返回值的更多信息——https://docs.microsoft.com/en-us/dotnet/csharp/programming-guide/classes-and-structs/ref-returns。

5.4.7 使用 partial 关键字分割类

当处理有多个团队成员参与的大型项目时，能够跨多个文件拆分复杂类的定义是很有用的。可以使用 partial 关键字来完成这项工作。

假设想要向 Person 类添加一些语句，这些语句是由从数据库中读取模式信息的对象关系映射器等工具自动生成的。只要将类定义为部分类，就可以将类分成一个自动生成的代码文件和另一个手动编辑的代码文件。

(1) 在 Person 类中添加 partial 关键字，如下所示：

```
namespace Packt.Shared
{
  public partial class Person
  {
```

(2) 在资源管理器中单击 PacktLibrary 文件夹中的 New File 按钮，输入 PersonAutoGen.cs 作为新创建的类文件的名称。

(3) 在新的类文件中添加语句，如下所示：

```
namespace Packt.Shared
{
  public partial class Person
  {
  }
}
```

我们为本章编写的其余代码都保存在 PersonAutoGen.cs 类文件中。

5.5 使用属性和索引器控制访问

前面创建了一个名为 GetOrigin 的方法，该方法会返回一个包含人名和人名来源的字符串。像 Java 这样的语言就经常这样做。C#提供了一种更好的方式：属性。

属性是一个或一对方法，它的行为和外观类似于字段，用于获取或设置值，从而简化了语法。

5.5.1 定义只读属性

只读属性只有 get 部分。

(1) 在 PersonAutoGen.cs 文件的 Person 类中添加语句以定义三个属性：

- 第一个属性的作用与 GetOrigin 方法相同，使用的属性语法适用于 C#的所有版本(尽管使用的是 C# 6.0 及后续版本中的字符串插值表达式语法)。
- 第二个属性使用 C# 6.0 及后续版本中的 lambda 表达式(=>)语法返回一条问候消息。
- 第三个属性将计算人的年龄。

代码如下：

```
// a property defined using C# 1 - 5 syntax
public string Origin
{
  get
  {
    return $"{Name} was born on {HomePlanet}";
```

```
  }
}

// two properties defined using C# 6+ lambda expression syntax
public string Greeting => $"{Name} says 'Hello!'";

public int Age => System.DateTime.Today.Year - DateOfBirth.Year;
```

 更多信息：显然，这不是计算年龄的最佳方法，但我们还没有学会如何根据出生日期计算年龄。如果想要正确地做这件事，可参考以下链接：https://stackoverflow.com/questions/9/how-do-i-calculate-someones-age-in-c。

(2) 在 Main 方法中添加语句以获取属性，如下所示：

```
var sam = new Person
{
  Name = "Sam",
  DateOfBirth = new DateTime(1972, 1, 27)
};

WriteLine(sam.Origin);
WriteLine(sam.Greeting);
WriteLine(sam.Age);
```

(3) 运行应用程序并查看结果，输出如下所示：

```
Sam was born on Earth
Sam says 'Hello!'
48
```

上面的输出显示 48，因为笔者在 2020 年 8 月 15 日(当时 Sam 48 岁)运行了这个控制台应用程序。

5.5.2 定义可设置的属性

要定义可设置的属性，必须使用旧的语法，并提供一对方法——不仅有 get 部分，还有 set 部分。

(1) 在 PersonAutoGen.cs 文件中添加语句，以定义一个同时具有 get 和 set(也称为 getter 和 setter)部分的字符串属性，如下所示：

```
public string FavoriteIceCream { get; set; } // auto-syntax
```

虽然没有手动创建字段来存储用户最喜欢的冰淇淋，但字段就在那里，由编译器自动创建。

有时，你需要对设置属性时发生的事情进行更多的控制。在这种情况下，必须使用更详细的语法，并手动创建私有字段来存储属性的值。

(2) 在 PersonAutoGen.cs 文件中添加语句，以定义同时具有 get 和 set 部分的字符串字段和字符串属性，如下所示：

```
private string favoritePrimaryColor;

public string FavoritePrimaryColor
{
  get
  {
    return favoritePrimaryColor;
  }
  set
```

```
    {
      switch (value.ToLower())
      {
        case "red":
        case "green":
        case "blue":
          favoritePrimaryColor = value;
          break;
        default:
          throw new System.ArgumentException(
            $"{value} is not a primary color. " +
            "Choose from: red, green, blue.");
      }
    }
  }
```

(3) 在Main方法中添加语句，以设置Sam最喜欢的冰淇淋和颜色，然后将它们写入控制台，如下所示：

```
sam.FavoriteIceCream = "Chocolate Fudge";

WriteLine($"Sam's favorite ice-cream flavor is {sam.FavoriteIceCream}.");

sam.FavoritePrimaryColor = "Red";

WriteLine($"Sam's favorite primary color is {sam.FavoritePrimaryColor}.");
```

(4) 运行应用程序并查看结果，输出如下所示：

```
Sam's favorite ice-cream flavor is Chocolate Fudge.
Sam's favorite primary color is Red.
```

如果尝试将颜色设置为红色、绿色或蓝色以外的任何值，代码将抛出异常。然后，调用代码将使用try语句来显示错误消息。

最佳实践：当想要验证哪些值可以存储时，或者想要在XAML中进行数据绑定时(参见第20章)，抑或想要在不使用方法(GetAge和SetAge)的情况下读写字段时，建议使用属性而不是字段。

更多信息：可通过以下链接了解有关使用属性封装字段的更多信息——https://stackoverflow.com/questions/1568091/why-use-getters-setters-accessors。

5.5.3 定义索引器

索引器允许调用代码使用数组语法来访问属性。例如，字符串类型就定义了索引器，这样调用代码就可以分别访问字符串中的各个字符。

下面定义一个索引器来简化对子女集合对象的访问。

(1) 在PersonAutoGen.cs文件中添加语句，定义一个索引器，以使用子女集合对象的索引来获取和设置子对象，如下所示：

```
// indexers
public Person this[int index]
{
```

```
    get
    {
      return Children[index];
    }
    set
    {
      Children[index] = value;
    }
  }
```

可以重载索引器，以便不同的类型能够用于它们的参数。例如，除了传递 int 值之外，还可以传递 string 值。

(2) 在 Main 方法中添加以下代码。添加了子对象后，即可使用长一点的 Children 字段和更短的索引器语法来访问第一个和第二个子对象：

```
sam.Children.Add(new Person { Name = "Charlie" });
sam.Children.Add(new Person { Name = "Ella" });

WriteLine($"Sam's first child is {sam.Children[0].Name}");
WriteLine($"Sam's second child is {sam.Children[1].Name}");

WriteLine($"Sam's first child is {sam[0].Name}");
WriteLine($"Sam's second child is {sam[1].Name}");
```

(3) 运行应用程序并查看结果，输出如下所示：

```
Sam's first child is Charlie
Sam's second child is Ella
Sam's first child is Charlie
Sam's second child is Ella
```

5.6 模式匹配和对象

第 3 章介绍了基本的模式匹配，本节将更详细地探讨模式匹配。

5.6.1 创建和引用.NET 5 类库

增强的模式匹配特性仅在支持 C# 9.0 或更高版本的.NET 5 类库中可用。我们首先来看看在 C# 9.0 之前都有哪些模式匹配特性可用。

(1) 在 Chapter05 文件夹中创建名为 PacktLibrary9 的子文件夹。

(2) 在 Visual Studio Code 中，导航到 File | Add Folder to Workspace…，选择 PacktLibrary9 文件夹，然后单击 Add 按钮。

(3) 导航到 Terminal | New Terminal，选择 PacktLibrary9。

(4) 在终端窗口中输入以下命令：

```
dotnet new classlib
```

(5) 在资源管理器中，单击 PeopleApp 文件夹中名为 PeopleApp.csproj 的文件。

(6) 添加 LangVersion 元素以强制使用 C# 8.0 编译器，并添加指向 PacktLibrary9 的项目引用，如下所示：

```
<Project Sdk="Microsoft.NET.Sdk">
```

```xml
<PropertyGroup>
  <OutputType>Exe</OutputType>
  <TargetFramework>net5.0</TargetFramework>
  <LangVersion>8</LangVersion>
</PropertyGroup>
<ItemGroup>
  <ProjectReference Include="../PacktLibrary/PacktLibrary.csproj" />
  <ProjectReference Include="../PacktLibrary9/PacktLibrary9.csproj" />
</ItemGroup>
</Project>
```

(7) 导航到 Terminal | New Terminal，选择 PeopleApp。

(8) 在终端窗口中输入如下命令以编译 PeopleApp 项目及其依赖项目：

```
dotnet build
```

5.6.2 定义飞机乘客

下面定义一些类，它们用来表示飞机上各种类型的乘客，然后使用带有模式匹配的 switch 表达式来确定不同乘客的飞行成本。

(1) 在资源管理器中，从 PacktLibrary9 文件夹中删除名为 Class1.cs 的文件，然后添加一个新的文件 FlightPatterns.cs。

(2) 在文件 FlightPatterns.cs 中，添加如下语句以定义三类具有不同属性的乘客：

```csharp
namespace Packt.Shared
{
  public class BusinessClassPassenger
  {
    public override string ToString()
    {
      return $"Business Class";
    }
  }

  public class FirstClassPassenger
  {
    public int AirMiles { get; set; }

    public override string ToString()
    {
      return $"First Class with {AirMiles:N0} air miles";
    }
  }

  public class CoachClassPassenger
  {
    public double CarryOnKG { get; set; }

    public override string ToString()
    {
      return $"Coach Class with {CarryOnKG:N2} KG carry on";
    }
  }
}
```

(3) 在 PeopleApp 文件夹中打开 Program.cs，导航到 Main 方法的末尾，添加一些语句以定义一个包含 5 个乘客的对象数组，这些乘客的类型和属性值各不相同，然后枚举他们，输出他们的飞行成本，如下所示：

```
object[] passengers = {
  new FirstClassPassenger { AirMiles = 1_419 },
  new FirstClassPassenger { AirMiles = 16_562 },
  new BusinessClassPassenger(),
  new CoachClassPassenger { CarryOnKG = 25.7 },
  new CoachClassPassenger { CarryOnKG = 0 },
};

foreach (object passenger in passengers)
{
  decimal flightCost = passenger switch
  {
    FirstClassPassenger p when p.AirMiles > 35000 => 1500M,
    FirstClassPassenger p when p.AirMiles > 15000 => 1750M,
    FirstClassPassenger _                         => 2000M,
    BusinessClassPassenger _                      => 1000M,
    CoachClassPassenger p when p.CarryOnKG < 10.0 => 500M,
    CoachClassPassenger _                         => 650M,
    _                                             => 800M
  };

  WriteLine($"Flight costs {flightCost:C} for {passenger}");
}
```

在上述代码中，请注意以下几点：
- 为了匹配对象的属性，必须命名局部变量，之后就可以用在 p 这样的表达式中。
- 为了仅使用一种类型进行模式匹配，可以通过使用_来丢弃局部变量。
- switch 表达式也使用_来表示默认分支。

(4) 运行应用程序并查看结果，输出如下所示：

```
Flight costs £2,000.00 for First Class with 1,419 air miles
Flight costs £1,750.00 for First Class with 16,562 air miles
Flight costs £1,000.00 for Business Class
Flight costs £650.00 for Coach Class with 25.70 KG carry on
Flight costs £500.00 for Coach Class with 0.00 KG carry on
```

5.6.3 C# 9.0 对模式匹配做了增强

前面的例子适用于 C# 8.0。下面来看看 C# 9.0 及后续版本对模式匹配做了哪些增强。首先，在进行类型匹配时，不再需要使用下画线来丢弃局部变量。

(1) 在 PeopleApp 文件夹中打开 Program.cs，从其中的一个乘客分支中删除_。

(2) 在终端窗口中输入 dotnet build 命令以编译控制台应用程序，注意产生了编译错误，这说明 C# 8.0 不支持上述操作。

(3) 打开 PeopleApp.csproj，从中移除强制使用 C# 8.0 的 LangVersion 元素。

(4) 在 PeopleApp 文件夹中打开 Program.cs，修改第一类乘客的分支，以使用嵌套的 switch 表达式并支持新的条件，如下所示：

```
decimal flightCost = passenger switch
```

```
{
    /* C# 8 syntax
    FirstClassPassenger p when p.AirMiles > 35000 => 1500M,
    FirstClassPassenger p when p.AirMiles > 15000 => 1750M,
    FirstClassPassenger                            => 2000M, */

    // C# 9 syntax
    FirstClassPassenger p => p.AirMiles switch
    {
      > 35000 => 1500M,
      > 15000 => 1750M,
      _       => 2000M
    },

    BusinessClassPassenger                          => 1000M,
    CoachClassPassenger p when p.CarryOnKG < 10.0   => 500M,
    CoachClassPassenger                             => 650M,
    _                                               => 800M
};
```

(5) 运行应用程序并查看结果,输出与之前的一样。

 更多信息:可通过以下链接了解有关模式匹配的更多信息——https://docs.microsoft.com/en-us/dotnet/csharp/tutorials/pattern-matching。

5.7 使用记录

在深入研究 C# 9.0 的记录这一最新语言特性之前,我们先看看其他一些相关的新特性。

5.7.1 init-only 属性

之前我们都是使用对象初始化语法来初始化对象和设置初始属性。这些初始属性也可以在对象实例化之后进行更改。

但有时候,我们可能想要处理像只读字段这样的属性,以便它们能够在实例化对象时进行设置,而不是等到实例化对象之后才设置。新的 init 关键字可以实现这一点,它可以用来代替 set 关键字:

(1) 在 PacktLibrary9 文件夹中添加一个名为 Records.cs 的新文件。
(2) 在 Records.cs 文件中定义 ImmutablePerson 类,如下所示:

```
namespace Packt.Shared
{
  public class ImmutablePerson
  {
    public string FirstName { get; init; }
    public string LastName { get; init; }
  }
}
```

(3) 在 Program.cs 文件中,导航到 Main 方法的底部,添加一些语句以实例化 ImmutablePerson 对象,然后尝试修改其中的 FirstName 属性,如下所示:

```
var jeff = new ImmutablePerson
{
  FirstName = "Jeff",
```

```
    LastName = "Winger"
};

jeff.FirstName = "Geoff";
```

(4) 编译这个控制台应用程序,注意产生了编译错误,如下所示:

```
Program.cs(254,7): error CS8852: Init-only property or indexer 'ImmutablePerson.FirstName' can only be assigned in an object initializer, or on 'this' or 'base' in an instance constructor or an 'init' accessor. [/Users/markjprice/Code/Chapter05/PeopleApp/PeopleApp.csproj]
```

(5) 注释掉修改 FirstName 属性的那条语句。

5.7.2 理解记录

init-only 属性为 C#提供了某种不变性。下面使用记录来帮助你进一步理解这个概念。这些都是通过使用 record 关键字而不是 class 关键字来实现的。

对于记录来说,在实例化之后不应该有任何状态(属性和字段)发生变化。相反,可以使用任何更改的状态从现有记录中创建新的记录,这称为非破坏性突变。为了做到这一点,C# 9.0 引入了 with 关键字。

(1) 打开 Records.cs,在其中添加名为 ImmutableVehicle 的记录,如下所示:

```
public record ImmutableVehicle
{
  public int Wheels { get; init; }
  public string Color { get; init; }
  public string Brand { get; init; }
}
```

(2) 打开 Program.cs,导航到 Main 方法的底部,添加一些语句以创建 car 变量,然后创建 car 变量的突变副本,如下所示:

```
var car = new ImmutableVehicle
{
  Brand = "Mazda MX-5 RF",
  Color = "Soul Red Crystal Metallic",
  Wheels = 4
};

var repaintedCar = car with { Color = "Polymetal Grey Metallic" };

WriteLine("Original color was {0}, new color is {1}.",
  arg0: car.Color, arg1: repaintedCar.Color);
```

(3) 运行应用程序并查看结果,注意修改后的突变副本中汽车颜色的变化,输出如下所示:

```
Original color was Soul Red Crystal Metallic, new color is Polymetal Grey Metallic.
```

5.7.3 简化数据成员

在下面的 Person 类中,Age 是私有字段,因此只能在 Person 类的内部进行访问,如下所示:

```
public class Person
{
  int Age; // private field by default
```

}

但是，有了 record 关键字之后，Age 字段就变成了公共的 init-only 属性，如下所示：

```csharp
public record Person
{
  int Age; // public property equivalent to:
  // public int Age { get; init; }
}
```

我们这么做是为了让记录的解释清晰而简明。

5.7.4 位置记录

相比使用带花括号的对象初始化语法，我们有时可能更愿意为构造函数提供位置参数。也可以将位置参数和析构函数结合起来，把对象分解成多个单独的部分，如下所示：

```csharp
public record ImmutableAnimal
{
  string Name; // i.e. public init-only properties
  string Species;

  public ImmutableAnimal(string name, string species)
  {
    Name = name;
    Species = species;
  }

  public void Deconstruct(out string name, out string species)
  {
    name = Name;
    species = Species;
  }
}
```

属性、构造函数和析构函数都可以自动生成。

(1) 在 Records.cs 文件中添加语句以定义另一条记录，如下所示：

```csharp
// simpler way to define a record that does the equivalent
public data class ImmutableAnimal(string Name, string Species);
```

(2) 在 Program.cs 文件中添加语句以构造和解构 ImmutableAnimal 类，如下所示：

```csharp
var oscar = new ImmutableAnimal("Oscar", "Labrador");
var (who, what) = oscar; // calls Deconstruct method
WriteLine($"{who} is a {what}.");
```

(3) 运行应用程序并查看结果，输出如下所示：

```
Oscar is a Labrador.
```

5.8 实践和探索

你可以通过回答一些问题来测试自己对知识的理解程度，进行一些实践，并深入探索本章涵盖的主题。

5.8.1 练习 5.1：测试你掌握的知识

回答以下问题：
1) 访问修饰符是什么？它们的作用是什么？
2) static、const 和 readonly 关键字的区别是什么？
3) 构造函数的作用是什么？
4) 想存储组合值时，为什么要将[System.Flags]特性应用于 enum 类型？
5) 为什么 partial 关键字有用？
6) 什么是元组？
7) C#关键字 ref 的作用是什么？
8) 重载是什么意思？
9) 字段和属性之间的区别是什么？
10) 如何使方法的参数可选？

5.8.2 练习 5.2：探索主题

可通过以下链接来阅读本章所涉及主题的更多细节。
- 字段(C#编程指南)：https://docs.microsoft.com/en-us/dotnet/articles/csharp/programming-guide/classes-and-structs/fields。
- 访问修饰符(C#编程指南)：https://docs.microsoft.com/en-us/dotnet/articles/csharp/language-reference/keywords/access-modifiers。
- 枚举类型(C# 参考)：https://docs.microsoft.com/en-us/dotnet/csharp/language-reference/builtin-types/enum。
- 构造函数(C#编程指南)：https://docs.microsoft.com/en-us/dotnet/articles/csharp/programming-guide/classes-and-structs/constructors。
- 方法(C#编程指南)：https://docs.microsoft.com/en-us/dotnet/articles/csharp/methods。
- 属性(C#编程指南)：https://docs.microsoft.com/en-us/dotnet/articles/csharp/properties。

5.9 本章小结

本章介绍了如何使用 OOP 创建自己的类型。你了解了类型可以拥有的一些不同类别的成员，包括存储数据的字段和执行操作的方法，你还掌握了一些 OOP 概念，比如聚合和封装。本章最后讨论了如何使用 C# 9.0 的一些最新语言特性，如增强的模式匹配、init-only 属性和记录。

第 6 章将通过定义委托和事件、实现接口以及从现有类继承来进一步介绍这些概念。

第 6 章 实现接口和继承类

本章将讨论如下内容：使用面向对象编程(OOP)从现有类型派生出新的类型；定义运算符和局部函数以执行简单的操作、委托和事件，用于在类型之间交换消息；为共同的功能实现接口；泛型；引用类型和值类型之间的区别；通过继承基类来创建派生类以重用功能；重写类型成员；利用多态性；创建扩展方法；在继承层次结构中的类之间转换类型。

本章涵盖以下主题：
- 建立类库和控制台应用程序
- 简化方法
- 触发和处理事件
- 实现接口
- 利用泛型使类型更加可重用
- 使用引用类型和值类型管理内存
- 继承类
- 在继承层次结构中进行强制类型转换
- 继承和扩展.NET 类型

6.1 建立类库和控制台应用程序

首先定义带两个项目的工作区，就像第 5 章创建的项目那样，使用面向对象编程构建自己的类型。如果完成了第 5 章中的所有练习，就可以打开 Chapter05 工作区，并继续处理里面的项目。

否则，请执行如下步骤：

(1) 在现有的 Code 文件夹中创建一个名为 Chapter06 的文件夹。其中包含两个名为 PacktLibrary 和 PeopleApp 的子文件夹，层次结构如下：
- Chapter06
  - PacktLibrary
  - PeopleApp

(2) 启动 Visual Studio Code。

(3) 导航到 File | Save As Workspace…，输入名称 Chapter06，然后单击 Save 按钮。

(4) 导航到 File | Add Folder to Workspace…，选择 PacktLibrary 文件夹，然后单击 Add 按钮。

(5) 导航到 File | Add Folder to Workspace…，选择 PeopleApp 文件夹，然后单击 Add 按钮。

(6) 导航到 Terminal | New Terminal 并选择 PacktLibrary。

(7) 在终端窗口中输入以下命令：

```
dotnet new classlib
```

(8) 导航到 Terminal | New Terminal 并选择 PeopleApp。
(9) 在终端窗口中输入以下命令：

```
dotnet new console
```

(10) 在资源管理器的 PacktLibrary 项目中把 Class1.cs 文件重命名为 Person.cs。
(11) 修改 Person.cs 文件中的内容，如下所示：

```
using System;

namespace Packt.Shared
{
  public class Person
  {
  }
}
```

(12) 在资源管理器中展开名为 PeopleApp 的文件夹，单击其中的 PeopleApp.csproj 文件。
(13) 添加对 PacktLibrary 项目的引用，如下所示：

```xml
<Project Sdk="Microsoft.NET.Sdk">
  <PropertyGroup>
    <OutputType>Exe</OutputType>
    <TargetFramework>net5.0</TargetFramework>
  </PropertyGroup>

  <ItemGroup>
    <ProjectReference
      Include="..\PacktLibrary\PacktLibrary.csproj" />
  </ItemGroup>
</Project>
```

(14) 在 PeopleApp 文件夹的终端窗口中输入 dotnet build 命令，输出表明这两个项目都已建立。
(15) 将如下语句添加到 Person 类以定义三个字段和一个方法：

```csharp
using System;
using System.Collections.Generic;
using static System.Console;

namespace Packt.Shared
{
  public class Person
  {
    // fields
    public string Name;
    public DateTime DateOfBirth;
    public List<Person> Children = new List<Person>();

    // methods
    public void WriteToConsole()
    {
      WriteLine($"{Name} was born on a {DateOfBirth:dddd}.");
    }
  }
}
```

6.2 简化方法

这里可能需要两个 Person 对象。为此，可以编写方法。实例方法是对象对自身执行的操作，静态方法是类型要执行的操作。选择实例方法还是静态方法取决于谁对操作最有意义。

最佳实践：同时使用静态方法和实例方法来执行类似的操作通常是有意义的。例如，string 类型既有 Compare 静态方法，也有 CompareTo 实例方法。这将如何使用功能的选择权交给了使用类型的程序员，从而给予他们更大的灵活性。

6.2.1 使用方法实现功能

下面从使用方法实现一些功能开始。

(1) 在 Person 类中添加一个实例方法和一个静态方法，以允许预先创建两个 Person 对象，如下所示：

```
// static method to "multiply"
public static Person Procreate(Person p1, Person p2)
{
  var baby = new Person
  {
    Name = $"Baby of {p1.Name} and {p2.Name}"
  };

  p1.Children.Add(baby);
  p2.Children.Add(baby);

  return baby;
}

// instance method to "multiply"
public Person ProcreateWith(Person partner)
{
  return Procreate(this, partner);
}
```

请注意以下几点：
- 在名为 Procreate 的静态方法中，将 Person 对象作为参数 p1 和 p2 传递。
- 新创建了名为 baby 的 Person 对象，子女的姓名由父母的姓名组合而成，稍后可通过设置返回的 baby 变量的 Name 属性来更改。
- 将 baby 对象添加到父母的 Children 集合中，然后返回。类是引用类型，这意味着添加了对存储在内存中的 baby 对象的引用而不是 baby 对象的副本。本章后面将介绍引用类型和值类型之间的区别。
- 在名为 ProcreateWith 的实例方法中，将 Person 对象作为名为 partner 的参数，连同 this 参数一起传递给静态的 procreate 方法，以重用方法的实现。this 是用于引用类的当前实例的关键字。

最佳实践：创建新对象或修改现有对象的方法应该返回对象的引用，以便调用者可以看到结果。

(2) 在 PeopleApp 项目中，在 Program.cs 文件的顶部导入类的名称空间，并静态导入 Console 类型，如下所示：

```
using System;
using Packt.Shared;
using static System.Console;
```

(3) 在 Main 方法中创建三个 Person 对象，注意要将双引号字符添加到字符串中，另外还必须在前面加上反斜杠字符，如下所示：

```
var harry = new Person { Name = "Harry" };
var mary = new Person { Name = "Mary" };
var jill = new Person { Name = "Jill" };

// call instance method
var baby1 = mary.ProcreateWith(harry);
baby1.Name = "Gary";

// call static method
var baby2 = Person.Procreate(harry, jill);

WriteLine($"{harry.Name} has {harry.Children.Count} children.");
WriteLine($"{mary.Name} has {mary.Children.Count} children.");
WriteLine($"{jill.Name} has {jill.Children.Count} children.");
WriteLine(
  format: "{0}'s first child is named \"{1}\".",
  arg0: harry.Name,
  arg1: harry.Children[0].Name);
```

(4) 运行应用程序并查看结果，输出如下所示：

```
Harry has 2 children.
Mary has 1 children.
Jill has 1 children.
Harry's first child is named "Gary".
```

6.2.2 使用运算符实现功能

System.String 类有一个名为 Concat 的静态方法，用于连接两个字符串并返回结果，如下所示：

```
string s1 = "Hello ";
string s2 = "World!";
string s3 = string.Concat(s1, s2);
WriteLine(s3); // Hello World!
```

调用 Concat 这样的方法是可行的，但对于程序员来说，使用+运算符将两个字符串相加可能看起来更自然，如下所示：

```
string s1 = "Hello ";
string s2 = "World!";
string s3 = s1 + s2;
WriteLine(s3); // Hello World!
```

下面编写代码，让*(乘号)运算符允许两个 Person 对象生育。

为此，可以为*这样的符号定义静态运算符。语法类似于方法，因为运算符实际上就是方法，但使用的是符号而不是方法名,从而使语法更加简洁。

> **更多信息**:*符号只是可以作为运算符实现的众多符号之一。完整的符号列表参见如下链接:
> https://docs.microsoft.com/en-us/dotnet/csharp/programming-guide/statements-expression-operators/overloadable-operators。

(1) 在 PacktLibrary 项目的 Person 类中,为*符号创建如下静态运算符:

```csharp
// operator to "multiply"
public static Person operator *(Person p1, Person p2)
{
  return Person.Procreate(p1, p2);
}
```

> **最佳实践**:与方法不同,运算符不会出现在类型的智能感知列表中。对于自定义的每个运算符,也要创建方法,因为对于程序员来说,运算符是否可用并不明显。运算符的实现可以调用方法,重用前面编写的代码。提供方法的另一个原因是,并非所有编程语言的编译器都支持运算符。

(2) 在 Main 方法中,在调用静态方法 Procreate 之后,使用*运算符创建另一个 Person 对象,如下所示:

```csharp
// call static method
var baby2 = Person.Procreate(harry, jill);

// call an operator
var baby3 = harry * mary;
```

(3) 运行应用程序并查看结果,输出如下所示:

```
Harry has 3 children.
Mary has 2 children.
Jill has 1 children.
Harry's first child is named "Gary".
```

6.2.3 使用局部函数实现功能

C# 7.0 中引入的一大语言特性就是定义局部函数。

局部函数是与局部变量等价的方法。换句话说,它们是只能从定义它们的包含方法中访问的方法。在其他语言中,它们有时称为嵌套函数或内部函数。

局部函数可以定义在方法中的任何地方:顶部、底部,甚至是中间的某个地方!

下面使用局部函数来实现阶乘的计算。

(1) 在 Person 类中添加语句以定义 Factorial 函数,该函数在内部使用一个局部函数来计算结果,如下所示:

```csharp
// method with a local function
public static int Factorial(int number)
{
  if (number < 0)
  {
    throw new ArgumentException(
      $"{nameof(number)} cannot be less than zero.");
  }
```

```
    return localFactorial(number);

    int localFactorial(int localNumber) // local function
    {
      if (localNumber < 1) return 1;
      return localNumber * localFactorial(localNumber - 1);
    }
}
```

(2) 在 Program.cs 文件的 Main 方法中添加语句以调用 Factorial 函数,并将返回值写入控制台,如下所示:

```
WriteLine($"5! is {Person.Factorial(5)}");
```

(3) 运行应用程序并查看结果,输出如下所示:

```
5! is 120
```

6.3 触发和处理事件

方法通常描述为对象可以执行的操作,可以对自身执行,也可以对相关对象执行。例如,List 对象可以为自身添加项或清除自身,File 对象可以在文件系统中创建或删除文件。

事件通常描述为发生在对象上的操作。例如,在用户界面中,Button 对象有 Click 事件,Click 是发生在按钮上的单击事件。另一种考虑事件的思路是,它们提供了在两个对象之间交换消息的方法。

事件建立在委托的基础上,所以下面我们来看看委托是如何工作的。

6.3.1 使用委托调用方法

前面介绍了调用或执行方法的最常见方式:使用.运算符和方法的名称来访问方法。例如,Console.WriteLine 告诉我们要访问的是 Console 类的 WriteLine 方法。

调用或执行方法的另一种方式是使用委托。如果使用过支持函数指针的语言,就可以将委托视为类型安全的方法指针。换句话说,委托包含方法的内存地址,方法匹配与委托相同的签名,因此可以使用正确的参数类型安全地调用方法。

例如,假设 Person 类有一个方法,它必须传递一个字符串作为唯一的参数,并返回一个 int 值,如下所示:

```
public int MethodIWantToCall(string input)
{
  return input.Length; // it doesn't matter what this does
}
```

可以对名为 p1 的 Person 实例调用这个方法,如下所示:

```
int answer = p1.MethodIWantToCall("Frog");
```

也可通过定义具有匹配签名的委托来间接调用这个方法。注意,参数的名称不必匹配。但是参数类型和返回值必须匹配,如下所示:

```
delegate int DelegateWithMatchingSignature(string s);
```

现在，可以创建委托的一个实例，用它指向方法，最后调用委托(进而会调用方法)，如下所示：

```
// create a delegate instance that points to the method
var d = new DelegateWithMatchingSignature(p1.MethodIWantToCall);

// call the delegate, which calls the method
int answer2 = d("Frog");
```

你可能会想，"这有什么意义呢？"这提供了灵活性。

例如，可以使用委托来创建需要按顺序调用的方法队列。需要执行的排队操作在服务中很常见，以提供改进的可伸缩性。

另一个好处是允许多个操作并行执行。委托提供对运行在不同线程上的异步操作的内置支持，这可以提高响应能力。第 13 章将介绍如何并行执行多个操作。

最重要的好处是，委托允许实现事件时，在不需要了解彼此的不同对象之间发送消息

委托和事件是 C#最令人困惑的两个特性，你可能需要花一些时间才能理解它们，所以如果感到困惑，请不要担心!

6.3.2 定义和处理委托

微软有两个预定义的委托可用作事件。它们的签名简单而灵活，如下所示：

```
public delegate void EventHandler(
  object sender, EventArgs e);

public delegate void EventHandler<TEventArgs>(
  object sender, TEventArgs e);
```

 最佳实践：当想要在自己的类型中定义事件时，可以使用这两个预定义委托中的一个。

(1) 向 Person 类添加语句并注意以下几点：
- 它定义了一个名为 Shout 的 EventHandler 委托字段。
- 它定义了一个 int 字段来存储 AngerLevel。
- 它定义了一个名为 Poke 的方法。
- 当人们被捉弄时，他们的 AngerLevel 就会增加。一旦他们的 AngerLevel 达到 3，就会触发 Shout 事件，但前提是至少有一个事件委托指向代码中其他地方定义的方法；也就是说，里面不是空的。

代码如下所示：

```
// event delegate field
public EventHandler Shout;

// data field
public int AngerLevel;

// method
public void Poke()
{
  AngerLevel++;
  if (AngerLevel >= 3)
```

```
    {
      // if something is listening...
      if (Shout != null)
      {
        // ...then call the delegate
        Shout(this, EventArgs.Empty);
      }
    }
  }
```

在调用对象的方法之前检查对象是否为 null 很常见。C# 6.0 及更高版本允许以内联方式简化对 null 的检查，如下所示：

```
Shout?.Invoke(this, EventArgs.Empty);
```

(2) 在 Program.cs 中添加一个具有匹配签名的方法，该方法能够从 sender 参数中获取 Person 对象的引用，并输出关于这些对象的一些信息，如下所示：

```
private static void Harry_Shout(object sender, EventArgs e)
{
  Person p = (Person)sender;
  WriteLine($"{p.Name} is this angry: {p.AngerLevel}.");
}
```

微软提供的用来处理事件的方法名的约定是 ObjectName_EventName。

(3) 在 Main 方法中添加一条语句，从而将 Harry_Shout 方法分配给委托字段，如下所示：

```
harry.Shout = Harry_Shout;
```

(4) 添加语句，在将 Harry_Shout 方法分配给 Shout 事件后，调用 Poke 方法四次，如下所示：

```
harry.Shout = Harry_Shout;
harry.Poke();
harry.Poke();
harry.Poke();
harry.Poke();
```

委托是多播的，这意味着可以将多个委托分配给单个委托字段。可以使用+=运算符代替=进行赋值，这样就可以向相同的委托字段添加更多的方法。当调用委托时，将调用分配的所有方法，但无法控制它们的调用顺序。

(5) 运行应用程序并查看结果，请注意，Harry 在前两次被捉弄时什么也没说，只有在至少被捉弄三次时才会愤怒地大喊：

```
Harry is this angry: 3.
Harry is this angry: 4.
```

6.3.3 定义和处理事件

前面介绍了委托是如何实现事件的最重要功能的：能够为方法定义签名，该方法由完全不同的代码段实现，然后调用该方法以及连接到委托字段的任何其他方法。

但是事件呢？它们的功能比较少。

将方法赋值给委托字段时，不应该使用简单的赋值运算符，如下所示：

```
harry.Shout = Harry_Shout;
```

如果 Shout 委托字段已经引用了一个或多个方法，那就可以使用 Shout 委托字段替换所有其他方法。对于用于事件的委托，通常希望确保程序员只使用+=或-=运算符来分配和删除方法。

(1) 要执行以上操作，请将 event 关键字添加到委托字段的声明中，如下所示：

```
public event EventHandler Shout;
```

(2) 在终端窗口中输入命令 dotnet build，注意编译器产生的错误消息，如下所示：

```
Program.cs(41,13): error CS0079: The event 'Person.Shout' can only appear on the left hand
side of += or -=
```

这(几乎)就是 event 关键字所做的一切!如果分配给委托字段的方法永远不超过一个，那就不需要事件了。

(3) 修改方法赋值为使用+=运算符，如下所示：

```
harry.Shout += Harry_Shout;
```

(4) 运行应用程序，应用程序的行为与之前相同。

更多信息：可定义自己的 EventArgs 派生类型，以便将附加信息传递到事件处理程序中。可通过以下链接阅读更多相关内容——https://docs.microsoft.com/en-us/dotnet/standard/events/how-to-raise-and-consume-events。

6.4 实现接口

接口是一种将不同的类型连接在一起以创建新事物的方式。可以把它们想象成乐高积木中的螺柱，它们可以组合在一起。也可以把它们看作插座和插头的电气标准。

类型如果实现了某个接口，就相当于向.NET 的其余部分承诺：类型将支持某个特性。

6.4.1 公共接口

表 6.1 中是类型可能需要实现的一些常见接口。

表 6.1 类型可能需要实现的一些常见接口

接口	方法	说明
IComparable	CompareTo(other)	这定义了一个比较方法，类型将实现该方法以对实例进行排序
IComparer	Compare(first, second)	这定义了一个比较方法，辅助类型将实现该方法以对主类型的实例进行排序
IDisposable	Dispose()	这定义了一个释放非托管资源的方法，相比等待终结器更有效
IFormattable	ToString(format, culture)	这定义了一个支持语言和区域组合的方法，从而将对象的值格式化为字符串表示形式
IFormatter	Serialize(stream, object)和 Deserialize(stream)	这定义了一个将对象与字节流相互转换，以进行存储或传输的方法
IFormatProvider	GetFormat(type)	这定义了一个基于语言和区域组合对输入进行格式化的方法

6.4.2 排序时比较对象

需要实现的最常见接口之一是 IComparable，IComparable 接口允许对实现它的任何类型的数组和集合进行排序。

(1) 在 Main 方法中添加语句，创建 Person 实例数组并将姓名写入控制台，然后尝试对数组进行排序并再次将姓名写入控制台，如下所示：

```
Person[] people =
{
  new Person { Name = "Simon" },
  new Person { Name = "Jenny" },
  new Person { Name = "Adam" },
  new Person { Name = "Richard" }
};

WriteLine("Initial list of people:");
foreach (var person in people)
{
  WriteLine($"  {person.Name}");
}

WriteLine("Use Person's IComparable implementation to sort:");
Array.Sort(people);
foreach (var person in people)
{
  WriteLine($"  {person.Name}");
}
```

(2) 运行控制台应用程序，你会看到以下运行时错误：

```
Unhandled Exception: System.InvalidOperationException: Failed to compare two elements in the array. ---> System.ArgumentException: At least one object must implement IComparable.
```

要修复这个 bug，类型必须实现 IComparable 接口。

(3) 在 PacktLibrary 项目的 Person 类中，在类名之后添加一个冒号，并输入 IComparable<Person>，如下所示：

```
public class Person : IComparable<Person>
```

Visual Studio Code 会在新输入代码的下方画出红色的波浪线，以警告尚未实现前面承诺的方法。如果单击灯泡图标并从弹出菜单中选择 Implement interface 选项，就可以自动编写实现框架。

接口可以隐式或显式地实现。隐式实现更简单。只有在类型必须具有多个相同名称和签名的方法时，才需要显式实现。例如，IGamePlayer 和 IKeyHolder 接口可能都有一个参数相同的 Lose 方法。在必须实现这两个接口的类型中，只有一个 Lose 方法的实现可以是隐式方法。如果这两个接口可以共享相同的实现，那就可以工作；但是如果不能工作，那么另一个 Lose 方法就必须以不同的方式实现并显式地进行调用。

更多信息：可通过以下链接阅读关于实现显式接口的更多信息——https://docs.microsoft.com/en-us/dotnet/csharp/programming-guide/interfaces/explicit-interface-implementation。

(4) 向下滚动，找到自动编写的方法，删除抛出 NotImplementedException 的语句。
(5) 添加一条语句以调用 Name 字段的 CompareTo 方法，如下所示：

```
public int CompareTo(Person other)
{
  return Name.CompareTo(other.Name);
```

}
```

可通过Name字段来比较两个Person实例。因此，Person实例将按姓名的字母顺序排序。为了简单起见，我们没有在这些示例中执行null检查。

(6) 运行控制台应用程序，注意这一次将按预期的那样工作，如下所示：

```
Initial list of people:
  Simon
  Jenny
  Adam
  Richard
Use Person's IComparable implementation to sort:
  Adam
  Jenny
  Richard
  Simon
```

 最佳实践：如果有人希望对自定义类型的数组或实例集合进行排序，那么请实现IComparable接口。

6.4.3 使用单独的类比较对象

有时，我们无法访问类的源代码，而且类可能没有实现IComparable接口。幸运的是，还有另一种方法可以用来对类的实例进行排序。可以创建一个单独的类，用它实现一个稍微不同的接口——IComparer。

(1) 在PacktLibrary项目中添加新类PersonComparer，该类实现了IComparer接口。比较两个Person实例的Name字段的长度，如果Name字段有相同的长度，就按字母顺序比较姓名，如下所示：

```csharp
using System.Collections.Generic;

namespace Packt.Shared
{
  public class PersonComparer : IComparer<Person>
  {
    public int Compare(Person x, Person y)
    {
      // Compare the Name lengths...
      int result = x.Name.Length
        .CompareTo(y.Name.Length);

      // ...if they are equal...
      if (result == 0)
      {
        // ...then compare by the Names...
        return x.Name.CompareTo(y.Name);
      }
      else
      {
        // ...otherwise compare by the lengths.
        return result;
      }
    }
  }
}
```
```

(2) 在 PeopleApp 的 Program 类中，在 Main 方法中添加语句，使用以上替代实现排序数组，如下所示：

```
WriteLine("Use PersonComparer's IComparer implementation to sort:");
Array.Sort(people, new PersonComparer());
foreach (var person in people)
{
  WriteLine($"  {person.Name}");
}
```

(3) 运行控制台应用程序并查看结果，输出如下所示：

```
Initial list of people:
  Simon
  Jenny
  Adam
  Richard
Use Person's IComparable implementation to sort:
  Adam
  Jenny
  Richard
  Simon
Use PersonComparer's IComparer implementation to sort:
  Adam
  Jenny
  Simon
  Richard
```

这一次，当对 people 数组进行排序时，将显式地要求排序算法使用 PersonComparer 类，以便首先用最短的姓名对人员进行排序，当两个或多个姓名的长度相等时，按字母顺序进行排序。

6.4.4 使用默认实现定义接口

C# 8.0 中引入的语言特性之一是接口的默认实现。

(1) 在 PacktLibrary 项目中添加一个名为 IPlayable.cs 的类文件。

(2) 修改文件中的语句，定义一个公共的 IPlayable 接口，它有两个方法——Play 和 Pause，如下所示：

```
using static System.Console;

namespace Packt.Shared
{
  public interface IPlayable
  {
    void Play();
    void Pause();
  }
}
```

(3) 在 PacktLibrary 项目中添加一个名为 DvdPlayer.cs 的类文件。
(4) 修改文件中的语句以实现 IPlayable 接口，如下所示：

```
using static System.Console;
```

```
namespace Packt.Shared
{
  public class DvdPlayer : IPlayable
  {
    public void Pause()
    {
      WriteLine("DVD player is pausing.");
    }

    public void Play()
    {
      WriteLine("DVD player is playing.");
    }
  }
}
```

这是很有用的。但是，如果我们决定添加第三个方法 Stop 呢？在 C# 8.0 中，一旦至少有一个类实现了原始的接口，这就是不可操作的。接口的要点之一是：接口定义了固定的契约。

C# 8.0 允许接口在发布后添加新的成员，但前提是接口有默认的实现。C#纯粹主义者不喜欢这个特性，但是出于实际原因，这个特性很有用，其他语言，比如 Java 和 Swift，也支持类似的技术。

更多信息：可通过以下链接了解关于默认接口实现的设计决策——https://docs.microsoft.com/en-us/dotnet/csharp/language-reference/proposal/csharp-8.0/default-interface-methods。

为了提供对默认接口实现的支持，需要对底层平台进行一些基本的更改。因此，只有当目标框架是.NET 5 或更高版本、.NET Core 3.0 或更高版本以及.NET Standard 2.1 时，C#才会支持这些更改。因此，.NET Framework 不支持它们。

（5）修改 IPlayable 接口，添加带有默认实现的 Stop 方法，如下所示：

```
using static System.Console;

namespace Packt.Shared
{
  public interface IPlayable
  {
    void Play();
    void Pause();

    void Stop() // default interface implementation
    {
      WriteLine("Default implementation of Stop.");
    }
  }
}
```

（6）在终端窗口中输入以下命令以编译 PeopleApp 项目：dotnet build。注意项目编译成功了。

更多信息：可通过以下链接学习如何更新具有默认接口成员的接口——https://docs.microsoft.com/en-us/dotnet/csharp/tutorials/default-interface-members-versions。

6.5 使类型可以安全地与泛型一起重用

2005 年，在 C# 2.0 和.NET Framework 2.0 中，微软引入了名为泛型的特性，从而使类型能够更安全地重用并且更高效。泛型允许程序员将类型作为参数传递，类似于将对象作为参数传递。

我们首先来看一个非泛型类型的示例，这样就可以理解泛型所要解决的问题。

(1) 在 PacktLibrary 项目中添加一个名为 Thing 的新类，注意：

- Thing 类有一个名为 Data 的 object 字段。
- Thing 类还有一个名为 Process 的方法，Process 方法接收一个 object 对象作为参数并返回一个字符串。

```
using System;

namespace Packt.Shared
{
  public class Thing
  {
    public object Data = default(object);

    public string Process(object input)
    {
      if (Data == input)
      {
        return "Data and input are the same.";
      }
      else
      {
        return "Data and input are NOT the same.";
      }
    }
  }
}
```

(2) 在 PeopleApp 项目中，在 Main 方法的末尾添加一些语句，如下所示：

```
var t1 = new Thing();
t1.Data = 42;
WriteLine($"Thing with an integer: {t1.Process(42)}");

var t2 = new Thing();
t2.Data = "apple";
WriteLine($"Thing with a string: {t2.Process("apple")}");
```

(3) 运行控制台应用程序并查看结果，输出如下所示：

```
Thing with an integer: Data and input are NOT the same.
Thing with a string: Data and input are the same.
```

Thing 类目前是灵活的，因为可以为 Data 字段和 input 参数设置任何类型。但是，因为没有执行类型检查，所以在 Process 方法中不能安全地做很多事情，甚至结果有时是错误的；例如，当把 int 值传递给 object 参数时就会出错。这是因为 Data 字段中的值 42 其实存储在另一个不同的内存地址，值 42 是作为参数传递的。当比较引用类型时，比如存储在对象中的值，如果它们位于同一个内存地址，它们就是相等的。也就是说，它们是同一个对象。

6.5.1 使用泛型类型

上面这个问题可以使用泛型类型来解决。

(1) 在 PacktLibrary 项目中添加一个名为 GenericThing 的新类，如下所示：

```
using System;

namespace Packt.Shared
{
  public class GenericThing<T> where T : IComparable
  {
    public T Data = default(T);

    public string Process(T input)
    {
      if (Data.CompareTo(input) == 0)
      {
        return "Data and input are the same.";
      }
      else
      {
        return "Data and input are NOT the same.";
      }
    }
  }
}
```

请注意以下几点：

- GenericThing 有一个名为 T 的泛型类型参数。因为 T 可以是实现了 IComparable 接口的任何类型，所以必须有 CompareTo 方法。如果两个对象相等，CompareTo 方法就返回 0。按照惯例，如果只有一个泛型类型参数，将这个泛型类型参数命名为 T。
- GenericThing 有一个名为 Data 的 T 字段。
- GenericThing 有一个名为 Process 的方法，Process 方法接收 T 作为参数并返回一个字符串。

(2) 在 PeopleApp 项目中，在 Main 方法的末尾添加一些语句，如下所示：

```
var gt1 = new GenericThing<int>();
gt1.Data = 42;
WriteLine($"GenericThing with an integer: {gt1.Process(42)}");

var gt2 = new GenericThing<string>();
gt2.Data = "apple";
WriteLine($"GenericThing with a string: {gt2.Process("apple")}");
```

请注意以下几点：

- 在实例化泛型类型的实例时，开发人员必须传递类型参数。本例将 int 作为 gt1 的类型参数传递，将 string 作为 gt2 的类型参数传递。因此，无论 T 出现在 GenericThing 的什么地方，T 都将被 int 和 string 替换。
- 当设置 Data 字段并传递 input 参数时，编译器强制对 gt1 变量使用 int 值(如 42)，并对 gt2 变量强制使用 string 值(如"apples")。

(3) 运行控制台应用程序，查看结果，注意 Process 方法的逻辑对于 GenericThing 的 int 和 string 值都能正常工作，输出如下所示：

```
Thing with an integer: Data and input are NOT the same.
Thing with a string: Data and input are the same.
GenericThing with an integer: Data and input are the same.
GenericThing with a string: Data and input are the same.
```

6.5.2 使用泛型方法

泛型可以用于方法和类型，甚至在非泛型类型中也可以使用。

(1) 在 PacktLibrary 项目中添加一个名为 Squarer 的新类以及一个名为 Square 的泛型方法，如下所示：

```
using System;
using System.Threading;

namespace Packt.Shared
{
  public static class Squarer
  {
    public static double Square<T>(T input)
      where T : IConvertible
    {
      // convert using the current culture
      double d = input.ToDouble(
        Thread.CurrentThread.CurrentCulture);

      return d * d;
    }
  }
}
```

请注意以下几点：
- Squarer 类是非泛型的。
- Square 方法是泛型的，它的泛型类型参数 T 必须实现 IConvertible 接口，所以编译器会确保有 ToDouble 方法。
- 这里使用 T 作为 input 参数的类型。
- ToDouble 方法需要一个实现了 IFormatProvider 接口的参数才能理解语言和区域的数字格式。我们可以传递当前线程的 CurrentCulture 属性以指定计算机使用的语言和区域。
- 返回值是 input 参数的平方结果。

(2) 在 PeopleApp 项目的 Program 类中，在 Main 方法的末尾添加一些代码。请注意，在调用泛型方法时，可以指定类型参数，使其更清晰，如第一个示例所示，尽管编译器可以自行计算。

```
string number1 = "4";

WriteLine("{0} squared is {1}",
  arg0: number1,
  arg1: Squarer.Square<string>(number1));

byte number2 = 3;
```

```
WriteLine("{0} squared is {1}",
  arg0: number2,
  arg1: Squarer.Square(number2));
```

(3) 运行控制台应用程序并查看结果，输出如下所示：

```
4 squared is 16
3 squared is 9
```

6.6 使用引用类型和值类型管理内存

内存有两类：栈内存和堆内存。在现代操作系统中，栈和堆可以位于物理或虚拟内存中的任何位置。

栈内存使用起来更快(因为栈内存是由 CPU 直接管理的，而且使用的是先进先出机制，所以更有可能在 L1 或 L2 缓存中存储数据)，但是大小有限；而堆内存的速度虽然较慢，但容量更大。例如，在 macOS 的终端窗口中可以输入命令 ulimit –a，输出表明栈大小被限制为 8192 KB，而其他内存是"无限的"。这就是为什么很容易出现"栈溢出"的原因。

可以使用两个 C#关键字来创建对象类型：class 和 struct。它们可以具有相同的成员，例如字段和方法。两者的区别在于内存是如何分配的。

使用 class 定义类型时，就是在定义引用类型。这意味着用于对象本身的内存是在堆上分配的，只有对象的内存地址(以及一些开销)存储在栈上。

 更多信息： 如果对.NET 中类型的内部内存布局技术的细节感兴趣，可通过以下链接了解更多细节——https://adamsitnik.com/Value-Types-vs-Reference-Types/。

使用 struct 定义类型时，就是在定义值类型。这意味着用于对象本身的内存是在栈上分配的。

如果使用的字段不属于 struct 类型，那么这些字段将存储在堆中，这意味着对象的数据同时存储在栈和堆中！

下面是一些常见的 struct 类型。
- 数字类型：byte、sbyte、short、ushort、int、uint、long、ulong、float、double 和 decimal。
- 杂项类型：char 和 bool。
- System.Drawing：Color、Point 和 Rectangle。

几乎所有其他类型都是 class 类型，包括 string。

除了数据存储在内存中的位置不同之外，另一个主要区别在于不能从 struct 类型继承。

6.6.1 处理 struct 类型

下面看看如何使用值类型。

(1) 将一个名为 DisplacementVector.cs 的文件添加到 PacktLibrary 项目中。

(2) 修改这个文件，注意：
- 这个类型是使用 struct 而不是 class 声明的。
- 这个类型有两个 int 字段，分别名为 X 和 Y。
- 这个类型有两个 int 字段 X 和 Y。
- 这个类型有一个构造函数用来设置 X 和 Y 的初始值。

- 这个类型有一个运算符,用来将两个实例加在一起,并返回一个新的实例。

```
namespace Packt.Shared
{
  public struct DisplacementVector
  {
    public int X;
    public int Y;

    public DisplacementVector(int initialX, int initialY)
    {
      X = initialX;
      Y = initialY;
    }

    public static DisplacementVector operator +(
      DisplacementVector vector1,
      DisplacementVector vector2)
    {
      return new DisplacementVector(
        vector1.X + vector2.X,
        vector1.Y + vector2.Y);
    }
  }
}
```

(3) 在 PeopleApp 项目的 Program 类中,在 Main 方法中添加语句以创建两个新的 DisplacementVector 实例,将它们相加并输出结果,如下所示:

```
var dv1 = new DisplacementVector(3, 5);
var dv2 = new DisplacementVector(-2, 7);
var dv3 = dv1 + dv2;

WriteLine($"({dv1.X}, {dv1.Y}) + ({dv2.X}, {dv2.Y}) = ({dv3.X}, {dv3.Y})");
```

(4) 运行应用程序并查看结果,输出如下所示:

```
(3, 5) + (-2, 7) = (1, 12)
```

最佳实践:如果类型中的所有字段使用的字节总数为 16 字节或更少,并且类型只对字段使用 struct 类型,那么建议使用 struct。如果类型使用了多于 16 字节的栈内存,或者为字段使用了 class 类型,那么建议使用 class。

6.6.2 释放非托管资源

第 5 章提到过,可以使用构造函数初始化字段,类型可以有多个构造函数。假设为构造函数分配了非托管资源;也就是说,分配了任何不受.NET 控制的资源,例如受操作系统控制的文件或互斥锁。非托管资源必须手动释放,因为.NET 无法使用其 i 自动垃圾回收特性,自动释放它们。

对于这个主题,下面展示一些代码示例,但是不需要在当前项目中创建它们。

更多信息：可通过以下链接阅读有关垃圾回收的更多信息——https://docs.microsoft.com/en-us/dotnet/standard/garbage-collection/。

每个类型都有终结器，当需要释放资源时，.NET 运行时将调用终结器。终结器与构造函数同名，但终结器的前面有波浪号~，如下所示：

```
public class Animal
{
  public Animal()
  {
    // allocate any unmanaged resources
  }

  ~Animal() // Finalizer aka destructor
  {
    // deallocate any unmanaged resources
  }
}
```

不要将终结器(也称为析构函数)与析构方法搞混淆。析构函数会释放资源；也就是说，会损坏对象。例如，在处理元组时，析构方法会返回一个能够分解的对象，并使用 C#析构语法。

前面的代码示例是处理非托管资源时应该执行的最少操作。但是，只提供终结器产生的问题是：.NET 垃圾收集器需要进行两次垃圾收集，才能完全释放为这种类型分配的资源。

虽然是可选的，但还是建议提供方法，以允许开发人员使用类型显式地释放资源，这样垃圾收集器就可以立即且非常确定地释放非托管资源中的托管部分，如文件，然后在一轮(而不是两轮)垃圾收集中释放对象的托管内存部分。

有一种标准的机制可以实现 IDisposable 接口，如下所示：

```
public class Animal : IDisposable
{
  public Animal()
  {
    // allocate unmanaged resource
  }

  ~Animal() // Finalizer
  {
    if (disposed) return;
    Dispose(false);
  }

  bool disposed = false; // have resources been released?

  public void Dispose()
  {
    Dispose(true);
    GC.SuppressFinalize(this);
  }

  protected virtual void Dispose(bool disposing)
  {
    if (disposed) return;
```

```
  // deallocate the *unmanaged* resource
  // ...

  if (disposing)
  {
    // deallocate any other *managed* resources
    // ...
  }
  disposed = true;
  }
}
```

这里有两个 Dispose 方法：

- 无返回值的公有 Dispose 方法将由使用类型的开发人员调用。在调用时，需要释放非托管资源和托管资源。
- 无返回值的、带有 bool 参数的、受保护的虚拟方法 Dispose 在内部用于实现资源的重新分配。我们需要检查 disposing 参数和 disposed 标志，因为如果终结器已经运行，那么只需要释放非托管资源。

对 GC.SuppressFinalize(this)的调用会通知垃圾收集器：不再需要运行终结器，也不再需要再次进行垃圾收集。

更多信息：可通过以下链接了解关于终结器和垃圾收集的更多信息：https://docs.microsoft.com/en-us/dotnet/standard/garbage-collection/unmanaged。

6.6.3 确保调用 Dispose 方法

当使用实现了 IDisposable 接口的类时，就可以确保使用 using 语句调用公有的 Dispose 方法，如下所示：

```
using (Animal a = new Animal())
{
  // code that uses the Animal instance
}
```

编译器会将上述代码转换成如下代码，这保证了即使发生异常也会调用 Dispose 方法：

```
Animal a = new Animal();
try
{
  // code that uses the Animal instance
}
finally
{
  if (a != null) a.Dispose();
}
```

更多信息：可通过以下链接了解关于 IDisposable 接口的更多信息——https://docs.microsoft.com/en-us/dotnet/standard/garbage-collection/using-objects。

第 9 章将介绍使用 IDisposable 接口、using 语句和 try…finally 块释放非托管资源的具体示例。

6.7 从类继承

前面创建的 Person 类隐式地派生(继承)于 System.Object。下面创建一个继承自 Person 类的类。

(1) 向 PacktLibrary 项目中添加一个名为 Employee 的新类。

(2) 修改 Program.cs 文件，如下所示：

```
using System;

namespace Packt.Shared
{
  public class Employee : Person
  {
  }
}
```

(3) 将如下语句添加到 Main 方法中，以创建 Employee 类的实例：

```
Employee john = new Employee
{
  Name = "John Jones",
  DateOfBirth = new DateTime(1990, 7, 28)
};
john.WriteToConsole();
```

(4) 运行控制台应用程序并查看结果，输出如下所示：

```
John Jones was born on a Saturday
```

注意，Employee 类继承了 Person 类的所有成员。

6.7.1 扩展类

现在，可通过添加一些特定于员工的成员来扩展 Employee 类。

(1) 在 Employee 类中添加以下代码以定义两个属性：

```
public string EmployeeCode { get; set; }
public DateTime HireDate { get; set; }
```

(2) 回到 Main 方法中，添加如下语句以设置 John 的雇员代码和雇用日期：

```
john.EmployeeCode = "JJ001";
john.HireDate = new DateTime(2014, 11, 23);
WriteLine($"{john.Name} was hired on {john.HireDate:dd/MM/yy}");
```

(3) 运行控制台应用程序并查看结果，输出如下所示：

```
John Jones was hired on 23/11/14
```

6.7.2 隐藏成员

到目前为止，WriteToConsole 方法是从 Person 类继承的，用于输出雇员的姓名和出生日期。可执行以下步骤，从而改变这个方法对员工的作用。

(1) 在 Employee 类中添加如下加粗显示的代码以重新定义 WriteToConsole 方法：

```
using System;
```

```
using static System.Console;

namespace Packt.Shared
{
  public class Employee : Person
  {
    public string EmployeeCode { get; set; }
    public DateTime HireDate { get; set; }

    public void WriteToConsole()
    {
      WriteLine(format:
        "{0} was born on {1:dd/MM/yy} and hired on {2:dd/MM/yy}",
        arg0: Name,
        arg1: DateOfBirth,
        arg2: HireDate);
    }
  }
}
```

(2) 运行应用程序并查看结果，输出如下所示：

```
John Jones was born on 28/07/90 and hired on 01/01/01
John Jones was hired on 23/11/14
```

Visual Studio Code 的 C#扩展会通过在方法名称的下面绘制波浪线来发出警告：你正在覆盖原来的 WriteToCode 方法，PROBLEMS 窗格中将包含更多细节，编译器会在构建和运行控制台应用程序时输出警告信息，如图 6.1 所示。

图 6.1　警告信息

可以将 new 关键字应用于 WriteToCode 方法，以表明这是故意为之，如下所示：

```
public new void WriteToConsole()
```

6.7.3　覆盖成员

与其隐藏方法，不如直接覆盖。如果基类允许覆盖方法，那就可通过应用 virtual 关键字来重写方法。

(1) 在 Main 方法中添加一条语句，将 john 变量的值作为字符串写入控制台，如下所示：

```
WriteLine(john.ToString());
```

(2) 运行应用程序。注意 ToString 方法是从 System.Object 继承的,因此实现代码将返回名称空间和类型名,如下所示:

```
Packt.Shared.Employee
```

(3) 可通过添加 ToString 方法来输出 Person 对象的 Name 字段和类型名,从而覆盖 Person 类的这种行为,如下所示:

```
// overridden methods
public override string ToString()
{
  return $"{Name} is a {base.ToString()}";
}
```

base 关键字允许子类访问超类(也就是基类)的成员。

(4) 运行应用程序并查看结果。现在,当调用 ToString 方法时,将输出雇员的姓名以及基类的 ToString 实现,如下所示:

```
John Jones is a Packt.Shared.Employee
```

最佳实践:许多实际的 API,如微软的 Entity Framework Core、Castle 的 DynamicProxy 和 Episerver 的内容模型,都要求把类中定义的属性标记为 virtual,以便能够覆盖它们。除非有很好的理由不这样做,否则建议将方法和属性成员标记为 virtual。

6.7.4 防止继承和覆盖

通过对类的定义应用 sealed 关键字,可以防止别人继承自己的类。没有哪个类可以从 ScroogeMcDuck 类继承,如下所示:

```
public sealed class ScroogeMcDuck
{
}
```

在.NET 中,sealed 关键字的典型应用就是 string 类。微软已经在 string 类的内部实现了一些优化,这些优化可能会受到继承的负面影响,因此微软阻止了这种情况的发生。

通过对方法应用 sealed 关键字,可以防止别人进一步覆盖自己的类中的虚拟方法。例如,没有人能改变 Lady Gaga 唱歌的方式,如下所示:

```
using static System.Console;

namespace Packt.Shared
{
  public class Singer
  {
    // virtual allows this method to be overridden
    public virtual void Sing()
    {
      WriteLine("Singing...");
    }
  }

  public class LadyGaga : Singer
  {
```

```
    // sealed prevents overriding the method in subclasses
    public sealed override void Sing()
    {
      WriteLine("Singing with style...");
    }
  }
}
```

我们只能密封已经覆盖的方法。

6.7.5 理解多态

前面介绍了更改继承方法的行为的两种方式。可以使用 new 关键字隐藏方法(称为非多态继承)，也可以覆盖方法(称为多态继承)。

这两种方式都可通过 base 关键字来访问基类的成员，那么它们之间有什么区别呢？

这完全取决于持有对象引用的变量的类型。例如，Person 类型的变量既可包含对 Person 类的引用，也可包含对派生自 Person 类的任何类的引用：

(1) 在 Employee 类中添加语句以覆盖 ToString 方法，将员工的姓名和代码写入控制台，如下所示：

```
public override string ToString()
{
  return $"{Name}'s code is {EmployeeCode}";
}
```

(2) 在 Main 方法中编写语句，添加名为 Alice 的员工，将员工 Alice 的信息存储在 Person 类型的变量中，并调用变量的 WriteToConsole 和 ToString 方法，如下所示：

```
Employee aliceInEmployee = new Employee
  { Name = "Alice", EmployeeCode = "AA123" };

Person aliceInPerson = aliceInEmployee;
aliceInEmployee.WriteToConsole();
aliceInPerson.WriteToConsole();
WriteLine(aliceInEmployee.ToString());
WriteLine(aliceInPerson.ToString());
```

(3) 运行应用程序并查看结果，输出如下所示：

```
Alice was born on 01/01/01 and hired on 01/01/01
Alice was born on a Monday
Alice's code is AA123
Alice's code is AA123
```

当使用 new 关键字隐藏方法时，编译器不会聪明到知道这是 Employee 对象，因而会调用 Person 对象的 WriteToConsole 方法。

当使用 virtual 和 override 关键字覆盖方法时，编译器聪明到知道虽然变量声明为 Person 类型，但对象本身是 Employee 类型，因此调用 ToString 方法的 Employee 实现版本。

访问修饰符及其效果如表 6.2 所示。

表 6.2 访问修饰符及其效果

变量类型	访问修饰符	执行的方法	对应的类
Person		WriteToConsole	Person
Employee	new	WriteToConsole	Employee
Person	virtual	ToString	Employee
Employee	override	ToString	Employee

 最佳实践：只要有可能，就应该使用 virtual 和 override 而不是 new 来更改继承方法的实现。

6.8 在继承层次结构中进行类型转换

类型之间的强制转换与普通转换略有不同。强制转换是在相似的类型之间进行的，比如在 16 位整型和 32 位整型之间；也可以在超类和子类之间进行强制转换。普通转换是在不同类型之间进行的，比如在文本和数字之间。

6.8.1 隐式类型转换

在前面的示例中，我们讨论了如何将派生类型的实例存储在基类型的变量中。这种转换被称为隐式类型转换。

6.8.2 显式类型转换

另一种转换是显式类型转换，这种转换必须使用圆括号括住要转换到的目标类型作为前缀。

(1) 在 Main 方法中添加一条语句，将 aliceInPerson 变量赋给一个新的 Employee 变量，如下所示：

```
Employee explicitAlice = aliceInPerson;
```

(2) Visual Studio Code 将显示一条红色的波浪线，这表示存在编译错误，如图 6.2 所示。

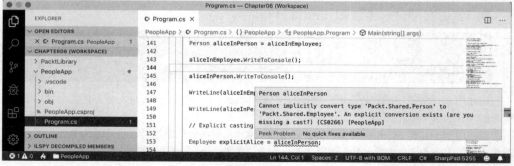

图 6.2 存在编译错误

第 6 章 实现接口和继承类

(3) 纠正出错的语句,将 aliceInPerson 强制转换为 Employee 类型,如下所示:

```
Employee explicitAlice = (Employee)aliceInPerson;
```

6.8.3 避免类型转换异常

因为 aliceInPerson 可能是不同的派生类型,比如是 Student 而不是 Employee,所以仍需要小心。在具有更复杂代码的实际应用程序中,可以将 aliceInPerson 变量的当前值设置为 Student 实例,编译时将抛出 InvalidCastException 异常。

可通过编写 try 语句来解决这个问题,但是还有一种更好的方法,就是使用 is 关键字检查对象的类型。

(1) 将显式的转换语句封装到 if 语句中,如下所示:

```
if (aliceInPerson is Employee)
{
  WriteLine($"{nameof(aliceInPerson)} IS an Employee");
  Employee explicitAlice = (Employee)aliceInPerson;
  // safely do something with explicitAlice
}
```

(2) 运行应用程序并查看结果,输出如下所示:

```
aliceInPerson IS an Employee
```

也可以使用 as 关键字进行强制类型转换。如果类型不能强制转换,as 关键字将返回 null 而不是抛出异常。

(3) 在 Main 方法的末尾添加以下语句:

```
Employee aliceAsEmployee = aliceInPerson as Employee;

if (aliceAsEmployee != null)
{
  WriteLine($"{nameof(aliceInPerson)} AS an Employee");
  // do something with aliceAsEmployee
}
```

由于访问 null 变量会抛出 NullReferenceException 异常,因此在使用结果之前应该始终检查 null。

(4) 运行应用程序并查看结果,输出如下所示:

```
aliceInPerson AS an Employee
```

如果想在 Alice 不是雇员的情况下执行语句块,该怎么办?
在过去,我们必须使用!操作符,如下所示:

```
if (!(aliceInPerson is Employee))
```

在 C# 9.0 及更高版本中,则可以使用 not 关键字,如下所示:

```
if (aliceInPerson is not Employee)
```

最佳实践:可使用 is 和 as 关键字以避免在派生类型之间进行强制类型转换时抛出异常。如果不这样做,就必须为 InvalidCastException 编写 try…catch 语句。

6.9 继承和扩展.NET 类型

.NET 预先构建了包含数十万个类型的类库。与其创建全新类型,不如先从微软的某个类型派生出一些行为,然后重写或扩展它们,这样通常可以抢占先机。

6.9.1 继承异常

作为继承的典型示例,下面派生一种新的异常类型。

(1) 在 PacktLibrary 项目中添加一个名为 PersonException 的新类,这个新类有三个构造函数,如下所示:

```
using System;

namespace Packt.Shared
{
  public class PersonException : Exception
  {
    public PersonException() : base() { }

    public PersonException(string message) : base(message) { }

    public PersonException(
      string message, Exception innerException)
      : base(message, innerException) { }
  }
}
```

与普通方法不同,构造函数不是继承的,因此必须显式地声明和调用 System.Exception 中的 base 构造函数,从而使它们对于可能希望在自定义异常中使用这些构造函数的程序员来说可用。

(2) 在 Person 类中添加语句,定义一个方法,如果日期/时间参数早于某个人的出生日期,这个方法将抛出异常,如下所示:

```
public void TimeTravel(DateTime when)
{
  if (when <= DateOfBirth)
  {
    throw new PersonException("If you travel back in time to a date earlier than your own
      birth, then the universe will explode!");
  }
  else
  {
    WriteLine($"Welcome to {when:yyyy}!");
  }
}
```

(3) 在 Main 方法中添加语句,测试当员工 John Jones 试图穿越回到过去时会发生什么,如下所示:

```
try
{
  john.TimeTravel(new DateTime(1999, 12, 31));
  john.TimeTravel(new DateTime(1950, 12, 25));
}
```

```
catch (PersonException ex)
{
  WriteLine(ex.Message);
}
```

(4) 运行应用程序并查看结果,输出如下所示:

```
Welcome to 1999!
If you travel back in time to a date earlier than your own birth, then the universe will explode!
```

 最佳实践:在定义自己的异常时,可以给它们提供三个构造函数,但它们会选择显式地调用内置的构造函数。

6.9.2 无法继承时扩展类型

前面讨论了如何使用 sealed 关键字来防止继承。

微软已经将 sealed 关键字应用到 System.String 类中,这样就没有人可以继承和破坏字符串的行为了。

还能给字符串添加新的方法吗?能,但是需要使用名为扩展方法的C#语言特性,该特性是在C# 3.0 中引入的。

1. 使用静态方法重用功能

从 C#的第一个版本开始,就能够创建静态方法来重用功能,比如验证字符串是否包含电子邮件地址。

(1) 在 PacktLibrary 项目中添加一个名为 StringExtensions 的新类,注意:
- 需要为这个新类导入用于处理正则表达式的名称空间。
- IsValidEmail 静态方法使用 Regex 类型来检查与简单电子邮件模式的匹配情况,简单电子邮件模式会在@符号的前后查找有效字符。

```
using System.Text.RegularExpressions;

namespace Packt.Shared
{
  public class StringExtensions
  {
    public static bool IsValidEmail(string input)
    {
      // use simple regular expression to check
      // that the input string is a valid email
      return Regex.IsMatch(input,
        @"[a-zA-Z0-9\.-_]+@[a-zA-Z0-9\.-_]+");
    }
  }
}
```

(2) 在 Main 方法的底部添加语句,验证指定的两个电子邮件地址,如下所示:

```
string email1 = "pamela@test.com";
string email2 = "ian&test.com";

WriteLine(
  "{0} is a valid e-mail address: {1}",
```

```
arg0: email1,
arg1: StringExtensions.IsValidEmail(email1));

WriteLine(
  "{0} is a valid e-mail address: {1}",
  arg0: email2,
  arg1: StringExtensions.IsValidEmail(email2));
```

(3) 运行应用程序并查看结果，输出如下所示：

```
pamela@test.com is a valid e-mail address: True
ian&test.com is a valid e-mail address: False
```

这是可行的，但是扩展方法可以减少必须输入的代码量，并简化这个静态方法的使用。

2. 使用扩展方法重用功能

可以很容易地把静态方法变成扩展方法来使用。

(1) 在 StringExtensions 类中，在 class 关键字之前添加 static 修饰符，在 string 关键字之前添加 this 修饰符，如下所示：

```
public static class StringExtensions
{
  public static bool IsValidEmail(this string input)
  {
```

以上更改用于告诉编译器，应该将方法用于扩展字符串类型。

(2) 在 Program 类中添加一些新语句，从而使用字符串值的扩展方法：

```
string values:
WriteLine(
  "{0} is a valid e-mail address: {1}",
  arg0: email1,
  arg1: email1.IsValidEmail());

WriteLine(
  "{0} is a valid e-mail address: {1}",
  arg0: email2,
  arg1: email2.IsValidEmail());
arg1: email2.IsValidEmail());
```

注意 IsValidEmail 方法的调用语法中发生的细微变化。

(3) IsValidEmail 扩展方法现在看起来很像实例方法，与字符串类型的所有实例方法一样，比如 IsNormalized 和 Insert，如图 6.3 所示。

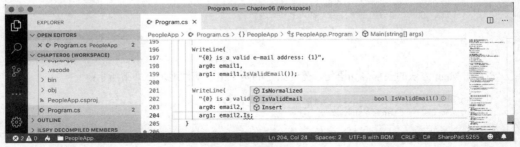

图 6.3　使用扩展方法

扩展方法不能替换或覆盖现有的实例方法，因此不能重新定义 Insert 方法。扩展方法在智能感知中显示为重载方法，但是与具有相同名称和签名的扩展方法相比，系统将优先调用实例方法。

第 12 章将介绍扩展方法的一些非常强大的用途。

6.10 实践和探索

你可以通过回答一些问题来测试自己对知识的理解程度，进行一些实践，并深入探索本章涵盖的主题。

6.10.1 练习 6.1：测试你掌握的知识

回答以下问题：
1) 什么是委托？
2) 什么是事件？
3) 基类和派生类有什么关系？
4) is 和 as 运算符之间的区别是什么？
5) 可使用哪个关键字来防止类被继承或者防止方法被覆盖？
6) 可使用哪个关键字来防止通过 new 关键字实例化类？
7) 可使用哪个关键字来允许成员被覆盖？
8) 析构函数和析构方法有什么区别？
9) 所有异常都应该具有的构造函数的签名是什么？
10) 什么是扩展方法？如何定义扩展方法？

6.10.2 练习 6.2：练习创建继承层次结构

可按照以下步骤探索继承层次结构：

(1) 将名为 Exercise02 的控制台应用程序添加到工作区。

(2) 使用名为 Height、Width 和 Area 的属性创建名为 Shape 的类。

(3) 添加三个派生自 Shape 类的类(Rectangle、Square 和 Circle 类)以及你认为合适的任何其他成员，它们可以正确地覆盖和实现 Area 属性。

(4) 在 Program.cs 文件的 Main 方法中添加语句，创建每个形状的实例，如下所示：

```
var r = new Rectangle(3, 4.5);
WriteLine($"Rectangle H: {r.Height}, W: {r.Width}, Area: {r.Area}");
var s = new Square(5);
WriteLine($"Square H: {s.Height}, W: {s.Width}, Area: {s.Area}");
var c = new Circle(2.5);
WriteLine($"Circle H: {c.Height}, W: {c.Width}, Area: {c.Area}");
```

(5) 运行控制台应用程序，确保输出如下所示：

```
Rectangle H: 3, W: 4.5, Area: 13.5
Square H: 5, W: 5, Area: 25
Circle H: 5, W: 5, Area: 19.6349540849362
```

6.10.3 练习 6.3：探索主题

可通过以下链接来阅读本章所涉及主题的详细细节。

- 运算符(C#参考)：https://docs.microsoft.com/en-us/dotnet/articles/csharp/language-reference/keywords/operator。
- 委托：https://docs.microsoft.com/en-us/dotnet/articles/csharp/tour-of-csharp/delegates。
- 事件(C#编程指南)：https://docs.microsoft.com/en-us/dotnet/articles/csharp/language-reference/keywords/event。
- 接口：https://docs.microsoft.com/en-us/dotnet/articles/csharp/tour-of-csharp/interfaces。
- 泛型(C#编程指南)：https://docs.microsoft.com/en-us/dotnet/csharp/programming-guide/generics。
- 引用类型(C#引用)：https://docs.microsoft.com/en-us/dotnet/articles/csharp/language-reference/keywords/reference-types。
- 值类型(C#引用)：https://docs.microsoft.com/en-us/dotnet/articles/csharp/language-reference/keywords/value-types。
- 继承(C#编程指南)：https://docs.microsoft.com/en-us/dotnet/articles/csharp/programming-guide/classes-and-structs/inheritance。
- 终结器(C#编程指南)：https://docs.microsoft.com/en-us/dotnet/articles/csharp/programming-guide/classes-and-structs/destructors。

6.11 本章小结

本章介绍了局部函数和运算符、委托和事件、实现接口、泛型以及使用继承和OOP派生类型；还介绍了基类和派生类，如何覆盖类型成员，使用多态性以及类型之间的强制转换。

第7章将介绍.NET 5是如何打包和部署的，以及它们提供的用于实现常见功能(如文件处理、数据库访问、加密和多任务处理)的类型。

第 7 章
理解和打包.NET 类型

在本章，你将了解 C#关键字如何与.NET 类型相关，还将了解名称空间和程序集之间的关系，熟悉如何打包和发布.NET 应用程序及库以跨平台使用，如何在.NET 库中使用现有的.NET Framework 库，以及将旧的.NET Framework 代码库移植到.NET 的可能性。

本章涵盖以下主题：
- .NET 5 简介
- 了解.NET 组件
- 发布应用程序并进行部署
- 反编译程序集
- 为 NuGet 分发打包自己的库
- 从.NET Framework 移植到.NET 5

7.1 .NET 5 简介

本书的这一部分介绍.NET 5 提供的基类库(BCL)API 中的功能，以及如何通过使用.NET Standard 在所有不同的.NET 平台上重用这些功能。

.NET Core 2.0 及后续版本对.NET Standard 2.0 的最低支持很重要，因为我们提供了很多 API，而这些 API 都不在.NET Core 的第一个版本中。.NET Framework 开发人员过去 15 年积累的与现代开发相关的库和应用程序，现在已经迁移到.NET，可以在 macOS、Linux 和 Windows 上跨平台运行。

.NET Standard 2.1 增加了大约 3000 个新的 API。其中一些 API 需要在运行时进行更改，这可能会破坏向后兼容性，因此.NET Framework 4.8 只实现了.NET Standard 2.0，NET Core 3.0、Xamarin、Mono 和 Unity 实现了.NET Standard 2.1。

更多信息：关于.NET Standard 2.1 API 的完整列表以及.NET Standard 2.1 与.NET Standard 2.0 的比较，详见以下链接——https://github.com/dotnet/standard/blob/master/docs/versions/netstandard2.1.md。

如果所有的项目都可以使用.NET 5，那么.NET 5 就不需要.NET Standard 了。由于可能需要为遗留的.NET Framework 项目或 Xamarin 移动应用程序创建类库，因此我们仍然需要创建.NET Standard 2.0 和 2.1 类库。如果.NET 6 在 2021 年 11 月发布并支持 Xamarin 移动应用程序，那么对.NET Standard 的需求将进一步降低。

更多信息：可通过以下链接了解.NET Standard 的未来——https://devblogs.microsoft.com/dotnet/the-future-of-net-standard/。

为了总结.NET 在过去三年里取得的进步，下面对.NET Core 的主要版本与.NET Framework 的同等版本进行比较。

- .NET Core 1.0：与.NET Framework 4.6.1 相比要小得多，后者是于 2016 年 3 月发布的版本。
- .NET Core 2.0：实现了与.NET Framework 4.7.1 相同的现代 API，因为它们都实现了.NET Standard 2.0。
- .NET Core 3.0：相比.NET Framework 更大的 API，因为.NET Framework 4.8 没有实现.NET Standard 2.1。
- .NET 5：与用于现代 API 的 NET Framework 4.8 相比，.NET 5 更大，性能有了很大提高。

更多信息：可通过以下链接搜索和浏览所有.NET API——https://docs.microsoft.com/en-us/dotnet/api/。

7.1.1　.NET Core 1.0

.NET Core 1.0 于 2016 年 6 月发布，主要致力于实现一种适用于构建现代跨平台应用程序的 API，包括 Web 应用程序和云应用程序，以及使用 ASP.NET Core 为 Linux 提供的服务。

更多信息：可通过以下链接阅读.NET Core 1.0 公告——https://blogs.msdn.microsoft.com/dotnet/2016/06/27/announcing-net-core-1-0/。

7.1.2　.NET Core 1.1

.NET Core 1.1 于 2016 年 11 月发布，重点是修复 bug、增加支持的 Linux 发行版数量、支持.NET Standard 1.6 以及改进性能，尤其是 ASP.NET Core(用于 Web 应用程序和服务)。

更多信息：可通过以下链接阅读.NET Core 1.1 公告——https://blogs.msdn.microsoft.com/dotnet/2016/11/16/announcing-net-core-1-1/。

7.1.3　.NET Core 2.0

.NET Core 2.0 于 2017 年 8 月发布，重点是实现.NET Standard 2.0，增加引用.NET Framework 库的能力，以及提供更大的性能改进。

更多信息：可通过以下链接阅读.NET Core 2.0 公告——https://blogs.msdn.microsoft.com/dotnet/2017/08/14/announcing-net-core-2-0/。

7.1.4　.NET Core 2.1

.NET Core 2.1 于 2018 年 5 月发布，专注于可扩展的工具系统、添加新的类型(如 Span< T >)、用于加密和压缩的新 API、Windows 兼容包(其中包含 20 000 个 API 以帮助迁移旧的 Windows 应用程序)、Entity Framework Core 值转换、LINQ GroupBy 转换、数据播种、查询类型以及性能改进，表 7.1 列出了部分主题。

表 7.1 .NET Core 2.1 关注的部分主题

功能	涉及的章节	主题
Span、索引和范围	第 8 章	使用 Span、索引和范围
Brotli 压缩	第 9 章	使用 Brotli 算法进行压缩
密码学	第 10 章	密码学领域的新功能
延迟加载	第 11 章	启用延迟加载
数据播种	第 11 章	理解数据播种

7.1.5 .NET Core 2.2

.NET Core 2.2 于 2018 年 12 月发布，主要关注的是运行时的诊断改进、可选的分层编译以及如何向 ASP.NET Core 和 Entity Framework Core 添加新特性，如使用 NetTopologySuite(NTS)库中的类型支持空间数据、查询标记以及拥有实体的集合。

更多信息：可通过以下链接阅读.NET Core 2.2 公告——https://blogs.msdn.microsoft.com/dotnet/2018/12/04/announcing-net-core-2-2/。

7.1.6 .NET Core 3.0

.NET Core 3.0 于 2019 年 9 月发布，重点是增加对同时使用 Windows Forms、Windows Presentation Foundation (WPF) 和 Entity Framework 6.3 构建 Windows 桌面应用程序的支持、应用程序本地部署、快速 JSON 阅读器、串口访问和物联网(Internet of Things，IoT)解决方案的其他 PIN 访问以及默认情况下的分级编译，表 7.2 列出了部分主题。

表 7.2 .NET Core 3.0 关注的部分主题

功能	涉及的章节	主题
在应用中嵌入.NET Core	第 7 章	发布应用以进行部署
索引和范围	第 8 章	使用 Span、索引和范围
System.Text.Json	第 9 章	高性能的 JSON 处理
异步流	第 13 章	使用异步流

更多信息：可通过以下链接阅读.NET Core 3.0 公告——https://devblogs.microsoft.com/dotnet/announcing-net-core-3-0/。

7.1.7 .NET 5

.NET 5 于 2020 年 11 月发布，主要致力于.NET 平台的统一、细化以及性能的提升，表 7.3 列出了部分主题。

表 7.3 .NET 5 关注的部分主题

功能	涉及的章节	主题
Half 类型	第 8 章	处理数字
改进正则表达式的性能	第 8 章	如何改进正则表达式的性能
改进 System.Text.Json	第 9 章	高性能的 JSON 处理
生成 SQL 的简单方法	第 11 章	获取生成的 SQL
filterted include	第 11 章	过滤包括进来的实体
使用 Humanizer 实现 Scaffold-DbContext	第 11 章	使用现有数据库搭建模型

更多信息：可通过以下链接阅读.NET 5 公告——https://devblogs.microsoft.com/dotnet/announcing-net-5-0。

7.1.8 从.NET Core 2.0 到.NET 5 不断提高性能

在过去的几年里，.NET 平台的性能有了很大的改进。

更多信息：可通过以下链接阅读一篇内容十分详细的有关.NET 5 平台性能的博客文章——https://devblogs.microsoft.com/dotnet/performance-improvements-in-net-5/。

7.2 了解.NET 组件

.NET 由以下几部分组成。

- 语言编译器：这些编译器用于把使用 C#、F#和 Visual Basic 等语言编写的源代码转换成存储在程序集中的中间语言(Intermediate Language，IL)代码。在 C# 6.0 及后续版本中，微软转向了一种名为 Roslyn 的开源重写编译器，Visual Basic 也使用了这种编译器。可通过以下链接了解关于 Roslyn 的更多信息：https://github.com/dotnet/roslyn。
- 公共语言运行时(CoreCLR)：CoreCLR 加载程序集，将其中存储的 IL 代码编译成本机代码指令，并在管理线程和内存等资源的环境中执行代码。
- NuGet 包(CoreFX)中程序集的基类库(BCL)：这些是使用 NuGet 在构建应用程序时为执行常见任务而打包和分发的类型的预构建程序集。

可以使用它们快速构建任何想要的东西，就像组合乐高一样。.NET Core 2.0 实现了.NET Standard 2.0(这是.NET Standard 的所有先前版本的超集)，并将.NET Core 提升到了与.NET Framework 和 Xamarin 相同的水平。.NET Core 3.0 实现了.NET Standard 2.1，后者增加了一些新的功能，并且得到的性能改进超过了.NET Framework 中可用的功能。.NET 6 将为所有类型的应用程序(包括移动应用程序)实现统一的 BCL。

更多信息：可通过以下链接阅读.NET Standard 2.1 公告——https://blogs.msdn.microsoft.com/dotnet/2018/11/05/announcing-net-standard-2-1/。

7.2.1 程序集、包和名称空间

程序集是文件系统中存储类型的地方,是一种用于部署代码的机制。例如,System.Data.dll 程序集包含用于管理数据的类型。要在其他程序集中使用类型,就必须引用它们。

程序集通常作为 NuGet 包分发,NuGet 包可以包含多个程序集和其他资源。你也许还听说过 SDK 和平台,它们是 NuGet 包的组合。

名称空间是类型的地址。名称空间是一种通过要求完整地址而不仅仅是短名称来唯一标识类型的机制。在现实世界中,Sycamore 街道 34 号的 Bob 和 Willow Drive 街道 12 号的 Bob 是不同的人。

在.NET 中,System.Web.Mvc 名称空间的 IActionFilter 接口不同于 System.Web.Http.Filters 名称空间的 IActionFilter 接口。

1. 依赖程序集

如果一个程序集能编译为类库,并为其他程序集提供要使用的类型,这个程序集就有了文件扩展名.dll(动态链接库),并且不能单独执行。

同样,如果将一个程序集编译为应用程序,这个程序集就有了文件扩展名.exe(可执行文件),并且可以独立执行。在.NET Core 3.0 之前,控制台应用程序将编译为.dll 文件,并且必须由 dotnet run 命令或通过可执行文件来运行。

任何程序集都可以将一个或多个类库程序集作为依赖进行引用,但不能循环引用。因此,如果程序集 A 已经引用了程序集 B,则程序集 B 不能引用程序集 A。如果试图添加可能导致循环引用的依赖引用,编译器就会发出警告。

最佳实践:循环引用通常导致糟糕的代码设计。如果确认需要使用循环引用,可使用接口来解决,详见 https://stackoverflow.com/questions/6928387/how-to-solve-circular-reference。

2. 微软.NET SDK 平台

默认情况下,控制台应用程序在微软.NET SDK 平台上有依赖引用。这个平台包含了几乎所有应用程序都需要的 NuGet 包中的数千种类型,比如 int 和 string 类型。

更多信息:可通过以下链接了解关于.NET SDK 平台的更多信息——https://docs.microsoft.com/en-us/dotnet/core/project-sdk/overview。

当使用.NET 时,将会引用依赖程序集、NuGet 包以及项目文件中的应用程序需要的平台。

下面研究一下程序集和名称空间之间的关系。

(1) 在 Visual Studio Code 中创建一个名为 Chapter07 的文件夹,再在 Chapter07 文件夹中创建一个名为 AssembliesAndNamespaces 的子文件夹,然后输入 dotnet new console 命令以创建控制台应用程序。

(2) 将当前工作区的名称改为 Chapter07 文件夹中的 Chapter07,并将 AssembliesAndNamespaces 文件夹添加到工作区。

(3) 打开 AssembliesAndNamespaces.csproj,注意这只是.NET 应用程序的典型项目文件,如下所示:

```
<Project Sdk="Microsoft.NET.Sdk">
  <PropertyGroup>
    <OutputType>Exe</OutputType>
    <TargetFramework>net5.0</TargetFramework>
```

```
</PropertyGroup>
</Project>
```

虽然可以将应用程序使用的程序集包含在部署包中,但默认情况下,项目将探测安装在已有路径中的共享程序集。

首先,项目会在当前用户的.dotnet/store 和.nuget 文件夹中查找.NET 的指定版本,然后查找依赖操作系统的备份文件夹。

- 对于 Windows:C:\Program Files\dotnet\sdk。
- 对于 macOS: /usr/local/share/dotnet/sdk。

最常见的.NET 类型在 System.Runtime.dll 程序集中。可以观察一些程序集和提供类型的名称空间之间的关系,并注意程序集和名称空间之间并不总是一对一的映射关系,如表 7.4 所示。

表 7.4 程序集和名称空间之间的关系

程序集	示例名称空间	示例类型
System.Runtime.dll	System、System.Collections 和 System.Collections.Generic	Int32、String 和 IEnumerable<T>
System.Console.dll	System	Console
System.Threading.dll	System.Threading	Interlocked、Monitor 和 Mutex
System.Xml. XDocument.dll	System.Xml.Linq	XDocument、XElement 和 XNode

3. NuGet 包

.NET 可分成一组包,并使用微软支持的 NuGet 包管理技术进行分发。这些包中的每一个都表示同名的程序集。例如,System.Collections 包里面包含 System.Collections.dll 程序集。

以下是包带来的好处:
- 包可以按照自己的时间表进行装载。
- 包可以独立于其他包进行测试。
- 包可以支持不同的操作系统和 CPU,包括为不同的操作系统和 CPU 构建的同一程序集的多个版本。
- 包可以有特定于某个库的依赖项。
- 应用程序更小,因为未引用的包不是发行版的一部分。

表 7.5 列出了一些更重要的包以及它们的重要类型。

表 7.5 一些更重要的包以及它们的重要类型

包	重要类型
System.Runtime	Object、String、Int32、Array
System.Collections	List<T>、Dictionary<TKey, TValue>
System.Net.Http	HttpClient、HttpResponseMessage
System.IO.FileSystem	File、Directory
System.Reflection	Assembly、TypeInfo、MethodInfo

4. 框架

框架和包之间存在双向关系。包定义 API，而框架将包分组。没有任何包的框架不会定义任何 API。

更多信息：如果对接口和实现它们的类型有了很好的理解，就可能发现下面的 URL 有助于理解包及其 API 如何与框架(如各种.NET Standard 版本)相关——https://gist.github.com/davidfowl/8939f305567e1755412d6dc0b8baf1b7。

每个.NET 包都支持一组框架。例如，4.3.0 版本的 System.IO.FileSystem 包支持以下框架：
- .NET Standard 1.3 或更高版本。
- .NET Framework 4.6 或更高版本。
- Six Mono 和 Xamarin 平台(例如，Xamarin.iOS 1.0)。

更多信息：可通过以下链接阅读详细信息——https://www.nuget.org/packages/System.IO.FileSystem/。

7.2.2 导入名称空间以使用类型

下面研究一下名称空间与程序集和类型之间的关系。

(1) 在 AssembliesAndNamespaces 项目中，在 Main 方法中输入以下代码：

```
var doc = new XDocument();
```

XDocument 类型不能识别，因为还没有告诉编译器 XDocument 类型的名称空间是什么。虽然我们已经有了对包含类型的程序集的引用，但是仍需要在类型名称的前面加上名称空间，也可以导入名称空间。

(2) 单击 XDocument 类名内部。Visual Studio Code 将显示灯泡图标，这表示已经识别了类型并且能自动修复问题。

(3) 单击灯泡图标，也可在 Windows 中按 Ctrl +.(句点)组合键，或者在 macOS 中按 Cmd +.(点)组合键。

(4) 从弹出菜单中选择使用 System.Xml.Linq;。

这会在文件的顶部添加 using 语句以导入名称空间。一旦在代码文件的顶部导入了名称空间，该名称空间内的所有类型就都可以在代码文件中使用，只需要输入它们的名称即可，而不需要通过在名称空间的前面加上前缀来完全限定类型名称。

7.2.3 将 C#关键字与.NET 类型相关联

C#新手程序员经常问的一个问题是：小写字符串和大写字符串有什么区别？简短的答案是：没有区别。详细的答案是：所有 C#类型关键字都是类库程序集中.NET 类型的别名。

使用 string 类型时，编译器将它转换成 System.String 类型；使用 int 类型时，编译器将它转换成 System.Int32 类型。

(1) 在 Main 方法中声明两个变量来保存字符串，其中一个变量使用小写的 string 类型，另一个变量使用大写的 String 类型，如下所示：

```
string s1 = "Hello";
String s2 = "World";
```

```
WriteLine($"{s1} {s2}");
```

目前，它们都工作良好，字面上的意思是一样的。

(2) 在类文件的顶部，在语句的开头加上//以注释掉 using System;语句，注意产生的编译错误。

(3) 删除注释用的双斜杠以修复错误。

 最佳实践：当有选择时，应使用 C#关键字而不是实际的类型，因为关键字不需要导入名称空间。

表 7.6 显示了 16 个 C#类型关键字及实际的.NET 类型。

表7.6 16 个 C#类型关键字及实际的.NET 类型

类型关键字	.NET 类型	类型关键字	.NET 类型
string	System.String	char	System.Char
sbyte	System.SByte	byte	System.Byte
short	System.Int16	ushort	System.UInt16
int	System.Int32	uint	System.UInt32
long	System.Int64	ulong	System.UInt64
float	System.Single	double	System.Double
decimal	System.Decimal	bool	System.Boolean
object	System.Object	dynamic	System.Dynamic.DynamicObject

其他的.NET 编程语言编译器也可以做同样的事情。例如，Visual Basic .NET 语言就有名为 Integer 的类型，Integer 是 System.Int32 的别名。

(4) 右击 XDocument，从弹出菜单中选择 Go to Definition 或按 F12 功能键。

(5) 导航到代码文件的顶部，注意程序集的文件名是 System.Xml.xdocument.dll，但是类在 System.Xml.Linq 名称空间中，如图 7.1 所示。

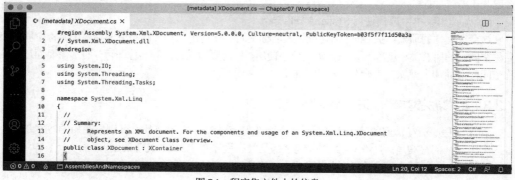

图 7.1 程序集文件中的信息

(6) 关闭[metadata] XDocument.cs 选项卡。

(7) 在 string 或 String 里面右击，从弹出菜单中选择 Go to Definition 或按 F12 功能键。

(8) 导航到代码文件的顶部，注意程序集文件名是 System.Runtime.dll，但是类在 System 名称空间中。

7.2.4 使用.NET Standard 类库在旧平台之间共享代码

在.NET Standard 之前，有可移植类库(Portable Class Library，PCL)。使用 PCL 可以创建代码库并显式地指定希望代码库支持哪些平台，如 Xamarin、Silverlight 和 Windows 8。然后，代码可以使用由指定平台支持的 API 的交集。

微软意识到这是不可持续的，所以创建了.NET Standard——所有未来的.NET 平台都支持的单一 API。虽然也有较老版本的.NET Standard，但.NET Standard 2.0 试图统一所有重要的最新.NET 平台。虽然.NET Standard 2.1 已于 2019 年年末发布，但只有.NET Core 3.0 和当年发布的 Xamarin 版本支持其中的新特性。本书的其余部分将使用术语.NET Standard 来表示.NET Standard 2.0。

.NET Standard 与 HTML5 相似，都是平台应该支持的标准。就像谷歌的 Chrome 浏览器和微软的 Edge 浏览器实现了 HTML5 标准一样，.NET Core、.NET Framework 和 Xamarin 也都实现了.NET Standard。如果想创建可以跨.NET 平台版本工作的类库，可以用.NET Standard 来实现。

最佳实践：由于.NET Standard 2.1 中添加的许多 API 需要在运行时进行更改，而.NET Framework 是微软的旧平台，需要尽可能保持不变，因此.NET Framework 4.8 将保留.NET Standard 2.0 而不是实现.NET Standard 2.1。如果需要支持.NET Framework 客户，就应该基于.NET Standard 2.0 创建类库，虽然.NET Standard 2.0 不是最新的，并且也不支持所有最新的语言和 BCL 新特性。

选择哪个.NET Standard 版本作为目标，取决于最大化平台支持和可用功能之间的平衡。较低的版本支持更多的平台，但拥有的 API 集合更小。更高版本支持更少的平台，但拥有的 API 集合更大。通常，应该选择能够支持所需的所有 API 的最低版本。

.NET Standard 的版本以及支持的平台如表 7.7 所示。

表 7.7 .NET Standard 的版本以及支持的平台

支持的平台 \ .NET Standard 的版本	1.1	1.2	1.3	1.4	1.5	1.6	2.0	2.1
.NET Core	→	→	→	→	→	1.0 和 1.1	2.0	3.0
.NET Framework	4.5	4.5.1	4.6	→	→	→	4.6.1	N/A
Mono	→	→	→	→	→	4.6	5.4	6.2
Xamarin.iOS	→	→	→	→	→	10.0	10.14	12.12
UWP	→	→	→	10	→	→	10.0.16299	N/A

下面使用.NET Standard 2.0 创建一个类库，这样就可以在所有重要的.NET 旧平台以及 Windows、macOS 和 Linux 操作系统上跨平台使用这个类库，同时还可以访问大量的.NET API。

(1) 在 Code/Chapter07 文件夹中创建一个名为 SharedLibrary 的子文件夹。
(2) 在 Visual Studio Code 中，将 SharedLibrary 子文件夹添加到 Chapter07 工作区。
(3) 导航到 Terminal | New Terminal 并选择 SharedLibrary。
(4) 在终端窗口中输入以下命令：

```
dotnet new classlib
```

(5) 单击 SharedLibrary.csproj，注意，默认情况下，dotnet CLI 生成的类库面向.NET Standard 2.0，如下所示：

```
<Project Sdk="Microsoft.NET.Sdk">
  <PropertyGroup>
    <TargetFramework>net5.0</TargetFramework>
  </PropertyGroup>
</Project>
```

(6) 修改目标框架，如下所示：

```
<Project Sdk="Microsoft.NET.Sdk">
  <PropertyGroup>
    <TargetFramework>netstandard2.0</TargetFramework>
  </PropertyGroup>
</Project>
```

最佳实践：如果需要创建的类型使用了.NET 5 中的新特性，那就可以创建两个单独的类库：一个针对.NET Standard 2.0，另一个针对.NET 5。详见第 11 章。

7.3 发布用于部署的应用程序

发布和部署.NET 应用程序有三种方法，它们是
- 与框架相关的部署(Framework-Dependent Deployment，FDD)。
- 与框架相关的可执行文件(Framework-Dependent Executable，FDE)。
- 自包含。

如果选择部署应用程序及其包依赖项而不是.NET 本身，那么可以依赖于目标计算机上已有的.NET。这对于部署到服务器的 Web 应用程序很有效，因为.NET 和许多其他 Web 应用程序可能已经在服务器上了。

有时，我们希望能够给某人一个里面包含了应用程序的 U 盘，并且我们知道这个应用程序可以在这个人的计算机上执行。于是我们希望执行自包含的部署。虽然部署文件会更大，但是可以确定，这种方式可行。

7.3.1 创建要发布的控制台应用程序

下面研究一下如何发布控制台应用程序。

(1) 创建一个新的名为 DotnetCoreEverywhere 的控制台应用程序项目，并将其添加到 Chapter07 工作区。

(2) 在 Program.cs 中添加一条语句来输出消息，指明控制台应用程序可以在任何地方运行，如下所示：

```
using static System.Console;

namespace DotNetCoreEverywhere
{
  class Program
  {
    static void Main(string[] args)
    {
```

```
        WriteLine("I can run everywhere!");
      }
   }
}
```

(3) 打开 DotNetCoreEverywhere.csproj，将运行时标识符(Runtime Identifier，RID)添加到 <PropertyGroup>元素内以面向三类操作系统，如下所示：

```
<Project Sdk="Microsoft.NET.Sdk">
  <PropertyGroup>
    <OutputType>Exe</OutputType>
    <TargetFramework>net5.0</TargetFramework>
    <RuntimeIdentifiers>
      win10-x64;osx-x64;rhel.7.4-x64
    </RuntimeIdentifiers>
  </PropertyGroup>
</Project>
```

- win10-x64 RID 值表示 Windows 10 或 Windows Server 2016。
- osx-x64 RID 值表示 macOS High Sierra 10.13 或更高版本。
- rhel.7.4-x64 RID 值表示 Red Hat Enterprise Linux (RHEL) 7.4 或更高版本。

更多信息：可通过以下链接找到当前支持的 RID(运行时标识符)值——https://docs.microsoft.com/en-us/dotnet/articles/core/rid-catalog。

7.3.2 dotnet 命令

安装.NET SDK 时，也将顺带安装 dotnet CLI。

1. 创建新项目

dotnet CLI 提供了能够在当前文件夹上工作的命令，从而使用模板创建新项目。

(1) 在 Visual Studio Code 中，导航到终端窗口。

(2) 输入 dotnet new -l 命令，列出当前安装的模板，如图 7.2 所示。

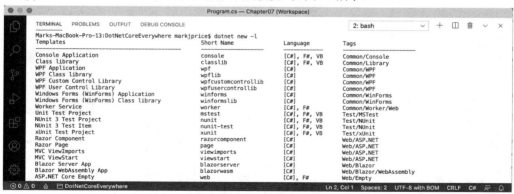

图 7.2 当前已安装模板的列表

更多信息：可通过以下链接安装其他模板——https://dotnetnew.azurewebsites.net/。

2. 管理项目

dotnet CLI 在当前文件夹中对项目有效的命令如下，它们用于管理项目。

- dotnet restore：下载项目的依赖项。
- dotnet build：编译项目。
- dotnet test：在项目中运行单元测试。
- dotnet run：运行项目。
- dotnet pack：为项目创建 NuGet 包。
- dotnet publish：编译并发布项目，可以带有依赖项，也可以是自包含的应用程序。
- add：把对包或类库的引用添加到项目中。
- remove：从项目中删除对包或类库的引用。
- list：列出项目的包或类库引用。

7.3.3 发布自包含的应用程序

前面介绍了有关 dotnet 工具命令的一些例子，现在可以发布跨平台的控制台应用程序了。

(1) 在 Visual Studio Code 中，导航到终端窗口并输入以下命令，构建适用于 Windows 10 的控制台应用程序的发布版本：

```
dotnet publish -c Release -r win10-x64
```

然后，Microsoft Build Engine 将编译并发布控制台应用程序。

(2) 在终端窗口中输入以下命令，构建针对 macOS 和 RHEL 的发布版本：

```
dotnet publish -c Release -r osx-x64
dotnet publish -c Release -r rhel.7.4-x64
```

(3) 打开 macOS Finder 窗口或 Windows 文件资源管理器，导航到 DotNetCoreEverywhere\bin\Release\.net5.0，并留意用于这三类操作系统的输出文件夹。

(4) 在 osx-x64 文件夹中选择 publish 子文件夹，然后选择 DotNetCoreEverywhere 可执行文件，注意这个可执行文件大约有 95 KB，如图 7.3 所示。

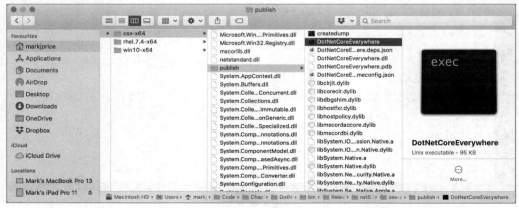

图 7.3 用于 macOS 的 DotNetCoreEverywhere 可执行文件

(5) 双击这个可执行文件，执行结果如图 7.4 所示。

只要将这些文件夹中的任何一个复制到适当的操作系统，这个控制台应用程序就会运行，这是因为它是一个自包含的、可部署的.NET 应用程序。

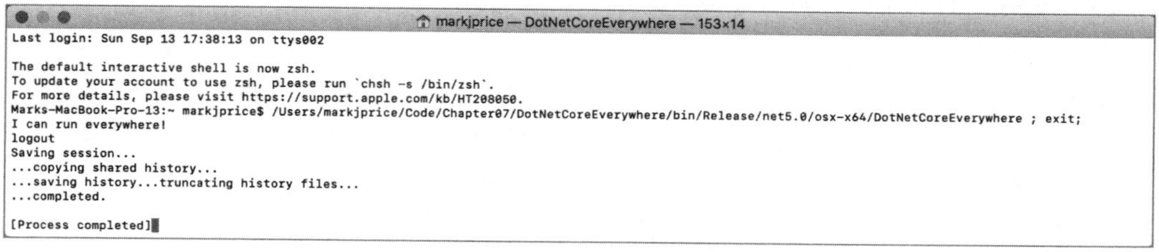

图 7.4 DotNetCoreEverywhere 可执行文件的执行结果

7.3.4 发布单文件应用

要将应用发布为"单个"文件，可在发布时指定标志。但是，在.NET 5.0 中，单文件应用主要集中在 Linux 上，因为 Windows 和 macOS 对此都有限制，这意味着真正的单文件发布在技术上是行不通的。

如果.NET 5 已经安装在计算机上，那么可以使用下面的标志：

```
dotnet publish -r win10-x64 -c Release --self-contained=false /p:PublishSingleFile=true
```

这将生成两个文件：DotNetCoreEverywhere.exe 和 DotNetCoreEverywhere.pdb.exe 文件是可执行文件。.pdb 文件则是存储了调试信息的程序数据库文件。

> **更多信息**：可通过以下链接了解有关.pdb 文件的更多信息——https://www.wintellect.com/pdb-files-what-every-developer-must-know/。

如果喜欢先把.pdb 文件嵌入.exe 文件，再给.csproj 文件添加元素，那么可以使用如下标记：

```
<PropertyGroup>
  <OutputType>Exe</OutputType>
  <TargetFramework>net5.0</TargetFramework>
  <DebugType>embed</DebugType>
</PropertyGroup>
```

如果.NET 5 还没有安装到计算机上，那么在 Windows 上还会生成一些额外的文件，比如 coreclr.dll、clrjit.dll、clrcompression.dll 和 mscordaccore.dll。

(1) 在 Visual Studio Code 中，导航到终端窗口，输入以下命令，从而为 Windows 10 构建控制台应用程序的发布版本：

```
dotnet publish -c Release -r osx-x64 /p:PublishSingleFile=true
```

(2) 导航到 DotNetCoreEverywhere\bin\Release\net5.0\osx-x64\publish 文件夹，选择 DotNeteEverywhere.exe 可执行文件，注意这个可执行文件现在大约 52 MB。publish 文件夹中还有一个.pdb 文件和七个.dylib 文件。

> **更多信息**：可通过以下链接了解关于单文件应用的更多信息——https://github.com/dotnet/runtime/issues/36590。

7.3.5 使用 app trimming 系统减小应用程序的大小

将.NET 应用程序部署为自包含应用程序的问题之一在于.NET 5 库需要占用大量的内存空间。最需要精简的是 Blazor WebAssembly 组件,因为所有的.NET 5 库都需要下载到浏览器中。

请不要将没有使用的程序集打包到部署中,因为这样可以减小应用程序的大小。.NET Core 3.0 中引入的 app trimming 系统可用来识别代码需要的程序集,并删除那些不需要的程序集。

在.NET 5 中,只要不使用程序集中的单个类型甚至成员(如方法),就可以进一步减小应用程序的大小。例如,对于 Hello World 控制台应用程序,System.Console.dll 程序集就从 61.5 KB 缩减到了 31.5 KB。

问题在于,app trimming 系统到底能在多大程度上标识未使用的程序集、类型和成员?如果代码是动态的,那么很可能使用了反射技术,app trimming 系统有可能无法正常工作,因此微软允许我们进行手动控制。

启用组装级裁剪的方式有两种。第一种方式是在项目文件中添加如下元素:

`<PublishTrimmed>true</PublishTrimmed>`

第二种方式是在发布时添加如下标志:

`-p:PublishTrimmed=True`

启用成员级裁剪的方式也有两种。
第一种方式是在项目文件中添加如下元素:

```
<PublishTrimmed>true</PublishTrimmed>
<TrimMode>Link</TrimMode>
```

第二种方式是在发布时添加如下标志:

`-p:PublishTrimmed=True -p:TrimMode=Link`

更多信息:可通过以下链接了解关于 app trimming 系统的更多信息——https://devblogs.microsoft.com/dotnet/app-trimming-in-net-5/。

7.4 反编译程序集

学习如何为.NET 编写代码的最佳方法之一就是看看专业人员是如何做的。为了便于学习,可以使用 ILSpy 之类的工具对任何.NET 程序集进行反编译。如果还没有安装 Visual Studio Code 的 ILSpy .NET 反编译扩展,那么现在就请搜索并安装。

最佳实践:可以为非学习目的而反编译他人的程序集,但是请记住,你正在侵犯他人的知识产权。

(1) 在 Visual Studio Code 中,导航到 View | Command Palette…或按 Cmd + Shift + P 组合键。
(2) 输入 ilspy,然后选择 ILSpy: Decompile IL Assembly (pick file)。
(3) 导航到 Code/Chapter07/DotNetCodeEverywhere/bin/Release/netcoreapp3.0/win10-x64 文件夹。
(4) 选择 System.IO.FileSystem.dll 程序集,然后单击 Select assembly。
(5) 在资源管理器中展开 ILSPY DECOMPILED MEMBERS,选择程序集并注意打开的两个编辑窗口，其中显示了使用 C#代码编写的程序集属性，以及使用 IL 代码编写的外部 DLL 和程序集引用，如图 7.5 所示。

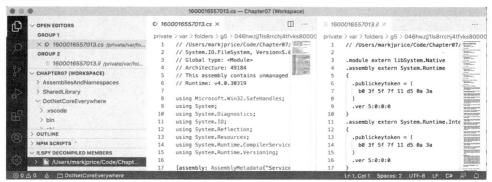

图 7.5 展开 ILSPY DECOMPILED MEMBERS

(6) 在 IL 代码中，请注意对 System.Runtime 程序集的引用，包括版本号，如下所示：

```
.assembly extern System.Runtime
{
  .publickeytoken = (
    b0 3f 5f 7f 11 d5 0a 3a
  )
  .ver 5:0:0:0
}
```

.module extern libSystem.Native 意味着这个程序集会对 macOS 系统 API 进行函数调用，正如你期望的那样，这些调用来自文件系统的交互代码。如果反编译了 Windows 版的这个程序集，那么可以使用 Win32 API.module extern kernel32.dll 来代替。

(7) 在资源管理器中展开名称空间。展开 System.IO 名称空间，选择 Directory 并注意打开的两个编辑窗口，其中显示了使用 C#代码和 IL 代码编写的反编译的 Directory 类，如图 7.6 所示。

图 7.6 反编译的 Directory 类

(8) 比较 GetParent 方法的 C#源代码, 如下所示:

```csharp
public static DirectoryInfo GetParent(string path)
{
  if (path == null)
  {
    throw new ArgumentNullException("path");
  }
  if (path.Length == 0)
  {
    throw new ArgumentException(SR.Argument_PathEmpty, "path");
  }
  string fullPath = Path.GetFullPath(path);
  string directoryName = Path.GetDirectoryName(fullPath);
  if (directoryName == null)
  {
    return null;
  }
  return new DirectoryInfo(directoryName);
}
```

(9) 使用 GetParent 方法的等效 IL 源代码, 如下所示:

```
.method /* 06000067 */ public hidebysig static
  class System.IO.DirectoryInfo GetParent (
    string path
  ) cil managed
{
  .param [0]
    .custom instance void System.Runtime.CompilerServices.NullableAttribute::.ctor(uint8) = (
      01 00 02 00 00
    )
  // Method begins at RVA 0x62d4
  // Code size 64 (0x40)
  .maxstack 2
  .locals /* 1100000E */ (
    [0] string,
    [1] string
  )

  IL_0000: ldarg.0
  IL_0001: brtrue.s IL_000e

  IL_0003: ldstr "path" /* 700005CB */
  IL_0008: newobj instance void
           [System.Runtime]System.ArgumentNullException::.ctor(string) /* 0A000035 */
  IL_000d: throw

  IL_000e: ldarg.0
  IL_000f: callvirt instance int32 [System.Runtime]System.String::get_Length()/*0A000022 */
  IL_0014: brtrue.s IL_0026
  IL_0016: call string System.SR::get_Argument_PathEmpty() /* 0600004C */
  IL_001b: ldstr "path" /* 700005CB */
  IL_0020: newobj instance void [System.Runtime]System.ArgumentException::.ctor(string,
           string) /* 0A000036 */
  IL_0025: throw
  IL_0026: ldarg.0
```

```
IL_0027: call string [System.Runtime.Extensions]System.IO.Path::GetFullPath(string) /*
         0A000037 */
IL_002c: stloc.0
IL_002d: ldloc.0
IL_002e: call string [System.Runtime.Extensions]System.IO.Path::GetDirectoryName(string)
         /* 0A000038 */
IL_0033: stloc.1
IL_0034: ldloc.1
IL_0035: brtrue.s IL_0039
IL_0037: ldnull
IL_0038: ret
IL_0039: ldloc.1
IL_003a: newobj instance void System.IO.DirectoryInfo::.ctor(string) /* 06000097 */
IL_003f: ret
} // end of method Directory::GetParent
```

最佳实践： IL 代码编辑窗口并不是特别有用，除非你非常熟悉 C#和.NET 开发，了解 C# 编译器如何将源代码转换成 IL 代码是非常重要的。还有一些更有用的编辑窗口包含了由微软专家编写的 C#源代码。你可以从专业人员实现类型的过程中学到很多最佳实践方式。

(10) 关闭编辑窗口而不保存更改。

(11) 在资源管理器中，在 ILSPY DECOMPILED MEMBERS 中右击程序集并从弹出菜单中选择 Unload Assembly。

7.5 为 NuGet 分发打包自己的库

在学习如何创建和打包自己的库之前，下面先回顾一下项目如何使用现有的包。

7.5.1 引用 NuGet 包

假设要添加第三方开发人员创建的包，例如 newtonsoft.json，这是一个使用 JavaScript 对象表示法(JSON)来序列化格式的流行包。

(1) 在 Visual Studio Code 中打开 AssembliesAndNamespaces 项目。

(2) 在终端窗口中输入以下命令：

```
dotnet add package newtonsoft.json
```

(3) 打开 AssembliesAndNamespaces.csproj，你会看到添加的包引用，如下所示：

```xml
<Project Sdk="Microsoft.NET.Sdk">
  <PropertyGroup>
    <OutputType>Exe</OutputType>
    <TargetFramework>net5.0</TargetFramework>
  </PropertyGroup>
  <ItemGroup>
    <PackageReference Include="newtonsoft.json"
                      Version="12.0.3" />
  </ItemGroup>
</Project>
```

修复依赖项

为了一致地恢复包并编写可靠的代码，修复依赖项非常重要。修复依赖项意味着使用为特定版本的.NET(例如.NET 5.0)发布的相同包族。

想要修复依赖项，每个包都应该有一个没有附加限定符的单一版本。可使用的限定符包括 beta1、rc4 和通配符*。通配符允许自动引用和使用未来的版本，因为它们总是代表最新的版本。但使用通配符通常是危险的，因为可能导致使用将来不兼容的包，从而破坏代码。

如果使用 dotnet add package 命令，就将始终使用包的最新特定版本。但是，如果从博客文章中复制并粘贴配置，或者自己手动添加引用，就可能会包含通配符作为限定符。

下列依赖项没有修复，应避免：

```
<PackageReference Include="System.Net.Http"
                  Version="4.1.0-*" />
<PackageReference Include="Newtonsoft.Json"
                  Version="12.0.3-beta1" />
```

 最佳实践：微软保证，如果将依赖项修复到某个特定版本的.NET(例如.NET 5.0)，那么这些包将一起工作。你应该总是修复依赖项。

7.5.2 为 NuGet 打包库

接下来打包前面创建的 SharedLibrary 项目。

(1) 在 SharedLibrary 项目中，将 class1.cs 重命名为 StringExtensions.cs，修改其中的内容，以提供一些有用的扩展方法，用于使用正则表达式验证各种文本值，如下所示：

```
using System.Text.RegularExpressions;

namespace Packt.Shared
{
  public static class StringExtensions
  {
    public static bool IsValidXmlTag(this string input)
    {
      return Regex.IsMatch(input,
        @"^<([a-z]+)([^<]+)*(?:>(.*)<\/\1>|\s+\/>)$");
    }

    public static bool IsValidPassword(this string input)
    {
      // minimum of eight valid characters
      return Regex.IsMatch(input, "^[a-zA-Z0-9_-]{8,}$");
    }

    public static bool IsValidHex(this string input)
    {
      // three or six valid hex number characters
      return Regex.IsMatch(input,
        "^#?([a-fA-F0-9]{3}|[a-fA-F0-9]{6})$");
    }
  }
}
```

第 8 章将介绍如何编写正则表达式。

(2) 编辑 SharedLibrary.csproj，修改其中的内容，注意：
- PackageId 必须是全局唯一的。因此，如果希望将这个 NuGet 包发布到 https://www.nuget.org/ 公共提要，以供他人引用和下载，就必须使用另一个不同的值。
- PackageLicenseExpression 必须是来自以下链接的值：https://spdx.org/licenses/。也可以指定自定义许可。
- 其他所有元素都是不言自明的。

```xml
<Project Sdk="Microsoft.NET.Sdk">
  <PropertyGroup>
    <TargetFramework>netstandard2.0</TargetFramework>

    <GeneratePackageOnBuild>true</GeneratePackageOnBuild>
    <PackageId>Packt.CSdotnet.SharedLibrary</PackageId>
    <PackageVersion>5.0.0.0</PackageVersion>
    <Title>C# 9 and .NET 5 Shared Library</Title>
    <Authors>Mark J Price</Authors>
    <PackageLicenseExpression>
      MS-PL
    </PackageLicenseExpression>
    <PackageProjectUrl>
      http://github.com/markjprice/cs9dotnet5
    </PackageProjectUrl>
    <PackageIcon>packt-csdotnet-sharedlibrary.png</PackageIcon>
    <PackageRequireLicenseAcceptance>true
      </PackageRequireLicenseAcceptance>
    <PackageReleaseNotes>
      Example shared library packaged for NuGet.
    </PackageReleaseNotes>
    <Description>
      Three extension methods to validate a string value.
    </Description>
    <Copyright>
      Copyright © 2020 Packt Publishing Limited
    </Copyright>
    <PackageTags>string extensions packt csharp net5</PackageTags>
  </PropertyGroup>

  <ItemGroup>
    <None Include="packt-csdotnet-sharedlibrary.png">
      <Pack>True</Pack>
      <PackagePath></PackagePath>
    </None>
  </ItemGroup>
</Project>
```

值为 true 或 false 的配置属性不能有任何空白，因此<PackageRequireLicenseAcceptance>条目不能有回车符和缩进。

(3) 从以下链接下载图标文件，并将它们保存在 SharedLibrary 文件夹中：https://github.com/markjprice/cs8dotnetcore3/tree/master/Chapter07/SharedLibrary/packt-cs8-sharedlibrary.png。

(4) 导航到 Terminal | New Terminal，选择 SharedLibrary。

(5) 在终端窗口中输入命令，构建发布的程序集，然后生成 NuGet 包，如下所示：

```
dotnet build -c Release
dotnet pack -c Release
```

(6) 启动自己喜欢的浏览器并导航到以下链接：https://www.nuget.org/packages/manage/upload。

(7) 如果想上传 NuGet 包，供其他开发者引用为依赖包，就需要登录微软账户：https://www.nuget.org。

(8) 单击 Browse…，然后选择由 pack 命令创建的.nupkg 文件。文件夹路径应该是 Code\Chapter07\SharedLibrary\bin\Release，文件是 Packt.CS8.SharedLibrary.5.0.0.nupkg。

(9) 验证你在 SharedLibrary.csproj 文件中已正确填写的信息，然后单击 Submit 按钮。

(10) 等待几秒后，你将看到一条消息，显示 NuGet 包已上传，如图 7.7 所示。

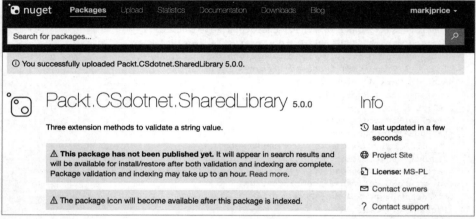

图 7.7　NuGet 包的上传消息

更多信息：如果出现错误，就查找项目文件中的错误，或者通过以下链接阅读关于 PackageReference 格式的更多信息——https://docs.microsoft.com/en-us/nuget/reference/msbuild-targets。

7.5.3　测试包

下面通过引用 AssembliesAndNamespaces 项目中已经上传的包来测试它们。

(1) 打开 AssembliesAndNamespaces.csproj。

(2) 修改其中的内容以引用包(也可以使用 dotnet add package 命令)，如下所示：

```
<Project Sdk="Microsoft.NET.Sdk">
  <PropertyGroup>
    <OutputType>Exe</OutputType>
    <TargetFramework>net5.0</TargetFramework>
  </PropertyGroup>
  <ItemGroup>
    <PackageReference Include="newtonsoft.json"
      Version="12.0.3" />
    <PackageReference Include="packt.csdotnet.sharedlibrary"
                      Version="5.0.0" />
  </ItemGroup>
</Project>
```

在上面的标记中，使用了包引用。如果成功上传了包，就应该使用包引用。

(3) 输入命令以恢复包，编译控制台应用程序：

```
dotnet build
```

(4) 编辑 Program.cs 以导入 Packt.Shared 名称空间。

(5) 在 Main 方法中提示用户输入一些字符串，然后使用包中的扩展方法验证它们，如下所示：

```
Write("Enter a color value in hex: ");
string hex = ReadLine();
WriteLine("Is {0} a valid color value? {1}",
  arg0: hex, arg1: hex.IsValidHex());

Write("Enter a XML element: ");
string xmlTag = ReadLine();
WriteLine("Is {0} a valid XML element? {1}",
  arg0: xmlTag, arg1: xmlTag.IsValidXmlTag());

Write("Enter a password: ");
string password = ReadLine();
WriteLine("Is {0} a valid password? {1}",
  arg0: password, arg1: password.IsValidPassword());
```

(6) 运行应用程序并查看结果，输出如下所示：

```
Enter a color value in hex: 00ffc8
Is 00ffc8 a valid color value? True
Enter an XML element: <h1 class="<" />
Is <h1 class="<" /> a valid XML element? False
Enter a password: secretsauce
Is secretsauce a valid password? True
```

7.6 从.NET Framework 移植到.NET 5

现有的.NET Framework 开发人员可能有一些应用程序需要考虑是否应该移植到.NET 5。你应该考虑移植是否适合代码，因为有时最好的选择不是移植。

7.6.1 能移植吗

.NET 5 对 Windows、macOS 和 Linux 上的下列应用程序提供了强大的支持：
- ASP.NET Core MVC Web 应用程序。
- ASP.NET Core Web API Web 服务(REST/HTTP)。
- 控制台应用程序。

.NET 5 对 Windows 上的下列应用程序提供了强大的支持：
- Windows Forms 应用程序。
- Windows Presentation Foundation (WPF) 应用程序。
- 通用 Windows 平台(UWP)应用程序。

更多信息： UWP 应用程序可以使用 C++、JavaScript、C#和 Visual Basic，通过.NET Core 的自定义版本来创建。可通过以下链接了解更多信息：https://docs.microsoft.com/en-us/windows/uwp/get-started/universal-application-platform-guide。

.NET 5 不支持以下类型的微软应用程序和许多其他应用程序:
- ASP.NET Web Forms Web 应用程序。
- Windows Communication Foundation 服务。
- Silverlight 应用程序。

Silverlight 和 ASP.NET Web Forms 应用程序永远不可能移植到现代.NET 平台,但是现有的 Windows Forms 和 WPF 应用程序可以移植到 Windows 的.NET 5,以便从新的 API 和更高的性能中获益。现有的 ASP.NET MVC Web 应用程序和 ASP.NET Web API Web 服务可以在 Windows、Linux 或 macOS 上移植到.NET 5。

7.6.2 应该移植吗

即使可以移植,就应该移植吗?能得到什么好处呢?一些常见的好处如下。
- 部署到 Linux 或 Docker 的 Web 应用程序和 Web 服务:作为 Web 应用程序和 Web 服务平台,这些操作系统是轻量级的、性价比较高,特别是与 Windows Server 相比。
- 取消对 IIS 和 System.Web.dll 的依赖:即使继续部署到 Windows 服务器,ASP.NET Core 也可以托管在轻量级、高性能的 Kestrel(或其他)Web 服务器上。
- 命令行工具:开发人员和管理员用于自动化任务的工具,通常构建为控制台应用程序。命令行工具运行单一跨平台工具的能力非常有用。

7.6.3 .NET Framework 和.NET 5 之间的区别

它们之间主要有三个不同之处,如表 7.8 所示。

表 7.8 .NET Framework 和.NET 5 之间的区别

.NET 5	.NET Framework
以 NuGet 包的形式分发,这样每个应用程序就可以使用自己需要的.NET 版本的本地应用程序的副本进行部署	作为系统范围内的一组共享程序集(按字面意思,在全局程序集缓存(GAC)中)进行分发
分解成小的、分层的组件,因此可以执行最小部署	单一的整体部署
删除旧的技术,如 ASP.NET Web 表单和非跨平台特性,如 AppDomains、.NET Remoting 和二进制序列化	除.NET 5 中的技术外,还保留了一些较老的技术,如 ASP.NET Web Forms

7.6.4 .NET 可移植性分析器

微软提供了一个十分有用的工具,可以在现有的应用程序中运行该工具,以生成用于移植的报告。这个工具的演示链接为 https://channel9.msdn.com/Blogs/Seth-Juarez/A-Brief-Look-at-the-NET-Portability-Analyzer。

7.6.5 使用非.NET Standard 类库

大多数现有的 NuGet 包都可以与.NET 5 一起使用,即使它们不是为.NET Standard 编译的。如果有一个包不正式支持.NET Standard,例如 Web 包 nuget.org,那么不应一下子就放弃,而应该先看看这个包是否有效。

更多信息:可通过以下链接搜索有用的 NuGet 包——https://www.nuget.org/packages。

例如，有一个自定义集合的包，可用于处理 Dialect Software LLC 创建的矩阵，详见以下链接：https://www.nuget.org/packages/DialectSoftware.Collections.Matrix/。这个包最后一次更新是在 2013 年，那时候.NET Core 和.NET 5 还没有问世，所以这个包是为.NET Framework 构建的。这样的程序集包只要只使用.NET Standard 中的可用 API，它们就可以在.NET 5 项目中使用。

下面试着使用一下，看看是否有效。

(1) 打开 AssembliesAndNamespaces.csproj。

(2) 为 Dialect Software 包添加<PackageReference>，如下所示：

```
<PackageReference
  Include="dialectsoftware.collections.matrix"
  Version="1.0.0" />
```

(3) 在终端窗口中恢复依赖包，如下所示：

```
dotnet restore e
```

(4) 打开 Program.cs，添加语句，导入 DialectSoftware.Collections 和 DialectSoftware.Collections.Generics 名称空间。

(5) 添加语句，创建 Axis 和 Matrix<T>的实例，用值填充它们并输出，如下所示：

```
var x = new Axis("x", 0, 10, 1);
var y = new Axis("y", 0, 4, 1);

var matrix = new Matrix<long>(new[] { x, y });

for (int i = 0; i < matrix.Axes[0].Points.Length; i++)
{
  matrix.Axes[0].Points[i].Label = "x" + i.ToString();
}

for (int i = 0; i < matrix.Axes[1].Points.Length; i++)
{
  matrix.Axes[1].Points[i].Label = "y" + i.ToString();
}

foreach (long[] c in matrix)
{
  matrix[c] = c[0] + c[1];
}

foreach (long[] c in matrix)
{
  WriteLine("{0},{1} ({2},{3}) = {4}",
    matrix.Axes[0].Points[c[0]].Label,
    matrix.Axes[1].Points[c[1]].Label,
    c[0], c[1], matrix[c]);
}
```

(6) 运行控制台应用程序并查看输出，注意发出的警告消息：

```
warning NU1701: Package 'DialectSoftware.Collections.Matrix 1.0.0' was restored using
'.NETFramework,Version=v4.6.1, .NETFramework,Version=v4.6.2, .NETFramework,Version=v4.7
.NETFramework,Version=v4.7.1, .NETFramework,Version=v4.7.2, .NETFramework,Version=v4.8'
instead of the project target framework 'net5.0'. This package may not be fully compatible
with your project.
```

```
x0,y0 (0,0) = 0
x0,y1 (0,1) = 1
x0,y2 (0,2) = 2
x0,y3 (0,3) = 3
...and so on.
```

即使这个包是在.NET 5 问世前创建的，编译器和运行时也无法知道它是否能工作，因此会显示警告消息，这个包虽然只调用与.NET Standard 兼容的 API，但它确实有效。

7.7 实践和探索

你可以通过回答一些问题来测试自己对知识的理解程度，进行一些实践，并深入探索本章涵盖的主题。

7.7.1 练习 7.1：测试你掌握的知识

回答以下问题：
(1) 名称空间和程序集之间有什么区别？
(2) 如何在 .csproj 文件中引用另一个项目？
(3) 使用 ILSpy 这样的工具有什么好处？
(4) C#别名 float 代表哪种.NET 类型？
(5) 在将应用程序从.NET Framework 移植到.NET 5 之前，应该使用什么工具？
(6) .NET 应用程序的框架依赖部署和自包含部署之间的区别是什么？
(7) 什么是 RID？
(8) dotnet pack 和 dotnet publish 命令之间有什么区别？
(9) 为.NET Framework 编写的哪些类型的应用程序可以移植到.NET 5？
(10) 可以使用为.NET Framework 和.NET 5 编写的包吗？

7.7.2 练习 7.2：探索主题

可通过以下链接来阅读本章所涉及主题的详细细节。

- 从 .NET Framework 移植到 .NET Core：https://docs.microsoft.com/en-us/dotnet/articles/core/porting/。
- .NET Core 应用程序发布概述：https://docs.microsoft.com/en-us/dotnet/core/deploying/。
- .NET 博客：https://blogs.msdn.microsoft.com/dotnet/。
- 教程：创建选项模板——https://docs.microsoft.com/en-us/dotnet/core/tutorials/cli-templates-create-item-template。
- .NET 开发者应该知道的知识：https://www.hanselman.com/blog/WhatNETDevelopersOughtToKnowToStartIn2017.aspx。
- CoreFX README.md：https://github.com/dotnet/corefx/blob/master/Documentation/README.md。

7.8 本章小结

本章探索了程序集和名称空间之间的关系，还讨论了用于移植现有的.NET Framework 代码库、发布应用程序和库以及部署跨平台代码的选项。

第 8 章将介绍.NET 5 中包含的一些常见的.NET 类型。

第 8 章 使用常见的 .NET 类型

本章介绍.NET 中包含的一些常见的.NET 类型，其中包括用于操作数字、文本、集合、网络访问、反射、属性以及改进 Span、索引、范围和国际化的类型。

本章涵盖以下主题：
- 处理数字
- 处理文本
- 模式匹配与正则表达式
- 在集合中存储多个对象
- 使用 Span、索引和范围
- 利用网络资源
- 处理类型和属性
- 处理图像
- 代码的国际化

8.1 处理数字

常见的数据类型之一是数字。.NET 中用于处理数字的最常见类型如表 8.1 所示。

表 8.1 .NET 用于处理数字的最常见类型

名称空间	示例类型	描述
System	SByte、Int16、Int32、Int64	整数；也就是 0 和正负整数
System	Byte、UInt16、UInt32、UInt64	基数；也就是 0 和正整数
System	Half、Single、Double	实数；也就是浮点数
System	Decimal	精确实数；用于科学、工程或金融场景
System	BigInteger、Complex、Quaternion	任意大的整数、复数和四元数

 更多信息： 可通过以下链接阅读关于这个主题的更多信息——https://docs.microsoft.com/en-us/dotnet/standard/numerics。

自.NET Framework 1.0 发布以来，.NET 已经拥有 32 位的 float 类型和 64 位的 double 类型。IEEE 754 规范定义了一种 16 位的浮点标准，由于机器学习和其他算法都能受益于这种更小、精度更低的数值类型，因此微软为.NET 5 添加了 System.Half 类型。目前，C#语言还没有定义相应的别名，我们仍必须使用.NET 类型名 Half。

更多信息： 可通过以下链接了解关于 Half 类型的更多信息——https://devblogs.microsoft.com/dotnet/introducing-the-half-type/。

8.1.1 处理大的整数

在 .NET 类型中，使用 C# 别名所能存储的最大整数大约是 18.5×2^{60}，可存储在无符号的 long 变量中。但是，如果需要存储比这更大的数字，该怎么办呢？

(1) 在 Chapter08 文件夹中创建一个新的控制台应用程序项目 WorkingWithNumbers。
(2) 将工作区命名为 Chapter08，将 WorkingWithNumbers 控制台应用程序项目添加到工作区。
(3) 在 Program.cs 中添加语句以导入 System.Numerics，如下所示：

```
using System.Numerics;
```

(4) 在 Main 方法中添加语句，输出 ulong 类型所能存储的最大值并使用 BigInteger 输出一个数字，如下所示：

```
var largest = ulong.MaxValue;
WriteLine($"{largest,40:N0}");

var atomsInTheUniverse =
  BigInteger.Parse("123456789012345678901234567890");
WriteLine($"{atomsInTheUniverse,40:N0}");
```

以上格式代码中的 40 表示右对齐 40 字符，因此两个数字都对齐到右边缘。N0 表示使用 1000 个分隔符但不使用小数位。

(5) 运行控制台应用程序并查看结果，输出如下所示：

```
                  18,446,744,073,709,551,615
 123,456,789,012,345,678,901,234,567,890
```

8.1.2 处理复数

复数可以表示为 $a+bi$，其中 a 和 b 为实数，i 为虚数单位，其中 $i^2 = -1$。如果实部是 0，它就是纯虚数；如果虚部是 0，它就是实数。

复数在科学、技术、工程和数学领域有实际应用。另外，复数在相加时，实部和虚部要分别相加：

```
(a + bi) + (c + di) = (a + c) + (b + d)i
```

下面来看看复数的应用。

(1) 在 Main 方法中，可通过如下语句来添加两个复数：

```
var c1 = new Complex(4, 2);
var c2 = new Complex(3, 7);
var c3 = c1 + c2;
WriteLine($"{c1} added to {c2} is {c3}");
```

(2) 运行控制台应用程序并查看结果，输出如下所示：

```
(4, 2) added to (3, 7) is (7, 9)
```

8.2 处理文本

另一种常见的数据类型是文本。.NET 中用于处理文本的最常见类型如表 8.2 所示。

表 8.2 用于处理文本的最常见类型

名称空间	类型	说明
System	Char	用于存储单个文本字符
System	String	用于存储多个文本字符
System.Text	StringBuilder	用于有效地操作字符串
System.Text.RegularExpressions	Regex	有效的模式匹配字符串

8.2.1 获取字符串的长度

下面研究一下处理文本时的一些常见任务。例如，有时需要确定存储在字符串变量中的一段文字的长度。

(1) 在 Chapter08 文件夹中创建一个名为 WorkingWithText 的控制台应用程序项目，并将其添加到 Chapter08 工作区。

(2) 导航到 View | Command Palette，输入并选择 OmniSharp:Select Project，然后选择 WorkingWithText。

(3) 在 WorkingWithText 项目中，在 Program.cs 的 Main 方法中添加语句以定义变量 city，然后将其中存储的城市的名称和长度写入控制台，如下所示：

```
string city = "London";
WriteLine($"{city} is {city.Length} characters long.");
```

(4) 运行控制台应用程序并查看结果，输出如下所示：

```
London is 6 characters long.
```

8.2.2 获取字符串中的字符

string 类在内部使用 char 数组来存储文本。string 类也有索引器，这意味着可以使用数组语法来读取字符串中的字符。

(1) 添加语句，写出字符串变量中第一个和第三个位置的字符，如下所示：

```
WriteLine($"First char is {city[0]} and third is {city[2]}.");
```

(2) 运行控制台应用程序并查看结果，输出如下所示：

```
First char is L and third is n.
```

数组索引从 0 开始，所以第三个字符在索引 2 处。

8.2.3 拆分字符串

有时，需要用某个字符(如逗号)拆分文本。

(1) 添加语句，定义一个字符串变量，其中包含用逗号分隔的城市名，然后使用 Split 方法，并指定将逗号作为分隔符，枚举返回的字符串值数组，如下所示：

```
string cities = "Paris,Berlin,Madrid,New York";

string[] citiesArray = cities.Split(',');

foreach (string item in citiesArray)
{
  WriteLine(item);
}
```

(2) 运行控制台应用程序并查看结果，输出如下所示：

```
Paris
Berlin
Madrid
New York
```

8.2.4 获取字符串的一部分

有时，需要获得文本的一部分。IndexOf 方法有 9 个重载版本，它们能返回指定的字符或字符串的索引位置。Substring 方法有两个重载版本，如下所示。

- Substring(startIndex, length)：返回从 startIndex 索引位置开始并包含后面 length 个字符的子字符串。
- Substring(startIndex)：返回从 startIndex 索引位置开始，直到字符串末尾的所有字符。

下面来看一个简单的例子。

(1) 添加语句，把一个人的英文全名存储在一个字符串变量中，用空格隔开姓氏和名字，确定空格的位置，然后提取姓氏和名字两部分，以便使用不同的顺序重新合并它们，如下所示：

```
string fullName = "Alan Jones";
int indexOfTheSpace = fullName.IndexOf(' ');

string firstName = fullName.Substring(
  startIndex: 0, length: indexOfTheSpace);

string lastName = fullName.Substring(
  startIndex: indexOfTheSpace + 1);

WriteLine($"{lastName}, {firstName}");
```

(2) 运行控制台应用程序并查看结果，输出如下所示：

```
Jones, Alan
```

如果英文全名的格式不同，例如"LastName, FirstName"，那么代码也将不同。作为自选练习，可试着编写一些语句，将输入"Jones, Alan"改成 Alan Jones。

8.2.5 检查字符串的内容

有时，需要检查一段文本是否以某些字符开始或结束，或者是否包含某些字符。这可通过以下方法来实现：StartsWith、EndsWith 和 Contains 方法。

(1) 添加语句以存储一个字符串，然后检查这个字符串是否以两个不同的字符串开头或包含两个不同的字符串，如下所示：

```
string company = "Microsoft";
bool startsWithM = company.StartsWith("M");
bool containsN = company.Contains("N");
WriteLine($"Starts with M: {startsWithM}, contains an N: {containsN}");
```

(2) 运行控制台应用程序并查看结果，输出如下所示：

```
Starts with M: True, contains an N: False
```

8.2.6 连接、格式化和其他的字符串成员方法

这里还有很多其他的字符串成员方法，如表 8.3 所示。

表 8.3 其他的字符串成员方法

字符串成员方法	描述
Trim、TrimStart 和 TrimEnd	这些方法从字符串变量的开头和/或结尾去除空白字符，如空格、制表符和回车符
ToUpper 和 ToLower	将字符串变量中的所有字符转换成大写或小写形式
Insert 和 Remove	插入或删除字符串变量中的一些文本
Replace	将某些文本替换为其他文本
string.Concat	连接两个字符串变量。在字符串变量之间使用时，可使用+运算符调用 string.Concat 方法
string.Join	使用变量之间的字符将一个或多个字符串变量连接起来
string.IsNullOrEmpty	检查字符串变量是 null 还是空白
string.IsNullOrWhitespace	检查字符串变量是 null 还是空白；也就是说，可混合任意数量的水平和垂直间距字符，如制表符、空格、回车符、换行符等
string.Empty	用来代替每次使用空双引号(" ")表示字面字符串时分配内存
string.Format	较老的、用来替代字符串插值的方法，可以输出格式化的字符串变量，使用的是定位参数而不是命名参数

在表 8.3 中，前面的一些方法是静态方法。这意味着只能为类型调用这些方法，而不能为变量实例调用它们。在表 8.3 中，可通过在静态方法的前面加上 string.前缀来表示它们，例如 string.Format。下面探索一下这些方法。

(1) 添加语句，获取一个字符串数组，然后使用 Join 方法将其中的字符串组合成一个带分隔符的字符串变量，如下所示：

```
string recombined = string.Join(" => ", citiesArray);
WriteLine(recombined);
```

(2) 运行控制台应用程序并查看结果，输出如下所示：

```
Paris => Berlin => Madrid => New York
```

(3) 添加语句，使用定位参数和内插字符串格式语法，两次输出相同的三个变量，如下所示：

```
string fruit = "Apples";
decimal price = 0.39M;
DateTime when = DateTime.Today;
```

```
WriteLine($"{fruit} cost {price:C} on {when:dddd}s.");
WriteLine(string.Format("{0} cost {1:C} on {2:dddd}s.",
  fruit, price, when));
```

(4) 再次运行控制台应用程序并查看结果，输出如下所示：

```
Apples cost £0.39 on Thursdays.
Apples cost £0.39 on Thursdays.
```

8.2.7 高效地构建字符串

可以连接两个字符串，做法是使用 String.Concat 方法或+运算符。但是效果不好，因为.NET 必须在内存中创建一个全新的字符串变量。

如果只是添加两个字符串，你可能不会注意到这一点，但是如果要在一个循环中进行多次迭代，那么对性能和内存的使用就可能会产生显著的负面影响。

第 13 章将介绍如何使用 StringBuilder 类型有效地连接字符串变量。

8.3 模式匹配与正则表达式

正则表达式对于验证来自用户的输入非常有用。它们非常强大，而且可以变得非常复杂。几乎所有的编程语言都支持正则表达式，并且使用一组通用的特殊字符来定义它们。

(1) 创建一个名为 WorkingWithRegularExpressions 的控制台应用程序项目，将其添加到工作区，并选择它作为 OmniSharp 的活动项目。

(2) 在 Program.cs 文件的顶部导入以下名称空间：

```
using System.Text.RegularExpressions;
```

8.3.1 检查作为文本输入的数字

下面验证数字输入。

(1) 在 Main 方法中添加语句以提示用户输入他们的年龄，然后使用查找数字字符的正则表达式检查输入是否有效，如下所示：

```
Write("Enter your age: ");
string input = ReadLine();

var ageChecker = new Regex(@"\d");

if (ageChecker.IsMatch(input))
{
  WriteLine("Thank you!");
}
else
{
  WriteLine($"This is not a valid age: {input}");
}
```

@字符关闭了在字符串中使用转义字符的功能。转义字符以反斜杠作为前缀。例如，\t 表示制表符，\n 表示换行。

在编写正则表达式时,需要禁用这个特性。

在使用@禁用转义字符后,就可以用正则表达式解释它们。例如,\d 表示数字。稍后我们将学习更多以反斜杠为前缀的正则表达式。

(2) 运行控制台应用程序,为年龄输入整数(如 34)并查看结果,输出如下所示:

```
Enter your age: 34
Thank you!
```

(3) 再次运行控制台应用程序,输入 carrots 并查看结果,输出如下所示:

```
Enter your age: carrots
This is not a valid age: carrots
```

(4) 再次运行控制台应用程序,输入 bob30smith 并查看结果,输出如下所示:

```
Enter your age: bob30smith
Thank you!
```

这里使用的正则表达式是\d,它表示一个数字。但是,我们并没有指定在这个数字的前后可以输入什么。

(5) 将这个正则表达式更改为^\d$,如下所示:

```
var ageChecker = new Regex(@"^\d$");
```

(6) 重新运行应用程序。现在,应用程序拒绝除了个位数以外的任何数。我们希望允许输入一个或多个数字。为此,在\d 正则表达式的后面加上+。

(7) 修改这个正则表达式,如下所示:

```
var ageChecker = new Regex(@"^\d+$");
```

(8) 运行控制台应用程序,看看这个正则表达式现在如何只允许任何长度的零或正整数。

8.3.2 正则表达式的语法

表 8.4 中是一些常见的正则表达式符号,可以用在正则表达式中。

表 8.4 常见的正则表达式符号

符号	含义	符号	含义
^	输入的开始	$	输入的结束
\d	单个数字	\D	单个非数字
\s	空白	\S	非空白
\w	单词字符	\W	非单词字符
[A-Za-z0-9]	字符的范围	\^	^(插入符号)字符
[aeiou]	一组字符	[^aeiou]	不是一组字符
.	任何单个字符	\.	.(点)字符

更多信息:为了指定 Unicode 字符,可使用\u 后跟四个字符来指定字符的数量。更多信息可访问以下链接:https://www.regular-expressions.info/unicode.html。

此外，表 8.5 中是一些常见的正则表达式量词，它们会影响正则表达式中的前一个符号。

表 8.5 常见的正则表达式量词

正则表达式量词	含义	正则表达式量词	含义
+	一个或多个	?	一个或没有
{3}	正好 3 个	{3,5}	3 到 5 个
{3,}	至少 3 个	{,3}	最多 3 个

8.3.3 正则表达式的例子

表 8.6 中是正则表达式的一些例子，这里还描述了它们的含义。

表 8.6 正则表达式的一些例子及含义

正则表达式示例	含义
\d	在输入的某个地方输入一个数字
a	字符 a 在输入的某个地方
Bob	Bob 这个词在输入的某个地方
^Bob	Bob 这个词在输入的开头
Bob$	Bob 这个词在输入的末尾
^\d{2}$	正好两位数字
^[0-9]{2}$	正好两位数字
^[A-Z]{4,}$	仅在 ASCII 字符集中包含至少四个大写英文字母
^[A-Za-z]{4,}$	仅在 ASCII 字符集中包含至少四个英文大写或小写字母
^[A-Z]{2}\d{3}$	ASCII 字符集中包含两个大写英文字母和三个数字
^[A-Za-z\u00c0-\u017e]+$	ASCII 字符集中至少有一个大写或小写英文字母；Unicode 字符集中至少有一个欧洲字母，如下所示： ÀÁÂÃÄÅÆÇÈÉÊËÌÍÎÏÐÑÒÓÔÕÖ×ØÙÚÛÜÝÞßàáâãäåæçèéêëìíîïðñòóôõö÷øùúûüýþÿŒœŠš ŸŽž
^d.g$	首先是字母 d，然后是任何字符，最后是字母 g，这样就可以匹配 dig 和 dog 或 d 和 g 之间的任何单个字符
^d\.g$	首先是字母 d，然后是点(.)字符，最后是字母 g，因而只能匹配 d.g

最佳实践： 使用正则表达式验证用户的输入，相同的正则表达式可以在其他语言(如 JavaScript 和 Python)中重用。

8.3.4 分割使用逗号分隔的复杂字符串

本章在前面介绍了如何分割使用逗号分隔的简单字符串。但是，如何分割下面的影片名称呢？

```
"Monsters, Inc.","I, Tonya","Lock, Stock and Two Smoking Barrels"
```

字符串在每个影片名称的两边使用了双引号。可以使用这些来确定是否需要根据逗号进行分割。Split方法不够强大，因此可以使用正则表达式。

为了使字符串中包含双引号，可以为它们加上反斜杠。

(1) 添加语句以存储一个使用逗号分隔的复杂字符串，然后使用Split方法以一种简单的方式拆分这个字符串，如下所示：

```
string films = "\"Monsters, Inc.\",\"I, Tonya\",\"Lock, Stock and Two Smoking Barrels\"";

string[] filmsDumb = films.Split(',');

WriteLine("Dumb attempt at splitting:");
foreach (string film in filmsDumb)
{
  WriteLine(film);
}
```

(2) 添加语句以定义要分割的正则表达式，并以一种巧妙的方式写入影片名称，如下所示：

```
var csv = new Regex(
  "(?:^|,)(?=[^\"]|(\")?)\"?((?(1)[^\"]*|[^,\"]*))\"?(?=,|$)");

MatchCollection filmsSmart = csv.Matches(films);

WriteLine("Smart attempt at splitting:");
foreach (Match film in filmsSmart)
{
  WriteLine(film.Groups[2].Value);
}
```

(3) 运行控制台应用程序并查看结果，输出如下所示：

```
Dumb attempt at splitting:
"Monsters
 Inc."
"I
 Tonya"
"Lock
 Stock and Two Smoking Barrels"
Smart attempt at splitting:
Monsters, Inc.
I, Tonya
Lock, Stock and Two Smoking Barrels
```

更多信息：关于正则表达式，可通过以下链接了解更多信息——https://www.regular-expressions.info。

8.3.5 改进正则表达式的性能

用于处理正则表达式的.NET类型在.NET平台和许多使用正则表达式构建的应用程序中得到了应用。因此，它们对提升性能有很大的影响，但直到现在，它们仍没有受到微软的重视。

.NET 5 重写了 System.Text.RegularExpressions 名称空间的内部结构以获得更高的性能。使用 IsMatch 等方法的普通正则表达式的基准测试速度现在快了 5 倍。更妙的是，我们不必更改代码就可以获得这些好处！

更多信息：可通过以下链接了解有关性能改进的详细信息——https://devblogs.microsoft.com/dotnet/regexperformance-improvements-in-net-5/。

8.4 在集合中存储多个对象

另一种常见的数据类型是集合。如果需要在一个变量中存储多个值，则可以使用集合。

集合是内存中的一种数据结构，它能以不同的方式管理多个选项，尽管所有集合都具有一些共享的功能。

.NET 中用于处理集合的常见类型如表 8.7 所示。

表8.7 用于处理集合的常见类型

名称空间	示例类型	说明
System.Collections	IEnumerable、IEnumerable<T>	集合使用的接口和基类
System.Collections.Generic	List<T>、Dictionary<T>、Queue<T>、Stack<T>	在 C# 2.0 和 .NET Framework 2.0 中引入。这些集合允许使用泛型类型参数指定要存储的类型(泛型类型参数更安全、更快、更有效)
System.Collections.Concurrent	BlockingCollection、ConcurrentDictionary、ConcurrentQueue	在多线程场景中使用这些集合是安全的
System.Collections.Immutable	ImmutableArray、ImmutableDictionary、ImmutableList、ImmutableQueue	这些都是为原始集合的内容永远不会改变这种场景而设计的，尽管它们可以把修改后的集合创建为新的实例

更多信息：可通过以下链接阅读关于集合的更多信息——https://docs.microsoft.com/en-us/dotnet/standard/collections。

8.4.1 所有集合的公共特性

所有集合都实现了 ICollection 接口，这意味着它们必须提供 Count 属性以确定其中有多少对象。例如，对于一个名为 passengers 的集合，可以这样做：

```
int howMany = passengers.Count;
```

所有集合都实现了 IEnumerable 接口，这意味着它们必须提供 GetEnumerator 方法，以返回一个实现了 IEnumerator 接口的对象；另外，返回的这个对象必须有 MoveNext 方法和 Current 属性，以便使用 foreach 语句迭代它们。

例如，要对 passengers 集合中的每个对象执行一项操作，可以这样做：

```
foreach (var passenger in passengers)
{
  // do something with each passenger
}
```

为了理解集合，可以查看集合实现的一些常见接口，如图 8.1 所示。

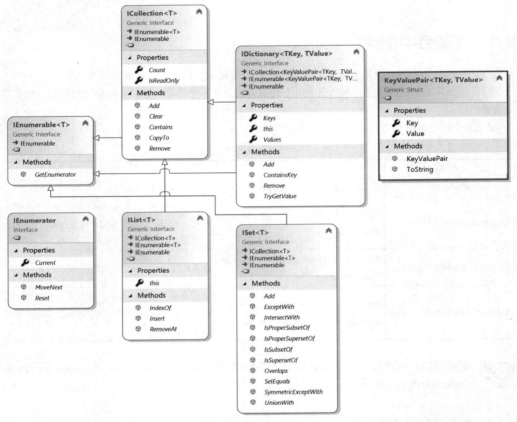

图 8.1　集合实现的一些常见接口

列表是有序的集合，并且是一种实现了 IList 接口的类型。如图 8.1 所示，IList＜T＞包括 ICollection＜T＞，所以它们必须有 Count 属性和如下方法：Add 方法把项放在集合的末尾，Insert 方法把项插入集合中指定的位置，RemoveAt 方法删除集合中指定位置的项。

8.4.2　理解集合的选择

集合有几种不同的选择，比如列表、字典、堆栈、队列、集(Set)等，它们可以用于不同的目的。

1. 列表

当希望手动控制集合中项的顺序时，列表是不错的选择。列表中的每一项都有自动分配的唯一索引(或位置)。项可以是由 T 定义的任何类型，并且可以是重复的。索引是 int 类型，从 0 开始，所以列表中的第一项在索引 0 处，如下所示：

索引编号	项
0	London
1	Paris
2	London
3	Sydney

如果在 London 和 Sydney 之间插入新项(例如 Santiago)，那么 Sydney 的索引将自动递增。因此，必须意识到，在插入或删除项之后，项的索引可能会发生变化，如下所示：

索引编号	项
0	London
1	Paris
2	London
3	Santiago
4	Sydney

2. 字典

每个值(或对象)如果都有唯一的子值(或虚构的值)，就可以用作键，以便稍后在集合中快速查找值，此时字典是更好的选择。键必须是唯一的。例如，如果要存储人员列表，那么可以选择使用政府颁发的身份证号作为键。

可以将键看作实际字典中的索引项，从而快速找到单词的定义，因为单词(例如键)是有序的。编程中所讲的字典在查找东西时也同样聪明，它们必须实现 IDictionary<TKey, TValue>接口。

键和值可以是使用 TKey 和 TValue 定义的任何类型。例如，Dictionary<string, Person>使用字符串作为键，使用 Person 实例作为值。Dictionary<string, string>则对键和值都使用字符串，如下所示：

键	值
BSA	Bob Smith
MW	Max Williams
BSB	Bob Smith
AM	Amir Mohammed

3. 堆栈

当希望实现后进先出(LIFO)行为时，堆栈是不错的选择。使用堆栈时，只能直接访问或删除堆栈顶部的项，尽管可以枚举整个堆栈中的项。例如，不能直接访问堆栈中的第二项。

字处理程序使用堆栈来记住最近执行的操作序列，当按 Ctrl + Z 组合键时，系统将撤销堆栈中的最后一个操作，然后撤销下一个操作，依此类推。

4. 队列

当希望实现先进先出(FIFO)行为时，队列是更好的选择。对于队列，只能直接访问或删除队列前面的项，尽管可以枚举整个队列中的项。例如，不能直接访问队列中的第二项。

后台进程使用队列按顺序处理作业，就像人们在邮局排队一样。

5. 集(Set)

当希望在两个集合之间执行集合操作时,集是不错的选择。例如,有两个城市名称集,你需要知道哪些城市名称出现在这两个城市名称集中(称为集合的交集)。集(Set)中的项必须是唯一的。

8.4.3 使用列表

下面探讨列表。

(1) 创建一个名为 WorkingWithLists 的控制台应用程序项目,将其添加到工作区,并选择它作为 OmniSharp 的活动项目。

(2) 在 Program.cs 文件的顶部导入以下名称空间:

```
using System.Collections.Generic;
```

(3) 在 Main 方法中输入一些语句以指明列表的一些常见使用方式,如下所示:

```
var cities = new List<string>();
cities.Add("London");
cities.Add("Paris");
cities.Add("Milan");

WriteLine("Initial list");
foreach (string city in cities)
{
  WriteLine($"  {city}");
}

WriteLine($"The first city is {cities[0]}.");
WriteLine($"The last city is {cities[cities.Count - 1]}.");

cities.Insert(0, "Sydney");

WriteLine("After inserting Sydney at index 0");
foreach (string city in cities)
{
  WriteLine($"  {city}");
}

cities.RemoveAt(1);
cities.Remove("Milan");

WriteLine("After removing two cities");
foreach (string city in cities)
{
  WriteLine($"  {city}");
}
```

(4) 运行控制台应用程序并查看结果,输出如下所示:

```
Initial list
 London
 Paris
 Milan
The first city is London.
The last city is Milan.
After inserting Sydney at index 0
```

```
Sydney
London
Paris
Milan
After removing two cities
Sydney
Paris
```

8.4.4 使用字典

下面探讨字典。

(1) 创建一个名为 WorkingWithDictionary 的控制台应用程序项目，将其添加到工作区，并选择它作为 OmniSharp 的活动项目。

(2) 导入 System.Collections.Generic 名称空间。

(3) 在 Main 方法中输入一些语句以指明字典的一些常见使用方式，如下所示：

```
var keywords = new Dictionary<string, string>();
keywords.Add("int", "32-bit integer data type");
keywords.Add("long", "64-bit integer data type");
keywords.Add("float", "Single precision floating point number");

WriteLine("Keywords and their definitions");
foreach (KeyValuePair<string, string> item in keywords)
{
  WriteLine($" {item.Key}: {item.Value}");
}
WriteLine($"The definition of long is {keywords["long"]}");
```

(4) 运行控制台应用程序并查看结果，输出如下所示：

```
Keywords and their definitions
 int: 32-bit integer data type
 long: 64-bit integer data type
 float: Single precision floating point number
The definition of long is 64-bit integer data type
```

8.4.5 集合的排序

List<T>类可通过调用 Sort 方法来实现手动排序(但是你要记住，每一项的索引都会改变)。手动对字符串值或其他内置类型的列表进行排序是可行的，不需要做额外的工作。但是，如果创建类型的集合，那么类型必须实现名为 IComparable 的接口，详见第 6 章。

Dictionary<T>、Stack<T>或 Queue<T>不能排序，因为通常不需要这种功能。例如，我们永远不会对入住酒店的客人进行排序。但有时，可能需要对字典或集合进行排序。

能够自动排序的集合是很有用的，也就是说，在添加和删除项时，这种集合能以有序的方式维护它们。有多个自动排序的集合可供选择。这些排序后的集合之间的差异虽然很细微，但却会对内存需求和应用程序的性能产生影响，因此值得为需求选择最合适的选项。

一些常见的能够自动排序的集合如表 8.8 所示。

表 8.8 一些常见的能够自动排序的集合

集合	说明
SortedDictionary<TKey, TValue>	表示按键排序的键/值对的集合
SortedList<TKey, TValue>	基于相关的 IComparer<TKey>实现,表示一组按键排序的键/值对
SortedSet<T>	表示以排序顺序维护的唯一对象的集合

8.4.6 使用专门的集合

还有一些专门用于特殊情况的集合,如表 8.9 所示。

表 8.9 一些专门用于特殊情况的集合

集合	说明
System.Collections.BitArray	用于管理紧凑的位值数组,其中的位值则用布尔值表示,true 表示位是 1,false 表示位是 0
System.Collections.Generics.LinkedList<T>	表示双链表,其中的每一项都有对前后项的引用。与 List<T>相比,在经常于列表中间插入和删除项的情况下,它们可以提供更好的性能。在 LinkedList<T>中,项不必在内存中重新排列

8.4.7 使用不可变集合

有时需要使集合不可变,这意味着集合的成员不能更改;也就是说,不能添加或删除它们。

导入 System.Collections.Immutable 名称空间,任何实现了 IEnumerable<T>的集合都有 6 个扩展方法,可用于将集合转换为不可变列表、字典、散列集等。

(1) 在 WorkingWithLists 项目的 Program.cs 文件中导入 System.Collections.Immutable 名称空间,然后在 Main 方法的末尾添加以下语句:

```
var immutableCities = cities.ToImmutableList();

var newList = immutableCities.Add("Rio");

Write("Immutable list of cities:");
foreach (string city in immutableCities)
{
  Write($" {city}");
}

WriteLine();

Write("New list of cities:");
foreach (string city in newList)
{
  Write($" {city}");
}
WriteLine();
```

(2) 运行控制台应用程序,查看结果,注意在调用 Add 方法时,不会修改不可变的城市列表。相反,应用程序会返回新添加城市的列表,输出如下所示:

```
Immutable list of cities: Sydney Paris
New list of cities: Sydney Paris Rio
```

最佳实践：为了提高性能，许多应用程序在中央缓存中存储了共享的、常用访问对象的副本。为了安全地允许多个线程处理这些对象(我们知道它们不会更改)，应该使它们成为不可变对象或者使用并发收集类型，详见 https://docs.microsoft.com/en-us/dotnet/api/system.collections.concurrent。

8.5 使用 Span、索引和范围

微软使用.NET Core 2.1 的目标之一是提高性能和资源利用率。为此，微软提供的一个关键.NET 特性是 Span<T>类型。

最佳实践：可通过以下链接阅读 Span<T>的官方文档——https://docs.microsoft.com/en-us/dotnet/api/system.span-1。

8.5.1 高效地使用内存

在操作对象集合时，通常会从现有的集合中创建新的集合，以便传递集合的各个部分。这是无效的，因为重复的对象是在内存中创建的。

如果需要使用集合的一个子集，而不是将这个子集复制到新的集合中，那么 Span 就像窗口，可以将它复制到原始集合的子集中。这在内存使用方面更有效，并且提高了性能。

在详细研究 Span 之前，你需要了解一些相关的新对象：索引和范围。

8.5.2 用索引类型标识位置

C# 8.0 引入了两个新特性：用于标识集合中的项的索引以及使用两个索引的项的范围。

之前提到过，可以将整数传入对象的索引器以访问列表中的对象，如下所示：

```
int index = 3;
Person p = people[index]; // fourth person in list or array
char letter = name[index]; // fourth letter in name
```

Index 值类型是一种更正式的位置识别方法，支持从末尾开始计数，如下所示：

```
// two ways to define the same index, 3 in from the start
var i1 = new Index(value: 3); // counts from the start
Index i2 = 3; // using implicit int conversion operator

// two ways to define the same index, 5 in from the end
var i3 = new Index(value: 5, fromEnd: true);
var i4 = ^5; // using the caret operator
```

必须显式地定义 Index 类型，否则编译器会把它当作 int 类型。插入符号^对于编译器理解我们的意思来说已经足够了。

8.5.3 使用 Range 值类型标识范围

Range 值类型通过构造函数、C#语法或静态方法，使用 Index 值来指示范围的开始和结束，如下

所示：

```
Range r1 = new Range(start: new Index(3), end: new Index(7));
Range r2 = new Range(start: 3, end: 7); // using implicit int conversion
Range r3 = 3..7; // using C# 8.0 syntax
Range r4 = Range.StartAt(3); // from index 3 to last index
Range r5 = 3..; // from index 3 to last index
Range r6 = Range.EndAt(3); // from index 0 to index 3
Range r7 = ..3; // from index 0 to index 3
```

一些扩展方法已添加到字符串值、int数组和Span中，以使范围更容易处理。这些扩展方法接收范围作为参数，并返回一个Span<T>对象。这使得它们的记忆效率很高。

8.5.4 使用索引和范围

下面探讨如何使用索引和范围返回Span。

(1) 创建一个名为WorkingWithRanges的控制台应用程序项目，将其添加到工作区，并选择它作为OmniSharp的活动项目。

(2) 在Main方法中输入语句以提取某人姓名的一部分，并比较使用string类型的Substring方法与使用范围的效果，如下所示：

```
string name = "Samantha Jones";

int lengthOfFirst = name.IndexOf(' ');
int lengthOfLast = name.Length - lengthOfFirst - 1;

string firstName = name.Substring(
  startIndex: 0,
  length: lengthOfFirst);

string lastName = name.Substring(
  startIndex: name.Length - lengthOfLast,
  length: lengthOfLast);

WriteLine($"First name: {firstName}, Last name: {lastName}");

ReadOnlySpan<char> nameAsSpan = name.AsSpan();

var firstNameSpan = nameAsSpan[0..lengthOfFirst];

var lastNameSpan = nameAsSpan[^lengthOfLast..^0];

WriteLine("First name: {0}, Last name: {1}",
  arg0: firstNameSpan.ToString(),
  arg1: lastNameSpan.ToString());
```

(3) 运行控制台应用程序并查看结果，输出如下所示：

```
First name: Samantha, Last name: Jones
First name: Samantha, Last name: Jones
```

更多信息：可通过以下链接了解Span如何在内部工作——https://docs.microsoft.com/en-us/archive/msdn-magazine/2018/january/csharp-all-about-span-exploring-a-new-net-mainstay。

8.6 使用网络资源

我们有时需要使用网络资源。.NET 中最常用的网络资源类型如表 8.10 所示。

表 8.10 .NET 中最常用的网络资源类型

名称空间	示例类型	说明
System.Net	Dns、Uri、Cookie、WebClient、IPAddress	这些都用来处理 DNS 服务器、URI、IP 地址等
System.Net	FtpStatusCode、FtpWebRequest、FtpWebResponse	这些都用来处理 FTP 服务器
System.Net	HttpStatusCode、HttpWebRequest、HttpWebResponse	这些都用来处理 HTTP 服务器，也就是网站和服务。System.Net.Http 名称空间中的类型更容易使用
System.Net.Http	HttpClient、HttpMethod、HttpRequestMessage、HttpResponseMessage	这些都用来处理 HTTP 服务器，也就是网站和服务。第 18 章将介绍如何使用它们
System.Net.Mail	Attachment、MailAddress、MailMessage、SmtpClient	这些都用于使用 SMTP 服务器，也就是发送电子邮件信息
System.Net.NetworkInformation	IPStatus、NetworkChange、Ping、TcpStatistics	这些用于处理低级网络协议

8.6.1 使用 URI、DNS 和 IP 地址

下面探讨如何使用一些常见类型的网络资源。

(1) 创建一个名为 WorkingWithNetworkResources 的控制台应用程序项目，将其添加到工作区，并选择它作为 OmniSharp 的活动项目。

(2) 在 program.cs 文件的顶部导入以下名称空间：

```
using System.Net;
```

(3) 在 Main 方法中输入语句，提示用户输入一个有效的网站地址，然后使用 Uri 类型将其分解为几个部分，包括模式(HTTP、FTP 等)、端口号和主机，如下所示：

```
Write("Enter a valid web address: ");
string url = ReadLine();

if (string.IsNullOrWhiteSpace(url))
{
  url = "https://world.episerver.com/cms/?q=pagetype";
}

var uri = new Uri(url);

WriteLine($"URL: {url}");
WriteLine($"Scheme: {uri.Scheme}");
WriteLine($"Port: {uri.Port}");
WriteLine($"Host: {uri.Host}");
WriteLine($"Path: {uri.AbsolutePath}");
WriteLine($"Query: {uri.Query}");
```

为了方便起见，可允许用户按 Enter 键以使用示例 URL。

(4) 运行控制台应用程序,输入有效的网站地址或按 Enter 键,查看结果,输出如下所示:

```
Enter a valid web address:
URL: https://world.episerver.com/cms/?q=pagetype
Scheme: https
Port: 443
Host: world.episerver.com
Path: /cms/
Query: ?q=pagetype
```

(5) 在 Main 方法中添加语句以得到所输入网站的 IP 地址,如下所示:

```
IPHostEntry entry = Dns.GetHostEntry(uri.Host);
WriteLine($"{entry.HostName} has the following IP addresses:");
foreach (IPAddress address in entry.AddressList)
{
  WriteLine($" {address}");
}
```

(6) 运行控制台应用程序,输入有效的网站地址或按 Enter 键,查看结果,输出如下所示:

```
world.episerver.com.cdn.cloudflare.net has the following IP addresses:
 104.18.23.198
 104.18.22.198
```

8.6.2 ping 服务器

现在添加代码,通过 ping Web 服务器来检查 Web 服务器的健康状况。

(1) 在 Program.cs 文件中添加语句,导入 System.Net.NetworkInformation 名称空间,如下所示:

```
using System.Net.NetworkInformation;
```

(2) 在 Main 方法中添加语句,获取所输入网站的 IP 地址,如下所示:

```
try
{
  var ping = new Ping();
  WriteLine("Pinging server. Please wait...");
  PingReply reply = ping.Send(uri.Host);

  WriteLine($"{uri.Host} was pinged and replied: {reply.Status}.");
  if (reply.Status == IPStatus.Success)
  {
    WriteLine("Reply from {0} took {1:N0}ms",
      reply.Address, reply.RoundtripTime);
  }
}
catch (Exception ex)
{
  WriteLine($"{ex.GetType().ToString()} says {ex.Message}");
}
```

(3) 运行控制台应用程序,按 Enter 键,查看结果,macOS 输出如下所示:

```
Pinging server. Please wait...
world.episerver.com was pinged and replied: Success.
Reply from 104.18.23.198 took 4ms
```

(4) 再次运行控制台应用程序，输入 http://google.com，查看结果，输出如下所示：

```
Enter a valid web address: http://google.com
URL: http://google.com
Scheme: http
Port: 80
Host: google.com
Path: /
Query:
google.com has the following IP addresses:
 172.217.18.78
google.com was pinged and replied: Success.
Reply from 172.217.18.78 took 19ms
```

8.7 处理类型和属性

反射是一种编程特性，它允许代码理解并操作自身。程序集最多由如下四部分组成。
- 程序集元数据和清单：名称、程序集和文件版本、引用的程序集等。
- 类型元数据：关于类型及其成员的信息。
- IL 代码：方法、属性、构造函数等的实现代码。
- 嵌入式资源(可选)：图像、字符串、JavaScript 等。

元数据包含有关代码的信息。可从代码中自动生成元数据(例如，关于类型和成员的信息)，还可使用特性将元数据应用到代码中。

特性可以应用于多个级别——程序集、类型及其成员，如下所示：

```
// an assembly-level attribute
[assembly: AssemblyTitle("Working with Reflection")]

// a type-level attribute
[Serializable]
public class Person
{
  // a member-level attribute
  [Obsolete("Deprecated: use Run instead.")]
  public void Walk()
  {
    ...
```

8.7.1 程序集的版本控制

.NET 中的版本号是三个数字的组合，外加两个可选的附加项。这三个数字分别如下。
- 主版本号：重大变化。
- 次版本号：非重大变化，包括新特性和 bug 修复。
- 补丁：非重大错误修复。

最佳实践：当更新 NuGet 包时，应该指定一个可选的标记，确保只升级到最高的次版本，以避免重大变化。如果比较谨慎，只希望接收 bug 修复，就只升级到最高的补丁版本，比如下面的命令：

```
Update-Package Newtonsoft.Json -ToHighestMinor
Update-Package Newtonsoft.Json -ToHighestPatch
```

两个可选的附加项如下。
- 预发布：不支持的预览版本。
- 构建号：每晚构建。

 最佳实践：为了遵循语义版本的控制规则，可参考链接 http://semver.org。

8.7.2 阅读程序集元数据

下面探讨如何使用特性。

(1) 创建一个名为 WorkingWithReflection 的控制台应用程序项目，将其添加到工作区，并选择它作为 OmniSharp 的活动项目。

(2) 在 Program.cs 文件的顶部导入以下名称空间：

```
using System.Reflection;
```

(3) 在 Main 方法中输入一些语句，获取控制台应用程序的程序集，输出程序集的名称和位置，获取所有程序集级别的特性并输出它们的类型，如下所示：

```
WriteLine("Assembly metadata:");
Assembly assembly = Assembly.GetEntryAssembly();

WriteLine($" Full name: {assembly.FullName}");
WriteLine($" Location: {assembly.Location}");

var attributes = assembly.GetCustomAttributes();

WriteLine($" Attributes:");
foreach (Attribute a in attributes)
{
  WriteLine($"  {a.GetType()}");
}
```

(4) 运行控制台应用程序并查看结果，输出如下所示：

```
Assembly metadata:
 Full name: WorkingWithReflection, Version=1.0.0.0, Culture=neutral, PublicKeyToken=null
 Location: /Users/markjprice/Code/Chapter08/WorkingWithReflection/bin/Debug/net5.0/
          WorkingWithReflection.dll
Attributes:
 System.Runtime.CompilerServices.CompilationRelaxationsAttribute
 System.Runtime.CompilerServices.RuntimeCompatibilityAttribute
 System.Diagnostics.DebuggableAttribute
 System.Runtime.Versioning.TargetFrameworkAttribute
 System.Reflection.AssemblyCompanyAttribute
 System.Reflection.AssemblyConfigurationAttribute
 System.Reflection.AssemblyFileVersionAttribute
 System.Reflection.AssemblyInformationalVersionAttribute
 System.Reflection.AssemblyProductAttribute
 System.Reflection.AssemblyTitleAttribute
```

了解了用来装饰程序集的一些特性后，就可以具体地请求它们了。

(5) 在 Main 方法的末尾添加语句，得到 AssemblyInformationalVersionAttribute 和

AssemblyCompanyAttribute 类，如下所示：

```
var version = assembly.GetCustomAttribute
  <AssemblyInformationalVersionAttribute>();

WriteLine($" Version: {version.InformationalVersion}");

var company = assembly.GetCustomAttribute
  <AssemblyCompanyAttribute>();

WriteLine($" Company: {company.Company}");
```

(6) 运行控制台应用程序并查看结果，输出如下所示：

```
Version: 1.0.0
Company: WorkingWithReflection
```

下面显式地设置这条信息。使用旧的.NET Framework 设置这些值的方法是在 C#源代码文件中添加特性，如下所示：

```
[assembly: AssemblyCompany("Packt Publishing")]
[assembly: AssemblyInformationalVersion("1.3.0")]
```

.NET 使用的 Roslyn 编译器会自动设置这些特性，所以我们不能使用老方法。相反，可以在项目文件中设置它们。

(7) 修改 WorkingWithReflection.csproj，如下所示：

```
<Project Sdk="Microsoft.NET.Sdk">
  <PropertyGroup>
    <OutputType>Exe</OutputType>
    <TargetFramework>net5.0</TargetFramework>

    <Version>1.3.0</Version>
    <Company>Packt Publishing</Company>
  </PropertyGroup>
</Project>
```

(8) 运行控制台应用程序并查看结果，输出如下所示：

```
Version: 1.3.0
Company: Packt Publishing
```

8.7.3 创建自定义特性

可通过从 Attribute 类继承来定义自己的特性：

(1) 将一个名为 CoderAttribute.cs 的类文件添加到项目中。

(2) 定义一个特性类，它可以用两个特性装饰类或方法，从而存储编码器的名称和代码最后修改的日期，如下所示：

```
using System;

namespace Packt.Shared
{
  [AttributeUsage(AttributeTargets.Class | AttributeTargets.Method,
```

```
    AllowMultiple = true)]
  public class CoderAttribute : Attribute
  {
    public string Coder { get; set; }
    public DateTime LastModified { get; set; }

    public CoderAttribute(string coder, string lastModified)
    {
      Coder = coder;
      LastModified = DateTime.Parse(lastModified);
    }
  }
}
```

(3) 在 **Program.cs** 文件中导入 System.Linq 名称空间，如下所示：

```
using System.Linq; // to use OrderByDescending
using System.Runtime.CompilerServices; // to use CompilerGeneratedAttribute
using Packt.Shared; // CoderAttribute
```

(4) 在 **Program** 类中添加一个名为 **DoStuff** 的方法，并使用 Coder 特性与两个编码器的数据装饰 **DoStuff** 方法，如下所示：

```
[Coder("Mark Price", "22 August 2019")]
[Coder("Johnni Rasmussen", "13 September 2019")]
public static void DoStuff()
{
}
```

(5) 在 **Main** 方法中添加获取类型的代码，枚举类型的成员，读取这些成员的任何 Coder 特性，并将信息写入控制台，如下所示：

```
WriteLine();
WriteLine($"* Types:");
Type[] types = assembly.GetTypes();

foreach (Type type in types)
{
  WriteLine();
  WriteLine($"Type: {type.FullName}");
  MemberInfo[] members = type.GetMembers();

  foreach (MemberInfo member in members)
  {
    WriteLine("{0}: {1} ({2})",
      arg0: member.MemberType,
      arg1: member.Name,
      arg2: member.DeclaringType.Name);

    var coders = member.GetCustomAttributes<CoderAttribute>()
      .OrderByDescending(c => c.LastModified);

    foreach (CoderAttribute coder in coders)
    {
      WriteLine("-> Modified by {0} on {1}",
        coder.Coder, coder.LastModified.ToShortDateString());
```

        }
    }
}

(6) 运行控制台应用程序并查看结果，输出如下所示：

```
* Types:

Type: CoderAttribute
Method: get_Coder (CoderAttribute)
Method: set_Coder (CoderAttribute)
Method: get_LastModified (CoderAttribute)
Method: set_LastModified (CoderAttribute)
Method: Equals (Attribute)
Method: GetHashCode (Attribute)
Method: get_TypeId (Attribute)
Method: Match (Attribute)
Method: IsDefaultAttribute (Attribute)
Method: ToString (Object)
Method: GetType (Object)
Constructor: .ctor (CoderAttribute)
Property: Coder (CoderAttribute)
Property: LastModified (CoderAttribute)
Property: TypeId (Attribute)

Type: WorkingWithReflection.Program
Method: DoStuff (Program)
-> Modified by Johnni Rasmussen on 13/09/2019
-> Modified by Mark Price on 22/08/2019
Method: ToString (Object)
Method: Equals (Object)
Method: GetHashCode (Object)
Method: GetType (Object)
Constructor: .ctor (Program)

Type: WorkingWithReflection.Program+<>c
Method: ToString (Object)
Method: Equals (Object)
Method: GetHashCode (Object)
Method: GetType (Object)
Constructor: .ctor (<>c)
Field: <>9 (<>c)
Field: <>9__0_0 (<>c)
```

更多信息：WorkingWithReflection.Program+<>c 类型是什么？这种类型是由编译器生成的显示类。<>表示是由编译器生成的，c 表示显示类。可通过以下链接阅读更多内容——http://stackoverflow.com/a/2509524/55847。

作为一项可选的挑战，可在控制台应用程序中添加语句，通过跳过使用 CompilerGeneratedAttribute 装饰的类型来过滤编译器生成的类型。

8.7.4 更多地使用反射

这只是一次可通过反射实现的尝试。可以只使用反射从代码中读取元数据。反射还可以做到

- 动态加载当前未引用的程序集：https://docs.microsoft.com/en-us/dotnet/standard/assembly/unloadability-howto。
- 动态执行代码：https://docs.microsoft.com/en-us/dotnet/api/system.reflection.methodbase.invoke?view=netcore-3.0。
- 动态生成新的代码和程序集：https://docs.microsoft.com/en-us/dotnet/api/system.reflection.emit.assemblybuilder?view=netcore-3.0。

8.8 处理图像

ImageSharp 是第三方的跨平台 2D 图形库。当.NET Core 1.0 尚在开发时，业界就出现了关于缺少用于处理 2D 图像的 System.Drawing 名称空间的负面反馈。ImageSharp 的出现正好填补了这一空白。

在 System.Drawing 名称空间的官方文档中，微软的解释如下：System.Drawing 名称空间不建议用于.NET 开发，因为该名称空间在 Windows 或 ASP.NET 服务中不受支持，并且不是跨平台的。建议使用 ImageSharp 和 SkiaSharp 作为替代。

下面探讨如何使用 ImageSharp。

(1) 创建一个名为 WorkingWithImages 的控制台应用程序项目，将其添加到工作区，然后选择它作为 OmniSharp 的活动项目。

(2) 创建 images 文件夹，从以下链接下载 9 张图像：https://github.com/markjprice/cs9dotnet5/tree/master/Assets/Categories。

(3) 打开 WorkingWithImages.csproj，为 SixLabors.ImageSharp 添加包引用，如下所示：

```
<Project Sdk="Microsoft.NET.Sdk">
  <PropertyGroup>
    <OutputType>Exe</OutputType>
    <TargetFramework>net5.0</TargetFramework>
  </PropertyGroup>
  <ItemGroup>
    <PackageReference Include="SixLabors.ImageSharp" Version="1.0.0" />
  </ItemGroup>
</Project>
```

(4) 在 Program.cs 文件的顶部导入以下名称空间：

```
using System.Collections.Generic;
using System.IO;
using SixLabors.ImageSharp;
using SixLabors.ImageSharp.Processing;
```

(5) 在 Main 方法中输入一些语句，将 images 文件夹中的所有文件转换为只有原来十分之一大小的灰度图，如下所示：

```
string imagesFolder = Path.Combine(
  Environment.CurrentDirectory, "images");

IEnumerable<string> images =
  Directory.EnumerateFiles(imagesFolder);

foreach (string imagePath in images)
{
  string thumbnailPath = Path.Combine(
```

```
    Environment.CurrentDirectory, "images",
    Path.GetFileNameWithoutExtension(imagePath)
    + "-thumbnail" + Path.GetExtension(imagePath)
);

using (Image image = Image.Load(imagePath))
{
    image.Mutate(x => x.Resize(image.Width / 10, image.Height / 10));
    image.Mutate(x => x.Grayscale());
    image.Save(thumbnailPath);
}
```

(6) 运行控制台应用程序。

(7) 打开 images 文件夹，观察处理后的图像，效果如图 8.2 所示。

图 8.2 处理后的图像

 更多信息：可通过以下链接阅读关于 ImageSharp 的更多信息——https://github.com/SixLabors/ImageSharp。

8.9 国际化代码

国际化是使代码能够在全世界范围内正确运行的过程，分为两部分：全球化和本地化。

全球化就是编写代码以适应多种语言和区域组合。语言和区域的组合称为区域化。对于代码来说，了解语言和区域非常重要，因为日期和货币格式在魁北克和巴黎是不同的，尽管它们都使用法语。

所有的语言和区域组合都有 ISO(国际标准化组织)代码。例如，在代码 da-DK 中，da 表示丹麦语，DK 表示丹麦地区；在代码 fr-CA 中，fr 表示法语，CA 表示加拿大地区。

本地化就是自定义用户界面以支持一种语言，例如，将按钮的标签改为 Close(en)或 Fermer(fr)。由于本地化更多的是关于语言本身，因此并不总是需要了解对应的地区，尽管具有讽刺意味的是，en-US 和 en-GB 给出的建议并非如此。

国际化是一个很大的主题，本节将简要介绍 System.Globalization 名称空间中 CultureInfo 类型的基础知识。

(1) 创建一个名为 Internationalization 的控制台应用程序项目，将其添加到工作区，并选择它作为 OmniSharp 的活动项目。

(2) 在 Program.cs 文件的顶部导入以下名称空间：

```
using System.Globalization;
```

(3) 在 Main 方法中输入一些语句，以获取当前全球化和本地化的区域，把一些信息写入控制台，然后提示用户输入新的区域化代码，并显示这会如何影响日期和货币等常见值的格式化，如下所示：

```
CultureInfo globalization = CultureInfo.CurrentCulture;
CultureInfo localization = CultureInfo.CurrentUICulture;

WriteLine("The current globalization culture is {0}: {1}",
  globalization.Name, globalization.DisplayName);
WriteLine("The current localization culture is {0}: {1}",
  localization.Name, localization.DisplayName);
WriteLine();

WriteLine("en-US: English (United States)");
WriteLine("da-DK: Danish (Denmark)");
WriteLine("fr-CA: French (Canada)");
Write("Enter an ISO culture code: ");
string newCulture = ReadLine();

if (!string.IsNullOrEmpty(newCulture))
{
  var ci = new CultureInfo(newCulture);
  CultureInfo.CurrentCulture = ci;
  CultureInfo.CurrentUICulture = ci;
}
WriteLine();

Write("Enter your name: ");
string name = ReadLine();

Write("Enter your date of birth: ");
string dob = ReadLine();

Write("Enter your salary: ");
string salary = ReadLine();

DateTime date = DateTime.Parse(dob);
int minutes = (int)DateTime.Today.Subtract(date).TotalMinutes;
decimal earns = decimal.Parse(salary);

WriteLine(
  "{0} was born on a {1:dddd}, is {2:N0} minutes old, and earns {3:C}",
  name, date, minutes, earns);
```

当运行应用程序时，系统会自动设置线程以使用操作系统的语言和区域组合。因为笔者在英国伦敦运行代码，所以线程设置为 English(United Kingdom)。

应用程序会提示用户输入可选的 ISO 代码，从而在运行时替换默认的语言和区域组合。

然后，应用程序使用标准的格式代码 dddd 输出星期几，使用千分符和格式码 N0 输出分钟数，并且输出带有货币符号的工资。

(4) 运行控制台应用程序，输入 en-GB 作为 ISO 代码，然后输入一些示例数据，其中包括格式对英式英语有效的日期，如下所示：

```
Enter an ISO culture code: en-GB
Enter your name: Alice
Enter your date of birth: 30/3/1967
Enter your salary: 23500
Alice was born on a Thursday, is 25,469,280 minutes old, and earns
£23,500.00
```

(5) 重新运行应用程序并尝试不同的语言和区域组合，如丹麦的丹麦地区，输出如下所示：

```
Enter an ISO culture code: da-DK
Enter your name: Mikkel
Enter your date of birth: 12/3/1980
Enter your salary: 340000
Mikkel was born on a onsdag, is 18.656.640 minutes old, and earns 340.000,00 kr.
```

最佳实践：在开始编写代码之前，考虑应用程序是否需要国际化，并为此做好计划！写下用户界面中所有需要本地化的文本，考虑所有需要全球化的数据(日期格式、数字格式和排序文本行为)。

在对代码进行国际化时，最棘手的就是处理时区。这个问题太复杂了，本书不再讨论。

更多信息：可通过以下链接了解有关时区处理的更多信息——https://devblogs.microsoft.com/dotnet/cross-platform-timezones-with-net-core/。

8.10 实践和探索

你可以通过回答一些问题来测试自己对知识的理解程度，进行一些实践，并深入探索本章涵盖的主题。

8.10.1 练习 8.1：测试你掌握的知识

回答以下问题：

1) 字符串变量中可以存储的最大字符数是多少？
2) 什么时候以及为什么要使用 SecureString 类？
3) 什么时候使用 StringBuilder 类比较合适？
4) 什么时候应该使用 LinkedList<T>类？
5) 什么时候应该使用 SortedDictionary<T>类而不是 SortedList <T>类？
6) 威尔士的 ISO 区域代码是什么？

7) 本地化、全球化和国际化的区别是什么？
8) 在正则表达式中，$是什么意思？
9) 在正则表达式中，如何表示数字？
10) 为什么不使用电子邮件地址的官方标准，通过创建正则表达式来验证用户的电子邮件地址？

8.10.2 练习 8.2：练习正则表达式

创建一个名为 Exercise02 的控制台应用程序，提示用户输入一个正则表达式，然后提示用户输入一些内容，比较两者是否匹配，直到用户按 Esc 键，输出如下所示：

```
The default regular expression checks for at least one digit.
Enter a regular expression (or press ENTER to use the default): ^[a-z]+$
Enter some input: apples
apples matches ^[a-z]+$? True
Press ESC to end or any key to try again.
Enter a regular expression (or press ENTER to use the default): ^[a-z]+$
Enter some input: abc123xyz
abc123xyz matches ^[a-z]+$? False
Press ESC to end or any key to try again.
```

8.10.3 练习 8.3：练习编写扩展方法

创建一个名为 Exercise03 的类库，在里面定义一些扩展方法，这些扩展方法使用名为 ToWords 的方法来对 BigInteger 和 int 等数值类型进行扩展，ToWords 方法会返回一个描述数字的字符串。

更多信息：可通过以下链接了解一些大型数字的名称——https://en.wikipedia.org/wiki/Names_of_large_numbers。

8.10.4 练习 8.4：探索主题

可通过以下链接来阅读本章所涉及主题的更多细节。

- .NET Core API 参考：https://docs.microsoft.com/en-us/dotnet/api/index?view=netcore-3.0。
- 字符串类：https://docs.microsoft.com/en-us/dotnet/api/system.string?view=netcore-3.0。
- Regex 类：https://docs.microsoft.com/en-us/dotnet/api/system.text.regularexpressions.regex?view=netcore-3.0。
- .NET 中的正则表达式：https://docs.microsoft.com/en-us/dotnet/articles/standard/base-types/regular-expression。
- 正则表达式语言——快速参考：https://docs.microsoft.com/en-us/dotnet/articles/standard/base-types/quick-ref。
- 集合(C#和 Visual Basic)：https://docs.microsoft.com/en-us/dotnet/api/system.collections?view=netcore-3.0。
- 使用特性扩展元数据：https://docs.microsoft.com/en-us/dotnet/standard/attributes/。
- 全球化和本地化.NET 应用程序：https://docs.microsoft.com/en-us/dotnet/standard/globalization-localization/。

8.11 本章小结

本章探讨了用于存储、操作数字和文本的类型选择,比如正则表达式,它们可用于存储多个项的集合;接下来介绍了如何处理索引、范围和 Span,以及如何使用一些网络资源;最后介绍了如何为代码和属性应用反射,如何使用微软推荐的第三方库操作图像,探讨了如何国际化代码。

第 9 章将介绍如何管理文件和流,以及如何编码和解码文本并执行序列化。

第 9 章 处理文件、流和序列化

本章讨论文件和流的读写，以及文本编码和序列化。

本章涵盖以下主题：
- 管理文件系统
- 用流来读写
- 编码和解码文本
- 序列化对象图

9.1 管理文件系统

应用程序常常需要在不同的环境中使用文件和目录执行输入输出。System 和 System.IO 名称空间中包含一些用于此目的的类。

9.1.1 处理跨平台环境和文件系统

下面探讨如何处理跨平台环境，例如 Windows 与 Linux 或 macOS 之间的区别。

(1) 在 Chapter09 文件夹中创建一个名为 WorkingWithFileSystems 的控制台应用程序项目。

(2) 将工作区命名为 Chapter09，并将 WorkingWithFileSystems 项目添加到工作区。

(3) 导入 System.IO 名称空间，并静态导入 System.Console、System.IO.Directory、System.Environment 和 System.IO.Path 类型，如下所示：

```
using System.IO; // types for managing the filesystem
using static System.Console;
using static System.IO.Directory;
using static System.IO.Path;
using static System.Environment;
```

用于 Windows、macOS 和 Linux 的路径是不同的，因此下面从探索.NET 如何处理这个问题开始。

(4) 创建静态的 OutputFileSystemInfo 方法，并编写语句来执行以下操作：
- 输出路径和目录分隔符。
- 输出当前目录的路径。
- 输出一些系统文件、临时文件和文档的特殊路径。

```
static void OutputFileSystemInfo()
{
  WriteLine("{0,-33} {1}", "Path.PathSeparator", PathSeparator);
  WriteLine("{0,-33} {1}", "Path.DirectorySeparatorChar",
    DirectorySeparatorChar);
  WriteLine("{0,-33} {1}", "Directory.GetCurrentDirectory()",
```

```
    GetCurrentDirectory());
  WriteLine("{0,-33} {1}", "Environment.CurrentDirectory",
    CurrentDirectory);
  WriteLine("{0,-33} {1}", "Environment.SystemDirectory",
    SystemDirectory);
  WriteLine("{0,-33} {1}", "Path.GetTempPath()", GetTempPath());
  WriteLine("GetFolderPath(SpecialFolder");
  WriteLine("{0,-33} {1}", " .System)",
    GetFolderPath(SpecialFolder.System));
  WriteLine("{0,-33} {1}", " .ApplicationData)",
    GetFolderPath(SpecialFolder.ApplicationData));
  WriteLine("{0,-33} {1}", " .MyDocuments)",
    GetFolderPath(SpecialFolder.MyDocuments));
  WriteLine("{0,-33} {1}", " .Personal)",
    GetFolderPath(SpecialFolder.Personal));
}
```

Environment 类型还有许多其他有用的成员，包括 GetEnvironmentVariables 方法以及 OSVersion 和 ProcessorCount 属性。

(5) 在 Main 方法中调用 OutputFileSystemInfo 方法，如下所示：

```
static void Main(string[] args)
{
  OutputFileSystemInfo();
}
```

(6) 运行控制台应用程序并查看结果，在 Windows 上的运行结果如图 9.1 所示。

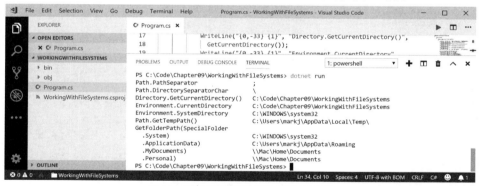

图 9.1　运行应用程序以显示文件系统信息

Windows 使用反斜杠作为目录分隔符。macOS 和 Linux 使用正斜杠作为目录分隔符。

9.1.2　管理驱动器

要管理驱动器，请使用 DriveInfo，使用 DriveInfo 提供的静态方法可以返回关于连接到计算机的所有驱动器的信息。每个驱动器都有驱动器类型。

(1) 创建 WorkWithDrives 方法，编写语句以获取所有驱动器，并输出它们的名称、类型、大小、可用空间和格式，但仅在驱动器准备好时才这样做，如下所示：

```
static void WorkWithDrives()
{
  WriteLine("{0,-30} | {1,-10} | {2,-7} | {3,18} | {4,18}",
```

```csharp
    "NAME", "TYPE", "FORMAT", "SIZE (BYTES)", "FREE SPACE");

foreach (DriveInfo drive in DriveInfo.GetDrives())
{
  if (drive.IsReady)
  {
    WriteLine(
      "{0,-30} | {1,-10} | {2,-7} | {3,18:N0} | {4,18:N0}",
      drive.Name, drive.DriveType, drive.DriveFormat,
      drive.TotalSize, drive.AvailableFreeSpace);
  }
  else
  {
    WriteLine("{0,-30} | {1,-10}", drive.Name, drive.DriveType);
  }
}
```

 最佳实践：在读取诸如 TotalSize 的属性之前，请检查驱动器是否准备好，否则可移动驱动器会引发异常。

(2) 在 Main 方法中注释掉前面的方法调用，并向其中添加对 WorkWithDrives 方法的调用，如下所示：

```csharp
static void Main(string[] args)
{
  // OutputFileSystemInfo();
  WorkWithDrives();
}
```

(3) 运行控制台应用程序并查看结果，如图 9.2 所示。

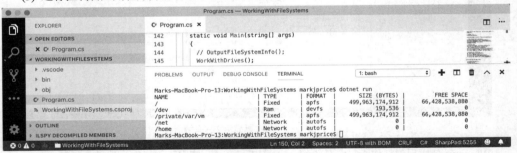

图 9.2 显示驱动器信息

9.1.3 管理目录

要管理目录，请使用 Directory、Path 和 Environment 静态类。这些类包括许多用于处理文件系统的属性和方法，如图 9.3 所示。

在构造自定义路径时，必须小心地编写代码，这样才不会对平台做出任何假设。例如，目录分隔符应该使用什么字符？

(1) 创建 WorkWithDirectories 方法，并编写语句以执行以下操作：

- 在用户的主目录下定义自定义路径，方法是为目录名创建字符串数组，然后对它们与 Path 类型的 Combine 静态方法进行适当组合。

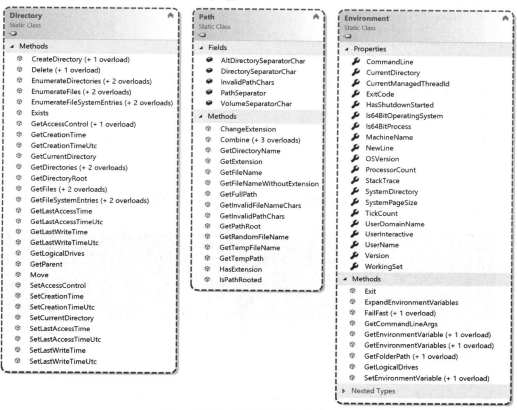

图 9.3　用于处理文件系统的静态类及其成员

- 使用 Directory 类的 Exists 静态方法，检查自定义路径是否存在。
- 使用 Directory 类的 CreateDirectory 和 Delete 静态方法，创建并删除目录(包括其中的文件和子目录)。

```
static void WorkWithDirectories()
{
  // define a directory path for a new folder
  // starting in the user's folder
  var newFolder = Combine(
    GetFolderPath(SpecialFolder.Personal),
    "Code", "Chapter09", "NewFolder");

  WriteLine($"Working with: {newFolder}");

  // check if it exists
  WriteLine($"Does it exist? {Exists(newFolder)}");

  // create directory
  WriteLine("Creating it...");
  CreateDirectory(newFolder);
```

```
  WriteLine($"Does it exist? {Exists(newFolder)}");
  Write("Confirm the directory exists, and then press ENTER: ");
  ReadLine();
  // delete directory
  WriteLine("Deleting it...");
  Delete(newFolder, recursive: true);
  WriteLine($"Does it exist? {Exists(newFolder)}");
}
```

(2) 在Main方法中注释掉前面的方法调用，添加对WorkWithDirectories方法的调用，如下所示：

```
static void Main(string[] args)
{
  // OutputFileSystemInfo();
  // WorkWithDrives();
  WorkWithDirectories();
}
```

(3) 运行控制台应用程序并查看结果，使用自己喜欢的文件管理工具确认目录已创建，然后按Enter键删除，输出如下所示：

```
Working with: /Users/markjprice/Code/Chapter09/NewFolder
Does it exist? False
Creating it...
Does it exist? True
Confirm the directory exists, and then press ENTER:
Deleting it...
Does it exist? False
```

9.1.4 管理文件

在处理文件时，可以静态地导入File类型，就像Directory类型所做的那样，但是在下一个示例中，我们不会这样做，因为其中具有与Directory类型相同的一些方法，而且它们会发生冲突。这种情况下，File类型的名称足够短，在本例中不会发生冲突。

(1) 创建WorkWithFiles方法，并编写语句以完成以下工作：
- 检查文件是否存在。
- 创建文本文件。
- 在文本文件中写入一行文本。
- 关闭文件以释放系统资源和文件锁(这通常在try-finally块中完成，以确保即使在向文件写入文本时发生异常，也关闭文件)。
- 将文件复制到备份中。
- 删除原始文件。
- 读取备份文件的内容，然后关闭备份文件。

```
static void WorkWithFiles()
{
  // define a directory path to output files
  // starting in the user's folder
  var dir = Combine(
    GetFolderPath(SpecialFolder.Personal),
    "Code", "Chapter09", "OutputFiles");
```

```
    CreateDirectory(dir);

    // define file paths
    string textFile = Combine(dir, "Dummy.txt");
    string backupFile = Combine(dir, "Dummy.bak");
    WriteLine($"Working with: {textFile}");

    // check if a file exists
    WriteLine($"Does it exist? {File.Exists(textFile)}");

    // create a new text file and write a line to it
    StreamWriter textWriter = File.CreateText(textFile);
    textWriter.WriteLine("Hello, C#!");
    textWriter.Close(); // close file and release resources
    WriteLine($"Does it exist? {File.Exists(textFile)}");

    // copy the file, and overwrite if it already exists
    File.Copy(sourceFileName: textFile,
      destFileName: backupFile, overwrite: true);
    WriteLine(
      $"Does {backupFile} exist? {File.Exists(backupFile)}");
    Write("Confirm the files exist, and then press ENTER: ");
    ReadLine();

    // delete file
    File.Delete(textFile);
    WriteLine($"Does it exist? {File.Exists(textFile)}");

    // read from the text file backup
    WriteLine($"Reading contents of {backupFile}:");
    StreamReader textReader = File.OpenText(backupFile);
    WriteLine(textReader.ReadToEnd());
    textReader.Close();
}
```

(2) 在 Main 方法中注释掉前面的方法调用，并向其中添加对 WorkWithFiles 方法的调用。
(3) 运行应用程序并查看结果，输出如下所示：

```
Working with: /Users/markjprice/Code/Chapter09/OutputFiles/Dummy.txt
Does it exist? False
Does it exist? True
Does /Users/markjprice/Code/Chapter09/OutputFiles/Dummy.bak exist? True
Confirm the files exist, and then press ENTER:
Does it exist? False
Reading contents of /Users/markjprice/Code/Chapter09/OutputFiles/Dummy.bak:
Hello, C#!
```

9.1.5 管理路径

有时，我们需要处理路径的一部分；例如，可能只想提取文件夹名、文件名或扩展名。而有时，需要生成临时文件夹和文件名。可以使用 Path 类的静态方法来实现以上目的。

(1) 在 WorkWithFiles 方法的末尾添加以下语句：

```
// Managing paths
WriteLine($"Folder Name: {GetDirectoryName(textFile)}");
```

```
WriteLine($"File Name: {GetFileName(textFile)}");
WriteLine("File Name without Extension: {0}",
    GetFileNameWithoutExtension(textFile));
WriteLine($"File Extension: {GetExtension(textFile)}");
WriteLine($"Random File Name: {GetRandomFileName()}");
WriteLine($"Temporary File Name: {GetTempFileName()}");
```

(2) 运行应用程序并查看结果，输出如下所示：

```
Folder Name: /Users/markjprice/Code/Chapter09/OutputFiles
File Name: Dummy.txt
File Name without Extension: Dummy
File Extension: .txt
Random File Name: u45w1zki.co3
Temporary File Name:
/var/folders/tz/xx0y wld5sx0nv0fjtq4tnpc0000gn/T/tmpyqrepP.tmp
```

GetTempFileName 方法创建零字节的文件并返回文件名以供使用。

GetRandomFileName 方法只返回文件名而不会创建文件。

9.1.6 获取文件信息

要获得关于文件或目录的更多信息(例如大小或最后一次访问时间)，可以创建 FileInfo 或 DirectoryInfo 类的实例。

FileInfo 和 DirectoryInfo 类都继承自 FileSystemInfo，所以它们都有 LastAccessTime 和 Delete 这样的成员，如图 9.4 所示。

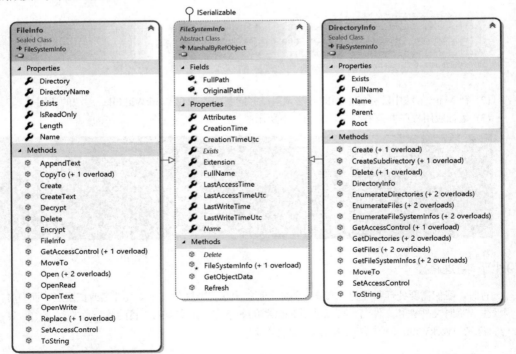

图 9.4　文件和目录的属性与方法列表

下面编写一些代码，从而使用 FileInfo 实例高效地执行多个操作文件。

(1) 在 WorkWithFiles 方法的末尾添加语句，为备份文件创建 FileInfo 实例，并将相关信息写入控制台，如下所示：

```
var info = new FileInfo(backupFile);
WriteLine($"{backupFile}:");
WriteLine($"Contains {info.Length} bytes");
WriteLine($"Last accessed {info.LastAccessTime}");
WriteLine($"Has readonly set to {info.IsReadOnly}");
```

(2) 运行控制台应用程序并查看结果，输出如下所示：

```
/Users/markjprice/Code/Chapter09/OutputFiles/Dummy.bak:
Contains 11 bytes
Last accessed 26/11/2018 09:08:26
Has readonly set to False
```

不同操作系统中的字节数可能不同，因为操作系统可以使用不同的行结束符。

9.1.7 控制如何处理文件

在处理文件时，通常需要控制文件的打开方式。File.Open 方法有使用 enum 值指定附加选项的重载版本。enum 类型如下。

- FileMode：控制要对文件做什么，比如 CreateNew、OpenOrCreate 或 Truncate。
- FileAccess：控制需要的访问级别，比如 ReadWrite。
- FileShare：控制文件上的锁，从而允许其他进程以指定的访问级别访问，比如 Read。

可以打开文件以从中读取内容，并允许其他进程读取文件，代码如下所示：

```
FileStream file = File.Open(pathToFile,
  FileMode.Open, FileAccess.Read, FileShare.Read);
```

如下 enum 类型可用于文件特性。

- FileAttributes：检查 FileSystemInfo 派生类型的 Attributes 属性值，例如 Archive 和 Encrypted 等。还可以检查文件或目录的特性，如下所示：

```
var info = new FileInfo(backupFile);
WriteLine("Is the backup file compressed? {0}",
  info.Attributes.HasFlag(FileAttributes.Compressed));
```

9.2 用流来读写

流是可以读写的字节序列。虽然可以像处理数组一样处理文件，但是通过了解字节在文件中的位置，可以进行随机访问，所以将文件作为按顺序访问字节的流来处理是很有用的。

流还可用于处理终端输入输出以及网络资源，如不提供随机访问且无法查找某个位置的套接字和端口。可以编写代码来处理任意字节，而不需要知道或关心它们来自何处。可以用一段代码读取或写入流，而用另一段代码处理实际存储字节的位置。

名为 Stream 的抽象类用来表示流。还有许多其他继承自这个基类的类，包括 FileStream、MemoryStream、BufferedStream、GZipStream 和 SslStream，因此它们都以相同的方式工作。

所有流都实现了 IDisposable 接口，因此它们都有用于释放非托管资源的 Dispose 方法。

表 9.1 列出了 Stream 类的一些常用成员。

表 9.1　Stream 类的常用成员

成员	说明
CanRead、CanWrite	确定是否可以读写流
Length、Position	确定总字节数和流中的当前位置。这两个属性可能会为某些类型的流抛出异常
Dispose()	关闭流并释放资源
Flush()	如果流有缓冲区,就将缓冲区中的字节写入流并清除缓冲区
Read()、ReadAsync()	将指定数量的字节从流中读取到字节数组中,并向前推进位置
ReadByte()	从流中读取下一个字节并推进位置
Seek()	将位置移动到指定的位置(前提是 CanSeek 为 true)
Write()、WriteAsync()	将字节数组的内容写入流
WriteByte()	将字节写入流

表 9.2 列出了一些存储流,它们表示字节的存储位置。

表 9.2　存储流

名称空间	类	说明
System.IO	FileStream	将字节存储在文件系统中
System.IO	MemoryStream	将字节存储在当前进程的内存中
System.Net.Sockets	NetworkStream	将字节存储在网络位置

表 9.3 列出了一些不能单独存在的函数流,它们只能"插入"其他流以添加功能。

表 9.3　一些不能单独存在的函数值

名称空间	类	说明
System.Security.Cryptography	CryptoStream	对流进行加密和解密
System.IO.Compression	GZipStream、DeflateStream	压缩和解压流
System.Net.Security	AuthenticatedStream	跨流发送凭据

尽管在某些情况下,需要在较低的级别处理流,但在大多数情况下,可以将辅助类插入链中,以使操作变得更简单。

流的所有辅助类都实现了 IDisposable 接口,因此它们都有 Dispose 方法用来释放非托管资源。

表 9.4 列出了一些用于处理常见场景的辅助类。

表 9.4　一些用于处理常见场景的辅助类

名称空间	类	说明
System.IO	StreamReader	从底层流读取文本
System.IO	StreamWriter	以文本的形式写入底层流
System.IO	BinaryReader	从流中读取.NET 类型。例如,ReadDecimal 方法以 decimal 值的形式从底层流读取后面的 16 字节,ReadInt32 方法以 int 值的形式读取后面的 4 字节

(续表)

名称空间	类	说明
System.IO	BinaryWriter	作为.NET 类型写入流。例如，带有 decimal 参数的 Write 方法向底层流写入 16 字节，而带有 int 参数的 Write 方法向底层流写入 4 字节
System.Xml	XmlReader	以 XML 的形式从底层流读取数据
System.Xml	XmlWriter	以 XML 的形式写入底层流

9.2.1 写入文本流

下面输入一些代码，将文本写入流。

(1) 创建一个名为 WorkingWithStreams 的控制台应用程序项目，将其添加到 Chapter09 工作区，并选择它作为 OmniSharp 的活动项目。

(2) 导入 System.IO 和 System.Xml 名称空间，并静态导入 System.Console、System.Environment 和 System.IO.Path 类型。

(3) 定义一个字符串值数组，其中可能包含 Viper pilot 调用符号。然后创建用来枚举调用符号的 WorkWithText 方法，将每个调用符号写到单个文本文件的独立行中，如下所示：

```
// define an array of Viper pilot call signs
static string[] callsigns = new string[] {
  "Husker", "Starbuck", "Apollo", "Boomer",
  "Bulldog", "Athena", "Helo", "Racetrack" };

static void WorkWithText()
{
  // define a file to write to
  string textFile = Combine(CurrentDirectory, "streams.txt");

  // create a text file and return a helper writer
  StreamWriter text = File.CreateText(textFile);

  // enumerate the strings, writing each one
  // to the stream on a separate line
  foreach (string item in callsigns)
  {
    text.WriteLine(item);
  }
  text.Close(); // release resources

  // output the contents of the file
  WriteLine("{0} contains {1:N0} bytes.",
    arg0: textFile,
    arg1: new FileInfo(textFile).Length);
  WriteLine(File.ReadAllText(textFile));
}
```

(4) 在 Main 方法中调用 WorkWithText 方法。
(5) 运行应用程序并查看结果，输出如下所示：

```
/Users/markjprice/Code/Chapter09/WorkingWithStreams/streams.txt contains 60 bytes.
Husker
Starbuck
Apollo
```

```
Boomer
Bulldog
Athena
Helo
Racetrack
```

(6) 打开创建的文件,并检查其中是否包含调用符号列表。

9.2.2 写入 XML 流

编写 XML 元素时有两种方式,分别是
- WriteStartElement 和 WriteEndElement:当元素可能有子元素时,使用这对方法。
- WriteElementString:当元素没有子元素时使用这个方法。

现在,可尝试在 XML 文件中存储相同的字符串值数组。

(1) 创建 WorkWithXml 方法以枚举调用符号,并将每个调用符号写入单个 XML 文件的元素中,如下所示:

```
static void WorkWithXml()
{
  // define a file to write to
  string xmlFile = Combine(CurrentDirectory, "streams.xml");

  // create a file stream
  FileStream xmlFileStream = File.Create(xmlFile);

  // wrap the file stream in an XML writer helper
  // and automatically indent nested elements
  XmlWriter xml = XmlWriter.Create(xmlFileStream,
    new XmlWriterSettings { Indent = true });

  // write the XML declaration
  xml.WriteStartDocument();

  // write a root element
  xml.WriteStartElement("callsigns");

  // enumerate the strings writing each one to the stream
  foreach (string item in callsigns)
  {
    xml.WriteElementString("callsign", item);
  }

  // write the close root element
  xml.WriteEndElement();

  // close helper and stream
  xml.Close();
  xmlFileStream.Close();

  // output all the contents of the file
  WriteLine("{0} contains {1:N0} bytes.",
    arg0: xmlFile,
    arg1: new FileInfo(xmlFile).Length);

  WriteLine(File.ReadAllText(xmlFile));
```

}

(2) 在 Main 方法中注释掉前面的方法调用，并添加对 WorkWithXml 方法的调用。
(3) 运行应用程序并查看结果，输出如下所示：

```
/Users/markjprice/Code/Chapter09/WorkingWithStreams/streams.xml contains 310 bytes.
<?xml version="1.0" encoding="utf-8"?>
<callsigns>
  <callsign>Husker</callsign>
  <callsign>Starbuck</callsign>
  <callsign>Apollo</callsign>
  <callsign>Boomer</callsign>
  <callsign>Bulldog</callsign>
  <callsign>Athena</callsign>
  <callsign>Helo</callsign>
  <callsign>Racetrack</callsign>
</callsigns>
```

9.2.3 文件资源的释放

当打开文件进行读写操作时，使用的是.NET 之外的资源。这些资源又称为非托管资源，必须在处理完之后释放。为了保证它们被释放，可以在 finally 块中调用 Dispose 方法。

下面改进前面处理 XML 的代码，以正确释放非托管资源。
(1) 修改 WorkWithXml 方法，如下所示：

```csharp
static void WorkWithXml()
{
  FileStream xmlFileStream = null;
  XmlWriter xml = null;

  try
  {
    // define a file to write to
    string xmlFile = Combine(CurrentDirectory, "streams.xml");

    // create a file stream
    xmlFileStream = File.Create(xmlFile);

    // wrap the file stream in an XML writer helper
    // and automatically indent nested elements
    xml = XmlWriter.Create(xmlFileStream,
      new XmlWriterSettings { Indent = true });

    // write the XML declaration
    xml.WriteStartDocument();

    // write a root element
    xml.WriteStartElement("callsigns");

    // enumerate the strings writing each one to the stream
    foreach (string item in callsigns)
    {
      xml.WriteElementString("callsign", item);
    }
```

```
    // write the close root element
    xml.WriteEndElement();

    // close helper and stream
    xml.Close();
    xmlFileStream.Close();

    // output all the contents of the file
    WriteLine($"{0} contains {1:N0} bytes.",
      arg0: xmlFile,
      arg1: new FileInfo(xmlFile).Length);
    WriteLine(File.ReadAllText(xmlFile));
}
catch(Exception ex)
{
    // if the path doesn't exist the exception will be caught
    WriteLine($"{ex.GetType()} says {ex.Message}");
}
finally
{
    if (xml != null)
    {
      xml.Dispose();
      WriteLine("The XML writer's unmanaged resources have been disposed.");
    }
    if (xmlFileStream != null)
    {
      xmlFileStream.Dispose();
      WriteLine("The file stream's unmanaged resources have been disposed.");
    }
}
```

我们还可以回过头来修改前面创建的其他方法,但这里将它们留作可选练习。

(2) 运行应用程序并查看结果,输出如下所示:

```
The XML writer's unmanaged resources have been disposed.
The file stream's unmanaged resources have been disposed.
```

最佳实践:在调用 Dispose 方法之前检查对象是否不为 null。

可以简化用于检查 null 对象的代码,然后通过 using 语句来调用 Dispose 方法。一般来说,建议使用 using 而不是手动调用 Dispose 方法,除非需要更高级的控制。

令人困惑的是,using 关键字有两种用法:导入名称空间和生成 finally 语句。finally 语句能为实现了 IDisposable 接口的对象调用 Dispose 方法。

编译器会将 using 语句块更改为没有 catch 语句的 try-finally 语句。可以使用嵌套的 try 语句;因此,如果想捕获任何异常,就可以使用下面的代码:

```
using (FileStream file2 = File.OpenWrite(
  Path.Combine(path, "file2.txt")))
{
  using (StreamWriter writer2 = new StreamWriter(file2))
  {
```

```
      try
      {
        writer2.WriteLine("Welcome, .NET!");
      }
      catch(Exception ex)
      {
        WriteLine($"{ex.GetType()} says {ex.Message}");
      }
  } // automatically calls Dispose if the object is not null
} // automatically calls Dispose if the object is not null
```

9.2.4 压缩流

XML 比较冗长，所以相比纯文本会占用更多的字节空间。可以使用一种名为 GZIP 的常见压缩算法来压缩 XML。

(1) 导入以下名称空间：

```
using System.IO.Compression;
```

(2) 添加 WorkWithCompression 方法，该方法将使用 GZipSteam 的实例创建压缩文件，其中包含与之前相同的 XML 元素，然后在读取压缩文件并将其输出到控制台时对其进行解压，如下所示：

```
static void WorkWithCompression()
{
  // compress the XML output
  string gzipFilePath = Combine(
    CurrentDirectory, "streams.gzip");

  FileStream gzipFile = File.Create(gzipFilePath);

  using (GZipStream compressor = new GZipStream(
    gzipFile, CompressionMode.Compress))
  {
    using (XmlWriter xmlGzip = XmlWriter.Create(compressor))
    {
      xmlGzip.WriteStartDocument();
      xmlGzip.WriteStartElement("callsigns");
      foreach (string item in callsigns)
      {
        xmlGzip.WriteElementString("callsign", item);
      }

      // the normal call to WriteEndElement is not necessary
      // because when the XmlWriter disposes, it will
      // automatically end any elements of any depth
    }
  } // also closes the underlying stream

  // output all the contents of the compressed file
  WriteLine("{0} contains {1:N0} bytes.",
    gzipFilePath, new FileInfo(gzipFilePath).Length);
  WriteLine($"The compressed contents:");
  WriteLine(File.ReadAllText(gzipFilePath));

  // read a compressed file
```

```
    WriteLine("Reading the compressed XML file:");
      gzipFile = File.Open(gzipFilePath, FileMode.Open);

    using (GZipStream decompressor = new GZipStream(
      gzipFile, CompressionMode.Decompress))
    {
      using (XmlReader reader = XmlReader.Create(decompressor))
      {
        while (reader.Read()) // read the next XML node
        {
          // check if we are on an element node named callsign
          if ((reader.NodeType == XmlNodeType.Element)
            && (reader.Name == "callsign"))
          {
            reader.Read(); // move to the text inside element
            WriteLine($"{reader.Value}"); // read its value
          }
        }
      }
    }
}
```

(3) 在 Main 方法中调用 WorkWithXml 方法，并添加对 WorkWithCompression 方法的调用，如下所示：

```
static void Main(string[] args)
{
  // WorkWithText();
  WorkWithXml();
  WorkWithCompression();
}
```

(4) 运行控制台应用程序，比较原来的 XML 文件和压缩后的 XML 文件的大小。压缩后的大小还不到原来的一半，如下所示：

```
/Users/markjprice/Code/Chapter09/WorkingWithStreams/streams.xml contains 310 bytes.
/Users/markjprice/Code/Chapter09/WorkingWithStreams/streams.gzip contains 150 bytes.
```

9.2.5 使用 Brotli 算法进行压缩

在.NET Core 2.1 中，微软引入了 Brotli 算法的实现。在性能上，Brotli 算法类似于 DEFLATE 和 GZIP 中使用的算法，但是输出密度要大 20%左右。

(1) 修改 WorkWithCompression 方法，使用一个可选参数来指示是否应该使用 Brotli 算法，并在默认情况下使用 Brotli 算法，如下所示：

```
static void WorkWithCompression(bool useBrotli = true)
{
  string fileExt = useBrotli ? "brotli" : "gzip";

  // compress the XML output
  string filePath = Combine(
    CurrentDirectory, $"streams.{fileExt}");

  FileStream file = File.Create(filePath);
```

```csharp
Stream compressor;
if (useBrotli)
{
  compressor = new BrotliStream(file, CompressionMode.Compress);
}
else
{
  compressor = new GZipStream(file, CompressionMode.Compress);
}

using (compressor)
{
  using (XmlWriter xml = XmlWriter.Create(compressor))
  {
    xml.WriteStartDocument();
    xml.WriteStartElement("callsigns");
    foreach (string item in callsigns)
    {
      xml.WriteElementString("callsign", item);
    }
  }
} // also closes the underlying stream

// output all the contents of the compressed file
WriteLine("{0} contains {1:N0} bytes.",
  filePath, new FileInfo(filePath).Length);
WriteLine(File.ReadAllText(filePath));

// read a compressed file
WriteLine("Reading the compressed XML file:");
file = File.Open(filePath, FileMode.Open);

Stream decompressor;
if (useBrotli)
{
  decompressor = new BrotliStream(
    file, CompressionMode.Decompress);
}
else
{
  decompressor = new GZipStream(
    file, CompressionMode.Decompress);
}

using (decompressor)
{
  using (XmlReader reader = XmlReader.Create(decompressor))
  {
    while (reader.Read())
    {
      // check if we are on an element node named callsign
      if ((reader.NodeType == XmlNodeType.Element)
        && (reader.Name == "callsign"))
      {
        reader.Read(); // move to the text inside element
        WriteLine($"{reader.Value}"); // read its value
```

            }
          }
        }
      }
    }

(2) 修改 Main 方法，调用 WorkWithCompression 方法两次，一次使用 Brotli 算法和默认值来调用，另一次使用 GZIP 中的算法来调用，如下所示：

```
WorkWithCompression();
WorkWithCompression(useBrotli: false);
```

(3) 运行控制台应用程序，并比较两个压缩后的 XML 文件的大小。Brotli 算法的输出密度大了大约 21%，如下所示：

```
/Users/markjprice/Code/Chapter09/WorkingWithStreams/streams.brotli contains 118 bytes.
/Users/markjprice/Code/Chapter09/WorkingWithStreams/streams.gzip contains 150 bytes.
```

9.2.6 使用管道的高性能流

在.NET Core 2.1 中，微软引入了管道。正确处理来自流的数据需要大量复杂的样板代码，这些代码很难维护。在笔记本电脑上进行测试通常适用于小的示例文件，但在现实世界中，由于糟糕的假设，这种方式会失败。管道可以帮助解决这个问题。

尽管管道在实际应用中非常强大，并且你十分希望了解它们，但是因为示例可能变得很复杂，所以本书不打算介绍它们。

更多信息：可通过以下链接阅读相关问题的详细描述以及管道是如何提供帮助的——https://blogs.msdn.microsoft.com/dotnet/2018/07/09/system-io-pipelines-highperformanceio-in-net/。

9.2.7 异步流

在.NET Core 3.0 中，微软引入了流的异步处理，详见第 13 章。

更多信息：可通过以下链接学习异步流的相关教程——https://docs.microsoft.com/en-us/dotnet/csharp/tutorials/generate-consume-asynchronous-stream。

9.3 编码和解码文本

文本字符可以用不同的方式表示。例如，字母表可以用莫尔斯电码编码成一系列的点和短横线，以便用电报线路传输。

以类似的方式，计算机中的文本以位(1 和 0)的形式存储，位表示代码空间中的代码点。大多数代码点表示单个字符，但它们也可以有其他含义，如格式化。

例如，ASCII 拥有包含 128 个代码点的代码空间。.NET 使用 Unicode 标准来对文本进行内部编码。Unicode 拥有超过 100 万个代码点的代码空间。

有时，需要将文本移到.NET 之外，供不使用 Unicode 或 Unicode 变体的系统使用。因此，了解如何在编码之间进行转换是很重要的。

表 9.5 列出了一些常用的文本编码方法。

第 9 章 处理文件、流和序列化

表 9.5 一些常用的文本编码方法

编码方法	说明
ASCII	使用字节的较低 7 位来编码有限范围的字符
UTF-8	将每个 Unicode 代码点表示为 1～4 字节的序列
UTF-7	这是为了实现在 7 位通道上比 UTF-8 更有效而设计的,但是因为存在安全性和健壮性问题,所以建议使用 UTF-8
UTF-16	将每个 Unicode 代码点表示为一个或两个 16 位整数的序列
UTF-32	将每个 Unicode 代码点表示为 32 位整数,因此是固定长度编码,而其他 Unicode 编码都是可变长度编码
ANSI/ISO 编码	用于为支持特定语言或一组语言的各种代码页提供支持

在大多数情况下,UTF-8 是很好的选择,并且实际上是默认编码,也就是 Encoding.Default。

9.3.1 将字符串编码为字节数组

下面研究一下文本编码。

(1) 创建一个名为 WorkingWithEncodings 的控制台应用程序项目,将其添加到 Chapter09 工作区,并选择它作为 OmniSharp 的活动项目。

(2) 导入 System.Text 名称空间,并静态导入 Console 类。

(3) 将一些语句添加到 Main 方法中,使用用户选择的编码方式对字符串进行编码,遍历每个字节,然后再将它们解码回字符串并输出,如下所示:

```
WriteLine("Encodings");
WriteLine("[1] ASCII");
WriteLine("[2] UTF-7");
WriteLine("[3] UTF-8");
WriteLine("[4] UTF-16 (Unicode)");
WriteLine("[5] UTF-32");
WriteLine("[any other key] Default");

// choose an encoding
Write("Press a number to choose an encoding: ");
ConsoleKey number = ReadKey(intercept: false).Key;
WriteLine();
WriteLine();

Encoding encoder = number switch
{
  ConsoleKey.D1 => Encoding.ASCII,
  ConsoleKey.D2 => Encoding.UTF7,
  ConsoleKey.D3 => Encoding.UTF8,
  ConsoleKey.D4 => Encoding.Unicode,
  ConsoleKey.D5 => Encoding.UTF32,
  _             => Encoding.Default
};

// define a string to encode
string message = "A pint of milk is £1.99";

// encode the string into a byte array
```

```
  byte[] encoded = encoder.GetBytes(message);

  // check how many bytes the encoding needed
  WriteLine("{0} uses {1:N0} bytes.",
    encoder.GetType().Name, encoded.Length);

  // enumerate each byte
  WriteLine($"BYTE HEX CHAR");
  foreach (byte b in encoded)
  {
    WriteLine($"{b,4} {b.ToString("X"),4} {(char)b,5}");
  }

  // decode the byte array back into a string and display it
  string decoded = encoder.GetString(encoded);
  WriteLine(decoded);
```

(4) 运行应用程序，注意应避免使用 UTF7，因为 UTF7 是不安全的。当然，如果为了与另一个系统兼容而需要使用这种编码方式生成文本，那么在.NET 中需要保留 UTF7。

(5) 按 1 选择 ASCII，注意在输出字节时，无法用 ASCII 表示£符号，因此这里使用问号来代替这个符号，如下所示：

```
ASCIIEncodingSealed uses 23 bytes.
BYTE HEX CHAR
  65  41    A
  32  20     
 112  70    p
 105  69    i
 110  6E    n
 116  74    t
  32  20     
 111  6F    o
 102  66    f
  32  20     
 109  6D    m
 105  69    i
 108  6C    l
 107  6B    k
  32  20     
 105  69    i
 115  73    s
  32  20     
  63  3F    ?
  49  31    1
  46  2E    .
  57  39    9
  57  39    9
A pint of milk is ?1.99
```

(5) 重新运行应用程序，按 3 选择 UTF-8，注意 UTF-8 需要额外的 1 字节(需要 24 字节而不是 23 字节)，因而可以存储£符号。

(6) 重新运行应用程序，按 4 选择 Unicode(UTF-16)，注意 UTF-16 的每个字符都需要 2 字节，总共需要 46 字节，因而可以存储£符号。.NET 在内部将使用这种编码来存储 char 和 string 值。

9.3.2 对文件中的文本进行编码和解码

在使用流辅助类(如 StreamReader 和 StreamWriter)时，可以指定要使用的编码。当写入辅助类时，文本将自动编码；从辅助类中读取时，字节将自动解码。

要指定编码，可将编码方式作为第二个参数传递给辅助类的构造函数，如下所示：

```
var reader = new StreamReader(stream, Encoding.UTF7);
var writer = new StreamWriter(stream, Encoding.UTF7);
```

最佳实践：通常无法选择使用哪种编码，因为生成的是供另一个系统使用的文件。但是，如果这样做了，请选择虽然使用的字节数最少，却可以存储所需的每个字符的系统。

9.4 序列化对象图

序列化是使用指定的格式将活动对象转换为字节序列的过程。反序列化则是相反的过程。

可以指定的格式有几十种，但最常见的有两种：可扩展标记语言(XML)和 JavaScript 对象表示法(JSON)。

最佳实践：JSON 更紧凑，适合 Web 应用和移动应用。XML 虽然更冗长，但却在更老的系统中得到了更好的支持。可使用 JSON 最小化序列化的对象图的大小。在向 Web 应用和移动应用发送对象图时，JSON 是不错的选择。因为 JSON 是 JavaScript 的本地序列化格式，而移动应用经常在有限的带宽上调用，所以字节数很重要。

.NET Core 有多个类，可以序列化为 XML 和 JSON，也可以从 XML 和 JSON 中进行序列化。下面从 XmlSerializer 和 JsonSerializer 开始介绍。

9.4.1 序列化为 XML

XML 可能是世界上最常用的序列化格式。下面定义一个自定义类来存储个人信息，然后使用嵌套的 Person 实例列表创建对象图。

(1) 创建一个名为 WorkingWithSerialization 的控制台应用程序项目，将其添加到 Chapter09 工作区，并选择它作为 OmniSharp 的活动项目。

(2) 添加一个名为 Person 的类，Person 类带有受保护的 Salary 属性，这意味着只能对 Person 类自身及其派生类访问 Salary 属性。为了填充工资信息，Person 类提供了一个构造函数，该构造函数用一个参数来设置初始的工资水平，如下所示：

```
using System;
using System.Collections.Generic;

namespace Packt.Shared
{
  public class Person
  {
    public Person(decimal initialSalary)
    {
      Salary = initialSalary;
    }
```

```csharp
    public string FirstName { get; set; }
    public string LastName { get; set; }
    public DateTime DateOfBirth { get; set; }
    public HashSet<Person> Children { get; set; }
    protected decimal Salary { get; set; }
  }
}
```

(3) 在 Program.cs 文件中导入以下名称空间：

```csharp
using System; // DateTime
using System.Collections.Generic; // List<T>, HashSet<T>
using System.Xml.Serialization; // XmlSerializer
using System.IO; // FileStream
using Packt.Shared; // Person
using static System.Console;
using static System.Environment;
using static System.IO.Path;
```

(4) 在 Main 方法中添加以下语句：

```csharp
// create an object graph
var people = new List<Person>
{
  new Person(30000M) { FirstName = "Alice",
    LastName = "Smith",
    DateOfBirth = new DateTime(1974, 3, 14) },
  new Person(40000M) { FirstName = "Bob",
    LastName = "Jones",
    DateOfBirth = new DateTime(1969, 11, 23) },
  new Person(20000M) { FirstName = "Charlie",
    LastName = "Cox",
    DateOfBirth = new DateTime(1984, 5, 4),
    Children = new HashSet<Person>
      { new Person(0M) { FirstName = "Sally",
        LastName = "Cox",
        DateOfBirth = new DateTime(2000, 7, 12) } } }
};

// create object that will format a List of Persons as XML
var xs = new XmlSerializer(typeof(List<Person>));

// create a file to write to
string path = Combine(CurrentDirectory, "people.xml");

using (FileStream stream = File.Create(path))
{
  // serialize the object graph to the stream
  xs.Serialize(stream, people);
}

WriteLine("Written {0:N0} bytes of XML to {1}",
  arg0: new FileInfo(path).Length,
  arg1: path);
WriteLine();
```

```
// Display the serialized object graph
WriteLine(File.ReadAllText(path));
```

(5) 运行控制台应用程序，查看结果，注意抛出了异常，输出如下所示：

```
Unhandled Exception: System.InvalidOperationException: Packt.Shared.Person cannot be
serialized because it does not have a parameterless constructor.
```

(6) 在 Person.cs 文件中添加以下语句以定义无参构造函数：

```
public Person() { }
```

这个构造函数不需要做任何事情，但是它必须存在，以便 XmlSerializer 在反序列化过程中调用它，以实例化新的 Person 实例。

(7) 重新运行控制台应用程序并查看结果，注意对象图已序列化为 XML 且未包含 Salary 属性，如下所示：

```
Written 752 bytes of XML to
/Users/markjprice/Code/Chapter09/WorkingWithSerialization/people.xml
<?xml version="1.0"?>
<ArrayOfPerson xmlns:xsi="http://www.w3.org/2001/XMLSchema-instance"
xmlns:xsd="http://www.w3.org/2001/XMLSchema">
  <Person>
    <FirstName>Alice</FirstName>
    <LastName>Smith</LastName>
    <DateOfBirth>1974-03-14T00:00:00</DateOfBirth>
  </Person>
  <Person>
    <FirstName>Bob</FirstName>
    <LastName>Jones</LastName>
    <DateOfBirth>1969-11-23T00:00:00</DateOfBirth>
  </Person>
  <Person>
    <FirstName>Charlie</FirstName>
    <LastName>Cox</LastName>
    <DateOfBirth>1984-05-04T00:00:00</DateOfBirth>
    <Children>
      <Person>
        <FirstName>Sally</FirstName>
        <LastName>Cox</LastName>
        <DateOfBirth>2000-07-12T00:00:00</DateOfBirth>
      </Person>
    </Children>
  </Person>
</ArrayOfPerson>
```

9.4.2 生成紧凑的 XML

可通过使用特性而不是某些字段的元素使 XML 更紧凑。

(1) 在 Person.cs 文件中导入 System.Xml.Serialization 名称空间。

(2) 用[XmlAttribute]特性装饰除 Children 外的所有属性，并为每个属性设置了简短的名称，如下所示：

```
[XmlAttribute("fname")]
public string FirstName { get; set; }
```

```csharp
[XmlAttribute("lname")]
public string LastName { get; set; }

[XmlAttribute("dob")]
public DateTime DateOfBirth { get; set; }
```

(3) 重新运行应用程序，注意文件的大小从 752 字节减少到 462 字节，这节省了超过三分之一的内存空间，输出如下所示：

```
Written 462 bytes of XML to
/Users/markjprice/Code/Chapter09/WorkingWithSerialization/people.xml
<?xml version="1.0"?>
<ArrayOfPerson xmlns:xsi="http://www.w3.org/2001/XMLSchema-instance"
xmlns:xsd="http://www.w3.org/2001/XMLSchema">
  <Person fname="Alice" lname="Smith" dob="1974-03-14T00:00:00" />
  <Person fname="Bob" lname="Jones" dob="1969-11-23T00:00:00" />
  <Person fname="Charlie" lname="Cox" dob="1984-05-04T00:00:00">
    <Children>
      <Person fname="Sally" lname="Cox" dob="2000-07-12T00:00:00" />
    </Children>
  </Person>
</ArrayOfPerson>
```

9.4.3 反序列化 XML 文件

现在，可尝试将 XML 文件反序列化为内存中的活动对象。

(1) 将如下语句添加到 Main 方法的末尾，以打开 XML 文件，然后进行反序列化：

```csharp
using (FileStream xmlLoad = File.Open(path, FileMode.Open))
{
  // deserialize and cast the object graph into a List of Person
  var loadedPeople = (List<Person>)xs.Deserialize(xmlLoad);

  foreach (var item in loadedPeople)
  {
    WriteLine("{0} has {1} children.",
      item.LastName, item.Children.Count);
  }
}
```

(2) 重新运行应用程序，注意我们已经成功地从 XML 文件中加载了个人信息，如下所示：

```
Smith has 0 children.
Jones has 0 children.
Cox has 1 children.
```

还有许多其他特性可用于控制生成的 XML。

 最佳实践：在使用 XmlSerializer 时，请记住只包含公共字段和属性。另外，类型必须有无参构造函数。可以使用特性自定义输出。

9.4.4 用 JSON 序列化格式

使用 JSON 序列化格式的最流行的 .NET 库之一是 Newtonsoft.Json，又名 Json.NET。

下面看看 Newtonsoft.json 是如何运作的。

(1) 编辑 WorkingWithSerialization.csproj 文件，为最新版本的 Newtonsoft.Json 添加包引用，如下所示：

```xml
<Project Sdk="Microsoft.NET.Sdk">
  <PropertyGroup>
    <OutputType>Exe</OutputType>
    <TargetFramework>net5.0</TargetFramework>
  </PropertyGroup>
  <ItemGroup>
    <PackageReference Include="Newtonsoft.Json"
      Version="12.0.3" />
  </ItemGroup>
</Project>
```

最佳实践：可在微软的 NuGet 提要中搜索 NuGet 包以发现支持的最新版本，链接为 https://www.nuget.org/packages/Newtonsoft.Json/。

(2) 将如下语句添加到 Main 方法的末尾以创建文本文件，然后将个人信息序列化为 JSON 格式并放在创建的文本文件中：

```csharp
// create a file to write to
string jsonPath = Combine(CurrentDirectory, "people.json");

using (StreamWriter jsonStream = File.CreateText(jsonPath))
{
  // create an object that will format as JSON
  var jss = new Newtonsoft.Json.JsonSerializer();

  // serialize the object graph into a string
  jss.Serialize(jsonStream, people);
}
WriteLine();

WriteLine("Written {0:N0} bytes of JSON to: {1}",
  arg0: new FileInfo(jsonPath).Length,
  arg1: jsonPath);

// Display the serialized object graph
WriteLine(File.ReadAllText(jsonPath));
```

(3) 重新运行应用程序，注意，与带有元素的 XML 相比，JSON 需要的字节数不到前者的一半，甚至比使用属性的 XML 文件还要小，如下所示：

```
Written 366 bytes of JSON to:
/Users/markjprice/Code/Chapter09/WorkingWithSerialization/people.json
[{"FirstName":"Alice","LastName":"Smith","DateOfBirth":"1974-03-14T00:00:00","Children":null},{"FirstName":"Bob","LastName":"Jones","DateOfBirth":"1969-11-23T00:00:00","Children":null},{"FirstName":"Charlie","LastName":"Cox","DateOfBirth":"1984-05-04T00:00:00","Children":[{"FirstName":"Sally","LastName":"Cox","DateOfBirth":"2000-07-12T00:00:00","Children":null}]}]
```

9.4.5 高性能的 JSON 处理

.NET Core 3.0 引入了如下新的名称空间来处理 JSON：System.Text.Json，从而能够像 Span<T>那样利用 API 来优化性能。

此外，Json.NET 是通过读取 UTF-16 来实现的。使用 UTF-8 读写 JSON 文档能带来更好的性能，因为包括 HTTP 在内的大多数网络协议都使用 UTF-8，而且可以避免在 UTF-8 与 Json.NET 的 Unicode 字符串之间来回转换。通过使用新的 API，.NET 的 JSON 处理性能有了极大改进，具体取决于场景。

> **更多信息**：可通过以下链接阅读关于 System.Text.Json API 的更多信息——https://devblogs.microsoft.com/dotnet/try-the-new-system-text-json-apis/。

Json.NET 的作者 James Newton-King 已加入微软，并与同事一起开发新的 JSON 类型。

> **更多信息**：可通过以下链接阅读关于 System.Text.Json API 的更多信息——https://github.com/dotnet/corefx/issues/33115。

下面研究 System.Text.Json API。

(1) 导入 System.Threading.Tasks 名称空间。

(2) 修改 Main 方法，可通过将 void 改为 async Task 来支持等待任务，如下所示：

```
static async Task Main(string[] args)
```

(3) 使用别名导入用于执行序列化的 JSON 类，以避免名称与之前使用的 Json.NET 发生冲突，如下所示：

```
using NuJson = System.Text.Json.JsonSerializer;
```

(4) 添加语句以打开并反序列化 JSON 文件，然后输出人员的姓名及其子女数目，如下所示：

```
using (FileStream jsonLoad = File.Open(
  jsonPath, FileMode.Open))
{
  // deserialize object graph into a List of Person
  var loadedPeople = (List<Person>)

  await NuJson.DeserializeAsync(
    utf8Json: jsonLoad,
    returnType: typeof(List<Person>));

  foreach (var item in loadedPeople)
  {
    WriteLine("{0} has {1} children.",
      item.LastName, item.Children?.Count ?? 0);
  }
}
```

(5) 运行控制台应用程序并查看结果，输出如下所示：

```
Smith has 0 children.
Jones has 0 children.
Cox has 1 children.
```

第 9 章 处理文件、流和序列化

最佳实践：选择 Json.NET 以提高开发人员的工作效率，并选择 System.Text.Json 以提高性能。

在.NET 5 中，微软对 System.Text.Json 名称空间中的类型进行了改进，详见第 18 章。

如果现有代码使用了 Newtonsoft Json.NET 库，并且希望迁移到新的 System.Text.Json 名称空间，那么可以参考微软专为这个问题提供的文档。

更多信息：可通过以下链接了解如何从 Newtonsoft.Json 迁移到 System.Text.Json——https://docs.microsoft.com/en-us/dotnet/standard/serialization/system-text-json-migrate-from-newtonsoft-how-to。

9.5 实践和探索

你可以通过回答一些问题来测试自己对知识的理解程度，进行一些实践，并深入探索本章涵盖的主题。

9.5.1 练习 9.1：测试你掌握的知识

回答以下问题：

1) File 类和 FileInfo 类之间的区别是什么？
2) 流的 ReadByte 方法和 Read 方法之间的区别是什么？
3) 什么时候使用 StringReader、TextReader 和 StreamReader 类？
4) DeflateStream 类的作用是什么？
5) UTF-8 编码为每个字符使用多少字节？
6) 什么是对象图？
7) 为了最小化空间需求，最好的序列化格式是什么？
8) 就跨平台兼容性而言，最好的序列化格式是什么？
9) 为什么使用像\Code\Chapter01 这样的字符串来表示路径不好？应该怎么做呢？
10) 在哪里可以找到关于 NuGet 包及其依赖项的信息？

9.5.2 练习 9.2：练习序列化为 XML

创建一个名为 Exercise02 的控制台应用程序项目，在这个项目中创建一个形状列表，使用序列化方式将这个形状列表保存到使用 XML 的文件系统中，然后反序列化回来。

```
// create a list of Shapes to serialize
var listOfShapes = new List<Shape>
{
 new Circle { Colour = "Red", Radius = 2.5 },
 new Rectangle { Colour = "Blue", Height = 20.0, Width = 10.0 },
 new Circle { Colour = "Green", Radius = 8.0 },
 new Circle { Colour = "Purple", Radius = 12.3 },
 new Rectangle { Colour = "Blue", Height = 45.0, Width = 18.0 }
};
```

形状对象应该有名为 Area 的只读属性，以便在反序列化时输出形状列表，包括形状的面积，如下所示：

```
List<Shape> loadedShapesXml =
  serializerXml.Deserialize(fileXml) as List<Shape>;

foreach (Shape item in loadedShapesXml)
{
  WriteLine("{0} is {1} and has an area of {2:N2}",
    item.GetType().Name, item.Colour, item.Area);
}
```

运行应用程序，输出如下所示：

```
Loading shapes from XML:
Circle is Red and has an area of 19.63
Rectangle is Blue and has an area of 200.00
Circle is Green and has an area of 201.06
Circle is Purple and has an area of 475.29
Rectangle is Blue and has an area of 810.00
```

9.5.3 练习9.3：探索主题

可通过以下链接来阅读本章所涉及主题的更多细节。

- 文件系统和注册表(C#编程指南)：https://docs.microsoft.com/en-us/dotnet/csharp/programming-guide/file-system/。
- .NET 中的字符编码：https://docs.microsoft.com/en-us/dotnet/articles/standard/base-types/character-encoding。
- 序列化(C#)：https://docs.microsoft.com/en-us/dotnet/articles/csharp/programming-guide/concepts/serialization/。
- 序列化到文件、TextWriter 和 XmlWriter：https://docs.microsoft.com/en-us/dotnet/articles/csharp/programming-guide/concepts/linq/serializing-to-files-textwriters-and-xmlwriters。
- Newtonsoft Json.NET：http://www.newtonsoft.com/json。

9.6 本章小结

本章介绍了如何读写文本文件和 XML 文件，如何压缩和解压文件，如何对文本进行编码和解码，以及如何将对象序列化为 JSON 和 XML(并再次反序列化)。

第 10 章将介绍如何使用哈希、签名加密、身份验证和授权来保护数据和文件。

第10章 保护数据和应用程序

本章讨论如何使用加密技术保护数据不被恶意用户查看，以及如何使用哈希和签名保护数据不被操纵或损坏。

在.NET Core 2.1 中，微软引入了基于 Span<T>的加密 API，用于计算哈希值、生成随机数、生成和处理非对称签名以及进行 RSA 加密。

加密操作由操作系统实现并执行，因此当操作系统的安全漏洞得到修复时，.NET 应用程序会立即受益，但这也意味着.NET 应用程序只能使用操作系统支持的功能。

更多信息：可通过以下链接了解不同的操作系统都支持哪些特性——https://docs.microsoft.com/en-us/dotnet/standard/security/cross-platform-cryptography。

本章涵盖以下主题：
- 理解数据保护术语
- 加密和解密数据
- 哈希数据
- 签名数据
- 生成随机数
- 密码学有什么新内容
- 用户的身份验证和授权

10.1 理解数据保护术语

有许多技术可以保护数据，下面简要介绍六种最受欢迎的技术。
- 加密和解密：这是一个双向过程，将数据从明文转换为密文，然后再转换回来。
- 哈希：这是一个生成哈希值以安全存储密码的单向过程，也可以用来检测数据的恶意更改或损坏。
- 签名：用于根据某人的公钥来验证应用于某些数据的签名，从而确保数据来自信任的人。
- 身份验证：用于通过检查某人的凭据来识别此人。
- 授权：用于通过检查某人所属的角色或组来确保此人具有执行操作或处理某些数据的权限。

最佳实践：如果安全很重要(确实应该如此!)，那么建议请一位有经验的安全专家来做指导，而不是依赖网络上的建议。

10.1.1 密钥和密钥的大小

保护算法通常使用密钥。密钥由大小不同的字节数组表示。

最佳实践：为密钥选择更大的字节数组以加强保护。

密钥可以是对称的(也称为共享密钥或秘密密钥，因为使用相同的密钥进行加密和解密)，也可以是非对称的(公钥-私钥对，其中公钥用于加密，私钥用于解密)。

最佳实践：对称密钥加密算法速度快，可以使用流加密大量数据。非对称密钥加密算法速度慢，只能加密小字节数组。

在现实世界中，要想两全其美，可以使用对称密钥加密数据，而使用非对称密钥共享对称密钥，这就是 SSL(安全套接字层)加密的工作原理。

键有不同的字节数组大小。

10.1.2 IV 和块大小

在对大量数据进行加密时，可能会出现重复的序列。例如，在英文文档中，字符序列中经常出现 the，the 每次都可能被加密为 hQ2。优秀的破解者会利用这一点，使密文更容易被破解，如下所示：

```
When the wind blew hard the umbrella broke.
5:s4&hQ2aj#D f9d1d£8fh"&hQ2s0)an DF8SFd#][1
```

把数据分解成块，就可以避免出现重复的序列。对一个块进行加密后，就会从这个块生成一个字节数组值，可以将这个字节数组值输入下一个块以调整算法，进而以不同的方式加密数据。为了加密第一个块，需要一个字节数组，这称为初始化向量(IV)。

最佳实践：选择较小的块能提高加密程度。

10.1.3 salt

salt 是随机的字节数组，可用作单向哈希函数的额外输入。如果在生成哈希时没有使用 salt，那么当许多用户使用 123456 作为密码时(大约有 8%的用户在 2016 年仍然这样做!)，他们将具有相同的哈希值，他们的账户将很容易受到字典式攻击。

更多信息：关于字典攻击的更多细节详见 https://blog.codinghorror.com/dictionary-attacks-101/。

当用户注册时，应该随机生成 salt，并在进行哈希之前将 salt 与选择的密码连接起来。输出(但不是原始密码)与 salt 一起存储在数据库中。

然后，当用户下一次登录并输入密码时，就查找他们的 salt 并与输入的密码连接起来，重新生成哈希值，然后与数据库中存储的哈希值进行比较。如果它们是相同的，就说明用户输入的密码是正确的。

10.1.4 生成密钥和 IV

键和 IV 是字节数组。想要交换加密数据的双方都需要密钥和 IV，但是字节数组很难可靠地交换。可使用基于密码的密钥派生函数(PBKDF2)可靠地生成密钥或 IV。在这方面，一个很好的例子就是 Rfc2898DeriveBytes 类，这个类接收密码、salt 和迭代计数作为参数，然后通过调用 GetBytes 方法来生成键和 IV。

最佳实践：salt 的大小应该是 8 字节或更大，迭代计数应该大于 0，建议的最小迭代次数是 1000。

10.2 加密和解密数据

在.NET 中，有多种加密算法可供选择。

在旧的.NET Framework 中，一些加密算法由操作系统实现，它们的名称以 CryptoServiceProvider 作为后缀。还有一些加密算法是在.NET BCL 中实现的，它们的名字以 Managed 作为后缀。

在.NET 5 中，所有的算法都由操作系统实现。如果操作系统算法是使用联邦信息处理标准(FIPS)进行认证的，那么.NET 将使用 FIPS 认证算法。

通常情况下，由于我们经常使用像 Aes 这样的抽象类及其 Create 工厂方法来获取算法的实例，因此我们不需要知道使用的后缀是 CryptoServiceProvider 还是 Managed。

有些加密算法使用对称密钥，而有些使用非对称密钥。主要的非对称加密算法是 RSA。

对称加密算法使用 CryptoStream 对大量字节进行有效的加密或解密。非对称加密算法只能处理少量字节，并且这些字节存储在字节数组中而不是存储在流中。

最常见的对称加密算法源自名为 SymmetricAlgorithm 的抽象类，比如

- AES
- DESCryptoServiceProvider
- TripleDESCryptoServiceProvider
- RC2CryptoServiceProvider
- RijndaelManaged

如果需要编写代码来解密外部系统发送的某些数据，那就必须使用外部系统用于加密数据的任何算法。或者，如果需要将加密的数据发送到只能使用特定算法解密的系统，那就无法选择加密算法。

如果代码将被加密和解密，那么可以选择最适合强度和性能要求的加密算法。

最佳实践：选择 AES(高级加密标准，基于 Rijndael 算法)进行对称加密，而选择 RSA 进行非对称加密。不要把 RSA 和 DSA 搞混淆了。数字签名算法(DSA)不能加密数据，而只能生成哈希值和签名。

使用 AES 进行对称加密

为了将来能够更容易地重用受保护的代码，下面我们在自己的类库中创建静态类 Protector。

(1) 在 Code 文件夹中创建名为 Chapter10 的文件夹，其中包含两个名为 CryptographyLib 和 EncryptionApp 的子文件夹。

(2) 在 Visual Studio Code 中将工作区命名为 Chapter10 文件夹中的 Chapter10。

(3) 将名为 CryptographyLib 的文件夹添加到工作区。

(4) 导航到 Terminal | New Terminal。
(5) 在终端窗口中输入以下命令:

```
dotnet new classlib
```

(6) 将名为 EncryptionApp 的文件夹添加到工作区。
(7) 导航到 Terminal | New Terminal 并选择 EncryptionApp。
(8) 在终端窗口中输入以下命令:

```
dotnet new console
```

(9) 在资源管理器中展开 CryptographyLib 并将 Class1.cs 重命名为 Protector.cs。
(10) 在 EncryptionApp 项目文件夹中打开名为 EncryptionApp.csproj 的文件,并将包引用添加到 CryptographyLib 库中,如下所示:

```xml
<Project Sdk="Microsoft.NET.Sdk">
  <PropertyGroup>
    <OutputType>Exe</OutputType>
    <TargetFramework>net5.0</TargetFramework>
  </PropertyGroup>
  <ItemGroup>
    <ProjectReference
      Include="..\CryptographyLib\CryptographyLib.csproj" />
  </ItemGroup>
</Project>
```

(11) 在终端窗口中输入以下命令:

```
dotnet build
```

(12) 打开 Protector.cs 文件,更改其中的内容以定义静态类 Protector,其中的字段用于存储 salt 字节数组和迭代数字,静态类 Proctector 还有 Encrypt 和 Decrypt 方法,如下所示:

```csharp
using System;
using System.Collections.Generic;
using System.IO;
using System.Security.Cryptography;
using System.Security.Principal;
using System.Text;
using System.Xml.Linq;
using static System.Convert;

namespace Packt.Shared
{
  public static class Protector
  {
    // salt size must be at least 8 bytes, we will use 16 bytes
    private static readonly byte[] salt =
      Encoding.Unicode.GetBytes("7BANANAS");

    // iterations must be at least 1000, we will use 2000
    private static readonly int iterations = 2000;

    public static string Encrypt(
      string plainText, string password)
    {
```

```csharp
      byte[] encryptedBytes;
      byte[] plainBytes = Encoding.Unicode
        .GetBytes(plainText);

      var aes = Aes.Create(); // abstract class factory method

      var pbkdf2 = new Rfc2898DeriveBytes(
        password, salt, iterations);

      aes.Key = pbkdf2.GetBytes(32); // set a 256-bit key
      aes.IV = pbkdf2.GetBytes(16); // set a 128-bit IV

      using (var ms = new MemoryStream())
      {
        using (var cs = new CryptoStream(
          ms, aes.CreateEncryptor(),
          CryptoStreamMode.Write))
        {
          cs.Write(plainBytes, 0, plainBytes.Length);
        }
        encryptedBytes = ms.ToArray();
      }
      return Convert.ToBase64String(encryptedBytes);
    }

    public static string Decrypt(
      string cryptoText, string password)
    {
      byte[] plainBytes;
      byte[] cryptoBytes = Convert
        .FromBase64String(cryptoText);

      var aes = Aes.Create();

      var pbkdf2 = new Rfc2898DeriveBytes(
        password, salt, iterations);

      aes.Key = pbkdf2.GetBytes(32);
      aes.IV = pbkdf2.GetBytes(16);

      using (var ms = new MemoryStream())
      {
        using (var cs = new CryptoStream(
          ms, aes.CreateDecryptor(),
          CryptoStreamMode.Write))
        {
          cs.Write(cryptoBytes, 0, cryptoBytes.Length);
        }
        plainBytes = ms.ToArray();
      }
      return Encoding.Unicode.GetString(plainBytes);
    }
  }
}
```

对于上述代码,请注意以下要点:
- 使用了双倍推荐的 salt 大小和迭代计数。
- 虽然 salt 和迭代计数可以硬编码,但是当运行时(runtime)调用 Encrypt 和 Decrypt 方法时必须传递密码。
- 使用临时的 MemoryStream 类型来存储加密和解密的结果,然后调用 ToArray 方法以将流转换为字节数组。
- 将加密的字节数组转换为 Base64 编码,从而更易于读取。

 最佳实践:永远不要在源代码中硬编码密码,因为即使在编译之后,也可通过反汇编工具在程序集中读取密码。

(13) 在 EncryptionApp 项目中打开 Program.cs 文件,然后分别导入 Protector 类和 CryptographicException 类所在的名称空间,并静态导入 Console 类,如下所示:

```
using System.Security.Cryptography; // CryptographicException
using Packt.Shared;                  // Protector
using static System.Console;
```

(14) 在 Main 方法中添加语句,提示用户输入消息和密码,然后进行加密和解密,如下所示:

```
Write("Enter a message that you want to encrypt: ");
string message = ReadLine();

Write("Enter a password: ");
string password = ReadLine();

string cryptoText = Protector.Encrypt(message, password);

WriteLine($"Encrypted text: {cryptoText}");

Write("Enter the password: ");
string password2 = ReadLine();

try
{
  string clearText = Protector.Decrypt(cryptoText, password2);
  WriteLine($"Decrypted text: {clearText}");
}
catch (CryptographicException ex)
{
  WriteLine("{0}\nMore details: {1}",
    arg0: "You entered the wrong password!",
    arg1: ex.Message);
}
catch (Exception ex)
{
  WriteLine("Non-cryptographic exception: {0}, {1}",
    arg0: ex.GetType().Name,
    arg1: ex.Message);
}
```

(15) 运行控制台应用程序,尝试输入消息和密码并查看结果,输出如下所示:

```
Enter a message that you want to encrypt: Hello Bob
Enter a password: secret
```

```
Encrypted text: pV5qPDf1CCZmGzUMH2gapFSkn5731g7tMj5ajice3cQ=
Enter the password: secret
Decrypted text: Hello Bob
```

(16) 重新运行控制台应用程序，并尝试输入消息和密码，但这一次加密后故意输入不正确的密码，输出如下所示：

```
Enter a message that you want to encrypt: Hello Bob
Enter a password: secret
Encrypted text: pV5qPDf1CCZmGzUMH2gapFSkn5731g7tMj5ajice3cQ=
Enter the password: 123456
You entered the wrong password!
More details: Padding is invalid and cannot be removed.
```

10.3 哈希数据

在.NET 中，有多种哈希算法可供选择。有些不使用任何密钥，有些则使用对称密钥，还有些使用非对称密钥。

在选择哈希算法时，有两个重要的因素需要考虑。

- 抗碰撞性(collision resistance)：两个输入拥有相同哈希的情况有多罕见？
- 逆原像阻力(preimage resistance)：对于某个哈希，另一个输入想要共享相同的哈希有多难？

一些常用的非键哈希算法如表 10.1 所示。

表 10.1　一些常用的非键哈希算法

算法	哈希大小	说明
MD5	16 字节	这种算法很快，但没有抗碰撞性
SHA1	20 字节	自 2011 年以来，SHA1 算法在互联网上已被禁用
SHA256	32 字节	这些都是安全哈希算法(SHA)的第二代版本，具有不同的哈希大小
SHA384	48 字节	
SHA512	64 字节	

最佳实践：应避免使用 MD5 和 SHA1 算法，因为它们都有已知的弱点。可选择较大的哈希以减小哈希重复的可能性。第一次公开的 MD5 冲突发生在 2010 年。第一次公开的 SHA1 碰撞发生在 2017 年，详见 https://arstechnica.co.uk/information-technology/2017/02/at-deaths-door-for-years-widely-used-sha1-function-is-now-dead/。

哈希与常用的 SHA256 算法

下面添加一个类来表示存储在内存、文件或数据库中的用户。可以使用字典在内存中存储多个用户。

(1) 在 CryptographyLib 类库项目中添加一个名为 User.cs 的类文件，如下所示：

```
namespace Packt.Shared
{
  public class User
  {
    public string Name { get; set; }
    public string Salt { get; set; }
```

```csharp
    public string SaltedHashedPassword { get; set; }
  }
}
```

(2) 向 Protector 类添加如下语句以声明一个字典(用于存储用户)并定义两个方法：一个用于注册新用户；另一个用于在用户随后登录时验证密码。

```csharp
private static Dictionary<string, User> Users =
  new Dictionary<string, User>();

public static User Register(
  string username, string password)
{
  // generate a random salt
  var rng = RandomNumberGenerator.Create();
  var saltBytes = new byte[16];
  rng.GetBytes(saltBytes);
  var saltText = Convert.ToBase64String(saltBytes);

  // generate the salted and hashed password
  var saltedhashedPassword = SaltAndHashPassword(
    password, saltText);

  var user = new User
  {
    Name = username, Salt = saltText,
    SaltedHashedPassword = saltedhashedPassword
  };
  Users.Add(user.Name, user);
  return user;
}

public static bool CheckPassword(
  string username, string password)
{
  if (!Users.ContainsKey(username))
  {
    return false;
  }
  var user = Users[username];

  // re-generate the salted and hashed password
  var saltedhashedPassword = SaltAndHashPassword(
    password, user.Salt);

  return (saltedhashedPassword == user.SaltedHashedPassword);
}

private static string SaltAndHashPassword(
  string password, string salt)
{
  var sha = SHA256.Create();
  var saltedPassword = password + salt;
  return Convert.ToBase64String(
    sha.ComputeHash(Encoding.Unicode.GetBytes(saltedPassword)));
}
```

(3) 创建一个名为 HashingApp 的控制台应用程序项目，将其添加到工作区，并选择它作为 OmniSharp 的活动项目。

(4) 和前面一样，向 CryptographyLib 程序集添加引用，然后导入 Packt.Shared 名称空间。

(5) 在 Main 方法中添加用户注册语句，并提示注册另一个用户，然后提示作为这两个用户之一登录并验证密码，如下所示：

```
WriteLine("Registering Alice with Pa$$w0rd.");
var alice = Protector.Register("Alice", "Pa$$w0rd");

WriteLine($"Name: {alice.Name}");
WriteLine($"Salt: {alice.Salt}");
WriteLine("Password (salted and hashed): {0}",
  arg0: alice.SaltedHashedPassword);
WriteLine();

Write("Enter a new user to register: ");
string username = ReadLine();
Write($"Enter a password for {username}: ");
string password = ReadLine();

var user = Protector.Register(username, password);

WriteLine($"Name: {user.Name}");
WriteLine($"Salt: {user.Salt}");
WriteLine("Password (salted and hashed): {0}",
  arg0: user.SaltedHashedPassword);
WriteLine();

bool correctPassword = false;
while (!correctPassword)
{
  Write("Enter a username to log in: ");
  string loginUsername = ReadLine();
  Write("Enter a password to log in: ");
  string loginPassword = ReadLine();

  correctPassword = Protector.CheckPassword(
    loginUsername, loginPassword);

  if (correctPassword)
  {
    WriteLine($"Correct! {loginUsername} has been logged in.");
  }
  else
  {
    WriteLine("Invalid username or password. Try again.");
  }
}
```

在使用多个项目时，请记住在输入 dotnet build 和 dotnet run 命令之前，为正确的控制台应用程序使用终端窗口。

(6) 运行控制台应用程序，注册一个与 Alice 用户的密码相同的新用户并查看结果，输出如下所示：

```
Registering Alice with Pa$$w0rd.
Name: Alice
Salt: IlI1dzIjkd7EYDf/6jaf4w==
Password (salted and hashed): pIoadjE4W/XaRFkqS3br3UuAuPv/3LVQ8kzj6mvcz+s=
Enter a new user to register: Bob
Enter a password for Bob: Pa$$w0rd
Name: Bob
Salt: 1X7ym/UjxTiuEWBC/vIHpw==
Password (salted and hashed): DoBFtDhKeN0aaaLVdErtrZ3mpZSvpWDQ9TXDosTq0sQ=
Enter a username to log in: Alice
Enter a password to log in: secret
Invalid username or password. Try again.
Enter a username to log in: Bob
Enter a password to log in: secret
Invalid username or password. Try again.
Enter a username to log in: Bob
Enter a password to log in: Pa$$w0rd
Correct! Bob has been logged in.
```

即使两个用户使用相同的密码进行注册,他们也会随机生成不同的 salt,因此他们的 salt 和哈希密码是不同的。

10.4 签名数据

为了证明某些数据来自我们信任的人,可以对它们进行签名。实际上,不需要对数据本身进行签名,而是对数据的哈希进行签名。

下面使用 SHA256 算法生成哈希,并结合 RSA 算法对哈希进行签名。

可以同时使用 DSA 算法进行哈希和签名。DSA 算法在生成签名方面比 RSA 算法快,但在验证签名方面比 RSA 算法慢。由于签名只生成一次,但要验证多次,因此最好能比生成更快地进行验证。

更多信息: RSA 算法基于大整数的因式分解,而 DSA 算法基于离散对数计算。可通过以下链接阅读更多内容——http://mathworld.wolfram.com/RSAEncryption.html。

使用 SHA256 和 RSA 算法进行签名

下面研究签名数据并使用公钥检查签名。

(1) 在 CryptographyLib 类库项目中,向 Protector 类添加语句以声明一个公钥字段和两个扩展方法(分别用于将 RSA 实例转换为 XML,以及从 XML 转换为 RSA 实例),然后再添加两个方法以生成和验证签名,如下所示:

```
public static string PublicKey;

public static string ToXmlStringExt(
  this RSA rsa, bool includePrivateParameters)
{
  var p = rsa.ExportParameters(includePrivateParameters);

  XElement xml;

  if (includePrivateParameters)
  {
    xml = new XElement("RSAKeyValue",
```

```csharp
        new XElement("Modulus", ToBase64String(p.Modulus)),
        new XElement("Exponent", ToBase64String(p.Exponent)),
        new XElement("P", ToBase64String(p.P)),
        new XElement("Q", ToBase64String(p.Q)),
        new XElement("DP", ToBase64String(p.DP)),
        new XElement("DQ", ToBase64String(p.DQ)),
        new XElement("InverseQ", ToBase64String(p.InverseQ))
      );
  }
  else
  {
    xml = new XElement("RSAKeyValue",
      new XElement("Modulus", ToBase64String(p.Modulus)),
      new XElement("Exponent", ToBase64String(p.Exponent)));
  }
  return xml?.ToString();
}

public static void FromXmlStringExt(
  this RSA rsa, string parametersAsXml)
{
  var xml = XDocument.Parse(parametersAsXml);
  var root = xml.Element("RSAKeyValue");

  var p = new RSAParameters
  {
    Modulus = FromBase64String(root.Element("Modulus").Value),
    Exponent = FromBase64String(root.Element("Exponent").Value)
  };

  if (root.Element("P") != null)
  {
    p.P = FromBase64String(root.Element("P").Value);
    p.Q = FromBase64String(root.Element("Q").Value);
    p.DP = FromBase64String(root.Element("DP").Value);
    p.DQ = FromBase64String(root.Element("DQ").Value);
    p.InverseQ = FromBase64String(root.Element("InverseQ").Value);
  }
  rsa.ImportParameters(p);
}

public static string GenerateSignature(string data)
{
  byte[] dataBytes = Encoding.Unicode.GetBytes(data);
  var sha = SHA256.Create();
  var hashedData = sha.ComputeHash(dataBytes);
  var rsa = RSA.Create();

  PublicKey = rsa.ToXmlStringExt(false); // exclude private key

  return ToBase64String(rsa.SignHash(hashedData,
    HashAlgorithmName.SHA256, RSASignaturePadding.Pkcs1));
}

public static bool ValidateSignature(
  string data, string signature)
{
  byte[] dataBytes = Encoding.Unicode.GetBytes(data);
```

```
var sha = SHA256.Create();
var hashedData = sha.ComputeHash(dataBytes);
byte[] signatureBytes = FromBase64String(signature);
var rsa = RSA.Create();
rsa.FromXmlStringExt(PublicKey);
return rsa.VerifyHash(hashedData, signatureBytes,
  HashAlgorithmName.SHA256, RSASignaturePadding.Pkcs1);
}
```

对于上述代码，请注意以下要点：

- RSA 类型有两个名为 ToXmlString 和 FromXmlString 的方法，它们用于对包含公钥和私钥的 RSAParameters 结构进行序列化和反序列化。但是，这两个方法在 macOS 中的实现会抛出 PlatformNotSupportedException 异常。为了将它们重新实现为扩展方法 ToXmlStringExt 和 FromXmlStringExt，这里使用了 LINQ to XML 类型(如 XDocument)，详见第 12 章。
- 只需要将公钥-私钥对的公共部分提供给检查签名的代码,以便在调用 ToXmlStringExt 方法时传递 false 值。私有部分需要对数据进行签名，并且必须保密，因为任何拥有私有部分的人都可以对数据进行签名!
- 通过调用 SignHash 方法从数据生成哈希的哈希算法，必须与调用 VerifyHash 方法时的哈希算法集匹配。在前面的代码中，使用了 SHA256 算法。

现在可以测试一些数据的签名。

(2) 创建一个名为 SigningApp 的控制台应用程序项目，将其添加到工作区，并选择它作为 OmniSharp 的活动项目。

(3) 将一个引用添加到 CryptographyLib 程序集中，在 Program.cs 文件中导入适当的名称空间，然后在 Main 方法中添加语句以提示用户输入一些文本、进行签名并检查签名，然后修改文本，再次检查签名，如下所示：

```
Write("Enter some text to sign: ");
string data = ReadLine();

var signature = Protector.GenerateSignature(data);

WriteLine($"Signature: {signature}");
WriteLine("Public key used to check signature:");
WriteLine(Protector.PublicKey);

if (Protector.ValidateSignature(data, signature))
{
  WriteLine("Correct! Signature is valid.");
}
else
{
  WriteLine("Invalid signature.");
}

// simulate a fake signature by replacing the
// first character with an X
var fakeSignature = signature.Replace(signature[0], 'X');

if (Protector.ValidateSignature(data, fakeSignature))
{
  WriteLine("Correct! Signature is valid.");
}
```

```
else
{
  WriteLine($"Invalid signature: {fakeSignature}");
}
```

(4) 运行控制台应用程序，输入一些文本，输出如下所示(此处对内容做了删减)：

```
Enter some text to sign: The cat sat on the mat.
Signature: BXSTdM...4Wrg==
Public key used to check signature:
<RSAKeyValue>
  <Modulus>nHtwl3...mw3w==</Modulus>
  <Exponent>AQAB</Exponent>
</RSAKeyValue>
Correct! Signature is valid.
Invalid signature: XXSTdM...4Wrg==
```

10.5 生成随机数

有时需要生成随机数，可能是在模拟掷骰子的游戏中，也可能是在用于加密或签名的加密算法中。有两个类可以用于在.NET 中生成随机数。

10.5.1 为游戏生成随机数

在游戏等不需要真正随机数的场景中，可以创建 Random 类的实例，如下所示：

```
var r = new Random();
```

Random 类有一个带参数的构造函数，这个参数指定了用于初始化伪随机数生成器的种子值，如下所示：

```
var r = new Random(Seed: 12345);
```

最佳实践：共享的种子值可充当密钥，因此，如果在两个应用程序中使用具有相同种子值的相同随机数生成算法，那么它们可以生成相同的"随机"数字序列。有时这是必要的，例如当同步 GPS 接收器与卫星时，或者当游戏需要随机生成相同的关卡时。但通常情况下，种子值应该保密。

如第 2 章所述，参数名应该使用驼峰大小写风格。为 Random 类定义构造函数的开发人员打破了这种惯例！参数名应该是 seed 而不是 Seed。

一旦有了 Random 对象，就可以调用 Random 对象的方法来产生随机数，如下所示：

```
int dieRoll = r.Next(minValue: 1, maxValue: 7);   // returns 1 to 6

double randomReal = r.NextDouble();               // returns 0.0 to 1.0

var arrayOfBytes = new byte[256];
r.NextBytes(arrayOfBytes);                        // 256 random bytes in an array
```

Next 方法接收两个参数：minValue 和 maxValue。现在，maxValue 不是方法返回的最大值，而是唯一的上界，这意味着 maxValue 比最大值大 1。

10.5.2 为密码生成随机数

Random 类能够生成伪随机数。这对于密码学来说还不够好!如果随机数不是真正随机的,那么它们是可重复的;如果它们是可重复的,那么黑客就可以破坏这种保护。

对于真正的随机数,必须使用 RandomNumberGenerator 派生类型,例如 RNGCryptoServiceProvider。

下面创建一个方法来生成一个真正随机的字节数组,该字节数组可用于在算法中加密密钥和 IV 值。

(1) 在 CryptographyLib 类库项目中,向 Protector 类添加语句以定义一个方法,从而获取用于加密的随机密钥或 IV,如下所示:

```
public static byte[] GetRandomKeyOrIV(int size)
{
  var r = RandomNumberGenerator.Create();
  var data = new byte[size];
  r.GetNonZeroBytes(data);

  // data is an array now filled with
  // cryptographically strong random bytes
  return data;
}
```

现在可以测试为真正随机的加密密钥或 IV 生成的随机字节。

(2) 创建一个名为 RandomizingApp 的控制台应用程序项目,将其添加到工作区,并选择它作为 OmniSharp 的活动项目。

(3) 向 CryptographyLib 程序集添加引用,导入适当的名称空间。在 Main 方法中添加语句,提示用户输入字节数组的大小,然后生成随机的字节值,并将它们写入控制台,如下所示:

```
Write("How big do you want the key (in bytes): ");
string size = ReadLine();

byte[] key = Protector.GetRandomKeyOrIV(int.Parse(size));

WriteLine($"Key as byte array:");
for (int b = 0; b < key.Length; b++)
{
  Write($"{key[b]:x2} ");
  if (((b + 1) % 16) == 0) WriteLine();
}
WriteLine();
```

(4) 运行控制台应用程序,输入密钥的典型大小(如 256),并查看随机生成的密钥,输出如下所示:

```
How big do you want the key (in bytes): 256
Key as byte array:
f1 57 3f 44 80 e7 93 dc 8e 55 04 6c 76 6f 51 b9
e8 84 59 e5 8d eb 08 d5 e6 59 65 20 b1 56 fa 68
...
```

10.6 密码学有什么新内容

使用.NET Core 3.0 或更高版本的自然优势就是哈希算法、HMAC、随机数生成、非对称签名的生成与处理、RSA 加密已重写为基于 Span<T> 的实现,所有这些都能使代码实现更好的性能。例如,Rfc2898DerIVeBytes 大约快了 15%。

密码学 API 也有了一些增强,它们在高级场景中很有用,包括:

- CMS/PKCS #7 消息的签署和验证。
- 启用 X509Certificate.GetCertHash 和 X509Certificate.GetCertHashString,以使用非 SHA-1 算法获取证书缩略图。
- CryptographicOperations 类包含一些有用的方法(如 ZeroMemory)以安全清除内存。
- RandomNumberGenerator 类提供了 Fill 方法,用于使用随机值填充 Span,并且不需要理 IDisposable 资源。
- 用于读取、验证和创建 RFC 3161 TimestampToken 值的 API。
- 使用 ECDiffieHellman 类支持椭圆曲线的 Diffie-Hellman 算法。
- 在 Linux 平台上支持 RSA-OAEP-SHA2 和 RSA-PSS 算法。

10.7 用户的身份验证和授权

身份验证是根据某个权威验证用户的凭据,从而验证用户身份的过程。凭证包括用户名和密码的组合,还可以包括指纹或面部扫描等信息。

一旦通过身份验证,授权机构就可以对用户进行声明,例如他们的电子邮件地址是什么、他们属于什么组或角色,等等。

授权是在允许访问应用程序的功能和数据等资源之前,验证组或角色的成员资格的过程。虽然授权可以基于个人身份,但是基于组或角色的成员身份(可通过声明来表示)进行授权是一种良好的安全实践,即使角色或组中只有一个用户也是如此。因为这种方式允许用户的成员身份在未来发生更改,而无须重新分配用户的个人访问权限。

有多种身份验证和授权机制可供选择。它们都在 System.Security.Principal 名称空间中实现了一对接口:IIdentity 和 IPrincipal。

IIdentity 表示用户,因此拥有 Name 和 IsAuthenticated 属性,以指示用户是匿名的还是通过凭据成功进行了身份验证。

实现了 IIdentity 接口的最常见的类是 GenericIdentity,该类继承自 ClaimsIdentity 类,如图 10.1 所示。

ClaimsIdentity 类拥有 Claims 属性,这在图 10.1 中显示为 ClaimsIdentity 类和 Claims 类之间的双箭头。

Claims 对象拥有 Type 属性,该属性指示声明是否针对名称、角色或组的成员关系、出生日期等。

IPrincipal 接口用于将身份与它们所属的角色和组关联起来,因此可以用于授权目的。执行代码的当前线程拥有 CurrentPrincipal 属性,该属性可以设置为实现了 IPrincipal 接口的任何对象,并且当因为执行安全操作而需要权限时,应检查 CurrentPrincipal 属性。

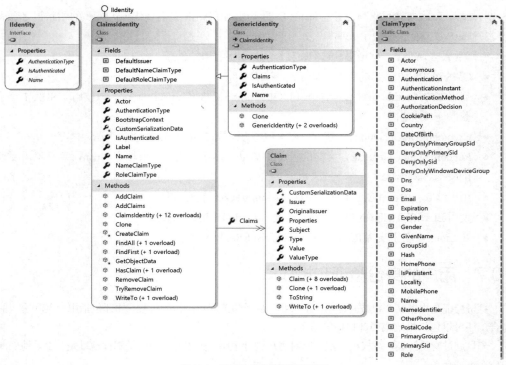

图 10.1　用于处理身份验证的类型

实现了 IPrincipal 接口的最常见的类是 GenericPrincipal，该类继承自 ClaimsPrincipal 类，如图 10.2 所示。

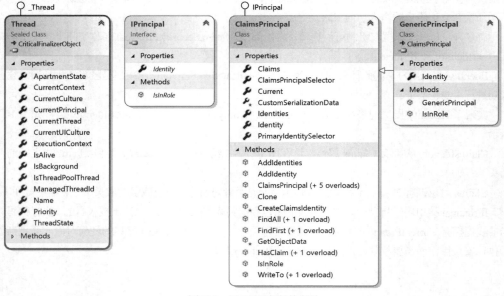

图 10.2　用于处理授权的类型

10.7.1 实现身份验证和授权

下面研究一下身份验证和授权。

(1) 在 CryptographyLib 类库项目中，向 User 类添加一个属性以存储角色数组，如下所示：

```
public string[] Roles { get; set; }
```

(2) 修改 Protector 类的 Register 方法，以允许角色数组作为可选参数传递，如下所示：

```
public static User Register(
  string username, string password,
  string[] roles = null)
```

(3) 修改 Protector 类的 Register 方法，以设置 User 对象中的角色数组，如下所示：

```
var user = new User
{
  Name = username, Salt = saltText,
  SaltedHashedPassword = saltedhashedPassword,
  Roles = roles
};
```

(4) 在 CryptographyLib 类库项目中，向 Protector 类添加语句以定义 LogIn 方法，从而登录用户并使用通用标识和主体将他们分配给当前线程，如下所示：

```
public static void LogIn(string username, string password)
{
  if (CheckPassword(username, password))
  {
    var identity = new GenericIdentity(
      username, "PacktAuth");
    var principal = new GenericPrincipal(
      identity, Users[username].Roles);
    System.Threading.Thread.CurrentPrincipal = principal;
  }
}
```

(5) 创建一个名为 SecureApp 的控制台应用程序项目，将其添加到工作区，并选择它作为 OmniSharp 的活动项目。

(6) 将引用添加到 CryptographyLib 程序集，然后在 Program.cs 文件中导入以下名称空间：

```
using static System.Console;
using Packt.Shared;
using System.Threading;
using System.Security;
using System.Security.Permissions;
using System.Security.Principal;
using System.Security.Claims;
```

(7) 在 Main 方法中编写语句，注册三个用户 Alice、Bob 和 Eve，让他们分别扮演不同的角色。提示用户登录，然后输出关于他们的信息，如下所示：

```
Protector.Register("Alice", "Pa$$w0rd",
  new[] { "Admins" });

Protector.Register("Bob", "Pa$$w0rd",
```

```csharp
        new[] { "Sales", "TeamLeads" });

Protector.Register("Eve", "Pa$$w0rd");

Write($"Enter your user name: ");
string username = ReadLine();

Write($"Enter your password: ");
string password = ReadLine();

Protector.LogIn(username, password);

if (Thread.CurrentPrincipal == null)
{
  WriteLine("Log in failed.");
  return;
}

var p = Thread.CurrentPrincipal;

WriteLine($"IsAuthenticated: {p.Identity.IsAuthenticated}");
WriteLine($"AuthenticationType: {p.Identity.AuthenticationType}");
WriteLine($"Name: {p.Identity.Name}");
WriteLine($"IsInRole(\"Admins\"): {p.IsInRole("Admins")}");
WriteLine($"IsInRole(\"Sales\"): {p.IsInRole("Sales")}");

if (p is ClaimsPrincipal)
{
  WriteLine(
    $"{p.Identity.Name} has the following claims:");

  foreach (Claim claim in (p as ClaimsPrincipal).Claims)
  {
    WriteLine($"{claim.Type}: {claim.Value}");
  }
}
```

(8) 运行控制台应用程序，使用 Pa$$word 作为密码，以 Alice 身份登录，查看结果，输出如下所示：

```
Enter your user name: Alice
Enter your password: Pa$$w0rd
IsAuthenticated: True
AuthenticationType: PacktAuth
Name: Alice
IsInRole("Admins"): True
IsInRole("Sales"): False
Alice has the following claims:
http://schemas.xmlsoap.org/ws/2005/05/identity/claims/name: Alice
http://schemas.microsoft.com/ws/2008/06/identity/claims/role: Admins
```

(9) 运行控制台应用程序，使用 secret 作为密码，以 Alice 身份登录，查看结果，输出如下所示：

```
Enter your user name: Alice
Enter your password: secret
Log in failed.
```

(10) 运行控制台应用程序，使用 Pa$$word 作为密码，以 Bob 身份登录，查看结果，输出如下所示：

```
Enter your user name: Bob
Enter your password: Pa$$w0rd
IsAuthenticated: True
AuthenticationType: PacktAuth
Name: Bob
IsInRole("Admins"): False
IsInRole("Sales"): True
Bob has the following claims:
http://schemas.xmlsoap.org/ws/2005/05/identity/claims/name: Bob
http://schemas.microsoft.com/ws/2008/06/identity/claims/role: Sales
http://schemas.microsoft.com/ws/2008/06/identity/claims/role: TeamLeads
```

10.7.2 保护应用程序功能

下面研究如何使用授权来阻止一些用户访问应用程序的某些功能。

(1) 在 Program 类中添加一个方法，可通过检查方法内部的权限来保护这个方法。如果用户是匿名的或者不是 Admins 角色的成员，就抛出适当的异常，如下所示：

```
static void SecureFeature()
{
  if (Thread.CurrentPrincipal == null)
  {
    throw new SecurityException(
      "A user must be logged in to access this feature.");
  }

  if (!Thread.CurrentPrincipal.IsInRole("Admins"))
  {
    throw new SecurityException(
      "User must be a member of Admins to access this feature.");
  }
  WriteLine("You have access to this secure feature.");
}
```

(2) 在 Main 方法的末尾添加语句，在 try 语句中调用 SecureFeature 方法，如下所示：

```
try
{
  SecureFeature();
}
catch (System.Exception ex)
{
  WriteLine($"{ex.GetType()}: {ex.Message}");
}
```

(3) 运行控制台应用程序，使用 Pa$$word 作为密码，以 Alice 身份登录，查看结果，输出如下所示：

```
You have access to this secure feature.
```

(4) 运行控制台应用程序，使用 Pa$$word 作为密码，以 Bob 身份登录，查看结果，输出如下所示：

```
System.Security.SecurityException: User must be a member of Admins to access this feature.
```

10.8 实践和探索

你可以通过回答一些问题来测试自己对知识的理解程度，进行一些实践，并深入探索本章涵盖的主题。

10.8.1 练习 10.1：测试你掌握的知识

回答以下问题：
1) 在.NET 提供的加密算法中，对于对称加密，最好的选择是什么？
2) 在.NET 提供的加密算法中，对于非对称加密，最好的选择是什么？
3) 什么是彩虹攻击？
4) 对于加密算法，块大小是更大好还是更小好？
5) 什么是哈希？
6) 什么是签名？
7) 对称加密和非对称加密的区别是什么？
8) RSA 代表什么？
9) 为什么在存储之前，要对密码执行 salt 操作？
10) 为什么永远不要使用 SHA1 算法？

10.8.2 练习 10.2：练习使用加密和哈希方法保护数据

创建一个名为 Exercise02 的控制台应用程序以保护如下 XML 文件：

```xml
<?xml version="1.0" encoding="utf-8" ?>
  <customers>
    <customer>
      <name>Bob Smith</name>
      <creditcard>1234-5678-9012-3456</creditcard>
      <password>Pa$$w0rd</password>
    </customer>
...
</customers>
```

客户的信用卡号和密码目前以明文形式存储。信用卡号必须经过加密，以便以后解密和使用，密码必须执行 salt 操作和哈希处理。

10.8.3 练习 10.3：练习使用解密保护数据

创建一个名为 Exercise03 的控制台应用程序，打开你在练习 10.2 中尝试保护的 XML 文件，并解密信用卡号。

10.8.4 练习 10.4：探索主题

可通过以下链接来阅读本章所涉及主题的更多细节。

- 密钥安全概念：https://docs.microsoft.com/en-us/dotnet/standard/security/key-security-concepts。
- 加密数据：https://docs.microsoft.com/en-us/dotnet/standard/security/encrypting-data。
- 密码签名：https://docs.microsoft.com/en-us/dotnet/standard/security/cryptographic-signatures。

10.9 本章小结

本章介绍了如何使用对称加密来加密和解密数据，如何生成经过 salt 处理的哈希，如何对数据进行签名和检查签名，如何生成真正的随机数，以及如何使用身份验证和授权来保护应用程序的功能。

第 11 章将介绍如何使用 Entity Framework Core 处理数据库。

第 11 章
使用 Entity Framework Core 处理数据库

本章介绍如何使用名为 Entity Framework Core (实体框架核心，简称 EF Core)的对象-数据存储映射技术读写数据存储，比如读写 Microsoft SQL Server、SQLite 和 Azure Cosmos DB 等数据库。

本章涵盖以下主题：
- 理解现代数据库
- 设置 EF Core
- 定义 EF Core 模型
- 查询 EF Core 模型
- 使用 EF Core 加载模式
- 使用 EF Core 操作数据

11.1 理解现代数据库

数据通常存储在关系数据库管理系统(Relational Database Management System，简称 RDBMS，如 Microsoft SQL Server、PostgreSQL、MySQL 和 SQLite)或 NoSQL 数据存储(如 Microsoft Azure Cosmos DB、Redis、MongoDB 和 Apache Cassandra)中。

本章将重点介绍 RDBMS，如 Microsoft SQL Server 和 SQLite。如果想学习更多关于 NoSQL 数据存储的知识(如 Cosmos DB 和 MongoDB)以及如何在 EF Core 中使用它们，那么推荐访问下面的链接。

- 欢迎来到 Azure Cosmos DB：https://docs.microsoft.com/en-us/azure/cosmos-db/introduction。
- 使用 NoSQL 数据存储作为持久性基础设施：https://docs.microsoft.com/en-us/dotnet/standard/microservices-architecture/microservice-ddd-cqrs-patterns/nosql-database-persistence-infrastructure。
- EF Core 的文档数据库提供者：https://github.com/BlueshiftSoftware/EntityFrameworkCore。

11.1.1 理解旧的实体框架

实体框架(Entity Framework，EF)最初是作为.NET Framework 3.5 SP1 的一部分发布的，从那以后，随着微软观察到程序员如何在现实世界中使用对象-关系映射(Object-Relational Mapping，ORM)工具，实体框架得到了迅速发展。

ORM 使用映射定义将表中的列与类中的属性关联起来。然后，程序员就能以他们熟悉的方式与不同类型的对象交互，而不必了解如何将值存储在关系型表或 NoSQL 数据存储提供的其他结构中。

.NET Framework 包含的实体框架版本是 Entity Framework 6 (EF6)。EF6 不仅成熟、稳定，而且

支持定义模型的旧 EDMX(XML 文件)方式以及复杂的继承模型和其他一些高级特性。

EF 6.3 及其更高版本已从.NET Framework 中提取为单独的包,因而在.NET Core 3.0 及后续.NET 版本中继续得到了支持,包括.NET 5。像 Web 应用程序和 Web 服务这样的项目如今已经可以移植并跨平台运行。但是,EF6 被认为是一种旧的技术,因而在跨平台运行时会有一些限制,并且微软也不会再添加任何新特性。

更多信息：可通过以下链接阅读关于 EF 6.3 和.NET Core 3.0 的更多信息——https://devblogs.microsoft.com/dotnet/announcing-ef-core-3-0-and-ef-6-3-general-availability/。

要想在.NET Core 3.0 或更高版本的.NET 中使用旧的 EF 技术,就必须在项目文件中添加对 EF 的包引用,如下所示:

```
<PackageReference Include="EntityFramework" Version="6.4.4" />
```

最佳实践：仅在必要时才使用旧的 EF6。本书讨论的是现代的跨平台开发,所以本章的其余部分只涵盖现代的 EF Core。在本章的项目中,我们不需要引用旧的 EF6 包。

11.1.2 理解 Entity Framework Core

真正的跨平台版本 EF Core 与旧的 EF 有所不同。尽管二者的名称相似,但你应该知道 EF Core 与 EF6 有何不同。例如,除了传统的 RDBMS 之外,EF Core 还支持现代的、基于云的、非关系型的、无模式的数据存储,如 Microsoft Azure Cosmos DB 和 MongoDB,有时甚至还支持第三方提供程序。

EF Core 5.0 运行在支持.NET Standard 2.1 的平台上,这意味着.NET Core 3.0、.NET Core 3.1 以及.NET 5 不能像.NET Framework 4.8 那样运行在支持.NET Standard 2.0 的平台上。

更多信息：可通过以下链接了解 EF Core 团队的更多计划——https://docs.microsoft.com/en-us/ef/core/what-is-new/ef-core-5.0/plan。

EF Core 5.0 相比之前的版本有了很大的改进,本章着重于介绍所有.NET 开发人员都应该了解的基础知识以及一些很酷的新特性。

更多信息：可通过以下链接了解 EF Core 5.0 引入的所有新特性——https://docs.microsoft.com/en-us/ef/core/what-is-new/ef-core-5.0/whatsnew。

11.1.3 使用示例关系数据库

为了学习如何使用.NET 管理 RDBMS,最好通过示例进行讲解,这样就可以在中等复杂且包含相当多样本记录的 RDBMS 中进行实践。微软提供了几个示例数据库,其中大多数都过于复杂,无法满足我们的需求,但是有一个创建于 20 世纪 90 年代初的数据库例外,这个示例数据库的名称是 Northwind。

下面不妨花点时间来看看 Northwind 数据库的图表,如图 11.1 所示。在编写代码和查询时,可以参考图 11.1。

在本章的后面,我们将编写代码来处理 Categories 和 Products 表,并在后面的章节中编写其他表。但在此之前,请注意:

- 每个类别都有唯一的标识符、名称、描述和图片。
- 每个产品都有唯一的标识符、名称、单价、库存单位和其他字段。

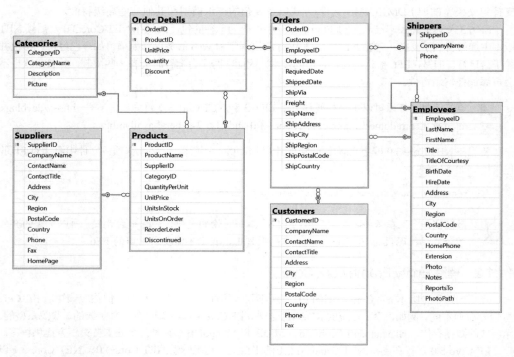

图 11.1 Northwind 数据库的图表

- 通过存储类别的唯一标识符，每个产品都与类别相关联。
- Categories 和 Products 之间是一对多关系，这意味着每个类别可以有零个或多个产品。

SQLite 是小型的、跨平台的、自包含的 RDBMS，可以在公共域中使用。SQLite 是 iOS(iPhone 和 iPad)和 Android 等移动平台上最常见的 RDBMS。

1. 为 macOS 设置 SQLite

SQLite 包含在 macOS 的/usr/bin/目录中，是名为 sqlite3 的命令行应用程序。

2. 为 Windows 设置 SQLite

SQLite 可以下载并安装到其他操作系统上。在 Windows 上，还需要将 SQLite 文件夹添加到系统路径中，以便在命令提示符中输入命令时找到它。

(1) 启动自己喜欢的浏览器并导航到链接 https://www.sqlite.org/download.html。
(2) 向下滚动页面到 Precompiled Binaries for Windows 部分。
(3) 单击 sqlite-tools-win32-x86-3330000.zip。
(4) 将 ZIP 文件解压到名为 C:\Sqlite\的文件夹中。
(5) 导航到 Windows Settings。
(6) 搜索 environment 并选择 Edit the system environment variables。
(7) 单击 Environment Variables 按钮。
(8) 在 System variables 中选择列表中的 Path，然后单击 Edit…。

(9) 单击 New 按钮，输入 C:\Sqlite，然后按 Enter 键。
(10) 连续单击 OK 按钮三次。
(11) 关闭 Windows Settings。

11.1.4 为 SQLite 创建 Northwind 示例数据库

现在，可以使用 SQL 脚本创建 Northwind 示例数据库了。

(1) 创建一个名为 Chapter11 的文件夹，在其中继续创建一个名为 WorkingWithEFCore 的子文件夹。

(2) 如果之前没有为本书复制 GitHub 存储库，那么现在可以访问以下链接：https://github.com/markjprice/cs9dotnet5/。

(3) 从本地 Git 存储库(路径为/sql-scripts/Northwind.sql)中，将 Northwind 示例数据库的创建脚本(用于 SQLite)复制到 WorkingWithEFCore 文件夹中。

(4) 在 Visual Studio Code 中，打开 WorkingWithEFCore 文件夹，
(5) 导航到终端窗口，使用 SQLite 脚本创建 Northwind.db 数据库，命令如下所示：

```
sqlite3 Northwind.db -init Northwind.sql
```

(6) 请耐心等待，因为上述命令可能需要一段时间才能创建所有的数据库结构，输出如下所示：

```
-- Loading resources from Northwind.sql
SQLite version 3.28.0 2019-04-15 14:49:49
Enter ".help" for usage hints.
sqlite>
```

(7) 在 Windows 上按 Ctrl + C 组合键，或者在 macOS 上按 Ctrl + D 组合键，退出 SQLite 命令模式。

> **更多信息**：可通过以下链接了解 SQLite 支持的 SQL 语句——https://sqlite.org/lang.html。

11.1.5 使用 SQLiteStudio 管理 Northwind 示例数据库

可以使用名为 SQLiteStudio 的跨平台图形化数据库管理器轻松地管理 SQLite 数据库。
(1) 导航到链接 http://sqlitestudio.pl 并下载和安装应用程序。
(2) 启动 SQLiteStudio。
(3) 在 Database 菜单中选择 Add a database。
(4) 在 Database 对话框中单击文件夹按钮，以浏览本地计算机上现有的数据库文件，并在 WorkingWithEFCore 文件夹中选择 Northwind.db 文件，然后单击 OK 按钮。
(5) 右击 Northwind 数据库并从弹出的菜单中选择 Connect to the database，系统将会显示由脚本创建的表。
(6) 右击 Products 表并从弹出的菜单中选择 Edit the table。在表的编辑窗口中，将会显示 Products 表的结构，包括列名、数据类型、键和约束，如图 11.2 所示。
(7) 在表的编辑窗口中，单击 Data 选项卡，将会显示 77 种产品，如图 11.3 所示。

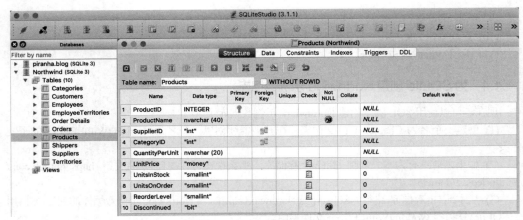

图 11.2　Product 表的编辑窗口

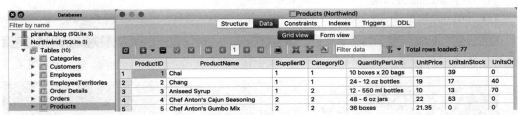

图 11.3　Data 选项卡

11.2　设置 EF Core

在深入研究使用 EF Core 管理数据的可行性之前，下面简要地讨论如何在 EF Core 数据提供程序之间进行选择。

11.2.1　选择 EF Core 数据提供程序

为了管理特定数据库中的数据，你需要知道能够有效地与数据库通信的类。EF Core 数据提供程序是一组针对特定数据存储进行优化的类。甚至还有提供程序专用于将数据存储在当前进程的内存中，这对于高性能单元测试非常有用，因为可以避免触及外部系统。

EF Core 数据提供程序以 NuGet 包的形式分发，如表 11.1 所示。

表 11.1　EF Core 数据提供程序

要管理的数据存储	要安装的 NuGet 包
Microsoft SQL Server 2008 或更高版本	Microsoft.EntityFrameworkCore.SqlServer
SQLite 3.7 或更高版本	Microsoft.EntityFrameworkCore.SQLite
MySQL	MySQL.Data.EntityFrameworkCore
在内存中	Microsoft.EntityFrameworkCore.InMemory

 更多信息：要想了解 EF Core 数据库提供商的完整列表，可访问 https://docs.microsoft.com/en-us/ef/core/providers/。

Devart 作为第三方为广泛的数据存储提供了 EF Core 数据提供程序。

 更多信息：可通过以下链接了解关于 Devart 的更多信息——https://www.devart.com/dotconnect/entityframework.html。

11.2.2 安装 dotnet-ef 工具

dotnet-ef 是对 .NET 命令行工具 dotnet 的扩展，对于使用 EF Core 十分有用。dotnet-ef 可以执行设计时任务，例如创建并应用从旧模型到新模型的迁移，以及从现有数据库为模型生成代码。

在 .NET Core 3.0 及后续版本中，dotnet-ef 工具不会自动安装，而必须作为全局或本地工具进行安装。如果已经安装了，那么应该卸载任何现有版本。

(1) 在终端窗口中检查是否已经安装 dotnet-ef 作为全局工具，如下所示：

```
dotnet tool list --global
```

(2) 检查是否已安装 dotnet-ef 工具的旧版本，如下所示：

```
Package Id          Version                      Commands
-----------------------------------------------------------
dotnet-ef           3.1.0                        dotnet-ef
```

(3) 如果已经安装了旧版本的 dotnet-ef 工具，请卸载任何现有版本，如下所示：

```
dotnet tool uninstall --global dotnet-ef
```

(4) 安装最新版本，如下所示：

```
dotnet tool install --global dotnet-ef
```

11.2.3 连接到数据库

为了连接到 SQLite，需要传入数据库文件名。

(1) 在 Visual Studio Code 中，确保已经打开了 WorkingWithEFCore 文件夹，然后在终端窗口中输入 dotnet new console 命令。

(2) 编辑 WorkingWithEFCore.csproj，将包引用添加到用于 SQLite 的 EF Core 数据提供程序，如下所示：

```
<Project Sdk="Microsoft.NET.Sdk">
  <PropertyGroup>
    <OutputType>Exe</OutputType>
    <TargetFramework>net5.0</TargetFramework>
  </PropertyGroup>
  <ItemGroup>
    <PackageReference
      Include="Microsoft.EntityFrameworkCore.Sqlite"
      Version="5.0.0" />
  </ItemGroup>
</Project>
```

(3) 在终端窗口中构建项目以还原包，如下所示：

```
dotnet build
```

更多信息：可通过以下链接查看最新版本——https://www.nuget.org/packages/Microsoft.EntityFrameworkCore.Sqlite/。

11.3 定义 EF Core 模型

EF Core 使用约定、注解特性和 Fluent API 语句的组合，在运行时构建实体模型。实体类表示表的结构，类的实例表示表中的一行。

首先，我们回顾定义模型的三种方法并提供代码示例，然后创建一些实现这些技术的类。

11.3.1 EF Core 约定

我们编写的代码都需要遵循以下约定：
- 假定表的名称与 DbContext 类(例如 Products 类)中的 DbSet<T>属性名匹配。
- 假定列的名称与类中的属性名匹配，例如 ProductID。
- 假定.NET 类型 string 是数据库中的 nvarchar 类型。
- 假定.NET 类型 int 是数据库中的 int 类型。
- 对于名为 ID 的属性，如果类名为 Product，就可以将该属性重命名为 ProductID。然后假定该属性是主键。如果该属性为整数类型或 Guid 类型，那就可以假定为 IDENTITY 类型(在插入时自动赋值的列类型)。

更多信息：除了以上约定之外还有许多其他约定，甚至可以定义自己的约定，但这超出了本书的讨论范围。可通过以下链接了解它们：https://docs.microsoft.com/en-us/ef/core/modeling/。

11.3.2 EF Core 注解特性

约定通常不足以将类完全映射到数据库对象。向模型添加更多智能特性的一种简单方法是应用注解特性。

例如，在数据库中，产品名称的最大长度为 40 个字符，并且值不能为空，如下所示：

```
CREATE TABLE Products (
  ProductID       INTEGER          PRIMARY KEY,
  ProductName     NVARCHAR (40)    NOT NULL,
  SupplierID      "INT",
  CategoryID      "INT",
  QuantityPerUnit NVARCHAR (20),
  UnitPrice       "MONEY" CONSTRAINT DF_Products_UnitPrice DEFAULT (0),
  UnitsInStock    "SMALLINT"  CONSTRAINT DF_Products_UnitsInStock DEFAULT (0),
  UnitsOnOrder    "SMALLINT"  CONSTRAINT DF_Products_UnitsOnOrder DEFAULT (0),
  ReorderLevel    "SMALLINT"  CONSTRAINT DF_Products_ReorderLevel DEFAULT (0),
  Discontinued    "BIT"       NOT NULL
                              CONSTRAINT DF_Products_Discontinued DEFAULT (0),
  CONSTRAINT FK_Products_Categories FOREIGN KEY (
    CategoryID
  )
  REFERENCES Categories (CategoryID),
  CONSTRAINT FK_Products_Suppliers FOREIGN KEY (
    SupplierID
  )
```

```
    REFERENCES Suppliers (SupplierID),
    CONSTRAINT CK_Products_UnitPrice CHECK (UnitPrice >= 0),
    CONSTRAINT CK_ReorderLevel CHECK (ReorderLevel >= 0),
    CONSTRAINT CK_UnitsInStock CHECK (UnitsInStock >= 0),
    CONSTRAINT CK_UnitsOnOrder CHECK (UnitsOnOrder >= 0)
);
```

在 Product 类中，可以应用特性来指定产品名称的长度和值不能为空，如下所示：

```
[Required]
[StringLength(40)]
public string ProductName { get; set; }
```

当 .NET 类型和数据库类型之间没有明显的映射时，可以使用特性加上映射关系。

例如，在数据库中，Products 表的 UnitPrice 列的类型是 money。.NET Core 没有提供 money 类型，所以应该使用 decimal，如下所示：

```
[Column(TypeName = "money")]
public decimal? UnitPrice { get; set; }
```

另一个例子是 Categories 表，如下所示：

```
CREATE TABLE Categories (
    CategoryID      INTEGER         PRIMARY KEY,
    CategoryName    NVARCHAR (15)   NOT NULL,
    Description     "NTEXT",
    Picture         "IMAGE"
);
```

在 Category 表中，Description 列的长度可以超过 nvarchar 变量所能存储的最多 8000 个字符，因此需要映射到 ntext，如下所示：

```
[Column(TypeName = "ntext")]
public string Description { get; set; }
```

11.3.3　EF Core Fluent API

最后一种定义模型的方法是使用 Fluent API。Fluent API 既可以用来代替特性，也可以用来作为特性的补充。例如，我们下面看看 Product 类中的以下两个特性：

```
[Required]
[StringLength(40)]
public string ProductName { get; set; }
```

可以从类中删除特性，以使类更简洁，并在数据库上下文类的 OnModelCreating 方法中替换为等效的 Fluent API 语句，如下所示：

```
modelBuilder.Entity<Product>()
  .Property(product => product.ProductName)
  .IsRequired()
  .HasMaxLength(40);
```

11.3.4 理解数据播种

可以使用 Fluent API 提供初始数据以填充数据库。EF Core 会自动计算出需要执行哪些插入、更新或删除操作。如果想要确保新数据库在 Product 表中至少有一行，就调用 HasData 方法，如下所示：

```
modelBuilder.Entity<Product>()
  .HasData(new Product
  {
    ProductID = 1,
    ProductName = "Chai",
    UnitPrice = 8.99M
  });
```

模型将被映射到已填充数据的现有数据库，因此不需要在代码中使用这项技术。

更多信息： 可通过以下链接阅读关于数据播种的更多信息——https://docs.microsoft.com/en-us/ef/core/modeling/data-seeding。

11.3.5 构建 EF Core 模型

了解了模型约定后，下面构建模型来表示两个表和 Northwind 示例数据库。为了使类更加可重用，可在 Packt.Shared 名称空间中定义它们。这些类将相互引用，因此为了避免编译错误，首先创建三个没有任何成员的类。

(1) 在名为 WorkingWithEFCore 的项目中添加类文件 Northwind.cs、Category.cs 和 Product.cs。
(2) 在名为 Northwind.cs 的文件中定义名为 Northwind 的类，如下所示：

```
namespace Packt.Shared
{
  public class Northwind
  {
  }
}
```

(3) 在名为 Category.cs 的文件中定义名为 Category 的类，如下所示：

```
namespace Packt.Shared
{
  public class Category
  {
  }
}
```

(4) 在名为 Product.cs 的文件中定义名为 Product 的类，如下所示：

```
namespace Packt.Shared
{
  public class Product
  {
  }
}
```

第 11 章 使用 Entity Framework Core 处理数据库

1. 定义 Category 和 Product 实体类

Category 用于表示 Categories 表中的一行，Categories 表有四列，如图 11.4 所示。

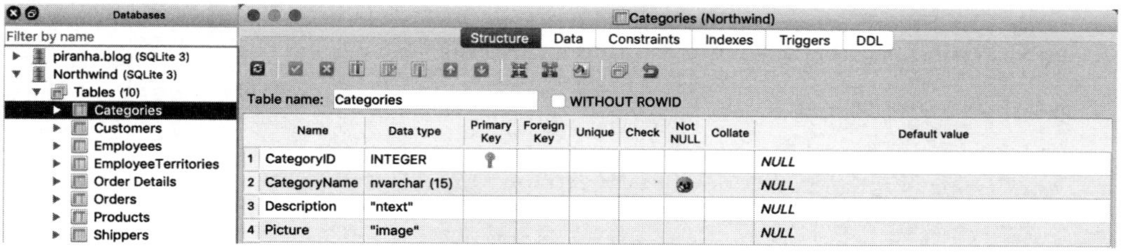

图 11.4　Categories 表的结构

这里将使用约定来定义四个属性中的三个(不映射 Picture 列)、主键以及与 Products 表的一对多关系。要将 Description 列映射到正确的数据库类型，就需要使用[Column]特性来装饰 string 属性。

本章在后面将使用 Fluent API 来指定 CategoryName 不能为空，并限制为最多 15 个字符。

(1) 修改 Category.cs 文件，如下所示：

```
using System.Collections.Generic;
using System.ComponentModel.DataAnnotations.Schema;

namespace Packt.Shared
{
  public class Category
  {
    // these properties map to columns in the database
    public int CategoryID { get; set; }
    public string CategoryName { get; set; }

    [Column(TypeName = "ntext")]
    public string Description { get; set; }

    // defines a navigation property for related rows
    public virtual ICollection<Product> Products { get; set; }

    public Category()
    {
      // to enable developers to add products to a Category we must
      // initialize the navigation property to an empty collection
      this.Products = new HashSet<Product>();
    }
  }
}
```

Product 用于表示 Products 表中的一行，Products 表包含 10 列。不需要将 Products 表中的所有列都包含为类的属性。这里只映射如下六个属性：ProductID、ProductName、UnitPrice、UnitsInStock、Discontinued 和 CategoryID。

不能使用类的实例读取或设置未映射到属性的列。如果使用类创建新对象，那么表中的新行对于新行中的未映射列值将采用 NULL 或其他一些默认值。在这个例子中，行已经有了数据值，并且不需要在控制台应用程序中读取这些值。

要重命名列，可以定义具有不同名称的属性(如 Cost)，然后使用[Column]特性进行装饰，并指定列名(如 UnitPrice)。

属性 CategoryID 已与属性 Category 相关联，后者用于将每个产品映射到父类别。

(2) 修改 Product.cs 文件，如下所示：

```
using System.ComponentModel.DataAnnotations;
using System.ComponentModel.DataAnnotations.Schema;

namespace Packt.Shared
{
  public class Product
  {
    public int ProductID { get; set; }

    [Required]
    [StringLength(40)]
    public string ProductName { get; set; }

    [Column("UnitPrice", TypeName = "money")]
    public decimal? Cost { get; set; } // property name != field name

    [Column("UnitsInStock")]
    public short? Stock { get; set; }

    public bool Discontinued { get; set; }

    // these two define the foreign key relationship
    // to the Categories table
    public int CategoryID { get; set; }
    public virtual Category Category { get; set; }
  }
}
```

用于关联两个实体的属性 Category.Products 和 Product.Category 都已标记为 virtual，这允许 EF Core 继承和覆盖这些属性以提供额外的特性，比如延迟加载。延迟加载在 .NET Core 2.0 或更早版本中不可用。

2. 定义 Northwind 数据库上下文类

Northwind 类用于表示数据库。要使用 EF Core，Northwind 类必须从 DbContext 类继承。DbContext 类知道如何与数据库通信，并动态生成 SQL 语句以查询和操作数据。

在 DbContext 的派生类中，必须定义一些 DbSet<T> 类型的属性，这些属性表示表。为了告诉 EF Core 每个表有哪些列，DbSet 属性使用泛型来指定类，这种类表示表中的一行，类的属性则表示表中的列。

DbContext 派生类应该有名为 OnConfiguring 的重载方法，用于设置数据库连接字符串。

同样，DbContext 派生类还可以有名为 OnModelCreating 的重载方法。在这里，可以编写 Fluent API 语句，作为用特性装饰实体类的替代选择。

(1) 修改 Northwind.cs 文件，如下所示：

```
using Microsoft.EntityFrameworkCore;

namespace Packt.Shared
{
  // this manages the connection to the database
  public class Northwind : DbContext
```

```csharp
{
  // these properties map to tables in the database
  public DbSet<Category> Categories { get; set; }
  public DbSet<Product> Products { get; set; }

  protected override void OnConfiguring(
    DbContextOptionsBuilder optionsBuilder)
  {
    string path = System.IO.Path.Combine(
      System.Environment.CurrentDirectory, "Northwind.db");

    optionsBuilder.UseSqlite($"Filename={path}");
  }

  protected override void OnModelCreating(
    ModelBuilder modelBuilder)
  {
    // example of using Fluent API instead of attributes
    // to limit the length of a category name to 15
    modelBuilder.Entity<Category>()
      .Property(category => category.CategoryName)
      .IsRequired() // NOT NULL
      .HasMaxLength(15);

    // added to "fix" the lack of decimal support in SQLite
    modelBuilder.Entity<Product>()
      .Property(product => product.Cost)
      .HasConversion<double>();
  }
}
```

在 EF Core 3.0 及其更高版本中，decimal 类型已不再支持排序和其他操作。通过告诉 SQLite——decimal 值可以转换为 double 值，就可以解决这个问题。这实际上不会在运行时执行任何转换。

3. 使用现有数据库搭建模型

搭建是使用逆向工程学创建类来表示现有数据库模型的过程。优秀的搭建工具允许扩展自动生成的类，然后在不丢失扩展类的情况下重新生成这些类。

如果已经知道永远不会使用搭建工具重新生成类，那就可以根据需要随意更改自动生成类的代码。搭建工具生成的代码仅仅做到了最好的近似。

下面看看使用搭建工具生成的模型是否和手动生成的模型一样。

(1) 在终端窗口中，将 EF Core 设计包添加到 WorkingWithEFCore 项目中，如下所示：

```
dotnet add package Microsoft.EntityFrameworkCore.Design
```

(2) 创建一个名为 AutoGenModels 的新文件夹，在其中为 Categories 和 Products 表生成模型，如下所示：

```
dotnet ef dbcontext scaffold "Filename=Northwind.db" Microsoft.EntityFrameworkCore.Sqlite --table Categories --table Products --output-dir AutoGenModels --namespace Packt.Shared.AutoGen --data-annotations --context Northwind
```

对于上述代码，请注意以下几点。

- 需要执行的命令：dbcontext scaffold。
- 连接字符串："Filename=Northwind.db"。
- 数据库提供者：Microsoft.EntityFrameworkCore.Sqlite。
- 用来生成模型的表：--table Categories --table Products。
- 输出文件夹：--:output-dir AutoGenModels。
- 名称空间：--namespace Packt.Shared.AutoGen。
- 使用数据注解和 Fluent API：--data-annotations。
- 重命名上下文[database_name]Context：--context Northwind。

(3) 注意产生的构建消息和警告，如下所示：

```
Build started...
Build succeeded.
To protect potentially sensitive information in your connection string, you should move it
out of source code. You can avoid scaffolding the connection string by using the Name= syntax
to read it from configuration - see https://go.microsoft.com/fwlink/?linkid=2131148. For more
guidance on storing connection strings, see http://go.microsoft.com//?LinkId=723263.
Could not scaffold the foreign key '0'. The referenced table could not be found. This most
likely occurred because the referenced table was excluded from scaffolding.
```

(4) 打开 AutoGenModels 文件夹，注意其中自动生成了三个类文件：Category.cs、Northwind.cs 和 Product.cs。

(5) 打开 Category.cs，观察与手动创建的类别的区别，如下所示：

```csharp
using System;
using System.Collections.Generic;
using System.ComponentModel.DataAnnotations;
using System.ComponentModel.DataAnnotations.Schema;
using Microsoft.EntityFrameworkCore;

#nullable disable

namespace Packt.Shared.AutoGen
{
    [Index(nameof(CategoryName), Name = "CategoryName")]
    public partial class Category
    {
        public Category()
        {
            Products = new HashSet<Product>();
        }

        [Key]
        [Column("CategoryID")]
        public long CategoryId { get; set; }
        [Required]
        [Column(TypeName = "nvarchar (15)")]
        public string CategoryName { get; set; }
        [Column(TypeName = "ntext")]
        public string Description { get; set; }
        [Column(TypeName = "image")]
        public byte[] Picture { get; set; }

        [InverseProperty(nameof(Product.Category))]
```

```
    public virtual ICollection<Product> Products { get; set; }
  }
}
```

对于上述代码,请注意以下几点:
- dotnet-ef 工具目前不能使用可空引用类型。
- 我们可以使用 EF Core 5.0 中引入的[Index]特性来装饰实体类,[Index]特性用来指明能与应该含有索引的字段匹配的那些属性。在早期版本中,只有 Fluent API 支持定义索引。
- 表名是 Categories,但 dotnet-ef 工具能通过使用第三方库 Humanizer 自动将类名单数化为 Category。

 更多信息: 可通过以下链接了解第三方库 Humanizer 及其用法——http://humanizr.net。

- 实体类是使用 partial 关键字声明的,这样你就可以通过创建匹配的 partial 类来添加额外的代码。我们可以重新运行工具并生成实体类,而不会丢失额外的代码。
- CategoryId 属性是使用[Key]特性进行装饰的,这表示 CategoryID 是主键。
- Products 属性则使用[InverseProperty]特性来定义 Product 实体类的 Category 属性的外键关系。

(6) 打开 Product.cs,观察与手动创建的产品的区别。
(7) 打开 Northwind.cs,观察与手动创建的数据库的区别,如下所示:

```
using Microsoft.EntityFrameworkCore;

#nullable disable

namespace Packt.Shared.AutoGen
{
  public partial class Northwind : DbContext
  {
    public Northwind()
    {
    }

    public Northwind(DbContextOptions<Northwind> options)
        : base(options)
    {
    }

    public virtual DbSet<Category> Categories { get; set; }
    public virtual DbSet<Product> Products { get; set; }

    protected override void OnConfiguring(
      DbContextOptionsBuilder optionsBuilder)
    {
      if (!optionsBuilder.IsConfigured)
      {

#warning To protect potentially sensitive information in your connection string, you should move it out of source code. You can avoid scaffolding the connection string by using the Name= syntax to read it from configuration - see https://go.microsoft.com/fwlink/?linkid=2131148. For more guidance on storing connection strings, see http://go.microsoft.com/fwlink/?LinkId=723263.
        optionsBuilder.UseSqlite("Filename=Northwind.db");
```

```
        }
    }

    protected override void OnModelCreating(ModelBuilder modelBuilder)
    {
        modelBuilder.Entity<Category>(entity =>
        {
            entity.Property(e => e.CategoryId)
                .ValueGeneratedNever()
                .HasColumnName("CategoryID");

            entity.Property(e => e.CategoryName)
                .HasAnnotation("Relational:ColumnType", "nvarchar (15)");

            entity.Property(e => e.Description)
                .HasAnnotation("Relational:ColumnType", "ntext");

            entity.Property(e => e.Picture)
                .HasAnnotation("Relational:ColumnType", "image");
        });

        modelBuilder.Entity<Product>(entity =>
        {
            ...
        });

        OnModelCreatingPartial(modelBuilder);
    }

    partial void OnModelCreatingPartial(ModelBuilder modelBuilder);
    }
}
```

对于上述代码，请注意以下几点：

- Northwind 数据上下文类被声明为 partial，从而允许在未来进行扩展和重新生成。
- Northwind 数据上下文类有两个构造函数：默认的那个不带参数；另一个则允许传入 options 参数。这对于想要在运行时指定连接字符串的应用程序很有用。
- 在 OnConfiguring 方法中，如果在构造函数中没有指定 options 参数，那么默认将使用连接字符串在当前文件夹中查找数据库文件。此时将出现编译警告，指示不应在连接字符串中硬编码安全信息。
- 在 OnModelCreating 方法中，可首先使用 Fluent API 配置两个实体类，然后调用名为 OnModelCreatingPartial 的分部方法。这将允许你在自己的 Northwind 分部类中实现分部方法 OnModelCreatingPartial，进而添加自己的 Fluent API 配置。即便重新生成模型类，这些配置也不会丢失。

(8) 关闭自动生成的类文件。

 更多信息：可通过以下链接阅读关于搭建工具的更多信息——https://docs.microsoft.com/en-us/ef/core/managing-schemas/scaffolding?tabs=dotnet-core-cli。

本章的剩余部分将使用手动创建的类。

11.4 查询 EF Core 模型

现在有了映射到 Northwind 示例数据库以及其中两个表的模型，可以编写一些简单的 LINQ 查询代码来获取数据了。第 12 章将介绍有关编写 LINQ 查询的更多内容。现在，只需要编写代码并查看结果。

(1) 打开 Program.cs 文件，导入以下名称空间：

```
using static System.Console;
using Packt.Shared;
using Microsoft.EntityFrameworkCore;
using System.Linq;
```

(2) 在 Program.cs 文件中定义 QueryingCategories 方法，并添加用于执行以下任务的语句：

- 创建 Northwind 类的实例以管理数据库。数据库上下文实例在工作单元中的生命周期较短，它们应该尽快处理掉。为此，可使用 using 语句对它们进行封装。
- 为包括相关产品的所有类别创建查询。
- 枚举所有类别，输出每个类别的产品名称和数量。

```
static void QueryingCategories()
{
  using (var db = new Northwind())
  {
    WriteLine("Categories and how many products they have:");

    // a query to get all categories and their related products
    IQueryable<Category> cats = db.Categories
      .Include(c => c.Products);

    foreach (Category c in cats)
    {
      WriteLine($"{c.CategoryName} has {c.Products.Count} products.");
    }
  }
}
```

(3) 在 Main 方法中调用 QueryingCategories 方法，如下所示：

```
static void Main(string[] args)
{
  QueryingCategories();
}
```

(4) 运行应用程序并查看结果，输出如下所示：

```
Categories and how many products they have:
Beverages has 12 products.
Condiments has 12 products.
Confections has 13 products.
Dairy Products has 10 products.
Grains/Cereals has 7 products.
Meat/Poultry has 6 products.
Produce has 5 products.
Seafood has 12 products.
```

过滤结果中返回的实体

EF Core 5.0 引入了 filtered include 功能,这意味着在 Include 方法调用中,可以通过指定 lambda 表达式来过滤结果中返回的实体。

(1) 在 Program.cs 文件中定义 FilteredIncludes 方法,在其中添加语句以完成如下任务:
- 创建 Northwind 类的实例以管理数据库。
- 提示用户输入库存单位的最小值。
- 为库存数量最小的产品所属的类别创建查询。
- 枚举类别和产品,输出所有产品的名称和库存单位。

```
static void FilteredIncludes()
{
  using (var db = new Northwind())
  {
    Write("Enter a minimum for units in stock: ");
    string unitsInStock = ReadLine();
    int stock = int.Parse(unitsInStock);

    IQueryable<Category> cats = db.Categories
      .Include(c => c.Products.Where(p => p.Stock >= stock));

    foreach (Category c in cats)
    {
      WriteLine($"{c.CategoryName} has {c.Products.Count} products with a minimum of {stock}
          units in stock.");

      foreach (Product p in c.Products)
      {
        WriteLine($"  {p.ProductName} has {p.Stock} units in stock.");
      }
    }
  }
}
```

(2) 在 Main 方法中,注释掉 QueryingCategories 方法并调用 FilteredIncludes 方法,如下所示:

```
static void Main(string[] args)
{
  // QueryingCategories();
  FilteredIncludes();
}
```

(3) 运行应用程序,输入库存单位的最小值(如100)并查看结果,输出如下所示:

```
Enter a minimum for units in stock: 100
Beverages has 2 products with a minimum of 100 units in stock.
  Sasquatch Ale has 111 units in stock.
  Rhönbräu Klosterbier has 125 units in stock.
Condiments has 2 products with a minimum of 100 units in stock.
  Grandma's Boysenberry Spread has 120 units in stock.
  Sirop d'érable has 113 units in stock.
Confections has 0 products with a minimum of 100 units in stock.
Dairy Products has 1 products with a minimum of 100 units in stock.
  Geitost has 112 units in stock.
Grains/Cereals has 1 products with a minimum of 100 units in stock.
```

```
Gustaf's Knäckebröd has 104 units in stock.
Meat/Poultry has 1 products with a minimum of 100 units in stock.
  Pâté chinois has 115 units in stock.
Produce has 0 products with a minimum of 100 units in stock.
Seafood has 3 products with a minimum of 100 units in stock.
  Inlagd Sill has 112 units in stock.
  Boston Crab Meat has 123 units in stock.
  Röd Kaviar has 101 units in stock.
```

 更多信息：可通过以下链接阅读关于 filtered include 功能的更多信息——https://docs.microsoft.com/en-us/ef/core/querying/related-data/eager#filtered-include。

11.4.1 过滤和排序产品

下面编写一个更复杂的查询以过滤和排序产品。

(1) 在 Program.cs 文件中定义 QueryingProducts 方法，并添加用于执行以下任务的语句：
- 创建 Northwind 类的实例以管理数据库。
- 提示用户输入产品的价格。
- 使用 LINQ 为成本高于价格的产品创建查询。
- 遍历结果，输出 ID、名称、成本(格式化为美元货币)和库存数量。

```csharp
static void QueryingProducts()
{
  using (var db = new Northwind())
  {
    WriteLine("Products that cost more than a price, highest at top.");
    string input;
    decimal price;
    do
    {
      Write("Enter a product price: ");
      input = ReadLine();
    } while (!decimal.TryParse(input, out price));

    IQueryable<Product> prods = db.Products
      .Where(product => product.Cost > price)
      .OrderByDescending(product => product.Cost);

    foreach (Product item in prods)
    {
      WriteLine(
        "{0}: {1} costs {2:$#,##0.00} and has {3} in stock.",
        item.ProductID, item.ProductName, item.Cost, item.Stock);
    }
  }
}
```

(2) 在 Main 方法中注释掉前面定义的 QueryingCategories 方法，并调用 QueryingProducts 方法，如下所示：

```csharp
static void Main(string[] args)
{
  // QueryingCategories();
```

```csharp
// FilteredIncludes();
QueryingProducts();
}
```

(3) 运行应用程序，当提示输入产品价格时，输入 50 并查看结果，输出如下所示：

```
Products that cost more than a price, highest at top.
Enter a product price: 50
38: Côte de Blaye costs $263.50 and has 17 in stock.
29: Thüringer Rostbratwurst costs $123.79 and has 0 in stock.
9: Mishi Kobe Niku costs $97.00 and has 29 in stock.
20: Sir Rodney's Marmalade costs $81.00 and has 40 in stock.
18: Carnarvon Tigers costs $62.50 and has 42 in stock.
59: Raclette Courdavault costs $55.00 and has 79 in stock.
51: Manjimup Dried Apples costs $53.00 and has 20 in stock.
```

在 Windows 10 Fall Creators Update 之前，微软为 Windows 版本提供的控制台存在一些限制。默认情况下，控制台不能显示 Unicode 字符。可以在运行应用程序之前，在提示符处输入以下命令，将控制台中的代码页(也称为字符集)临时更改为 Unicode UTF-8：

```
chcp 65001
```

获取生成的 SQL

EF Core 5.0 提供了一种简单快捷的方法来查看生成的 SQL。

(1) 在 FilteredIncludes 方法中，在定义了查询之后，添加如下语句以输出生成的 SQL：

```csharp
IQueryable<Category> cats = db.Categories
  .Include(c => c.Products.Where(p => p.Stock >= stock));

WriteLine($"ToQueryString: {cats.ToQueryString()}");
```

(2) 修改 Main 方法，注释掉对 QueryingProducts 方法的调用，然后取消对 FilteredIncludes 方法的调用。

(3) 运行应用程序，输入库存单位的最小值(如 99)并查看结果，输出如下所示：

```
Enter a minimum for units in stock: 99
ToQueryString: .param set @__stock_0 99

SELECT "c"."CategoryID", "c"."CategoryName", "c"."Description", "t"."ProductID",
"t"."CategoryID", "t"."UnitPrice", "t"."Discontinued", "t"."ProductName",
"t"."UnitsInStock"
FROM "Categories" AS "c"
LEFT JOIN (
    SELECT "p"."ProductID", "p"."CategoryID", "p"."UnitPrice", "p"."Discontinued",
           "p"."ProductName", "p"."UnitsInStock"
    FROM "Products" AS "p"
    WHERE ("p"."UnitsInStock" >= @__stock_0)
) AS "t" ON "c"."CategoryID" = "t"."CategoryID"
ORDER BY "c"."CategoryID", "t"."ProductID"
Beverages has 2 products with a minimum of 99 units in stock.
  Sasquatch Ale has 111 units in stock.
  Rhönbräu Klosterbier has 125 units in stock.
...
```

注意，名为@__stock_0 的 SQL 参数已被设置为库存单位的最小值 99。

11.4.2 记录 EF Core

为了监视 EF Core 和数据库之间的交互，可以启用日志记录功能。为此，需要完成以下两项任务：
- 注册日志提供程序。
- 实现日志提供程序。

下面看一个例子。

(1) 将一个名为 ConsoleLogger.cs 的文件添加到项目中。

(2) 修改这个文件以定义两个类，其中一个类实现了 ILoggerProvider 接口，另一个类实现了 ILogger 接口。你需要注意以下内容：

- ConsoleLoggerProvider 会返回一个 ConsoleLogger 实例。由于不需要任何非托管资源，因此 Dispose 方法不做任何事情，但该方法必须存在。
- 当日志级别为 None、Trace 和 Information 时，禁用 ConsoleLogger。Consolelogger 对所有其他日志级别都是启用的。
- ConsoleLogger 通过向控制台写入日志来实现 Log 方法。

```
using Microsoft.Extensions.Logging;
using System;
using static System.Console;

namespace Packt.Shared
{
  public class ConsoleLoggerProvider : ILoggerProvider
  {
    public ILogger CreateLogger(string categoryName)
    {
      return new ConsoleLogger();
    }

    // if your logger uses unmanaged resources,
    // you can release the memory here
    public void Dispose() { }
  }

  public class ConsoleLogger : ILogger
  {
    // if your logger uses unmanaged resources, you can
    // return the class that implements IDisposable here
    public IDisposable BeginScope<TState>(TState state)
    {
      return null;
    }

    public bool IsEnabled(LogLevel logLevel)
    {
      // to avoid overlogging, you can filter
      // on the log level
      switch(logLevel)
      {
        case LogLevel.Trace:
        case LogLevel.Information:
```

```csharp
      case LogLevel.None:
        return false;
      case LogLevel.Debug:
      case LogLevel.Warning:
      case LogLevel.Error:
      case LogLevel.Critical:
      default:
        return true;
    };
  }

  public void Log<TState>(LogLevel logLevel,
    EventId eventId, TState state, Exception exception,
    Func<TState, Exception, string> formatter)
  {
    // log the level and event identifier
    Write($"Level: {logLevel}, Event ID: {eventId.Id}");

    // only output the state or exception if it exists
    if (state != null)
    {
      Write($", State: {state}");
    }

    if (exception != null)
    {
      Write($", Exception: {exception.Message}");
    }
    WriteLine();
  }
}
```

(3) 在 Program.cs 文件的顶部，添加如下语句以导入日志记录所需的名称空间：

```csharp
using Microsoft.EntityFrameworkCore.Infrastructure;
using Microsoft.Extensions.DependencyInjection;
using Microsoft.Extensions.Logging;
```

(4) 对于 QueryingCategories 和 QueryingProducts 方法，在 Northwind 数据库上下文的 using 块中添加语句以获得日志工厂，并注册自定义控制台日志记录器，如下所示：

```csharp
using (var db = new Northwind())
{
  var loggerFactory = db.GetService<ILoggerFactory>();
  loggerFactory.AddProvider(new ConsoleLoggerProvider());
```

(5) 运行控制台应用程序并查看日志，这些日志显示在以下输出中：

```
Level: Debug, Event ID: 20000, State: Opening connection to database 'main' on server
'/Users/markjprice/Code/Chapter11/WorkingWithEFCore/Northwind.db'.
Level: Debug, Event ID: 20001, State: Opened connection to database 'main' on server
'/Users/markjprice/Code/Chapter11/WorkingWithEFCore/Northwind.db'.
Level: Debug, Event ID: 20100, State: Executing DbCommand [Parameters=[],CommandType='Text',
CommandTimeout='30']
PRAGMA foreign_keys=ON;
Level: Debug, Event ID: 20100, State: Executing DbCommand [Parameters=[],CommandType='Text',
```

```
CommandTimeout='30']
SELECT "product"."ProductID", "product"."CategoryID", "product"."UnitPrice",
       "product"."Discontinued", "product"."ProductName", "product"."UnitsInStock"
FROM "Products" AS "product"
ORDER BY "product"."UnitPrice" DESC
```

事件 ID 的值及含义特定于.NET 数据提供程序。如果想知道 LINQ 查询是如何转换成 SQL 语句并执行的，那么输出的事件 ID 的值将是 20100。

(6) 将 ConsoleLogger 中的 Log 方法修改为仅输出 ID 为 20100 的事件，如下所示：

```csharp
public void Log<TState>(LogLevel logLevel, EventId eventId,
  TState state, Exception exception,
  Func<TState, Exception, string> formatter)
{
  if (eventId.Id == 20100)
  {
    // log the level and event identifier
    Write("Level: {0}, Event ID: {1}, Event: {2}"
      logLevel, eventId.Id, eventId.Name);
    // only output the state or exception if it exists
    if (state != null)
    {
      Write($", State: {state}");
    }

    if (exception != null)
    {
      Write($", Exception: {exception.Message}");
    }
    WriteLine();
  }
}
```

(7) 在 Main 方法中取消对 QueryingCategories 方法的注释，然后注释掉 QueryingProducts 方法，这样就可以监视连接两个表时生成的 SQL 语句。

(8) 运行控制台应用程序，并注意记录的以下 SQL 语句：

```
Categories and how many products they have:
Level: Debug, Event ID: 20100, State: Executing DbCommand [Parameters=[], CommandType='Text',
CommandTimeout='30']
PRAGMA foreign_keys=ON;
Level: Debug, Event ID: 20100, State: Executing DbCommand [Parameters=[], CommandType='Text',
CommandTimeout='30']
SELECT "c"."CategoryID", "c"."CategoryName", "c"."Description"
FROM "Categories" AS "c"
ORDER BY "c"."CategoryID"
Level: Debug, Event ID: 20100, State: Executing DbCommand [Parameters=[], CommandType='Text',
CommandTimeout='30']
SELECT "c.Products"."ProductID", "c.Products"."CategoryID", "c.Products"."UnitPrice",
"c.Products"."Discontinued", "c.Products"."ProductName", "c.Products"."UnitsInStock"
FROM "Products" AS "c.Products"
INNER JOIN (
SELECT "c0"."CategoryID"
FROM "Categories" AS "c0"
) AS "t" ON "c.Products"."CategoryID" = "t"."CategoryID"
ORDER BY "t"."CategoryID"
```

```
Beverages has 12 products.
Condiments has 12 products.
Confections has 13 products.
Dairy Products has 10 products.
Grains/Cereals has 7 products.
Meat/Poultry has 6 products.
Produce has 5 products.
Seafood has 12 products.
```

11.4.3 使用查询标记进行日志记录

对 LINQ 查询进行日志记录时，在复杂的场景中关联日志消息是很困难的。EF Core 2.2 引入了查询标记特性，以允许向日志中添加 SQL 注释。

可以使用 TagWith 方法对 LINQ 查询进行注释，如下所示：

```
IQueryable<Product> prods = db.Products
  .TagWith("Products filtered by price and sorted.")
  .Where(product => product.Cost > price)
  .OrderByDescending(product => product.Cost);
```

以上代码向日志添加 SQL 注释，输出如下所示：

```
-- Products filtered by price and sorted.
```

 更多信息：可通过以下链接阅读关于查询标记的更多信息——https://docs.microsoft.com/en-us/ef/core/querying/tags。

11.4.4 模式匹配与 Like

EF Core 支持常见的 SQL 语句，包括用于模式匹配的 Like。

(1) 在 Program.cs 文件中添加名为 QueryingWithLike 的方法，并注意如下要点：

- 这里启用了日志功能。
- 提示用户输入部分产品名称，然后使用 EF.Functions.Like 方法搜索 ProductName 属性中的任何位置。
- 对于匹配的每一个产品，输出产品的名称、库存数量以及是否停产。

```
static void QueryingWithLike()
{
  using (var db = new Northwind())
  {
    var loggerFactory = db.GetService<ILoggerFactory>();
    loggerFactory.AddProvider(new ConsoleLoggerProvider());

    Write("Enter part of a product name: ");
    string input = ReadLine();

    IQueryable<Product> prods = db.Products
      .Where(p => EF.Functions.Like(p.ProductName, $"%{input}%"));

    foreach (Product item in prods)
    {
      WriteLine("{0} has {1} units in stock. Discontinued? {2}",
```

```
        item.ProductName, item.Stock, item.Discontinued);
    }
  }
}
```

(2) 在 Main 方法中注释掉现有的方法，然后调用 QueryingWithLike 方法。

(3) 运行控制台应用程序，输入部分产品名称(如 che)并查看结果，输出如下所示：

```
Enter part of a product name: che
Level: Debug, Event ID: 20100, State: Executing DbCommand [Parameters=[], CommandType='Text',
CommandTimeout='30']
PRAGMA foreign_keys=ON;
Level: Debug, Event ID: 20100, State: Executing DbCommand [Parameters=[@__Format_1='?' (Size
= 5)], CommandType='Text', CommandTimeout='30']
SELECT "p"."ProductID", "p"."CategoryID", "p"."UnitPrice", "p"."Discontinued",
"p"."ProductName", "p"."UnitsInStock"
FROM "Products" AS "p"
WHERE "p"."ProductName" LIKE @__Format_1
Chef Anton's Cajun Seasoning has 53 units in stock. Discontinued? False
Chef Anton's Gumbo Mix has 0 units in stock. Discontinued? True
Queso Manchego La Pastora has 86 units in stock. Discontinued? False
Gumbär Gummibärchen has 15 units in stock. Discontinued? False
```

11.4.5 定义全局过滤器

产品可以停产，因此确保停产的产品不会返回结果可能是有用的，即使程序员忘记使用 Where 子句过滤它们。

(1) 修改 Northwind 类的 OnModelCreating 方法，添加全局过滤器以删除停产的产品，如下所示：

```
protected override void OnModelCreating(ModelBuilder modelBuilder)
{
  // example of using Fluent API instead of attributes
  // to limit the length of a category name to under 15
  modelBuilder.Entity<Category>()
    .Property(category => category.CategoryName)
    .IsRequired() // NOT NULL
    .HasMaxLength(15);

  // added to "fix" the lack of decimal support in SQLite
  modelBuilder.Entity<Product>()
    .Property(product => product.Cost)
    .HasConversion<double>();

  // global filter to remove discontinued products
  modelBuilder.Entity<Product>()
    .HasQueryFilter(p => !p.Discontinued);
}
```

(2) 运行控制台应用程序，输入部分产品名称 che，查看结果，注意 Chef Anton 的 Gumbo Mix 产品现在已经丢失，因为生成的 SQL 语句包含了针对 Discontinued 列的过滤器，输出如下所示：

```
SELECT "p"."ProductID", "p"."CategoryID", "p"."UnitPrice", "p"."Discontinued",
"p"."ProductName", "p"."UnitsInStock"
FROM "Products" AS "p"
WHERE ("p"."Discontinued" = 0) AND "p"."ProductName" LIKE @__Format_1
```

```
Chef Anton's Cajun Seasoning has 53 units in stock. Discontinued? False
Queso Manchego La Pastora has 86 units in stock. Discontinued? False
Gumbär Gummibärchen has 15 units in stock. Discontinued? False
```

11.5 使用 EF Core 加载模式

EF 通常使用三种加载模式：延迟加载、立即加载和显式加载。

11.5.1 立即加载实体

在 QueryingCategories 方法中，代码当前使用 Categories 属性循环遍历每个类别，输出类别名称和类别中的产品数量。这是因为在编写查询时，我们使用了 Include 方法以对相关产品使用立即加载(又称为早期加载)。

(1) 修改查询，注释掉 Include 方法调用，如下所示：

```
IQueryable<Category> cats =
  db.Categories; //.Include(c => c.Products);
```

(2) 在 Main 方法中，注释掉除了 QueryingCategories 之外的所有方法。
(3) 运行控制台应用程序并查看结果，部分输出如下所示：

```
Beverages has 0 products.
Condiments has 0 products.
Confections has 0 products.
Dairy Products has 0 products.
Grains/Cereals has 0 products.
Meat/Poultry has 0 products.
Produce has 0 products.
Seafood has 0 products.
```

foreach 循环中的每一项都是 Category 类的实例，Category 类的 Products 属性代表了类别中的产品列表。由于原始查询仅从 Categories 表中进行选择，因此对于每个类别，Products 属性为空。

11.5.2 启用延迟加载

EF Core 2.1 引入了延迟加载，从而能够自动加载缺失的相关数据。
要启用延迟加载，开发人员必须

- 为代理引用 NuGet 包。
- 配置延迟加载以使用代理。

(1) 打开 WorkingWithEFCore.csproj，添加包引用，如下所示：

```
<PackageReference
  Include="Microsoft.EntityFrameworkCore.Proxies"
  Version="5.0.0" />
```

(2) 在终端窗口中构建项目并还原包，如下所示：

```
dotnet build
```

(3) 打开 Northwind.cs 文件，导入 Microsoft.EntityFrameworkCore.Proxies 名称空间，并通过调用扩展方法在使用 SQLite 之前使用延迟加载代理，如下所示：

```
optionsBuilder.UseLazyLoadingProxies().UseSqlite($"Filename={path}");
```

现在，每当循环枚举并尝试读取 Products 属性时，延迟加载代理将检查它们是否已加载。如果没有加载，就执行 SELECT 语句，加载它们，以便仅加载当前类别的产品集合，然后将正确的计数结果返回到输出。

(4) 运行控制台应用程序。显然，延迟加载带来的问题是，最终获取所有数据需要多次往返数据库服务器，输出如下所示：

```
Categories and how many products they have:
Level: Debug, Event ID: 20100, State: Executing DbCommand [Parameters=[], CommandType='Text',
CommandTimeout='30']
PRAGMA foreign_keys=ON;
Level: Debug, Event ID: 20100, State: Executing DbCommand [Parameters=[], CommandType='Text',
CommandTimeout='30']
SELECT "c"."CategoryID", "c"."CategoryName", "c"."Description"
FROM "Categories" AS "c"
Level: Debug, Event ID: 20100, State: Executing DbCommand [Parameters=[@__p_0='?'],
CommandType='Text', CommandTimeout='30']
SELECT "p"."ProductID", "p"."CategoryID", "p"."UnitPrice", "p"."Discontinued",
"p"."ProductName", "p"."UnitsInStock"
FROM "Products" AS "p"
WHERE ("p"."Discontinued" = 0) AND ("p"."CategoryID" = @__p_0)
Beverages has 11 products.
Level: Debug, Event ID: 20100, State: Executing DbCommand [Parameters=[@__p_0='?'],
CommandType='Text', CommandTimeout='30']
SELECT "p"."ProductID", "p"."CategoryID", "p"."UnitPrice", "p"."Discontinued",
"p"."ProductName", "p"."UnitsInStock"
FROM "Products" AS "p"
WHERE ("p"."Discontinued" = 0) AND ("p"."CategoryID" = @__p_0)
Condiments has 11 products.
```

11.5.3 显式加载实体

另一种加载类型是显式加载。显式加载的工作方式与延迟加载相似，不同之处在于可以控制加载哪些相关数据以及何时加载。

(1) 在 QueryingCategories 方法中，修改语句以禁用延迟加载，然后提示用户是否希望启用立即加载和显式加载，如下所示：

```
IQueryable<Category> cats;
// = db.Categories;
// .Include(c => c.Products);

db.ChangeTracker.LazyLoadingEnabled = false;

Write("Enable eager loading? (Y/N): ");
bool eagerloading = (ReadKey().Key == ConsoleKey.Y);
bool explicitloading = false;
WriteLine();

if (eagerloading)
```

```csharp
{
  cats = db.Categories.Include(c => c.Products);
}
else
{
  cats = db.Categories;

  Write("Enable explicit loading? (Y/N): ");
    explicitloading = (ReadKey().Key == ConsoleKey.Y);
  WriteLine();
}
```

(2) 在循环内部，在 WriteLine 方法调用之前添加语句，以检查是否启用了显式加载。如果启用了，则提示用户指定是否希望显式加载每个单独的类别，如下所示：

```csharp
if (explicitloading)
{
  Write($"Explicitly load products for {c.CategoryName}? (Y/N): ");
  ConsoleKeyInfo key = ReadKey();
  WriteLine();
  if (key.Key == ConsoleKey.Y)
  {
    var products = db.Entry(c).Collection(c2 => c2.Products);
    if (!products.IsLoaded) products.Load();
  }
}
WriteLine($"{c.CategoryName} has {c.Products.Count} products.");
```

(3) 运行控制台应用程序；按 N 禁用立即加载，按 Y 启用显式加载。对于每个类别，按 Y 或按 N 即可按自己希望的方式加载产品。笔者选择了八类中的两类——Beverages 和 Seafood，如下所示：

```
Categories and how many products they have:
Enable eager loading? (Y/N): n
Enable explicit loading? (Y/N): y
Level: Debug, Event ID: 20100, State: Executing DbCommand [Parameters=[], CommandType='Text',
CommandTimeout='30']
PRAGMA foreign_keys=ON;
Level: Debug, Event ID: 20100, State: Executing DbCommand [Parameters=[], CommandType='Text',
CommandTimeout='30']
SELECT "c"."CategoryID", "c"."CategoryName", "c"."Description"
FROM "Categories" AS "c"
Explicitly load products for Beverages? (Y/N): y
Level: Debug, Event ID: 20100, State: Executing DbCommand [Parameters=[@__p_0='?'],
CommandType='Text', CommandTimeout='30']
SELECT "p"."ProductID", "p"."CategoryID", "p"."UnitPrice", "p"."Discontinued",
"p"."ProductName", "p"."UnitsInStock"
FROM "Products" AS "p"
WHERE ("p"."Discontinued" = 0) AND ("p"."CategoryID" = @__p_0)
Beverages has 11 products.
Explicitly load products for Condiments? (Y/N): n
Condiments has 0 products.
Explicitly load products for Confections? (Y/N): n
Confections has 0 products.
Explicitly load products for Dairy Products? (Y/N): n
Dairy Products has 0 products.
Explicitly load products for Grains/Cereals? (Y/N): n
Grains/Cereals has 0 products.
```

第 11 章 使用 Entity Framework Core 处理数据库

```
Explicitly load products for Meat/Poultry? (Y/N): n
Meat/Poultry has 0 products.
Explicitly load products for Produce? (Y/N): n
Produce has 0 products.
Explicitly load products for Seafood? (Y/N): y
Level: Debug, Event ID: 20100, State: Executing DbCommand [Parameters=[@__p_0='?'],
CommandType='Text', CommandTimeout='30']
SELECT "p"."ProductID", "p"."CategoryID", "p"."UnitPrice", "p"."Discontinued",
"p"."ProductName", "p"."UnitsInStock"
FROM "Products" AS "p"
WHERE ("p"."Discontinued" = 0) AND ("p"."CategoryID" = @__p_0)
Seafood has 12 products.
```

 最佳实践：仔细考虑哪种加载模式最适合自己的代码。有关加载模式的更多信息，请访问链接 https://docs.microsoft.com/en-us/ef/core/querying/related-data。

11.6 使用 EF Core 操作数据

使用 EF Core 插入、更新和删除实体是一项相对容易完成的任务。DbContext 能够自动维护更改跟踪，因此本地实体可以跟踪多个更改，包括添加新实体、修改现有实体和删除实体。当准备将这些更改发送到底层数据库时，请调用 SaveChanges 方法以返回成功更改的实体数量。

11.6.1 插入实体

下面首先看看如何向表中添加新行。

(1) 在 Program.cs 文件中创建名为 **AddProduct** 的方法，如下所示：

```
static bool AddProduct(
  int categoryID, string productName, decimal? price)
{
  using (var db = new Northwind())
  {
    var newProduct = new Product
    {
      CategoryID = categoryID,
      ProductName = productName,
      Cost = price
    };

    // mark product as added in change tracking
    db.Products.Add(newProduct);

    // save tracked change to database
    int affected = db.SaveChanges();
    return (affected == 1);
  }
}
```

(2) 在 Program.cs 文件中创建名为 **ListProducts** 的方法，输出每个产品的 ID、名称、成本、库存数量和停产信息，最昂贵的产品排在最前面，如下所示：

```
static void ListProducts()
{
  using (var db = new Northwind())
  {
    WriteLine("{0,-3} {1,-35} {2,8} {3,5} {4}",
      "ID", "Product Name", "Cost", "Stock", "Disc.");

    foreach (var item in db.Products.OrderByDescending(p => p.Cost))
    {
      WriteLine("{0:000} {1,-35} {2,8:$#,##0.00} {3,5} {4}",
        item.ProductID, item.ProductName, item.Cost,
        item.Stock, item.Discontinued);
    }
  }
}
```

记住，{1,-35}表示在35个字符宽的列中，参数1是左对齐的；而{3,5}表示在5个字符宽的列中，参数3是右对齐的。

(3) 在Main方法中注释掉前面的方法调用，然后调用AddProduct和ListProducts方法，如下所示：

```
static void Main(string[] args)
{
  // QueryingCategories();
  // FilteredIncludes();
  // QueryingProducts();
  // QueryingWithLike();

  if (AddProduct(6, "Bob's Burgers", 500M))
  {
    WriteLine("Add product successful.");
  }
  ListProducts();
}
```

(4) 运行控制台应用程序，查看结果，注意我们添加了新产品，部分输出如下所示：

```
Add product successful.
ID  Product Name                         Cost  Stock Disc.
078 Bob's Burgers                      $500.00       False
038 Côte de Blaye                      $263.50    17 False
020 Sir Rodney's Marmalade              $81.00    40 False
...
```

11.6.2 更新实体

下面修改表中现有的行。

(1) 在Program.cs文件中添加方法IncreaseProductPrice，把第一个以Bob开头的产品的价格提高20美元，如下所示：

```
static bool IncreaseProductPrice(string name, decimal amount)
{
  using (var db = new Northwind())
  {
    // get first product whose name starts with name
    Product updateProduct = db.Products.First(
```

```
    p => p.ProductName.StartsWith(name));

  updateProduct.Cost += amount;
  int affected = db.SaveChanges();
  return (affected == 1);
  }
}
```

(2) 在 Main 方法中注释掉调用 AddProduct 方法的整个 if 语句块,并在调用 ListProducts 方法之前添加 IncreaseProductPrice 调用,如下所示:

```
if (IncreaseProductPrice("Bob", 20M))
{
  WriteLine("Update product price successful.");
}
ListProducts();
```

(3) 运行控制台应用程序,查看结果,注意 Bob's Burgers 的现有价格提高了 20 美元,如下所示:

```
Update product price successful.
ID  Product Name        Cost Stock Disc.
078 Bob's Burgers       $520.00       False
038 Côte de Blaye       $263.50    17 False
...
```

11.6.3 删除实体

现在看看如何从表中删除一行。

(1) 在 Program.cs 文件中导入 System.Collections.Generic。
(2) 添加方法 DeleteProducts 以删除所有名称以 Bob 开头的产品,如下所示:

```
static int DeleteProducts(string name)
{
  using (var db = new Northwind())
  {
    IEnumerable<Product> products = db.Products.Where(
      p => p.ProductName.StartsWith(name));

    db.Products.RemoveRange(products);
    int affected = db.SaveChanges();
    return affected;
  }
}
```

可以使用 Remove 方法删除单个实体。当删除多个实体时,RemoveRange 方法的效率更高。

(3) 在 Main 方法中注释掉调用 IncreaseProductPrice 方法的整个 if 语句块,并添加对 DeleteProducts 方法的调用,如下所示:

```
int deleted = DeleteProducts("Bob");
WriteLine($"{deleted} product(s) were deleted.");
ListProducts();
```

(4) 运行控制台应用程序并查看结果,输出如下所示:

```
1 product(s) were deleted.
ID  Product Name  Cost Stock Disc.
```

```
038 Côte de Blaye $263.50 17 False
020 Sir Rodney's Marmalade $81.00 40 False
```

如果有多个产品的名称以 Bob 开头，那么它们都将被删除。作为一项可选的挑战，对添加三个以 Bob 开头的新产品的语句取消注释，然后删除它们。

11.6.4 池化数据库环境

DbContext 类是可销毁的，并且是按照单一工作单元原则设计的。前面的代码示例在 using 块中创建了所有 DbContext 派生类的 Northwind 实例。

ASP.NET Core 与 EF Core 相关的一个特性是：在构建 Web 应用程序和 Web 服务时，可通过汇集数据库上下文来提高代码的效率。这将允许创建和释放尽可能多的 DbContext 派生对象，从而确保代码仍然是有效的。

 更多信息：可通过以下链接阅读关于池化数据库上下文的更多信息——https://docs.microsoft.com/en-us/ef/core/what-is-new/ef-core-2.0#dbcontext-pooling。

11.6.5 事务

每次调用 SaveChanges 方法时，都会启动隐式事务，以便在出现问题时自动回滚所有更改。如果事务中的多个更改都已成功，就提交事务和所有更改。

事务通过应用锁来防止在发生一系列更改时进行读写操作，从而维护数据库的完整性。

事务有四个基本特性：原子性(Atomicity)、一致性(Consistency)、隔离性(Isolation)、持久性(Durability)，简称 ACID。

- 原子性：事务中的所有操作要么都提交，要么都不提交。
- 一致性：事务前后的数据库状态是一致的，这取决于代码的逻辑。例如，在银行账户之间转账时，业务逻辑要确保：如果从一个账户借 100 美元，就要用另一个账户贷 100 美元。
- 隔离性：在事务处理期间，会对其他进程隐藏更改。可以选择多个隔离级别(请参考表 11.2)。隔离级别越高，数据的完整性越好。然而，我们必须应用更多的锁，这将对其他进程产生负面影响。快照是一种特殊情况，可以创建多个行的副本以避免锁，但这在事务发生时会增加数据库的大小。
- 持久性：如果在事务期间发生故障，可以恢复事务。这通常以两阶段提交和事务日志的形式实现，与"持久性"相对的是"不稳定性"。

表 11.2 事务的隔离级别

隔离级别	锁	允许的完整性问题
ReadUncommitted	无	脏读、不可重复读和幻像数据
ReadCommitted	当编辑时，应用读取锁以阻止其他用户读取记录，直到事务结束	不可重复读和幻像数据
RepeatableRead	当读取时，应用编辑锁以阻止其他用户编辑记录，直到事务结束	幻像数据
Serializable	应用键范围的锁以防止任何可能影响结果的操作，包括插入和删除	无
Snapshot	无	无

11.6.6 定义显式事务

可以使用数据库上下文的 Database 属性来控制显式事务。

(1) 在 Program.cs 文件中导入以下名称空间,以使用 IDbContextTransaction 接口:

```
using Microsoft.EntityFrameworkCore.Storage;
```

(2) 在 DeleteProducts 方法中,在实例化 db 变量之后,添加一些语句以启动显式事务并输出隔离级别,在方法的底部提交事务并关闭花括号。

```
static int DeleteProducts(string name)
{
  using (var db = new Northwind())
  {
    using (IDbContextTransaction t = db.Database.BeginTransaction())
    {
      WriteLine("Transaction isolation level: {0}",
        t.GetDbTransaction().IsolationLevel);

      var products = db.Products.Where(
        p => p.ProductName.StartsWith(name));

      db.Products.RemoveRange(products);

      int affected = db.SaveChanges();
      t.Commit();
      return affected;
    }
  }
}
```

(3) 运行控制台应用程序并查看结果,输出如下所示:

```
Transaction isolation level: Serializable
```

11.7 实践和探索

你可以通过回答一些问题来测试自己对知识的理解程度,进行一些实践,并深入探索本章涵盖的主题。

11.7.1 练习 11.1:测试你掌握的知识

回答以下问题:
1) 对于表示表的属性(例如,数据库上下文的 Products 属性),应使用什么类型?
2) 对于表示一对多关系的属性(例如,Category 实体的 Products 属性),应使用什么类型?
3) 主键的 EF Core 约定是什么?
4) 何时在实体类中使用注解特性?
5) 为什么选择 Fluent API 而不是注解特性?
6) Serializable 事务隔离级别是什么意思?
7) DbContext.SaveChanges 方法会返回什么?

8) 立即加载和显式加载之间的区别是什么？
9) 如何定义 EF Core 实体类以匹配下面的表？

```
CREATE TABLE Employees(
  EmpID INT IDENTITY,
  FirstName NVARCHAR(40) NOT NULL,
  Salary MONEY
)
```

10) 将实体导航属性声明为 virtual 有什么好处？

11.7.2　练习 11.2：练习使用不同的序列化格式导出数据

创建名为 Exercise02 的控制台应用程序，查询 Northwind 示例数据库中的所有类别和产品，然后使用.NET 提供的至少三种序列化格式对数据进行序列化。哪种序列化格式使用的字节数最少？

11.7.3　练习 11.3：研究 EF Core 文档

可通过以下链接来阅读本章所涉及主题的更多细节：https://docs.microsoft.com/en-us/ef/core/index。

11.8　本章小结

本章介绍了如何连接到数据库，如何执行简单的 LINQ 查询并处理结果，如何添加、修改和删除数据，以及如何为现有数据库(如 Northwind 示例数据库)构建实体数据模型。

第 12 章将介绍如何编写更高级的 LINQ 查询来对数据进行选择、筛选、排序、连接和分组。

第 12 章
使用 LINQ 查询和操作数据

本章介绍 LINQ(语言集成查询)。LINQ 是一组语言扩展,用于处理数据序列,然后对它们进行过滤、排序,并将它们投影到不同的输出。

本章涵盖以下主题:
- 编写 LINQ 查询
- 使用 LINQ 处理集合
- 在 EF Core 中使用 LINQ
- 使用语法糖美化 LINQ 语法
- 使用多线程和并行 LINQ
- 创建自己的 LINQ 扩展方法
- 使用 LINQ to XML

12.1 编写 LINQ 查询

我们虽然在第 11 章编写了一些 LINQ 查询,但它们不是重点,因而也就没有恰当地解释 LINQ 是如何工作的。现在,我们花点时间来正确地理解它们。

LINQ 有多个部分,有些是必需的,而有些是可选的。
- 扩展方法(必需的):包括 Where、OrderBy 和 Select 等方法,它们提供了 LINQ 的功能。
- LINQ 提供程序(必需的): 包括 LINQ to Objects、LINQ to Entities、LINQ to XML、LINQ to OData 和 LINQ to Amazon,它们用来将标准的 LINQ 操作转换为针对不同类型数据的特定命令。
- lambda 表达式(可选的):用来代替命名方法以简化 LINQ 扩展方法的调用。
- LINQ 查询理解语法(可选的):包括 from、in、where、orderby、descending 和 select。这些 C# 关键字是 LINQ 扩展方法的别名,使用它们可以简化编写的查询。

程序员第一次接触 LINQ 时,通常认为 LINQ 查询理解语法就是 LINQ,但具有讽刺意味的是,这只是 LINQ 中可选的部分之一!

12.1.1 使用 Enumerable 类扩展序列

LINQ 扩展方法(如 Where 和 Select)可由 Enumerable 静态类附加到任何类型,比如实现了 IEnumerable<T>的序列。

任何类型的数组都实现了 IEnumerable<T>,其中 T 是数组元素的类型。所以,所有数组都支持使用 LINQ 来查询和操作它们。

所有的泛型集合(如 List<T>、Dictionary<TKey, TValue>、Stack<T>和 Queue<T>)都实现了

IEnumerable<T>，因而也可以使用 LINQ 查询和操作它们。

Enumerable 类定义了 45 个以上的扩展方法，如表 12.1 所示。

表 12.1　Enumerable 类定义的扩展方法

扩展方法	说明
First、FirstOrDefault、Last、LastOrDefault	获取序列中的第一项或最后一项，抑或返回类型的默认值。例如，如果没有第一项或最后一项，那么 int 值为 0，引用类型为 null
Where	返回与指定筛选器匹配的项的序列
Single、SingleOrDefault	返回与特定筛选器匹配的项或抛出异常。如果没有完全匹配的项，就返回类型的默认值
ElementAt、ElementAtOrDefault	返回位于指定索引位置的项或抛出异常。如果指定的索引位置没有项，就返回类型的默认值
Select、SelectMany	将许多项投影为不同的形状，并将嵌套的项的层次结构压扁
OrderBy、OrderByDescending、ThenBy、ThenByDescending	根据指定的属性对项进行排序
Reverse	颠倒项的顺序
GroupBy、GroupJoin、Join	组合、连接序列
Skip、SkipWhile	跳过一些项，或在表达式为 true 时跳过这些项
Take、TakeWhile	提取一些项，或在表达式为 true 时提取这些项
Aggregate、Average、Count、LongCount、Max、Min、Sum	计算合计值
All、Any、Contains	如果所有项或其中任何项与筛选器匹配，抑或序列中包含指定的项，就返回 true
Cast	将项转换为指定的类型
OfType	移除与指定类型不匹配的项
Except、Intersect、Union	执行返回集合的操作。集合中不能有重复的项。虽然这些扩展方法的输入可以是任何序列，因此可能会有重复的项，但结果总是集合
Append、Concat、Prepend	执行序列组合操作
Zip	根据项的位置对两个序列执行匹配操作，例如，第一个序列中位置 1 的项与第二个序列中位置 1 的项相匹配。
Distinct	从序列中删除重复的项
ToArray、ToList、ToDictionary、ToLookup	将序列转换为数组或集合

12.1.2　使用 Where 扩展方法过滤实体

使用 LINQ 的最常见原因是为了使用 Where 扩展方法过滤序列中的项。下面通过定义名称序列并对其应用 LINQ 操作来研究过滤功能。

(1) 在 Code 文件夹中创建一个名为 Chapter12 的文件夹，然后在其中创建一个名为 LinqWithObjects 的子文件夹。

(2) 在 Visual Studio Code 中，将工作区命名为 Chapter12 文件夹中的 Chapter12.code-workspace。

(3) 将名为 LinqWithObjects 的子文件夹添加到工作区。
(4) 导航到 Terminal | New Terminal。
(5) 在终端窗口中输入以下命令：

```
dotnet new console
```

(6) 在 Program.cs 文件中添加 LinqWithArrayOfStrings 方法，在该方法中定义一个字符串数组，然后尝试对这个数组调用 Where 扩展方法，如下所示：

```
static void LinqWithArrayOfStrings()
{
  var names = new string[] { "Michael", "Pam", "Jim", "Dwight",
    "Angela", "Kevin", "Toby", "Creed" };
  var query = names.
}
```

(7) 输入 Where 扩展方法时，注意该方法在字符串数组成员的 IntelliSense 列表中是不存在的，如图 12.1 所示。

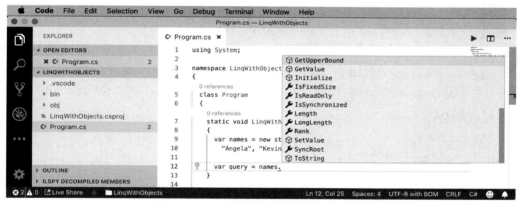

图 12.1　Where 扩展方法不在 IntelliSense 列表中

原因在于 Where 是扩展方法。要想使 Where 扩展方法可用，就必须导入 System.Linq 名称空间。
(8) 将下列语句添加到 Program.cs 文件的顶部：

```
using System.Linq;
```

(9) 重新输入 Where 扩展方法，注意 IntelliSense 列表中显示出更多的方法，包括 Enumerable 类增加的扩展方法，如图 12.2 所示。
(10) 当输入 Where 扩展方法的圆括号时，IntelliSense 指出，要调用 Where 扩展方法，就必须传递 Func<string,bool>委托的实例，如图 12.3 所示。
(11) 输入一个表达式以创建 Func<string, bool>委托的实例，现在请注意，我们还没有提供方法名，如下所示：

```
var query = names.Where(new Func<string, bool>())
```

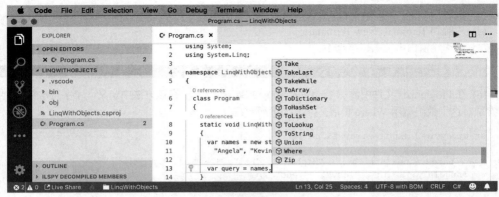

图 12.2　IntelliSense 列表中显示出更多的方法

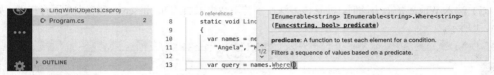

图 12.3　必须传递 Func<string,bool>委托的实例

Func<string, bool>委托提示我们，对于传递给方法的每个字符串变量，该方法都必须返回一个布尔值。如果返回 true，就表示应该在结果中包含该字符串；如果返回 false，就表示应该排除该字符串。

1. 以命名方法为目标

下面定义一个方法，该方法只包含长度超过四个字符的人名。

(1) 在 Program.cs 文件中添加如下方法：

```
static bool NameLongerThanFour(string name)
{
  return name.Length > 4;
}
```

(2) 在 LinqWithArrayOfStrings 方法中，将 NameLongerThanFour 方法的名称传递给 Func<string, bool>委托，然后循环遍历查询中的项，如下所示：

```
var query = names.Where(
  new Func<string, bool>(NameLongerThanFour));

foreach (string item in query)
{
  WriteLine(item);
}
```

(3) 在 Main 方法中调用 LinqWithArrayOfStrings 方法，运行控制台应用程序，并查看结果，注意输出中只列出了长度超过四个字符的人名，如下所示：

```
Michael
Dwight
Angela
Kevin
Creed
```

2. 通过删除委托的显式实例化来简化代码

可通过删除 Func<string, bool>委托的显式实例化来简化代码,因为 C#编译器可以自动实例化委托。

(1) 为了帮助读者通过查看逐步改进的代码来学习,可以复制和粘贴查询。
(2) 注释掉第一个例子,如下所示:

```
// var query = names.Where(
// new Func<string, bool>(NameLongerThanFour));
```

(3) 修改副本,以删除委托的显式实例化,如下所示:

```
var query = names.Where(NameLongerThanFour);
```

(4) 重新运行应用程序,应用程序具有相同的行为。

3. 以 lambda 表达式为目标

我们甚至可以使用 lambda 表达式代替指定的方法,从而进一步简化代码。

虽然一开始看起来很复杂,但 lambda 表达式只是没有名称的函数。lambda 表达式使用=>符号来表示返回值。

(1) 复制并粘贴查询,注释掉第二个示例并修改查询,如下所示:

```
var query = names.Where(name => name.Length > 4);
```

注意,lambda 表达式的语法包括 NameLongerThanFour 方法的所有重要部分,但也仅此而已。lambda 表达式只需要定义以下内容:
- 输入参数的名称。
- 返回值表达式。

name 输入参数的类型是从序列包含字符串这一事实推断出来的,但返回结果必须是布尔值,这样 Where 扩展方法才能工作,因此=>符号之后的表达式也必须返回布尔值。

编译器自动做了大部分工作,所以代码可以尽可能简洁。

(2) 重新运行应用程序,注意应用程序具有相同的行为。

12.1.3 实体的排序

其他常用的扩展方法是 OrderBy 和 ThenBy,它们用于对序列进行排序。

如果前面的扩展方法返回另一个序列,那就可以链接扩展方法。

1. 使用 OrderBy 扩展方法按单个属性排序

下面继续使用当前的项目探索排序功能。

(1) 将对 OrderBy 扩展方法的调用追加到现有查询的末尾,如下所示:

```
var query = names
  .Where(name => name.Length > 4)
  .OrderBy(name => name.Length);
```

 最佳实践:格式化 LINQ 语句,使每个扩展方法调用都发生在自己的行中,从而让它们更易于阅读。

(2) 重新运行应用程序,注意,最短的人名现在排在最前面,输出如下所示:

```
Kevin
Creed
Dwight
Angela
Michael
```

要将最长的人员放在最前面,可以使用 OrderByDescending 扩展方法。

2. 使用 ThenBy 扩展方法按后续属性排序

你可能希望根据多个属性进行排序,例如,按照字母顺序对相同长度的人名进行排序。

(1) 在现有查询的末尾添加对 ThenBy 扩展方法的调用,如下所示:

```
var query = names
  .Where(name => name.Length > 4)
  .OrderBy(name => name.Length)
  .ThenBy(name => name);
```

(2) 重新运行应用程序,并注意输出中的细微差别。在一组长度相同的人名中,由于要根据字符串的全部值按字母顺序进行排序,因此 Creed 排在 Kevin 之前、Angela 排在 Dwight 之前,如下所示:

```
Creed
Kevin
Angela
Dwight
Michael
```

12.1.4 根据类型进行过滤

Where 扩展方法非常适合根据值(如文本和数字)进行过滤。但是,如果序列中包含多个类型,并且希望根据特定的类型进行筛选,此外还需要尊重任何继承层次结构,该怎么办呢?

假设有一系列异常,而异常具有复杂的层次结构,如图 12.4 所示。

下面研究如何按类型进行过滤。

(1) 在 Program.cs 文件中添加 LinqWithArrayOfExceptions 方法,在其中定义 Exception 派生对象的数组,如下所示:

```
static void LinqWithArrayOfExceptions()
{
  var errors = new Exception[]
  {
    new ArgumentException(),
    new SystemException(),
    new IndexOutOfRangeException(),
    new InvalidOperationException(),
    new NullReferenceException(),
    new InvalidCastException(),
    new OverflowException(),
    new DivideByZeroException(),
    new ApplicationException()
  };
}
```

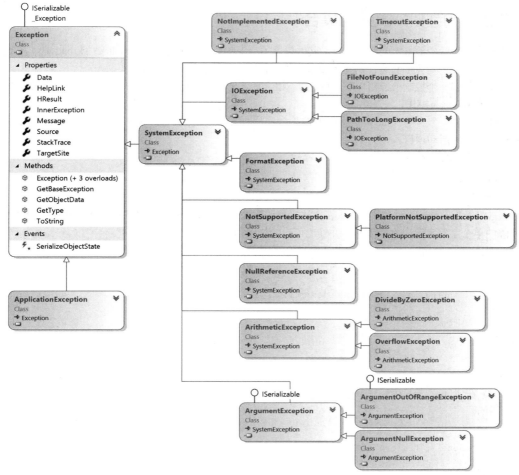

图12.4 异常的层次结构

(2) 使用 OfType<T>扩展方法编写语句，过滤非算术异常并将它们写入控制台，如下所示：

```
var numberErrors = errors.OfType<ArithmeticException>();

foreach (var error in numberErrors)
{
  WriteLine(error);
}
```

(3) 在 Main 方法中注释掉对 LinqWithArrayOfStrings 方法的调用，然后添加对 LinqWithArrayOf-Exceptions 方法的调用。

(4) 运行控制台应用程序，注意结果中只包含 ArithmeticException 类型或 ArithmeticException 派生类型的异常，如下所示：

```
System.OverflowException: Arithmetic operation resulted in an overflow.
System.DivideByZeroException: Attempted to divide by zero.
```

12.2 使用 LINQ 处理集合

集合是数学中最基本的概念之一，其中包含了一个或多个唯一的对象。multiset 或 bag 是一个或多个可以重复的对象的集合。常见的集合操作包括集合之间的交集或并集。

下面创建一个控制台应用程序项目，为一组学徒定义三个字符串数组，然后对它们执行一些常见的集合和 multiset 操作。

(1) 创建一个名为 LinqWithSets 的控制台应用程序项目，将其添加到工作区，并选择它作为 OmniSharp 的活动项目。

(2) 导入以下额外的名称空间：

```
using System.Collections.Generic;  // for IEnumerable<T>
using System.Linq;                  // for LINQ extension methods
```

(3) 在 Program.cs 文件中的 Main 方法之前，添加如下方法，将任何以字符串变量序列作为逗号分隔的单个字符串输出到控制台，并输出可选的描述信息：

```
static void Output(IEnumerable<string> cohort,
  string description = "")
{
  if (!string.IsNullOrEmpty(description))
  {
    WriteLine(description);
  }
  Write(" ");
  WriteLine(string.Join(", ", cohort.ToArray()));
}
```

(4) 在 Main 方法中添加语句，定义三个人名数组，输出它们，然后对它们执行各种集合操作，如下所示：

```
var cohort1 = new string[]
  { "Rachel", "Gareth", "Jonathan", "George" };
var cohort2 = new string[]
  { "Jack", "Stephen", "Daniel", "Jack", "Jared" };
var cohort3 = new string[]
  { "Declan", "Jack", "Jack", "Jasmine", "Conor" };
Output(cohort1, "Cohort 1");
Output(cohort2, "Cohort 2");
Output(cohort3, "Cohort 3");
WriteLine();

Output(cohort2.Distinct(), "cohort2.Distinct():");
WriteLine();
Output(cohort2.Union(cohort3), "cohort2.Union(cohort3):");
WriteLine();
Output(cohort2.Concat(cohort3), "cohort2.Concat(cohort3):");
WriteLine();
Output(cohort2.Intersect(cohort3), "cohort2.Intersect(cohort3):");
WriteLine();
Output(cohort2.Except(cohort3), "cohort2.Except(cohort3):");
WriteLine();
Output(cohort1.Zip(cohort2,(c1, c2) => $"{c1} matched with {c2}"),
  "cohort1.Zip(cohort2):");
```

(5) 运行控制台应用程序并查看结果，输出如下所示：

```
Cohort 1
 Rachel, Gareth, Jonathan, George
Cohort 2
 Jack, Stephen, Daniel, Jack, Jared
Cohort 3
 Declan, Jack, Jack, Jasmine, Conor
cohort2.Distinct():
 Jack, Stephen, Daniel, Jared
cohort2.Union(cohort3):
 Jack, Stephen, Daniel, Jared, Declan, Jasmine, Conor
cohort2.Concat(cohort3):
 Jack, Stephen, Daniel, Jack, Jared, Declan, Jack, Jack, Jasmine, Conor
cohort2.Intersect(cohort3):
 Jack
cohort2.Except(cohort3):
 Stephen, Daniel, Jared
cohort1.Zip(cohort2):
 Rachel matched with Jack, Gareth matched with Stephen, Jonathan matched with Daniel, George
matched with Jack
```

12.3 使用 LINQ 与 EF Core

为了理解投影，最好使用一些更复杂的序列，因此下一个项目将使用 Northwind 示例数据库。

下面构建 EF Core 模型以表示我们想要使用的数据库和表。可手动定义实体类以获得完全控制，并防止自动定义关系。稍后，我们将使用 LINQ 来连接两个实体集。

(1) 创建一个名为 LinqWithEFCore 的控制台应用程序项目，将其添加到工作区，并选择它作为 OmniSharp 的活动项目。

(2) 修改 LinqWithEFCore.csproj 文件，如下所示：

```xml
<Project Sdk="Microsoft.NET.Sdk">
  <PropertyGroup>
    <OutputType>Exe</OutputType>
    <TargetFramework>net5.0</TargetFramework>
  </PropertyGroup>
  <ItemGroup>
    <PackageReference
      Include="Microsoft.EntityFrameworkCore.Sqlite"
      Version="5.0.0" />
  </ItemGroup>
</Project>
```

(3) 在终端窗口中下载引用的包并编译当前项目，如下所示：

```
dotnet build
```

(4) 复制 Northwind.sql 文件并将副本放入 LinqWithEFCore 文件夹，然后使用终端窗口执行以下命令，创建 Northwind 示例数据库：

```
sqlite3 Northwind.db -init Northwind.sql
```

(5) 请耐心等待，因为上述命令需要一些时间来创建数据库结构，如下所示：

```
-- Loading resources from Northwind.sql
SQLite version 3.28.0 2019-04-15 14:49:49
Enter ".help" for usage hints.
sqlite>
```

(6) 在 macOS 上按 Ctrl + D 组合键,或在 Windows 上按 Ctrl + C 组合键,退出 SQLite 命令模式。

(7) 向项目中添加三个类文件,将它们分别命名为 Northwind.cs、Category.cs 和 Product.cs。

(8) 修改名为 Northwind.cs 的类文件,如下所示:

```
using Microsoft.EntityFrameworkCore;

namespace Packt.Shared
{
  // this manages the connection to the database
  public class Northwind : DbContext
  {
    // these properties map to tables in the database
    public DbSet<Category> Categories { get; set; }
    public DbSet<Product> Products { get; set; }

    protected override void OnConfiguring(
      DbContextOptionsBuilder optionsBuilder)
    {
      string path = System.IO.Path.Combine(
        System.Environment.CurrentDirectory, "Northwind.db");
      optionsBuilder.UseSqlite($"Filename={path}");
    }

    protected override void OnModelCreating(
      ModelBuilder modelBuilder)
    {
      modelBuilder.Entity<Product>()
        .Property(product => product.UnitPrice)
        .HasConversion<double>();
    }
  }
}
```

(9) 修改名为 Category.cs 的类文件,如下所示:

```
using System.ComponentModel.DataAnnotations;

namespace Packt.Shared
{
  public class Category
  {
    public int CategoryID { get; set; }
    [Required]
    [StringLength(15)]
    public string CategoryName { get; set; }
    public string Description { get; set; }
  }
}
```

(10) 修改名为 **Product.cs** 的类文件，如下所示：

```
using System.ComponentModel.DataAnnotations;
namespace Packt.Shared
{
  public class Product
  {
    public int ProductID { get; set; }
    [Required]
    [StringLength(40)]
    public string ProductName { get; set; }
    public int? SupplierID { get; set; }
    public int? CategoryID { get; set; }
    [StringLength(20)]
    public string QuantityPerUnit { get; set; }
    public decimal? UnitPrice { get; set; }
    public short? UnitsInStock { get; set; }
    public short? UnitsOnOrder { get; set; }
    public short? ReorderLevel { get; set; }
    public bool Discontinued { get; set; }
  }
}
```

12.3.1 序列的筛选和排序

下面编写语句以过滤和排序表中的行。

(1) 打开 **Program.cs** 类文件，导入以下类型和名称空间：

```
using static System.Console;
using Packt.Shared;
using Microsoft.EntityFrameworkCore;
using System.Linq;
```

(2) 创建如下用于过滤和排序产品的方法：

```
static void FilterAndSort()
{
  using (var db = new Northwind())
  {
    var query = db.Products
      // query is a DbSet<Product>
      .Where(product => product.UnitPrice < 10M)
      // query is now an IQueryable<Product>
      .OrderByDescending(product => product.UnitPrice);

    WriteLine("Products that cost less than $10:");
    foreach (var item in query)
    {
      WriteLine("{0}: {1} costs {2:$#,##0.00}",
        item.ProductID, item.ProductName, item.UnitPrice);
    }
    WriteLine();
  }
}
```

DbSet<T>实现了 IQueryable<T>，IQueryable<T>则实现了 IEnumerable<T>，所以 LINQ 可以用来查询和操作你为 EF Core 构建的模型中的实体集合。

注意，这些序列实现了 IQueryable<T>(也可在调用了排序用的 LINQ 方法之后实现 IOrderedQueryable<T>)而不是 IEnumerable<T>或 IOrderedEnumerable<T>。

这表明我们正在使用 LINQ 提供程序，LINQ 提供程序使用表达式树在内存中构建查询。它们以树状数据结构表示代码，并支持创建动态查询，这对于为 SQLite 等外部数据提供程序构建 LINQ 查询非常有用。

更多信息： 可通过以下链接阅读关于表达式树的更多内容——https://docs.microsoft.com/en-us/dotnet/csharp/programming-guide/concepts/expression-trees/。

LINQ 查询转换成另一种查询语言，比如 SQL。如果使用 foreach 枚举查询或调用 ToArray 方法，将强制执行查询。

(3) 在 Main 方法中调用 FilterAndSort 方法。
(4) 运行控制台应用程序并查看结果，输出如下所示：

```
Products that cost less than $10:
41: Jack's New England Clam Chowder costs $9.65
45: Rogede sild costs $9.50
47: Zaanse koeken costs $9.50
19: Teatime Chocolate Biscuits costs $9.20
23: Tunnbröd costs $9.00
75: Rhönbräu Klosterbier costs $7.75
54: Tourtière costs $7.45
52: Filo Mix costs $7.00
13: Konbu costs $6.00
24: Guaraná Fantástica costs $4.50
33: Geitost costs $2.50
```

虽然这个查询能够输出我们想要的信息，但效率不高，因为要从 Products 表中获取所有列而不是需要的三列，这相当于执行下面的 SQL 语句：

```
SELECT * FROM Products;
```

前面的第 11 章介绍了如何记录针对 SQLite 执行的 SQL 命令以便查看。

12.3.2　将序列投影到新的类型中

在学习投影之前，需要回顾一下对象初始化语法。如果定义了类，就可以使用 new 关键字、类名和花括号实例化对象，以设置字段和属性的初始值，如下所示：

```
var alice = new Person
{
  Name = "Alice Jones",
  DateOfBirth = new DateTime(1998, 3, 7)
};
```

C# 3.0 及后续版本允许实例化匿名类型，如下所示：

```
var anonymouslyTypedObject = new
{
  Name = "Alice Jones",
  DateOfBirth = new DateTime(1998, 3, 7)
};
```

虽然没有指定类型名，但编译器可以从名为 Name 和 DateOfBirth 的两个属性设置中推断出匿名类型。在编写 LINQ 查询以将现有类型投影到新类型，而无须显式定义新类型时，这一功能尤为有用。因为类型是匿名的，所以只能对使用 var 声明的局部变量起作用。

下面在 LINQ 查询中添加 Select 方法调用，通过将 Product 类的实例投影到只有三个属性的匿名类型的实例中，从而提高对数据库表执行 SQL 命令的效率。

(1) 在 Main 方法中修改 LINQ 查询，使用 Select 方法只返回需要的三个属性，如下所示：

```
var query = db.Products
  // query is a DbSet<Product>
  .Where(product => product.UnitPrice < 10M)
  // query is now an IQueryable<Product>
  .OrderByDescending(product => product.UnitPrice)
  // query is now an IOrderedQueryable<Product>
  .Select(product => new // anonymous type
  {
    product.ProductID,
    product.ProductName,
    product.UnitPrice
  });
```

(2) 运行控制台应用程序，并确认输出与之前的相同。

12.3.3 连接和分组序列

用于连接和分组的扩展方法有两个。

- Join：这个扩展方法有四个参数，分别是要连接的序列、要匹配的左序列的一个或多个属性、要匹配的右序列的一个或多个属性，以及一个投影。
- GroupJoin：这个扩展方法具有与 Join 扩展方法相同的参数，但前者会将匹配项组合成 group 对象，group 对象具有用于匹配值的 Key 属性和用于多个匹配的 IEnumerable<T>类型。

下面探讨如何在处理两个表时使用这两个扩展方法。

(1) 创建如下方法以选择类别和产品，同时将它们连接起来并输出：

```
static void JoinCategoriesAndProducts()
{
  using (var db = new Northwind())
  {
    // join every product to its category to return 77 matches
    var queryJoin = db.Categories.Join(
      inner: db.Products,
      outerKeySelector: category => category.CategoryID,
      innerKeySelector: product => product.CategoryID,
      resultSelector: (c, p) =>
        new { c.CategoryName, p.ProductName, p.ProductID });

    foreach (var item in queryJoin)
    {
      WriteLine("{0}: {1} is in {2}.",
        arg0: item.ProductID,
        arg1: item.ProductName,
        arg2: item.CategoryName);
    }
  }
}
```

上述连接中有两个序列：外部序列和内部序列。在前面的例子中，categories 是外部序列，products 是内部序列。

(2) 在 Main 方法中注释掉对 FilterAndJoin 和 JoinCategoriesAndProducts 方法的调用。

(3) 运行控制台应用程序并查看结果。注意，77 种产品中的每一种都有单行输出，如下所示(仅包括前 10 项)：

```
1: Chai is in Beverages.
2: Chang is in Beverages.
3: Aniseed Syrup is in Condiments.
4: Chef Anton's Cajun Seasoning is in Condiments.
5: Chef Anton's Gumbo Mix is in Condiments.
6: Grandma's Boysenberry Spread is in Condiments.
7: Uncle Bob's Organic Dried Pears is in Produce.
8: Northwoods Cranberry Sauce is in Condiments.
9: Mishi Kobe Niku is in Meat/Poultry.
10: Ikura is in Seafood.
```

(4) 在现有查询的末尾调用 OrderBy 方法，按 CategoryName 进行排序，如下所示：

```
.OrderBy(cp => cp.CategoryName);
```

(5) 重新运行应用程序并查看结果，注意，77 种产品中的每一种都有一行输出，结果首先显示饮料类别的所有产品，然后是调味品类别的所有产品，等等，部分输出如下所示：

```
1: Chai is in Beverages.
2: Chang is in Beverages.
24: Guaraná Fantástica is in Beverages.
34: Sasquatch Ale is in Beverages.
35: Steeleye Stout is in Beverages.
38: Côte de Blaye is in Beverages.
39: Chartreuse verte is in Beverages.
43: Ipoh Coffee is in Beverages.
67: Laughing Lumberjack Lager is in Beverages.
70: Outback Lager is in Beverages.
75: Rhönbräu Klosterbier is in Beverages.
76: Lakkalikööri is in Beverages.
3: Aniseed Syrup is in Condiments.
4: Chef Anton's Cajun Seasoning is in Condiments.
```

(6) 创建如下方法以分组和连接序列，首先显示组名，然后显示每一组中的所有产品，如下所示：

```
static void GroupJoinCategoriesAndProducts()
{
  using (var db = new Northwind())
  {
    // group all products by their category to return 8 matches
    var queryGroup = db.Categories.AsEnumerable().GroupJoin(
      inner: db.Products,
      outerKeySelector: category => category.CategoryID,
      innerKeySelector: product => product.CategoryID,
      resultSelector: (c, matchingProducts) => new {
        c.CategoryName,
        Products = matchingProducts.OrderBy(p => p.ProductName)
      });
```

```
      foreach (var item in queryGroup)
      {
        WriteLine("{0} has {1} products.",
          arg0: item.CategoryName,
          arg1: item.Products.Count());

        foreach (var product in item.Products)
        {
          WriteLine($"  {product.ProductName}");
        }
      }
    }
}
```

如果没有调用 AsEnumerable 方法，就会抛出运行时异常，如下所示：

```
Unhandled exception. System.NotImplementedException: The method or operation is not
implemented.
at Microsoft.EntityFrameworkCore.Relational.Query.Pipeline.Relational
QueryableMethodTranslatingExpressionVisitor.TranslateGroupJoin(ShapedQueryExpression
outer, ShapedQueryExpression inner, LambdaExpression outerKeySelector, LambdaExpression
innerKeySelector, LambdaExpression resultSelector)
```

这是因为并不是所有的 LINQ 扩展方法都可以从表达式树转换成其他的查询语法，比如 SQL。在这些情况下，为了从 IQueryable<T>转换为 IEnumerable<T>，可以调用 AsEnumerable 方法，从而强制查询处理过程使用 LINQ to EF Core，只将数据带入应用程序，然后使用 LINQ to Objects，在内存中执行更复杂的处理。但是，这通常是低效的。

(7) 在 Main 方法中注释掉前面的方法调用，然后调用 GroupJoinCategoriesAndProducts 方法。

(8) 重新运行控制台应用程序，查看结果，注意每个类别中的产品都按照名称进行排序，正如查询中定义的那样，部分输出如下所示：

```
Beverages has 12 products.
  Chai
  Chang
  Chartreuse verte
  Côte de Blaye
  Guaraná Fantástica
  Ipoh Coffee
  Lakkalikööri
  Laughing Lumberjack Lager
  Outback Lager
  Rhönbräu Klosterbier
  Sasquatch Ale
  Steeleye Stout
Condiments has 12 products.
  Aniseed Syrup
  Chef Anton's Cajun Seasoning
  Chef Anton's Gumbo Mix
...
```

12.3.4 聚合序列

一些 LINQ 扩展方法可以用来执行聚合操作,比如 Average 和 Sum 扩展方法。下面编写一些代码,看看其中一些扩展方法如何聚合来自 Products 表的信息。

(1) 创建如下方法以展示聚合扩展方法的使用:

```
static void AggregateProducts()
{
  using (var db = new Northwind())
  {
    WriteLine("{0,-25} {1,10}",
      arg0: "Product count:",
      arg1: db.Products.Count());
    WriteLine("{0,-25} {1,10:$#,##0.00}",
      arg0: "Highest product price:",
      arg1: db.Products.Max(p => p.UnitPrice));
    WriteLine("{0,-25} {1,10:N0}",
      arg0: "Sum of units in stock:",
      arg1: db.Products.Sum(p => p.UnitsInStock));
    WriteLine("{0,-25} {1,10:N0}",
      arg0: "Sum of units on order:",
      arg1: db.Products.Sum(p => p.UnitsOnOrder));
    WriteLine("{0,-25} {1,10:$#,##0.00}",
      arg0: "Average unit price:",
      arg1: db.Products.Average(p => p.UnitPrice));
    WriteLine("{0,-25} {1,10:$#,##0.00}",
      arg0: "Value of units in stock:",
      arg1: db.Products.AsEnumerable()
        .Sum(p => p.UnitPrice * p.UnitsInStock));
  }
}
```

(2) 在 Main 方法中注释掉前面的方法,然后调用 AggregateProducts 方法。

(3) 运行控制台应用程序并查看结果,输出如下所示:

```
Product count:                   77
Highest product price:      $263.50
Sum of units in stock:        3,119
Sum of units on order:          780
Average unit price:          $28.87
Value of units in stock:  $74,050.85
```

在 Entity Framework Core 3.0 及更高版本中,不能转换成 SQL 的 LINQ 操作也不会在客户端自动计算,因此必须显式地调用 AsEnumerable 方法以强制在客户端进一步处理查询。

 更多信息:可通过以下链接了解关于这个中断变更的更多信息——https://docs.microsoft.com/en-us/ef/core/what-is-new/ef-core-3.0/breaking-changes-linq-queries-are-no-longer-evaluated-on-the-client。

12.4 使用语法糖美化 LINQ 语法

C# 3.0 在 2008 年引入了一些新的语言关键字,以便有 SQL 经验的程序员更容易地编写 LINQ 查询。这种语法糖有时称为 LINQ 查询理解语法。

更多信息：LINQ 查询理解语法在功能上是有限的。微软只为最常用的 LINQ 特性提供了 C# 关键字，你必须使用扩展方法才能访问 LINQ 的所有特性。可通过以下链接了解为什么这种语法被称为 LINQ 查询理解语法的更多信息：https://stackoverflow.com/questions/6229187/linq-why-is-it-called-comprehension-syntax。

考虑以下字符串数组：

```
var names = new string[] { "Michael", "Pam", "Jim", "Dwight",
  "Angela", "Kevin", "Toby", "Creed" };
```

为了对人名进行过滤和排序，可以使用扩展方法和 lambda 表达式，如下所示：

```
var query = names
  .Where(name => name.Length > 4)
  .OrderBy(name => name.Length)
  .ThenBy(name => name);
```

也可通过使用 LINQ 查询理解语法来获得相同的结果，如下所示：

```
var query = from name in names
  where name.Length > 4
  orderby name.Length, name
  select name;
```

编译器会自动将 LINQ 查询理解语法更改为等价的扩展方法和 lambda 表达式。

select 关键字对于 LINQ 查询理解语法总是必需的。当使用扩展方法和 lambda 表达式时，Select 扩展方法是可选的，因为所有项都是隐式选择的。

并不是所有的扩展方法都具有与 C# 相同的关键字，例如 Skip 和 Take 扩展方法，它们通常用于实现大量数据的分页。

有些查询不能只使用 LINQ 查询理解语法来编写，因而可以使用所有扩展方法来编写查询，如下所示：

```
var query = names
  .Where(name => name.Length > 4)
  .Skip(80)
  .Take(10);
```

也可以将 LINQ 查询理解语法放在圆括号中，然后改为使用扩展方法，如下所示：

```
var query = (from name in names
  where name.Length > 4
  select name)
  .Skip(80)
  .Take(10);
```

最佳实践：一定要学会使用扩展方法和 lambda 表达式，并掌握用来编写查询的 LINQ 查询理解语法，因为你可能必须维护使用了以上技术的代码。

12.5 使用带有并行 LINQ 的多个线程

默认情况下，我们只使用一个线程来执行 LINQ 查询，并行 LINQ(PLINQ)是一种使多个线程能够执行 LINQ 查询的简单方法。

 最佳实践：不要假设使用并行线程可以提高应用程序的性能，应该始终度量实际的时间和资源使用情况。

12.5.1 创建从多个线程受益的应用程序

为了看到实际效果，下面从一些代码开始，这些代码只使用一个线程来计算整数的平方，并使用 StopWatch 类型来测量性能的变化。

下面使用操作系统工具来监视 CPU 和 CPU 核心的使用情况。

(1) 创建一个名为 LinqInParallel 的控制台应用程序项目，将其添加到工作区，并选择它作为 OmniSharp 的活动项目。

(2) 导入 System.Diagnostics 名称空间以使用 StopWatch 类型，导入 System.Collections.Generic 名称空间以使用 IEnumerable<T>类型，导入 System.Linq 名称空间以使用 LINQ，并静态导入 System.Console 类型。

(3) 在 Main 方法中添加语句，创建秒表以记录时间，在开始计时前等待按键，创建大量的整数并计算每个整数的平方，在停止计时后显示经过的毫秒数，如下所示：

```
var watch = new Stopwatch();
Write("Press ENTER to start: ");
ReadLine();
watch.Start();

IEnumerable<int> numbers = Enumerable.Range(1, 2_000_000_000);

var squares = numbers.Select(number => number * number).ToArray();

watch.Stop();
WriteLine("{0:#,##0} elapsed milliseconds.",
  arg0: watch.ElapsedMilliseconds);
```

(4) 运行控制台应用程序，但不要按 Enter 键。

1. 对于 Windows 10

(1) 如果使用的是 Windows 10，那么右击 Windows 10 的 Start 按钮或按 Ctrl＋Alt＋Delete 组合键，然后单击 Task Manager。

(2) 在打开的 Task Manager 窗口的底部单击 More details 按钮。在 Task Manager 窗口的顶部单击 Performance 选项卡。

(3) 右击 CPU Utilization 图形，从弹出菜单中选择 Change graph to，然后选择 Logical processors。

2. 对于 macOS

(1) 如果使用的是 macOS，那么启动 Activity Monitor。

(2) 导航到 View | Update Frequency | Very often (1 sec)。

(3) 要查看 CPU 图形，请导航到 Window | CPU History。

3. 对于所有操作系统

(1) 重新排列 Task Manager 窗口、CPU History 窗口、Linux 工具和 Visual Studio Code，将它们并行放置。

(2) 等待 CPU 结束，然后按 Enter 键启动计时并运行查询。结果应该是经过的毫秒数，输出如下所示(参见图 12.5)：

```
Press ENTER to start.
173,689 elapsed milliseconds.
```

Task Manager 或 CPU History 窗口表明，使用最多的往往是一两个 CPU。其他 CPU 可能会同时执行后台任务，比如垃圾收集，因此其他 CPU 或核心的图形不是完全平坦的，但是工作肯定不会均匀地分布到所有可能的 CPU 或核心上。

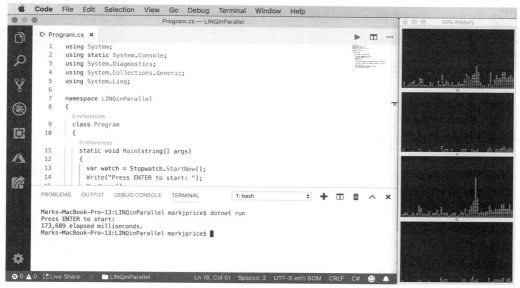

图 12.5　使用单个线程的应用程序

(3) 在 Main 方法中修改查询，调用 AsParallel 扩展方法，如下所示：

```
var squares = numbers.AsParallel()
    .Select(number => number * number).ToArray();
```

(4) 再次运行应用程序。

(5) 等待 Task Manager 或 CPU History 窗口关闭，然后按 Enter 键启动计时并运行查询。这一次，应用程序应该会在更短的时间内完成(尽管时间可能没有希望的那么短——管理那些多线程需要付出额外的努力)。

```
Press ENTER to start.
145,904 elapsed milliseconds.
```

(6) Task Manager 或 CPU History 窗口表明，所有 CPU 都被平等地用于执行 LINQ 查询，如图 12.6 所示。

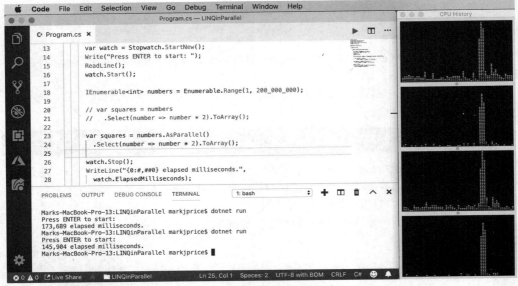

图 12.6　使用多个线程的应用程序

第 13 章将介绍关于管理多线程的更多内容。

12.6　创建自己的 LINQ 扩展方法

第 6 章介绍了如何创建自己的扩展方法。为了创建 LINQ 扩展方法，只需要扩展 IEnumerable<T> 类型即可。

 最佳实践：请将自己的扩展方法放在单独的类库中，这样就可以轻松地将它们部署为自己的程序集或 NuGet 包。

下面以 Average 扩展方法为例，平均意味着以下三种情况之一。
- 平均值：将所有数字相加，然后除以总数。
- 模式：最常见的数字。
- 中位数：排序时位于中间的数字。

微软实现的 Average 扩展方法用来计算平均值。你可能需要为模式和中位数定义自己的扩展方法。

(1) 在 LinqWithEFCore 项目中添加一个名为 MyLinqExtensions.cs 的文件。
(2) 修改这个文件，如下所示：

```
using System.Collections.Generic;

namespace System.Linq // extend Microsoft's namespace
{
  public static class MyLinqExtensions
  {
    // this is a chainable LINQ extension method
    public static IEnumerable<T> ProcessSequence<T>(
      this IEnumerable<T> sequence)
```

```csharp
{
  // you could do some processing here
  return sequence;
}

// these are scalar LINQ extension methods
public static int? Median(this IEnumerable<int?> sequence)
{
  var ordered = sequence.OrderBy(item => item);
  int middlePosition = ordered.Count() / 2;
  return ordered.ElementAt(middlePosition);
}

public static int? Median<T>(
  this IEnumerable<T> sequence, Func<T, int?> selector)
{
  return sequence.Select(selector).Median();
}

public static decimal? Median(
  this IEnumerable<decimal?> sequence)
{
  var ordered = sequence.OrderBy(item => item);
  int middlePosition = ordered.Count() / 2;
  return ordered.ElementAt(middlePosition);
}

public static decimal? Median<T>(
  this IEnumerable<T> sequence, Func<T, decimal?> selector)
{
  return sequence.Select(selector).Median();
}

public static int? Mode(this IEnumerable<int?> sequence)
{
  var grouped = sequence.GroupBy(item => item);
  var orderedGroups = grouped.OrderByDescending(
    group => group.Count());
  return orderedGroups.FirstOrDefault().Key;
}

public static int? Mode<T>(
  this IEnumerable<T> sequence, Func<T, int?> selector)
{
  return sequence.Select(selector).Mode();
}

public static decimal? Mode(
  this IEnumerable<decimal?> sequence)
{
  var grouped = sequence.GroupBy(item => item);
  var orderedGroups = grouped.OrderByDescending(
    group => group.Count());
  return orderedGroups.FirstOrDefault().Key;
}
```

```
    public static decimal? Mode<T>(
      this IEnumerable<T> sequence, Func<T, decimal?> selector)
    {
      return sequence.Select(selector).Mode();
    }
  }
}
```

如果 MyLinqExtensions 类在单独的类库中,那么为了使用 LINQ 扩展方法,只需要引用类库程序集即可,因为 System.Linq 名称空间通常已导入。

(3) 在 Program.cs 文件的 FilterAndSort 方法中修改产品的 LINQ 查询,以调用自定义的可链接的扩展方法,如下所示:

```
var query = db.Products
  // query is a DbSet<Product>
  .ProcessSequence()
  .Where(product => product.UnitPrice < 10M)
  // query is now an IQueryable<Product>
  .OrderByDescending(product => product.UnitPrice)
  // query is now an IOrderedQueryable<Product>
  .Select(product => new // anonymous type
  {
    product.ProductID,
    product.ProductName,
    product.UnitPrice
  });
```

(4) 在 Main 方法中取消对 FilterAndSort 方法的注释,然后注释掉对其他方法的任何调用。

(5) 运行控制台应用程序,注意输出与之前的相同,因为没有修改序列。但是现在,我们知道了如何使用自己的功能扩展 LINQ。

(6) 使用自定义的扩展方法和内置的 Average 扩展方法,创建如下方法以输出产品的 UnitsInStock 和 UnitPrice 的平均值、中位数和模式,如下所示:

```
static void CustomExtensionMethods()
{
  using (var db = new Northwind())
  {
    WriteLine("Mean units in stock: {0:N0}",
      db.Products.Average(p => p.UnitsInStock));
    WriteLine("Mean unit price: {0:$#,##0.00}",
      db.Products.Average(p => p.UnitPrice));
    WriteLine("Median units in stock: {0:N0}",
      db.Products.Median(p => p.UnitsInStock));
    WriteLine("Median unit price: {0:$#,##0.00}",
      db.Products.Median(p => p.UnitPrice));
    WriteLine("Mode units in stock: {0:N0}",
      db.Products.Mode(p => p.UnitsInStock));
    WriteLine("Mode unit price: {0:$#,##0.00}",
      db.Products.Mode(p => p.UnitPrice));
  }
}
```

(7) 在 Main 方法中注释掉以前的任何方法调用,然后调用 CustomExtensionMethods 方法。

(8) 运行控制台应用程序并查看结果,输出如下所示:

```
Mean units in stock: 41
Mean unit price: $28.87
Median units in stock: 26
Median unit price: $19.50
Mode units in stock: 0
Mode unit price: $18.00
```

12.7 使用 LINQ to XML

LINQ to XML 是 LINQ 提供程序，用来允许查询和操作 XML。

12.7.1 使用 LINQ to XML 生成 XML

下面创建用来将 Products 表转换成 XML 的方法。

(1) 在 Program.cs 文件的顶部导入 System.Xml.Linq 名称空间。

(2) 创建如下以 XML 格式输出产品的方法：

```
static void OutputProductsAsXml()
{
  using (var db = new Northwind())
  {
    var productsForXml = db.Products.ToArray();
    var xml = new XElement("products",
      from p in productsForXml
      select new XElement("product",
        new XAttribute("id", p.ProductID),
        new XAttribute("price", p.UnitPrice),
        new XElement("name", p.ProductName)));
    WriteLine(xml.ToString());
  }
}
```

(3) 在 Main 方法中注释掉前面的方法调用，然后调用 OutputProductsAsXml 方法。

(4) 运行控制台应用程序，查看结果，注意生成的 XML 结构能与前面代码中使用 LINQ to XML 语句声明描述的元素和属性相匹配，如下所示：

```
<products>
  <product id="1" price="18">
    <name>Chai</name>
  </product>
  <product id="2" price="19">
    <name>Chang</name>
  </product>
...
```

12.7.2 使用 LINQ to XML 读取 XML

使用 LINQ to XML 可以轻松地查询或处理 XML 文件。

(1) 在 LinqWithEFCore 项目中添加一个名为 settings.xml 的文件。

(2) 修改这个文件的内容,如下所示:

```xml
<?xml version="1.0" encoding="utf-8" ?>
<appSettings>
  <add key="color" value="red" />
  <add key="size" value="large" />
  <add key="price" value="23.99" />
</appSettings>
```

(3) 创建一个方法以完成如下任务:
- 加载 XML 文件。
- 使用 LINQ to XML 搜索名为 appSettings 的元素以及名为 add 的子元素。
- 将 XML 投影到具有 Key 和 Value 属性的匿名类型数组。
- 枚举数组并显示结果。

```csharp
static void ProcessSettings()
{
  XDocument doc = XDocument.Load("settings.xml");
  var appSettings = doc.Descendants("appSettings")
    .Descendants("add")
    .Select(node => new
    {
      Key = node.Attribute("key").Value,
      Value = node.Attribute("value").Value
    }).ToArray();

  foreach (var item in appSettings)
  {
    WriteLine($"{item.Key}: {item.Value}");
  }
}
```

(4) 在 Main 方法中注释掉前面的方法调用,然后调用 ProcessSettings 方法。
(5) 运行控制台应用程序并查看结果,输出如下所示:

```
color: red
size: large
price: 23.99
```

12.8 实践和探索

你可以通过回答一些问题来测试自己对知识的理解程度,进行一些实践,并深入探索本章涵盖的主题。

12.8.1 练习 12.1:测试你掌握的知识

回答以下问题:
1) LINQ 必需的两个部分是什么?
2) 可使用哪个 LINQ 扩展方法返回类型的属性子集?
3) 可使用哪个 LINQ 扩展方法过滤序列?
4) 列出 5 个用于执行聚合操作的 LINQ 扩展方法。

5) Select 和 SelectMany 扩展方法之间的区别是什么？
6) IEnumerable<T> 和 IQueryable <T> 有什么区别？如何在它们之间进行切换？
7) 泛型委托 Func 中的最后一个类型参数代表什么？
8) 使用以 OrDefault 结尾的 LINQ 扩展方法有什么好处？
9) 为什么 LINQ 查询理解语法是可选的？
10) 如何创建自己的 LINQ 扩展方法？

12.8.2　练习 12.2：练习使用 LINQ 进行查询

创建名为 Exercise02 的控制台应用程序，提示用户输入一座城市的名字，然后列出这座城市里 Northwind 客户的公司名，如下所示：

```
Enter the name of a city: London
There are 6 customers in London:
Around the Horn
B's Beverages
Consolidated Holdings
Eastern Connection
North/South
Seven Seas Imports
```

然后，在用户输入他们喜欢的城市之前，显示客户当前居住的所有独特城市的列表，作为提示以增强应用程序，如下所示：

```
Aachen, Albuquerque, Anchorage, Århus, Barcelona, Barquisimeto, Bergamo, Berlin, Bern, Boise,
Bräcke, Brandenburg, Bruxelles, Buenos Aires, Butte, Campinas, Caracas, Charleroi, Cork, Cowes
Cunewalde, Elgin, Eugene, Frankfurt a.M., Genève, Graz, Helsinki, I. de Margarita, Kirkland,
Kobenhavn, Köln, Lander, Leipzig, Lille, Lisboa, London, Luleå, Lyon, Madrid, Mannheim,
Marseille, México D.F., Montréal, München, Münster, Nantes, Oulu, Paris, Portland, Reggio
Emilia, Reims, Resende, Rio de Janeiro, Salzburg, San Cristóbal, San Francisco, Sao Paulo,
Seattle, Sevilla, Stavern, Strasbourg, Stuttgart, Torino, Toulouse, Tsawassen, Vancouver,
Versailles, Walla Walla, Warszawa
```

12.8.3　练习 12.3：探索主题

可通过以下链接来阅读本章所涉及主题的更多细节。

- C#中的 LINQ：https://docs.microsoft.com/en-us/dotnet/csharp/linq/linq-in-csharp。
- 101 个 LINQ 样本：https://code.msdn.microsoft.com/101-LINQ-Samples-3fb9811b。
- 并行 LINQ(PLINQ)：https://docs.microsoft.com/en-us/dotnet/standard/parallel-programming/parallel-linq-plinq。
- LINQ to XML 概览(C#)：https://docs.microsoft.com/en-gb/dotnet/csharp/programming-guide/concepts/linq/linq-to-xml-overview。
- LINQPad：https://www.linqpad.net。

12.9　本章小结

本章介绍了如何编写 LINQ 查询，从而以多种不同的格式(包括 XML)选择、投影、筛选、排序、连接和分组数据，这些是你每天都要执行的任务。

第 13 章将使用 Task 类型来改进应用程序的性能。

第13章
使用多任务提高性能和可伸缩性

本章探讨如何允许多个操作同时发生,以提高构建的应用程序的性能、可伸缩性和用户生产力。

本章涵盖以下主题:
- 理解进程、线程和任务
- 监控性能和资源使用情况
- 异步运行任务
- 同步访问共享资源
- 理解 async 和 await

13.1 理解进程、线程和任务

进程(示例是前面创建的每个控制台应用程序)拥有资源,比如分配给进程的内存和线程。默认情况下,每个进程只有一个线程,当需要同时执行多个任务时,这可能会导致问题。线程还跟踪诸如当前经过身份验证的用户,以及应该为当前语言和区域遵循的任何国际化规则等信息。

Windows 和大多数其他现代操作系统使用了抢夺式多任务处理,从而模拟了任务的并行执行。在这种机制下,可将处理器时间分配给各个线程,一个接一个地为每个线程分配时间片,当前线程在时间片结束时挂起,然后处理器允许另一个线程运行时间片。

当 Windows 从一个线程切换到另一个线程时,会保存线程的上下文,并重新加载线程队列中先前保存的下一个线程的上下文。这需要时间和资源才能完成。

线程有 Priority 和 ThreadState 属性,此外还有 ThreadPool 类,用于管理后台工作线程池,如图 13.1 所示。

作为开发人员,如果有少量复杂的工作要做,并且希望完全控制它们,那么可以创建和管理 Thread 实例。如果有一个主线程和多个可以在后台执行的工作块,那么可以添加一些委托实例,这些委托实例指向作为队列方法实现的工作块,并将它们自动分配给线程池中的线程。

更多信息:可通过以下链接阅读关于线程池的更多信息——https://docs.microsoft.com/en-us/dotnet/standard/threading/the-managed-thread-pool。

线程可能需要竞争并等待对共享资源的访问,比如变量、文件和数据库对象。

根据任务的不同,将执行任务的线程(工作)数量增加一倍,并不会使完成任务所需的时间减少一半。事实上,这反而可能增加任务的完成时间。

第 13 章 使用多任务提高性能和可伸缩性

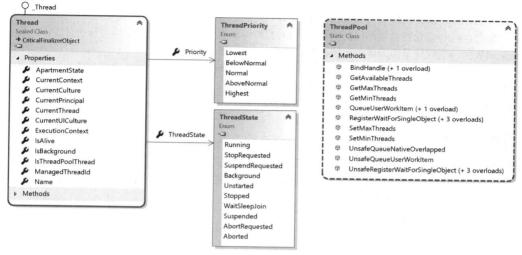

图 13.1 Thread 类及相关类

 最佳实践：永远不要假设使用更多的线程能提高性能！对没有多个线程的基线代码实现运行性能测试，然后对有多个线程的基线代码实现再次运行性能测试，对比性能测试结果。应该在与生产环境尽可能接近的平台环境中执行性能测试。

13.2 监控性能和资源使用情况

在改进任何代码的性能之前，需要能够监控它们的速度和效率，以便记录基线，然后可以度量改进程度。

13.2.1 评估类型的效率

场景中使用的最佳类型是什么？为了回答这个问题，需要仔细考虑什么才是最好的，还应该考虑以下因素。

- 功能：这可通过检查类型是否提供了需要的功能来决定。
- 内存大小：这可以由类型占用的内存字节数决定。
- 性能：这可以由类型的速度决定。
- 未来需求：这取决于需求和可维护性的变化。

某些情况下，例如存储数字时，由于多个类型具有相同的功能，因此需要考虑内存和性能以做出选择。

如果需要存储数百万个数字，那么使用的最佳类型应该是需要最少内存字节的类型。但是，如果只需要存储一些数字，但是需要对它们执行大量计算，那么最佳类型就是在特定 CPU 上运行速度最快的类型。

前面介绍了 sizeof()函数的用法，该函数用于计算类型实例在内存中使用的字节数。在数组和列表等更复杂的数据结构中存储大量的值时，需要一种更好的方法来测量内存使用情况。

你可能听到很多建议，但唯一确定的方案是：对于代码来说，最好的方法是自己比较这些类型。

稍后你将了解如何编写代码来监视实际的内存需求以及使用不同类型时的性能。

现在，short 变量可能是不错的选择，但 int 变量可能是更好的选择，即使后者在内存中占用的空间是前者的两倍，这是因为将来可能需要存储更大范围的值。

你还应该考虑另一个指标：可维护性。可维护性用来衡量另一个程序员在理解和修改你的代码时所要付出的努力程度。如果选择使用不明显的类型，并且没有用注释进行解释，那就可能会使稍后阅读代码的程序员感到困惑，因为他们需要修复 bug 并添加功能。

13.2.2 监控性能和内存使用情况

System.Diagnostics 名称空间中有许多用于监控代码的有用类型，比如 Stopwatch 类。

(1) 在 Code 文件夹中创建一个名为 Chapter13 的文件夹，然后在其中创建两个名为 MonitoringLib 和 MonitoringApp 的子文件夹。

(2) 在 Visual Studio Code 中，将工作区命名为 Chapter13.code-workspace。

(3) 将名为 MonitoringLib 的文件夹添加到工作区，打开一个新的终端窗口，创建一个新的类库项目，如下所示：

```
dotnet new classlib
```

(4) 将名为 MonitoringApp 的文件夹添加到工作区，打开一个新的终端窗口，创建一个新的控制台应用程序项目，如下所示：

```
dotnet new console
```

(5) 在 MonitoringLib 项目中，将 Class1.cs 文件重命名为 Recorder.cs。

(6) 在 MonitoringApp 项目中，打开 MonitoringApp.csproj 并添加对 MonitoringLib 类库的项目引用，如下所示：

```xml
<Project Sdk="Microsoft.NET.Sdk">
  <PropertyGroup>
    <OutputType>Exe</OutputType>
    <TargetFramework>net5.0</TargetFramework>
  </PropertyGroup>
  <ItemGroup>
    <ProjectReference
      Include="..\MonitoringLib\MonitoringLib.csproj" />
  </ItemGroup>
</Project>
```

(7) 在终端窗口中编译项目，如下所示：

```
dotnet build
```

13.2.3 实现 Recorder 类

Stopwatch 类有一些有用的成员，如表 13.1 所示。

第 13 章 使用多任务提高性能和可伸缩性

表 13.1 Stopwatch 类的成员

成员	说明
Restart方法	将经过的时间重置为零,然后启动计时器
Stop方法	停止计时器
Elapsed属性	将经过的时间存储为 TimeSpan 格式(如小时:分钟:秒)
ElapsedMilliseconds 属性	将经过的时间以毫秒为单位存储为 long 类型的值

Process 类也有一些有用的成员,如表 13.2 所示。

表 13.2 Process 类的成员

成员	说明
VirtualMemorySize64	显示为进程分配的虚拟内存量(以字节为单位)
WorkingSet64	显示为进程分配的物理内存量(以字节为单位)

为了实现 Recorder 类,需要使用 Stopwatch 和 Process 类。

(1) 打开 Recorder.cs 文件并更改其中的内容,以使用 Stopwatch 实例记录计时,并使用当前 Process 实例记录内存使用情况,如下所示:

```
using System;
using System.Diagnostics;
using static System.Console;
using static System.Diagnostics.Process;

namespace Packt.Shared
{
  public static class Recorder
  {
    static Stopwatch timer = new Stopwatch();

    static long bytesPhysicalBefore = 0;
    static long bytesVirtualBefore = 0;

    public static void Start()
    {
      // force two garbage collections to release memory that is
      // no longer referenced but has not been released yet
      GC.Collect();
      GC.WaitForPendingFinalizers();
      GC.Collect();

      // store the current physical and virtual memory use
      bytesPhysicalBefore = GetCurrentProcess().WorkingSet64;
      bytesVirtualBefore = GetCurrentProcess().VirtualMemorySize64;
      timer.Restart();
    }

    public static void Stop()
    {
      timer.Stop();
      long bytesPhysicalAfter = GetCurrentProcess().WorkingSet64;
```

```
        long bytesVirtualAfter =
          GetCurrentProcess().VirtualMemorySize64;
        WriteLine("{0:N0} physical bytes used.",
          bytesPhysicalAfter - bytesPhysicalBefore);
        WriteLine("{0:N0} virtual bytes used.",
          bytesVirtualAfter - bytesVirtualBefore);
        WriteLine("{0} time span ellapsed.", timer.Elapsed);
        WriteLine("{0:N0} total milliseconds ellapsed.",
          timer.ElapsedMilliseconds);
      }
    }
  }
```

Recorder 类的 Start 方法使用了垃圾收集器(GC 类)，以确保任何当前虽然分配但却未被引用的内存是在记录使用的内存量之前收集的。这是一种几乎不应该在应用程序代码中使用的高级技术。

(2) 在 Program 类的 Main 方法中编写语句，以启动和停止计时，同时生成包含 10 000 个整数的数组，如下所示：

```
using System;
using System.Linq;
using Packt.Shared;
using static System.Console;

namespace MonitoringApp
{
  class Program
  {
    static void Main(string[] args)
    {
      WriteLine("Processing. Please wait...");
      Recorder.Start();

      // simulate a process that requires some memory resources...
      int[] largeArrayOfInts =
        Enumerable.Range(1, 10_000).ToArray();

      // ...and takes some time to complete
      System.Threading.Thread.Sleep(
        new Random().Next(5, 10) * 1000);

      Recorder.Stop();
    }
  }
}
```

(3) 运行控制台应用程序并查看结果，输出如下所示：

```
Processing. Please wait...
655,360 physical bytes used.
536,576 virtual bytes used.
00:00:09.0038702 time span ellapsed.
9,003 total milliseconds ellapsed.
```

测量处理字符串的效率

前面讨论了如何使用 Stopwatch 和 Process 类来监控代码，下面使用它们来评估处理字符串变量

第 13 章　使用多任务提高性能和可伸缩性

的最佳方法。

(1) 将 Main 方法中的旧语句放在/*和*/之间，以注释掉它们。

(2) 在 Main 方法中添加语句，创建如下包含 50 000 个 int 变量的数组，然后使用 string 类型和 StringBuilder 类，以逗号作为分隔符将它们连接起来：

```
int[] numbers = Enumerable.Range(1, 50_000).ToArray();

WriteLine("Using string with +");
Recorder.Start();
string s = "";
for (int i = 0; i < numbers.Length; i++)
{
  s += numbers[i] + ", ";
}
Recorder.Stop();

WriteLine("Using StringBuilder");
Recorder.Start();
var builder = new System.Text.StringBuilder();
for (int i = 0; i < numbers.Length; i++)
{
  builder.Append(numbers[i]); builder.Append(", ");
}
Recorder.Stop();
```

(3) 运行控制台应用程序并查看结果，输出如下所示：

```
Using string with +
10,883,072 physical bytes used.
1,609,728 virtual bytes used.
00:00:02.6220879 time span ellapsed.
2,622 total milliseconds ellapsed.
Using StringBuilder
4,096 physical bytes used.
0 virtual bytes used.
00:00:00.0014265 time span ellapsed.
1 total milliseconds ellapsed.
```

总结：

- 带+运算符的 string 类型使用了大约 11 MB 的物理内存和 1.5 MB 的虚拟内存，耗时 2.6 秒。
- StringBuilder 类使用了 4 KB 的物理内存，没有使用虚拟内存，耗时仅 1 毫秒。

在以上场景中，当连接文本时，StringBuilder 类的速度快了一千多倍，内存效率提高了约一万倍！

最佳实践：应避免在循环内部使用 String.Concat 方法或+运算符。应使用 StringBuilder 类代替它们。

前面探讨了如何度量代码的性能和资源效率，下面来了解进程、线程和任务。

13.3　异步运行任务

为了理解如何同时运行多个任务，下面创建需要执行三个方法的控制台应用程序。这三个方法的执行时间如下：第一个需要 3 秒，第二个需要 2 秒，第三个需要 1 秒。为了进行模拟，可以使用 Thread 类告诉当前线程休眠指定的毫秒数。

13.3.1 同步执行多个操作

在使任务同时运行之前，它们将同步运行，也就是一个接一个地运行。

(1) 创建一个名为 WorkingWithTasks 的控制台应用程序项目，将其添加到 Chapter13 工作区，并选择它作为 OmniSharp 的活动项目。

(2) 在 Program.cs 文件中导入名称空间以处理线程和任务，如下所示：

```
using System;
using System.Threading;
using System.Threading.Tasks;
using System.Diagnostics;
using static System.Console;
```

(3) 在 Program 类中添加三个方法，如下所示：

```
static void MethodA()
{
  WriteLine("Starting Method A...");
  Thread.Sleep(3000); // simulate three seconds of work
  WriteLine("Finished Method A.");
}

static void MethodB()
{
  WriteLine("Starting Method B...");
  Thread.Sleep(2000); // simulate two seconds of work
  WriteLine("Finished Method B.");
}

static void MethodC()
{
  WriteLine("Starting Method C...");
  Thread.Sleep(1000); // simulate one second of work
  WriteLine("Finished Method C.");
}
```

(4) 在 Main 方法中添加语句以定义秒表并输出经过的毫秒数，如下所示：

```
static void Main(string[] args)
{
  var timer = Stopwatch.StartNew();
  WriteLine("Running methods synchronously on one thread.");
  MethodA();
  MethodB();
  MethodC();
  WriteLine($"{timer.ElapsedMilliseconds:#,##0}ms elapsed.");
}
```

(5) 运行控制台应用程序，查看结果，注意当只有一个线程在做这项工作时，所需的总时间刚刚超过 6 秒，输出如下所示：

```
Running methods synchronously on one thread.
Starting Method A...
```

```
Finished Method A.
Starting Method B...
Finished Method B.
Starting Method C...
Finished Method C.
6,015ms elapsed.
```

13.3.2 使用任务异步执行多个操作

Thread 类从.NET 的第一个版本开始就可以用来创建新线程并管理它们,但是直接使用 Thread 类会比较麻烦。

.NET Framework 4.0 在 2010 年引入了 Task 类,Task 类是线程的封装器,可以更容易地创建和管理线程。通过管理任务中封装的多个线程,可以实现代码的异步执行。

每个 Task 实例都有 Status 和 CreationOptions 属性,还有 ContinueWith 方法,该方法可以使用 TaskContinuationOptions 枚举进行自定义,也可以使用 TaskFactory 类进行管理,如图 13.2 所示。

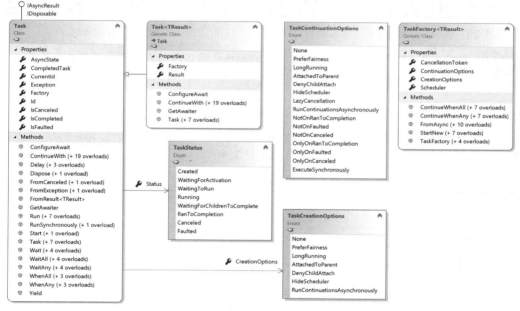

图 13.2　Task 类及相关类

下面介绍使用 Task 实例启动方法的三种方式。每种方式的语法都略有不同,但它们都定义并启动了任务。

(1) 在 Main 方法中注释掉对 MethodA、MethodB、MethodC 方法的调用和相关的控制台消息。
(2) 添加语句以创建和启动三个任务,如下所示:

```
static void Main(string[] args)
{
  var timer = Stopwatch.StartNew();
  // WriteLine("Running methods synchronously on one thread.");
  // MethodA();
  // MethodB();
```

```
// MethodC();

WriteLine("Running methods asynchronously on multiple threads.");
Task taskA = new Task(MethodA);
taskA.Start();
Task taskB = Task.Factory.StartNew(MethodB);
Task taskC = Task.Run(new Action(MethodC));
WriteLine($"{timer.ElapsedMilliseconds:#,##0}ms elapsed.");
}
```

(3) 运行控制台应用程序，查看结果，注意消耗的时间几乎立即出现。这是因为 MethodA、MethodB、MethodC 方法现在是由三个新线程执行的，因此，原来的线程可以在它们完成之前写入运行时间，输出如下所示：

```
Running methods asynchronously on multiple threads.
Starting Method A...
Starting Method B...
Starting Method C...
3ms elapsed.
```

甚至有可能在一个或多个任务有机会启动并写入控制台之前，控制台应用程序就会结束！

 更多信息：可通过以下链接了解关于启动任务的不同方式的优缺点的更多信息——https://devblogs.microsoft.com/pfxteam/task-factory-startnew-vs-new-task-start/。

13.3.3 等待任务

有时，应用程序需要等待任务完成后才能继续。为此，可以对 Task 实例调用 Wait 方法，或者对任务数组调用 WaitAll 或 WaitAny 静态方法，如表 13.3 所示。

表 13.3 等待方法

方法	说明
t.Wait()	等待名为 t 的 Task 实例完成执行
Task.WaitAny(Task[])	等待数组中的任何任务完成执行
Task.WaitAll(Task[])	等待数组中的所有任务完成执行

下面看看如何使用这些等待方法修复控制台应用程序的问题。

(1) 向 Main 方法添加语句(在创建三个任务之后，在输出运行时间之前)，将对这三个任务的引用合并到 tasks 数组中，并将它们传递给 WaitAll 方法，如下所示：

```
Task[] tasks = { taskA, taskB, taskC };
Task.WaitAll(tasks);
```

现在，原始线程在这里暂停，等待所有三个任务完成后才输出运行时间。

(2) 运行控制台应用程序并查看结果，输出如下所示：

```
Running methods asynchronously on multiple threads.
Starting Method C...
Starting Method A...
Starting Method B...
Finished Method C.
```

```
Finished Method B.
Finished Method A.
3,006 ms elapsed.
```

这三个新线程将同时执行它们的代码，并且能以任意顺序启动。MethodC 方法应该先完成，因为它只需要 1 秒；然后是 MethodB 方法，它需要 2 秒；最后是 MethodA 方法，因为它需要 3 秒。

然而，实际使用的 CPU 对结果有很大的影响。CPU 为每个进程分配时间片以允许它们执行线程。我们无法控制方法何时运行。

13.3.4 继续执行另一项任务

如果这三个任务可以同时执行，那么只需要等待所有任务完成即可。然而，其中一个任务通常依赖于另一个任务的输出。为了处理以上场景，需要定义延续任务。

下面创建一些方法来模拟对 Web 服务的调用，结果将返回一个金额，然后需要使用这个金额来检索数据库中有多少产品的成本高于这个金额。从第一个方法返回的结果需要传入第二个方法的输入。这里使用 Random 类来为每个方法调用等待 2~4 秒的随机间隔时间以模拟工作。

(1) 在 Program 类中添加两个方法以模拟调用 Web 服务和数据库存储过程，如下所示：

```
static decimal CallWebService()
{
  WriteLine("Starting call to web service...");
  Thread.Sleep((new Random()).Next(2000, 4000));
  WriteLine("Finished call to web service.");
  return 89.99M;
}

static string CallStoredProcedure(decimal amount)
{
  WriteLine("Starting call to stored procedure...");
  Thread.Sleep((new Random()).Next(2000, 4000));
  WriteLine("Finished call to stored procedure.");
  return $"12 products cost more than {amount:C}.";
}
```

(2) 在 Main 方法中使用多行注释字符/*和*/包围前三个任务以注释掉它们。保留用于输出运行时间的语句。

(3) 在现有语句之前添加语句以输出总的运行时间，然后调用 ReadLine 方法，等待用户按 Enter 键，如下所示：

```
WriteLine("Passing the result of one task as an input into another.");
var taskCallWebServiceAndThenStoredProcedure =
  Task.Factory.StartNew(CallWebService)
    .ContinueWith(previousTask =>
      CallStoredProcedure(previousTask.Result));
WriteLine($"Result: {taskCallWebServiceAndThenStoredProcedure.Result}");
```

(4) 运行控制台应用程序并查看结果，输出如下所示：

```
Passing the result of one task as an input into another.
Starting call to web service...
Finished call to web service.
```

```
Starting call to stored procedure...
Finished call to stored procedure.
Result: 12 products cost more than £89.99.
5,971 ms elapsed.
```

13.3.5 嵌套任务和子任务

除了定义任务之间的依赖项之外，还可以定义嵌套任务和子任务。嵌套任务是在另一个任务中创建的任务。子任务是必须在允许父任务完成之前完成的嵌套任务。

下面探讨一下这两种类型的任务是如何工作的。

(1) 创建一个名为 NestedAndChildTasks 的控制台应用程序项目，将其添加到 Chapter13 工作区，并选择它作为 OmniSharp 的活动项目。

(2) 在 Program.cs 文件中导入名称空间以处理线程和任务，如下所示：

```csharp
using System;
using System.Threading;
using System.Threading.Tasks;
using System.Diagnostics;
using static System.Console;
```

(3) 添加两个方法，其中一个方法用来启动一个任务以运行另一个任务，如下所示：

```csharp
static void OuterMethod()
{
  WriteLine("Outer method starting...");
  var inner = Task.Factory.StartNew(InnerMethod);
  WriteLine("Outer method finished.");
}
static void InnerMethod()
{
  WriteLine("Inner method starting...");
  Thread.Sleep(2000);
  WriteLine("Inner method finished.");
}
```

(4) 在 Main 方法中添加语句以启动一个任务，运行 outer 方法并等待这个任务完成，如下所示：

```csharp
var outer = Task.Factory.StartNew(OuterMethod);
outer.Wait();
WriteLine("Console app is stopping.");
```

(5) 运行控制台应用程序并查看结果，输出如下所示：

```
Outer method starting...
Outer method finished.
Console app is stopping.
Inner method starting...
```

请注意，虽然要等待外部任务完成，但内部任务不必也完成。实际上，外部任务可能已经完成，而控制台应用程序可能在内部任务开始之前就结束了!要链接这些嵌套的任务，就必须使用一个特殊的选项。

(6) 修改现有的定义内部任务的代码，添加如下值为 AttachedToParent 的 TaskCreationOption：

```
var inner = Task.Factory.StartNew(InnerMethod,
    TaskCreationOptions.AttachedToParent);
```

(7) 运行控制台应用程序，查看结果，注意内部任务必须在外部任务可以完成之前完成，输出如下所示：

```
Outer method starting...
Outer method finished.
Inner method starting...
Inner method finished.
Console app is stopping.
```

OuterMethod 方法可以在 InnerMethod 方法之前完成，这一点从控制台的输出可以看出。但是 OuterMethod 方法的任务必须等待，从控制台的输出可以看出，在外部任务和内部任务完成之前应用程序不会停止。

13.4 同步访问共享资源

当多个线程同时执行时，两个或多个线程可能同时访问同一变量或资源，因此可能会导致问题。出于这个原因，应该仔细考虑如何使代码线程安全。

实现代码线程安全的最简单机制是使用对象变量作为标志或指示灯，以指示共享资源何时应用了独占锁。

可以将用于实现代码线程安全的对象变量命名为 conch。当一个线程有了 conch 时，其他线程就不能访问这个 conch 表示的共享资源。

下面介绍一对可用于同步访问资源的类型。
- Monitor：用于防止多个线程在同一进程中同时访问资源的标志。
- Interlocked：用于在 CPU 级别操作简单数值类型的对象。

13.4.1 从多个线程访问资源

执行以下步骤：

(1) 创建一个名为 SynchronizingResourceAccess 的控制台应用程序项目，将其添加到 Chapter13 工作区，并选择它作为 OmniSharp 的活动项目。

(2) 导入用于处理线程和任务的名称空间，如下所示：

```
using System;
using System.Threading;
using System.Threading.Tasks;
using System.Diagnostics;
using static System.Console;
```

(3) 在 Program 类中添加语句以执行以下操作：
- 声明并实例化一个对象，以生成随机等待时间。
- 声明一个字符串变量，以存储消息(这是共享资源)。

- 声明两个方法，在循环中将字母 A 或 B 添加到共享字符串 5 次，每次迭代时等待最长 2 秒的随机间隔时间。

```
static Random r = new Random();
static string Message; // a shared resource

static void MethodA()
{
  for (int i = 0; i < 5; i++)
  {
    Thread.Sleep(r.Next(2000));
    Message += "A";
    Write(".");
  }
}

static void MethodB()
{
  for (int i = 0; i < 5; i++)
  {
    Thread.Sleep(r.Next(2000));
    Message += "B";
    Write(".");
  }
}
```

(4) 在 Main 方法中使用一对任务，在单独的线程上执行刚才声明的两个方法并等待它们完成，然后输出运行的毫秒数，如下所示：

```
WriteLine("Please wait for the tasks to complete.");
Stopwatch watch = Stopwatch.StartNew();
Task a = Task.Factory.StartNew(MethodA);
Task b = Task.Factory.StartNew(MethodB);
Task.WaitAll(new Task[] { a, b });
WriteLine();
WriteLine($"Results: {Message}.");
WriteLine($"{watch.ElapsedMilliseconds:#,##0} elapsed milliseconds.");
```

(5) 运行控制台应用程序并查看结果，输出如下所示：

```
Please wait for the tasks to complete.
..........
Results: BABABAABBA.
5,753 elapsed milliseconds.
```

这表明两个线程在同时修改消息。在实际的应用程序中，这可能会是一个问题。但是，对资源应用互斥锁可以防止并发访问，详见 13.4.2 节。

13.4.2 对资源应用互斥锁

下面使用 conch 来确保一次只有一个线程能访问共享资源。

(1) 在 Program 类中声明并实例化一个 object 变量作为 conch，如下所示：

```
static object conch = new object();
```

(2) 在 MethodA 和 MethodB 方法中，在 for 语句块的外围添加 lock 语句，如下所示：

```
lock (conch)
{
  for (int i = 0; i < 5; i++)
  {
    Thread.Sleep(r.Next(2000));
    Message += "A";
    Write(".");
  }
}
```

(3) 运行控制台应用程序并查看结果，输出如下所示：

```
Please wait for the tasks to complete.
..........
Results: BBBBBAAAAA.
10,345 elapsed milliseconds.
```

虽然耗费的时间更长，但是一次只有一个方法能访问共享资源。MethodA 或 MethodB 方法都可以先开始。一旦其中一个方法在共享资源上完成了自己的工作，然后释放了 conch，另一个方法就有机会完成自己的工作。

13.4.3 理解 lock 语句并避免死锁

lock 语句在锁定 object 变量时是如何工作的？参考下面的代码：

```
lock (conch)
{
  // work with shared resource
}
```

C#编译器会将 lock 语句改为 try-finally 语句，从而使用 Monitor 类来输入和退出 object 变量 conch，如下所示：

```
try
{
  Monitor.Enter(conch);
  // work with shared resource
}
finally
{
  Monitor.Exit(conch);
}
```

了解 lock 语句的内部工作方式非常重要，因为使用 lock 语句会导致死锁。
死锁往往发生在有两个或多个共享资源时，事件发生的顺序如下：
- 线程 X 锁定 conch A。
- 线程 Y 锁定 conch B。
- 线程 X 试图锁定 conch B，但被阻塞，因为线程 Y 已经锁定了 conch B。
- 线程 Y 试图锁定 conch A，但被阻塞，因为线程 X 已经锁定了 conch A。

防止死锁的有效方法是在尝试获取锁时指定超时。为此,必须手动使用 Monitor 类而不是使用 lock 语句。

(1) 修改代码,将 lock 语句替换为尝试使用超时输入 conch 的代码,如下所示:

```
try
{
  if (Monitor.TryEnter(conch, TimeSpan.FromSeconds(15)))
  {
    for (int i = 0; i < 5; i++)
    {
      Thread.Sleep(r.Next(2000));
      Message += "A";
      Write(".");
    }
  }
  else
  {
    WriteLine("Method A failed to enter a monitor lock.");
  }
}
finally
{
  Monitor.Exit(conch);
}
```

(2) 运行控制台应用程序并查看结果,应用程序应该会返回与之前相同的结果(尽管 A 或 B 可以首先获取 conch),以上是更好的代码,因为避免了潜在的死锁。

最佳实践:只有在能够编写避免潜在死锁的代码时才使用 lock 关键字。如果无法避免潜在的死锁,则始终使用 Monitor.TryEnter 方法代替 lock 语句并结合 try-finally 语句,这样就可以提供超时。如果出现死锁,其中一个线程将退出死锁。

13.4.4 事件的同步

第 6 章介绍了如何引发和处理事件。但 .NET 事件不是线程安全的,所以应避免在多线程场景中使用它们,并使用前面展示的标准事件引发代码。

许多开发人员试图在添加和删除事件处理程序或引发事件时使用独占锁,如下所示(这种做法不推荐):

```
// event delegate field
public EventHandler Shout;

// conch
private readonly object eventLock = new object();

// method
public void Poke()
{
  lock (eventLock)
  {
    // if something is listening...
    if (Shout != null)
    {
```

```
        // ...then call the delegate to raise the event
        Shout(this, EventArgs.Empty);
    }
  }
}
```

更多信息：可通过以下链接阅读关于事件和线程安全的更多信息——https://docs.microsoft.com/en-us/archive/blogs/cburrows/field-like-events-considered-harmful。

最佳实践：事件的同步有些复杂，详见 https://blog.stephencleary.com/2009/06/threadsafe-events.html。

13.4.5 使 CPU 操作原子化

理解多线程中的哪些操作是原子操作是很重要的，因为如果它们不是原子操作，那么它们可能会在操作进行到一半时被另一个线程中断。C#递增运算符++是原子的吗？考虑下面的代码：

```
int x = 3;
x++; // is this an atomic CPU operation?
```

++运算符不是原子的! 递增一个整数需要执行以下三个操作：
- 将值从实例变量加载到寄存器中。
- 增加值。
- 将值存储在实例变量中。

执行前两个操作后，线程可能被抢占。然后，另一个线程可以执行所有这三个操作。当第一个线程继续执行时，将覆盖实例变量的值，第二个线程执行的增减效果将丢失！

名为 Interlocked 的类型可以用来对值类型执行原子操作，比如整数和浮点数。

(1) 声明另一个共享资源 Counter，用于计算发生了多少操作，如下所示：

```
static int Counter; // another shared resource
```

(2) 在 for 语句内部，在修改字符串值之后，添加如下语句以安全地增加计数器：

```
Interlocked.Increment(ref Counter);
```

(3) 输出运行时间后，将计数器的当前值写入控制台，如下所示：

```
WriteLine($"{Counter} string modifications.");
```

(4) 运行控制台应用程序并查看结果，部分输出如下所示：

```
10 string modifications.
```

细心的读者会意识到，现有的 object 变量 conch 保护了由 conch 锁定的在代码块中访问的所有共享资源，因此在这个特定的示例中实际上没有必要使用 Interlocked。但是，如果还没有保护其他共享资源(如 Message)，那么需要使用 Interlocked。

13.4.6 应用其他类型的同步

Monitor 和 Interlocked 是互斥锁，它们简单有效，但有时需要使用更高级的类型来同步对共享资源的访问，如表 13.4 所示。

表 13.4　一些更高级的类型

类型	说明
ReaderWriterLock 和 ReaderWriterLockSlim（推荐）	以读取模式运行多个线程，其中一个线程允许以写入模式运行，并且独占锁的所有权；而另一个线程允许以可升级的读取模式进行读取访问，在这个线程中，可以升级到写入模式，而不必放弃对资源的读取访问权限
Mutex	与 Monitor 一样，提供对共享资源的独占访问，但也可用于进程间同步
Semaphore 和 SemaphoreSlim	通过定义插槽来限制可以并发访问资源或资源池的线程数量
AutoResetEvent 和 ManualResetEvent	事件等待句柄允许线程通过相互发送信号和等待彼此的信号来同步活动

13.5　理解 async 和 await

C# 5.0 引入了两个关键字来简化 Task 类型的使用：async 和 await。它们在以下方面特别有用：
- 为图形用户界面(GUI)实现多任务处理。
- 提高 Web 应用程序和 Web 服务的可伸缩性。

第 16 章将探讨 async 和 await 关键字如何提高网站的可伸缩性。第 21 章将探讨 async 和 await 关键字如何实现 GUI 的多任务处理。但是现在，我们首先学习为什么要引入这两个 C#关键字，然后讨论它们在实践中的应用。

13.5.1　提高控制台应用程序的响应能力

控制台应用程序存在的限制是，只能在标记为 async 的方法中使用 await 关键字，C# 7.0 及更早版本不允许把 Main 方法标记为 async！幸运的是，C# 7.1 中引入的新特性之一就是在 Main 方法中支持 async 关键字。

(1) 创建一个名为 AsyncConsole 的控制台应用程序项目，将其添加到 Chapter13 工作区，并选择它作为 OmniSharp 的活动项目。

(2) 导入用于发出 HTTP 请求和处理任务的名称空间并静态导入 Console 类型，如下所示：

```
using System.Net.Http;
using System.Threading.Tasks;
using static System.Console;
```

(3) 在 Main 方法中添加语句，创建 HttpClient 实例，对苹果公司的主页发出请求，并输出有多少字节，如下所示：

```
var client = new HttpClient();

HttpResponseMessage response =
  await client.GetAsync("http://www.apple.com/");

WriteLine("Apple's home page has {0:N0} bytes.",
  response.Content.Headers.ContentLength);
```

(4) 构建项目并注意产生的错误消息，输出如下所示：

```
Program.cs(14,9): error CS4033: The 'await' operator can only be used within an async method.
Consider marking this method with the 'async' modifier and changing its return type to 'Task'.
[/Users/markjprice/Code/Chapter13/AsyncConsole/AsyncConsole.csproj]
```

(5) 将 async 关键字添加到 Main 方法中，并将返回类型更改为 Task。
(6) 构建项目，项目现在能够构建成功了。
(7) 运行控制台应用程序并查看结果，可能的输出如下所示：

```
Apple's home page has 40,252 bytes.
```

13.5.2 改进 GUI 应用程序的响应能力

到目前为止，我们只构建了控制台应用程序。构建 Web 应用程序、Web 服务和带有 GUI 的应用程序(如 Windows 桌面应用程序和移动应用程序)时，程序员的工作会变得更加复杂。

原因之一是，对于 GUI 应用程序，有如下特殊的线程：用户界面(UI)线程。

在 GUI 中工作时有两条规则：
- 不要在 UI 线程上执行长时间运行的任务。
- 除 UI 线程外，不要在任何线程上访问 UI 元素。

为了处理这些规则，程序员在过去必须编写复杂的代码，以确保由非 UI 线程执行长时间运行的任务，但是一旦完成，就将任务的执行结果安全地传递给 UI 线程以呈现给用户。代码很快就会变得一团糟！

幸运的是，在 C# 5.0 及后续版本中，可以使用 async 和 await 关键字。它们允许继续编写代码，就像代码是同步的一样，这使代码能保持简洁和易于理解，但是在底层，C#编译器创建了复杂的状态机，并跟踪正在运行的线程。

13.5.3 改进 Web 应用程序和 Web 服务的可伸缩性

在构建网站、应用程序和服务时，还可以在服务器端应用 async 和 await 关键字。从客户端应用程序的角度看，没有什么变化(用户可能注意到请求返回的时间略有增加)。因此，从单个客户端的角度看，使用 async 和 await 关键字在服务器端实现多任务会使用户的体验更糟！

在服务器端，可创建更便宜的工作线程来等待长时间运行的任务完成，以便昂贵的 I/O 线程可以处理其他客户端请求，而不是被阻塞。这提高了 Web 应用程序或服务整体的可伸缩性，从而可以同时支持更多的客户端。

13.5.4 支持多任务处理的常见类型

很多常见类型都提供了可以等待的异步方法，如表 13.5 所示。

表 13.5 提供了可以等待的异步方法的一些常见类型

类型	方法
DbContext<T>	AddAsync、AddRangeAsync、FindAsync 和 SaveChangesAsync
DbSet<T>	AddAsync、AddRangeAsync、ForEachAsync、SumAsync、ToListAsync、ToDictionaryAsync、AverageAsync 和 CountAsync

(续表)

类型	方法
HttpClient	GetAsync、PostAsync、PutAsync、DeleteAsync 和 SendAsync
StreamReader	ReadAsync、ReadLineAsync 和 ReadToEndAsync
StreamWriter	WriteAsync、WriteLineAsync 和 FlushAsync

最佳实践：每当看到一个以 Async 结尾的方法时，就检查这个方法是否返回 Task 或 Task<T>。如果是，那么应该使用这个方法而不是使用不以 Async 作为后缀的方法。记住使用 await 关键字调用这个方法，并使用 async 关键字进行修饰。

13.5.5 在 catch 块中使用 await 关键字

在 C# 5.0 中，只能在 try 块中使用 await 关键字，而不能在 catch 块中使用。在 C# 6.0 及后续版本中，可以在 try 和 catch 块中使用 await 关键字。

13.5.6 使用 async 流

在 C# 8.0 和 .NET Core 3.0 之前，await 关键字只能用于返回标量值的任务。.NET Standard 2.1 支持的异步流允许 async 方法返回值的序列。

(1) 创建一个名为 AsyncEnumerable 的控制台应用程序项目，将其添加到 Chapter13 工作区，并选择它作为 OmniSharp 的活动项目。

(2) 导入用于处理任务的名称空间并静态导入 Console 类型，如下所示：

```
using System.Collections.Generic;
using System.Threading.Tasks;
using static System.Console;
```

(3) 创建如下方法以产生一个异步返回三个数字的随机序列：

```
async static IAsyncEnumerable<int> GetNumbers()
{
  var r = new Random();

  // simulate work
  await Task.Run(() => Task.Delay(r.Next(1500, 3000)));
  yield return r.Next(0, 1001);

  await Task.Run(() => Task.Delay(r.Next(1500, 3000)));
  yield return r.Next(0, 1001);

  await Task.Run(() => Task.Delay(r.Next(1500, 3000)));
  yield return r.Next(0, 1001);
}
```

(4) 在 Main 方法中添加语句以枚举数字序列，如下所示：

```
static async Task Main(string[] args)
{
  await foreach (int number in GetNumbers())
  {
    WriteLine($"Number: {number}");
```

        }
    }

(5) 运行控制台应用程序并查看结果，输出如下所示：

```
Number: 509
Number: 813
Number: 307
```

13.6 实践和探索

你可以通过回答一些问题来测试自己对知识的理解程度，进行一些实践，并深入探索本章涵盖的主题。

13.6.1 练习 13.1：测试你掌握的知识

回答以下问题：
1) 关于进程，可以找到哪些信息？
2) Stopwatch 类有多精确？
3) 按照约定，应该对返回 Task 或 Task< T >的方法使用什么后缀？
4) 要在方法中使用 await 关键字，就必须给方法声明添加什么关键字？
5) 如何创建子任务？
6) 为什么要避免使用 lock 关键字？
7) 什么时候应该使用 Interlocked 类？
8) 什么时候应该使用 Mutex 类而不是 Monitor 类？
9) 在网站或 Web 服务中使用 async 和 await 关键字的好处是什么？
10) 能取消任务吗？如何取消？

13.6.2 练习 13.2：探索主题

可通过以下链接来阅读关于本章所涉及主题的更多细节。
- 线程和线程化：https://docs.microsoft.com/en-us/dotnet/standard/threading/threads-and-threading。
- 深度理解 async 关键字：https://docs.microsoft.com/en-us/dotnet/standard/async-in-depth。
- await 关键字(C#引用)：https://docs.microsoft.com/en-us/dotnet/csharp/language-reference/keywords/await。
- .NET 中的并行编程：https://docs.microsoft.com/en-us/dotnet /standard/parallel-programming/。
- 同步概述：https://docs.microsoft.com/en-us/dotnet/standard/threading/overview-of-synchronization-primitives。

13.7 本章小结

本章不仅介绍了如何定义和启动任务，还介绍了如何等待一个或多个任务完成，以及如何控制任务的完成顺序。你掌握了如何同步对共享资源的访问，以及 async 和 await 关键字背后的工作原理。

本书剩下的章节将介绍如何为.NET 支持的应用程序模型创建应用程序，如网站、Web 应用程序和 Web 服务。另外，还将掌握如何使用.NET 5 构建 Windows 桌面应用程序以及跨平台的移动应用程序。

第 14 章
C#和.NET 的实际应用

本书的第三大部分介绍 C#和.NET 的实际应用。你将学习如何构建完整的跨平台项目，如网站、Web 服务、Windows 桌面应用程序以及跨平台的移动应用程序，你还将学习如何使用机器学习来添加智能。微软称构建应用程序的平台为应用模型(App Model)。

本章涵盖以下主题：
- 理解 C#和.NET 的应用模型
- ASP.NET Core 的新功能
- 理解 SignalR
- 理解 Blazor
- 为 Northwind 构建实体数据模型

14.1 理解 C#和.NET 的应用模型

本书讨论的是 C# 9.0 和.NET 5，接下来探讨如何使用它们来构建实际应用程序的应用模型，你在本书的剩余章节中将会遇到这些模型。

更多信息：微软在.NET 应用程序架构的指导文档中为实现应用模型提供了广泛的指导，包括 ASP.NET Web 应用程序、Xamarin 移动应用程序和 UWP 应用程序，网址为 https://www.microsoft.com/net/learn/architecture。

14.1.1 使用 ASP.NET Core 构建网站

网站由多个从文件系统静态加载的 Web 页面组成，或由使用服务器端技术(如 ASP.NET Core)动态生成的 Web 页面组成。Web 浏览器使用 URL 发出 GET 请求，URL 标识每个页面，并且可以使用 POST、PUT 和 DELETE 请求操作存储在服务器上的数据。

对于许多网站，Web 浏览器被视为表示层，几乎所有的处理都在服务器端执行。客户端可以使用少量 JavaScript 来实现一些表示特性，如轮播。

ASP.NET Core 提供了三种构建网站的技术：
- ASP.NET Core Razor Pages 和 Razor 类库可用于为简单网站动态生成 HTML，详见第 15 章。
- ASP.NET Core MVC 是 MVC(模型-视图-控制器)设计模式的一种实现，这种设计模式在开发复杂网站时很流行，详见第 16 章。

- Blazor 允许使用 C#而不是 JavaScript 构建服务器端或客户端组件以及用户界面。Blazor 技术详见第 20 章。

14.1.2 使用 Web 内容管理系统构建网站

大多数网站都有大量的内容,如果每次修改一些内容时都需要开发人员参与,网站就不能很好地扩展了。Web 内容管理系统(CMS)使开发人员能够定义内容结构和模板,从而提供一致且良好的设计,同时使非技术性内容的所有者能够轻松地管理实际内容。他们可以创建新的页面或内容块,并更新现有的内容,因为他们知道这样做对访问者来说是非常方便的。

所有 Web 平台都有大量可用的 CMS,比如 PHP 的 WordPress 和 Python 的 Django。.NET Framework 的企业级 CMS 包括 Episerver 和 Sitecore,但它们还不能用于.NET Core、.NET 5 或更高版本。支持.NET Core 的 CMS 包括 Piranha CMS、Squidex 和 Orchard Core。

使用 CMS 的主要好处在于有了友好的内容管理用户界面。内容所有者登录网站并自行管理内容。然后使用 ASP.NET MVC 控制器和视图将内容呈现并返回给访问者。

总之,C#和.NET 可以同时在服务器端和客户端构建网站,如图 14.1 所示。

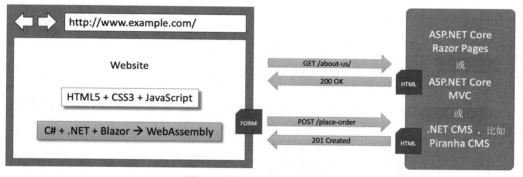

图 14.1 使用 C#和.NET 构建网站

14.1.3 理解 Web 应用程序

Web 应用程序也称为单页面应用程序(Single-Page Application,SPA),其中只包含一个 Web 页面,由 Angular、React、Vue 等前端技术或一个专有的 JavaScript 库构建而来,这个专有的 JavaScript 库可以向后端 Web 服务发出请求,在需要时获得更多的数据,发布更新并使用常见的序列化格式(如 XML 和 JSON)。典型的例子是谷歌 Web 应用程序,如 Gmail、Maps 和 Docs。

对于 Web 应用程序,客户端使用 JavaScript 库来实现复杂的用户交互,但是大多数重要的处理和数据访问仍然发生在服务器端,因为 Web 浏览器对本地系统资源的访问是有限的。

 更多信息:JavaScript 不是专为复杂的项目设计的,所以现在大多数 JavaScript 库使用的都是微软的 TypeScript。TypeScript 为 JavaScript 添加了强类型,并且还设计了许多现代语言特性来处理复杂的实现。TypeScript 4.0 已于 2020 年 8 月发布。可通过以下链接阅读关于 TypeScript 的更多信息: https://www.typescriptlang.org。

.NET 有面向基于 JavaScript 和 TypeScript 的 SPA 的项目模板,但本书不会花任何篇幅介绍如何构建基于 JavaScript 和 TypeScript 的 SPA,即使这些模板通常与 ASP.NET Core 一起作为后端使用。

更多信息：要了解如何使用基于 JavaScript 和 TypeScript 的 SPA 构建.NET 的前端，可参考如下链接。

- ASP.NET Core 2 和 Vue.js：https://www.packtpub.com/product/asp-net-core-2-and-vue-js/9781788839464。
- ASP.NET Core 3 和 React：https://www.packtpub.com/product/asp-net-core-3-and-react/9781789950229。
- ASP.NET Core 3 和 Angular 9：https://www.packtpub.com/product/asp-net-core-3-and-angular-9-third-edition/9781789612165。

14.1.4 构建和使用 Web 服务

本书虽然不探讨基于 JavaScript 和 TypeScript 的 SPA，但会介绍如何使用 ASP.NET Core Web API 构建 Web 服务，以及如何使用 ASP.NET Core 网站的服务器端代码或在 Blazor Web 组件、Windows 桌面应用程序和跨平台的移动应用程序中调用 Web 服务。

14.1.5 构建智能应用

在传统的应用程序中，用来处理数据的算法是由人工设计和实现的。人类擅长做很多事情，但编写复杂的算法不在其中，尤其是编写能在大量数据中发现有用模式的算法。

机器学习算法可以使用自定义训练模型(比如微软的 ML.NET 提供的模型)，并且可以为应用程序添加智能。下面使用带有自定义训练模型的 ML.NET 算法来处理网站访问者的跟踪行为，然后为他们可能感兴趣的其他产品页面提供建议。背后的工作原理就像 Netflix 根据用户之前的行为以及其他有相似兴趣的用户的行为，为用户推荐可能喜欢的电影和电视节目一样。

14.2 ASP.NET Core 的新特性

在过去的几年里，微软迅速扩展了 ASP.NET Core 的功能。你应该注意哪些.NET 平台是目前支持的，如下所示：

- ASP.NET 的 1.0 至 2.2 版本运行在.NET Core 或.NET Framework 上。
- ASP.NET Core 3.0 或更高版本只能运行在.NET Core 3.0 或更高版本上。

14.2.1 ASP.NET Core 1.0

ASP.NET Core 1.0 于 2016 年 6 月发布，重点是实现了一个最小化的 API，这个 API 用于为 Windows、macOS 和 Linux 构建现代的跨平台 Web 应用程序和服务。

更多信息：可通过以下链接阅读 ASP.NET Core 1.0 的发布信息——https://blogs.msdn.microsoft.com/webdev/2016/06/27/announcing-asp-net-core-1-0/。

14.2.2 ASP.NET Core 1.1

ASP.NET Core 1.1 于 2016 年 11 月发布，主要关注 bug 的修复以及实现特性和性能的全面改进。

更多信息：可通过以下链接阅读 ASP.NET Core 1.1 的发布信息——https://blogs.msdn.microsoft.com/webdev/2016/11/16/announcing-asp-net-core-1-1/。

14.2.3 ASP.NET Core 2.0

ASP.NET Core 2.0 于 2017 年 8 月发布，主要专注于添加新功能，比如 ASP.NET Core Razor Pages 以及将程序集捆绑到 Microsoft.AspNetCore.All 集合包。ASP.NET Core 2.0 以.NET Standard 2.0 为目标，提供了新的身份验证模型并且改进了性能。

更多信息：可通过以下链接阅读 ASP.NET Core 2.0 的发布信息——https://blogs.msdn.microsoft.com/webdev/2017/08/14/announcing-asp-net-core-2-0/。

14.2.4 ASP.NET Core 2.1

ASP.NET Core 2.1 于 2018 年 5 月发布，重点是添加了用于实时通信的 SignalR、用于重用代码的 Razor 类库以及用于身份验证的 ASP.NET Core Identity，能够更好地支持 HTTPS 和欧盟的通用数据保护法规(GDPR)，如表 14.1 所示。

表 14.1 ASP.NET Core 2.1 新增的功能

功能	涉及的章节	主题
SignalR	第 14 章	了解 SignalR
Razor 类库	第 15 章	使用 Razor 类库
GDPR 支持	第 16 章	创建并探讨 ASP.NET Core MVC 网站
Identity UI 库和搭建脚手架(scaffolding)	第 16 章	探讨 ASP.NET Core MVC 网站
集成测试	第 16 章	测试 ASP.NET Core MVC 网站
[ApiController]和 ActionResult<T>	第 18 章	创建 ASP.NET Core Web API 项目
Web API	第 18 章	实现 Web API 控制器
IHttpClientFactory	第 18 章	使用 HttpClientFactory 配置 HTTP 客户端

更多信息：可通过以下链接阅读 ASP.NET Core 2.1 的发布信息——https://blogs.msdn.microsoft.com/webdev/2018/05/30/asp-net-core-2-1-0-now-available/。

14.2.5 ASP.NET Core 2.2

ASP.NET Core 2.2 于 2018 年 12 月发布，重点是改进 RESTful HTTP API 的构建，将项目模板更新为 Bootstrap 4 和 Angular 6(这是托管在 Azure 中的优化配置)以及改进性能，如表 14.2 所示。

表 14.2 ASP.NET Core 2.2 新增的功能

功能	涉及的章节	主题
Kestrel 中的 HTTP/2	第 15 章	传统的 ASP.NET 与现代的 ASP.NET Core
进程内托管模式	第 15 章	创建 ASP.NET Core 项目
健康检查 API	第 18 章	实现健康检查 API
开放的 API 分析器	第 18 章	实现开放的 API 分析器和约定
端点路由	第 18 章	了解端点路由

更多信息：可通过以下链接阅读 ASP.NET Core 2.2 的发布信息——https://blogs.msdn.microsoft.com/webdev/2018/12/04/asp-net-core-2-2-available-today/。

14.2.6　ASP.NET Core 3.0

ASP.NET Core 3.0 于 2019 年 9 月发布，专注于充分利用.NET Core 3.0(这也意味着不再支持.NET Framework)并且增加了一些有用的改进，如表 14.3 所示。

表 14.3　ASP.NET Core 3.0 新增的功能

功能	涉及的章节	主题
Blazor、服务器端和客户端	第 14 章	了解 Blazor
Razor 类库中的静态资产	第 15 章	使用 Razor 类库
用于 MVC 服务注册的新选项	第 16 章	了解 ASP.NET Core MVC 的启动

更多信息：可通过以下链接阅读 ASP.NET Core 3.0 的发布信息——https://blogs.msdn.microsoft.com/webdev/2018/10/29/a-first-look-at-changes-coming-in-asp-net-core-3-0/。

14.2.7　ASP.NET Core 3.1

ASP.NET Core 3.1 于 2019 年 12 月发布，关注的是如何对用于 Razor 组件的 Partial 类以及新的组件标记助手进行改进。

更多信息：可通过以下链接阅读 ASP.NET Core 3.1 的发布信息——https://devblogs.microsoft.com/aspnet/asp-net-core-updates-in-net-core-3-1/。

14.2.8　Blazor WebAssembly 3.2

Blazor WebAssembly 3.2 于 2020 年 5 月发布。微软终于兑现了使用.NET 进行全栈 Web 开发的承诺，有关 Blazor Server 和 Blazor WebAssembly 的更多内容详见第 20 章。

更多信息：可通过以下链接阅读 Blazor WebAssembly 的发布信息——https://devblogs.microsoft.com/aspnet/blazor-webassembly-3-2-0-now-available/。

14.2.9　ASP.NET Core 5.0

ASP.NET Core 5.0 于 2020 年 11 月发布，专注于修复 bug，使用缓存进行证书认证方面的性能改进，在 Kestrel 中实现 HTTP/2 响应头的 HPack 动态压缩，进行 ASP.NET Core 程序集的可空注解，以及减小容器镜像的大小，如表 14.4 所示。

更多信息：可通过以下链接阅读 ASP.NET Core 5.0 的发布信息——https://github.com/markjprice/cs9dotnet5/。

表 14.4　ASP.NET Core 5.0 新增的功能

功能	涉及的章节	主题
扩展方法以允许匿名访问端点	第 18 章	保护 Web 服务
用于 HttpRequest 和 HttpResponse 的扩展方法	第 18 章	在控制器中以 JSON 的形式获取客户

14.3　理解 SignalR

在 20 世纪 90 年代 Web 发展的早期，浏览器必须创建完整的页面，向 Web 服务器发出 HTTP GET 请求，以获取向访问者显示的新信息。

1999 年底，微软发布了 Internet Explorer 5.0，其中包含了名为 XMLHttpRequest 的组件，用以在后台进行异步 HTTP 调用。与动态 HTML(DHTML)一起，这允许 Web 页面的某些部分使用新的数据进行平滑更新。

这种技术带来的好处显而易见，很快所有的浏览器都添加了相同的组件。谷歌最大限度地利用了这一功能来构建智能的 Web 应用程序，如 Google Maps 和 Gmail。几年后，这种技术被称为 Asynchronous JavaScript and XML (AJAX)。

然而，AJAX 仍然使用 HTTP 进行通信，这是有限制的。首先，HTTP 是请求-响应通信协议，这意味着服务器不能将数据推送到客户端，因而必须等待客户端发出请求。其次，HTTP 请求和响应消息的头信息可能带来很多不必要的开销。最后，HTTP 通常需要为每个请求创建新的底层 TCP 连接。

WebSocket 是全双工的，这意味着客户端或服务器都可以发起新的数据通信请求。WebSocket 在连接的生命周期中使用相同的 TCP 连接，并且在发送的消息大小方面也更有效，因为它们的最小帧只占用 2 字节内存。

WebSocket 通过 HTTP 端口 80 和 443 进行工作，因此能与 HTTP 协议兼容，另外 WebSocket 在握手时使用 HTTP Upgrade 头从 HTTP 协议切换到 WebSocket 协议。

更多信息：可通过以下链接阅读关于 WebSocket 的更多信息——https://en.wikipedia.org/wiki/WebSocket。

现代 Web 应用程序都能够即时更新信息。实时聊天就是典型的例子，另外还有很多潜在的应用，包括显示股价和进行游戏。

无论何时需要服务器将更新推送到 Web 页面，都会用到与 Web 兼容的实时通信技术。可以使用 WebSocket，但不是所有的客户端都支持。

SignalR 开源库通过对多种底层通信技术进行抽象，简化了向应用程序添加实时 Web 功能的过程，从而允许你使用 C#代码添加实时通信功能。

开发人员不需要理解或实现将要使用的底层技术，SignalR 将根据访问者的 Web 浏览器支持的内容，在底层技术之间自动切换。例如，SignalR 会在 WebSocket 可用时才使用 WebSocket，而在不可用时优雅地使用其他技术，如 AJAX 长轮询，此时应用程序代码保持不变。

SignalR 是用于服务器-客户端远程过程调用(RPC)的 API。RPC 从服务器端的.NET Core 代码中调用客户端的 JavaScript 函数。SignalR 有用于定义管道的软件，并使用两个内置的集线器协议自动处理消息调度：JSON 和基于 MessagePack 的二进制协议。

更多信息：可通过以下链接阅读关于 MessagePack 的更多信息——https://msgpack.org。

在服务器端，SignalR 可以在 ASP.NET Core 能运行的所有地方运行：Windows、macOS 或 Linux 服务器。SignalR 支持以下客户端平台：
- 适用于当前浏览器的 JavaScript 客户端，包括 Chrome、Firefox、Safari、Edge 和 Internet Explorer 11。
- .NET 客户端，包括用于 Android 和 iOS 移动应用的 Xamarin。
- Java 8 及后续版本。

更多信息：可通过以下链接阅读关于 SignalR 的更多信息——https://docs.microsoft.com/en-us/aspnet/core/signalr/introduction。

14.4 理解 Blazor

Blazor 允许使用 C#而不是 JavaScript 构建共享组件和交互式 Web 用户界面。2019 年 4 月，微软宣布 Blazor 不再是实验性的，并且承诺将 Blazor 发布为受支持的 Web UI 框架，包括支持在 WebAssembly 的浏览器中运行客户端。

14.4.1 JavaScript 存在的问题

传统上，需要在 Web 浏览器中执行的、任何转换或编译到 JavaScript 的代码，都是使用 JavaScript 编程语言或其他高级编程技术编写的。

然而，JavaScript 确实存在一些问题。首先，尽管 JavaScript 与 C#和 Java 等 C 风格的编程语言在表面上有相似之处，但一旦深入挖掘，就会发现它们实际上是完全不同的。其次，JavaScript 是一种动态类型的伪函数语言，JavaScript 使用原型而不是类的继承来实现对象的重用。

如果可以在 Web 浏览器和服务器端使用相同的语言和库，那不是很好吗？

14.4.2 Silverlight

微软之前曾尝试使用一种名为 Silverlight 的技术。当 Silverlight 2.0 在 2008 年发布时，C#和.NET 开发人员可以使用他们的技能来构建由 Silverlight 插件在 Web 浏览器中执行的库和可视化组件。

2011 年，微软发布了 Silverlight 5.0，苹果手机的成功和史蒂夫·乔布斯对 Flash 等浏览器插件的厌恶，最终导致微软放弃了 Silverlight。因为和 Flash 一样，Silverlight 在 iPhone 和 iPad 上是被禁用的。

14.4.3 WebAssembly

浏览器领域最近的发展让微软有机会进行另一次尝试。2017 年，WebAssembly Consensus 已经完成，现在所有主流浏览器都支持 WebAssembly，包括 Chrome Edge、Opera、Brave、Firefox 和 WebKit(Safari)。

WebAssembly(Wasm)是一种用于虚拟机的二进制指令格式，这种格式提供了一种在 Web 上以接近本机的速度运行使用多种语言编写的代码的方法。Wasm 是用于编译 C#等高级语言的可移植目标。

更多信息：可通过以下链接了解关于 WebAssembly 的更多信息——https://webassembly.org。

14.4.4 服务器端或客户端 Blazor

Blazor 是编程或应用模型,并且有两个托管模型。
- 服务器端 Blazor 在服务器端运行,使用 SignalR 与客户端通信,并且已发布为.NET Core 3.0 的一部分。
- 客户端 Blazor 使用 WebAssembly 在客户端运行,并且已发布为.NET Core 3.1 的一部分。

这意味着 Web 开发人员只需要编写一次 Blazor 组件,就可以在服务器端或客户端运行它们。

更多信息:可通过以下链接阅读 Blazor 的官方文档——https://dotnet.microsoft.com/apps/aspnet/web-apps/blazor。

14.5 构建 Windows 桌面应用程序和跨平台的移动应用程序

由于本书介绍的是如何使用 C# 9.0 和.NET 5 进行跨平台开发,因此从技术上讲,本书不应该包括 Windows 桌面应用程序方面的内容,因为它们只针对 Windows。另外,本书也不应该包括跨平台的移动应用程序方面的内容,因为它们使用的是 Xamarin 而不是.NET 5。

本书第 1~20 章介绍的是如何使用跨平台的 Visual Studio Code 来构建所有的应用程序。跨平台的移动应用程序是使用 Visual Studio 2019 为 Mac 电脑构建的,需要使用 macOS 进行编译。Windows 桌面应用程序是使用 Visual Studio 2019 在 Windows 10 上构建的。

但是,Windows 和移动操作系统是当前和未来使用 C#和.NET 开发客户端应用程序的重要平台,所以本书将简要介绍它们。

14.5.1 构建跨平台的移动应用程序

目前,移动平台主要有两个——苹果的 iOS 和谷歌的 Android,它们都有各自不同的编程语言和平台 API。

跨平台的移动应用程序可以使用 C#为 Xamarin 平台构建一次,然后就可以在 iOS 和 Android 平台上运行。Xamarin.Forms 通过共享用户界面组件和业务逻辑,使开发这些应用程序变得更加容易。很多用于定义用户界面的 XAML 甚至可以在 Xamarin.Forms、WPF 和 UWP 应用程序之间共享。

这些应用程序可以独立存在,但它们通常调用 Web 服务来提供跨越所有计算设备(如服务器、笔记本电脑、手机、游戏系统)的体验。

一旦.NET 6 发布,我们就能创建跨平台的移动应用程序,目标是与控制台应用程序、网站、Web 服务和 Windows 桌面应用程序使用相同的.NET 6 API,并由 Xamarin 运行在移动设备上。

Xamarin.Forms 的当前版本需要你安装 Visual Studio for Mac 或 Visual Studio 2019 (for Windows),但 Xamarin.Forms 的演化版本.NET MAUI 可通过扩展支持这些工具以及 Visual Studio Code。

.NET MAUI 不仅支持现有的 MVVM 和 XAML 模式,而且支持 C#的模型-视图-更新(MVU)模式和 Blazor 模型。

更多信息:可通过以下链接了解关于.NET MAUI 的更多信息——https://devblogs.microsoft.com/dotnet/introducing-net-multi-platform-app-ui/。

后面的第 21 章将介绍如何使用.NET MAUI 构建跨平台的移动应用程序。

更多信息：可通过以下链接查看.NET MAUI 的 GitHub 存储库——https://github.com/dotnet/maui。

14.5.2 使用旧技术构建 Windows 桌面应用程序

在 2002 年发布的 C#和.NET Framework 的第一个版本中，微软提供了一种用于构建 Windows 桌面应用程序的技术——Windows Forms(在进行 Web 开发时，与之对应的名称是 Web Forms)。

2007 年，微软发布了一种更强大的用于构建 Windows 桌面应用程序的技术，名为 Windows Presentation Foundation (WPF)。WPF 可以使用可扩展应用程序标记语言(eXtensible Application Markup Language，XAML)来指定用户界面，这对于人类和代码来说都很容易理解。Visual Studio 2019 是使用 WPF 构建的。

有许多通过 Windows Forms 和 WPF 构建的企业级应用程序需要使用新特性进行维护或增强，但直到现在，它们还停留在.NET Framework 上。有了.NET 5 和 Windows Desktop Pack，这些应用程序现在可以使用.NET 的全部现代功能。

2015 年，微软发布了 Windows 10，并推出了一项名为通用 Windows 平台(UWP)的新技术。UWP 应用既可以使用 C++和 DirectX UI 来构建，也可以使用 JavaScript 和 HTML 来构建，甚至可以使用.NET Core 的自定义分支(虽然不是跨平台的，但能提供对底层 WinRT API 的完全访问)来构建。

UWP 应用程序只能在 Windows 10 上运行，而不能在较早版本的 Windows 上运行。UWP 应用程序也可以运行在带有耳机与运动控制器的 Xbox 和 Windows Mixed Reality 上。

用于构建 Windows 桌面应用程序的 Windows Forms 和 WPF 技术是旧的，很少有开发者会构建 UWP 应用程序，详细内容可参考附录 B。

 更多信息：如果对构建 WPF 应用程序感兴趣，建议访问 https://www.packtpub.com/product/mastering-windows-presentation-foundation/9781785883002。

14.6 为 Northwind 示例数据库构建实体数据模型

实际的应用程序通常需要处理关系数据库或其他数据存储中的数据。本节将为存储在 SQLite 中的 Northwind 示例数据库构建实体数据模型，以便用在后面章节创建的大多数应用程序中。

虽然 macOS 默认包含 SQLite 的安装，但如果使用的是 Windows 或各种 Linux 发行版，就可能需要下载、安装和配置适用于操作系统的 SQLite，具体步骤详见第 11 章。

 最佳实践：应该为实体数据模型创建单独的类库项目，这能够使后端 Web 服务器和前端桌面以及移动和 Blazor 客户端之间的共享变得更加容易。

14.6.1 为 Northwind 实体模型创建类库

下面在.NET 5 类库中定义实体数据模型，以便在其他类型的项目中重用它们，包括客户端应用模型。

1. 使用 dotnet-ef 生成实体模型

我们首先使用 EF Core 命令行工具自动生成一些实体模型。

(1) 在现有的 Code 文件夹中创建一个名为 PracticalApps 的文件夹。

(2) 在 Visual Studio Code 中打开 PracticalApps 文件夹。

(3) 为了创建 Northwind.db 文件,可将 Northwind.db.sql 文件复制到 PracticalApps 文件夹中,然后在终端窗口中输入以下命令:

```
sqlite3 Northwind.db -init Northwind.sql
```

(4) 请耐心等待,因为上述命令需要一些时间来创建数据库结构,如下所示:

```
-- Loading resources from Northwind.sql
SQLite version 3.28.0 2019-04-15 14:49:49
Enter ".help" for usage hints.
sqlite>
```

(5) 在 macOS 上按 Ctrl + D 组合键,或者在 Windows 上按 Ctrl + C 组合键,退出 SQLite 命令模式。

(6) 在 File 菜单中关闭 PracticalApps 文件夹。

(7) 在 Visual Studio Code 中导航到 File | Save Workspace As…,输入名称 PracticalApps,切换到 PracticalApps 文件夹,单击 Save 按钮。

(8) 在 PracticalApps 文件夹中创建名为 NorthwindEntitiesLib 的子文件夹。

(9) 将 NorthwindEntitiesLib 子文件夹添加到工作区。

(10) 导航到 Terminal | New Terminal,选择 NorthwindEntitiesLib。

(11) 在终端窗口中输入以下命令:

```
dotnet new classlib
```

(12) 打开 NorthwindEntitiesLib.csproj 文件,为 EF Core for SQLite 添加两个包引用和设计时支持,如下所示:

```
<Project Sdk="Microsoft.NET.Sdk">
  <PropertyGroup>
    <TargetFramework>net5.0</TargetFramework>
  </PropertyGroup>
  <ItemGroup>
    <PackageReference
      Include="Microsoft.EntityFrameworkCore.Sqlite"
      Version="5.0.0" />
    <PackageReference
      Include="Microsoft.EntityFrameworkCore.Design"
      Version="5.0.0" />
  </ItemGroup>
</Project>
```

(13) 在终端窗口中下载引用的包并编译当前项目,如下所示:

```
dotnet build
```

(14) 删除 Class1.cs 文件。

(15) 在终端窗口中,为所有表生成实体类模型,如下所示:

```
dotnet ef dbcontext scaffold "Filename=../Northwind.db"
Microsoft.EntityFrameworkCore.Sqlite --namespace Packt.Shared --data-annotations --context
Northwind
```

对于上述命令,请注意以下几点:
- 需要执行的命令:dbcontext scaffold。
- 连接字符串:"Filename=../Northwind.db"。
- 数据库提供者:Microsoft.EntityFrameworkCore.Sqlite。
- 名称空间:--namespace Packt.Shared。
- 使用数据注解和 Fluent API:--data-annotations。
- 重命名[database_name]Context 中的上下文:--context Northwind。

(16) 注意产生的构建消息和警告,如下所示:

```
Build started...
Build succeeded.
To protect potentially sensitive information in your connection string, you should move it
out of source code. You can avoid scaffolding the connection string by using the Name= syntax
to read it from configuration - see https://go.microsoft.com/fwlink/?linkid=2131148. For more
guidance on storing connection strings, see http://go.microsoft.com/fwlink/?LinkId=723263.
```

2. 手动改进模型映射

接下来,我们通过进行一些小的更改来改进模型映射。

我们需要对如下类文件进行更改:Category.cs、Customer.cs、Employee.cs、Order.cs、OrderDetail.cs、Product.cs、Shipper.cs、Supplier.cs 和 Territory.cs。

下面对每个实体类进行以下更改。

(1) 更改所有主键或外键属性,以使用标准命名。例如,将 CategoryId 改为 CategoryID。另外,也可以删除[Column]特性,如下所示:

```
// before
[Key]
[Column("CategoryID")]
public long CategoryId { get; set; }

// after
[Key]
public long CategoryID { get; set; }
```

(2) 使用[StringLength]特性修饰所有字符串属性,并使用[Column]特性中的信息来限制匹配字段允许的最大字符数,如下所示:

```
// before
[Required]
[Column(TypeName = "nvarchar (15)")]
public string CategoryName { get; set; }

// after
[Required]
```

```
[Column(TypeName = "nvarchar (15)")]
[StringLength(15)]
public string CategoryName { get; set; }
```

(3) 打开 Customer.cs 文件,在其中添加一个正则表达式来验证主键的值是否只允许使用大写的英文字符,如下所示:

```
[Key]
[Column(TypeName = "nchar (5)")]
[StringLength(5)]
[RegularExpression("[A-Z]{5}")]
public string CustomerID { get; set; }
```

(4) 更改日期/时间属性。例如,在 Employee.cs 文件中使用可空的 DateTime 代替字节数组,如下所示:

```
// before
[Column(TypeName = "datetime")]
public byte[] BirthDate { get; set; }

// after
[Column(TypeName = "datetime")]
public DateTime? BirthDate { get; set; }
```

(5) 更改 money 属性。例如,在 Order.cs 文件中使用可空的 decimal 代替字节数组,如下所示:

```
// before
[Column(TypeName = "money")]
public byte[] Freight { get; set; }

// after
[Column(TypeName = "money")]
public decimal? Freight { get; set; }
```

(6) 更改 bit 属性。例如,在 Product.cs 文件中使用 bool 代替字节数组,如下所示:

```
// before
[Required]
[Column(TypeName = "bit")]
public byte[] Discontinued { get; set; }

// after
[Required]
[Column(TypeName = "bit")]
public bool Discontinued { get; set; }
```

在有了用于实体类的类库之后,就可以为数据库上下文创建类库了。

14.6.2 为 Northwind 数据库上下文创建类库

下面定义数据库上下文类库:

(1) 在 PracticalApps 文件夹中创建一个名为 NorthwindContextLib 的文件夹。

(2) 将 NorthwindContextLib 文件夹添加到工作区。

(3) 导航到 Terminal | New Terminal，选择 NorthwindContextLib。
(4) 在终端窗口中输入以下命令：

```
dotnet new classlib
```

(5) 导航到 View | Command Palette，输入并选择 OmniSharp:Select Project，然后选择 NorthwindContextLib 项目。

(6) 修改 NorthwindContextLib.csproj，添加对 NorthwindEntitiesLib 项目和用于 SQLite 的 Entity Framework Core 包的引用，如下所示：

```xml
<Project Sdk="Microsoft.NET.Sdk">
  <PropertyGroup>
    <TargetFramework>net5.0</TargetFramework>
  </PropertyGroup>
  <ItemGroup>
    <ProjectReference Include=
      "..\NorthwindEntitiesLib\NorthwindEntitiesLib.csproj" />
    <PackageReference
      Include="Microsoft.EntityFrameworkCore.SQLite"
      Version="5.0.0" />
  </ItemGroup>
</Project>
```

(7) 在 NorthwindContextLib 项目中，删除 Class1.cs 类文件。
(8) 将 Northwind.cs 文件从 NorthwindEntitiesLib 文件夹拖放到 NorthwindContextLib 文件夹中。
(9) 修改 Northwind.cs 文件中的语句，以删除关于连接字符串的编译警告。然后删除用于验证并定义键和关系的 Fluent API 语句(OrderDetail 除外)，因为多字段的主键只能使用 Fluent API 进行定义。

```csharp
using Microsoft.EntityFrameworkCore;

#nullable disable

namespace Packt.Shared
{
  public partial class Northwind : DbContext
  {
    public Northwind()
    {
    }

    public Northwind(DbContextOptions<Northwind> options)
      : base(options)
    {
    }
    public virtual DbSet<Category> Categories { get; set; }
    public virtual DbSet<Customer> Customers { get; set; }
    public virtual DbSet<Employee> Employees { get; set; }
    public virtual DbSet<EmployeeTerritory> EmployeeTerritories{ get; set; }
    public virtual DbSet<Order> Orders { get; set; }
    public virtual DbSet<OrderDetail> OrderDetails { get; set; }
    public virtual DbSet<Product> Products { get; set; }
    public virtual DbSet<Shipper> Shippers { get; set; }
```

```csharp
    public virtual DbSet<Supplier> Suppliers { get; set; }
    public virtual DbSet<Territory> Territories { get; set; }

    protected override void OnConfiguring(
      DbContextOptionsBuilder optionsBuilder)
    {
      if (!optionsBuilder.IsConfigured)
      {
        optionsBuilder.UseSqlite("Filename=../Northwind.db");
      }
    }

    protected override void OnModelCreating(
      ModelBuilder modelBuilder)
    {
      modelBuilder.Entity<OrderDetail>(entity =>
      {
        entity.HasKey(x => new { x.OrderID, x.ProductID });

        entity.HasOne(d => d.Order)
                   .WithMany(p => p.OrderDetails)
                   .HasForeignKey(x => x.OrderID)
                   .OnDelete(DeleteBehavior.ClientSetNull);

        entity.HasOne(d => d.Product)
                   .WithMany(p => p.OrderDetails)
                   .HasForeignKey(x => x.ProductID)
                   .OnDelete(DeleteBehavior.ClientSetNull);
      });

      modelBuilder.Entity<Product>()
        .Property(product => product.UnitPrice)
        .HasConversion<double>();

      OnModelCreatingPartial(modelBuilder);
    }
    partial void OnModelCreatingPartial(ModelBuilder modelBuilder);
  }
}
```

(10) 在终端窗口中输入如下命令，以恢复包并编译类库和检查错误：

```
dotnet build
```

可以为任何项目设置数据库连接字符串，如需要使用 Northwind 示例数据库的网站，但派生自 DbContext 的类必须有一个带 DbContextOptions 参数的构造函数才能工作。

14.7 本章小结

本章介绍了一些应用模型，通过它们，我们就可以使用 C#和.NET 构建实际的应用程序。本章创建了两个类库以定义实体数据模型，从而方便使用 Northwind 示例数据库。

本书后面的第 15~20 章将介绍以下内容:
- 带有静态 HTML 页面和动态 Razor 页面的简单网站。
- 具有 MVC(模型-视图-控制器)设计模式的复杂网站。
- 一些内容复杂的网站,最终用户可通过内容管理系统(CMS)管理这些网站的内容。
- 任何能发出 HTTP 请求的平台都可以调用的 Web 服务,以及调用这些 Web 服务的客户端网站和应用程序。
- 使用机器学习实现产品推荐等功能的智能应用程序。
- Blazor Web 用户界面组件可以托管在服务器或浏览器中。
- 使用 Xamarin.Forms 的跨平台的移动应用程序。

第15章
使用 ASP.NET Core Razor Pages 构建网站

本章讨论如何使用微软 ASP.NET Core 在服务器端构建具有现代 HTTP 架构的网站，以及如何使用 ASP.NET Core 2.0 引入的 Razor Pages 和 ASP.NET Core 2.1 引入的 Razor 类库功能构建简单的网站。

本章涵盖以下主题：
- 了解 Web 开发
- 了解 ASP.NET Core
- 了解 Razor Pages
- 使用 Entity Framework Core 与 ASP.NET Core
- 使用 Razor 类库
- 配置服务和 HTTP 请求管道

15.1 了解 Web 开发

Web 开发就是使用 HTTP(超文本传输协议)进行开发。

15.1.1 HTTP

为了与 Web 服务器通信，客户端(也称为用户代理)使用 HTTP 通过网络进行调用。因此，HTTP 是 Web 的技术基础。当讨论 Web 应用程序或 Web 服务时，背后的含义就是使用 HTTP 在客户端(通常是 Web 浏览器)和服务器之间进行通信。

客户端对资源(如页面)发出 HTTP 请求，并通过统一资源定位器(URL)进行唯一标识，服务器返回 HTTP 响应，如图 15.1 所示。

可以使用 Google Chrome 或其他浏览器来记录请求和响应。

最佳实践：与其他浏览器相比，Google Chrome 可以在更多的操作系统中使用，而且内置了强大的开发工具，是测试网站的首选浏览器。建议始终使用 Google Chrome 和至少其他两种浏览器测试 Web 应用程序，例如用于 macOS 和 iPhone 的 Firefox 与 Safari。

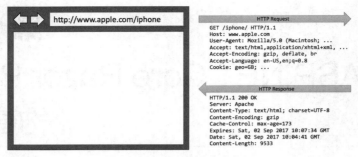

图 15.1　HTTP 请求和响应

下面探讨如何使用 Google Chrome 来发出 HTTP 请求。

(1) 启动 Google Chrome。

(2) 要在 Google Chrome 中显示开发工具，请执行以下操作：

- 在 macOS 上按 Alt + Cmd + I 组合键。
- 在 Windows 上按 F12 功能键或 Ctrl + Shift + I 组合键。

(3) 单击 Network 选项卡，Google Chrome 立即开始记录浏览器和任何 Web 服务器之间的网络流量，如图 15.2 所示。

图 15.2　记录网络流量

(4) 在 Google Chrome 的地址栏中输入以下 URL：https://dotnet.microsoft.com/learn/web。

(5) 在 Developer tools 窗口中，在记录的请求列表中，滚动到顶部并单击第一个条目，如图 15.3 所示。

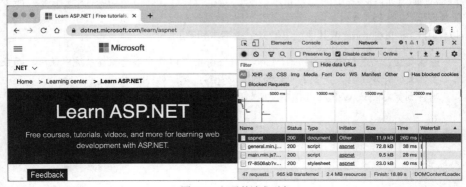

图 15.3　记录的请求列表

(6) 在右侧单击 Headers 选项卡，显示关于请求和响应的详细信息，如图 15.4 所示。

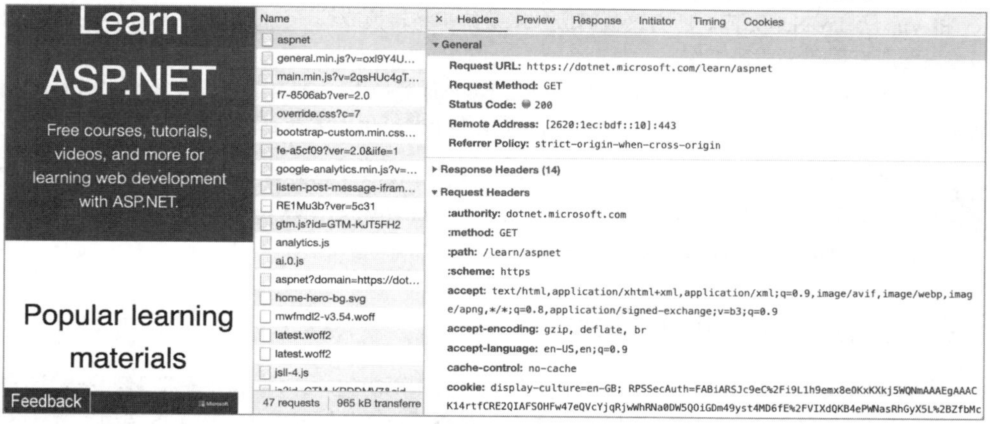

图 15.4　请求和响应的详细信息

注意以下几个方面：
- 请求方法为 GET。HTTP 定义的其他请求方法包括 POST、PUT、DELETE、HEAD 和 PATCH。
- 状态码是 200 OK。这意味着服务器找到了浏览器请求的资源，并且在响应体中返回了它们。你可能在响应 GET 请求时看到的其他状态码包括 301 Moved Permanently、400 Bad Request、401 Unauthorized 和 404 Not Found。
- 浏览器发送给 Web 服务器的请求头信息包括
  - accept，用于列出浏览器允许的格式。在本例中，浏览器能理解 HTML、XHTML、XML 和一些图像格式，并且可以接收所有其他文件。默认的权重(也称为质量值)是 1.0。XML 的质量值为 0.9，因此 XML 相比 HTML 或 XHTML 更不受欢迎。所有其他类型文件的质量值都是 0.8。
  - accept-encoding，用于列出浏览器能够理解的压缩算法。在本例中，包括 GZIP、DEFLATE 和 Brotli 算法。
  - accept-language，用于列出浏览器希望使用的人类语言。在本例中，美式英语的默认质量值为 1.0，为其他人类语言显式指定的质量值是 0.9。
- 响应头和内容编码指出——服务器已经返回使用 GZIP 算法压缩的 HTML Web 页面响应，因为服务器知道客户端可以解压缩这种格式。

(7) 关闭 Google Chrome。

15.1.2　客户端 Web 开发

在构建网站时，开发人员需要了解的不仅仅是 C#和.NET Core。在客户端(比如 Web 浏览器)，我们经常使用下列技术的组合。
- HTML5：用于 Web 页面的内容和结构。
- CSS3：用于设置 Web 页面元素的样式。
- JavaScript：用于编写 Web 页面所需的任何业务逻辑。例如，验证表单输入或调用 Web 服务以获取 Web 页面所需的更多数据。

尽管 HTML5、CSS3 和 JavaScript 是前端 Web 开发的基本组件，但是还有许多额外的技术，可以使前端 Web 开发更有效率，包括 Bootstrap(世界上最流行的前端开源工具集)和 CSS 预处理器(如用于样式的SASS和LESS)、微软提供的用于编写更健壮代码的TypeScript语言,以及jQuery、Angular、React和Vue等JavaScript库。所有这些高级技术最终都将转换或编译为底层的三种核心技术,因此它们可以跨所有现代浏览器工作。

作为构建和部署过程的一部分,你可能会使用Node.js等技术、NPM(节点包管理器)和Yarn(它们都是客户端包管理器)以及Webpack(一种流行的模块绑定器,用于编译、转换和绑定网站源文件)。

更多信息:本书讨论的是C#和.NET Core,因此下面将介绍前端Web开发的一些基础知识,更多细节可参阅*HTML5 and CSS3: Building Responsive*(https://www.packtpub.com/web-development/html5-and-css3-building-responsive-websites)。

15.2 了解ASP.NET Core

ASP.NET Core是微软用来建立网站和Web服务的技术历史的一部分,这些技术已经发展了多年。

- Active Server Pages (ASP) 于1996年发布,是微软首次尝试开发的在服务器端动态执行网站代码的平台。ASP文件包含HTML以及使用VBScript语言编写的、在服务器上执行的代码。
- ASP.NET Web Forms是在2002年发布的,带有.NET Framework,旨在使非Web开发人员(如那些熟悉Visual Basic的人)能够通过拖放可视化组件并使用Visual Basic或C#编写事件驱动的代码来快速创建网站。Web表单只能托管在Windows上,但它今天仍然用在Microsoft SharePoint等产品中。
- Windows Communication Foundation(WCF)于2006年发布,旨在允许开发人员构建SOAP和REST服务。SOAP功能强大但复杂,因此应避免使用,除非需要高级特性,比如分布式事务和复杂的消息传递拓扑。
- ASP.NET MVC是在2009年发布的,旨在将Web开发人员所关心的问题清楚地分离到模型、视图和控制器之间。模型用来临时存储数据,视图在UI中使用各种格式显示数据,控制器获取模型并将其传递给视图。这种分离能够支持改进的重用和单元测试。
- ASP.NET Web API是在2012年发布的,旨在使开发人员能够创建HTTP服务,也称为REST服务,REST服务比SOAP服务更简单、更可伸缩。
- ASP.NET SignalR于2013年发布,旨在通过抽象底层技术和WebSocket、Long Polling等其他技术实现网站中的实时通信。这使得诸如实时聊天的网站功能或针对时效性数据(如股价)的更新能够跨多种Web浏览器实现,尽管它们不支持诸如WebSocket的技术。
- ASP.NET Core于2016年发布,它结合了MVC、Web API和SignalR,运行在.NET Core上。因此,ASP.NET Core可以跨平台执行。ASP.NET Core有许多项目模板,这有助于你了解它所支持的技术。

最佳实践:选择ASP.NET Core开发网站和Web服务,因为其中包含现代的、跨平台的Web相关技术。

ASP.NET Core 2.0、ASP.NET Core 2.1和ASP.NET Core 2.2可以运行在.NET Framework 4.6.1或更高版本上(仅适用于Windows),也可以运行在.NET Core 2.0或更高版本上(跨平台)。ASP.NET Core 3.0只支持.NET Core 3.0,ASP.NET Core 5只支持.NET 5。

15.2.1 传统的 ASP.NET 与现代的 ASP.NET Core

ASP.NET 是在.NET Framework 中的大型程序集 System.Web.dll 的基础上构建的,并且与微软仅在 Windows 下使用的 Web 服务器 IIS(Internet Information Services)做了紧密耦合。多年来,这个程序集积累了许多特性,但其中的许多特性并不适合现代的跨平台开发。

ASP.NET Core 对 ASP.NET 做了重新设计,消除了对 System.Web.dll 程序集和 IIS 的依赖,由模块化的轻量级包组成,就像.NET Core 的其余部分一样。

ASP.NET Core 应用程序在 Windows、macOS 和 Linux 上是跨平台的。微软甚至还创建了名为 Kestrel 的跨平台、高性能的 Web 服务器,整个栈都是开源的。

更多信息:可通过以下链接阅读关于 Kestrel 的更多信息——https://docs.microsoft.com/en-us/aspnet/core/fundamentals/servers/kestrel。

ASP.NET Core 2.2 或更高版本默认使用新的进程内托管模型,这在IIS中可实现400%的性能改进,但是微软仍然建议使用 Kestrel 来获得更好的性能。

15.2.2 创建 ASP.NET Core 项目

下面创建一个 ASP.NET Core 项目来显示 Northwind 示例数据库中的供应商列表。

dotnet 工具有很多项目模板,可以自动做很多工作,但是在特定的情况下,很难辨别哪种方法是最好的,所以建议从最简单的 Web 模板开始,一步一步地慢慢添加功能,这样就可以了解所有的细节。

(1) 在现有的 PracticalApps 文件夹中创建一个名为 NorthwindWeb 的子文件夹,将它添加到 PracticalApps 工作区。

(2) 导航到 Terminal | New Terminal,选择 NorthwindWeb。

(3) 在终端窗口中输入以下命令,创建一个 ASP.NET Core Empty 网站:

```
dotnet new web
```

(4) 在终端窗口中输入以下命令,恢复包并编译网站:

```
dotnet build
```

(5) 编辑 NorthwindWeb.csproj,注意 SDK 是 Microsoft.NET.Sdk.Web,如下所示:

```
<Project Sdk="Microsoft.NET.Sdk.Web">
  <PropertyGroup>
    <TargetFramework>netcoreapp3.0</TargetFramework>
  </PropertyGroup>
</Project>
```

在 ASP.NET Core 1.0 中,需要包含很多引用。但是在 ASP.NET Core 2.0 中,只需要包含对 Microsoft.AspNetCore.All 的引用。对于 ASP.NET Core 3.0,简单地使用这个 Web SDK 就足够了。

(6) 打开 Program.cs,注意以下事项:
- 网站就像控制台应用程序,入口点是 Main 方法。
- CreateHostBuilder 方法将使用默认配置为网站创建主机,并指定 Startup 类用于进一步配置网站,如下所示:

```
public class Program
```

```
{
  public static void Main(string[] args)
  {
    CreateHostBuilder(args).Build().Run();
  }

  public static IHostBuilder CreateHostBuilder(string[] args) =>
    Host.CreateDefaultBuilder(args)
      .ConfigureWebHostDefaults(webBuilder =>
      {
        webBuilder.UseStart up<Startup>();
      });
}
```

(7) 打开 Startup.cs，注意以下事项：

- ConfigureServices 方法当前为空，稍后将用来添加服务，如 Razor Pages 和用于处理 Northwind 示例数据库的数据库上下文。
- Configure 方法用于设置 HTTP 请求管道，它目前主要做三件事：第一，它被配置为在进行开发时，使任何未处理的异常都显示在浏览器窗口中，供开发人员查看详细信息；第二，它使用了路由；第三，它使用端点等待请求，然后通过返回纯文本字符串"Hello World!"来异步地响应每个 HTTP GET 请求。

```
public class Startup
{
  // This method gets called by the runtime.
  // Use this method to add services to the container.
  public void ConfigureServices(IServiceCollection services)
  {
  }

  // This method gets called by the runtime.
  // Use this method to configure the HTTP request pipeline.
  public void Configure(
    IApplicationBuilder app, IWebHostEnvironment env)
  {
    if (env.IsDevelopment())
    {
      app.UseDeveloperExceptionPage();
    }

    app.UseRouting();
    app.UseEndpoints(endpoints =>
    {
      endpoints.MapGet("/", async context =>
      {
        await context.Response.WriteAsync("Hello World!");
      });
    });
  }
}
```

(8) 关闭 Startup.cs 类文件。

15.2.3 测试和保护网站

下面测试 ASP.NET Core Empty 网站项目的功能。从 HTTP 切换到 HTTPS，为浏览器和 Web 服务器之间的所有流量启用加密以保护隐私。HTTPS 是 HTTP 的安全加密版本。

(1) 在终端窗口中输入 dotnet run 命令，注意 Web 服务器已经开始监听端口 5000 和 5001，输出如下所示：

```
info: Microsoft.Hosting.Lifetime[0]
  Now listening on: https://localhost:5001
info: Microsoft.Hosting.Lifetime[0]
  Now listening on: http://localhost:5000
info: Microsoft.Hosting.Lifetime[0]
  Application started. Press Ctrl+C to shut down.
info: Microsoft.Hosting.Lifetime[0]
  Hosting environment: Development
info: Microsoft.Hosting.Lifetime[0]
  Content root path: /Users/markjprice/Code/PracticalApps/NorthwindWeb
```

(2) 启动 Google Chrome。

(3) 输入网址 http://localhost:5000/，注意在跨平台的 Kestrel Web 服务器上，响应是纯文本的 Hello World!消息，如图 15.5 所示。

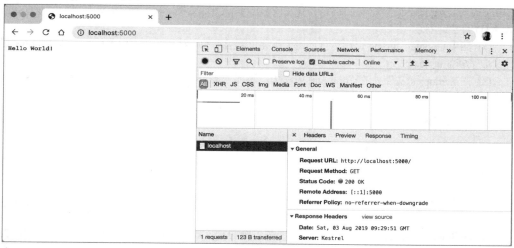

图 15.5　来自 http://localhost:5000/的纯文本响应

(4) 输入网址 https://localhost:5001/，注意响应是一条错误消息，如图 15.6 所示。

这是因为没有配置浏览器可以信任的证书来加密和解密 HTTP 通信(如果没有显示这条错误消息，就说明已经配置了证书)。在生产环境中，你可能希望向 Verisign 这样的公司付费，因为此类公司能为你提供责任保护和技术支持。

 更多信息：如果不介意每隔 90 天重新申请证书，那么可以从以下链接获得免费证书——https://letsencrypt.org。

在开发期间，可以让操作系统信任 ASP.NET Core 提供的临时开发证书。

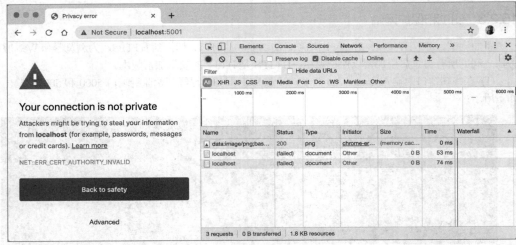

图15.6 SSL 加密未启用

(5) 在终端窗口中，按 Ctrl + C 组合键以停止 Web 服务器。

(6) 在终端窗口中输入 dotnet dev-certs https --trust 命令，注意消息 Trusting the HTTPS development certificate was requested(请求信任 HTTPS 开发证书)。系统可能会提示输入密码，并且可能已经存在有效的 HTTPS 证书。

(7) 如果 Google Chrome 仍在运行，请关闭并重新启动 Google Chrome 以确保 Google Chrome 已经读取了新的证书。

(8) 在 Startup.cs 文件夹的 Configure 方法中，添加一条 else 语句，以便在未开发时启用 HSTS，如下所示：

```
if (env.IsDevelopment())
{
  app.UseDeveloperExceptionPage();
}
else
{
  app.UseHsts();
}
```

HTTP Strict Transport Security (HSTS) 是一种可选的安全增强方案。如果为网站启用了 HSTS，并且浏览器支持，那就强制通过 HTTPS 进行所有的通信，以防止访问者使用不可信的或无效的证书。

(9) 在调用 app.UseRouting 后添加一条语句，将 HTTP 请求重定向到 HTTPS，如下所示：

```
app.UseHttpsRedirection();
```

(10) 在终端窗口中输入 dotnet run 命令以启动 Web 服务器。

(11) 在 Google Chrome 中请求网址 http://localhost:5000/，注意服务器如何用 307 Temporary Redirect 响应端口 5001，并且证书现在是有效和可信的，如图 15.7 所示。

(12) 关闭 Google Chrome。

(13) 在终端窗口中，按 Ctrl + C 组合键以停止 Web 服务器。

网站完成测试时，请记住停止 Kestrel Web 服务器。

第 15 章　使用 ASP.NET Core Razor Pages 构建网站

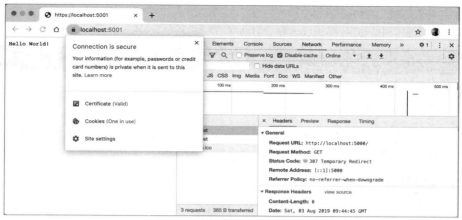

图 15.7　使用有效的证书保护连接

15.2.4　控制托管环境

ASP.NET Core 可以通过从环境变量中读取信息来确定使用什么托管环境。例如，当调用 ConfigureWebHostDefaults 方法时，托管环境就是 DOTNET_ENVIRONMENT 或 ASPNETCORE_ENVIRONMENT。可在本地开发期间重写这些设置。

(1) 在 NorthwindWeb 文件夹中，展开名为 Properties 的子文件夹，打开名为 launchSettings.json 的文件，注意其中名为 NorthwindWeb 的配置部分，这里已将托管环境设置为 Development，如下所示：

```
{
  "iisSettings": {
    "windowsAuthentication": false,
    "anonymousAuthentication": true,
    "iisExpress": {
      "applicationUrl": "http://localhost:56111",
      "sslPort": 44329
    }
  },
  "profiles": {
    "IIS Express": {
      "commandName": "IISExpress",
      "launchBrowser": true,
      "environmentVariables": {
        "ASPNETCORE_ENVIRONMENT": "Development"
      }
    },
    "NorthwindWeb": {
      "commandName": "Project",
      "launchBrowser": true,
      "applicationUrl": "https://localhost:5001;http://localhost:5000",
      "environmentVariables": {
        "ASPNETCORE_ENVIRONMENT": "Development"
      }
    }
  }
}
```

(2) 将托管环境改为 Production。
(3) 在终端窗口中，使用 dotnet run 命令启动网站，注意托管环境为 Production，如下所示：

```
info: Microsoft.Hosting.Lifetime[0]
      Hosting environment: Production
```

(4) 在终端窗口中，按 Ctrl + C 组合键以停止网站。
(5) 在 launchSettings.json 文件中，将托管环境改回 Development。

更多信息：可通过以下链接了解关于如何使用 ASP.NET Core 的更多信息——https://docs.microsoft.com/en-us/aspnet/core/fundamentals/environments。

15.2.5 启用静态文件和默认文件

只返回一条纯文本消息的网站没有多大用处！对于网站来说，至少应该返回静态的 HTML 页面、用于样式化 Web 页面的 CSS 以及任何其他静态资源(如图像和视频)。

下面创建文件夹以存放静态的网站资源，并创建使用 Bootstrap 进行样式化的基本索引页。

更多信息：像 Bootstrap 这样的 Web 技术通常使用内容分发网络(CDN)来有效地在全球传递它们的源文件。可通过以下链接了解关于 CDN 的更多信息——https://en.wikipedia.org/wiki/Content_delivery_network。

(1) 在 NorthwindWeb 文件夹中创建一个名为 wwwroot 的文件夹。
(2) 将名为 index.html 的新文件添加到 wwwroot 文件夹中。
(3) 修改 index.html 文件的内容以链接到 CDN 托管的引导程序，进行样式化并实现一些良好实践，如设置视口，如下所示：

```html
<!DOCTYPE html>
<html lang="en">

<head>
  <!-- Required meta tags -->
  <meta charset="utf-8" />
  <meta name="viewport" content=
    "width=device-width, initial-scale=1, shrink-to-fit=no" />

  <!-- Bootstrap CSS -->
  <link rel="stylesheet"
        href="https://stackpath.bootstrapcdn.com/bootstrap/4.5.2/css/ bootstrap.min.css"
        integrity="sha384-JcKb8q3iqJ61gNV9KGb8thSsNjpSL0n8PARn9HuZOnIxN0hoP+ VmmDGMN5t9UJ0Z"
        crossorigin="anonymous">

  <title>Welcome ASP.NET Core!</title>
</head>

<body>
  <div class="container">
    <div class="jumbotron">
      <h1 class="display-3">Welcome to Northwind!</h1>
      <p class="lead">We supply products to our customers.</p>
      <hr />
      <h2>This is a static HTML page.</h2>
      <p>Our customers include restaurants, hotels, and cruise lines.</p>
```

```
    <p>
      <a class="btn btn-primary"
        href="https://www.asp.net/">Learn more</a>
    </p>
  </div>
</div>
</body>

</html>
```

更多信息: 要获取最新的用于引导的<link>元素,请从 Getting Started-Introduction 页面上复制并粘贴它们,链接为 https://getbootstrap.com/。

如果现在启动网站,并在浏览器的地址栏中输入 http://localhost:5000/index.html,网站将返回 404 Not Found 错误,这说明没有找到网页。为了使网站能够返回静态文件,如 index.html,必须显式地配置默认文件。

即使启用了静态文件,如果启动网站,并在浏览器的地址框中输入 http://localhost:5000/,网站也会返回 404 Not Found 错误。因为如果没有请求指定的文件,Web 服务器在默认情况下将不知道该返回什么。

现在启用静态文件并显式地配置默认文件,然后更改注册的用于返回 Hello World 的 URL 路径。

(1) 在 Startup.cs 的 Configure 方法中,将 GET 请求映射到返回的纯文本消息"Hello World!",以只响应 URL 路径/hello,并添加语句以启用静态文件和默认文件,如下所示:

```
public void Configure(
  IApplicationBuilder app, IWebHostEnvironment env)
{
  if (env.IsDevelopment())
  {
    app.UseDeveloperExceptionPage();
  }
  else
  {
    app.UseHsts();
  }

  app.UseRouting();

  app.UseHttpsRedirection();
  app.UseDefaultFiles(); // index.html, default.html, and so on
  app.UseStaticFiles();

  app.UseEndpoints(endpoints =>
  {
    endpoints.MapGet("/hello", async context =>
    {
      await context.Response.WriteAsync("Hello World!");
    });
  });
}
```

UseDefaultFiles 调用必须在 UseStaticFiles 调用之前,否则应用程序将无法工作!

(2) 在终端窗口中输入 dotnet run 命令以启动网站。

(3) 在 Google Chrome 浏览器的地址栏中输入 http://localhost:5000/，注意浏览器会重定向到位于端口 5001 的 HTTPS 地址。现在返回 index.html 文件，因为它是这个网站可能的默认文件。

(4) 在 Google Chrome 浏览器的地址栏中输入 http://localhost:5000/hello，注意返回的是纯文本消息 "Hello World！"，就像以前一样。

如果所有的网页都是静态的，也就是说，它们只能通过 Web 编辑器手动修改，那么 Web 编程工作就完成了。但是，几乎所有的网站都需要动态的内容，这意味着网页是在运行时是通过执行代码生成的。

15.3 了解 Razor Pages

Razor Pages 允许开发人员轻松地将 HTML 标记和 C#代码混合在一起，这就是使用.cshtml 文件扩展名的原因。

默认情况下，ASP.NET Core 在名为 Pages 的文件夹中查找 Razor Pages。

15.3.1 启用 Razor Pages

下面把静态的 HTML 页面改为动态的 Razor 页面，然后添加并启用 Razor Pages 服务。

(1) 在 NorthwindWeb 项目中创建一个名为 Pages 的文件夹。
(2) 将 index.html 文件移到 Pages 文件夹中。
(3) 将文件扩展名从.html 重命名为.cshtml。
(4) 删除<h2>元素。
(5) 在 Startup.cs 的 ConfigureServices 方法中，添加语句以添加 Razor Pages 及相关服务，如模型绑定、授权、防伪、视图和标记助手，如下所示：

```
public void ConfigureServices(IServiceCollection services)
{
  services.AddRazorPages();
}
```

(6) 在 Startup.cs 的 Configure 方法中，在用于端点的配置中，添加一条使用 MapRazorPages 的语句，如下所示：

```
app.UseEndpoints(endpoints =>
{
  endpoints.MapRazorPages();

  endpoints.MapGet("/hello", async context =>
  {
    await context.Response.WriteAsync("Hello World!");
  });
});
```

15.3.2 定义 Razor 页面

在 Web 页面的 HTML 标记中，Razor 语法由@符号表示。Razor 页面可以如下描述。
- 它们需要文件顶部的@page 指令。
- 它们的@functions 部分定义了以下内容：
  - 用于存储数据的属性。这种类的实例可自动实例化为模型，模型可以在特殊方法中设置属性，可以在标记中获取属性值。
- OnGet、OnPost、OnDelete 等方法，这些方法会在发出 GET、POST 和 DELETE 等 HTTP 请求时执行。

下面将静态的 HTML 页面转换为 Razor 页面。

(1) 在 Visual Studio Code 中打开 index.cshtml。
(2) 将@page 语句添加到 index.cshtml 文件的顶部。
(3) 在@page 语句之后添加@functions 语句块。
(4) 定义一个属性，将当前日期的名称存储为字符串。
(5) 定义一个用于设置 DayName 的方法，该方法会在对页面发出 HTTP GET 请求时执行，如下所示：

```
@page
@functions
{
  public string DayName { get; set; }

  public void OnGet()
  {
    Model.DayName = DateTime.Now.ToString("dddd");
  }
}
```

(6) 输出一个段落内的日期名称，如下所示：

```
<p>It's @Model.DayName! Our customers include restaurants, hotels, and cruise lines.</p>
```

(7) 启动网站，使用 Google Chrome 浏览器访问这个网站，注意页面上显示当天是星期六，如图 15.8 所示。

图 15.8　页面上显示当天是星期六

(8) 在 Google Chrome 浏览器的地址栏中输入 http://localhost:5000/index.html 以完全匹配静态文件名，注意浏览器会像以前一样返回静态的 HTML 页面。

(9) 在终端窗口中按 Ctrl＋C 组合键，关闭 Google Chrome 浏览器并停止 Web 服务器。

15.3.3　通过 Razor 页面使用共享布局

大多数网站都有一个以上的页面。如果每个页面都必须包含当前处在 index.cshtml 中的所有样板标记，那么管理起来将十分痛苦。为此，ASP.NET Core 支持使用布局。

要想使用布局，就必须创建 Razor 文件以定义所有 Razor 页面(以及所有 MVC 视图)的默认布局，并将它们存储在 Shared 文件夹中，这样就可以很方便地按照惯例发现它们。

(1) 在 Pages 文件夹中创建一个名为_ViewStart.cshtml 的文件。

(2) 修改_ViewStart.cshtml 文件中的内容，如下所示：

```
@{
  Layout = "_Layout";
}
```

(3) 在 Pages 文件夹中创建一个名为 Shared 的文件夹。

(4) 在 Shared 文件夹中创建一个名为_Layout.cshtml 的文件。

(5) 修改_Layout.cshtml 文件夹中的内容(因为内容类似于 index.cshtml，所以可以从那里复制并粘贴)，如下所示：

```
<!DOCTYPE html>
<html lang="en">

<head>
  <!-- Required meta tags -->
  <meta charset="utf-8" />
  <meta name="viewport" content=
    "width=device-width, initial-scale=1, shrink-to-fit=no" />

  <!-- Bootstrap CSS -->
  <link rel="stylesheet" href="https://stackpath.bootstrapcdn.com/bootstrap/4.5.2/css/
    bootstrap.min.css" integrity="sha384-JcKb8q3iqJ61gNV9KGb8thSsNjpSL0n8PARn9HuZOnIxN0hoP+
    VmmDGMN5t9UJ0Z" crossorigin="anonymous">

  <title>@ViewData["Title"]</title>
</head>

<body>
  <div class="container">
  @RenderBody()
  <hr />
  <footer>
    <p>Copyright &copy; 2020 - @ViewData["Title"]</p>
  </footer>
  </div>

  <!-- JavaScript to enable features like carousel -->
  <!-- jQuery first, then Popper.js, then Bootstrap JS -->
  <script src="https://code.jquery.com/jquery-3.5.1.slim.min.js"
    integrity="sha384-DfXdz2htPH0lsSSs5nCTpuj/zy4C+OGpamoFVy38MVBnE+IbbVYUew+OrCXaRkfj"
    crossorigin="anonymous"></script>

  <script src="https://cdnjs.cloudflare.com/ajax/libs/popper.js/1.14.7/umd/popper.min.js"
    integrity="sha384-UO2eT0CpHqdSJQ6hJty5KVphtPhzWj9WO1clHTMGa3JDZwrnQq4sF86dIHNDz0W1"
    crossorigin="anonymous"></script>

  <script src="https://stackpath.bootstrapcdn.com/bootstrap/4.3.1/js/bootstrap.min.js"
    integrity="sha384-JjSmVgyd0p3pXB1rRibZUAYoIIy6OrQ6VrjIEaFf/nJGzIxFDsf4x0xIM+B07jRM"
    crossorigin="anonymous"></script>

  @RenderSection("Scripts", required: false)
```

```
</body>
</html>
```

当回顾前面的标记时，请注意以下几点：
- <title>是使用 ViewData 字典中的服务器端代码动态设置的。这是在 ASP.NET Core 网站的不同部分之间传递数据的一种简单方法。在这种情况下，数据是在 Razor Pages 类文件中进行设置的，然后在共享布局中输出。
- @RenderBody()用于标记被请求页面的插入点。
- 水平规则和页脚将出现在每个页面的底部。
- 布局的底部是一些脚本，用来实现 Bootstrap 的一些很酷的特性，稍后将像图片的旋转木马一样使用这些特性。
- 在 Bootstrap 的<script>元素之后，定义名为 Scripts 的部分，以便 Razor Pages 可以选择性地插入需要的其他脚本。

(6) 修改 index.cshtml 以删除除了<div class="jumbotron">及其内容之外的所有 HTML 标记，并将 C#代码保留在前面添加的@functions 语句块中。

(7) 在 OnGet 方法中添加一条语句，将页面标题存储在 ViewData 字典中，并修改按钮以导航到供应商页面，如下所示：

```
@page
@functions
{
  public string DayName { get; set; }

  public void OnGet()
  {
    ViewData["Title"] = "Northwind Website";

    Model.DayName = DateTime.Now.ToString("dddd");
  }
}
<div class="jumbotron">
  <h1 class="display-3">Welcome to Northwind!</h1>
  <p class="lead">We supply products to our customers.</p>
  <hr />
  <p>It's @Model.DayName! Our customers include restaurants, hotels, and cruise lines.</p>
  <p>
    <a class="btn btn-primary" href="suppliers">
        Learn more about our suppliers</a>
  </p>
</div>
```

(8) 启动网站，然后使用 Google Chrome 浏览器访问这个网站，注意这个网站的行为与之前类似。单击供应商按钮，将显示 404 Not Found 错误，因为尚未创建供应商页面。

15.3.4 使用后台代码文件与 Razor 页面

有时，最好将 HTML 标记与数据和可执行代码分开，因此 Razor 页面允许使用后台代码文件。下面创建供应商页面。在本例中，我们主要学习后台代码文件。

(1) 在 Pages 文件夹中添加两个名为 suppliers.cshtml 和 suppliers.cshtml.cs 的文件。
(2) 在 suppliers.cshtml.cs 中添加语句，如下所示：

```
using Microsoft.AspNetCore.Mvc.RazorPages;
using System.Collections.Generic;

namespace NorthwindWeb.Pages
{
  public class SuppliersModel : PageModel
  {
    public IEnumerable<string> Suppliers { get; set; }

    public void OnGet()
    {
      ViewData["Title"] = "Northwind Web Site - Suppliers";

      Suppliers = new[] {
        "Alpha Co", "Beta Limited", "Gamma Corp"
      };
    }
  }
}
```

当查看上面的标记时，请注意以下几点：
- SuppliersModel 继承自 PageModel，因此其中有一些成员，如用于共享数据的 ViewData 字典。可以单击 PageModel，并按 F12 功能键以查看更多有用的特性，比如当前请求的整个 HttpContext。
- SuppliersModel 定义了用于存储字符串集合的 Suppliers 属性。
- 当对这个 Razor 页面发出 HTTP GET 请求时，Suppliers 属性将被填充一些供应商名称。

(3) 修改 suppliers.cshtml 文件中的内容，如下所示：

```
@page
@model NorthwindWeb.Pages.SuppliersModel
<div class="row">
  <h1 class="display-2">Suppliers</h1>
  <table class="table">
    <thead class="thead-inverse">
      <tr><th>Company Name</th></tr>
    </thead>
    <tbody>
    @foreach(string name in Model.Suppliers)
    {
      <tr><td>@name</td></tr>
    }
    </tbody>
  </table>
</div>
```

当查看上面的标记时，请注意以下几点：
- 这个 Razor 页面的模型类型被设置为 SuppliersModel。
- 这个 Razor 页面输出了一个带有引导样式的 HTML 表格。
- 这个 HTML 表格中的数据行是通过循环模型的 Suppliers 属性来生成的。

(4) 启动网站，然后使用 Google Chrome 浏览器访问这个网站，单击按钮以了解供应商的更多信息，如图 15.9 所示。

图 15.9　供应商的更多信息

15.4　使用 Entity Framework Core 与 ASP.NET Core

Entity Framework Core 是将真实数据导入网站的自然方式。第 14 章创建了两个类库：一个用于实体模型，另一个用于 Northwind 数据库上下文。

15.4.1　将 Entity Framework Core 配置为服务

诸如 ASP.NET Core 所需的 Entity Framework Core 数据库上下文等功能，必须在网站启动期间注册为服务。

(1) 在 NorthwindWeb 项目中修改 NorthwindWeb.csproj，以添加对 NorthwindContextLib 项目的引用，如下所示：

```
<Project Sdk="Microsoft.NET.Sdk.Web">
  <PropertyGroup>
    <TargetFramework>net5.0</TargetFramework>
  </PropertyGroup>
  <ItemGroup>
    <ProjectReference Include=
      "..\NorthwindContextLib\NorthwindContextLib.csproj" />
  </ItemGroup>
</Project>
```

(2) 在终端窗口中输入以下命令以还原包并编译项目：

```
dotnet build
```

(3) 打开 Startup.cs 并导入 System.IO、Microsoft.EntityFrameworkCore 和 Packt.Shared 名称空间，如下所示：

```
using System.IO;
using Microsoft.EntityFrameworkCore;
using Packt.Shared;
```

(4) 在 ConfigureServices 方法中添加一条语句，注册 Northwind 数据库上下文类，以使用 SQLite 作为数据库提供程序，并指定数据库连接字符串，如下所示：

```
string databasePath = Path.Combine("..", "Northwind.db");

services.AddDbContext<Northwind>(options =>
  options.UseSqlite($"Data Source={databasePath}"));
```

(5) 在 NorthwindWeb 项目的 Pages 文件夹中，打开 suppliers.cshtml 并导入 Packt.Shared 和 System.Linq 名称空间，如下所示：

```
using System.Linq;
using Packt.Shared;
```

(6) 在 SuppliersModel 类中，添加如下私有字段和构造函数以获取 Northwind 数据库上下文：

```
private Northwind db;

private Northwind db;

public SuppliersModel(Northwind injectedContext)
{
  db = injectedContext;
}
```

(7) 在 OnGet 方法中，从数据库上下文的 Suppliers 属性中选择 CompanyName，修改语句以获取供应商的名称，如下所示：

```
public void OnGet()
{
  ViewData["Title"] = "Northwind Web Site - Suppliers";

  Suppliers = db.Suppliers.Select(s => s.CompanyName);
}
```

(8) 在终端窗口中输入 dotnet run 命令以启动网站，在 Google Chrome 浏览器的地址栏中输入 http://localhost:5000/，单击按钮转到供应商页面。注意，供应商列表现在可从数据库中加载，如图 15.10 所示。

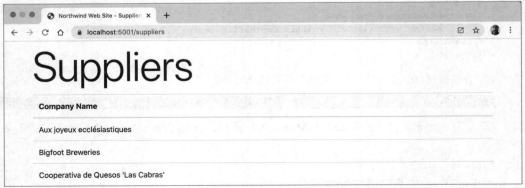

图 15.10　从数据库中加载的供应商列表

15.4.2 使用 Razor 页面操作数据

下面添加功能以插入新的供应商。

1. 启用模型以插入实体

首先,修改供应商模型,使其能够在访问者提交表单以插入新的供应商时,响应 HTTP POST 请求。

(1) 在 NorthwindWeb 项目的 Pages 文件夹中,打开 providers.cshtml.cs 并导入以下名称空间:

```
using Microsoft.AspNetCore.Mvc;
```

(2) 在 SuppliersModel 类中,添加属性以存储供应商,并添加名为 OnPost 的方法,从而在供应商模型有效时添加供应商,如下所示:

```
[BindProperty]
public Supplier Supplier { get; set; }

public IActionResult OnPost()
{
  if (ModelState.IsValid)
  {
    db.Suppliers.Add(Supplier);
    db.SaveChanges();
    return RedirectToPage("/suppliers");
  }
  return Page();
}
```

当回顾上述代码时,请注意以下事项:
- 这里添加了名为 Supplier 的属性,通过使用[BindProperty]特性装饰 Supplier 属性,就可以轻松地将 Web 页面上的 HTML 元素与 Supplier 类中的属性连接起来。
- 这里还添加了用于响应 HTTP POST 请求的方法,以检查所有属性值是否符合验证规则,然后将供应商添加到现有的供应商列表中,并将更改保存到数据库上下文中。这将生成一条 SQL 语句以执行数据库的插入操作。然后重定向到供应商页面,以便访问者看到新添加的供应商。

2. 定义用来插入新供应商的表单

其次,修改 Razor 页面以定义访问者可以填写和提交的表单,从而插入新的供应商。

(1) 打开 suppliers.cshtml,并在@model 声明之后添加标记助手,这样就可以在 Razor 页面上使用类似于 asp-for 的标记助手,如下所示:

```
@addTagHelper *, Microsoft.AspNetCore.Mvc.TagHelpers
```

(2) 在 suppliers.cshtml 文件的底部添加表单,以插入新的供应商并使用 asp-for 标记助手将 Supplier 类的 CompanyName 属性连接到输入框,如下所示:

```
<div class="row">
  <p>Enter a name for a new supplier:</p>
  <form method="POST">
    <div><input asp-for="Supplier.CompanyName" /></div>
    <input type="submit" />
```

```
    </form>
</div>
```

当回顾上述标记时,请注意以下事项:
- 带有 POST 方法的<form>元素是普通的 HTML 标记,<input type="submit" />子元素则用于将 HTTP POST 请求发送回当前页面,其中包含这个表单中任何其他元素的值。
- 带有 asp-for 标记助手的<input>元素允许将数据绑定到 Razor 页面背后的模型。

(3) 打开网站,单击 Learn more about our suppliers,向下滚动供应商列表,添加新的供应商,输入 Bob's Burgers,然后单击 Submit 按钮,如图 15.11 所示。

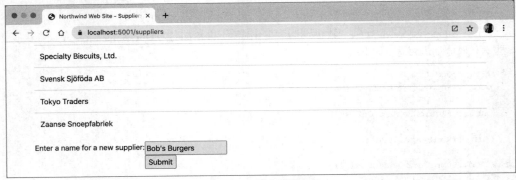

图 15.11　添加新的供应商

(4) 注意,页面现在被重定向到添加了新供应商的供应商列表。
(5) 关闭浏览器。

15.5　使用 Razor 类库

所有与 Razor Pages 相关的内容都可以编译成类库,以便重用。在.NET Core 3.0 及后续版本中,已经可以包含静态文件了。网站既可以使用类库中定义的 Razor Pages 视图,也可以覆盖它们。

15.5.1　创建 Razor 类库

为了创建 Razor 类库,请执行以下步骤:
(1) 在 PracticalApps 文件夹中创建一个名为 NorthwindEmployees 的子文件夹。
(2) 在 Visual Studio Code 中,将 NorthwindEmployees 子文件夹添加到 PracticalApps 工作区。
(3) 导航到 Terminal | New Terminal,选择 NorthwindEmployees。
(4) 在终端窗口中输入以下命令,创建 Razor 类库项目:

```
dotnet new razorclasslib -s
```

> 更多信息:-s 选项是--support-pages-and-views 的缩写,作用是使 Razor 类库能够使用 Razor 页面和.cshtml 文件视图。

15.5.2 禁用压缩文件夹功能

压缩文件夹是指如果层次结构中的中间文件夹不包含文件，就将嵌套的文件夹(如 /Areas/MyFeature/Pages/)以压缩形式显示，如图 15.12 所示。

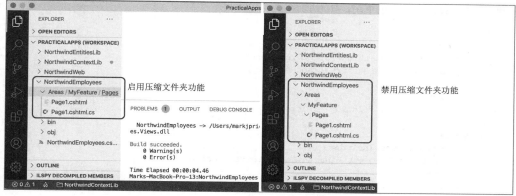

图 15.12　启用或禁用压缩文件夹功能

如果想禁用 Visual Studio Code 的压缩文件夹功能，请执行以下步骤：

(1) 在 macOS 上，导航到 Code | Preferences | Settings 或按 Cmd +，组合键。在 Windows 上，导航到 File | Preferences | Settings 或按 Ctrl +，组合键。

(2) 在搜索框中输入 compact。

(3) 取消选中 Explorer: Compact Folders 下方的复选框，如图 15.13 所示。

(4) 关闭 Settings 选项卡。

 更多信息： 可通过以下链接进一步了解 Visual Studio Code 1.41 于 2019 年 11 月引入的压缩文件夹功能——https://github.com/microsoft/vscode-docs/blob/vnext/release-notes/v1_41.md#compact-folders-in-explorer。

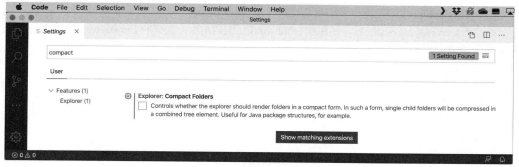

图 15.13　禁用压缩文件夹功能

15.5.3 在 Razor 类库中显示员工

下面添加指向实体模型的引用,从而在 Razor 类库中显示员工。

(1) 编辑 NorthwindEmployees.csproj,指明 SDK 是 Microsoft.NET.Sdk.Razor,然后添加对 NorthwindContextLib 项目的引用,如下所示:

```
<Project Sdk="Microsoft.NET.Sdk.Razor">
  <PropertyGroup>
    <TargetFramework>net5.0</TargetFramework>
    <AddRazorSupportForMvc>true</AddRazorSupportForMvc>
  </PropertyGroup>
  <ItemGroup>
    <FrameworkReference Include="Microsoft.AspNetCore.App" />
  </ItemGroup>
  <ItemGroup>
    <ProjectReference Include=
     "..\NorthwindContextLib\NorthwindContextLib.csproj" />
  </ItemGroup>
</Project>
```

(2) 在终端窗口中输入以下命令,恢复包并编译项目:

```
dotnet build
```

(3) 在资源管理器中的 Areas 文件夹下,右击 MyFeature 文件夹,从弹出的菜单中选择 Rename,输入新的名称 PacktFeatures,然后按回车键。

(4) 在资源管理器中的 PacktFeatures 文件夹下,在 Pages 子文件夹中添加一个名为 _ViewStart.cshtml 的新文件。

(5) 修改 _ViewStart.cshtml 文件中的内容,如下所示:

```
@{
  Layout = "_Layout";
}
```

(6) 在 Pages 子文件夹中,将 Page1.cshtml 重命名为 employees.cshtml,将 Page1.cshtml.cs 重命名为 employees.cshtml.cs。

(7) 修改 employees.cshtml.cs,使用从 Northwind 示例数据库中加载的 Employee 实体实例数组来定义页面模型,如下所示:

```csharp
using Microsoft.AspNetCore.Mvc.RazorPages;  // PageModel
using Packt.Shared;                          // Employee
using System.Linq;                           // ToArray()
using System.Collections.Generic;            // IEnumerable<T>

namespace PacktFeatures.Pages
{
  public class EmployeesPageModel : PageModel
  {
    private Northwind db;

    public EmployeesPageModel(Northwind injectedContext)
    {
      db = injectedContext;
    }
```

```
    public IEnumerable<Employee> Employees { get; set; }

    public void OnGet()
    {
      Employees = db.Employees.ToArray();
    }
  }
}
```

(8) 修改 employees.cshtml，如下所示：

```
@page
@using Packt.Shared
@addTagHelper *, Microsoft.AspNetCore.Mvc.TagHelpers
@model PacktFeatures.Pages.EmployeesPageModel
<div class="row">
  <h1 class="display-2">Employees</h1>
</div>
<div class="row">
@foreach(Employee employee in Model.Employees)
{
  <div class="col-sm-3">
    <partial name="_Employee" model="employee" />
  </div>
}
</div>
```

当回顾上述标记时，请注意以下事项：
- 导入 Packt.Shared 名称空间，这样就可以像 Employee 那样使用其中的类。
- 添加对标记助手的支持，这样就可以使用<partial>元素。
- 声明 Razor 页面的模型类型，这样就可以使用刚刚定义的类。
- 枚举模型中的员工，并使用分部视图输出每个员工。

更多信息：<partial>标记助手是在 ASP.NET Core 2.1 中引入的，可通过以下链接了解更多信息——https://docs.microsoft.com/en-us/aspnet/core/mvc/views/tag-helpers/built-in/partial-tag-helper。

15.5.4 实现分部视图以显示单个员工

下面定义分部视图以显示单个员工。
(1) 在 Pages 文件夹中创建 Shared 子文件夹。
(2) 在 Shared 子文件夹中创建一个名为_Employee.cshtml 的文件。
(3) 修改_Employee.cshtml 文件，如下所示：

```
@model Packt.Shared.Employee
<div class="card border-dark mb-3" style="max-width: 18rem;">
  <div class="card-header">@Model.FirstName
    @Model.LastName</div>
  <div class="card-body text-dark">
    <h5 class="card-title">@Model.Country</h5>
    <p class="card-text">@Model.Notes</p>
  </div>
</div>
```

当回顾上述标记时，请注意以下事项：
- 按照约定，分部视图的名称应以下画线开头。
- 如果把分部视图放在 Shared 子文件夹中，就可以自动找到分部视图。
- 分部视图的模型类型是 Employee 实体。
- 可使用 Bootstrap 样式输出每个员工的信息。

15.5.5　使用和测试 Razor 类库

下面在 NorthwindEmployees 项目中引用并使用 Razor 类库。

(1) 修改 NorthwindWeb.csproj 文件，添加对 NorthwindEmployees 项目的引用，如下所示：

```
<Project Sdk="Microsoft.NET.Sdk.Web">
  <PropertyGroup>
    <TargetFramework>net5.0</TargetFramework>
  </PropertyGroup>
  <ItemGroup>
    <ProjectReference Include=
      "..\NorthwindContextLib\NorthwindContextLib.csproj" />
    <ProjectReference Include=
      "..\NorthwindEmployees\NorthwindEmployees.csproj" />
  </ItemGroup>
</Project>
```

(2) 修改 Pages\index.cshtml 文件，在链接到供应商页面之后，为员工页面添加链接，如下所示：

```
<p>
  <a class="btn btn-primary" href="packtfeatures/employees">
    Contact our employees
  </a>
</p>
```

(3) 启动网站，使用 Google Chrome 浏览器访问这个网站，单击按钮以卡片形式查看员工信息，如图 15.14 所示。

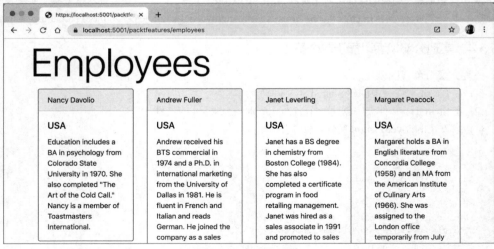

图 15.14　查看员工信息

15.5.6 配置服务和HTTP请求管道

网站已经构建好了,我们下面看看服务和HTTP请求管道是如何工作的。
查看Startup.cs类文件,如下所示:

```csharp
using Microsoft.AspNetCore.Builder;
using Microsoft.AspNetCore.Hosting;
using Microsoft.AspNetCore.Http;
using Microsoft.Extensions.DependencyInjection;
using Microsoft.Extensions.Hosting;
using Microsoft.EntityFrameworkCore;
using Packt.Shared;
using System;
using System.IO;
using System.Threading.Tasks;

namespace NorthwindWeb
{
  public class Startup
  {
    // This method gets called by the runtime.
    // Use this method to add services to the container.
    // For more information on how to configure your application,
    // visit https://go.microsoft.com/fwlink/?LinkID=398940
    public void ConfigureServices(IServiceCollection services)
    {
      services.AddRazorPages();

      string databasePath = Path.Combine("..", "Northwind.db");

      services.AddDbContext<Northwind>(options =>
        options.UseSqlite($"Data Source={databasePath}"));
    }

    // This method gets called by the runtime.
    // Use this method to configure the HTTP request pipeline.
    public void Configure(
      IApplicationBuilder app, IWebHostEnvironment env)
    {
      if (env.IsDevelopment())
      {
        app.UseDeveloperExceptionPage();
      }
      else
      {
        app.UseHsts();
      }

      app.UseRouting();

      app.UseHttpsRedirection();

      app.UseDefaultFiles(); // index.html, default.html, and so on
      app.UseStaticFiles();
```

```
        app.UseEndpoints(endpoints =>
        {
          endpoints.MapRazorPages();

          endpoints.MapGet("/hello", async context =>
          {
           await context.Response.WriteAsync("Hello World!");
          });
        });
      }
    }
```

Startup 类有两个方法，它们将由主机自动调用以配置网站。使用 ConfigureServices 方法注册的服务可以在需要依赖注入时检索它们提供的功能。上述代码注册了两个服务：Razor 页面和 EF Core 数据库上下文。

15.5.7 注册服务

注册依赖服务的常用方法如表 15.1 所示。

表 15.1 注册依赖服务的常用方法

方法	注册的服务
AddMvcCore	路由请求和调用控制器所需的最小服务集，大多数网站都需要进行更多的配置
AddAuthorization	身份验证和授权服务
AddDataAnnotations	MVC 数据注解服务
AddCacheTagHelper	MVC 缓存标记助手服务
AddRazorPages	Razor Pages 服务，包括 Razor 视图引擎，通常用于简单的网站项目 可调用以下其他方法： • AddMvcCore • AddAuthorization • AddDataAnnotations • AddCacheTagHelper
AddApiExplorer	Web API 深测服务
AddCors	为提高安全性而支持跨源资源共享(CORS)
AddFormatterMappings	URL 格式与对应的媒体类型之间的映射
AddControllers	控制器服务，常用于 ASP.NET Core Web API 项目 可调用以下其他方法： • AddMvcCore • AddAuthorization • AddDataAnnotations • AddCacheTagHelper • AddApiExplorer • AddCors • AddFormatterMappings
AddViews	用于支持.cshtml 视图，包括默认约定

(续表)

方法	注册的服务
AddRazorViewEngine	用于支持 Razor 视图引擎，包括处理@符号
AddControllersWithViews	控制器、视图和页面服务，常用于 ASP.NET Core MVC 网站项目 可调用以下其他方法： • AddMvcCore • AddAuthorization • AddDataAnnotations • AddCacheTagHelper • AddApiExplorer • AddCors • AddFormatterMappings • AddViews • AddRazorViewEngine
AddMvc	应该仅为了向后兼容才使用
AddDbContext\<T>	DbContext 类型及其可选的 DbContextOptions\<TContext>

更多信息：可通过以下链接阅读关于注册数据库上下文以作为依赖服务使用的更多信息——https://docs.microsoft.com/en-us/ef/core/miscellaneous/configuring-dbcontext#using-dbcontext-with-dependency-injection。

15.5.8 配置 HTTP 请求管道

Configure 方法用来配置 HTTP 请求管道，这种管道由连接的委托序列组成。这些委托可以执行处理，然后决定是返回响应还是将处理传递给管道中的下一个委托。返回的响应也是可以操控的。

请记住，委托定义了方法签名，在委托的实现中可以插入方法签名。HTTP 请求管道的委托如下所示：

```
public delegate Task RequestDelegate(HttpContext context);
```

我们可以看到，输入参数是 HttpContext，这提供了在处理传入的 HTTP 请求时可能需要的对所有内容的访问，包括 URL 路径、查询字符串参数、cookie、用户代理等。

更多信息：可通过以下链接阅读关于 HttpContext 的更多信息——https://docs.microsoft.com/en-us/dotnet/api/system.web.httpcontext。

这些委托通常又称为中间件，因为它们位于浏览器和网站或服务之间。

对于中间件委托的配置，可使用以下方法之一或调用它们自己的自定义方法。
- Run：添加一个中间件，通过立即返回响应来终止管道，而不是调用下一个委托。
- Map：添加一个中间件，当存在匹配的请求(通常基于 URL 路径，如/hello)时，就在管道中创建分支。

- Use：添加一个中间件作为管道的一部分，这样就可以决定是否将请求传递给管道中的下一个委托，并且可以在下一个委托的前后修改请求和响应。

更多信息：可通过以下链接查看以上方法的示例应用——https://www.vaughanreid.com/2020/05/using-inline-middleware-in-asp-net-core/。

此外，还有很多扩展方法，它们使管道的构建变得更容易了，例如 UseMiddleware<T>。其中的 T 用来表示类，这个类的构造函数带有 RequestDelegate 参数，该参数会被传递给下一个管道组件，这个类还包含带有 HTTPContext 参数的 Invoke 方法，调用后返回的是 Tast 对象。

对于中间件委托来说，常用的扩展方法如下。

- UseDeveloperExceptionPage：在管道中捕捉同步和异步的 System.Exception 实例，并生成 HTML 错误响应。
- UseHsts：添加中间件以使用 HSTS，HSTS 则增加了 Strict-Transport-Security 头。
- UseRouting：添加中间件以定义管道中做出路由决策的点，并且必须与执行处理的 UseEndpoints 调用相结合。这意味着对于代码来说，匹配/、/index 或/suppliers 的任何 URL 路径都将被映射到 Razor 页面，而匹配/hello 的 URL 路径将被映射到匿名委托。其他任何 URL 路径都将被传递给下一个委托以进行匹配，例如静态文件。虽然看起来 Razor 页面和 URL 路径/hello 之间的映射发生在管道中的静态文件之后，但实际上它们具有较高的优先级，因为对 UseRouting 的调用发生在对 UseStaticFiles 的调用之前。
- UseHttpsRedirection：添加中间件以重定向 HTTP 请求到 HTTPS，因此对 http://localhost:5000 的请求需要修改为 https://localhost:5001。
- UseDefaultFiles：添加中间件以允许在当前路径上进行默认的文件映射，从而识别像 index.html 这样的文件。
- UseStaticFiles：添加中间件，从而在 wwwroot 文件夹中查找要在 HTTP 响应中返回的静态文件。
- UseEndpoints：添加想要执行的中间件，以从管道中早期做出的决策中生成响应。需要新增两个端点，如下所示。
  - MapRazorPages：添加中间件，用于将 URL 路径(如/suppliers)映射到/Pages 文件夹中名为 suppliers.cshtml 的 Razor 页面文件并将结果作为 HTTP 响应返回。
  - MapGet：添加中间件，用于将 URL 路径(如/hello)映射到内联委托，内联委托则负责直接向 HTTP 响应写入纯文本。

我们可以将 HTTP 请求和响应管道可视化为请求委托序列并逐个调用，如图 15.15 所示，其中排除了一些中间件委托，如 UseHsts。

更多信息：可通过以下链接学习如何自动地可视化端点——https://andrewlock.net/visualizing-asp-net-core-endpoints-using-graphvizonline-and-the-dot-language/。

如前所述，UseRouting 和 UseEndpoints 方法必须同时使用才行。尽管定义/hello 等映射路由的代码是在 UseEndpoints 中编写的，但判断传入的 HTTP 请求与 URL 路径是否匹配并因此决定执行哪个端点是由管道中的 UseRouting 做出的。

第15章 使用ASP.NET Core Razor Pages 构建网站

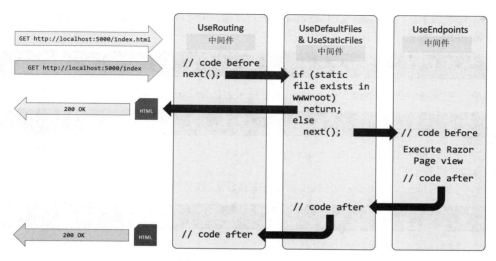

图15.15 HTTP请求和响应管道

委托可指定为内联匿名方法。下面注册一个插件，在为端点做出路由决策之后，将这个插件插入管道中。如果路由得到了匹配，就以纯文本进行响应，而不再进一步调用管道。

(1) 打开 Startup.cs 类文件，导入 Microsoft.AspNetCore.Routing 名称空间并静态导入 Console 类型。
(2) 在调用 UseHttpsRedirection 之前添加语句，使用匿名方法作为中间件委托，如下所示：

```
app.Use(async (HttpContext context, Func<Task> next) =>
{
  var rep = context.GetEndpoint() as RouteEndpoint;
  if (rep != null)
  {
    WriteLine($"Endpoint name: {rep.DisplayName}");
    WriteLine($"Endpoint route pattern: {rep.RoutePattern.RawText}");
  }

  if (context.Request.Path == "/bonjour")
  {
    // in the case of a match on URL path, this becomes a terminating
    // delegate that returns so does not call the next delegate
    await context.Response.WriteAsync("Bonjour Monde!");
    return;
  }
  // we could modify the request before calling the next delegate
  await next();
  // we could modify the response after calling the next delegate
});
```

(3) 启动网站。
(4) 在 Google Chrome 中导航到 https://localhost:5001/，注意终端窗口中出现了端点路由/的匹配结果——index.cshtml，如下所示：

```
Endpoint name: /
Endpoint route pattern: index
```

(5) 导航到 https://localhost:5001/suppliers，在终端窗口中可以看到，端点路由/suppliers 的匹配结果为 suppliers.cshtml，如下所示：

```
Endpoint name: /suppliers
Endpoint route pattern: suppliers
```

(6) 导航到 https://localhost:5001/index，匹配结果为 index.cshtml，如下所示：

```
Endpoint name: /index
Endpoint route pattern: index
```

(7) 导航到 https://localhost:5001/index.html，虽然没有匹配的.cshtml 文件，但出现了一个静态文件，可作为响应结果返回。

(8) 导航到 https://localhost:5001/hello，执行匿名方法以返回纯文本响应，如下所示：

```
Endpoint name: /hello HTTP: GET
Endpoint route pattern: /hello
```

(9) 关闭 Google Chrome 浏览器并停止网站。

更多信息：可通过以下链接阅读关于配置 HTTP 管道与中间件的更多信息——https://docs.microsoft.com/en-us/aspnet/core/fundamentals/middleware。

15.5.9 创建一个简单的 ASP.NET Core 网站项目

下面创建一个简单的 ASP.NET Core 网站项目，这里需要用到 C# 9.0 的顶级程序特性以及一条总是返回相同 HTTP 响应的请求管道。

(1) 在现有的 PracticalApps 文件夹中创建一个名为 SimpleWeb 的子文件夹，将其添加到 PracticalApps 工作区。

(2) 导航到 Terminal | New Terminal 并选择 SimpleWeb。

(3) 在终端窗口中输入以下命令，创建控制台应用程序：

```
dotnet new console
```

(4) 选择 SimpleWeb 作为活动项目。

(5) 编辑 SimpleWeb.csproj，将 SDK 修改为 Microsoft.NET.Sdk.Web，如下所示：

```xml
<Project Sdk="Microsoft.NET.Sdk.Web">
  <PropertyGroup>
    <TargetFramework>net5.0</TargetFramework>
  </PropertyGroup>
</Project>
```

(6) 编辑 Program.cs 文件，如下所示：

```csharp
using Microsoft.AspNetCore.Hosting;    // IWebHostBuilder.Configure
using Microsoft.AspNetCore.Builder;    // IApplicationBuilder.Run
using Microsoft.AspNetCore.Http;       // HttpResponse.WriteAsync
using Microsoft.Extensions.Hosting;    // Host

Host.CreateDefaultBuilder(args)
  .ConfigureWebHostDefaults(webBuilder =>
  {
    webBuilder.Configure(app =>
```

```
    {
      app.Run(context =>
        context.Response.WriteAsync("Hello World Wide Web!"));
    });
  })
  .Build().Run();
```

(7) 启动网站。

(8) 在 Google Chrome 中，导航到 http://localhost:5000/，注意返回的响应总是相同的纯文本，而无论我们使用什么 URL 路径。

(9) 关闭 Google Chrome 浏览器并停止 Web 服务器。

15.6 实践和探索

你可以通过回答一些问题来测试自己对知识的理解程度，进行一些实践，并深入探索本章涵盖的主题。

15.6.1 练习 15.1：测试你掌握的知识

回答以下问题：
1) 列出 HTTP 请求中 6 个特定的方法名。
2) 列出可以在 HTTP 响应中返回的 6 个状态码及相应的描述信息。
3) 在 ASP.NET Core 中，Startup 类的用途是什么？
4) HSTS 这个缩写词代表什么？作用是什么？
5) 如何为网站启用静态 HTML 页面？
6) 如何将 C#代码混合到 HTML 中以创建动态页面？
7) 如何为 Razor 页面定义共享布局？
8) 如何将标记与 Razor 页面中隐藏的代码分开？
9) 如何配置 Entity Framework Core 数据上下文，以与 ASP.NET Core 网站一起使用？
10) 如何在 ASP.NET 2.2 或更高版本中重用 Razor 页面？

15.6.2 练习 15.2：练习建立数据驱动的网页

为 NorthwindWeb 网站添加一个 Razor 页面，使用户能够看到按国家分组的客户列表。当用户单击一条客户记录时，就会看到一个显示了相应客户的完整联系信息的页面及其订单列表。

15.6.3 练习 15.3：练习为控制台应用程序构建 Web 页面

重新实现前面章节中的一些控制台应用为 Razor 页面。例如，可通过提供 Web 用户界面来输出乘法表，计算税负并生成阶乘和斐波那契数列。

15.6.4 练习 15.4：探索主题

可通过以下链接来阅读本章所涉及主题的更多细节。
- ASP.NET Core 基础：https://docs.microsoft.com/en-us/aspnet/core/fundamentals/。
- ASP.NET Core 中的静态文件：https://docs.microsoft.com/en-us/aspnet/core/fundamentals/static-files。

- ASP.NET Core Razor Pages 介绍：https://docs.microsoft.com/en-us/aspnet/core/razor-pages/。
- ASP.NET Core 中的 Razor 语法参考：https://docs.microsoft.com/en-us/aspnet/core/mvc/views/razor。
- ASP.NET Core 中的布局：https://docs.microsoft.com/en-us/aspnet/core/mvc/views/layout。
- ASP.NET Core 中的标记助手：https://docs.microsoft.com/en-us/aspnet/core/mvc/views/tag-helpers/intro。
- ASP.NET Core Razor Pages 和 EF Core：https://docs.microsoft.com/en-us/aspnet/core/data/ef-rp/。
- 深入探讨 ASP.NET Core 中间件管道是如何构建的：https://www.stevejgordon.co.uk/how-is-the-asp-net-core-middleware-pipeline-built。

15.7 本章小结

本章介绍了使用 HTTP 进行 Web 开发的基础知识，如何构建返回静态文件的简单网站，如何使用 ASP.NET Core Razor Pages 和 Entity Framework Core，以及如何创建从数据库中动态生成的 Web 页面。本章在最后还讨论了 HTTP 请求和响应管道、扩展方法的作用以及如何添加自己的中间件来影响处理。

第 16 章将介绍如何使用 ASP.NET Core MVC 构建更复杂的网站，以及如何将构建网站的技术问题分解为模型、视图和控制器，从而使它们更容易管理。

第 16 章
使用 MVC 模式构建网站

本章介绍如何使用 ASP.NET Core MVC 在服务器端构建具有现代 HTTP 架构的网站，包括启动配置、身份验证、授权、路由、请求和响应管道、模型、视图和控制器，正是这些部件组成了 ASP.NET Core MVC 项目。

本章涵盖以下主题：
- 设置 ASP.NET Core MVC 网站
- 探索 ASP.NET Core MVC 网站
- 自定义 ASP.NET Core MVC 网站
- 使用其他项目模板

16.1 设置 ASP.NET Core MVC 网站

ASP.NET Core Razor Pages 非常适合简单的网站。对于更复杂的网站，最好有一种更正式的结构来管理这种复杂性。

此时就可以使用 MVC(模型-视图-控制器)设计模式。MVC 模式使用了与 Razor Pages 类似的技术，但允许在技术关注点之间进行更清晰的分离。

- 模型：用来表示网站中使用的数据实体和视图模型的类。
- 视图：Razor 文件，也就是.cshtml 文件，用来将视图模型中的数据呈现为 HTML 网页。Blazor 使用了.razor 文件扩展名，但不要将它们与 Razor 文件混淆!
- 控制器：当 HTTP 请求到达 Web 服务器时用来执行代码的类。我们通常会创建可能包含实体模型的视图模型，并将视图模型传递给视图以生成 HTTP 响应，HTTP 响应发送回 Web 浏览器或其他客户端。

理解如何将 MVC 设计模式用于 Web 开发的最佳方法是查看示例。

16.1.1 创建和探索 ASP.NET Core MVC 网站

下面使用 MVC 项目模板以及用于验证和授权用户的数据库来创建 ASP.NET Core MVC 应用程序。

(1) 在名为 PracticalApps 的文件夹中创建一个名为 NorthwindMvc 的子文件夹。
(2) 在 Visual Studio Code 中打开 PracticalApps 工作区，然后将 NorthwindMvc 子文件夹添加到工作区。
(3) 导航到 Terminal | New Terminal，选择 NorthwindMvc。
(4) 在终端窗口中新建一个 MVC 网站项目，将认证信息存储到 SQLite 数据库中，如下所示：

```
dotnet new mvc --auth Individual
```

可以输入以下命令来查看 MVC 项目模板的其他选项：

```
dotnet new mvc --help
```

(5) 在终端窗口中输入命令 dotnet run 以启动网站。
(6) 启动 Google Chrome 并打开开发者工具。
(7) 导航到 http://localhost:5000/(参见图 16.1)，注意以下内容：

- 对 HTTP 的请求已自动重定向到 HTTPS。
- 顶部的导航菜单和链接，如 Home、Privacy、Register 和 Login。如果视口的宽度为 575 像素或更窄，那么导航栏就会折叠成汉堡菜单。
- 页眉和页脚上显示了网站的名称 NorthwindMvc。

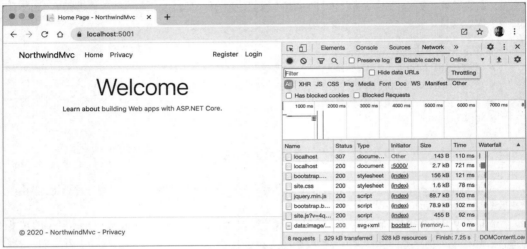

图 16.1　NorthwindMVC 网站的首页

(8) 单击 Register 标签，输入电子邮件和密码，然后单击 Register 按钮。默认情况下，密码必须至少包含一个非字母数字字符、一个数字('0'~'9')和一个大写字母('A'~'Z')。

MVC 项目模板遵循了双重选择(Double-Opt-In，DOI)这一最佳实践，也就是在填写了用于注册的电子邮件和密码后，电子邮件将被发送到电子邮件地址，访问者必须单击电子邮件中的链接，以确认想要进行注册。

我们还没有配置电子邮件提供程序以发送电子邮件，因此接下来模拟这一操作。

(9) 单击链接 Click here to confirm your account，注意浏览器将被重定向到可以自定义的邮件确认页面。

(10) 在顶部的导航菜单中，单击 Login，输入电子邮件和密码，然后单击 Log in 按钮。

(11) 在顶部的导航菜单中单击邮件，导航到账户管理页面，注意可以设置电话号码、改变邮件地址、改变密码、设置是否支持双因素身份验证(假设添加了身份验证应用程序)以及下载和删除个人资料，如图 16.2 所示。

第 16 章 使用 MVC 模式构建网站

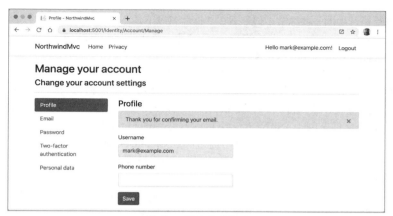

图 16.2 账户管理页面

 更多信息：MVC 项目模板的一些内置功能使得网站更容易符合现代隐私要求，如欧盟通用数据保护条例(GDPR)，GDPR 于 2018 年 5 月开始生效。可通过以下链接阅读更多内容——https://docs.microsoft.com/en-us/aspnet/core/security/gdpr。

(12) 关闭浏览器。

(13) 在终端窗口中按 Ctrl + C 组合键以停止控制台应用程序，并关闭用于托管 ASP.NET Core 网站的 Kestrel Web 服务器。

 更多信息：可通过以下链接阅读 ASP.NET Core 针对身份验证应用程序的支持信息——https://docs.microsoft.com/en-us/aspnet/core/security/authentication/identity-enable-qrcodes。

16.1.2 审查 ASP.NET Core MVC 网站

在 Visual Studio Code 中，查看资源管理器，如图 16.3 所示。

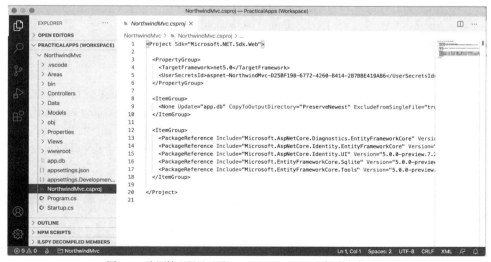

图 16.3 资源管理器显示了 ASP.NET Core MVC 项目的初始结构

399

稍后详细讨论其中的一些细节，但是现在，请注意以下几点。
- Areas：这个文件夹包含一些嵌套的子文件夹和一个文件，该文件用于将网站项目与 ASP.NET Core Identity 集成，用于身份验证。
- bin 和 obj：这两个文件夹包含项目的已编译程序集。
- Controllers：这个文件夹包含一些 C#类，这些 C#类有一些方法(称为操作)用来获取模型并将它们传递给视图，例如 HomeController.cs。
- Data：这个文件夹包含 ASP.NET Core Identity 使用的 Entity Framework Core 迁移类，它们用来为身份验证和授权提供数据存储，例如 ApplicationDbContext.cs。
- Models：这个文件夹包含一些 C#类，它们表示由控制器收集并传递给视图的所有数据，例如 ErrorViewModel.cs。
- Properties：这个文件夹包含用于 IIS 的 launchSettings.json 配置文件，可在开发期间启动网站。这个配置文件只能在本地开发机器上使用，不能部署到生产网站上。
- Views：这个文件夹包含.cshtml Razor 文件，该文件用于将 HTML 和 C#代码结合在一起以动态生成 HTML 响应。_ViewStart 文件用于设置默认布局，_ViewImports 文件用于导入所有视图中使用的公共名称空间，如标记助手。
    - Home：这个子文件夹包含用于首页和私有页面的 Razor 文件。
    - shared：这个子文件夹包含共享布局的 Razor 文件、错误页面以及两个用于登录、验证脚本的分部视图。
- wwwroot：这个文件夹包含网站中使用的静态内容，如用于样式化的 CSS、JavaScript 库以及用于网站项目的 JavaScript 和 favicon.ico 文件。你还可以将图像和其他静态文件资源(如文档)放到这个文件夹中。
- app.db：这是用于存储已注册访客的 SQLite 数据库。
- appsettings.json 和 appsettings.Development.json：这两个文件包含网站可以在运行时加载的设置，例如用于 ASP.NET Core Identity 和日志级别的数据库连接字符串。
- NorthwindMvc.csproj：这个文件包含项目设置，比如 Web.NET SDK 的使用、确保将 app.db 文件复制到网站输出文件夹的条目以及项目所需的 NuGet 包列表，这些 NuGet 包如下。
    - Microsoft.AspNetCore.Diagnostics.EntityFrameworkCore
    - Microsoft.AspNetCore.Identity.EntityFrameworkCore
    - Microsoft.AspNetCore.Identity.UI
    - Microsoft.EntityFrameworkCore.Sqlite
    - Microsoft.EntityFrameworkCore.Tools
- Program.cs：这个文件定义了一个类，这个类包含 Main 入口点，从而构建管道来处理传入的 HTTP 请求，并使用默认选项(如配置 Kestrel Web 服务器和加载 appsettings.json)来托管网站。在构建主机时，可调用 UseStartup<T>()方法来指定另一个用于执行额外配置的类。
- Startup.cs：这个文件用于添加和配置网站需要的服务(例如，ASP.NET Core Identity 用于身份验证、SQLite 用于数据存储，等等)以及应用程序的路由。

更多信息：可通过以下链接了解关于 Web 主机的更多默认配置——https://docs.microsoft.com/en-us/aspnet/core/fundamentals/host/web-host。

16.1.3 回顾 ASP.NET Core Identity 数据库

如果想要安装 SQLite 工具，如 SQLiteStudio，那么可以打开数据库并查看 ASP.NET Core Identity 用于注册用户和角色的表，包括用于存储已注册访客的 AspNetUsers 表，如图 16.4 所示。

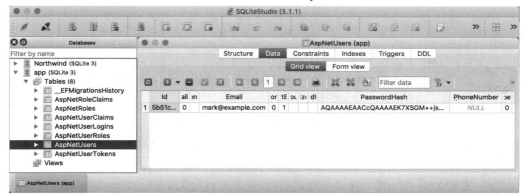

图 16.4　查看数据库中已注册的访客

 最佳实践：ASP.NET Core MVC 项目模板遵循了最佳实践，方法是存储密码的散列值而不是密码本身，参见第 10 章。

16.2　探索 ASP.NET Core MVC 网站

下面看看组成现代 ASP.NET Core MVC 网站的各个部分。

16.2.1　了解 ASP.NET Core MVC 的启动

下面开始探索 ASP.NET Core MVC 网站的默认启动配置。
(1) 打开 Startup.cs 文件。
(2) 在构造函数中传入并设置只读的 Configuration 属性，如下所示：

```
public Startup(IConfiguration configuration)
{
  Configuration = configuration;
}

public IConfiguration Configuration { get; }
```

(3) 注意，ConfigureServices 方法将执行以下操作：使用 SQLite 添加应用程序数据库上下文；从 appsettings.json 文件中加载数据库连接字符串用于存储数据；添加用于身份验证的 ASP.NET Core Identity，并将其配置为使用应用程序数据库；以及添加对视图和 MVC 控制器的支持。

```
public void ConfigureServices(IServiceCollection services)
{
  services.AddDbContext<ApplicationDbContext>(options =>
    options.UseSqlite(
      Configuration.GetConnectionString("DefaultConnection")));
```

```
services.AddDatabaseDeveloperPageExceptionFilter();

services.AddDefaultIdentity<IdentityUser>(options =>
  options.SignIn.RequireConfirmedAccount = true)
  .AddEntityFrameworkStores<ApplicationDbContext>();

services.AddControllersWithViews();
}
```

更多信息：可通过以下链接了解关于 Identity UI 库的更多信息(Identity UI 库是作为 Razor 类库发布的，可以被网站覆盖) ——https://docs.microsoft.com/en-s/aspnet/core/security/authentication/scaffold-identity?tabs=netcore-cli。

对 AddDbContext 方法的调用是注册依赖服务的典型示例。ASP.NET Core 实现了依赖注入(DI)设计模式，这样控制器就可通过构造函数请求所需的服务。开发人员可在 ConfigureServices 方法中注册这些服务。

更多信息：可通过以下链接阅读关于依赖注入的更多信息——https://docs.microsoft.com/en-us/aspnet/core/fundamentals/dependency-injection。

(4) 接下来编写 Configure 方法。如果网站要在开发过程中运行，那么可以配置详细的异常和数据库错误页面，或者配置更友好的错误页面和用于生产的 HSTS。我们还在 Configure 方法中启用了 HTTPS 重定向、静态文件、路由和 ASP.NET Core Identity，并且配置了 MVC 默认路由和 Razor Pages，如下所示：

```
public void Configure(IApplicationBuilder app,
  IWebHostEnvironment env)
{
  if (env.IsDevelopment())
  {
    app.UseDeveloperExceptionPage();
  }
  else
  {
    app.UseExceptionHandler("/Home/Error");
    // The default HSTS value is 30 days.
    app.UseHsts();
  }
  app.UseHttpsRedirection();
  app.UseStaticFiles();

  app.UseRouting();

  app.UseAuthentication();
  app.UseAuthorization();

  app.UseEndpoints(endpoints =>
  {
    endpoints.MapControllerRoute(
      name: "default",
      pattern: "{controller=Home}/{action=Index}/{id?}");

    endpoints.MapRazorPages();
```

```
});
}
```

除了 UseAuthentication 和 UseAuthorization 方法之外，Configure 方法中最重要的新方法是 MapControllerRoute，后者用于映射供 MVC 使用的默认路由。默认路由非常灵活，几乎可以映射到传入的所有 URL。

本章虽然不会创建任何 Razor 页面，但仍需要保留映射 Razor 页面所需的方法调用，因为 ASP.NET Core MVC 网站需要使用 ASP.NET Core Identity 来进行身份验证和授权，而 ASP.NET Core Identity 在用户界面组件中需要使用 Razor 类库，如访客的注册和登录。

 更多信息： 可通过以下链接阅读关于配置中间件的更多信息——https://docs.microsoft.com/en-us/aspnet/core/fundamentals/middleware。

16.2.2 理解 MVC 使用的默认路由

路由的职责是发现控制器类的名称，以实例化想要执行的操作方法，并将可选的 id 参数传递给生成 HTTP 响应的方法。

默认路由是为 MVC 配置的，如下所示：

```
endpoints.MapControllerRoute(
  name: "default",
  pattern: "{controller=Home}/{action=Index}/{id?}");
```

路由模板的花括号中有称为段的部分，它们类似于方法的命名参数。这些段的值可以是任何字符串。URL 中的段不区分大小写。

路由模板会查看浏览器请求的任何 URL 路径，并匹配它们以提取控制器的名称、操作的名称和可选的 id 值(?符号表示可选)。

如果用户没有输入这些名称，就使用默认的 Home 作为控制器，使用 Index 作为操作(=赋值运算符用于为指定的段设置默认值)。

表 16.1 展示了由示例 URL 路径和默认路由如何计算出控制器和操作的名称。

表 16.1 由示例 URL 路径和默认路由计算出的控制器和操作的名称

示例 URL 路径	控制器	操作	ID
/	Home	Index	
/Muppet	Muppet	Index	
/Muppet/Kermit	Muppet	Kermit	
/Muppet/Kermit/Green	Muppet	Kermit	Green
/Products	Products	Index	
/Products/Detail	Products	Detail	
/Products/Detail/3	Products	Detail	3

16.2.3 理解控制器和操作

在 ASP.NET Core MVC 中，C 代表控制器。ASP.NET Core MVC 从路由和传入的 URL 得知控制器的名称，然后接着寻找使用[Controller]特性装饰的类，例如微软提供的 ControllerBase 类，如下所示：

```
namespace Microsoft.AspNetCore.Mvc
{
  //
  // Summary:
  // A base class for an MVC controller without view support.
  [Controller]
  public abstract class ControllerBase
  ...
```

ControllerBase 类不支持视图，作用主要是创建 Web 服务，参见第 18 章。

为了简化，微软提供了名为 Controller 的类。如果自己的类也需要视图支持，那么可以从 Controller 类继承。

控制器的职责如下：

- 标识控制器需要哪些服务才能处于有效状态，并在它们的类构造函数中正常工作。
- 使用 action 名称标识要执行的方法。
- 从 HTTP 请求中提取参数。
- 使用参数获取构建视图模型所需的任何额外数据，并将它们传递给客户端相应的视图。例如，如果客户端是 Web 浏览器，那么呈现 HTML 的视图是最合适的。其他客户端可能更喜欢别的呈现方式，比如文档格式(如 PDF 文件或 Excel 文件)或数据格式(如 JSON 或 XML)。
- 将视图中的结果作为 HTTP 响应返回给客户端，并带有适当的状态码。

现在回顾一下用于生成首页、私有页面和错误页面的控制器。

(1) 展开 Controllers 文件夹。
(2) 打开名为 HomeController.cs 的文件。
(3) 请注意如下要点：

- 这里使用一个私有字段来存储对记录器的引用，进而用于要在构造函数中设置的 HomeController。
- 这里定义的三个操作方法都调用了名为 View()的方法，并将结果作为 IActionResult 接口返回给客户端。
- Error 操作方法通过用于跟踪的请求 ID，将视图模型传递给了视图。错误响应不会被缓存。

```
public class HomeController : Controller
{
  private readonly ILogger<HomeController> _logger;

  public HomeController(ILogger<HomeController> logger)
  {
    _logger = logger;
  }

  public IActionResult Index()
  {
    return View();
  }

  public IActionResult Privacy()
  {
    return View();
  }
```

```
  [ResponseCache(Duration = 0,
    Location = ResponseCacheLocation.None, NoStore = true)]
  public IActionResult Error()
  {
    return View(new ErrorViewModel { RequestId =
      Activity.Current?.Id ?? HttpContext.TraceIdentifier });
  }
}
```

如果访问者输入/或/Home，那就相当于输入/Home/Index，因为这些是默认值。

16.2.4 理解视图搜索路径约定

Index 和 Privacy 方法的实现虽然相似，但它们返回的是不同的 Web 页面。通过调用 View 方法，可在不同的路径中寻找 Razor 文件以生成 Web 页面。

(1) 在 NorthwindMvc 项目中展开 Views 文件夹，然后展开 Home 子文件夹。
(2) 将 Privacy.cshtml 重命名为 Privacy2.cshtml。
(3) 在终端窗口中输入命令 dotnet run 以启动网站。
(4) 打开 Google Chrome 浏览器，导航到 http://localhost:5000/，单击 Privacy，观察搜索到的路径，它们都可以用来呈现 Shared 文件夹中的 Privacy.cshtml 页面，如下所示：

```
InvalidOperationException: The view 'Privacy' was not found. The following locations were
searched:
/Views/Home/Privacy.cshtml
/Views/Shared/Privacy.cshtml
/Pages/Shared/Privacy.cshtml
```

(5) 关闭 Google Chrome 浏览器。
(6) 将 Privacy2.cshtml 重命名回 Privacy.cshtml。

视图搜索路径约定如下。
- 指定 Razor 视图：/Views/{controller}/{action}.cshtml。
- 共享 Razor 视图：/Views/Shared/{action}.cshtml。
- 共享 Razor 页面：/Pages/Shared/{action}.cshtml。

16.2.5 单元测试 MVC

控制器用于运行网站的业务逻辑，因此使用单元测试来测试逻辑的正确性是很重要的，参见第 4 章。

 更多信息：可通过以下链接阅读关于控制器如何进行单元测试的更多内容——https://docs.microsoft.com/en-us/aspnet/core/mvc/controllers/testing。

16.2.6 过滤器

当需要向多个控制器和操作添加一些功能时，可以使用或定义作为特性类实现的过滤器。
过滤器可应用于以下级别。
- 操作级：可通过使用特性装饰方法来实现。这只会影响控制器的一个方法。
- 控制器级：可通过使用特性装饰类来实现。这将影响控制器的所有方法。

- 全局级：在 Startup 类的 ConfigureServices 方法中，可将特性类的一个实例添加到 IServiceCollection 的 Filters 集合中。这将影响项目中所有控制器的所有方法。

更多信息：可通过以下链接阅读关于过滤器的更多信息——https://docs.microsoft.com/en-us/aspnet/core/mvc/controllers/filters。

1. 使用过滤器保护操作方法

如果希望确保控制器的某个特定方法只能由某些安全角色的成员调用，就可以使用[Authorize]特性装饰方法，如下所示：

```
[Authorize(Roles = "Sales,Marketing")]
public IActionResult SalesAndMarketingEmployeesOnly()
{
  return View();
}
```

更多信息：可通过以下链接阅读关于授权的更多信息——https://docs.microsoft.com/en-us/aspnet/core/security/authorization/introduction。

2. 使用过滤器缓存响应

要缓存由操作方法生成的 HTTP 响应，可以使用[ResponseCache]特性装饰方法，如下所示：

```
[ResponseCache(Duration = 3600, // in seconds therefore 1 hour
  Location = ResponseCacheLocation.Any)]
public IActionResult AboutUs()
{
  return View();
}
```

可通过设置如下参数来控制响应的缓存位置和缓存时间。
- Duration：以秒为单位设置 max-age HTTP 响应头。
- Location：ResponseCacheLocation 的可取值之一，其他可取值有 Any、Client 或 None，用于设置 cache-control HTTP 响应头。
- NoStore：如果为 true，就忽略 Duration 和 Location 参数，并把 cache-controlHTTP 响应头设置为 no-store。

更多信息：可通过以下链接了解关于响应缓存的更多信息——https://docs.microsoft.com/en-us/aspnet/core/performance/caching/response。

3. 使用过滤器自定义路由

你可能希望为操作方法定义简化的路由而不是使用默认路由。
例如，为了显示当前的私有页面，需要以下 URL 路径来指定控制器和动作：

```
https://localhost:5001/home/privacy
```

可以装饰操作方法，使路由更简单，如下所示：

```
[Route("private")]
public IActionResult Privacy()
{
  return View();
```

}

现在，可以使用以下 URL 路径来指定自定义路由：

```
https://localhost:5001/private
```

16.2.7　实体和视图模型

在 ASP.NET Core MVC 中，M 代表模型。模型表示响应请求所需的数据。实体模型表示数据存储（如 SQLite）中的实体。根据请求，你可能需要从数据存储中检索一个或多个实体。在响应请求时，你可能希望显示的所有数据都是 MVC 模型，有时也称为视图模型，因为它们将被传递给视图，用于呈现为像 HTML 或 JSON 这样的响应格式。

例如，下面的 HTTP GET 请求可能意味着浏览器正在请求产品编号为 3 的产品的详细信息页面：

```
http://www.example.com/products/details/3
```

控制器需要使用值 3 的 ID 来检索产品实体，并将产品实体传递给视图，视图随后可以将模型转换为 HTML，以便在浏览器中显示。

想象一下，当用户访问网站时，我们需要向他们显示类别列表、产品列表和本月访客人数。

我们将参考第 14 章创建的 Northwind 示例数据库的 Entity Framework Core 实体数据模型。

(1) 在 NorthwindMvc 项目中打开 NorthwindMvc.csproj。
(2) 向 NorthwindContextLib 添加项目引用，如下所示：

```xml
<ItemGroup>
  <ProjectReference Include=
    "..\NorthwindContextLib\NorthwindContextLib.csproj" />
</ItemGroup>
```

(3) 在终端窗口中输入以下命令以重建项目：

```
dotnet build
```

(4) 修改 Startup.cs，导入 System.IO 和 Packt.Shared 名称空间，并在 ConfigureServices 方法中添加一条语句以配置 Northwind 数据库上下文，如下所示：

```
string databasePath = Path.Combine("..", "Northwind.db");
services.AddDbContext<Northwind>(options =>
  options.UseSqlite($"Data Source={databasePath}"));
```

(5) 将一个类文件添加到 Models 文件夹中，命名为 HomeIndexViewModel.cs。

最佳实践：尽管 MVC 项目模板创建的 ErrorViewModel 类没有遵循这一约定，但仍然建议为自己的视图模型类使用命名约定 {Controller}{Action}ViewModel。

(6) 修改 HomeIndexViewModel 类的定义，使之具有三个属性以表示访客人数、类别列表和产品列表，如下所示：

```csharp
using System.Collections.Generic;
using Packt.Shared;

namespace NorthwindMvc.Models
{
```

```
public class HomeIndexViewModel
{
  public int VisitorCount;
  public IList<Category> Categories { get; set; }
  public IList<Product> Products { get; set; }
}
```

(7) 打开 HomeController.cs 类文件。

(8) 导入 Packt.Shared 名称空间。

(9) 添加如下字段以存储对 Northwind 实例的引用,并在构造函数中进行初始化:

```
public class HomeController : Controller
{
  private readonly ILogger<HomeController> _logger;
  private Northwind db;

  public HomeController(ILogger<HomeController> logger,
    Northwind injectedContext)
  {
    _logger = logger;
    db = injectedContext;
  }
```

ASP.NET Core 将使用你在 Startup 类中指定的数据库路径,并使用构造函数参数注入来传递 Northwind 数据库上下文的实例。

(10) 修改 Index 操作方法的内容,创建视图模型的实例,并使用 Random 类来模拟访客人数,生成一个介于 1 和 1001 之间的数字,然后使用 Northwind 示例数据库获取类别列表和产品列表,再把模型传递给视图,如下所示:

```
var model = new HomeIndexViewModel
{
  VisitorCount = (new Random()).Next(1, 1001),
  Categories = db.Categories.ToList(),
  Products = db.Products.ToList()
};
return View(model); // pass model to view
```

当我们在控制器的操作方法中调用 View()方法时,ASP.NET Core MVC 将在 Views 文件夹中查找与当前控制器同名的子文件夹,比如 Home 子文件夹,然后查找与当前操作同名的文件,比如 Index.cshtml 文件。

16.2.8 视图

在 ASP.NET Core MVC 中,V 代表视图。视图的职责是将模型转换为 HTML 或其他格式。

可以使用多个视图引擎来完成此任务。默认的视图引擎称为 Razor,Razor 使用@符号来表示服务器端代码的执行。

由于 ASP.NET Core 2.0 中引入的 Razor Pages 使用相同的视图引擎,因此可以使用相同的 Razor 语法。

下面修改主页视图以呈现类别列表和产品列表。

(1) 展开 Views 文件夹,然后展开 Home 子文件夹。

(2) 打开 Index.cshtml 文件，注意@{}中封装的 C#代码块。这些代码将首先执行，并可用于存储一些数据，这些数据需要传递到共享布局文件，例如 Web 页面的标题，如下所示：

```
@{
  ViewData["Title"] = "Home Page";
}
```

(3) 注意<div>元素中的静态 HTML 内容，它们可使用 Bootstrap 进行样式化。

最佳实践：除了定义自己的样式之外，还可以让样式基于公共库，例如实现了响应式设计的 Bootstrap。

与 Razor Pages 一样，这里也有一个名为_ViewStart.cshtml 的文件，这个文件由 View()方法执行，用于设置应用于所有视图的默认值。

例如，可将所有视图的 Layout 属性设置为共享的布局文件，如下所示：

```
@{
  Layout = "_Layout";
}
```

(4) 在 Views 文件夹中打开_ViewImports.cshtml 文件，注意其中导入了一些名称空间，此外还添加了 ASP.NET Core 标记助手，如下所示：

```
@using NorthwindMvc
@using NorthwindMvc.Models
@addTagHelper *, Microsoft.AspNetCore.Mvc.TagHelpers
```

(5) 在 Shared 文件夹中打开_Layout.cshtml 文件。

(6) 注意，标题是从 ViewData 字典中读取的，ViewData 字典是在 Index.cshtml 视图中设置的，如下所示：

```
<title>@ViewData["Title"] - NorthwindMvc</title>
```

(7) 这里还显示了支持 Bootstrap 和站点样式表的链接，其中~表示 wwwroot 文件夹，如下所示：

```
<link rel="stylesheet"
  href="~/lib/bootstrap/dist/css/bootstrap.css" />
<link rel="stylesheet" href="~/css/site.css" />
```

(8) 注意标题中导航条的呈现方式，如下所示：

```
<body>
  <header>
    <nav class="navbar ...">
```

(9) 这里使用 ASP.NET Core 标记助手以及 asp-controller 和 asp-action 等特性呈现了如下可折叠的<div>元素，其中包含用于登录的分部视图以及允许用户在页面之间导航的超链接：

```
<div class=
  "navbar-collapse collapse d-sm-inline-flex flex-sm-row-reverse">
  <partial name="_LoginPartial" />
  <ul class="navbar-nav flex-grow-1">
    <li class="nav-item">
      <a class="nav-link text-dark" asp-area=""
        asp-controller="Home" asp-action="Index">Home</a>
```

```
        </li>
        <li class="nav-item">
         <a class="nav-link text-dark"
           asp-area="" asp-controller="Home"
           asp-action="Privacy">Privacy</a>
        </li>
      </ul>
    </div>
```

<a>元素可使用名为 asp-controller 和 asp-action 的标记助手属性来指定当链接被单击时执行的控制器和操作。如果想要导航到 Razor 类库中的某个特性，那么可以使用 asp-area 来指定特性的名称。

(10) 注意<main>元素内部主体的呈现方式，如下所示：

```
<div class="container">
  <main role="main" class="pb-3">
    @RenderBody()
  </main>
</div>
```

@RenderBody()方法调用类似于 Index.cshtml 的页面，并在共享布局的特定点注入特定 Razor 视图的内容。

更多信息：可通过以下链接阅读把<script>元素放在<body>底部的原因——https://stackoverflow.com/questions/436411/where-should-i-put-script-tags-in-html-markup。

(11) 请注意页面底部包含了<script>元素以免减慢页面的显示速度，可以将自己的脚本块添加到名为 scripts 的可选部分，如下所示：

```
<script src="~/lib/jquery/dist/jquery.js"></script>
<script src="~/lib/bootstrap/dist/js/bootstrap.bundle.js">
</script>
<script src="~/js/site.js" asp-append-version="true"></script>
@await RenderSectionAsync("scripts", required: false)
```

当在任何包含 src 属性的元素中将 asp-append-version 属性指定为 true 时，都将调用"图像标记助手"(图像标记助手并不仅仅影响图像)！

图像标记助手的工作方式是自动附加从参考源文件的哈希值中生成的查询字符串 v，如下所示：

```
<script src="~/js/site.js?
v=Kl_dqr9NVtnMdsM2MUg4qthUnWZm5T1fCEimBPWDNgM"></script>
```

如果 site.js 文件中的单个字节发生更改，那么哈希值也将不同。因此，如果浏览器或 CDN 在缓存脚本文件，这种行为将破坏已缓存的副本，可将文件替换为新版本。

更多信息：可通过以下链接阅读使用查询字符串进行缓存清除的工作方式——https://stackoverflow.com/questions/9692665/cache-busting-via-params。

16.3 自定义 ASP.NET Core MVC 网站

前面讨论了 MVC 网站的基本结构，接下来自定义 ASP.NET Core MVC 网站。我们已经添加了从 Northwind 示例数据库中检索实体的代码，因此下一个任务是在首页上输出信息。

更多信息：为了找到适合显示的图像，可搜索网站 https://www.pexels.com/。

16.3.1 自定义样式

首页上会显示 Northwind 示例数据库中的 77 种产品。为了有效利用空间，我们希望在三列中显示这些产品。为此，我们需要自定义网站的样式表。

(1) 在 wwwroot\css 文件夹中打开 site.css 文件。
(2) 在 site.css 文件的底部添加一种新样式，并应用于带有报纸 ID 的元素，如下所示：

```
#newspaper
{
  column-count: 3;
}
```

16.3.2 设置类别图像

Northwind 示例数据库中包含了类别表，但它们没有图像，一些网站上有一些彩色图片，它们看起来效果很好。

(1) 在 wwwroot 文件夹中创建一个名为 images 的子文件夹。
(2) 在 images 子文件夹中添加 8 个图像文件：category1.jpeg、category2.jpeg、…、category8.jpeg。

  更多信息：可通过以下链接下载本书 GitHub 存储库中的图像——https://github.com/markjprice/cs8dotnetcore3/tree/master/Assets。

16.3.3 Razor 语法

在自定义首页视图之前，我们先看一个示例 Razor 文件。该 Razor 文件具有初始的 Razor 代码块，用于实例化带价格和数量的订单，然后在网页上输出有关订单的信息，如下所示：

```
@{
  var order = new Order
  {
    OrderID = 123,
    Product = "Sushi",
    Price = 8.49M,
    Quantity = 3
  };
}
<div>Your order for @order.Quantity of @order.Product has a total cost of $@order.Price * @order.Quantity</div>
```

上面的 Razor 表达式将产生以下错误输出：

```
Your order for 3 of Sushi has a total cost of $8.49 * 3
```

尽管 Razor 标记可以使用@object.property 语法来包含任何单个属性的值，但应该将表达式用括号括起来，如下所示：

```
<div>Your order for @order.Quantity of @order.Product has a total cost of
$@(order.Price * @order.Quantity)</div>
```

上面的 Razor 表达式会产生以下正确输出：

```
Your order for 3 of Sushi has a total cost of $25.47
```

16.3.4 定义类型化视图

要在编写视图时改进 IntelliSense，可以在 Index.cshtml 文件的顶部使用@model 指令定义视图的类型。

(1) 在 Views\Home 文件夹中打开 Index.cshtml 文件。

(2) 在 Index.cshtml 文件的顶部添加一条语句，设置模型类型以使用 HomeIndexViewModel，如下所示：

```
@model NorthwindMvc.Models.HomeIndexViewModel
```

现在，无论何时在首页视图中输入 Model，Visual Studio Code 的 C#扩展名都将指示模型的正确类型并提供 IntelliSense。

在视图中输入代码时，请记住以下几点：

- 要声明模型的类型，请使用@model。
- 要与模型实例进行交互，请使用@Model。

下面继续自定义首页视图。

(3) 在初始的 Razor 代码块中添加一条语句，为当前项声明字符串变量，并使用新的标记替换现有的<div>元素，将产品中的类别输出为无序列表，如下所示：

```
@model NorthwindMvc.Models.HomeIndexViewModel
@{
  ViewData["Title"] = "Home Page";
  string currentItem = "";
}
<div id="categories" class="carousel slide" data-ride="carousel"
  data-interval="3000" data-keyboard="true">
  <ol class="carousel-indicators">
  @for (int c = 0; c < Model.Categories.Count; c++)
  {
    if (c == 0)
    {
      currentItem = "active";
    }
    else
    {
      currentItem = "";
    }
    <li data-target="#categories" data-slide-to="@c"
      class="@currentItem"></li>
  }
  </ol>
  <div class="carousel-inner">
  @for (int c = 0; c < Model.Categories.Count; c++)
  {
    if (c == 0)
    {
      currentItem = "active";
    }
```

```html
      else
      {
        currentItem = "";
      }
      <div class="carousel-item @currentItem">
        <img class="d-block w-100" src=
          "~/images/category@(Model.Categories[c].CategoryID).jpeg"
          alt="@Model.Categories[c].CategoryName" />
        <div class="carousel-caption d-none d-md-block">
          <h2>@Model.Categories[c].CategoryName</h2>
          <h3>@Model.Categories[c].Description</h3>
          <p>
            <a class="btn btn-primary"
              href="/category/@Model.Categories[c].CategoryID">View</a>
          </p>
        </div>
      </div>
    }
    </div>
    <a class="carousel-control-prev" href="#categories"
      role="button" data-slide="prev">
      <span class="carousel-control-prev-icon"
        aria-hidden="true"></span>
      <span class="sr-only">Previous</span>
    </a>
    <a class="carousel-control-next" href="#categories"
      role="button" data-slide="next">
      <span class="carousel-control-next-icon"
        aria-hidden="true"></span>
      <span class="sr-only">Next</span>
    </a>
  </div>
  <div class="row">
    <div class="col-md-12">
      <h1>Northwind</h1>
      <p class="lead">
        We have had @Model.VisitorCount visitors this month.
      </p>
      <h2>Products</h2>
      <div id="newspaper">
        <ul>
        @foreach (var item in @Model.Products)
        {
          <li>
            <a asp-controller="Home"
              asp-action="ProductDetail"
              asp-route-id="@item.ProductID">
              @item.ProductName costs
              @item.UnitPrice.ToString("C")
            </a>
          </li>
        }
        </ul>
      </div>
    </div>
  </div>
</div>
```

当查看上面的 Razor 标记时，请注意以下几点。
- 我们很容易将静态 HTML 元素(例如<ul>和<li>元素)与 C#代码混合在一起，以实现类别列表和产品列表的轮播效果。
- id 属性为 newspaper 的<div>元素使用了之前的自定义样式，因此这个<div>元素中的所有内容显示在三列中。
- 每个类别的<img>元素会在 Razor 表达式的周围使用圆括号，以确保编译器不将.jpeg 作为表达式的一部分，如下所示：

"~/images/category@(Model.Categories[c].CategoryID).jpeg"

- 产品链接的<a>元素会使用标记助手来生成 URL 路径。单击这些超链接，它们将由 Home 控制器和 ProductDetail 操作方法处理。产品的 ID 将作为 id 路由段传递，如以下用于 Ipoh Coffee 的 URL 路径所示：

https://localhost:5001/Home/ProductDetail/43

16.3.5 测试自定义首页

下面看看自定义首页的效果。
(1) 输入以下命令来启动网站：

```
dotnet run
```

(2) 启动 Google Chrome 并导航到 http://localhost:5000。
(3) 请注意，首页上有旋转的轮播效果，分别显示了类别、随机访客人数和三列的产品列表，如图 16.5 所示。

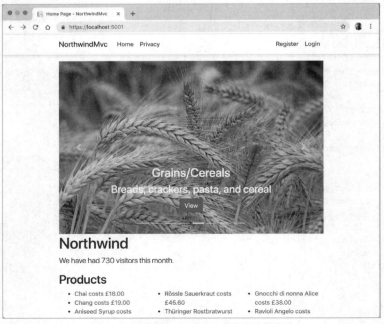

图 16.5　更新后的 NorthwindMVC 网站的首页

目前，单击任何类别或产品链接都会出现 404 Not Found 错误，下面看看如何传递参数，以便查看产品或类别的详细信息。

(4) 关闭 Google Chrome。

(5) 在终端窗口中按 Ctrl＋C 组合键以停止网站。

16.3.6　使用路由值传递参数

传递简单参数的一种方法是使用默认路由中定义的 id 段。

(1) 在 HomeController 类中添加一个名为 ProductDetail 的操作方法，如下所示：

```
public IActionResult ProductDetail(int? id)
{
  if (!id.HasValue)
  {
    return NotFound("You must pass a product ID in the route, for example,
                    /Home/ProductDetail/21");
  }

  var model = db.Products
    .SingleOrDefault(p => p.ProductID == id);

  if (model == null)
  {
    return NotFound($"Product with ID of {id} not found.");
  }
  return View(model); // pass model to view and then return result
}
```

请注意以下几点：

- 这个方法使用了 ASP.NET Core 的"模型绑定"功能，以自动对路由中传递的 id 与方法中的参数 id 进行匹配。
- 在方法内部检查 id 是否为 null，如果是，就调用 NotFound 方法，返回 404 状态码和自定义消息以指明正确的 URL 路径格式；否则，可以连接到数据库，并尝试使用 id 变量检索产品。
- 如果找到产品，就将产品传递给视图；否则调用 NotFound 方法，返回 404 状态码和自定义消息，以指明在数据库中找不到具有指定 id 的产品。

如果命名视图以匹配操作方法，并将视图放在与控制器名称匹配的文件夹中，ASP.NET Core MVC 将按约定自动找到视图。

(2) 在 Views / Home 文件夹中添加一个名为 ProductDetail.cshtml 的新文件。

(3) 修改这个文件中的内容，如下所示：

```
@model Packt.Shared.Product
@{
  ViewData["Title"] = "Product Detail - " + Model.ProductName;
}
<h2>Product Detail</h2>
<hr />
<div>
  <dl class="dl-horizontal">
    <dt>Product ID</dt>
    <dd>@Model.ProductID</dd>
    <dt>Product Name</dt>
```

```
        <dd>@Model.ProductName</dd>
        <dt>Category ID</dt>
        <dd>@Model.CategoryID</dd>
        <dt>Unit Price</dt>
        <dd>@Model.UnitPrice.ToString("C")</dd>
        <dt>Units In Stock</dt>
        <dd>@Model.UnitsInStock</dd>
    </dl>
</div>
```

(4) 输入以下命令以启动网站：

```
dotnet run
```

(5) 启动 Google Chrome 并导航到 http://localhost:5000。

(6) 当首页上显示产品列表时，单击其中一个产品，例如第二个产品 Chang。

(7) 留意浏览器的地址栏中的 URL 路径、浏览器中显示的页面标题以及产品详细信息页面，如图 16.6 所示。

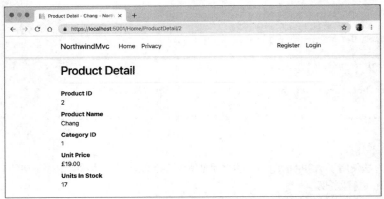

图 16.6　产品详细信息页面

(8) 切换到开发者工具窗格。

(9) 在 Google Chrome 浏览器的地址栏中编辑 URL 以请求不存在的产品 id(例如 99)，并留意 404 Not Found 状态码和自定义的错误响应，如图 16.7 所示。

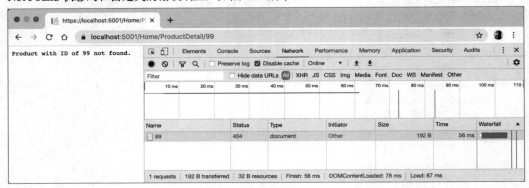

图 16.7　请求不存在的产品 id

16.3.7 模型绑定程序

模型绑定程序非常强大，默认的绑定程序能给你带来很大的帮助。在使用默认路由标识了要实例化的控制器类和要调用的操作方法之后，如果操作方法具有参数，那么需要为这些参数设置值。

为此，模型绑定程序将查找 HTTP 请求中传递的参数值，作为以下任何参数的类型。

- 路由参数，就像 id 一样，如以下 URL 路径所示：

/Home/ProductDetail/2

- 查询字符串参数，如以下 URL 路径所示：

/Home/ProductDetail?id=2

- 表单参数，如以下标记所示：

```
<form action="post" action="/Home/ProductDetail">
<form action="post" action="/Home/ProductDetail">
  <input type="text" name="id" />
  <input type="submit" />
</form>
```

模型绑定程序几乎可以填充以下任何类型：

- 简单类型，例如 int、string、DateTime 和 bool。
- 由 class 或 struct 定义的复杂类型。
- 集合类型，如数组和列表。

下面通过示例来说明使用默认的模型绑定程序可以实现的目标。

(1) 在 Models 文件夹中添加一个名为 Thing.cs 的类文件。

(2) 修改这个类文件中的内容以定义 Thing 类，该类有两个属性，分别用于名为 ID 的可空数字和名为 Color 的字符串，如下所示：

```
namespace NorthwindMvc.Models
{
  public class Thing
  {
    public int? ID { get; set; }
    public string Color { get; set; }
  }
}
```

(3) 打开 HomeController.cs 并添加两个新的操作方法，其中一个会显示带有表单的页面，另一个则使用新的模型类型来显示带有参数的页面，如下所示：

```
public IActionResult ModelBinding()
{
  return View(); // the page with a form to submit
}

public IActionResult ModelBinding(Thing thing)
{
  return View(thing); // show the model bound thing
}
```

(4) 在 Views\Home 文件夹中添加一个名为 ModelBinding.cshtml 的新文件。

(5) 修改这个文件中的内容,如下所示:

```
@model NorthwindMvc.Models.Thing
@{
  ViewData["Title"] = "Model Binding Demo";
}
<h1>@ViewData["Title"]</h1>
<div>
  Enter values for your thing in the following form:
</div>
<form method="POST" action="/home/modelbinding?id=3">
  <input name="color" value="Red" />
  <input type="submit" />
</form>
@if (Model != null)
{
<h2>Submitted Thing</h2>
<hr />
<div>
  <dl class="dl-horizontal">
    <dt>Model.ID</dt>
    <dd>@Model.ID</dd>
    <dt>Model.Color</dt>
    <dd>@Model.Color</dd>
  </dl>
</div>
}
```

(6) 启动网站,然后打开 Google Chrome 浏览器并导航至 https://localhost:5001/home/modelbinding。

(7) 请留意关于歧义匹配的未处理异常,如图 16.8 所示。

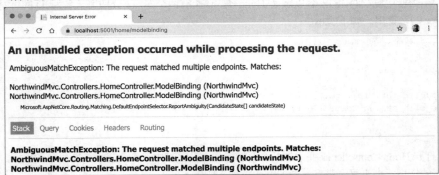

图 16.8 关于歧义匹配的未处理异常

尽管 C#编译器可通过签名的不同来区分这两种方法,但是从 HTTP 的角度看,这两种方法都是潜在的匹配。需要使用一种特定于 HTTP 的方式来消除操作方法的歧义。为此,可以创建不同的操作名称,或者指定一种方法以应用于特定的 HTTP 谓词(例如 GET、POST 或 DELETE)。

(8) 在终端窗口中按 Ctrl + C 组合键以停止网站。

(9) 在 HomeController.cs 中装饰第二个 ModelBinding 操作方法,以指示应将这个操作方法用于处理 HTTP POST 请求,如下所示:

```
[HttpPost]
public IActionResult ModelBinding(Thing thing)
```

(10) 启动网站,打开 Google Chrome 浏览器并导航至 https://localhost:5001/home/modelbinding。

(11) 单击 Submit 按钮,注意 ID 属性的值是通过查询字符串参数进行设置的,Color 属性的值是在表单参数中设置的,如图 16.9 所示。

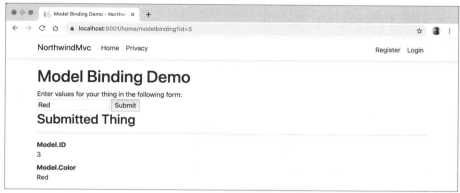

图 16.9 模型绑定演示页面

(12) 停止网站。

(13) 修改表单操作,将值 2 作为路由参数传递,如下所示:

```
<form method="POST" action="/home/modelbinding/2?id=3">
```

(14) 启动网站,打开 Google Chrome 浏览器并导航到 https://localhost:5001/home/modelbinding。

(15) 单击 Submit 按钮,注意 ID 属性的值是在路由参数中设置的,而 Color 属性的值是在表单参数中设置的。

(16) 停止网站。

(17) 修改表单操作,将值 1 作为表单参数传递,如下所示:

```
<form method="POST" action="/home/modelbinding/2?id=3">
    <input name="id" value="1" />
  <input name="color" value="Red" />
  <input type="submit" />
</form>
```

(18) 启动网站,打开 Google Chrome 浏览器并导航到 https://localhost:5001/home/modelbinding。

(19) 单击 Submit 按钮,注意 ID 和 Color 属性的值都是在表单参数中设置的。

如果有多个同名参数,那么表单参数具有最高优先级,而查询字符串参数具有最低优先级。

 更多信息:对于高级方案,可通过实现 IModelBinder 接口来创建自己的模型绑定程序,详见 https://docs.microsoft.com/en-us/aspnet/core/mvc/advanced/custom-model-binding。

16.3.8 验证模型

模型绑定的过程可能会导致错误。例如,如果模型已使用验证规则进行装饰,就会导致数据类型转换或验证错误。无论绑定了什么数据,任何绑定或验证错误都将存储在 ControllerBase.ModelState 中。

下面对模型绑定应用一些验证规则,然后在视图中显示数据无效的消息,它们用于说明如何处理模型状态。

(1) 在 Models 文件夹中打开 Thing.cs 类文件。

(2) 导入 System.ComponentModel.DataAnnotations 名称空间。

(3) 使用验证特性装饰 ID 属性,将允许的数字范围限制为 1~10,并确保访问者提供颜色,如下所示:

```
public class Thing
{
  [Range(1, 10)]
  public int? ID { get; set; }

  [Required]
  public string Color { get; set; }
}
```

(4) 在 Models 文件夹中添加一个名为 HomeModelBindingViewModel.cs 的新文件。

(5) 修改这个文件的内容,为绑定模型以及任何错误定义具有两个属性的类,如下所示:

```
using System.Collections.Generic;

namespace NorthwindMvc.Models
{
  public class HomeModelBindingViewModel
  {
    public Thing Thing { get; set; }
    public bool HasErrors { get; set; }
    public IEnumerable<string> ValidationErrors { get; set; }
  }
}
```

(6) 在 Controllers 文件夹中打开 HomeController.cs 文件。

(7) 在第二个 ModelBinding 方法中,注释掉将 Thing 传递给视图的上一条语句,然后添加语句以创建视图模型的实例、验证模型并存储错误消息数组,然后将视图模型传递给视图,如下所示:

```
public IActionResult ModelBinding(Thing thing)
{
  // return View(thing); // show the model bound thing

  var model = new HomeModelBindingViewModel
  {
    Thing = thing,
    HasErrors = !ModelState.IsValid,
    ValidationErrors = ModelState.Values
      .SelectMany(state => state.Errors)
      .Select(error => error.ErrorMessage)
  };
  return View(model);
}
```

(8) 在 Views\Home 文件夹中打开 ModelBinding.cshtml 文件。

(9) 修改模型类型的声明以使用视图模型类,添加<div>元素以显示任何模型验证错误,并且由于视图模型已更改而更改 Thing 属性的输出,如下所示:

```
@model NorthwindMvc.Models.HomeModelBindingViewModel
@{
  ViewData["Title"] = "Model Binding Demo";
}
```

```html
<h1>@ViewData["Title"]</h1>
<div>
  Enter values for your thing in the following form:
</div>
<form method="POST" action="/home/modelbinding/2?id=3">
  <input name="id" value="1" />
  <input name="color" value="Red" />
  <input type="submit" />
</form>
@if (Model != null)
{
  <h2>Submitted Thing</h2>
  <hr />
  <div>
    <dl class="dl-horizontal">
      <dt>Model.Thing.ID</dt>
      <dd>@Model.Thing.ID</dd>
      <dt>Model.Thing.Color</dt>
      <dd>@Model.Thing.Color</dd>
    </dl>
  </div>
  @if (Model.HasErrors)
  {
    <div>
    @foreach(string errorMessage in Model.ValidationErrors)
    {
      <div class="alert alert-danger" role="alert">@errorMessage</div>
    }
    </div>
  }
}
```

(10) 启动网站，打开 Google Chrome 浏览器并导航至 https://localhost:5001/home/modelbinding。

(11) 单击 Submit 按钮，注意 1 和 Red 是有效值。

(12) 输入 ID 值 99 并清除颜色文本框，单击 Submit 按钮并注意错误消息，如图 16.10 所示。

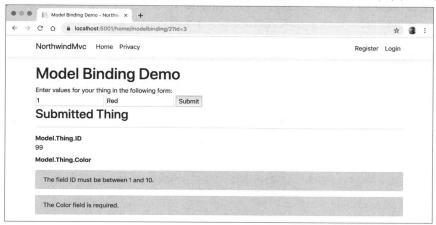

图 16.10　带有字段验证功能的模型绑定演示页面

(13) 关闭浏览器并停止网站。

更多信息：可通过以下链接阅读关于模型验证的更多信息——https://docs.microsoft.com/en-us/aspnet/core/mvc/models/validation。

16.3.9 视图辅助方法

在为 ASP.NET Core MVC 创建视图时，可以使用 Html 对象及其方法来生成标记。

一些有用的视图辅助方法如下。

- ActionLink：用于生成锚元素<a>，锚元素包含指向指定的控制器和操作的 URL 路径。
- AntiForgeryToken：在<form>元素中用于插入<hidden>元素，当提交表单时，可验证<hidden>元素包含的防伪令牌。

更多信息：可通过以下链接了解关于防伪令牌的更多信息：https://docs.microsoft.com/en-us/aspnet/core/security/anti-request-forgery。

- Display 和 DisplayFor：使用显示模板为相对于当前模型的表达式生成 HTML 标记。我们已经有了用于.NET 类型的内置模板，自定义模板则可以在 DisplayTemplates 文件夹中创建。文件夹名称在区分大小写的文件系统中区分大小写。
- DisplayForModel：用于为整个模型而不是单个表达式生成 HTML 标记。
- Editor 和 EditorFor：使用编辑器模板为相对于当前模型的表达式生成 HTML 标记。对于使用<label>和<input>元素的.NET 类型，有内置的编辑器模板，并且可以在 EditorTemplates 文件夹中创建自定义模板。文件夹名称在区分大小写的文件系统中区分大小写。
- EditorForModel：用于为整个模型而不是单个表达式生成 HTML 标记。
- Encode：用于将对象或字符串安全地编码为 HTML。例如，字符串"<script>"可编码为"<script>"。通常不需要这样做，因为默认情况下可使用 Razor@符号对字符串进行编码。
- Raw：用来呈现字符串而不是编码为 HTML。
- PartialAsync 和 RenderPartialAsync：用来为分部视图生成 HTML 标记。可以选择传递模型和视图数据。

更多信息：可通过以下链接阅读有关 HtmlHelper 类的更多信息——https://docs.microsoft.com/en-us/dotnet/api/microsoft.aspnetcore.mvc.viewfeatures.htmlhelper。

16.3.10 查询数据库和使用显示模板

下面创建一个新的操作方法，可以向它传递一个查询字符串参数，并使用这个参数查询 Northwind 示例数据库中成本高于指定价格的产品。

(1) 在 HomeController 类中导入 Microsoft.EntityFrameworkCore 名称空间，因为需要使用 Include 扩展方法以便包括相关实体，参见第 11 章。

(2) 添加一个新的操作方法，如下所示：

```
public IActionResult ProductsThatCostMoreThan(decimal? price)
{
  if (!price.HasValue)
  {
    return NotFound("You must pass a product price in the query string, for example,
             /Home/ProductsThatCostMoreThan?price=50");
  }
```

```
  IEnumerable<Product> model = db.Products
    .Include(p => p.Category)
    .Include(p => p.Supplier)
    .Where(p => p.UnitPrice > price);

  if (model.Count() == 0)
  {
    return NotFound(
      $"No products cost more than {price:C}.");
  }

  ViewData["MaxPrice"] = price.Value.ToString("C");
  return View(model); // pass model to view
}
```

(3) 在 Views/Home 文件夹中添加新文件 ProductsThatCostMoreThan.cshtml。
(4) 修改这个文件中的内容，如下所示：

```
@model IEnumerable<Packt.Shared.Product>
@{
  string title =
    "Products That Cost More Than " + ViewData["MaxPrice"];
  ViewData["Title"] = title;
}
<h2>@title</h2>
<table class="table">
  <thead>
    <tr>
      <th>Category Name</th>
      <th>Supplier's Company Name</th>
      <th>Product Name</th>
      <th>Unit Price</th>
      <th>Units In Stock</th>
    </tr>
  </thead>
  <tbody>
  @foreach (var item in Model)
  {
    <tr>
      <td>
        @Html.DisplayFor(modelItem => item.Category.CategoryName)
      </td>
      <td>
        @Html.DisplayFor(modelItem => item.Supplier.CompanyName)
      </td>
      <td>
        @Html.DisplayFor(modelItem => item.ProductName)
      </td>
      <td>
        @Html.DisplayFor(modelItem => item.UnitPrice)
      </td>
      <td>
        @Html.DisplayFor(modelItem => item.UnitsInStock)
      </td>
    </tr>
  }
  <tbody>
```

```
</table>
```

(5) 在 Views/Home 文件夹中打开 Index.cshtml 文件。

(6) 在访客人数的下方、产品标题及产品列表的上方添加<form>元素,从而为用户提供用来输入价格的表单。然后,用户可以单击 Submit 按钮,调用操作方法,仅显示成本高于输入价格的产品:

```
<h3>Query products by price</h3>
<form asp-action="ProductsThatCostMoreThan" method="get">
  <input name="price" placeholder="Enter a product price" />
  <input type="submit" />
</form>
```

(7) 启动网站,打开 Google Chrome 浏览器并访问这个网站,在首页上的表单中输入价格,例如 50 英镑,然后单击 Submit 按钮。结果将显示所有成本高于所输入价格的产品,如图 16.11 所示。

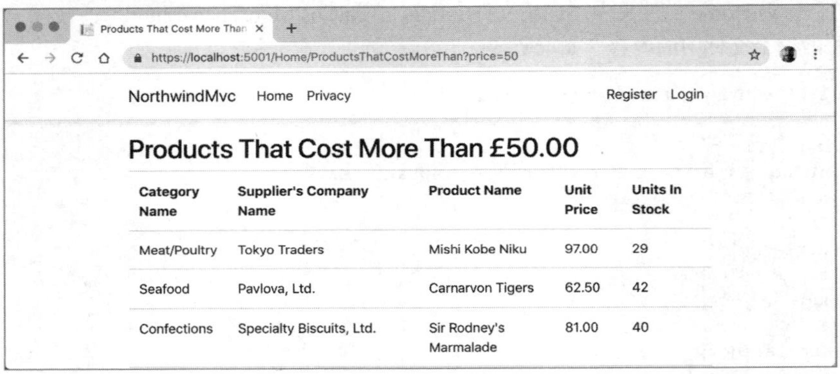

图 16.11　成本高于 50 英镑的产品

(8) 关闭浏览器并停止网站。

16.3.11　使用异步任务提高可伸缩性

在构建桌面应用程序或移动应用程序时,可以使用多个任务(及其底层线程)来提高响应能力,因为当一个线程忙于任务时,另一个线程可以处理与用户的交互。

任务及其线程在服务器端也很有用,特别是对于处理文件的网站,抑或从存储或 Web 服务中请求数据(可能需要一段时间才能响应)时。但它们对复杂的计算不利,因为这些计算会受 CPU 的限制,可以对它们像平常那样进行同步处理。

当 HTTP 请求到达 Web 服务器时,就从线程池中分配线程来处理请求。但如果线程必须等待资源,就阻止处理任何其他传入的请求。如果一个网站同时收到的请求数多于线程池中的线程数,其中一些请求将响应服务器超时错误 503 Service Unavailable。

被锁住的线程没有办法进行有效工作。它们可以处理其他请求之一,但前提是网站实现了异步代码。

每当线程在等待需要的资源时,就可以返回线程池并处理不同的传入请求,从而提高网站的可伸缩性。也就是说,增加网站可以同时处理的请求的数量。

为什么不创建更大的线程池呢?在现代操作系统中,线程池中的每个线程都有 1 MB 大小的堆栈。异步方法使用的内存较少,并且消除了在线程池中创建新线程的需求,但这需要时间。向线程池中添加新线程的速度通常为每两秒添加一个,与在异步线程之间切换相比,时间有些太长了。

使控制器的操作方法异步

我们很容易就能使现有的操作方法异步。

(1) 在 HomeController 类中确保导入 System.Threading.Tasks 名称空间。

(2) 将 Index 操作方法修改为异步的，返回 Task<T>并等待调用异步方法以获取类别和产品，如下所示：

```
public async Task<IActionResult> Index()
{
  var model = new HomeIndexViewModel
  {
    VisitorCount = (new Random()).Next(1, 1001),
    Categories = await db.Categories.ToListAsync(),
    Products = await db.Products.ToListAsync()
  };
  return View(model); // pass model to view
}
```

(3) 以类似的方式修改 ProductDetail 操作方法，如下所示：

```
public async Task<IActionResult> ProductDetail(int? id)
{
  if (!id.HasValue)
  {
    return NotFound("You must pass a product ID in the route, for example, 
              /Home/ProductDetail/21");
  }

  var model = await db.Products
    .SingleOrDefaultAsync(p => p.ProductID == id);

  if (model == null)
  {
    return NotFound($"Product with ID of {id} not found.");
  }
  return View(model); // pass model to view and then return result
}
```

(4) 启动网站，打开 Google Chrome 浏览器并访问这个网站，注意网站的功能是相同的，但现在可以更好地扩展。

(5) 关闭浏览器并停止网站。

16.4 使用其他项目模板

安装.NET Core SDK 时，不会附带安装许多项目模板。

(1) 在终端窗口中输入以下命令：

```
dotnet new --help
```

(2) 执行后将显示当前安装的项目模板列表，其中包括用于 Windows 桌面开发的项目模板。如果是在 Windows 上执行上述命令，结果将如图 16.12 所示。

(3) 留意与 Web 相关的项目模板，包括使用 React 创建 SPA 的那些项目模板。

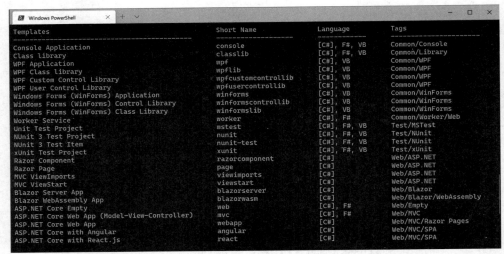

图 16.12　项目模板列表

安装其他模板包

开发人员还可以安装许多额外的模板包。

(1) 启动 Google Chrome 浏览器并导航到 http://dotnetnew.azurewebsites.net/。

(2) 在搜索框中输入 vue，单击 Search templates 按钮，搜索结果中包含了 Vue.js 的可用模板列表，如图 16.13 所示。

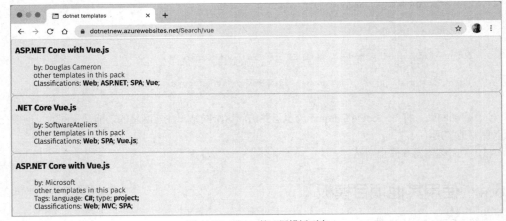

图 16.13　Vue.js 的可用模板列表

(3) 单击 ASP.NET Core with Vue.js，注意有关安装和使用这个模板的说明，如下所示：

```
dotnet new --install "Microsoft.AspNetCore.SpaTemplates"
```

 更多信息：可通过以下链接查看更多模板——https://github.com/dotnet/templating/wiki/Available-templates-for-dotnet-new。

16.5 实践与探索

你可以通过回答一些问题来测试自己对知识的理解程度，进行一些实践，并深入探索本章涵盖的主题。

16.5.1 练习 16.1：测试你掌握的知识

回答下列问题：
1) 在 Views 文件夹中创建具有特殊名称_ViewStart 和_ViewImports 的文件时，可执行什么操作？
2) ASP.NET Core MVC 默认路由中定义的三个段的名称代表什么，哪些是可选的？
3) 默认的模型绑定程序会做什么？可以处理哪些数据类型？
4) 在共享布局文件(如_layout.cshtml)中，如何输出当前视图的内容？
5) 在共享布局文件(如_layout.cshtml)中，如何输出当前视图可以为之提供内容的段？当前视图如何为段提供内容？
6) 在控制器的操作方法中调用 View 方法时，按照约定搜索视图时路径是什么？
7) 如何指示访客的浏览器将响应缓存 24 小时？
8) 即使自己没有创建 Razor 页面，为什么还要启用 Razor Pages 呢？
9) ASP.NET Core MVC 如何识别可以充当控制器的类？
10) ASP.NET Core MVC 在哪些方面使测试网站更容易？

16.5.2 练习 16.2：通过实现类别详细信息页面来练习实现 MVC

NorthwindMvc 项目的首页上会显示类别，但是当单击 View 按钮时，网站会返回 404 Not Found 错误。例如，对于以下 URL：

```
https://localhost:5001/category/1
```

请添加显示类别详细信息的页面以扩展 NorthwindMvc 项目。

16.5.3 练习 16.3：理解和实现异步操作方法以提高可伸缩性

几年前，Stephen Cleary 为 MSDN 撰写了一篇优秀的文章，解释了为 ASP.NET 实现异步操作方法后对可伸缩性带来的好处。同样的原则也适用于 ASP.NET Core，但更重要的是，与那篇文章中描述的 ASP.NET 不同，ASP.NET Core 支持异步过滤器和其他组件。

请参考如下链接，更改控制器中其余所有非异步的操作方法：https://docs.microsoft.com/en-us/archive/msdn-magazine/2014/october/async-programming-introduction-to-async-await-on-asp-net。

16.5.4 练习 16.4：探索主题

可通过以下链接来阅读本章所涉及主题的更多细节。
- ASP.NET Core MVC 概述：https://docs.microsoft.com/en-us/aspnet/core/mvc/overview。
- 教程：开始在 ASP.NET MVC Web 应用程序中使用 EF Core——https://docs.microsoft.com/en-us/aspnet/core/data/ef-mvc/intro。
- 使用 ASP.NET Core MVC 中的控制器处理请求：https://docs.microsoft.com/en-us/aspnet/core/mvc/controllers/actions。

- ASP.NET Core 中的模型绑定：https://docs.microsoft.com/en-us/aspnet/core/mvc/models/model-binding。
- ASP.NET Core MVC 中的视图：https://docs.microsoft.com/en-us/aspnet/core/mvc/views/overview。

16.6 本章小结

本章介绍了如何以一种易于与使用 ASP.NET Core 的程序员团队进行单元测试和管理的方式构建大型、复杂的网站。你了解了 ASP.NET Core MVC 中的启动配置、身份验证、路由、模型、视图和控制器。

第 17 章将介绍如何使用跨平台的内容管理系统(CMS)构建网站，从而允许开发人员将内容的决定权交给用户。

第 17 章
使用内容管理系统构建网站

本章介绍如何使用现代的跨平台内容管理系统(CMS)来构建网站。对于大多数 Web 开发平台，CMS 有许多选择。对于跨平台的 C#和.NET Web 开发人员来说，目前最适合学习这些重要原则的是 Piranha CMS。这是第一个支持.NET Core 的 CMS，2017 年 12 月 1 日官方发布了 Piranha CMS 4.0。

本章涵盖以下主题：
- 了解 CMS 的优点
- 了解 Piranha CMS
- 定义组件、内容类型和模板
- 测试 Northwind CMS 网站

17.1 了解 CMS 的优点

前几章讨论了如何创建静态 HTML 网页和配置 ASP.NET Core，从而当访问者通过浏览器请求这些网页时为他们提供服务。

你了解了通过 ASP.NET Core Razor Pages 可以添加在服务器端执行的 C#代码，从而动态生成 HTML，包括从数据库中实时加载信息。另外，你还了解了 ASP.NET Core MVC 实现了技术关注点的分离，使复杂的网站更易于管理。

就本身而言，ASP.NET Core 并没有解决内容管理的问题。对于以前的网站，创建和管理内容的人必须具备编程和 HTML 编辑技能，以及在 Northwind 示例数据库中编辑数据的能力，以改变访问者在网站上看到的内容。

这正是 CMS 的用武之地。CMS 将内容(数据值)与模板(布局、格式和样式)分离。大多数 CMS 能够生成像 HTML 这样的 Web 响应，供人们使用浏览器查看网站。

一些 CMS 还能够生成开放数据格式，比如 Web 服务要处理的 JSON 和 XML，以及在浏览器中使用客户端技术(如 Angular、React 或 Vue)呈现的 JSON 和 XML。这类 CMS 通常被称为无头 CMS。

开发人员使用内容类型类和内容模板定义 CMS 中存储的数据结构，这些内容类型类用于不同的目的(如产品页面)，内容模板将内容数据呈现为 HTML、JSON 或其他格式。

非技术内容所有者可以登录 CMS，使用简单的用户界面创建、编辑、删除和发布内容，这些内容符合内容类型类定义的结构，而不需要开发人员参与或使用 Visual Studio Code 等工具。

17.1.1 了解 CMS 的基本特性

任何像样的基本 CMS 都包括以下核心功能：
- 用户界面允许非技术内容所有者登录并管理内容。
- 图像、视频、文档等文件的媒体资产管理。

- 分享和重用内容片段，通常称为块。
- 保存对网站访问者隐藏的内容，直到发布。
- 搜索引擎优化(SEO)URL、页面标题和相关元数据、站点地图等。
- 身份验证和授权，包括管理用户、组以及内容的访问权限。
- 内容交付系统将内容从简单数据转换为一种或多种格式(如 HTML 和 JSON)。

17.1.2 了解企业级 CMS 的特性

任何像样的企业级 CMS 都会增加以下附加功能：
- 收集访客输入的表单设计器。
- 营销工具，如跟踪访问者行为和内容的 A/B 测试。
- 基于地理位置或跟踪访问者行为的机器学习处理规则的内容个性化。
- 保留内容的多个版本，并允许重新发布旧版本。
- 将内容翻译成多种人类语言，如英语和德语。

17.1.3 了解 CMS 平台

大多数开发平台或语言都有专门的 CMS，如表 17.1 所示。

表 17.1 不同开发平台或语言对应的 CMS

开发平台	CMS
PHP	WordPress、Drupal、Joomla!、Magento
Python	Django CMS
Java	Adobe Experience Manager、Hippo CMS
.NET Framework	Episerver CMS、Sitecore、Umbraco、Kentico CMS
.NET Core 和.NET 5	Piranha CMS、Orchard Core CMS

更多信息：在撰写本书时，Orchard Core CMS 1.0 虽然已发布，但它相比 Piranha CMS 更复杂，所以笔者决定使用 Piranha CMS，因为 Piranha CMS 更简单、更成熟。另外，Piranha CMS 从 4.0 版本就开始支持.NET Core 了，现在已经升级到 8.4 版本。可通过以下链接了解关于 Orchard Core CMS 的更多信息：https://orchardcore.readthedocs.io/en/。

17.2 了解 Piranha CMS

Piranha CMS 是学习开发 CMS 的极佳选择，因为 Piranha CMS 开源、简单、灵活。

正如首席开发者和创作者 Håkan Edling 所述，Piranha CMS 是轻量级的、不显眼的、跨平台的 CMS 库，适用于.NET Standard 2.0。Piranha CMS 可以用于向现有的应用程序添加 CMS 功能，从零开始构建新网站，甚至可以用作移动应用程序的后端。

Piranha CMS 有如下三条设计原则：
- 开放的、可扩展的平台。
- 简单、直观的内容管理。
- 对于开发人员来说快速、高效、有趣。

Piranha CMS 并没有为商业性的企业客户添加越来越复杂的功能，而是专注于为中小型网站提供一个平台，这些网站需要让非技术用户编辑当前网站上的内容。

Piranha CMS 不是 WordPress，这意味着 Piranha CMS 永远不会有成千上万个预定义的主题和插件需要安装。用 Piranha CMS 自己的话讲，Piranha CMS 的核心和灵魂在于尽可能以最直观的方式组织和编辑内容——其余的事就交给你了。

 更多信息：可通过以下链接阅读 Piranha CMS 的官方文件——http://piranhacm.org/。

17.2.1 开源库和许可

Piranha CMS 是使用一些开源库构建的，包括以下开源库。

- Font Awesome：网络上最流行的图标集和工具包，详见 https://fontawesome.com。
- AutoMapper：基于约定的对象-对象映射器，详见 http://automapper.org。
- Markdig：快速、强大、兼容 CommonMark 且可扩展的 Markdown 处理器，适用于.NET，详见 https://github.com/lunet-io/markdig。
- Newtonsoft Json.NET：流行的高性能 JSON 框架，适用于.NET，详见 https://www.newtonsoft.com/json。

Piranha CMS 是在 MIT 许可下发布的，这意味着允许在专有软件中重用它，前提是所有许可软件的副本都包括 MIT 许可条款的副本和版权声明。

17.2.2 创建 Piranha CMS 网站

Piranha CMS 有 Empty、MVC、Razor Pages 和 Module 四个项目模板。MVC 和 Razor Pages 项目模板包括 Blog 归档以及基本页面和博客帖子的模型、控制器和视图，至于如何选择，则取决于你是喜欢使用 MVC 还是喜欢使用 Razor 页面来实现网站。

在创建 Piranha CMS 网站项目之前，你需要安装这些模板。

下面使用 piranha.blog 项目模板创建 Piranha CMS 网站，并使用 SQLite 数据库存储内容，包括博客文章、用户名和验证密码，用于身份验证。

(1) 在名为 PracticalApps 的文件夹中创建一个名为 NorthwindCms 的子文件夹。
(2) 在 Visual Studio Code 中打开 PracticalApps 工作区。
(3) 将 NorthwindCms 子文件夹添加到工作区。
(4) 导航到 Terminal | New Terminal，选择 NorthwindCms。
(5) 在终端窗口中安装 Piranha CMS 项目模板，如下所示：

```
dotnet new -i Piranha.Templates
```

(6) 在终端窗口中输入如下命令，列出 Piranha CMS 项目模板：

```
dotnet new "piranha cms" --list
```

输出如下所示：

```
Templates                                  Short Name       Language
-------------------------------------------------------------------
ASP.NET Core Empty with Piranha CMS        piranha.empty    [C#]
ASP.NET Core MVC Web with Piranha CMS      piranha.mvc      [C#]
```

```
ASP.NET Core Razor Pages Web with Piranha CMS    piranha.razor    [C#]
ASP.NET Core Razor pages Piranha CMS Module      piranha.module   [C#]
```

(7) 在终端窗口中输入如下命令,使用 MVC 创建 Piranha CMS 网站:

```
dotnet new piranha.mvc
```

(8) 在资源管理器中打开 NorthwindCms.csproj 文件。注意,在撰写本书时,Piranha CMS 是 8.4 版本,面向的目标是 ASP.NET Core 3.1,如下所示:

```xml
<Project Sdk="Microsoft.NET.Sdk.Web">
  <PropertyGroup>
    <TargetFramework>netcoreapp3.1</TargetFramework>
  </PropertyGroup>

  <ItemGroup>
    <PackageReference Include="Piranha" Version="8.4.2" />
    <PackageReference Include="Piranha.AspNetCore" Version="8.4.1" />
    <PackageReference Include="Piranha.AspNetCore.Identity.SQLite"
      Version="8.4.0" />
    <PackageReference Include="Piranha.AttributeBuilder"
      Version="8.4.0" />
    <PackageReference
      Include="Piranha.Data.EF.SQLite" Version="8.4.0" />
    <PackageReference Include="Piranha.ImageSharp" Version="8.4.0" />
    <PackageReference Include="Piranha.Local.FileStorage"
      Version="8.4.0" />
    <PackageReference Include="Piranha.Manager" Version="8.4.0" />
    <PackageReference Include="Piranha.Manager.TinyMCE"
      Version="8.4.0" />
  </ItemGroup>
</Project>
```

请更新 Piranha CMS 及其项目模板以支持.NET 5。当你阅读本书时,目标框架将是.NET 5,.csproj 文件中的 Piranha 版本可能是 9.0 或更高版本。

17.2.3 探索 Piranha CMS 网站

下面探索 Piranha CMS 网站。

(1) 在终端窗口中构建并启动网站,如下所示:

```
dotnet run
```

(2) 启动 Google Chrome 浏览器并导航到 https://localhost:5001/。

(3) 在页面的底部单击 Seed some data 以创建一些样本内容。

- Piranha CMS 网站的首页以令人愉快的方式安排了内容块,通过单击页面上的链接,我们可以显示一些页面内容,如主要图像和描述,从而引导访问者深入网站。
- Piranha CMS 网站上的博客存档用于显示最新的帖子。每一篇博文都有图片、标题、类别、标签、评论、发布日期以及带有 Read more 按钮的摘要文本,如图 17.1 所示。

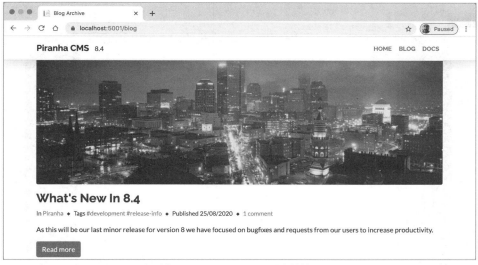

图 17.1　Piranha CMS 网站上的博文

17.2.4　编辑站点和页面内容

下面以网站内容所有者的身份登录并管理网站内容。

(1) 在浏览器的地址栏中输入 https://localhost:5001/manager。

(2) 输入用户名 admin 和密码 password。

(3) 在管理器中，注意名为 Home(这是标准页面类型的一个示例)、Blog(这是博文归档类型的一个示例)和 Docs(这是标准页面类型的另一个示例)的三个现有页面，然后单击 Default Site，如图 17.2 所示。

图 17.2　Default Site 及其页面

(4) 在 Edit site 对话框的 Settings 选项卡中，将 Title 改为 Northwind CMS，将 Description 改为 Providing fresh tasty food to restaurants for three generations，然后单击 Save 按钮，如图 17.3 所示。

(5) 如果目前不在 CONTENT : PAGES 部分，就在导航栏的左边单击 Pages，然后单击 Home，编辑这个页面。

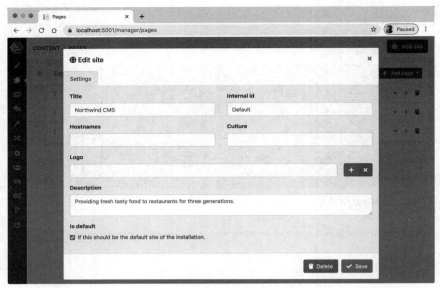

图 17.3　编辑站点设置

(6) 将页面标题改为 Welcome To Northwind CMS。请注意，内容所有者可以在页面标题的下方设置主图像和一些文本，然后继续在下方添加任意数量的块，如图 17.4 所示。
- 可在块之间用圆形按钮插入新的块。
- 当一个块有焦点时，这个块就有了用于折叠、展开和删除块的按钮以及附加操作菜单。
- 对于带有富文本、图像和链接的 CONTENT 块来说，当拥有焦点时，很容易使用工具栏指定样式。
- 带有多列富文本的 COLUMNS 块会有一个+按钮用于添加列，还有一个图标按钮▉用于删除列或整个块。
- 带有多幅图像的 GALLERY 块能在旋转木马风格的动画中旋转这些图像。

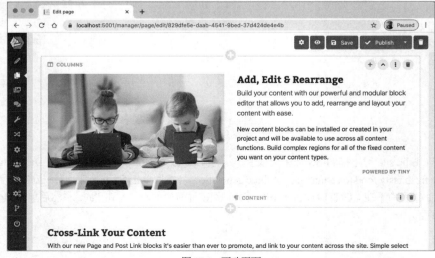

图 17.4　更改页面

(7) 在 CONTENT : PAGES/EDIT 的顶部，单击齿轮图标，显示 Settings 对话框，内容所有者可以设置 URL 路径中使用的段、发布日期、导航标题、页面是否应该隐藏在网站地图中、重定向以及允许注释存在的天数，如图 17.5 所示。

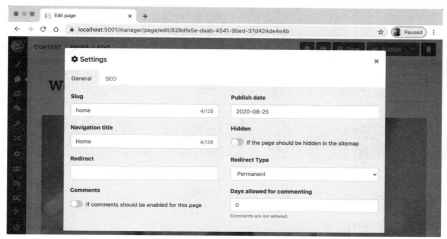

图 17.5　Settings 对话框的 General 选项卡

(8) 单击 SEO 标签，内容所有者可以设置元标题、元关键字、元描述和 OpenGraph (OG)元数据。

更多信息：可通过以下链接了解关于为什么要为 Web 页面设置 OpenGraph 元数据的更多信息——https://ogp.me/。

(9) 将 Meta title 改为 Northwind CMS。
(10) 将 Meta keywords 改为 beverages, condiments, meat, seafood。
(11) 将 Meta description 改为 Providing fresh tasty food to restaurants for three generations。
(12) 注意，OpenGraph 标题和元描述已自动设置，但我们需要自行选择镜像，如图 17.6 所示。

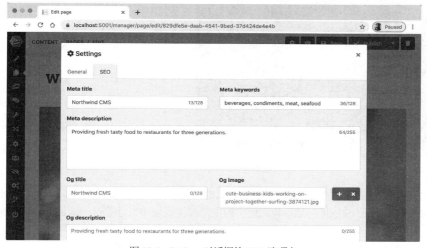

图 17.6　Settings 对话框的 SEO 选项卡

(13) 关闭 Settings 对话框。

(14) 在 CONTENT : PAGES / EDIT 的顶部单击 Save 按钮，注意更改已保存为草稿，如图 17.7 所示。

图 17.7　保存所做的更改

(15) 单击 Publish 按钮，使这些更改对网站访问者可见。

17.2.5　创建一个新的顶级页面

下面创建一个包含一些内容块的顶级页面。

(1) 在左侧的导航栏中单击 Pages，然后单击+ Add 按钮，最后单击 Standard page。

(2) 在 Your page title 文本框中输入 Contact Us。

(3) 选择页面图像。

(4) 为页面文本键入 We welcome your contact。

(5) 在右侧的块部分单击圆形的+按钮，选择 Columns，如图 17.8 所示。

图 17.8　向页面添加内容块

(6) 在 COLUMNS 块的顶部单击+按钮，再单击 Content，输入虚构的邮递地址，如"123 Main Street, New York City, United States"，然后输入虚构的电子邮件地址和电话号码，如 admin@northwind.com 和(123)555-1234。

(7) 在 COLUMNS 块的顶部单击+按钮，再单击 Quote，输入"We love our customers.—Customer

Success Team",如图 17.9 所示。

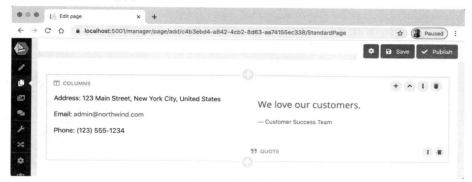

图 17.9　添加引用块

(8) 在 CONTENT : PAGES / EDIT 的顶部单击 Publish。

如果只是单击 Save 按钮，那么新的页面将保存到 CMS 数据库中，因而对网站访客不可见。

17.2.6　创建一个新的子页面

要在 Piranha CMS 中创建新的页面，就必须考虑页面的层次结构。

要创建 Contact Us 页面，可单击 Pages 列表顶部的+ Add page 按钮。但是，要在现有的页面层次结构中插入新的页面，就必须单击现有页面的向下或向右箭头。

- 向下箭头：在当前页面之后创建新页面，它们在同一级别。
- 向右箭头：在当前页面的下方创建新页面，此时创建的是子页面。

即便在错误的位置创建了一个页面，也很容易将这个页面拖放到页面层次结构中的正确位置。许多内容所有者总是喜欢在列表的底部创建新页面，然后将它们拖放到页面层次结构中所需的位置。

下面为 Contact Us 页面创建一个新的子页面。

(1) 在左侧的导航栏中单击 Pages；在 Contact Us 行中单击向右箭头，然后单击 Standard page。

(2) 将页面标题设置为 Our Location，然后单击 Publish。

(3) 在左侧的导航栏中单击 Pages，注意 Our Location 页面是 Contact Us 页面的子页面，如图 17.10 所示。

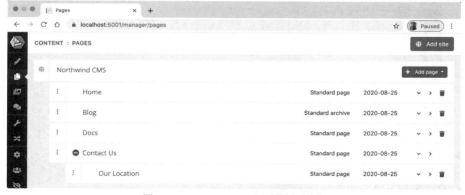

图 17.10　NorthwindCMS 网站的页面结构

(4) 单击 Our Location 页面并进行编辑。

(5) 单击齿轮图标，打开 Settings 对话框，注意 Slug 已经根据页面最初创建的位置得以自动更新。我们可以使用更适合于 URL 路径的字符，如用于空格和小写字母的连字符，如图 17.11 所示。

图 17.11 Our Location 页面的 Slug

如果稍后将 Our Location 页面拖放到页面层次结构中的不同位置，那么图 17.11 中的 Slug 设置不会自动更新，必须手动修改。

17.2.7 回顾博客归档

执行以下步骤：

(1) 在左侧的导航栏中单击 Pages，再单击 Blog，注意博文归档类型的页面中包含图像、文本和块，与标准页面类型相同。

(2) 切换到 Archive 选项卡，注意显示的博文条目表中的每一行都包含博文的标题、发布日期、类型、类别(Piranha、Tristique 或 Magna)以及删帖按钮，如图 17.12 所示。

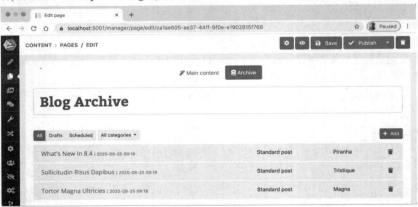

图 17.12 博文条目表

(3) 在博文条目表的右上方单击+Add 按钮。

(4) 输入 Northwind has some cool new fish to sell you!作为标题，输入 Fish 作为类别，添加一些标签(比如 seafood 和 cool)，然后添加至少一个块(比如格言 This fish is the tastiest ever!)。

(5) 单击 Publish。

(6) 单击 Save 按钮左边的 Preview 按钮。

(7) 在浏览器的 Live Preview 选项卡中单击 MOBILE，查看博文在移动设备上的浏览效果，如

图 17.13 所示。

图 17.13　查看博文在移动设备上的效果

17.2.8　文章和页面评论

Piranha CMS 的最新特性就是对文章和页面评论提供了内置支持。

(1) 单击 TABLET，向下滚动到文章的底部，注意访问者可以发表评论，如图 17.14 所示。

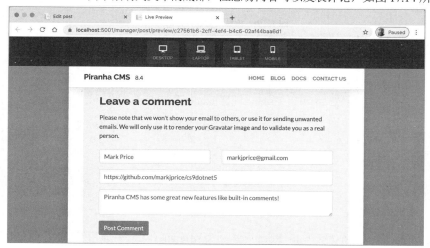

图 17.14　访问者发表评论

(2) 发表自己的评论。
(3) 关闭浏览器的 Live Preview 选项卡。
(4) 在左侧的菜单导航栏中单击 Comments，查看访问者发表的评论，如图 17.15 所示。
(5) 单击 APPROVED 列中的开关按钮，可以取消或批准访问者发表的评论。
(6) 单击 RESPONSE TO 列中的帖子标题，可以快速导航到相应的帖子。
(7) 留意警告通知中显示的待处理评论的数量，如图 17.16 所示。
(8) 单击 Comments 选项卡。
(9) 单击 Pending。
(10) 单击开关按钮以批准评论。
(11) 关闭浏览器的 Comments 选项卡。

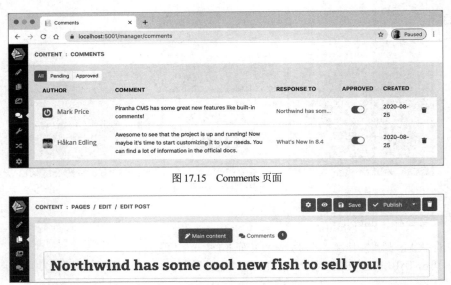

图 17.15　Comments 页面

图 17.16　留意待处理评论的数量

17.2.9　探索身份验证和授权

下面看看有哪些系统设置可以保护内容。

(1) 在左侧的菜单导航栏中单击 Users，注意 admin 用户是 SysAdmin 角色的成员，如图 17.17 所示。

图 17.17　admin 用户的角色

(2) 在左侧的菜单导航栏中单击 Roles，单击 SysAdmin 角色，注意可以为一个角色分配几十种权限，如图 17.18 所示。

图 17.18　管理权限

(3) 在左侧的菜单导航栏中单击 Roles，然后单击+ Add 按钮。
(4) 在 GENERAL 部分输入名称 Editors。
(5) 在 CORE PERMISSIONS 部分选择 Page Preview 和 Post Preview 权限。
(6) 在 MANAGER PERMISSIONS 部分选择以下权限。
- Comments 组：List Comments。
- Media 组：Add Media、Add Media Folders、Edit Media、List Media。
- Pages 组：Add Pages、Edit Pages、List Pages、Pages-Save。
- Posts 组：Add Posts、Edit Posts、List Posts、Save Posts。

(7) 单击 Save。
(8) 在左侧的菜单导航栏中单击 Users，然后单击+ Add 按钮。
(9) 输入用户名 Eve、电子邮件地址 eve@northwind.com，为用户 Eve 分配 Editors 角色并将密码设置为 Pa$$w0rd，如图 17.19 所示。

图 17.19　添加用户

(10) 单击 Add。

最佳实践：应仔细考虑不同的角色需要哪些权限。SysAdmin 角色应该具有所有权限。Editor 角色可能允许添加、删除、编辑和保存页面、帖子、媒体等。但是对于 Publisher 角色，只允许发布内容，因为只有发布者才能够控制什么时候允许网站访问者查看内容。

17.2.10　探索配置

下面看看如何控制 URL 路径、每个页面和帖子在 CMS 数据库中保留的版本号以及缓存以提高网站的可伸缩性和性能。

(1) 在左侧的菜单导航栏中单击 Config，留意如下常见的配置设置。
- Hierarchical page slugs：默认情况下，如果内容所有者创建了页面的分层树，那么 URL 路径将使用分层的 slug，参见 URL 路径/about-us/news-and-events/northwind-wins-award。
- Close comments after：默认为 0 天，因此评论功能将永远打开。
- Enable post/page comments：默认情况下，文章允许访问者发表评论，但页面不允许。
- Approve comments：默认情况下，评论是自动审批的。为了安全，应禁用这项功能，对于个别页面和帖子可另行设置。

- HISTORY：默认情况下，存储每个帖子和页面的 10 个版本。
- CACHING：默认情况下，不会缓存页面和帖子，所以每个访问者的请求都需要从数据库中加载内容。常见的取值有 120 分钟(2 小时)、720 分钟(12 小时)、1440 分钟(24 小时)。

最佳实践：在开发过程中，可通过将缓存时间设置为 0 来关闭页面缓存。当更改代码时，虽然有可能导致混淆，但这在网站上反映不出来！部署到生产环境后，可登录并将它们设置为合理的值，具体取决于内容所有者更新页面的频率以及希望网站访问者看到这些更改的速度。缓存实现了一种平衡。

(2) 单击 Save。

17.2.11 测试新内容

下面看看 Contact Us 和 Our Location 页面是否已发布。

(1) 在左侧的菜单导航栏中单击 Logout。
(2) 导航到 https://localhost:5001/，注意 Contact Us 页面和博客文章现在已能够显示给访客，如图 17.20 所示。

图 17.20　更新后的 Piranha CMS 网站与 Contact Us 页面

(3) 导航栏中只显示了顶级页面，可单击右上角的 CONTACT US 以导航到 Contact US 页面，然后在浏览器的地址栏中添加剩余的网址段并按 Enter 键，如下所示：

```
https://localhost:5001/about-us/our-location
```

在真实的网站中，你可能想要使用类似于带有下拉菜单的 Bootstrap 导航条来为子页面提供导航。

更多信息：可通过以下链接了解 Bootstrap 导航条——https://getbootstrap.com/docs/4.0/components/navbar/。

(4) 关闭浏览器。
(5) 在终端窗口中按 Ctrl＋C 组合键，停止网站的运行。

17.2.12 了解路由

Piranha CMS 使用正常的 ASP.NET Core 路由系统。
我们的网站现在有 5 个页面，它们的相对路径如下：

- Home：/或/home。
- Blog：/blog。
- Docs：/docs。
- Contact Us：/contact-us。
- Our Location：/contact-us/our-location。

当针对以上页面的请求到达时，Piranha CMS 会在内容数据库中查找匹配的内容。找到后，再查找内容的类型，因而对于/contact-us，Piranha CMS 知道这是标准页面。如果没有找到匹配的页面，就返回 404 Missing resource HTTP 响应。

标准页面和归档类型页面不需要自定义路由来工作，因为以下路由是默认配置的。

- /page：除归档类型页面外的所有页面类型。
- /archive：归档类型页面。
- /post：存档中的帖子。
- /post/comment：帖子的评论。

因此，传入的 HTTP 请求 URL 可转换成能让 ASP.NET Core 以正常方式处理的路由。例如，以下请求

```
https://localhost:5001/contact-us
```

可由 Piranha CMS 中间件转换成

```
https://localhost:5001/page?id=154b519d-b5ed-4f75-8aa4-d092559363b0
```

最后再由普通的 ASP.NET Core MVC 控制器进行处理。页面 id 是 GUID，可用于在 Piranha CMS 数据库中查找页面数据。

(1) 在 Controllers 文件夹中打开 CmsController.cs。注意 CmsController 类派生自 Controller 类。

(2) 向下滚动，找到 Page 操作方法，[Route]特性指明了 Page 操作方法用于响应 HTTP 请求的相对 URL 路径//page，可以使用微软的模型绑定程序提取 GUID，并使用 Piranha 的 API 从数据库中查找页面的模型，如下所示：

```
/// <summary>
/// Gets the page with the given id.
/// </summary>
/// <param name="id">The unique page id</param>
/// <param name="draft">If a draft is requested</param>
[Route("page")]
public async Task<IActionResult> Page(
  Guid id, bool draft = false)
{
  try
  {
    var model = await _loader.GetPageAsync<StandardPage>(
      id, HttpContext.User, draft);

    return View(model);
  }
  catch (UnauthorizedAccessException)
  {
    return Unauthorized();
  }
}
```

注意，这里还有类似的操作方法，用于为归档类型页面和帖子自定义简化的路由，同时处理帖子评论并将它们保存到数据库中。这样请求就不会由 Piranha 重复处理，查询字符串参数会将piranha_handling = true 添加到重写的 URL 中。

除了内置的自定义路由之外，还可以定义其他路由。例如，如果建立了电子商务网站，就可能需要用于产品目录和类别的特殊路由。

- 产品目录：/catalog。
- 产品类别：/catalog/beverages。

更多信息：可通过以下链接阅读可用于 Piranha CMS 的高级路由——http://piranhacm.org/docs/architecture/routing/advanced-routing。

17.2.13 了解媒体

媒体文件可通过用户界面进行上传，也可通过编程方式使用 Piranha CMS 提供的、带有流和字节数组的 API 进行上传。

更多信息：可通过链接http://piranhacorg/docs/basics/media-files 阅读关于使用 Piranha CMS API以编程方式上传媒体的更多信息。

为了使上传的媒体更有可能与普通设备兼容，Piranha CMS 限制了可以默认上传的以下媒体类型：

- .jpg、.jpeg 和.png 图像。
- .mp4 视频。
- .pdf 文档。

如果需要上传其他类型的文件，比如 GIF 图像，那么可以在 Startup 类中注册额外的媒体文件类型。

(1) 打开 Startup.cs 文件。
(2) 在 Configure 方法中，在初始化 Piranha 之后，将.gif 文件扩展名注册为可识别的文件类型，如下所示：

```
// Initialize Piranha
App.Init(api);


// register GIFs as a media type
App.MediaTypes.Images.Add(".gif", "image/gif");
```

17.2.14 理解应用程序服务

应用程序服务可以简化对当前请求的公共对象的编程访问。应用程序服务通常可使用名为 WebApp 的_ViewImports.cshtml 注入所有 Razor 文件，如下所示：

```
@inject Piranha.AspNetCore.Services.IApplicationService WebApp
```

应用程序服务的一般用途如表 17.2 所示。

表 17.2 应用程序服务的一般用途

代码	说明
@WebApp.PageId	请求页面的 GUID
@WebApp.Url	浏览器请求在被中间件重写之前的原始 URL
@WebApp.Api	访问完整的 Piranha API
@WebApp.Media.ResizeImage(ImageField image, int width, int? height = null)	将给定的 ImageField 调整为指定的尺寸,并将生成的 URL 路径返回给调整大小后的文件。ImageField 是一种可以引用已上传图片的 Piranha 类型

17.2.15 理解内容类型

Piranha 允许开发者定义如下三种类型的内容。

- 站点：用于可在所有其他内容之间共享的属性。如果不需要共享属性，则不需要站点内容类型。即使需要，每个站点通常也只需要一种站点内容类型。这种类必须使用[SiteType]特性进行装饰。piranha.mvc 项目模板不包括自定义站点方面的例子。

 更多信息：可通过以下链接阅读有关站点这种内容类型的更多信息——https://piranhacms.org/docs/content/sites。

- 页面：用于信息页面(如 Contact Us 页面)和登录页面(如首页或类别页面)，也可以其他页面作为子页面。由所有页面形成的层次结构提供了站点的 URL 路径结构，例如/contact-us/locations 和/contact-us/job-vacancies。每个站点通常有多种页面内容类型，比如标准页面、归档类型页面、类别页面和产品页面。这种类必须使用[PageType]特性进行装饰。
- 帖子：用于没有子页面且只能在归档类型页面中列出的页面。可以根据日期、类别和标记对帖子进行筛选和分组。PostArchive<T>类型可按照约定通过名为 Archive 的页面属性为用户提供与帖子的交互。每个站点通常只有一种或两种帖子内容类型，比如 NewsPost 或 EventPost。这种类必须使用[PostType]进行装饰。

1. 理解组件类型

注册的内容类型在 Piranha 管理器中提供了对创建、编辑和删除操作的内置支持。内容类型的结构是通过将内容分为三类组件类型来提供的。

- 字段：内容的最小组成部分。它们可以是简单的数字、日期或字符串。字段类似于 C#类中的属性。这种属性必须使用[Field]特性进行装饰。
- 区域：在开发人员的控制下，显示在页面上固定位置的小块内容或呈现给访问者的帖子。区域包括一个或多个字段，也可能包括字段的可排序集合。区域就像 C#类中的复杂属性。这种属性必须使用[Region]特性进行装饰。
- 块：可以添加、重新排序和删除的小块内容。块为内容编辑器提供了强大的灵活性。默认情况下，所有页面和帖子可以包含任意数量的块，尽管对于具有[PageType]特性(用来设置 UseBlocks 为 false)的特定页面或帖子内容类型，可以禁用块。标准块类型包括多列富文本、引用和图像。开发人员可以利用 Piranha 管理器中自定义的编辑经验来自定义块类型。

2. 理解标准字段

每个标准字段都有内置的编辑经验。

- CheckBoxField、DateField、NumberField、StringField、TextField：拥有简单的字段值。
- PageField 和 PostField：可使用 GUID 来引用页面或帖子。
- DocumentField、ImageField、VideoField、MediaField：可使用 GUID 引用文档、图像、视频或任何媒体文件。默认情况下，DocumentField 可以是.pdf，ImageField 可以是.jpg、.jpeg 或.png，VideoField 可以是.mp4，MediaField 可以是任何文件类型。
- HtmlField、MarkdownField：格式化的文本、带有工具栏的可自定义的 TinyMCE 编辑器和 Markdown 编辑器。

3. 定制富文本编辑器

默认情况下，Piranha CMS 包含开源的 TinyMCE 富文本编辑器。

 更多信息：可通过以下链接阅读 TinyMCE 文档——https://www.tiny.cloud/docs/。

TinyMCE 是使用名为 editorconfig.json 的文件进行配置的，如下所示：

```
{
  "plugins": "autoresize autolink code hr paste lists piranhalink piranhaimage",
  "toolbar": "bold italic | bullist numlist hr | alignleft aligncenter alignright |
              formatselect styleselect | piranhalink piranhaimage",
  "blockformats": "Paragraph=p;Header 1=h1;Header 2=h2;Header 3=h3;Header 4=h4;
                   Code=pre;Quote=blockquote",
  "styleformats": [
    { "title": "Small", "tag": "small", "type": "inline" },
    { "title": "Code", "tag": "code", "type": "format" },
    { "title": "Lead", "tag": "p", "type": "block", "classes": "lead" },
    { "title": "Button Primary", "tag": "a", "type": "inline", "classes": "btn btn-primary" },
    { "title": "Button Light", "tag": "a", "type": "inline", "classes": "btn btn-light" }
  ]
}
```

Piranha CMS 提供了两个自定义的 TinyMCE 插件，以支持集成的嵌入式链接和图像。

4. 回顾一些内容类型

下面回顾一下 Piranha Blog 项目模板定义的一些内容类型。

(1) 打开 Models/BlogSite.cs。请注意，页面类型必须继承自 Page<T>，其中的 T 表示派生类，需要使用[PageType]特性进行装饰，如下所示：

```
using Piranha.AttributeBuilder; // [PageType]
using Piranha.Models;           // Page<T>

namespace NorthwindCms.Models
{
  [PageType(Title = "Standard page")]
  public class StandardPage : Page<StandardPage>
  {
  }
}
```

(2) 单击 Page<StandardPage>，按 F12 功能键以查看源文件。
(3) 单击 GenericPage<T>，按 F12 功能键以查看源文件。
(4) 单击 PageBase，按 F12 功能键以查看源代码。
(5) 查看 PageBase 类的源代码，注意每个页面都有以下属性。

- SiteId 和 ParentId，它们都是 Guid 值。
- Blocks，表示的是 Block 实例列表。

```
#region Assembly Piranha, Version=8.4.2.0, Culture=neutral, PublicKeyToken=null
// Piranha.dll
#endregion
using System;
using System.Collections.Generic;
using System.ComponentModel.DataAnnotations;
using Piranha.Extend;

namespace Piranha.Models
{
  public abstract class PageBase :
    RoutedContentBase, IBlockContent, IMeta, ICommentModel
  {
    protected PageBase();

    public Guid SiteId { get; set; }
    [StringLength(256)]
    public Guid? ParentId { get; set; }
    public int SortOrder { get; set; }
    [StringLength(128)]
    public string NavigationTitle { get; set; }
    public bool IsHidden { get; set; }
    [StringLength(256)]
    public string RedirectUrl { get; set; }
    public RedirectType RedirectType { get; set; }
    public Guid? OriginalPageId { get; set; }
    public IList<Block> Blocks { get; set; }
    public bool EnableComments { get; set; }
    public int CloseCommentsAfterDays { get; set; }
    public int CommentCount { get; set; }
    public bool IsCommentsOpen { get; }
    public bool IsStartPage { get; }
  }
}
```

(6) 单击 RoutedContentBase，按 F12 功能键以查看源代码。注意，RoutedContentBase 类为 URL 路径中使用的段名定义了属性(如 Slug)、SEO 和 OpenGraph 元数据(如描述和关键字、主图像和摘录以及发布日期)。

(7) 单击 ContentBase，按 F12 功能键以查看源文件，注意其中的所有内容都包含：

- 作为 Guid 的 Id。
- 作为字符串的 TypeId。
- 作为字符串的 Title。
- 创建并于最后修改的 DateTime 值。

```
Id as a Guid
TypeId as a string
Title as a string
DateTime values for when it was created and last modified:
```

```csharp
using System;
using System.ComponentModel.DataAnnotations;

namespace Piranha.Models
{
  public abstract class ContentBase
  {
    protected ContentBase();

    public Guid Id { get; set; }
    [StringLength(64)]
    public string TypeId { get; set; }
    [StringLength(128)]
    public string Title { get; set; }
    public IList<string> Permissions { get; set; }
    public DateTime Created { get; set; }
    public DateTime LastModified { get; set; }
  }
}
```

(8) 打开 Views/Cms/Page.cshtml，注意以下事项。

- 作为一种强类型的视图，Page.cshtml 会传递 StandardPage 类的实例作为 Model 属性。
- 在 ViewData 字典中存储 Title，这样就可以渲染到共享布局中。
- 从模型中渲染额外的元标签。
- 渲染标题、背景图像和摘录(如果有的话)，并在 Bootstrap 风格的<div>元素中渲染块，如下所示：

```
@model StandardPage
@{
  ViewData["Title"] = !string.IsNullOrEmpty(Model.MetaTitle)
    ? Model.MetaTitle : Model.Title;
  var hasImage = Model.PrimaryImage.HasValue;
}
@section head {
  @WebApp.MetaTags(Model)
}

<header @(hasImage ? "class=has-image" : "") @(hasImage ? $"style=background-image:url({
          @Url.Content(WebApp.Media.ResizeImage(Model.PrimaryImage, 1920, 400)) })" : "")>
  <div class="dimmer"></div>
  <div class="container text-center">
    <h1>@Model.Title</h1>
    @if (!string.IsNullOrWhiteSpace(Model.Excerpt))
    {
      <div class="row justify-content-center">
        <div class="col-lg-8 lead">
          @Html.Raw(Model.Excerpt)
        </div>
      </div>
    }
  </div>
</header>

<main>
  @foreach (var block in Model.Blocks)
  {
    <div class="block @block.CssName()">
      <div class="container">
```

```
            @Html.DisplayFor(m => block, block.GetType().Name)
        </div>
      </div>
    }
  </main>
```

5. 审查页面类型和帖子类型

网站上的博文至少有两种类型：页面类型和帖子类型。页面类型可充当容器，用于列出、筛选和分组博文。

(1) 打开 Models/StandardArchive.cs，由于是页面类型，因而可以使用[PageType]特性进行装饰，注意 IsArchive 属性被设置为 true，而 Archive 属性的类型为 PostArchive，如下所示：

```
using Piranha.AttributeBuilder;
using Piranha.Models;

namespace NorthwindCms.Models
{
  [PageType(Title = "Standard archive", IsArchive = true)]
  public class StandardArchive : Page<StandardArchive>
  {
    public PostArchive<PostInfo> Archive { get; set; }
  }
}
```

(2) 打开 Models/StandardPost.cs，注意帖子类型必须继承自 Post<T>，其中的 T 表示派生类。这种页面可使用[PostType]特性进行装饰，并且所有帖子都有一个单独的属性用来存储评论，如下所示：

```
using System.Collections.Generic;
using Piranha.AttributeBuilder;
using Piranha.Models;
namespace NorthwindCms.Models
{
  [PostType(Title = "Standard post")]
  public class StandardPost : Post<StandardPost>
  {
    public IEnumerable<Comment> Comments
      { get; set; } = new List<Comment>();
  }
}
```

17.2.16 理解标准块

标准块包括

- 列：这种标准块拥有 Items 属性，其中有一项或多项是 Block 实例。
- 图像：这种标准块拥有 Body 属性，作为带视图的 ImageField，可输出作为<img>元素的 src 属性值。
- 引用：这种标准块拥有 Body 属性，作为带视图的 TextField，可封装到<blockquote>元素中并输出。
- 文本：这种标准块拥有 Body 属性，是普通的 TextField。

17.2.17 检查组件类型和标准块

下面回顾一下项目模板定义的一些组件类型。

(1) 在 Models 文件夹中添加一个新的没有名称空间的临时类，命名为 ExploreBlocks.cs。然后输入语句，定义一些属性，每个属性对应一种常见的块类型，如下所示：

```
using Piranha.Extend.Blocks;

class ExploreBlocks
{
  AudioBlock ab;
  HtmlBlock hb;
  ColumnBlock cb;
  ImageBlock ib;
  ImageGalleryBlock igb;
  PageBlock pb;
  QuoteBlock qb;
  SeparatorBlock sb;
  TextBlock tb;
  VideoBlock vb;
}
```

(2) 单击每种块类型的内部，按 F12 功能键以查看定义。注意，要定义一种块类型，这种块类型就必须从 Block 类继承，并使用[BlockType]特性进行装饰。例如 HtmlBlock 类，如下所示：

```
#region Assembly Piranha, Version=8.4.2.0, Culture=neutral, PublicKeyToken=null
// Piranha.dll
#endregion

using Piranha.Extend.Fields;

namespace Piranha.Extend.Blocks
{
  [BlockType(Name = "Content", Category = "Content",
    Icon = "fas fa-paragraph", Component = "html-block")]
  public class HtmlBlock : Block, ISearchable
  {
    public HtmlBlock();
    public HtmlField Body { get; set; }
    public string GetIndexedContent();
    public override string GetTitle();
  }
}
```

(3) 打开 Views/Cms/DisplayTemplates/HtmlBlock.cshtml，注意这个页面将通过简单地渲染存储在 Body 属性中的原始 HTML 来渲染块，如下所示：

```
@model Piranha.Extend.Blocks.HtmlBlock

@Html.Raw(Model.Body)
```

(4) 打开 Views/Cms/DisplayTemplates/ColumnBlock.cshtml，注意这个页面将通过调用 DisplayFor 方法来渲染块的集合。DisplayFor 方法会将块模型传递给使用 Bootstrap 样式化的<div>元素中的适当视图，如下所示：

```
@model Piranha.Extend.Blocks.ColumnBlock

<div class="row">
  @for (var n = 0; n < Model.Items.Count; n++)
  {
    <div class="col-md">
      @Html.DisplayFor(m => Model.Items[n],
        Model.Items[n].GetType().Name)
    </div>
  }
</div>
```

(5) 检查其他内置的块类型的模型和视图。

(6) 注释掉整个类或从项目中删除文件。

 更多信息：如果不熟悉 Bootstrap 网格系统，可通过以下链接来了解详情——https://getbootstrap.com/docs/4.1/layout/grid/。

17.3 定义组件、内容类型和模板

前面介绍了项目模板提供的内容和组件类型的功能，下面自定义页面和区域以存储从 Northwind 示例数据库导入的类别和产品，从而显示 Northwind 产品目录。

首先创建 MVC 控制器，并通过查询 Northwind 示例数据库中的类别及产品来响应/import 相对路径的 HTTP GET 请求。

然后使用 Piranha CMS API 查找表示产品目录的根页面以及根页面的子页面，以编程方式创建自定义的 CategoryPage 类型的实例，其中包含要存储详细信息的定义区域(例如每个类别的名称、描述和图像)以及自定义区域的实例列表，进而存储每个产品的详细信息，包括名称、价格、库存数量等，如图 17.21 所示。

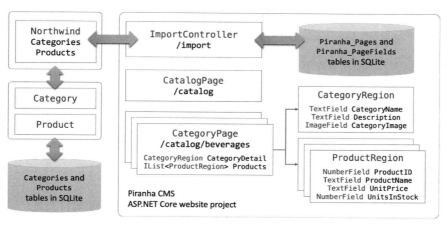

图 17.21 站点的信息关系

17.3.1 创建自定义区域

下面从为类别和产品创建自定义区域开始,这样数据就可以存储在 Piranha CMS 数据库中,并由内容所有者通过管理器用户界面进行编辑。

(1) 在 Models 文件夹中添加一个名为 CategoryRegion.cs 的类文件,并添加语句以定义一个区域,使用合适的字段类型来存储 Northwind 示例数据库中的类别信息,如下所示:

```
using Piranha.Extend;
using Piranha.Extend.Fields;

namespace NorthwindCms.Models
{
  public class CategoryRegion
  {
    [Field(Title = "Category ID")]
    public NumberField CategoryID { get; set; }

    [Field(Title = "Category name")]
    public TextField CategoryName { get; set; }

    [Field]
    public HtmlField Description { get; set; }

    [Field(Title = "Category image")]
    public ImageField CategoryImage { get; set; }
  }
}
```

(2) 在 Models 文件夹中添加一个名为 ProductRegion.cs 的类文件,并添加语句以定义一个区域,使用合适的字段类型来存储 Northwind 示例数据库中的产品信息,如下所示:

```
using Piranha.Extend;
using Piranha.Extend.Fields;
using Piranha.Models;

namespace NorthwindCms.Models
{
  public class ProductRegion
  {
    [Field(Title = "Product ID")]
    public NumberField ProductID { get; set; }

    [Field(Title = "Product name")]
    public TextField ProductName { get; set; }

    [Field(Title = "Unit price", Options = FieldOption.HalfWidth)]
    public StringField UnitPrice { get; set; }

    [Field(Title = "Units in stock", Options = FieldOption.HalfWidth)]
    public NumberField UnitsInStock { get; set; }
  }
}
```

17.3.2 创建实体数据模型

在撰写本书时，Piranha CMS 8.4 还不支持.NET 5，因而还不能使用 EF Core 数据库上下文和实体模型类项目。但是，由于只需要使用基本的功能来导入类别和产品，因此我们可以在当前的 Piranha CMS 项目中创建简化的 Northwind 数据库上下文和实体模型类。

(1) 在 Models 文件夹中添加一个名为 Northwind.cs 的类文件。
(2) 添加语句以定义 Northwind、Category 和 Product 类，如下所示：

```
using Microsoft.EntityFrameworkCore;
using System.Collections.Generic;

namespace Packt.Shared
{
  public class Category
  {
    public int CategoryID { get; set; }
    public string CategoryName { get; set; }
    public string Description { get; set; }

    public virtual ICollection<Product> Products { get; set; }

    public Category()
    {
      this.Products = new HashSet<Product>();
    }
  }

  public class Product
  {
    public int ProductID { get; set; }
    public string ProductName { get; set; }
    public decimal? UnitPrice { get; set; }
    public short? UnitsInStock { get; set; }
    public bool Discontinued { get; set; }
    public int CategoryID { get; set; }

    public virtual Category Category { get; set; }
  }
  public class Northwind : DbContext
  {
    public DbSet<Category> Categories { get; set; }
    public DbSet<Product> Products { get; set; }

    public Northwind(DbContextOptions options)
      : base(options) { }

    protected override void OnModelCreating(ModelBuilder modelBuilder)
    {
      modelBuilder.Entity<Category>()
        .HasMany(c => c.Products)
        .WithOne(p => p.Category);

      modelBuilder.Entity<Product>()
        .HasOne(p => p.Category)
```

```
            .WithMany(c => c.Products);
    }
  }
}
```

17.3.3 创建自定义页面类型

下面为目录和产品类别自定义页面类型。

(1) 在 Models 文件夹中添加一个名为 CatalogPage.cs 的类文件。CatalogPag 类不允许包含块,也没有内容区域,因为内容可从数据库中进行填充,并且有自定义的路由路径/catalog,如下所示:

```
using Piranha.AttributeBuilder;
using Piranha.Models;

namespace NorthwindCms.Models
{
  [PageType(Title = "Catalog page", UseBlocks = false)]
  [PageTypeRoute(Title = "Default", Route = "/catalog")]
  public class CatalogPage : Page<CatalogPage>
  {
  }
}
```

(2) 在 Models 文件夹中添加一个名为 CategoryPage.cs 的类文件。CategoryPage 类也不允许包含块,但是包含自定义的路由路径/catalog-category,还有一个属性用来存储类别信息,以及另一个属性用来存储产品列表,如下所示:

```
using Piranha.AttributeBuilder;
using Piranha.Extend;
using Piranha.Models;
using System.Collections.Generic;

namespace NorthwindCms.Models
{
  [PageType(Title = "Category Page", UseBlocks = false)]
  [PageTypeRoute(Title = "Default", Route = "/catalog-category")]
  public class CategoryPage : Page<CategoryPage>
  {
    [Region(Title = "Category detail")]
    [RegionDescription("The details for this category.")]
    public CategoryRegion CategoryDetail { get; set; }

    [Region(Title = "Category products")]
    [RegionDescription("The products for this category.")]
    public IList<ProductRegion> Products
      { get; set; } = new List<ProductRegion>();
  }
}
```

17.3.4 创建自定义视图模型

接下来,我们需要定义一些类型来填充目录页面,我们将使用页面层次结构来确定要在目录页面中显示的产品类别。

(1) 在 Models 文件夹中添加一个名为 CategoryItem.cs 的类文件。CategoryItem 类的属性用于存储类别摘要，其中包括指向图像和整个类别页面的链接，如下所示：

```
namespace NorthwindCms.Models
{
  public class CategoryItem
  {
    public string Title { get; set; }
    public string Description { get; set; }
    public string PageUrl { get; set; }
    public string ImageUrl { get; set; }
  }
}
```

(2) 在 Models 文件夹中添加一个名为 CatalogViewModel.cs 的类文件。CatalogViewModel 类定义了一些属性用来引用目录页面和存储类别的摘要列表，如下所示：

```
using System.Collections.Generic;

namespace NorthwindCms.Models
{
  public class CatalogViewModel
  {
    public CatalogPage CatalogPage { get; set; }
    public IEnumerable<CategoryItem> Categories { get; set; }
  }
}
```

17.3.5　为内容类型自定义内容模板

现在必须定义控制器和视图来呈现内容类型。下面将使用站点地图来获取类别页面的子类别，以确定哪些类别应该显示在目录中。

(1) 打开 Controllers/CmsController.cs，导入 System.Linq 名称空间并添加语句，定义两个新的操作方法，分别命名为 Catalog 和 Category，这两个操作方法是专为类别和每个类别目录的路由而配置的，如下所示：

```
using System;
using System.Threading.Tasks;
using Microsoft.AspNetCore.Mvc;
using Piranha;
using Piranha.AspNetCore.Services;
using Piranha.Models;
using NorthwindCms.Models;
using System.Linq;

namespace NorthwindCms.Controllers
{
  [ApiExplorerSettings(IgnoreApi = true)]
  public class CmsController : Controller
  {
    ...

    [Route("catalog")]
    public async Task<IActionResult> Catalog(Guid id)
```

```
        {
            var catalog = await _api.Pages.GetByIdAsync<CatalogPage>(id);

            var model = new CatalogViewModel
            {
                CatalogPage = catalog,
                Categories = (await _api.Sites.GetSitemapAsync())
                    // get the catalog page
                    .Where(item => item.Id == catalog.Id)
                    // get its children
                    .SelectMany(item => item.Items)
                    // for each child sitemap item, get the page
                    // and return a simplified model for the view
                    .Select(item =>
                    {
                        var page = _api.Pages.GetByIdAsync<CategoryPage>
                            (item.Id).Result;

                        var ci = new CategoryItem
                        {
                            Title = page.Title,
                            Description = page.CategoryDetail.Description,
                            PageUrl = page.Permalink,
                            ImageUrl = page.CategoryDetail.CategoryImage
                                .Resize(_api, 200)
                        };
                        return ci;
                    })
            };
            return View(model);
        }

        [Route("catalog-category")]
        public async Task<IActionResult> Category(Guid id)
        {
            var model = await _api.Pages
                .GetByIdAsync<Models.CategoryPage>(id);
            return View(model);
        }
    }
}
```

这里使用 catalog-category 作为路由的名称,因为已经有了名为 category 的路由用于将博文分组到类别中。

(2) 在 Views/Cms 文件夹中添加一个名为 Catalog.cshtml 的 Razor 文件,如下所示:

```
@using NorthwindCms.Models
@model CatalogViewModel
@{
    ViewBag.Title = Model.CatalogPage.Title;
}
<div class="container">
    <div class="row justify-content-center">
        <div class="col-sm-10">
            <h1 class="display-3">@Model.CatalogPage.Title</h1>
        </div>
```

```
    </div>
    <div class="row">
    @foreach(CategoryItem c in Model.Categories)
    {
      <div class="col-sm-4">
        <a class="card-link" href="@c.PageUrl">
          <div class="card border-dark" style="width: 18rem;">
            <img class="card-img-top" src="@c.ImageUrl"
              alt="Image of @c.Title" asp-append-version="true" />
            <div class="card-body">
              <h5 class="card-title text-info">@c.Title</h5>
              <p class="card-text text-info">@c.Description</p>
            </div>
          </div>
        </a>
      </div>
    }
    </div>
</div>
```

(3) 在 Views/Cms 文件夹中再添加一个名为 Category.cshtml 的 Razor 文件，如下所示：

```
@using NorthwindCms.Models
@model CategoryPage
@{
  ViewBag.Title = Model.Title;
}
<div class="container">
  <div class="row justify-content-center">
    <div class="col-sm-10">
      <h1 class="display-4">
        @Model.CategoryDetail.CategoryName
      </h1>
      <p class="lead">@Model.CategoryDetail.Description</p>
    </div>
  </div>
  <div class="row">
  @if (Model.Products.Count == 0)
  {
    <div class="col-sm-10">
      There are no products in this category!
    </div>
  }
  else
  {
    @foreach(ProductRegion p in Model.Products)
    {
    <div class="col-sm-4">
      <div class="card border-dark" style="width: 18rem;">
        <div class="card-header">
          In Stock: @p.UnitsInStock.Value
        </div>
        <div class="card-body">
          <h5 class="card-title text-info">
            <small class="text-muted">@p.ProductID.Value</small>
            @p.ProductName.Value
          </h5>
```

```html
      <p class="card-text text-info">
        Price: @p.UnitPrice.Value
      </p>
    </div>
   </div>
  </div>
 }
 </div>
</div>
```

17.3.6 通过配置启动和导入数据库

最后，必须配置内容类型和 Northwind 数据库连接字符串。

(1) 打开 Startup.cs 并导入 System.IO 名称空间。

(2) 在 ConfigureServices 方法的底部，添加一条注册 Northwind 数据库上下文的语句，如下所示：

```csharp
public void ConfigureServices(IServiceCollection services)
{
 ...
  string databasePath = Path.Combine("..", "Northwind.db");
  services.AddDbContext<Packt.Shared.Northwind>(options =>
    options.UseSqlite($"Data Source={databasePath}"));
}
```

(3) 在 Controllers 文件夹中添加一个名为 ImportController.cs 的类文件，定义一个控制器，用于把 Northwind 示例数据库中的类别和产品导入新的自定义内容类型的实例中，如下所示：

```csharp
using Microsoft.AspNetCore.Mvc;
using Piranha;
using Piranha.Models;
using System;
using System.Linq;
using System.Threading.Tasks;
using Packt.Shared;
using NorthwindCms.Models;
using Microsoft.EntityFrameworkCore; // Include() extension method

namespace NorthwindCms.Controllers
{
 public class ImportController : Controller
  {
   private readonly IApi api;
   private readonly Northwind db;

   public ImportController(IApi api, Northwind injectedContext)
   {
     this.api = api;
     db = injectedContext;
   }

   [Route("/import")]
   public async Task<IActionResult> Import()
   {
     int importCount = 0;
```

```csharp
int existCount = 0;

var site = await api.Sites.GetDefaultAsync();

var catalog = await api.Pages
  .GetBySlugAsync<CatalogPage>("catalog");

foreach (Category c in
  db.Categories.Include(c => c.Products))
{
  // if the category page already exists,
  // then skip to the next iteration of the loop
  CategoryPage cp = await api.Pages.GetBySlugAsync<CategoryPage>(
    $"catalog/{c.CategoryName.ToLower().Replace(' ', '-') }");

  if (cp == null)
  {
    importCount++;

    cp = await CategoryPage.CreateAsync(api);

    cp.Id = Guid.NewGuid();
    cp.SiteId = site.Id;
    cp.ParentId = catalog.Id;
    cp.CategoryDetail.CategoryID = c.CategoryID;
    cp.CategoryDetail.CategoryName = c.CategoryName;
    cp.CategoryDetail.Description = c.Description;

    // find the media folder named Categories
    Guid categoriesFolderID =
      (await api.Media.GetAllFoldersAsync())
      .First(folder => folder.Name == "Categories").Id;

    // find image with correct filename for category id
    var image = (await api.Media
      .GetAllByFolderIdAsync(categoriesFolderID))
      .First(media => media.Type == MediaType.Image
      && media.Filename == $"category{c.CategoryID}.jpeg");

    cp.CategoryDetail.CategoryImage = image;

    if (cp.Products.Count == 0)
    {
      // convert the products for this category into
      // a list of instances of ProductRegion
      cp.Products = c.Products
        .Select(p => new ProductRegion
        {
          ProductID = p.ProductID,
          ProductName = p.ProductName,
          UnitPrice = p.UnitPrice.HasValue
            ? p.UnitPrice.Value.ToString("c") : "n/a",
          UnitsInStock = p.UnitsInStock ?? 0
        }).ToList();
    }
```

```
            cp.Title = c.CategoryName;
            cp.MetaDescription = c.Description;
            cp.NavigationTitle = c.CategoryName;
            cp.Published = DateTime.Now;

            await api.Pages.SaveAsync(cp);
        }
        else
        {
            existCount++;
        }
    }

    TempData["import_message"] = $"{existCount} categories already existed. {importCount}
                                    new categories imported.";

    return Redirect("~/");
    }
  }
}
```

(4) 在 Views\Cms 文件夹中，打开 Page.cshtml，在<main>元素的顶部添加一些语句。如果已经设置了导入消息，就输出一条导入消息，如下所示：

```
<main>
@if(TempData["import_message"] != null)
{
<div class="container">
  <div class="row">
    <div class="col">
      <div class="alert alert-info" role="alert">
        <h4 class="alert-heading">Import</h4>
        <p>@TempData["import_message"]</p>
      </div>
    </div>
  </div>
</div>
}
```

17.3.7 学习如何使用项目模板创建内容

通过查看 Piranha CMS 示例网站中用于创建初始页面的 SetupController.cs 类文件，就可以获得关于如何以编程方式处理内容的更多灵感。例如，如何创建像 Docs 这样的页面，以及如何重定向到另一个页面，如下所示：

```
// Add docs page
var docsPage = await StandardPage.CreateAsync(_api);
docsPage.Id = Guid.NewGuid();
docsPage.SiteId = site.Id;
docsPage.SortOrder = 1;
docsPage.Title = "Read The Docs";
docsPage.NavigationTitle = "Docs"; // used to generate the slug
...
docsPage.RedirectUrl = "https://piranhacms.org/docs";
docsPage.RedirectType = RedirectType.Temporary;
```

```
...
docsPage.Published = DateTime.Now;
await _api.Pages.SaveAsync(docsPage);
```

下面展示了如何以编程方式向首页添加块：

```
// Add start page
var startPage = await StandardPage.CreateAsync(_api);
...

startPage.Blocks.Add(new HtmlBlock
{
  Body = "<h2>Because First Impressions Last</h2>" +
    "<p class=\"lead\">All pages and posts you create have a primary image and excerpt available that you can use both to create nice looking headers for your content, but also when listing or linking to it on your site. These fields are totally optional and can be disabled for each content type.</p>"
});

startPage.Blocks.Add(new ColumnBlock
{
  Items = new List<Block>()
  {
    new ImageBlock
    {
      Aspect = new SelectField<ImageAspect>
        { Value = ImageAspect.Widescreen },
      Body = images["concentrated-little-kids-...jpg"]
    },
    new HtmlBlock
    {
      Body = "<h3>Add, Edit & Rearrange</h3>" + ...
    }
  }
});
```

17.4 测试 Northwind CMS 网站

现在准备运行 Northwind CMS 网站。

17.4.1 上传图像并创建类别根目录

首先上传一些用于类别产品的图像，然后创建类别页面作为页面层次结构中的根页面，稍后再从 Northwind 示例数据库中导入内容。

 更多信息：可通过以下链接从本书的 GitHub 存储库中下载图像——https://github.com/markjprice/cs8dotnetcore3/tree/master/Assets。

(1) 在终端窗口中输入 dotnet run 命令以构建和启动网站。

(2) 启动 Google Chrome 浏览器，导航到 https://localhost:5001/manager/，并以 admin 身份使用 password 作为密码进行登录。

(3) 在左侧的菜单导航栏中单击 Media，单击+按钮添加名为 Categories 的文件夹。

(4) 选择 Categories 文件夹，导入一些类别图片，如图 17.22 所示。

图 17.22　导入类别图片

(5) 在左侧的菜单导航栏中单击 Pages，添加一个新的类别页面，将标题设置为 Catalog，然后单击 Publish。

17.4.2　导入类别和产品内容

在 CONTENT: PAGES 部分，内容所有者可以手动在 Catalog 部分添加新的类别页面，但是这里可通过导入控制器来自动创建所有类别和产品。

(1) 在 Google Chrome 浏览器的地址栏中将 URL 更改为 https://localhost:5001/，按 Enter 键。

(2) 在首页的顶部导航菜单中单击 Catalog，注意新的类别页面当前是空的。

(3) 在 Google Chrome 浏览器的地址栏中将 URL 更改为 https://localhost:5001/import/，按 Enter 键。注意在导入 Northwind 示例数据库中的类别和产品后，浏览器将被重定向到首页。这里有一条导入消息，指示导入了 8 个类别。如果再次进入 /import 路由，就会指出已经存在 8 个类别。

(4) 单击 Catalog，注意类别已成功导入，如图 17.23 所示。

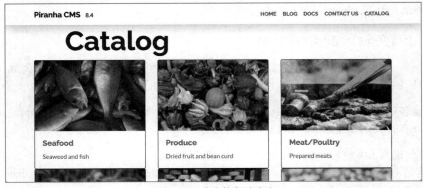

图 17.23　发布的类别页面

(4) 单击 Meat/Poultry 类别。注意，URL 是 https://localhost:5001/catalog/meat/poultry，你会看到一

些产品，如图 17.24 所示。

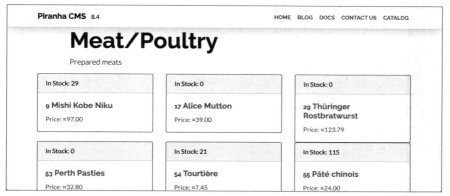

图 17.24　Meat/Poultry 类别的产品

17.4.3　管理类别内容

现在已经导入了类别内容，内容所有者可以使用 Piranha 管理器接口进行更改，而不是编辑 Northwind 示例数据库中的原始数据。

(1) 在 Google Chrome 浏览器的地址栏中，将 URL 更改为 https://localhost:5001/manager/，如有必要，使用 password 作为密码以 admin 身份进行登录。

(2) 在 CONTENT : PAGES 中，在 Catalog 部分单击 Meat/Poultry 类别页面，如图 17.25 所示。

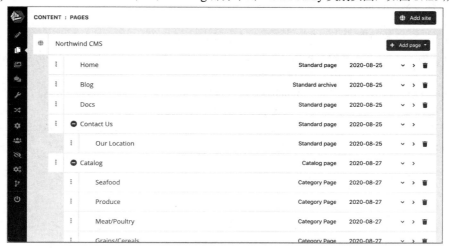

图 17.25　页面层次中的目录结构

(3) 在 Meat/Poultry 类别页面中，请注意类别详情，包括已上传图像媒体的链接，然后单击 Category products 选项卡。

(4) 在 Category products 中，注意虽然有 6 行用来表示 6 种产品，但这些行并不显示产品的详细信息。可以编写扩展来改善行中产品的视图。

(5) 单击任意一行的 ⋮ 图标可展开或折叠该行，注意管理员可以编辑数据，也可单击删除图标以完全删除产品，如图 17.26 所示。

(6) 关闭浏览器。

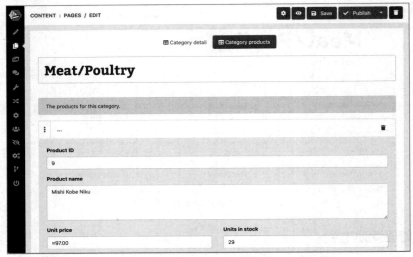

图 17.26　编辑 Meat/Poultry 页面

17.4.4　Piranha 如何存储内容

下面看看如何在 Piranha CMS 数据库中存储内容。

(1) 启动 SQLiteStudio。
(2) 导航到 Database | Add a database。
(3) 单击黄色的文件夹，浏览本地计算机中的现有数据库文件。
(4) 导航到 Code/PracticalApps/NorthwindCms 文件夹，选择 piranha.db，然后单击 Open 按钮。
(5) 在 Database 对话框中单击 OK 按钮。
(6) 在 Database 对话框中双击 piranha.db 以连接这个数据库。
(7) 展开 Tables，右击 Piranha_Pages 表，从弹出菜单中选择 Edit the table。
(8) 单击 Data 选项卡，注意为每个页面存储的列值，包括 LastModified、MetaDescription、NavigationTitle 和 PageTypeId，如图 17.27 所示。

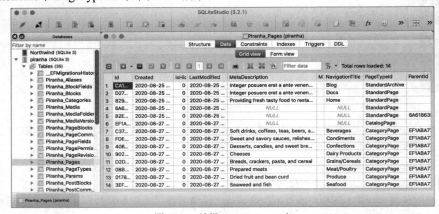

图 17.27　编辑 Piranha_Pages 表

(9) 右击 Piranha_PageFields 表，从弹出菜单中选择 Edit the table。

(10) 单击 Data 选项卡，注意为每个页面存储的列值，包括 CLRType、FieldId、RegionId 和 Value，如图 17.28 所示。

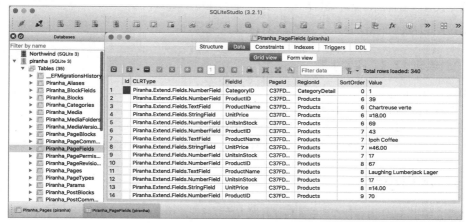

图 17.28　编辑 Piranha_PageFields 表

(11) 右击 piranha.db 数据库，从弹出菜单中选择 Disconnect from the database。
(12) 关闭 SQLiteStudio。

17.5　实践和探索

你可以通过回答一些问题来测试自己对知识的理解程度，进行一些实践，并深入探索本章涵盖的主题。

17.5.1　练习 17.1：测试你掌握的知识

回答以下问题：
1) 与仅使用 ASP.NET Core 相比，使用内容管理系统建立网站有什么好处？
2) 访问 Piranha CMS 管理用户界面的相对 URL 路径是什么？默认配置的用户名和密码是什么？
3) 段地址(Slug)是什么？
4) 保存内容和发布内容有什么区别？
5) 三种 Piranha CMS 内容类型是什么？它们的用途是什么？
6) Piranha CMS 的三种组件类型是什么？它们有哪些用途？
7) 列出页面类型从基类继承的三个属性，并解释它们的用途。
8) 如何为内容类型自定义区域？
9) 如何为 Piranha CMS 定义路由？
10) 如何从 Piranha CMS 数据库中检索页面？

17.5.2　练习 17.2：练习定义块类型，用以呈现 YouTube 视频

访问下面的链接，然后用属性定义块类型以控制诸如自动播放等选项，这里用到的显示模板使用了正确的 HTML 标记。

```
https://support.google.com/youtube/answer/171780
```

你还应该参考官方文档以自定义块,详见下面的链接。注意,对于 Piranha CMS 7.0 及更高版本,还需要定义管理器视图以支持块的编辑。为此,必须使用 Vue.js。

```
http://piranhaCMS.org/docs/extensions/custom-blocks
```

17.5.3 练习 17.3:探索主题

可通过以下链接来阅读本章所涉及主题的更多细节。
- Piranha CMS:http://piranhacorg/。
- Piranha CMS 知识库:https://github.com/PiranhaCMS/piranha.core。
- 关于堆栈溢出的 Piranha 问题:https://stackoverflow.com/questions/tagged/piranha-cms。

17.6 本章小结

本章介绍了 Web 内容管理系统如何使开发人员能够快速构建网站,非技术用户可以使用这些网站来创建和管理自己的内容。例如,我们了解了 Piranha CMS(一种简单的、开源的、基于.NET Core 的 CMS),回顾了 Piranha CMS 的博客项目模板提供的一些内容类型,还自定义了区域和页面类型,用于处理从 Northwind 示例数据库导入的内容。

第 18 章将介绍如何构建和消费 Web 服务。

第 18 章
构建和消费 Web 服务

本章介绍如何使用 ASP.NET Core Web API 构建 Web 服务，以及如何使用 HTTP 客户端消费 Web 服务，这些 HTTP 客户端可以是任何其他类型的.NET 应用程序，包括网站、Windows 桌面应用程序或移动应用程序。

本章假设读者已掌握第 11 和 16 章介绍的知识及技能。

本章涵盖以下主题：
- 使用 ASP.NET Core Web API 构建 Web 服务
- 记录和测试 Web 服务
- 使用 HTTP 客户端消费服务
- 实现高级功能
- 了解其他通信技术

18.1 使用 ASP.NET Core Web API 构建 Web 服务

在构建现代 Web 服务之前，我们先介绍一些背景知识。

18.1.1 理解 Web 服务缩写词

虽然 HTTP 最初的设计目的是使用 HTML 和其他资源发出请求，做出响应，供人们查看，但 HTTP 也很适合构建服务。

Roy Fielding 在自己的博士论文中描述了具象状态转移(Representational State Transfer，REST)体系结构风格，他认为 HTTP 对于构建服务非常有用，因为 HTTP 定义了以下内容：
- 可唯一标识资源的 URI，比如 https://localhost:5001/API/products/23。
- 对这些资源执行常见任务的方法，如 GET、POST、PUT 和 DELETE。
- 能够协商在请求和响应中交换的内容的媒体类型，如 XML 和 JSON。当客户端指定请求头(如 Accept:application/xml,*/*;q=0.8)时，就会发生内容协商。ASP.NET Core Web API 使用的默认响应格式是 JSON，这意味着其中的一种响应头是 Content-Type:application/json;charset=utf-8。

 更多信息：可通过以下链接阅读关于媒体类型的更多信息——https://en.wikipedia.org/wiki/Media_type。

Web 服务使用 HTTP 通信标准，因此它们有时被称为 HTTP 或 RESTful 服务。HTTP 或 RESTful 服务是本章要重点介绍的内容。

Web 服务也可以是实现了某些 WS-*标准的 SOAP(Simple Object Access Protocol，简单对象访问协议)服务。

更多信息： 可通过以下链接阅读关于 WS-*标准的更多信息——https://en.wikipedia.org/wiki/List_of_web_service_specifications。

.NET Framework 3.0 及其更高版本提供了一项名为 Windows Communication Foundation (WCF)的远程过程调用(RPC)技术，从而使开发人员可以很容易地创建服务，包括实现了 WS-*标准的 SOAP 服务，但是微软认为 WCF 技术已过时，并没有将它移植到现代的.NET 平台上。

gRPC 是一个现代的跨平台开源 RPC 框架，由谷歌(gRPC 中的"g")创建。

更多信息： 可通过以下链接了解如何使用 gRPC 作为 WCF 的替代方案——https://devblogs.microsoft.com/premier-developer/grpc-asp-net-core-as-a-migration-path-for-wcfs-in-net-core/。

18.1.2 创建 ASP.NET Core Web API 项目

下面构建一个 Web 服务，这个 Web 服务提供了一种方式，从而使 ASP.NET Core 处理 Northwind 示例数据库中的数据，并且使数据可以供任何平台上的任何客户端应用程序使用，既可以发出 HTTP 请求，也可以接收 HTTP 响应。

(1) 在名为 PracticalApps 的文件夹中创建一个名为 NorthwindService 的子文件夹。
(2) 在 Visual Studio Code 中，打开 PracticalApps 工作区并添加 NorthwindService 子文件夹。
(3) 导航到 Terminal | New Terminal，选择 NorthwindService。
(4) 在终端窗口中使用 webapi 模板创建一个新的 ASP.NET Core Web API 项目，如下所示：

```
dotnet new webapi
```

(5) 把 NorthwindService 设置为活动项目，并在提示时添加需要的资源。
(6) 在 Controllers 文件夹中打开 WeatherForecastController.cs，其中的内容如下所示：

```
using System;
using System.Collections.Generic;
using System.Linq;
using System.Threading.Tasks;
using Microsoft.AspNetCore.Mvc;
using Microsoft.Extensions.Logging;

namespace NorthwindService.Controllers
{
  [ApiController]
  [Route("[controller]")]
  public class WeatherForecastController : ControllerBase
  {
    private static readonly string[] Summaries = new[]
    {
      "Freezing", "Bracing", "Chilly", "Cool", "Mild",
      "Warm", "Balmy", "Hot", "Sweltering", "Scorching"
    };

    private readonly ILogger<WeatherForecastController> _logger;

    // The Web API will only accept tokens 1) for users, and
    // 2) having the access_as_user scope for this API
    static readonly string[] scopeRequiredByApi =
      new string[] { "access_as_user" };
```

```
    public WeatherForecastController(
      ILogger<WeatherForecastController> logger)
    {
      _logger = logger;
    }

    [HttpGet]
    public IEnumerable<WeatherForecast> Get()
    {
      var rng = new Random();
      return Enumerable.Range(1, 5).Select(index =>
        new WeatherForecast
        {
          Date = DateTime.Now.AddDays(index),
          TemperatureC = rng.Next(-20, 55),
          Summary = Summaries[rng.Next(Summaries.Length)]
        })
        .ToArray();
    }
  }
}
```

当回顾上述代码时，请注意以下事项：
- 这里的Controller类继承自ControllerBase类。这相比MVC中使用的那个Controller类更简单，因为它没有提供像View这样的方法以使用Razor文件生成HTML响应。
- [Route]特性用来注册weatherforecast相对URL，以便客户端使用该URL发出HTTP请求，这些HTTP请求将由控制器处理。例如，控制器将处理针对https://localhost:5001/weatherforecast/ 的HTTP请求。一些开发人员喜欢在控制器名称的前面加上api/，这是在混合项目中区分MVC和Web API的一种约定。如果使用[controller]，那么我们将在类名中使用Controller之前的字符，在本例中是WeatherForecast。也可以简单地输入没有括号的不同名称，例如[Route("api/forecast")]。
- ASP.NET Core 2.1引入了[ApiController]特性，以支持特定于REST的控制器行为，比如针对无效模型的自动HTTP 400响应。
- scopeRequiredByApi字段可用于添加授权，以确保Web API仅由代表那些拥有正确范围的用户的客户端应用程序和网站调用。

更多信息：可通过以下链接阅读关于验证用于调用Web API的令牌是否与预期的声明一起进行请求的更多信息——https://docs.microsoft.com/en-us/azure/active-directory/develop/scenario-protected-web-apiverification-scope-app-roles。

- [HttpGet]特性用来在Controller类中注册Get方法以响应HTTP Get请求，可使用Random对象返回一个WeatherForecast数组，其中包含随机温度和总结信息，例如用于未来五天天气的Bracing或Balmy。

(6) 添加另一个Get方法，以允许调用指定预报应该提前多少天，具体操作如下：
- 在原有Get方法的上方添加注释，以显示响应的GET和URL路径。
- 添加一个带有整型参数days的新方法。
- 剪切并粘贴原有Get方法的实现代码到新的Get方法中。

- 修改新的 Get 方法，创建 Ienumerable 接口，其中包含要求的天数，然后修改原来的 Get 方法，在其中调用新的 Get 方法并传递值 5。

代码如下所示：

```
// GET /weatherforecast
[HttpGet]
public IEnumerable<WeatherForecast> Get() // original method
{
  return Get(5); // five day forecast
}

// GET /weatherforecast/7
[HttpGet("{days:int}")]
public IEnumerable<WeatherForecast> Get(int days) // new method
{
  var rng = new Random();

  return Enumerable.Range(1, days).Select(index =>
    new WeatherForecast
    {
      Date = DateTime.Now.AddDays(index),
      TemperatureC = rng.Next(-20, 55),
      Summary = Summaries[rng.Next(Summaries.Length)]
    })
    .ToArray();
}
```

请注意在[HttpGet]特性中，路由的格式模式已将 days 参数约束为 int 值。

更多信息：可通过以下链接阅读关于路由约束的更多信息——https://docs.microsoft.com/en-us/aspnet/core/fundamentals/routing#route-constraint-reference。

18.1.3 检查 Web 服务的功能

下面测试 Web 服务的功能。

(1) 在终端窗口中输入 dotnet run 命令以启动网站。

(2) 启动 Google Chrome 浏览器并导航到 https:/localhost:5001/，注意你将得到 404 状态码响应，因为没有启用静态文件，所以既没有 index.html，也没有配置了路由的 MVC 控制器。

(3) 在 Google Chrome 浏览器中显示开发者工具，导航到 https://localhost:5001/weatherforecast，注意 Web API 服务应该返回一个 JSON 文档，其中包含 5 个随机的天气预报对象，如图 18.1 所示。

(4) 关闭开发者工具。

(5) 导航到 https:/localhost:5001/weatherforecast/14，注意请求两周天气预报时的响应，如图 18.2 所示。

(6) 关闭 Google Chrome 浏览器。

(7) 在终端窗口中，按 Ctrl + C 组合键停止控制台应用程序，并关闭托管 ASP.NET Core Web API 服务的 Kestrel Web 服务器。

第 18 章 构建和消费 Web 服务

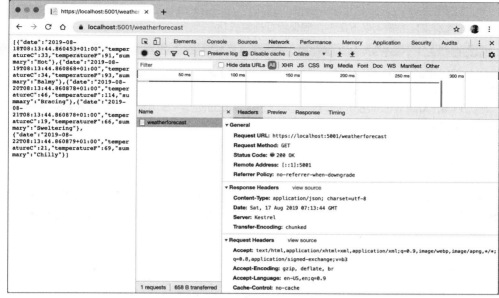

图 18.1 来自天气预报 Web 服务的请求和响应

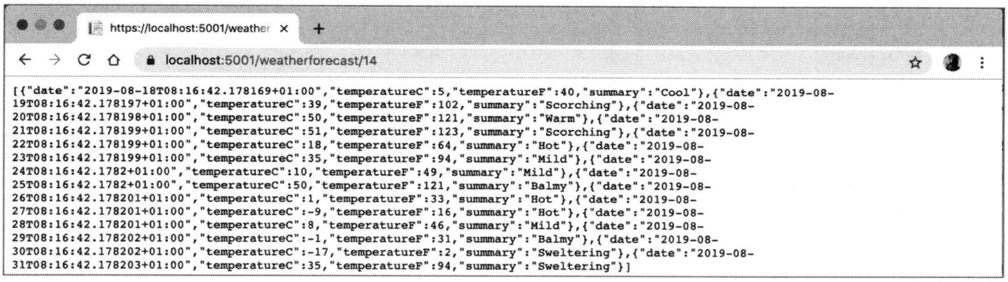

图 18.2 作为 JSON 的两周天气预报

18.1.4 为 Northwind 示例数据库创建 Web 服务

与 MVC 控制器不同，Web API 控制器并不通过调用 Razor 视图来返回 HTML 响应供人们在浏览器中查看。相反，它们使用内容协商与客户端应用程序，客户端应用程序发出 HTTP 请求，在 HTTP 响应中返回 XML、JSON 或 X-WWW-FORM-URLENCODED 等格式的数据。

然后，客户端应用程序必须从协商的格式中反序列化数据。现代 Web 服务最常用的格式是 JavaScript 对象表示法(JSON)，因为在使用 Angular、React 和 Vue 等客户端技术构建单页面应用程序(SPA)时，JSON 非常紧凑，可以与浏览器中的 JavaScript 在本地协同工作。

参考第 14 章为 Northwind 示例数据库创建的 Entity Framework Core 实体数据模型。

(1) 在 NorthwindService 项目中打开 NorthwindService.csproj。
(2) 向 NorthwindContextLib 添加项目引用，如下所示：

```
<ItemGroup>
  <ProjectReference Include=
    "..\NorthwindContextLib\NorthwindContextLib.csproj" />
```

```
</ItemGroup>
```

(3) 在终端窗口中输入以下命令，确保项目构建成功：

```
dotnet build
```

(4) 打开并修改 Startup.cs 文件，导入 System.IO、Microsoft.EntityFrameworkCore 和 Packt.Shared 名称空间，并静态导入 System.Console 类型。

(5) 在调用 AddControllers 之前，将语句添加到 ConfigureServices 方法中以配置 Northwind 数据库上下文，如下所示：

```
string databasePath = Path.Combine("..", "Northwind.db");
services.AddDbContext<Northwind>(options =>
  options.UseSqlite($"Data Source={databasePath}"));
```

(6) 在 AddControllers 调用中添加语句，将默认的输出格式化程序的名称和支持的媒体类型写入控制台，然后添加用于 XML 序列化的格式化程序，在方法调用的后面，将兼容性设置为 ASP.NET Core 3.0 以添加控制器支持，如下所示：

```
services.AddControllers(options =>
  {
    WriteLine("Default output formatters:");
    foreach (IOutputFormatter formatter in options.OutputFormatters)
    {
      var mediaFormatter = formatter as OutputFormatter;
      if (mediaFormatter == null)
      {
        WriteLine($" {formatter.GetType().Name}");
      }
      else // OutputFormatter class has SupportedMediaTypes
      {
        WriteLine(" {0}, Media types: {1}",
          arg0: mediaFormatter.GetType().Name,
          arg1: string.Join(", ",
            mediaFormatter.SupportedMediaTypes));
      }
    }
  })
  .AddXmlDataContractSerializerFormatters()
  .AddXmlSerializerFormatters()
  .SetCompatibilityVersion(CompatibilityVersion.Version_3_0);
```

更多信息：有关设置版本兼容性的好处，请访问链接 https://docs.microsoft.com/en-us/aspnet/core/mvc/compatibility-version。

(7) 启动 Web 服务，注意有四个默认的输出格式化程序，包括将 null 值转换为 204 No Content 的格式化程序以及支持纯文本和 JSON 响应的格式化程序，如下所示：

```
Default output formatters:
 HttpNoContentOutputFormatter
 StringOutputFormatter, Media types: text/plain
 StreamOutputFormatter
 SystemTextJsonOutputFormatter, Media types: application/json, text/json, application/*+json
```

(8) 停止 Web 服务。

18.1.5 为实体创建数据存储库

定义和实现数据存储库以提供 CRUD 操作是很好的实践。CRUD 这个首字母缩略词包括以下操作：

- C 代表创建(Create)
- R 表示检索(Retrieve)或读取(Read)
- U 表示更新(Update)
- D 代表删除(Delete)

下面为 Northwind 示例数据库中的 Customers 表创建数据存储库。Customers 表中只有 91 个客户，因此我们可以在内存中存储整个表的副本，以提高读取客户记录时的可伸缩性和性能。在真实的 Web 服务中，应该使用分布式缓存，如 Redis(一种开源的数据结构存储，可以用作高性能、高可用的数据库、缓存或消息代理)。

 更多信息：可通过以下链接阅读关于 Redis 的更多信息——https://redis.io。

这里将遵循现代的良好实践，使存储库 API 异步化。存储库 API 可使用 Controller 类通过构造函数参数注入技术进行实例化，因此下面创建一个新的 Controller 实例来处理每个 HTTP 请求。

(1) 在 NorthwindService 项目中创建 Repositories 文件夹。
(2) 在指定的 Repositories 文件夹中添加两个类文件 ICustomerRepository.cs 和 CustomerRepository.cs。
(3) 为 ICustomerRepository 接口定义 5 个方法，如下所示：

```
using Packt.Shared;
using System.Collections.Generic;
using System.Threading.Tasks;

namespace NorthwindService.Repositories
{
  public interface ICustomerRepository
  {
    Task<Customer> CreateAsync(Customer c);
    Task<IEnumerable<Customer>> RetrieveAllAsync();
    Task<Customer> RetrieveAsync(string id);
    Task<Customer> UpdateAsync(string id, Customer c);
    Task<bool?> DeleteAsync(string id);
  }
}
```

(4) 让 CustomerRepository 类实现上面定义的 5 个方法，如下所示：

```
using Microsoft.EntityFrameworkCore.ChangeTracking;
using Packt.Shared;
using System.Collections.Generic;
using System.Collections.Concurrent;
using System.Linq;
using System.Threading.Tasks;

namespace NorthwindService.Repositories
{
```

```csharp
public class CustomerRepository : ICustomerRepository
{
  // use a static thread-safe dictionary field to cache the customers
  private static ConcurrentDictionary
    <string, Customer> customersCache;

  // use an instance data context field because it should not be
  // cached due to their internal caching
  private Northwind db;

  public CustomerRepository(Northwind db)
  {
    this.db = db;

    // pre-load customers from database as a normal
    // Dictionary with CustomerID as the key,
    // then convert to a thread-safe ConcurrentDictionary
    if (customersCache == null)
    {
      customersCache = new ConcurrentDictionary<string, Customer>(
        db.Customers.ToDictionary(c => c.CustomerID));
    }
  }

  public async Task<Customer> CreateAsync(Customer c)
  {
    // normalize CustomerID into uppercase
    c.CustomerID = c.CustomerID.ToUpper();

    // add to database using EF Core
    EntityEntry<Customer> added = await db.Customers.AddAsync(c);
    int affected = await db.SaveChangesAsync();
    if (affected == 1)
    {
      // if the customer is new, add it to cache, else
      // call UpdateCache method
      return customersCache.AddOrUpdate(c.CustomerID, c, UpdateCache);
    }
    else
    {
      return null;
    }
  }

  public Task<IEnumerable<Customer>> RetrieveAllAsync()
  {
    // for performance, get from cache
    return Task.Run<IEnumerable<Customer>>(
      () => customersCache.Values);
  }

  public Task<Customer> RetrieveAsync(string id)
  {
    return Task.Run(() =>
    {
      // for performance, get from cache
```

```csharp
      id = id.ToUpper();
      customersCache.TryGetValue(id, out Customer c);
      return c;
    });
  }

  private Customer UpdateCache(string id, Customer c)
  {
    Customer old;
    if (customersCache.TryGetValue(id, out old))
    {
      if (customersCache.TryUpdate(id, c, old))
      {
        return c;
      }
    }
    return null;
  }

  public async Task<Customer> UpdateAsync(string id, Customer c)
  {
    // normalize customer ID
    id = id.ToUpper();
    c.CustomerID = c.CustomerID.ToUpper();

    // update in database
    db.Customers.Update(c);
    int affected = await db.SaveChangesAsync();
    if (affected == 1)
    {
      // update in cache
      return UpdateCache(id, c);
    }
    return null;
  }

  public async Task<bool?> DeleteAsync(string id)
  {
    id = id.ToUpper();

    // remove from database
    Customer c = db.Customers.Find(id);
    db.Customers.Remove(c);
    int affected = await db.SaveChangesAsync();
    if (affected == 1)
    {
      // remove from cache
      return customersCache.TryRemove(id, out c);
    }
    else
    {
      return null;
    }
  }
}
}
```

18.1.6 实现Web API控制器

对于返回数据而不是HTML的控制器来说，它们有一些有用的属性和方法。

对于MVC控制器，像/home/index/这样的路由指出了Controller类名和操作方法名，例如HomeController类和Index操作方法。

对于Web API控制器，像/weatherforecast/这样的路由指出了Controller类名，例如WeatherForecastController。为了确定要执行的操作方法，必须将HTTP方法(如GET和POST)映射到Controller类中的方法。

我们应该使用以下特性装饰Controller方法，以指示要响应的HTTP方法。

- [HttpGet]和[HttpHead]：响应HTTP GET或HEAD请求以检索资源，并返回资源及响应报头，或者只返回响应报头。
- [HttpPost]：响应HTTP POST请求以创建新的资源。
- [HttpPut]和[HttpPatch]：响应HTTP PUT或PATCH请求，可通过替换来更新现有资源或更新现有资源的某些属性。
- [HttpDelete]：响应HTTP DELETE请求以删除资源。
- [HttpOptions]：响应HTTP OPTIONS请求。

更多信息：可通过以下链接阅读关于HTTP OPTIONS方法和其他HTTP方法的更多信息——https://developer.mozilla.org/en-US/docs/Web/HTTP/Methods/OPTIONS。

操作方法可以返回.NET类型(如单个字符串值)、由类、记录或结构定义的复杂对象或复杂对象的集合。如果注册了合适的序列化器，那么ASP.NET Core Web API会自动将它们序列化为HTTP请求的Accept标头中设置的请求数据格式，例如JSON。

要对响应进行更多控制，可以使用一些辅助方法，这些辅助方法会返回.NET类型的ActionResult封装器。

如果操作方法可以根据输入或其他变量返回不同的类型，那么可以将返回类型声明为IActionResult。如果操作方法只返回单个类型，但是状态码不同，那么可以将返回类型声明为ActionResult<T>。

最佳实践：建议使用[ProducesResponseType]特性装饰操作方法，以指示客户端应该期望在响应中包含所有已知类型和HTTP状态码。然后可以公开这些信息，以记录客户端应该如何与Web服务交互。本章在后面将介绍如何安装代码分析器，以便在不像这样装饰操作方法时发出警告。

例如，根据id参数获取产品的操作方法可使用三个特性进行装饰：一个用来指示响应GET请求并具有id参数，另外两个用来指示当操作成功时以及当客户端提供无效的产品id时会发生什么。

```
[HttpGet("{id}")]
[ProducesResponseType(200, Type = typeof(Product))]
[ProducesResponseType(404)]
public IActionResult Get(string id)
```

ControllerBase类有一些方法，可以很容易地返回不同的响应。

- ok：返回HTTP 200状态码，其中包含要转换为客户端首选格式(如JSON或XML)的资源。通常用于响应HTTP GET请求。

- CreatedAtRoute：返回 HTTP 201 状态码,其中包含到新资源的路径。通常用于响应 HTTP POST 请求,以创建可以快速执行的资源。
- Accepted：返回 HTTP 202 状态码,表明请求正在处理但尚未完成。通常用于响应对需要很长时间才能完成的后台进程的请求。
- NoContentResult：返回 HTTP 204 状态码。通常用于响应 DELETE 或 PUT 请求,以更新现有资源,而响应不需要包含更新后的资源。
- BadRequest：返回带有可选消息字符串的 HTTP 400 状态码。
- NotFound：返回能够自动填充 ProblemDetails 主体(需要兼容 2.2 或更高版本)的 HTTP 404 状态码。

18.1.7 配置客户存储库和 Web API 控制器

现在,配置存储库以便可以从 Web API 控制器调用。

当 Web 服务启动时,为存储库注册范围确定的依赖服务,然后使用构造函数参数注入技术将其放入新的 Web API 控制器,以便与客户一起工作。

更多信息：可通过以下链接阅读关于依赖注入的更多信息——https://docs.microsoft.com/en-us/aspnet/core/fundamentals/dependency-injection。

为了展示如何使用路由区分 MVC 和 Web API 控制器,下面对 Customers 控制器使用通用 URL 前缀约定/api。

(1) 打开 Startup.cs 并导入 NorthwindService.Repositories 名称空间。

(2) 将以下语句添加到 ConfigureServices 方法的底部,注册 CustomerRepository 以在运行时使用,如下所示：

```
services.AddScoped<ICustomerRepository, CustomerRepository>();
```

(3) 在 Controllers 文件夹中添加一个名为 CustomersController.cs 的类文件。

(4) 在 CustomersController 类中添加语句,定义 Web API 控制器类并与客户一起工作,如下所示：

```
using Microsoft.AspNetCore.Mvc;
using Packt.Shared;
using NorthwindService.Repositories;
using System.Collections.Generic;
using System.Linq;
using System.Threading.Tasks;

namespace NorthwindService.Controllers
{
  // base address: api/customers
  [Route("api/[controller]")]
  [ApiController]
  public class CustomersController : ControllerBase
  {
    private ICustomerRepository repo;

    // constructor injects repository registered in Startup
    public CustomersController(ICustomerRepository repo)
    {
      this.repo = repo;
    }
```

```csharp
// GET: api/customers
// GET: api/customers/?country=[country]
// this will always return a list of customers even if its empty
[HttpGet]
[ProducesResponseType(200,
  Type = typeof(IEnumerable<Customer>))]
public async Task<IEnumerable<Customer>> GetCustomers(
  string country)
{
  if (string.IsNullOrWhiteSpace(country))
  {
    return await repo.RetrieveAllAsync();
  }
  else
  {
    return (await repo.RetrieveAllAsync())
      .Where(customer => customer.Country == country);
  }
}

// GET: api/customers/[id]
[HttpGet("{id}", Name = nameof(GetCustomer))] // named route
[ProducesResponseType(200, Type = typeof(Customer))]
[ProducesResponseType(404)]
public async Task<IActionResult> GetCustomer(string id)
{
  Customer c = await repo.RetrieveAsync(id);
  if (c == null)
  {
    return NotFound(); // 404 Resource not found
  }
  return Ok(c); // 200 OK with customer in body
}

// POST: api/customers
// BODY: Customer (JSON, XML)
[HttpPost]
[ProducesResponseType(201, Type = typeof(Customer))]
[ProducesResponseType(400)]
public async Task<IActionResult> Create([FromBody] Customer c)
{
  if (c == null)
  {
    return BadRequest(); // 400 Bad request
  }
  if (!ModelState.IsValid)
  {
    return BadRequest(ModelState); // 400 Bad request
  }
  Customer added = await repo.CreateAsync(c);
  return CreatedAtRoute( // 201 Created
    routeName: nameof(GetCustomer),
    routeValues: new { id = added.CustomerID.ToLower() },
    value: added);
}
```

第 18 章 构建和消费 Web 服务

```
    // PUT: api/customers/[id]
    // BODY: Customer (JSON, XML)
    [HttpPut("{id}")]
    [ProducesResponseType(204)]
    [ProducesResponseType(400)]
    [ProducesResponseType(404)]
    public async Task<IActionResult> Update(
      string id, [FromBody] Customer c)
    {
      id = id.ToUpper();
      c.CustomerID = c.CustomerID.ToUpper();

      if (c == null || c.CustomerID != id)
      {
        return BadRequest(); // 400 Bad request
      }
      if (!ModelState.IsValid)
      {
        return BadRequest(ModelState); // 400 Bad request
      }

      var existing = await repo.RetrieveAsync(id);
      if (existing == null)
      {
        return NotFound(); // 404 Resource not found
      }
      await repo.UpdateAsync(id, c);
      return new NoContentResult(); // 204 No content
    }

    // DELETE: api/customers/[id]
    [HttpDelete("{id}")]
    [ProducesResponseType(204)]
    [ProducesResponseType(400)]
    [ProducesResponseType(404)]
    public async Task<IActionResult> Delete(string id)
    {
      var existing = await repo.RetrieveAsync(id);
      if (existing == null)
      {
        return NotFound(); // 404 Resource not found
      }

      bool? deleted = await repo.DeleteAsync(id);
      if (deleted.HasValue && deleted.Value) // short circuit AND
      {
        return new NoContentResult(); // 204 No content
      }
      else
      {
        return BadRequest( // 400 Bad request
          $"Customer {id} was found but failed to delete.");
      }
    }
  }
}
```

当回顾 Web API 控制器类时，请注意以下几点：
- 控制器类注册了一个以 api/开头的路由，并且包含控制器的名称，也就是 api/customers。
- 构造函数使用依赖注入来获得注册的存储库，以与客户一起工作。
- 有 5 个方法可以用来对客户执行 CRUD 操作——两个 GET 方法(所有客户或一个客户)以及 POST(创建)、PUT(更新)和 DELETE 方法各一个。
- GetCustomers 方法可以传递带有国家名的字符串参数。如果丢失，就返回所有客户。如果存在，就用于按国家过滤客户。
- GetCustomer 方法有一个被显式命名为 GetCustomer 的路由，因此可以在插入新客户后使用这个路由生成 URL。
- Create 方法使用[FromBody]特性装饰 customer 参数，从而告诉模型绑定程序使用 HTTP POST 请求体中的值进行填充。
- Create 方法会返回使用了 GetCustomer 路由的响应，以便客户知道如何在将来获取新创建的资源。我们正在匹配两个方法以创建并获取客户。
- Create 和 Update 方法检查在 HTTP 请求体中传递的客户的模型状态，如果无效，就返回包含模型验证错误细节的 400 Bad Request。

当服务接收到 HTTP 请求时，就创建控制器类的实例，调用适当的操作方法，以客户端首选的格式返回响应，并释放控制器使用的资源，包括存储库及数据上下文。

18.1.8 指定问题的细节

微软在 ASP.NET Core 2.1 及后续版本中添加的功能是用于指定问题细节的 Web 标准的实现。

更多信息：可通过以下链接了解关于 HTTP API 问题细节的建议标准——https://tools.ietf.org/html/rfc7807。

在与 ASP.NET Core 2.2 或其更高版本兼容的项目中，在使用[APIController]特性装饰的 Web API 控制器中，操作方法返回 IActionResult，而 IActionResult 返回客户端状态码，因而操作方法会自动在响应体中包含 ProblemDetails 类的序列化实例。

更多信息：可通过以下链接阅读关于实现问题细节的更多信息——https://docs.microsoft.com/en-us/dotnet/api/microsoft.aspnetcore.mvc.problemdetails。

如果想获得控制权，那么可以创建 ProblemDetails 实例并包含其他信息。

下面模拟糟糕的请求，你需要把自定义数据返回给客户端。

(1) 在 CustomersController 类定义的顶部导入 Microsoft.AspNetCore.Http 名称空间。

(2) 在 Delete 方法的顶部添加语句，检查 id 是否与字符串"bad"匹配。如果匹配，就返回自定义的 ProblemDetails 对象。

```
// take control of problem details
if (id == "bad")
{
 var problemDetails = new ProblemDetails
 {
  Status = StatusCodes.Status400BadRequest,
  Type = "https://localhost:5001/customers/failed-to-delete",
  Title = $"Customer ID {id} found but failed to delete.",
  Detail = "More details like Company Name, Country and so on.",
```

```
            Instance = HttpContext.Request.Path
        };
        return BadRequest(problemDetails); // 400 Bad request
}
```

18.1.9 控制 XML 序列化

我们在 Startup.cs 文件中添加了 XmlSerializer，以便 Web API 服务可以在客户端请求时返回 XML 和 JSON。

然而，XmlSerializer 不能序列化接口，我们的实体类需要使用 ICollection<T>来定义相关的子实体；否则，这将导致在运行时对 Customer 类及其 Orders 属性发出警告，如下所示：

```
warn: Microsoft.AspNetCore.Mvc.Formatters.XmlSerializerOutputFormatter[1]
      An error occurred while trying to create an XmlSerializer for the type
'Packt.Shared.Customer'.
         System.InvalidOperationException: There was an error reflecting type
'Packt.Shared.Customer'.
         ---> System.InvalidOperationException: Cannot serialize member
'Packt.Shared.Customer.Orders' of type
'System.Collections.Generic.ICollection`1[[Packt.Shared.Order, NorthwindEntitiesLib,
Version=1.0.0.0, Culture=neutral, PublicKeyToken=null]]', see inner exception for more
details.
```

要将 Customer 序列化为 XML，可以通过排除 Orders 属性来阻止上述警告。

(1) 在 NorthwindEntitiesLib 项目中，打开 Customers.cs 类文件。
(2) 导入 System.Xml.Serialization 名称空间。
(3) 使用[XMLIgnore]特性装饰 Orders 属性，以便在进行序列化时排除该属性，如下所示：

```
[InverseProperty(nameof(Order.Customer))]
[XmlIgnore]
public virtual ICollection<Order> Orders { get; set; }
```

18.2 解释和测试 Web 服务

通过让浏览器发出 HTTP GET 请求，就可以轻松地测试 Web 服务。为了测试其他 HTTP 方法，需要使用更高级的工具。

18.2.1 使用浏览器测试 GET 请求

下面使用 Google Chrome 浏览器测试 GET 请求的三种实现，分别针对所有客户、特定国家的客户以及使用唯一客户 ID 的单个客户。

(1) 在终端窗口中输入以下命令，启动 Web API Web 服务 NorthwindService：

```
dotnet run
```

(2) 在 Google Chrome 浏览器中导航到 https://localhost:5001/api/customers，注意返回的 JSON 文档，其中包含 Northwind 示例数据库中的所有 91 个客户(未排序)，如图 18.3 所示。

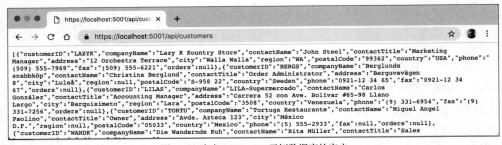

图 18.3　来自 Northwind 示例数据库的客户

(3) 导航到 https://localhost:5001/api/customers/?country=Germany，并注意返回的 JSON 文档，其中只包含德国的客户，如图 18.4 所示。

图 18.4　来自德国的客户

如果返回的是空数组，那么确保使用正确的大小写输入国家名，因为数据库查询是区分大小写的。

(4) 导航到 https://localhost:5001/api/customs/alfki，注意返回的 JSON 文档只包含名为 Alfreds Futterkiste 的客户，如图 18.5 所示。

图 18.5　返回指定的客户

不需要担心客户 id 值的大小写，因为在控制器类的代码中已将字符串规范化为大写形式。

但是，如何测试其他 HTTP 方法，比如 POST、PUT 和 DELETE 方法呢？如何记录 Web 服务，使任何人都容易理解如何与之交互？

为了解决第一个问题，可以安装名为 REST Client 的 Visual Studio Code 扩展。为了解决第二个问题，可以启用 Swagger，这是世界上最流行的记录和测试 HTTP API 的技术。下面首先来看看 Visual Studio Code 扩展都有哪些功能。

18.2.2　使用 REST Client 扩展测试 HTTP 请求

REST Client 允许发送 HTTP 请求，并在 Visual Studio Code 中直接查看响应。

　更多信息：可通过以下链接了解关于如何使用 REST Client 的更多信息——https://github.com/Huachao/vscode-restclient/blob/master/README.md。

(1) 如果还没有安装由 Huachao Mao 提供的 REST Client(humao.rest-client)，那么现在就请安装。
(2) 在 Visual Studio Code 中打开 NorthwindService 项目。
(3) 如果 Web 服务还没有运行，就在终端窗口中输入 dotnet run 命令以启动 Web 服务。
(4) 在 NorthwindService 文件夹中创建 RestClientTests 子文件夹。
(5) 在 RestClientTests 子文件夹中创建一个名为 get-customers.http 的文件，并修改其中的内容以包含如下 HTTP GET 请求，从而检索所有客户：

```
GET https://localhost:5001/api/customers/ HTTP/1.1
```

(6) 导航到 View | Command Palette，输入 rest client，发送命令 Rest Client: Send Request，然后按 Enter 键，如图 18.6 所示。

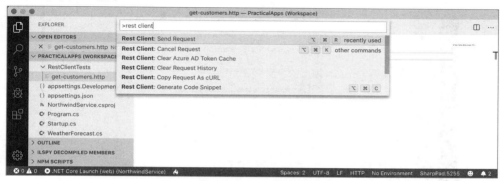

图 18.6　使用 Rest Client 测试 HTTP 请求

(7) 注意，响应现在垂直地显示在一个新的选项卡中，可通过拖放选项卡，将打开的选项卡重新设置为水平显示。

(8) 输入更多的 HTTP GET 请求，将每个 HTTP GET 请求用###符号分隔，以获取不同国家的客户，如下所示：

```
###
GET https://localhost:5001/api/customers/?country=Germany HTTP/1.1
###
GET https://localhost:5001/api/customers/?country=USA HTTP/1.1
Accept: application/xml
###
GET https://localhost:5001/api/customers/ALFKI HTTP/1.1
###
GET https://localhost:5001/api/customers/abcxy HTTP/1.1
```

(9) 单击每条语句的内部，按 Ctrl 键或 Cmd + Alt + R 组合键，也可单击每个 HTTP GET 请求上方的 Send Request 链接，如图 18.7 所示。

(10) 在 RestClientTests 文件夹中添加一个名为 create–customer.http 的文件并修改其中的内容，定义如下 HTTP POST 请求以创建新的客户：

```
POST https://localhost:5001/api/customers/ HTTP/1.1
Content-Type: application/json
Content-Length: 287

{
  "customerID": "ABCXY",
```

```
"companyName": "ABC Corp",
"contactName": "John Smith",
"contactTitle": "Sir",
"address": "Main Street",
"city": "New York",
"region": "NY",
"postalCode": "90210",
"country": "USA",
"phone": "(123) 555-1234",
"fax": null,
"orders": null
}
```

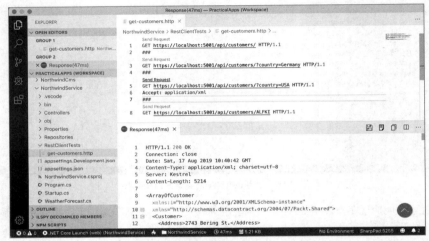

图 18.7 使用 Rest Client 发送请求并获得响应

注意，在输入常见的 HTTP 请求时，REST Client 将提供智能感知功能。

由于在不同的操作系统中有不同的行结束符，因此在 Windows、macOS 或 Linux 中，Content-Length 头的值是不同的。如果值是错误的，那么请求将失败。

(11) 要发现正确的内容长度，请选择请求的主体，然后在状态栏中查看字符数，如图 18.8 所示。

图 18.8 查看连接的内容长度

(12) 发送请求，响应是 201 Created。注意，新创建的客户的位置(也就是 URL)是 https://localhost:5001/api/Customers/abcxy，并且响应体中包含了新创建的客户，如图 18.9 所示。

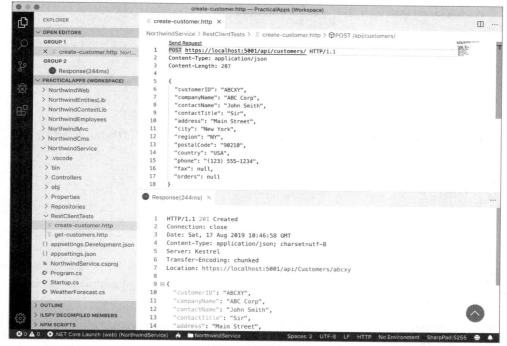

图 18.9　添加新的客户

 更多信息：可通过以下链接了解关于 HTTP POST 请求的更多细节——https://developer.mozilla.org/en-US/docs/Web/HTTP/Methods/POST。

这里把创建 REST Client 文件的任务留作可选的挑战以测试更新客户(使用 PUT)和删除客户(使用 DELETE)操作。

前面介绍了一种快速、简单的方法来测试服务，这正是学习 HTTP 的好方法。对于外部开发人员，我们希望他们在学习时尽可能容易，然后调用服务。为此，我们需要启用 Swagger。

18.2.3　启用 Swagger

Swagger 最重要的部分是 OpenAPI 规范，OpenAPI 规范为 API 定义了 REST 样式的契约，并以人和机器可读的格式详细描述所有资源和操作，从而便于开发、发现和集成。

对于我们来说，另一个有用的特性是 Swagger UI，Swagger UI 能自动为带有内置的可视化测试功能的 API 生成文档。

 更多信息：可通过以下链接阅读关于 Swagger 的更多信息——https://swagger.io。

下面使用 Swashbuckle 包为 Web 服务启用 Swagger。

(1) 如果 Web 服务正在运行，请在终端窗口中按 Ctrl + C 组合键以停止 Web 服务。

(2) 打开 NorthwindService.csproj，为 Swashbuckle.AspNetCore 添加包引用，如下所示：

```xml
<ItemGroup>
  <PackageReference Include="Swashbuckle.AspNetCore" Version="5.5.1" />
</ItemGroup>
```

(3) 打开 Startup.cs，导入 Swashbuckle 包的 Swagger 和 SwaggerUI 名称空间以及 OpenAPI 模型的名称空间，如下所示：

```csharp
using Swashbuckle.AspNetCore.Swagger;
using Swashbuckle.AspNetCore.SwaggerUI;
using Microsoft.OpenApi.Models;
```

(4) 在 ConfigureServices 方法的底部添加语句以支持 Swagger，然后更改标题，如下所示：

```csharp
// Register the Swagger generator and define a Swagger document
// for Northwind service
services.AddSwaggerGen(options =>
  {
    options.SwaggerDoc(name: "v1", info: new OpenApiInfo
      { Title = "Northwind Service API", Version = "v1" });
  });
```

更多信息：可通过以下链接了解 Swagger 如何支持 API 的多个版本——https://stackoverflow.com/questions/30789045/leverage-multipleapiversions-in-swagger-with-attribute-versioning/30789944。

(5) 在 Configure 方法中添加语句以使用 Swagger 和 Swagger UI，为 OpenAPI 规范的 JSON 文档定义端点，并列出 Web 服务支持的 HTTP 方法，如下所示：

```csharp
app.UseSwagger();
app.UseSwaggerUI(c =>
{
  c.SwaggerEndpoint("/swagger/v1/swagger.json",
    "Northwind Service API Version 1");

  c.SupportedSubmitMethods(new[] {
    SubmitMethod.Get, SubmitMethod.Post,
    SubmitMethod.Put, SubmitMethod.Delete });
});
```

18.2.4　使用 Swagger UI 测试请求

下面使用 Swagger UI 测试 HTTP 请求。

(1) 启动 ASP.NET Web API 服务 NorthwindService。

(2) 在 Google Chrome 浏览器中导航到 https://localhost:5001/swagger/，留意已发现和记录的 Web API 控制器 Customers 和 WeatherForecast 以及 API 使用的模式。

(3) 单击 GET/api/Customers/{id}，展开该端点，并注意客户 id 所需的参数，如图 18.10 所示。

(4) 单击 Try it out 按钮，输入 ALFKI 的 id，然后单击蓝色的 Execute 按钮，如图 18.11 所示。

(5) 向下滚动，观察 Request URL、Server response 和 Code 信息，Details 部分包括 Response body 和 Response headers，如图 18.12 所示。

第 18 章 构建和消费 Web 服务

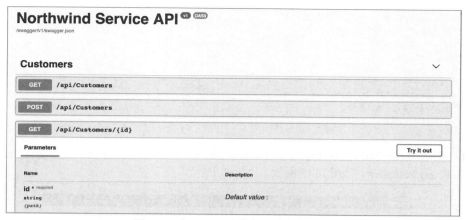

图 18.10 在 Swagger 中检查 GET 请求的参数

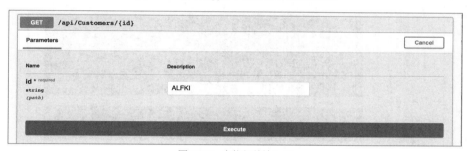

图 18.11 在执行前输入 id

(6) 回滚到顶部，单击 POST /api/Customers，展开该端点，然后单击 Try it out 按钮。

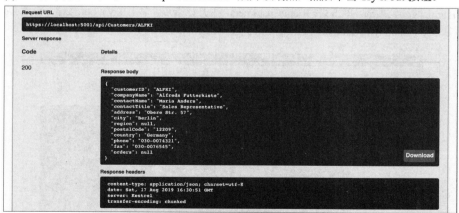

图 18.12 滚动并查看信息

(7) 在 Request body 文本框内单击，修改 JSON，定义如下新的客户：

```
{
 "customerID": "SUPER",
 "companyName": "Super Company",
 "contactName": "Rasmus Ibensen",
```

487

```
"contactTitle": "Sales Leader",
"address": "Rotterslef 23",
"city": "Billund",
"region": null,
"postalCode": "4371",
"country": "Denmark",
"phone": "31 21 43 21",
"fax": "31 21 43 22",
"orders": null
}
```

(8) 单击 Execute 按钮，观察 Request URL、Server response 和 Code 信息，Details 部分包括 Response body 和 Response headers，如图 18.13 所示。

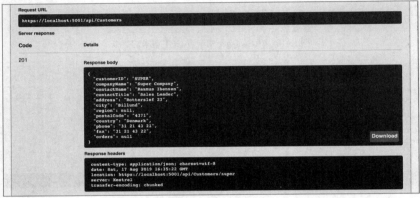

图 18.13　已成功创建客户

响应码 201 表示已成功创建了客户。

(9) 向上滚动到顶部，单击 GET /api/Customers，展开该端点，单击 Try it out 按钮，输入 Denmark 作为国家参数，然后单击 Execute 按钮，确认新客户已添加到数据库中，如图 18.14 所示。

图 18.14　确认新客户已添加到数据库中

(10) 单击 DELETE /api/Customers/{id}，展开该端点，单击 Try it out 按钮，输入 super 作为 id，单击 Execute 按钮，注意服务器返回的响应码为 204，表示删除成功，如图 18.15 所示。

图 18.15　成功删除客户

(11) 再次单击 Execute 按钮，注意服务器返回的响应码是 404，这表示客户不存在，响应体中包含了关于问题详细信息的 JSON 文件，如图 18.16 所示。

图 18.16　已删除的客户将不再存在

(12) 输入 bad，再次单击 Execute 按钮，注意服务器返回的响应码是 400，这表明客户确实存在，但未能删除(在本例中，Web 服务用来模拟这种错误)，响应体中包含了用来定制问题细节的 JSON 文档，如图 18.17 所示。

图 18.17　客户确实存在，但未能删除

(13) 使用 GET 方法确认新客户已从数据库中删除(之前在丹麦只有两个客户)。

(14) 关闭 Google Chrome 浏览器。

(15) 在终端窗口中，按 Ctrl + C 组合键停止控制台应用程序，并关闭托管服务的 Kestrel Web 服务器。

更多信息：可通过以下链接了解关于记录服务到底有多重要的更多信息——https://idratherbewriting.com/learnapidoc/。

现在可以构建用来消费 Web 服务的应用程序了。

18.3 使用 HTTP 客户端消费服务

在构建并测试了 Northwind 服务后，下面学习如何使用 HttpClient 类从任何.NET 应用程序中调用 Northwind 服务。

18.3.1 了解 HttpClient 类

消费 Web 服务的最简单方法是使用 HttpClient 类。通常，如果类型实现了 IDisposable 接口，就应该在 using 语句中引用以确保能尽快被释放。但 HttpClient 类是不同的，因为它是共享的、可重入的，并且部分是线程安全的。

更多信息：在使用多线程时，应小心处理 BaseAddress 和 DefaultRequestHeaders 属性。可通过以下链接阅读更多详细信息和建议——https://medium.com/@nuno.caneco/c-httpclient-should-not-be-disposed-or-should-it-45d2a8f568bc。

这个问题与如何管理底层网络套接字有关。底线是，应该为应用程序生命周期中使用的每个 HTTP 端点使用单个实例。

这允许每个 HttpClient 实例拥有默认设置，默认设置十分适合处理的端点，同时能够有效地管理底层网络套接字。

更多信息：大多数人正在以错误的方式使用 HttpClient 类，详见 https://aspnetmonsters.com/2016/08/2016-08-27-httpclientwrong/。

18.3.2 使用 HttpClientFactory 配置 HTTP 客户端

微软在.NET Core 2.1 中引入了 HttpClientFactory，以鼓励开发人员进行最佳实践，这正是我们要使用的技术。

更多信息：可通过以下链接阅读关于如何启动 HTTP 请求的更多信息——https://docs.microsoft.com/en-us/aspnet/core/fundamentals/http-requests。

下面的示例使用 Northwind MVC 网站作为 Northwind Web API 服务的客户端。因为两者需要在 Web 服务器上同时托管，所以首先需要将它们配置为使用不同的端口号。

- Northwind Web API 服务将继续使用 HTTPS 监听端口 5001。
- Northwind MVC 将使用 HTTP 监听端口 5000，使用 HTTPS 监听端口 5002。

下面配置这些端口。

(1) 在 NorthwindMvc 项目中打开 Program.cs。

(2) 在 CreateHostBuilder 方法中向 UseUrls 添加如下扩展方法调用，为 HTTP 指定端口号 5000，为 HTTPS 指定端口号 5002：

```csharp
public static IHostBuilder CreateHostBuilder(string[] args) =>
  Host.CreateDefaultBuilder(args)
    .ConfigureWebHostDefaults(webBuilder =>
    {
      webBuilder.UseStartup<Startup>();
      webBuilder.UseUrls(
        "http://localhost:5000",
        "https://localhost:5002"
      );
    });
```

(3) 打开 Startup.cs，导入 System.Net.Http.Headers 名称空间。

(4) 在 ConfigureServices 方法中添加一条语句，使指定了客户端的 HttpClientFactory 能够使用 HTTPS(用于端口 5001)调用 Northwind Web API 服务，并请求 JSON 作为默认的响应格式，如下所示：

```csharp
services.AddHttpClient(name: "NorthwindService",
  configureClient: options =>
  {
    options.BaseAddress = new Uri("https://localhost:5001/");
    options.DefaultRequestHeaders.Accept.Add(
      new MediaTypeWithQualityHeaderValue(
      "application/json", 1.0));
  });
```

18.3.3 在控制器中以 JSON 的形式获取客户

下面创建一个 MVC 控制器操作方法，从而创建 HTTP 客户端，为客户发出 GET 请求，并使用.NET 5 在 System.Net.Http.Json 程序集和名称空间中引入的扩展方法来反序列化 JSON 响应。

更多信息：可通过以下链接了解关于 HttpClient 扩展方法的更多信息——https://github.com/dotnet/designs/blob/main/accepted/2020/json-http-extensions/json-http-extensions.md。

(1) 打开 Controllers/HomeController.cs 文件并导入 System.Net.Http 和 System.Net.Http.Json 名称空间。

(2) 声明如下字段以存储 HTTP 客户端工厂：

```csharp
private readonly IHttpClientFactory clientFactory;
```

(3) 在构造函数中设置如下字段：

```csharp
public HomeController(
  ILogger<HomeController> logger,
  Northwind injectedContext,
  IHttpClientFactory httpClientFactory)
{
  _logger = logger;
  db = injectedContext;
  clientFactory = httpClientFactory;
}
```

(4) 创建如下新的操作方法以调用 Northwind 服务，获取所有客户并将它们传递给视图：

```csharp
public async Task<IActionResult> Customers(string country)
```

```
{
  string uri;
  if (string.IsNullOrEmpty(country))
  {
    ViewData["Title"] = "All Customers Worldwide";
    uri = "api/customers/";
  }
  else
  {
    ViewData["Title"] = $"Customers in {country}";
    uri = $"api/customers/?country={country}";
  }

  var client = clientFactory.CreateClient(
    name: "NorthwindService");

  var request = new HttpRequestMessage(
    method: HttpMethod.Get, requestUri: uri);

  HttpResponseMessage response = await client.SendAsync(request);

  var model = await response.Content
    .ReadFromJsonAsync<IEnumerable<Customer>>();

  return View(model);
}
```

(5) 在 Views/Home 文件夹中创建一个名为 Customers.cshtml 的 Razor 文件。

(6) 修改这个 Razor 文件以呈现客户，如下所示：

```
@model IEnumerable<Packt.Shared.Customer>
<h2>@ViewData["Title"]</h2>
<table class="table">
  <thead>
    <tr>
      <th>Company Name</th>
      <th>Contact Name</th>
      <th>Address</th>
      <th>Phone</th>
    </tr>
  </thead>
  <tbody>
  @foreach (var item in Model)
  {
    <tr>
      <td>
        @Html.DisplayFor(modelItem => item.CompanyName)
      </td>
      <td>
        @Html.DisplayFor(modelItem => item.ContactName)
      </td>
      <td>
        @Html.DisplayFor(modelItem => item.Address)
        @Html.DisplayFor(modelItem => item.City)
        @Html.DisplayFor(modelItem => item.Region)
        @Html.DisplayFor(modelItem => item.Country)
        @Html.DisplayFor(modelItem => item.PostalCode)
```

```
        </td>
        <td>
          @Html.DisplayFor(modelItem => item.Phone)
        </td>
      </tr>
    }
  </tbody>
</table>
```

(7) 打开 Views/Home/Index.cshtml，在显示访客人数的代码下方添加如下表单，以允许访问者输入国家并查看指定国家的客户：

```
<h3>Query customers from a service</h3>
<form asp-action="Customers" method="get">
  <input name="country" placeholder="Enter a country" />
  <input type="submit" />
</form>
```

18.3.4 支持跨源资源共享

显式地指定 Northwind 服务的端口号是很有用的，这样就不会与默认的端口号 5000(用于 HTTP) 和 5002(用于 NorthwindMvc 等网站使用的 HTTPS)发生冲突，然后启用跨源资源共享(Cross-Origin Resource Sharing，CORS)。

> **更多信息**：默认的浏览器同源策略可以防止从一个源下载的代码访问从另一个源下载的资源，从而提高安全性。可以启用 CORS 以允许来自 ASP.NET Core 的请求，详见 https://docs.microsoft.com/en-us/aspnet/core/security/cors。

(1) 在 NorthwindService 项目中打开 Program.cs 文件。
(2) 在 CreateHostBuilder 方法中向 UseUrls 添加如下扩展方法调用，并为 HTTPS 指定端口号 5001：

```
public static IHostBuilder CreateHostBuilder(string[] args) =>
  Host.CreateDefaultBuilder(args)
    .ConfigureWebHostDefaults(webBuilder =>
    {
      webBuilder.UseStartup<Startup>();
      webBuilder.UseUrls("https://localhost:5001");
    });
```

(3) 打开 Startup.cs 文件，在 ConfigureServices 方法的顶部添加一条语句，以添加对 CORS 的支持，如下所示：

```
public void ConfigureServices(IServiceCollection services)
{
  services.AddCors();
```

(4) 在调用 UseEndpoints 方法之前，向 Configure 方法添加一条语句以使用 CORS，并允许来自任何网站(如 Northwind MVC 网站，网址为 https://localhost:5002)的 HTTP GET、POST、PUT 和 DELETE 请求，如下所示：

```
// must be after UseRouting and before UseEndpoints
app.UseCors(configurePolicy: options =>
```

```
{
  options.WithMethods("GET", "POST", "PUT", "DELETE");
  options.WithOrigins(
    "https://localhost:5002" // for MVC client
  );
});
```

(5) 导航到 Terminal | New Terminal，选择 NorthwindService。

(6) 在终端窗口中输入 dotnet run 命令，启动 NorthwindMvc 项目。确认 Web 服务只监听 5001 端口，如下所示：

```
info: Microsoft.Hosting.Lifetime[0]
      Now listening on: https://localhost:5001
```

(7) 导航到 Terminal | New Terminal，选择 NorthwindMvc。

(8) 在终端窗口中输入 dotnet run 命令，启动 NorthwindMvc 项目。确认网站正在监听 5000 和 5002 端口，如下所示：

```
info: Microsoft.Hosting.Lifetime[0]
      Now listening on: http://localhost:5000
info: Microsoft.Hosting.Lifetime[0]
      Now listening on: https://localhost:5002
```

(9) 启动 Google Chrome 浏览器，导航到 http://localhost:5000/，注意网址被重定向到 https://localhost:5002，结果将显示 Northwind MVC 网站的首页。

(10) 在客户表单中输入国家名，如德国、英国或美国，单击 Submit 按钮，注意列出的客户列表，如图 18.18 所示。

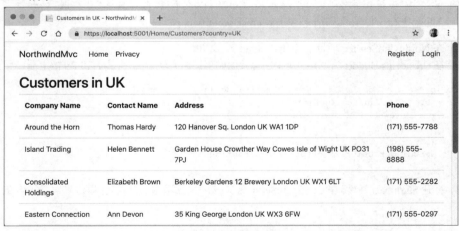

图 18.18　位于英国的客户

(11) 在浏览器中单击 Back 按钮，清除输入的国家名，单击 Submit 按钮，结果将列出所有客户。

18.4　实现高级功能

你已经了解了构建并从客户端调用 Web 服务的基本原理，下面来看看一些更高级的功能。

18.4.1 实现健康检查 API

有许多付费服务可用来执行站点的可用性测试,其中一些带有更高级的 HTTP 响应分析。

ASP.NET Core 2.2 及后续版本更容易实现详细的网站健康检查。例如,网站可能是活动的,但我们确实准备好了吗?能从数据库中检索数据吗?

(1) 打开 NorthwindService.csproj。

(2) 在 Swashbuckle 包的<ItemGroup>中,添加如下项目引用以启用 Entity Framework Core 数据库健康检查:

```
<PackageReference Include=
  "Microsoft.Extensions.Diagnostics.HealthChecks.EntityFrameworkCore"
  Version="5.0.0" />
```

(3) 在终端窗口中输入以下命令,还原包并编译网站项目:

```
dotnet build
```

(4) 打开 Startup.cs 文件。

(5) 在 ConfigureServices 方法的底部添加一条语句以支持健康检查,包括向 Northwind 数据库上下文添加健康检查支持,如下所示:

```
services.AddHealthChecks().AddDbContextCheck<Northwind>();
```

默认情况下,数据库上下文检查调用 EF Core 的 CanConnectAsync 方法。可以使用 AddDbContextCheck 方法自定义想要执行什么操作。

(6) 在 Configure 方法中,在调用 UseEndpoints 之前添加一条语句以使用基本的健康检查功能,如下所示:

```
app.UseHealthChecks(path: "/howdoyoufeel");
```

(7) 启动 Web 服务并导航到 https://localhost:5001/howdoyoufeel。

注意,网站给出的回复是纯文本消息 Healthy。

更多信息:可以根据需要扩展健康检查响应,详见 https://blogs.msdn.microsoft.com/webdev/2018/08/22/asp-net-core-2-2-0-preview1-healthcheck/。

18.4.2 实现 Open API 分析器和约定

本章介绍了如何使用特性手动装饰控制器类,从而使 Swagger 能够记录 Web 服务。

在 ASP.NET Core 2.2 或更高版本中,一些 API 分析器可以反映控制器类的情况,这些控制器类已经用[APIController]特性进行了注解以方便自动记录。分析器往往会采用一些 API 约定。

为了使用分析器,项目必须引用 NuGet 包,如下所示:

```
<PackageReference Include="Microsoft.AspNetCore.Mvc.Api.Analyzers"
                  Version="3.0.0" PrivateAssets="All" />
```

更多信息:在撰写本书时,上面引用的 NuGet 包还是 3.0.0-preview3-19153-02 版本,但是当你阅读本书时,可能就已经有了完整的 3.0.0 版本。可通过以下链接查看最新版本——https://www.nuget.org/packages/Microsoft.AspNetCore.Mvc.Api.Analyzers/。

安装后，没有做适当装饰的控制器应该会发出警告(绿色的波浪线)，在使用 dotnet build 命令编译源代码时，控制器也应该会发出警告。然后，自动代码修复可以添加适当的[Produces]和[ProducesResponseType]特性，尽管目前这只在 Visual Studio 2019 中有效。在 Visual Studio Code 中，你会看到分析器认为应该在何处添加特性的警告，但是你必须自行添加它们。

18.4.3 实现临时故障处理

当客户端或网站调用 Web 服务时，客户端和服务器之间的网络问题有可能导致与实现代码无关的一些其他问题。即便客户端发出调用后失败了，应用程序也不应该就此放弃。不妨再次尝试，也许问题已经解决了。

为了处理这些临时故障，微软建议使用第三方库 Polly 来实现指数级的自动重试。你只需要定义策略，其他所有事情交给库来处理即可。

更多信息：可通过以下链接来了解关于 Polly 库如何使 Web 服务更可靠的更多信息——https://docs.microsoft.com/en-us/dotnet/architecture/microservices/implement-resilient-applications/implement-http-call-retries-exponential-backoff-polly。

18.4.4 理解端点路由

在早期的 ASP.NET Core 版本中，如果想在中间件和 MVC 中同时实现诸如 CORS 的策略，那么路由系统和可扩展的中间件系统并不总是能够轻松地协同工作，因此微软开发了名为端点路由的新系统来改进路由。

最佳实践：微软推荐每一个 ASP. NET Core 旧项目都尽可能迁移到端点路由。

端点路由的设计目的是在需要路由的框架(如 Razor Pages、MVC 或 Web API)和需要理解路由如何影响它们(如本地化、授权、CORS 等)的中间件之间实现更好的互操作性。

更多信息：可通过以下链接阅读关于端点路由的设计决策——https://devblogs.microsoft.com/aspnet/asp-net-core-2-2-0-preview1-endpoint-routing/。

之所以命名为"端点路由"，是因为这种系统将路由表表示为已编译的端点树，最大的改进之一是路由的性能和操作方法的选择。

如果把兼容性设置为 2.2 或更高的值，那么在 ASP.NET Core 2.2 或更高版本中，端点路由默认是打开的，使用 MapRoute 方法或使用特性注册的传统路由将被映射到新的路由系统。

新的路由系统包含链接生成服务，可注册为不需要 HttpContext 的依赖服务。

18.4.5 配置端点路由

端点路由需要对 app.UseRouting()和 app.UseEndpoints()进行调用。
- app.UseRouting()用于标记进行路由决策的管道位置。
- app.UseEndpoints()用于标记所选端点执行的管道位置。

在端点之间运行的本地化之类的中间件可以看到选择的端点，并在必要时切换到另一个端点。

端点路由使用的路由模板语法与 ASP.NET MVC 使用的相同，并且使用了 ASP.NET MVC 5 引入的[Route]特性。迁移通常只需要更改启动配置。

MVC 控制器、Razor Pages 和 SignalR 之类的框架过去是通过调用 UseMvc()或类似的方法来启用的，但现在它们已经被添加到 UseEndpoint()中，因为它们都与中间件一起被集成到了同一路由系统中。

下面定义一些可以输出端点信息的中间件。

(1) 打开 Startup.cs 文件，并导入用来处理端点路由的名称空间，如下所示：

```
using Microsoft.AspNetCore.Http;    // GetEndpoint() extension method
using Microsoft.AspNetCore.Routing; // RouteEndpoint
```

(2) 在 ConfigureServices 方法中，在 UseEndpoints 之前添加一条语句以定义 lambda 表达式，在每个请求期间输出关于所选端点的信息，如下所示：

```
app.Use(next => (context) =>
{
  var endpoint = context.GetEndpoint();
  if (endpoint != null)
  {
    WriteLine("*** Name: {0}; Route: {1}; Metadata: {2}",
      arg0: endpoint.DisplayName,
      arg1: (endpoint as RouteEndpoint)?.RoutePattern,
      arg2: string.Join(", ", endpoint.Metadata));
  }

  // pass context to next middleware in pipeline
  return next(context);
});
```

当回顾上述代码时，请注意以下事项：

- Use 方法需要提供 RequestDelegate 实例或等价的 lambda 表达式。
- RequestDelegate 有一个单独的 HttpContext 参数，用于封装当前 HTTP 请求的所有信息(以及匹配的响应)。
- 导入 Microsoft.AspNetCore.Http 名称空间，在 HttpContext 实例中添加 GetEndpoint 扩展方法。

(4) 启动 Web 服务。

(5) 在 Google Chrome 浏览器中导航到 https://localhost:5001/weatherforecast。

(6) 在终端窗口中观察结果，输出如下所示：

```
Request starting HTTP/1.1 GET https://localhost:5001/weatherforecast
*** Name: NorthwindService.Controllers.WeatherForecastController.Get (NorthwindService);
Route: Microsoft.AspNetCore.Routing.Patterns.RoutePattern; Metadata:
Microsoft.AspNetCore.Mvc.ApiControllerAttribute,
Microsoft.AspNetCore.Mvc.ControllerAttribute, Microsoft.AspNetCore.Mvc.RouteAttribute,
Microsoft.AspNetCore.Mvc.HttpGetAttribute,
Microsoft.AspNetCore.Routing.HttpMethodMetadata,
Microsoft.AspNetCore.Mvc.Controllers.ControllerActionDescriptor,
Microsoft.AspNetCore.Routing.RouteNameMetadata,
Microsoft.AspNetCore.Mvc.ModelBinding.UnsupportedContentTypeFilter,
Microsoft.AspNetCore.Mvc.Infrastructure.ClientErrorResultFilterFactory,
Microsoft.AspNetCore.Mvc.Infrastructure.ModelStateInvalidFilterFactory,
Microsoft.AspNetCore.Mvc.ApiControllerAttribute,
Microsoft.AspNetCore.Mvc.ActionConstraints.HttpMethodActionConstraint
```

(7) 关闭Google Chrome浏览器并停止Web服务。

 更多信息：可通过以下链接阅读关于端点路由的更多信息——https://docs.microsoft.com/en-us/aspnet/core/fundamentals/routing。

微软已经用端点路由代替了ASP.NET Core 2.1及更早版本中使用的基于IRouter的路由。

 更多信息：如果需要使用ASP.NET Core 2.1或更早版本，可通过以下链接阅读旧路由系统的相关内容——https://docs.microsoft.com/en-us/aspnet/core/fundamentals/routing?view=aspnetcore-2.1。

18.4.6 添加HTTP安全标头

ASP.NET Core内置了对常见HTTP安全标头(如HSTS)的支持，但是还有更多的HTTP标头需要实现。

添加这些HTTP标头的最简单方法是使用中间件。

(1) 在NorthwindService文件夹中创建一个名为SecurityHeadersMiddleware.cs的类文件，修改其中的语句，如下所示：

```
using System.Threading.Tasks;
using Microsoft.AspNetCore.Http;
using Microsoft.Extensions.Primitives;

namespace Packt.Shared
{
  public class SecurityHeaders
  {
    private readonly RequestDelegate next;

    public SecurityHeaders(RequestDelegate next)
    {
      this.next = next;
    }

    public Task Invoke(HttpContext context)
    {
      // add any HTTP response headers you want here
      context.Response.Headers.Add(
        "super-secure", new StringValues("enable"));

      return next(context);
    }
  }
}
```

(2) 打开Startup.cs文件，在调用UseEndpoints之前添加一条注册中间件的语句，如下所示：

```
app.UseMiddleware<SecurityHeaders>();
```

(3) 启动Web服务。

(4) 打开Google Chrome浏览器并显示Developer Tools及其Network选项卡以记录请求和响应。

(5) 导航到https://localhost:5001/weatherforecast。注意，添加的自定义HTTP标头名为super-secure，如图18.19所示。

第 18 章 构建和消费 Web 服务

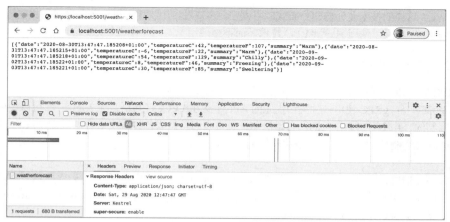

图 18.19 名为 super-secure 的自定义 HTTP 标头

更多信息：可通过以下链接了解与可能需要添加的常见 HTTP 安全标头有关的更多信息——https://www.meziantou.net/security-headers-in-asp-net-core.htm。

18.4.7 保护 Web 服务

.NET 5 对 Web 服务所做的改进包括提供一些简单的扩展方法，用于在使用端点路由时启用匿名 HTTP 调用，如下所示：

```
app.UseEndpoints(endpoints =>
{
  endpoints.MapControllers()
    .AllowAnonymous();
});
```

18.5 了解其他通信技术

ASP.NET Core Web API 并不是实现服务或在分布式应用程序的组件间通信的唯一微软技术。虽然本书不会详细介绍其他那些技术，但是你应该知道它们可以做什么以及何时使用它们。

18.5.1 了解 WCF

2006 年，微软发布了.NET Framework 3.0 和一些主要框架，其中一个框架是 WCF(Windows Communication Foundation)。WCF 能从与之通信的技术中抽象出服务的业务逻辑实现，它大量使用了 XML 配置，以声明的方式定义端点，包括它们的地址、绑定和契约。一旦理解了如何做到这一点，WCF 就将成为一种强大而灵活的技术。

微软决定不正式将 WCF 移植到.NET Core，如果需要将现有的服务从.NET Framework 迁移到.NET Core，或者想要构建能够迁移到 WCF 服务的客户端，那么可以使用 Core WCF。请注意，Core WCF 永远不可能成为完整的端口，因为 WCF 的某些部分是特定于 Windows 的。

更多信息：可通过以下链接阅读和下载 Core WCF 存储库——https://github.com/CoreWCF/CoreWCF。

像WCF这样的技术允许构建分布式应用程序。客户端应用程序可以对服务器应用程序进行远程过程调用(RPC)。可以使用另一种RPC技术，而不是使用WCF的端口来实现这一点。

18.5.2 了解gRPC

gRPC是可以在任何环境中运行的现代开源高性能RPC框架。

与WCF一样，gRPC使用一种契约优先的API开发方式以支持与语言无关的实现。可以使用.proto文件编写契约，并使用它们自己的语言语法和工具将它们转换成各种编程语言，如C#。gRPC通过使用Protobuf二进制序列化工具来最小化网络的使用。

更多信息：可通过以下链接了解gRPC——https://grpc.io。微软目前已正式支持gRPC与ASP.NET Core。可通过以下链接学习如何使用 gRPC 与 ASP.NET Core——https://docs.microsoft.com/en-us/aspnet/core/grpc/aspnetcore。

18.6 实践和探索

你可以通过回答一些问题来测试自己对知识的理解程度，进行一些实践，并深入探索本章涵盖的主题。

18.6.1 练习18.1：测试你掌握的知识

回答以下问题：

1) 对于ASP.NET Core Web API服务，要创建控制器类，应该继承哪个基类？
2) 为了使用[APIController]特性装饰控制器类以获得默认的行为，比如用于无效模型的自动 400 响应，你必须做些什么？
3) 如何指定执行哪个控制器操作方法以响应HTTP请求？
4) 调用操作方法时，为了得到期望的响应，你应该做些什么？
5) 列出三个方法，使得调用它们可以返回具有不同状态码的响应。
6) 列出测试Web服务的四种方法。
7) 为什么不将HttpClient封装到using语句中，以便完成时释放，即使HttpClient实现了IDisposable接口？应该怎么做？
8) CORS这个缩略词代表什么？在Web服务中为什么启用CORS很重要？
9) 如何使用ASP.NET Core 2.2及更高版本，使客户端能够检测Web服务是否健康？
10) 端点路由提供了什么好处？

18.6.2 练习18.2：练习使用HttpClient创建和删除客户

扩展NorthwindMvc网站项目，让访问者可通过填写表单来创建新客户或搜索客户，然后删除客户。MVC控制器应该通过调用Northwind服务来创建和删除客户。

18.6.3 练习18.3：探索主题

可通过以下链接来阅读关于本章所涉及主题的更多细节。

- 使用ASP.NET Core创建Web API：　https://docs.microsoft.com/en-us/aspnet/core/web-api/。

- Swagger 工具：https://swagger.io/tools/。
- 用于 ASP.NET Core 的 Swashbuckle：https://github.com/domaindrivendev/Swashbuckle.AspNetCore。
- ASP.NET Core 中的健康检查：https://docs.microsoft.com/en-us/aspnet/core/host-and-deploy/health-check。
- 使用 HttpClientFactory 实现弹性 HTTP 请求：https://docs.microsoft.com/en-us/dotnet/architecture/microservices/implement-resilient-applications/use-httpclientfactory-to-implement-resilient-http-requests。

18.7 本章小结

本章介绍了如何构建 ASP.NET Core Web API 服务，任何平台上的任何应用程序都可以调用这种服务，你可以发出 HTTP 请求并处理 HTTP 响应。通过本章，你还了解了如何使用 Swagger 测试和记录 Web 服务 API，以及如何有效地消费服务。

第 19 章将介绍如何使用机器学习将智能添加到任何类型的应用程序中。

第 19 章
使用机器学习构建智能应用程序

本章讨论如何使用机器学习算法将智能嵌入应用程序中。微软创建了名为 ML.NET 的跨平台的机器学习库，ML.NET 是专为 C#和.NET 开发人员设计的。

本章涵盖以下主题：
- 了解机器学习
- 了解 ML.NET
- 产品推荐

19.1 了解机器学习

营销人员喜欢在宣传材料中使用"人工智能"或"数据科学"等术语。机器学习是数据科学领域的分支之一，是给软件增加智能的一种实用方法。

更多信息：通过学习哈佛大学的 *Data Science: Machine Learning* 免费课程，你将能够了解最流行、最成功的数据科学技术背后的知识，详见 https://www.edx.org/course/data-science-machine-learning-2。

我们不可能仅用一章篇幅就教会你机器学习。如果想要了解机器学习算法是如何工作的，就需要了解包括微积分、统计学、概率论和线性代数在内的数据科学主题，然后深入学习机器学习。

更多信息：要深入学习机器学习，可阅读 Sebastian Raschka 和 Vahid Mirjalili 合著的《Python 机器学习》一书，详见 https://www.packtpub.com/big-data-and-business-intelligence/python-machine-learning-second-edition。

本章的目标是理解最基本的概念，以实现机器学习的有价值的实际应用：为电子商务网站提出产品建议，以增加每个订单的总额。通过查看所有需要完成的任务，你可以自行决定是否值得花时间去学习机器学习，抑或更愿意把精力放在其他的主题上，比如创建网站或移动应用程序。

19.1.1 了解机器学习的生命周期

机器学习的生命周期涉及四个阶段。
- 问题分析：要解决的问题是什么？
- 数据收集和处理：解决问题所需的原始数据通常需要转换成适合机器学习算法处理的格式。
- 建模：分为如下三个子阶段。
  - 识别特征：特征是影响预测的值。例如，旅行的距离和一天中影响出租车旅行成本的时间。

♦ 训练模型：选择并应用算法，然后设置超参数以生成一个或多个模型。超参数是在学习过程开始之前设置的，与训练中获得的其他参数不同。
♦ 评估模型：选择最能解决原始问题的模型。评估模型是一项可能耗时数月的手动任务。
● 部署模型：将模型嵌入应用程序中，用于对实际输入的数据进行预测。

即便如此，工作也还没有完成！在部署模型之后，应该定期重新评估模型，以保持效率。随着时间的推移，由于数据也会随着时间的推移而变化，我们所做的预测可能会漂移并变得更差。

不应该假设输入和输出之间存在静态关系，特别是在预测人类行为时，因为时尚是不断变化的。这个问题又称为概念漂移或模型衰减。如果有疑问，就应该重新训练模型，甚至切换到更好的算法或超参数值。

决定使用哪种算法和超参数值是一件棘手的事情，因为潜在算法和超参数值的组合是无限的。

更多信息：可通过以下链接阅读关于角色的更多信息，比如参与机器学习的数据科学家的类型——https://www.datasciencecentral.com/profiles/blogs/difference-between-machine-learning-data-science-ai-deep-learning。

19.1.2 了解用于训练和测试的数据集

不能使用整个数据集来训练模型，而是需要将数据集分为训练数据集和测试数据集。不出意料，训练数据集用于训练模型。然后，使用测试数据集来评估模型在部署之前是否做出足够好的预测。如果使用整个数据集进行训练，将没有剩余的数据用于测试模型。

对于某些场景，训练和测试之间的分离可能是随机的，但是要小心！必须考虑数据集是否可以有常规变化。例如，出租车的使用将根据一天的时间而变化，甚至根据季节和城市而变化。例如，纽约的出租车在全年任何时候都会非常繁忙，但慕尼黑的出租车在慕尼黑啤酒节期间可能会格外繁忙。

当数据集受到季节和其他因素的影响时，就必须有策略地拆分数据集，还需要确保模型没有被训练数据覆盖。下面来看一个过拟合的例子。

笔者于1990年至1993年在布里斯托尔大学学习计算机科学时，在神经网络课堂上听到一则故事(可能是杜撰的，但却说明了重点)。英国军队雇用一些数据科学家建立了一个机器学习模型，在东欧的森林里探测伪装的俄罗斯坦克。这个模型虽然填满了成千上万张图像，然而在现实世界中进行实战时却败得很惨。

在解析项目的过程中，科学家们意识到，他们用来训练模型的所有图像都来自春天，那时树叶是明快的绿色，但进行实战时发生在秋天，那时树叶是红色、黄色或棕色的。

这个模型过拟合了春天的树叶。如果能够更加一般化，那么这个模型可能在其他季节表现得更好。欠拟合正好相反：描述的模型过于一般化，当应用于特定上下文时，不能提供令人满意的输出。

更多信息：可通过以下链接阅读关于过拟合、欠拟合以及如何补偿的更多信息——https://elitedatascience.com/overfitting-in-machine-learning。

19.1.3 了解机器学习任务

机器学习可以帮助开发人员完成许多任务或场景。

- 二分类：将输入数据集中的数据项分为两组，预测每个数据项属于哪一组。例如，判断亚马逊网站上的书评是正面的还是负面的，这也称为情绪分析。其他的例子包括垃圾邮件和信用卡购买欺诈检测。
- 多类分类：将实例分为三组或更多组，并预测每个实例属于哪一组。例如，决定一篇新闻应该归类为名人八卦、体育、经济还是科技。二分类和多类分类是监督分类的例子，因为标签必须是预定义的。
- 集群：对输入的数据项进行分组，以便同一集群中的数据项彼此之间相比其他集群中的数据项更相似。集群与分类不同，因为我们没有给每个集群指定标签，因此标签不必像分类那样预定义。因此，集群是无监督分类的例子。在进行集群之后，可通过处理分组来发现模式，然后分配标签。
- 排序：根据属性(如星评、上下文、喜好等)对输入的数据项进行排序。
- 推荐：根据用户的过去行为来推荐用户可能喜欢的其他数据项，比如产品或内容。
- 回归：根据输入的数据预测数值。例如，可以用于预测和建议产品应该卖多少钱；或者从首都机场坐出租车到北京市中心的某个酒店的费用是多少；或者对于共享单车，北京市的某个特定区域需要有多少辆。
- 异常检测：用于识别"黑天鹅"或异常数据，这些数据可能表明在医疗、金融和机械维护等领域存在需要修复的问题。
- 深度学习：用于处理大型的、复杂的二进制输入数据，而不是处理格式更为结构化的输入数据。例如，计算机视觉任务(如检测对象和分类图像)、音频任务(如语音识别)和自然语言处理(NLP)。

19.1.4 了解 Microsoft Azure Machine Learning

本章的剩余部分将介绍如何使用开源的.NET 包来实现机器学习，但是在深入讨论这个问题之前，我们先来了解一种重要的替代方法。

实现良好的机器学习需要那些在数学或相关领域有很强技能的人。数据科学家的需求量很大，聘用他们的难度和成本使一些组织无法在自己的应用程序中采用机器学习。组织虽然可以访问多年积累的数据仓库，但是他们很难使用机器学习来改进他们所做的决策。

Microsoft Azure Machine Learning 通过为常见任务(如人脸识别和语言处理)提供预先构建的机器学习模型，克服了这些障碍。这样，没有自己的数据科学家的组织就能够从数据中获得一些好处。当组织雇用他们自己的数据科学家，或者他们的开发人员获得了数据科学技能时，他们就可以开发自己的模型并在 Microsoft Azure Machine Learning 中使用。

但是，随着组织变得越来越复杂，并且认识到拥有的机器学习模型能够在任何地方产生价值，越来越多的组织需要一个平台，从而让现有的开发人员能够在这个平台上展开工作，而且这个平台的学习难度越小越好。

19.2 理解 ML.NET

ML.NET 是微软为.NET 开发的开源、跨平台的机器学习框架。C#开发人员可以利用现有的技能，因为他们对.NET Standard API 非常熟悉，于是能够在应用程序中集成定制的机器学习，而不需要了解构建和维护机器学习模型的细节。

更多信息：可通过以下链接阅读 ML.NET 的官方公告——https://blogs.msdn.microsoft.com/dotnet/2018/05/07/introducing-ml-net-cross-platform-proven-and-open-source-machine-learning-framework/。

现在，ML.NET 包含了微软研究院(Microsoft Research)创建的机器学习库，并由 PowerPoint 等微软产品用于基于演示内容的智能推荐样式模板。很快，ML.NET 也将支持其他流行的机器学习库，如 Accord.NET、CNTK、Light GBM 和 TensorFlow，但本书并不介绍这些内容。

更多信息：Accord.NET Framework 是.NET 机器学习库，里面结合了完全用 C#编写的音频和图像处理库。可通过以下链接阅读更多内容——http://accord-framework.net。

19.2.1 了解 Infer.NET

Infer.NET 是由剑桥的微软研究院于 2004 年创建的机器学习库，并于 2008 年向学术界开放。从那时起，已经有数百篇关于 Infer.NET 的学术论文发表于世。

更多信息：可通过以下链接阅读关于 Infer.NET 的更多信息——https://www.microsoft.com/en-us/research/blog/the-microsoft-infer-net-machine-learning-frameworks-goes-open-source/。

开发人员可以将领域知识合并到模型中以创建自定义算法，而不是像使用 ML.NET 那样将问题映射到现有算法。

Infer.NET 已应用于 Microsoft Azure、Xbox、必应搜索和翻译等产品。

Infer.NET 可用于分类、推荐和聚类。本书不讨论 Infer.NET。

更多信息：可通过以下链接了解如何创建游戏匹配，并列出使用 Infer.NET 的应用程序和概率编程——https://docs.microsoft.com/en-us/dotnet/machine-learning/how-to-guides/matchup-app-infer-net。

19.2.2 了解 ML.NET 学习管道

典型的 ML.NET 学习管道包括 6 个阶段。

- 数据加载。ML.NET 支持加载以下格式的数据：文本(CSV 和 TSV 格式)、Parquet、二进制、IEnumerable<T>和文件集。
- 转换。ML.NET 支持以下转换：文本操作、模式(结构)修改、丢失值的处理、分类值的编码、标准化和特性选择。
- 算法。ML.NET 支持以下算法：线性、增强树、k-均值、支持向量机(SVM)和平均感知器。
- 模型训练。调用 ML.NET Train 方法以创建可用于进行预测的 PredictionModel。
- 模型评估。ML.NET 支持多个评估器以评估各种指标的准确性。
- 模型部署。ML.NET 允许将模型导出为二进制文件，用于部署任何类型的.NET 应用程序。

更多信息：用于机器学习的传统 Hello World 应用程序是一款可以根据花瓣长度、花瓣宽度、萼片长度和萼片宽度四个特征来预测鸢尾花类型的应用程序。可通过以下链接观看 10 分钟的教程——https://dotnet.microsoft.com/learn/machinelearing-ai/ml-dotnet-get-started-tutorial/intro。

19.2.3 了解模型训练的概念

.NET 类型系统不是为机器学习和数据分析而设计的,因此需要一些专门的类型来更好地适应这些任务。

处理模型时,ML.NET 使用以下 .NET 类型。

- IDataView 接口代表的数据集具有如下特征。
    - immutable,意味着不能改变。
    - cursorable,意味着游标可以遍历数据。
    - lazily evaluated,意味着转换等工作只在使用游标遍历数据时完成。
    - heterogenous,意味着数据可以有混合类型。
    - schematized,意味着有明确的结构。

更多信息: 可通过以下链接了解关于 IDataView 接口设计的更多信息——https://github.com/dotnet/machinelearning/blob/master/docs/code/IDataViewDesignPrinciples.md。

- 所有的 IDataView 列类型都派生自抽象类 DataViewType。向量类型需要维数信息来指示向量类型的长度。
- ITransformer 接口表示的组件将接收输入的数据,以某种方式更改它们并返回输出数据。例如,记号转换器将包含短语的文本列作为输入,从短语中提取出单词,并将它们垂直排列在一列中,输出向量列。大多数转换器一次只能在一列上工作。新的转换器可通过将其他转换器连接在一条链中来构造。
- IDataReader<T>接口表示用于创建数据的组件,可以获取 T 的实例并从中返回数据。
- IEstimator<T>接口表示从数据中学习的对象。学习的结果是转换器。评估人员的态度很热切,这意味着对 Fit 方法的每次调用都会导致学习的发生,这会花费大量的时间!
- PredictionEngine<TSrc, TDst>类表示的函数可以看作在预测时对一行应用转换器的机器。如果想要预测大量的输入数据,可以创建数据视图,调用模型的 Transform 方法以生成预测行,然后使用游标读取结果。在现实世界中,常见的场景是将数据行作为要进行预测的输入,因此为了简化这个过程,可以使用预测引擎。

19.2.4 了解缺失值和键类型

R 语言在机器学习中很流行,它使用特殊值 NA 来表示缺失值,.NET 也遵循这种约定。
键类型用于基数集中表示为数值的数据,如下所示:

```
[KeyType(10)]
public uint NumberInRange1To10 { get; set; }
```

具象类型(也称为底层类型)必须是如下四种 .NET 无符号整数类型中的一种:byte、ushort、uint 和 ulong。0 总是表示 NA,表示值丢失了。1 总是表示键类型的第一个有效值。

计数应该设置为比最大值大 1 的值,以便计算从 1 开始的值,因为 0 是为缺失值保留的。例如,0~9 范围的基数应该是 10。在指定的基数范围之外的任何值都将被映射到缺失值 0。

19.2.5 了解特性和标签

机器学习模型的输入称为特征。例如,如果存在线性回归,并且一个连续的量(如一瓶酒的价格)

与另一个连续的量成比例(如酒商给出的评级)，那么价格就是唯一的特征。

用于训练机器学习模型的值称为标签。在上面的示例中，训练数据集中的评级是标签。

在一些模型中，标签并不重要，因为会有一行用来表示匹配，这在推荐中尤为常见。

19.3 进行产品推荐

下面将要实现的机器学习的实际应用是为电子商务网站提出产品建议，目标是增加客户订单的总额。问题是如何决定向访问者推荐什么产品。

19.3.1 问题分析

2006 年 10 月 2 日，Netflix 举办了一项公开的挑战：以最佳算法预测电影的客户评级，但要求算法仅基于先前的评级。Netflix 提供的数据集有 1.7 万部电影、50 万的用户和 1 亿的收视率。例如，用户 437822 给电影 12934 打了 4 分(满分 5 分)。

奇异值分解(Singular Value Decomposition，SVD)是一种分解方法，可通过减少矩阵使以后的计算更简单，Simon Funk 在社区分享了自身及其团队如何利用 SVD 在比赛中接近排名第一。

更多信息：可通过以下链接阅读关于 Simon Funk 如何使用 SVD 的更多信息——https://sifter.org/~simon/journal/20061027.2.html。

自从 Simon Funk 首次使用 SVD 以来，类似的方法也被用于推荐系统。矩阵因式分解是一种协同过滤算法，被用在使用了 SVD 的推荐系统中。

更多信息：可通过以下链接了解矩阵因式分解在推荐系统中的使用情况——https://en.wikipedia.org/wiki/Matrix_factorization_(recommender_systems)。

这里将使用单类矩阵因式分解算法，因为只有关于订单的历史信息。产品还没有被给予评级或其他因素，我们无法使用其他多类因式分解算法。

我们使用矩阵因式分解得到的分数说明了是正数的可能性。分数越大，概率越高。分数不是概率，所以当进行预测时，必须预测多个产品共同购买的分数，并将最高的分数排在最前面。

矩阵因式分解使用了一种监督式的协同过滤方法，这种方法假设如果 Alice 对某个产品持有与 Bob 相同的看法，那么与随机的其他人相比，Alice 对另一个产品的看法更有可能与 Bob 相似。因此，他们更有可能将 Bob 喜欢的产品添加到购物车中。

19.3.2 数据的收集和处理

Northwind 示例数据库包含以下数据表：
- Products 表有 77 行，每一行都有产品 ID。
- Orders 表有 830 行，每个订单都有一个或多个相关的详情行。
- Order Details 表有 2155 行，每一行都有产品 ID 用来表示订购的产品。

可以使用这些数据来创建用于训练和测试模型的数据集，然后根据客户已经添加到购物车中的内容，对客户可能想要添加到购物车中的其他产品进行预测。

例如，在订单 10248 中，客户 VINET 订购了三个 ID 分别为 11、42 和 72 的产品，如图 19.1 所示。

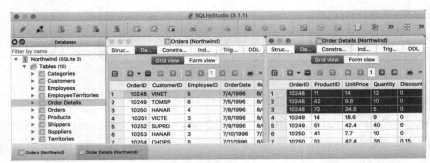

图 19.1　订单详情

下面编写一个 LINQ 查询来交叉连接这些数据，以生成一个简单的文本文件，其中两列用来显示共同购买的产品，输出如下所示：

```
ProductID CoboughtProductID
11        42
11        72
42        11
42        72
72        11
72        42
```

遗憾的是，Northwind 示例数据库几乎对所有产品与其他产品进行了匹配。为了生成更真实的数据集，可按国家进行过滤。为德国生成一个数据集，为英国生成另一个数据集，而为美国生成第三个数据集。为美国生成的那个数据集将用于测试。

19.3.3　创建 NorthwindML 网站项目

下面创建一个 ASP.NET Core MVC 网站项目，用于显示所有产品的列表，按类别分组，并允许访问者将产品添加到购物车中。

(1) 在名为 PracticalApps 的文件夹中创建一个名为 NorthwindML 的子文件夹。
(2) 在 Visual Studio Code 中，打开 PracticalApps 工作区并给工作区添加 NorthwindML 子文件夹。
(3) 导航到 Terminal | New Terminal，选择 NorthwindML。
(4) 在终端窗口中输入以下命令，创建一个新的 ASP.NET Core MVC 网站项目：

```
dotnet new mvc
```

(5) 选择 NorthwindML 作为活动项目。
(6) 打开 NorthwindML.csproj 项目文件，添加对 SQLite、ML.NET 和 ML.NET Recommender 包的引用，以及对第 14 章创建的 Northwind 数据库上下文和实体类库项目的引用，如下所示：

```xml
<Project Sdk="Microsoft.NET.Sdk.Web">
  <PropertyGroup>
    <TargetFramework>net5.0</TargetFramework>
  </PropertyGroup>

  <ItemGroup>
    <PackageReference
      Include="Microsoft.AspNetCore.Mvc.NewtonsoftJson"
      Version="5.0.0" />
```

```xml
  <PackageReference
    Include="Microsoft.EntityFrameworkCore.Sqlite"
    Version="5.0.0" />
  <PackageReference Include="Microsoft.ML" Version="1.5.1" />
  <PackageReference Include="Microsoft.ML.Recommender"
    Version="0.17.1" />
</ItemGroup>

<ItemGroup>
  <ProjectReference Include=
    "..\NorthwindContextLib\NorthwindContextLib.csproj" />
  <ProjectReference Include=
    "..\NorthwindEmployees\NorthwindEmployees.csproj" />
</ItemGroup>
</Project>
```

(6) 在终端窗口中输入以下命令，还原包并编译项目：

```
dotnet build
```

(7) 打开 Startup.cs 类文件，导入 Packt.Shared、System.IO 和 Microsoft.EntityFrameworkCore 名称空间。

(8) 在 ConfigureServices 方法中添加一条语句，注册 Northwind 数据库上下文，如下所示：

```
string databasePath = Path.Combine("..", "Northwind.db");
services.AddDbContext<Northwind>(options =>
  options.UseSqlite($"Data Source={databasePath}"));
```

1. 创建数据和视图模型

NorthwindML 项目将被用来模拟电子商务网站，以允许访问者将他们想要订购的产品添加到购物车中。下面首先定义一些模型。

(1) 在 Models 文件夹中创建一个名为 CartItem.cs 的类文件，并添加语句以定义 CartItem 类，CartItem 类具有 ProductID 和 ProductName 属性，如下所示：

```csharp
namespace NorthwindML.Models
{
  public class CartItem
  {
    public long ProductID { get; set; }
    public string ProductName { get; set; }
  }
}
```

(2) 在 Models 文件夹中创建一个名为 Cart.cs 的类文件，并添加语句以定义带有购物车中商品属性的 Cart 类，如下所示：

```csharp
using System.Collections.Generic;

namespace NorthwindML.Models
{
  public class Cart
  {
    public IEnumerable<CartItem> Items { get; set; }
  }
}
```

(3) 在 Models 文件夹中创建一个名为 ProductCobought.cs 的类文件,并添加语句以定义 ProductCobought 类,该类的属性用于记录一个产品何时与另一个产品一起购买,以及记录 ProductID 属性的基数(最大可能值),如下所示:

```
using Microsoft.ML.Data;

namespace NorthwindML.Models
{
  public class ProductCobought
  {
    [KeyType(77)] // maximum possible value of a ProductID
    public uint ProductID { get; set; }

    [KeyType(77)]
    public uint CoboughtProductID { get; set; }
  }
}
```

(4) 在 Models 文件夹中创建一个名为 Recommendation.cs 的类文件以用作机器学习算法的输出,并添加语句以定义 Recommendation 类,该类的属性用于显示所推荐产品的 ID,并将它们的得分作为机器学习算法的结果,如下所示:

```
namespace NorthwindML.Models
{
  public class Recommendation
  {
    public uint CoboughtProductID { get; set; }
    public float Score { get; set; }
  }
}
```

(5) 在 Models 文件夹中创建一个名为 EnrichedRecommendation.cs 的类文件,并添加用于从 Recommendation 类继承 EnrichedRecommendation 类的语句,EnrichedRecommendation 类有一个额外的属性用来输出想要显示的产品名称,如下所示:

```
namespace NorthwindML.Models
{
  public class EnrichedRecommendation : Recommendation
  {
    public string ProductName { get; set; }
  }
}
```

(6) 在 Models 文件夹中创建一个名为 HomeCartViewModel.cs 的类文件,并添加语句以定义带有属性的 HomeCartViewModel 类,从而存储访问者的购物车和产品推荐列表,如下所示:

```
using System.Collections.Generic;

namespace NorthwindML.Models
{
  public class HomeCartViewModel
  {
    public Cart Cart { get; set; }
    public List<EnrichedRecommendation> Recommendations { get; set; }
  }
}
```

(7) 在 Models 文件夹中创建一个名为 HomeIndexViewModel.cs 的类文件，并添加语句以定义 HomeIndexViewModel 类，该类的属性用于显示是否已创建训练数据集(简称训练集)，如下所示：

```
using System.Collections.Generic;
using Packt.Shared;

namespace NorthwindML.Models
{
  public class HomeIndexViewModel
  {
    public IEnumerable<Category> Categories { get; set; }
    public bool GermanyDatasetExists { get; set; }
    public bool UKDatasetExists { get; set; }
    public bool USADatasetExists { get; set; }
    public long Milliseconds { get; set; }
  }
}
```

(8) 在终端窗口中输入以下命令，编译项目：

```
dotnet build
```

2. 实现控制器

下面可以修改现有的主控制器以执行需要的操作。

(1) 在 wwwroot 文件夹中创建一个名为 Data 的子文件夹。

(2) 在 Controllers 文件夹中打开 HomeController.cs，导入一些名称空间，如下所示：

```
using Packt.Shared;
using Microsoft.EntityFrameworkCore;
using Microsoft.AspNetCore.Hosting;
using System.IO;
using Microsoft.ML;
using Microsoft.ML.Data;
using Microsoft.Data;
using Microsoft.ML.Trainers;
```

(3) 在 HomeController 类中，为文件名声明一些字段，指定要为哪些国家生成数据集，如下所示：

```
private readonly static string datasetName = "dataset.txt";
private readonly static string[] countries =
  new[] { "Germany", "UK", "USA" };
```

(4) 为 Northwind 数据集上下文和 Web 主机环境依赖服务声明一些字段，并在构造函数中设置它们，如下所示：

```
// dependency services
private readonly ILogger<HomeController> _logger;
private readonly Northwind db;
private readonly IWebHostEnvironment webHostEnvironment;

public HomeController(ILogger<HomeController> logger,
  Northwind db, IWebHostEnvironment webHostEnvironment)
{
  _logger = logger;
  this.db = db;
```

```
      this.webHostEnvironment = webHostEnvironment;
    }
```

(5) 添加如下私有方法，返回存储在网站的 Data 文件夹中的文件的路径，如下所示：

```
private string GetDataPath(string file)
{
  return Path.Combine(webHostEnvironment.ContentRootPath,
    "wwwroot", "Data", file);
}
```

(6) 添加如下私有方法，创建 HomeIndexViewModel 类的实例，HomeIndexViewModel 类装载了 Northwind 示例数据库中的所有产品，并且指示数据集是否已经创建，如下所示：

```
private HomeIndexViewModel CreateHomeIndexViewModel()
{
  return new HomeIndexViewModel
  {
    Categories = db.Categories
      .Include(category => category.Products),
    GermanyDatasetExists = System.IO.File.Exists(
      GetDataPath("germany-dataset.txt")),
    UKDatasetExists = System.IO.File.Exists(
      GetDataPath("uk-dataset.txt")),
    USADatasetExists = System.IO.File.Exists(
      GetDataPath("usa-dataset.txt"))
  };
}
```

必须在 File 类的前面加上 System.IO 前缀，因为 ControllerBase 类包含了有可能会引起名称冲突的 File 方法。

(7) 在 Index 操作方法中，添加语句以创建视图模型并传递给 Razor 视图，如下所示：

```
public IActionResult Index()
{
  var model = CreateHomeIndexViewModel();
  return View(model);
}
```

(8) 添加如下操作方法以生成每个国家的数据集，然后返回默认的 Index 视图，如下所示：

```
public IActionResult GenerateDatasets()
{
  foreach (string country in countries)
  {
    IEnumerable<Order> ordersInCountry = db.Orders
      // filter by country to create different datasets
      .Where(order => order.Customer.Country == country)
      .Include(order => order.OrderDetails)
      .AsEnumerable(); // switch to client-side

    IEnumerable<ProductCobought> coboughtProducts =
      ordersInCountry.SelectMany(order =>
        from lineItem1 in order.OrderDetails // cross-join
        from lineItem2 in order.OrderDetails
        select new ProductCobought
        {
```

```
            ProductID = (uint)lineItem1.ProductID,
            CoboughtProductID = (uint)lineItem2.ProductID
        })
        // exclude matches between a product and itself
        .Where(p => p.ProductID != p.CoboughtProductID)
        // remove duplicates by grouping by both values
        .GroupBy(p => new { p.ProductID, p.CoboughtProductID })
        .Select(p => p.FirstOrDefault())
        // make it easier for humans to read results by sorting
        .OrderBy(p => p.ProductID)
        .ThenBy(p => p.CoboughtProductID);

    StreamWriter datasetFile = System.IO.File.CreateText(
      path: GetDataPath($"{country.ToLower()}-{datasetName}"));

    // tab-separated header
    datasetFile.WriteLine("ProductID\tCoboughtProductID");

    foreach (var item in coboughtProducts)
    {
      datasetFile.WriteLine("{0}\t{1}",
        item.ProductID, item.CoboughtProductID);
    }
    datasetFile.Close();
  }
  var model = CreateHomeIndexViewModel();
  return View("Index", model);
}
```

3. 训练推荐模型

我们的数据集已经提供了 KeyType 用来设置产品 ID 的最大值，产品 ID 已经编码为整数，这就是为了使用算法所需的所有内容，所以为了训练模型，只需要使用一些额外的参数调用 MatrixFactorizationTrainer 即可。

在 HomeController.cs 类文件中，添加如下操作方法以训练模型：

```
public IActionResult TrainModels()
{
  var stopWatch = Stopwatch.StartNew();

  foreach (string country in countries)
  {
    var mlContext = new MLContext();

    IDataView dataView = mlContext.Data.LoadFromTextFile(
      path: GetDataPath($"{country}-{datasetName}"),
      columns: new[]
      {
        new TextLoader.Column(name: "Label",
          dataKind: DataKind.Double, index: 0),
        // The key count is the cardinality i.e. maximum
        // valid value. This column is used internally when
        // training the model. When results are shown, the
        // columns are mapped to instances of our model
        // which could have a different cardinality but
```

```
        // happen to have the same.
      new TextLoader.Column(
        name: nameof(ProductCobought.ProductID),
        dataKind: DataKind.UInt32,
        source: new [] { new TextLoader.Range(0) },
        keyCount: new KeyCount(77)),
      new TextLoader.Column(
        name: nameof(ProductCobought.CoboughtProductID),
        dataKind: DataKind.UInt32,
        source: new [] { new TextLoader.Range(1) },
        keyCount: new KeyCount(77))
    },
    hasHeader: true,
    separatorChar: '\t');

  var options = new MatrixFactorizationTrainer.Options
  {
    MatrixColumnIndexColumnName =
      nameof(ProductCobought.ProductID),
    MatrixRowIndexColumnName =
      nameof(ProductCobought.CoboughtProductID),
    LabelColumnName = "Label",
    LossFunction = MatrixFactorizationTrainer
      .LossFunctionType.SquareLossOneClass,
    Alpha = 0.01,
    Lambda = 0.025,
    C = 0.00001
  };

  MatrixFactorizationTrainer mft = mlContext.Recommendation()
    .Trainers.MatrixFactorization(options);

  ITransformer trainedModel = mft.Fit(dataView);

  mlContext.Model.Save(trainedModel,
    inputSchema: dataView.Schema,
    filePath: GetDataPath($"{country}-model.zip"));
}

stopWatch.Stop();

var model = CreateHomeIndexViewModel();
model.Milliseconds = stopWatch.ElapsedMilliseconds;
return View("Index", model);
}
```

4. 实现带有推荐功能的购物车

下面添加购物车功能,并允许客户添加产品到购物车中。在购物车中,他们会看到一些推荐产品,从而可以快速添加到购物车中。

这种类型的推荐产品称为"共同购买"或"经常一起购买"的产品,这意味着可根据客户的购买历史,向客户推荐一组产品。

本例始终使用 Germany 模型进行预测。在真实的网站中,可以根据访问者的当前位置来选择模型,这样就可以得到与本国其他访问者类似的推荐产品。

(1) 在 HomeController.cs 类文件中添加如下操作方法，将产品添加到购物车中，然后显示购物车，其中包含访问者可能希望添加的其他三个最佳推荐产品，如下所示：

```
// GET /Home/Cart
// To show the cart and recommendations
// GET /Home/Cart/5
// To add a product to the cart
public IActionResult Cart(int? id)
{
  // the current cart is stored as a cookie
  string cartCookie = Request.Cookies["nw_cart"] ?? string.Empty;

  // if visitor clicked Add to Cart button
  if (id.HasValue)
  {
    if (string.IsNullOrWhiteSpace(cartCookie))
    {
      cartCookie = id.ToString();
    }
    else
    {
      string[] ids = cartCookie.Split('-');

      if (!ids.Contains(id.ToString()))
      {
        cartCookie = string.Join('-', cartCookie, id.ToString());
      }
    }
    Response.Cookies.Append("nw_cart", cartCookie);
  }

  var model = new HomeCartViewModel
  {
    Cart = new Cart
    {
      Items = Enumerable.Empty<CartItem>()
    },
    Recommendations = new List<EnrichedRecommendation>()
  };

  if (cartCookie.Length > 0)
  {
    model.Cart.Items = cartCookie.Split('-').Select(item =>
      new CartItem
      {
        ProductID = long.Parse(item),
        ProductName = db.Products.Find(long.Parse(item)).ProductName
      });
  }

  if (System.IO.File.Exists(GetDataPath("germany-model.zip")))
  {
    var mlContext = new MLContext();
    ITransformer modelGermany;

    using (var stream = new FileStream(
```

```
        path: GetDataPath("germany-model.zip"),
        mode: FileMode.Open,
        access: FileAccess.Read,
        share: FileShare.Read))
{
    modelGermany = mlContext.Model.Load(stream,
        out DataViewSchema schema);
}

var predictionEngine = mlContext.Model.CreatePredictionEngine
    <ProductCobought, Recommendation>(modelGermany);

var products = db.Products.ToArray();

foreach (var item in model.Cart.Items)
{
    var topThree = products.Select(product =>
        predictionEngine.Predict(
            new ProductCobought
            {
                ProductID = (uint)item.ProductID,
                CoboughtProductID = (uint)product.ProductID
            })
        ) // returns IEnumerable<Recommendation>
        .OrderByDescending(x => x.Score)
        .Take(3)
        .ToArray();

    model.Recommendations.AddRange(topThree
        .Select(rec => new EnrichedRecommendation
        {
            CoboughtProductID = rec.CoboughtProductID,
            Score = rec.Score,
            ProductName = db.Products.Find(
                (long)rec.CoboughtProductID).ProductName
        }));
}

// show the best three product recommendations
model.Recommendations = model.Recommendations
    .OrderByDescending(rec => rec.Score)
    .Take(3)
    .ToList();
}
return View(model);
}
```

(2) 在 Views 文件夹的 Home 子文件夹中，打开并修改 Index.cshtml 文件，输出视图模型并包含用来生成数据集和训练模型的链接，如下所示：

```
@using Packt.Shared
@model HomeIndexViewModel
@{
    ViewData["Title"] = "Products - Northwind ML";
}
<h1 class="display-3">@ViewData["Title"]</h1>
<p class="lead">
```

```
<div>See product recommendations in your shopping cart.</div>
<ol>
  <li>First,
    <a asp-controller="Home"
      asp-action="GenerateDatasets">
      generate some datasets</a>.</li>
  <li>Second,
    <a asp-controller="Home" asp-action="TrainModels">
      train the models</a>.</li>
  <li>Third, add some products to your
    <a asp-controller="Home" asp-action="Cart">cart</a>.</li>
</ol>
<div>
@if (Model.GermanyDatasetExists || Model.UKDatasetExists)
{
  <text>Datasets for training:</text>
}
@if (Model.GermanyDatasetExists)
{
  <a href="/Data/germany-dataset.txt"
    class="btn btn-outline-primary">Germany</a>
}
@if (Model.UKDatasetExists)
{
  <a href="/Data/uk-dataset.txt"
    class="btn btn-outline-primary">UK</a>
}
@if (Model.USADatasetExists)
{
  <text>Dataset for testing:</text>
  <a href="/Data/usa-dataset.txt"
    class="btn btn-outline-primary">USA</a>
}
</div>
@if (Model.Milliseconds > 0)
{
<hr />
<div class="alert alert-success">
  It took @Model.Milliseconds milliseconds to train the models.
</div>
}
</p>
<h2>Products</h2>
@foreach (Category category in Model.Categories)
{
<h3>@category.CategoryName <small>@category.Description</small></h3>
<table>
<tbody>
@foreach (Product product in category.Products)
{
  <tr>
    <td>
      <a asp-controller="Home" asp-action="Cart"
        asp-route-id="@product.ProductID"
        class="btn btn-outline-success">Add to Cart</a>
    </td>
```

```
        <td>
          @product.ProductName
        </td>
      </tr>
    }
  </tbody>
</table>
}
```

(3) 在 Views 文件夹的 Home 子文件夹中创建一个名为 Cart.cshtml 的 Razor 文件，并修改这个文件以输出视图模型，如下所示：

```
@model HomeCartViewModel
@{
  ViewData["Title"] = "Shopping Cart - Northwind ML";
}
<h1>@ViewData["Title"]</h1>
<table class="table table-bordered">
  <thead>
    <tr>
      <th>Product ID</th>
      <th>Product Name</th>
    </tr>
  </thead>
  <tbody>
    @foreach (CartItem item in Model.Cart.Items)
    {
      <tr>
        <td>@item.ProductID</td>
        <td>@item.ProductName</td>
      </tr>
    }
  </tbody>
</table>
<h2>Customers who bought items in your cart also bought the following products</h2>
@if (Model.Recommendations.Count() == 0)
{
<div>No recommendations.</div>
}
else
{
<table class="table table-bordered">
  <thead>
    <tr>
      <th></th>
      <th>Co-bought Product</th>
      <th>Score</th>
    </tr>
  </thead>
  <tbody>
    @foreach (EnrichedRecommendation rec in Model.Recommendations)
    {
      <tr>
        <td>
          <a asp-controller="Home" asp-action="Cart"
            asp-route-id="@rec.CoboughtProductID"
            class="btn btn-outline-success">Add to Cart</a>
```

```
            </td>
            <td>
                @rec.ProductName
            </td>
            <td>
                @rec.Score
            </td>
        </tr>
    }
    </tbody>
</table>
```

19.3.4　测试产品推荐网站

下面测试网站的产品推荐功能。

(1) 使用以下命令启动网站：

```
dotnet run
```

(2) 启动 Google Chrome 浏览器并导航到 https://localhost:5001/。

(3) 在首页上单击 generate some datasets，注意指向三个数据集的链接已经创建，如图 19.2 所示。

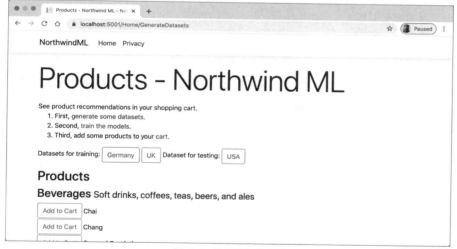

图 19.2　数据集生成页面

(4) 单击 UK 数据集，注意有 5 种产品(ID 分别为 5、11、23、68、69)是与 ID 为 1 的产品一起共同购买的，如图 19.3 所示。

图 19.3　UK 数据集

(5) 在浏览器中返回上一个页面。
(6) 单击 train the models，留意为训练模型花费的时间。
(7) 在 Visual Studio Code 中，在 NorthwindML 项目中展开 wwwroot 文件夹，再展开 Data 子文件夹，留意文件系统中保存为二进制 ZIP 文件的模型。
(8) 在 Google Chrome 浏览器中，在 Products - Northwind ML 首页上向下滚动产品列表，单击任何产品旁边的 Add to Cart 按钮，例如 Outback Lager。注意 Shopping Cart 页面会把产品显示为购物车条目，另外还会显示推荐的产品及打分情况，如图 19.4 所示。

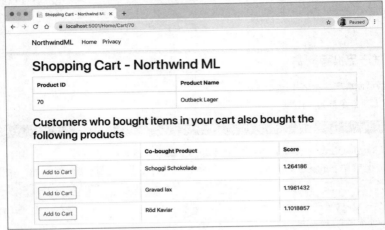

图 19.4　Shopping Cart 页面

(9) 在浏览器中返回上一个页面，把另一个产品添加到购物车中，比如 Ipoh Coffee，并注意三大推荐产品的变化：NuNuCa Nuß-Nougat-Creme 相比之前的顶级推荐 Schoggi Schokolade 更可能是客户共同购买的产品，如图 19.5 所示。

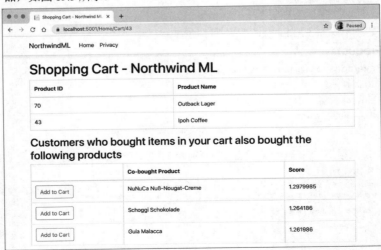

图 19.5　三大推荐产品发生了变化

(10) 关闭浏览器并停止网站。

19.4 实践和探索

你可以通过回答一些问题来测试自己对知识的理解程度，进行一些实践，并深入探索本章涵盖的主题。

19.4.1 练习 19.1：测试你掌握的知识

回答以下问题：

1) 机器学习生命周期的四个主要阶段是什么？
2) 建模阶段的三个子阶段是什么？
3) 为什么模型在部署后需要重新训练？
4) 为什么必须将数据集拆分为训练数据集和测试数据集？
5) 集群和分类机器学习任务有什么不同？
6) 要执行任何机器学习任务，必须实例化什么类？
7) 标签和特征之间的区别是什么？
8) IDataView 代表什么？
9) [KeyType(count:10)]特性中的 count 参数代表什么？
10) 矩阵因式分解的分数代表什么？

19.4.2 练习 19.2：使用样本进行练习

微软提供了很多用于学习 ML.NET 的示例项目，如下所示。

- 用户评论的情绪分析：https://github.com/dotnet/machinelearing-samples/tree/master/samples/csharp/getting-started/BinaryClassification_SentimentAnalysis。
- 客户细分-集群样本：https://github.com/dotnet/machinelearing-samples/tree/master/samples/csharp/getting-started/Clustering_CustomerSegmentation。
- 文本消息的垃圾邮件检测：https://github.com/dotnet/machinelearing-samples/tree/master/samples/csharp/getting-started/BinaryClassification_SpamDetection。
- GitHub 发布 Labeler：https://github.com/dotnet/machinelearing-samples/tree/master/samples/csharp/end-to-end-apps/MulticlassClassification-GitHubLabeler。
- 电影推荐-矩阵分解问题示例：https://github.com/dotnet/machinelearing-samples/tree/master/samples/csharp/getting-started/MatrixFactorization_MovieRecommendation。
- 出租车价格预测：https://github.com/dotnet/machinelearning-samples/tree/master/samples/csharp/getting-started/Regression_TaxiFarePrediction。
- 自行车共享需求-回归问题样本：https://github.com/dotnet/machinelearning-samples/tree/master/samples/csharp/getting-started/Regression_BikeSharingDemand。
- eShopDashboardXML-销售预测：https://github.com/dotnet/machinelearning-samples/tree/master/samples/csharp/end-to-end-apps/Regression-SalesForecast。

19.4.3 练习 19.3：探索主题

可通过以下链接来阅读本章所涉及主题的更多细节。

- ML.NET API 和工具更新：https://devblogs.microsoft.com/dotnet/august-ml-net-api-and-tooling-updates/。
- 什么是 ML.NET？工作原理是什么？详见 https://docs.microsoft.com/en-us/dotnet/machine-learning/how-does-mldotnet-work。
- 机器学习术语表：https://docs.microsoft.com/en-us/dotnet/machine-learning/resources/glossary。
- 第九频道 ML.NET 视频：https://aka.ms/dotnet3-mlnet。
- YouTube ML.NET 视频：https://aka.ms/mlnetyoutube。
- 机器学习的可解释性与两个有助于恢复人工智能信任的概念：https://www.kdnuggets.com/2018/12/machine-learning-explainability-interpretation-ai.html。
- ML.NET 中的机器学习任务：https://docs.microsoft.com/en-us/dotnet/machine-learning/resources/tasks。
- 机器学习数据转换-ML.NET：https://docs.microsoft.com/en-us/dotnet/machine-learning/resources/transforms。
- ML.NET 示例：https://github.com/dotnet/machinelearning-samples/blob/master/README.md。
- 社区样本：https://github.com/dotnet/machinelearning-samples/blob/master/docs/COMMUNITY-SAMPLES.md。
- ML.NET API 参考：https://docs.microsoft.com/en-gb/dotnet/api/?view=ml-dotnet。
- ML.NET：面向.NET 开发人员的机器学习框架——https://msdn.microsoft.com/en-us/magazine/mt848634。
- 使用 Microsoft Azure Machine Learning 为.NET 应用程序构建推荐引擎：https://devblogs.microsoft.com/dotnet/dot-net-recommendation-system-for-net-applications-using-azure-machine-learning/。

19.5 本章小结

本章介绍了机器学习的一些理论背景、ML.NET 中的关键类，以及如何使用 ML.NET 向网站添加智能。

当前的解决方案还不能很好地扩展，因为是将整个产品列表加载到内存中。希望本章能够激发读者对机器学习和数据科学的兴趣，相信你可以做出明智的决定，继续学习 C#和.NET 开发的其他领域。

第 20 章将介绍如何使用 Blazor 构建 Web 用户界面。Blazor 是微软最新提供的一种炫酷的 Web 组件技术，它使 Web 开发人员能够使用 C#而不是 JavaScript 来构建面向客户端的单页面应用程序（SPA）。

第 20 章
使用 Blazor 构建 Web 用户界面

本章介绍如何使用 Blazor 为 Web 应用构建用户界面。我们将学习 Blazor 的不同风格及优缺点，还将学习如何构建 Blazor 组件，以便在 Web 服务器或 Web 浏览器中执行它们的代码。当使用 Blazor 服务器托管模型时，可使用 SignalR 向客户端发送用户界面所需的更新。当使用 Blazor WebAssembly 托管模型时，组件将在客户端执行代码，但必须通过 HTTP 调用来与服务器进行交互。

本章讨论以下主题：
- 理解 Blazor
- 使用 Blazor 服务器构建组件
- 使用 Blazor WebAssembly 构建组件

20.1 理解 Blazor

所有现代浏览器都支持 Blazor。

 更多信息：可通过以下链接来了解哪些平台支持 Blazor——https://docs.microsoft.com/en-us/aspnet/core/blazor/supported-platforms。

20.1.1 理解 Blazor 托管模型

需要提醒大家的是，作为单个应用模型，Blazor 支持如下两种托管模型。
- Blazor 服务器运行在服务器端。正因为如此，我们编写的 C#代码可以完全访问业务逻辑可能需要的所有资源而不需要进行验证。然后，可使用 SignalR 将 UI 更新发送给客户端。服务器必须保持到每个客户端的实时 SignalR 连接，并跟踪每个客户端的当前状态；因此，如果需要支持大量的客户端，Blazor 服务器的可伸缩性将会降低。Blazor 服务器已于 2019 年 9 月作为.NET Core 3.0 的一部分首次发布，并且包含在.NET 5.0 及更高版本中。
- Blazor WebAssembly 运行在客户端。正因为如此，我们编写的 C#代码只能访问浏览器中的资源，而且必须在访问服务器上的资源之前进行 HTTP 调用(可能需要进行身份验证)。Blazor WebAssembly 已于 2020 年 5 月作为.NET Core 3.1 的扩展首次发布，.NET Core 3.2 使用了 Mono 运行时和 Mono 库，.NET 5 使用了 Mono 运行时和.NET 5 库。Blazor WebAssembly 可运行在没有任何 JIT 的.NET IL 解释器上，因而在速度上并没有什么优势，但微软已经在.NET 5 中对此做了一些改进，并且还将在.NET 6 中对此做进一步改进。

Internet Explorer 11 虽然支持 Blazor 服务器，但不支持 Blazor WebAssembly。

Blazor WebAssembly 能够可选地支持渐进式 Web 应用程序(PWA)，这意味着网站访问者可以使用浏览器菜单将应用程序添加到桌面并离线运行应用程序。

更多信息：可通过以下链接阅读关于托管模型的更多信息——https://docs.microsoft.com/en-us/aspnet/core/blazor/hosting-models。

20.1.2 理解 Blazor 组件

Blazor 用于创建用户界面组件，理解这一点非常重要。组件定义了如何呈现用户界面、如何响应用户事件、如何组合和嵌套，以及如何编译成 NuGet Razor 类库以进行打包和分发。

未来，Blazor 可能不仅仅局限于使用 Web 技术创建用户界面组件。微软正在开展一项名为 Blazor Mobile Bindings 的实验，旨在允许开发人员使用 Blazor 构建移动用户界面组件，而且不是使用 HTML 和 CSS 来构建 Web 用户界面，而是使用 XAML 和 Xamarin.Forms 来构建跨平台的移动用户界面。

更多信息：可通过以下链接阅读关于 Blazor Mobile Bindings 实验的更多信息——https://devblogs.microsoft.com/aspnet/mobile-blazor-bindings-experiment/。

另外，微软还在尝试一种混合模式：将 Web 应用和移动应用结合起来构建应用。

更多信息：可通过以下链接阅读关于 Blazor 混合应用的更多信息——https://devblogs.microsoft.com/aspnet/hybrid-blazor-apps-in-mobile-blazor-bindings-july-update/。

20.1.3 比较 Blazor 和 Razor

为什么 Blazor 组件使用.razor 作为文件扩展名呢？Razor 作为一种模板标记语法，允许混合使用 HTML 和 C#。支持 Razor 的旧技术则使用.cshtml 文件扩展名来表示 C#和 HTML 的混合。

Razor 可用于：
- 使用.cshtml 文件扩展名的 ASP.NET Core MVC 视图和分部视图。业务逻辑被分离到控制器类中，控制器类将视图视为模板，并将视图模型推入其中，最后输出到 Web 页面上。
- 使用.cshtml 文件扩展名的 Razor 页面。可将业务逻辑嵌入或分离到使用.cshtml.cs 文件扩展名的文件中，最后输出一个 Web 页面。
- 使用.razor 文件扩展名的 Blazor 组件。尽管布局可以用来封装组件，但最后输出的不是 Web 页面。@page 指令可以用来分配路由，路由定义了 URL 路径，从而能够将组件获取为页面。

20.1.4 比较 Blazor 项目模板

理解如何在 Blazor 服务器和 Blazor WebAssembly 托管模型之间做出选择的一种方法是回顾它们各自的默认项目模板之间的差异。

1. Blazor 服务器项目模板

下面看看 Blazor 服务器项目的默认模板。在大多数情况下，Blazor 服务器项目的默认模板和 ASP.NET Core Razor Pages 模板是一样的。

(1) 在名为 PracticalApps 的文件夹中创建一个名为 NorthwindBlazorServer 的子文件夹。
(2) 在 Visual Studio Code 中，打开 PracticalApps 工作区并添加 NorthwindBlazorServer 子文件夹。
(3) 导航到 Terminal | New Terminal，选择 NorthwindBlazorServer。
(4) 在终端窗口中，使用 blazorserver 模板创建如下新的 Blazor 服务器项目：

```
dotnet new blazorserver
```

(5) 选择 NorthwindBlazorServer 作为活动的 OmniSharp 项目。

(6) 在 NorthwindBlazorServer 文件夹中，打开 NorthwindBlazorServer.csproj，注意这个 Blazor 服务器项目与 ASP.NET Core 项目相同：也使用 Web SDK，并且针对的是.NET 5。

(7) 打开 Program.cs，其中的内容也与 ASP.NET Core 项目相同。

(8) 打开 Startup.cs，注意 ConfigureServices 方法以及内部的 AddServerSideBlazor 方法调用，如下所示：

```
public void ConfigureServices(IServiceCollection services)
{
  services.AddRazorPages();
  services.AddServerSideBlazor();
  services.AddSingleton<WeatherForecastService>();
}
```

(9) Configure 方法的内容与 ASP.NET Core Razor Pages 项目较为相似，只不过在配置端点时，调用的是 MapBlazorHub 和 MapFallbackToPage 方法。另外，ASP.NET Core 应用程序被配置为接收传入 Blazor 组件的 SignalR 连接，其他请求则被回退到名为_Host.cshtml 的 Razor 页面，如下所示：

```
app.UseEndpoints(endpoints =>
{
  endpoints.MapBlazorHub();
  endpoints.MapFallbackToPage("/_Host");
});
```

(10) 在 Pages 文件夹中打开_Host.cshtml，其中的内容如下所示：

```
@page "/"
@namespace NorthwindBlazorServer.Pages
@addTagHelper *, Microsoft.AspNetCore.Mvc.TagHelpers
@{
  Layout = null;
}

<!DOCTYPE html>
<html lang="en">
<head>
  <meta charset="utf-8" />
  <meta name="viewport"
      content="width=device-width, initial-scale=1.0" />
  <title>NorthwindBlazorServer</title>
  <base href="~/" />
  <link rel="stylesheet"
      href="css/bootstrap/bootstrap.min.css" />
  <link href="css/site.css" rel="stylesheet" />
  <link href="_content/NorthwindBlazorServer/_framework/scoped.styles.css"
      rel="stylesheet" />
</head>
<body>
  <component type="typeof(App)"
        render-mode="ServerPrerendered" />

  <div id="blazor-error-ui">
    <environment include="Staging,Production">
      An error has occurred. This application may no longer respond until reloaded.
    </environment>
```

```
        <environment include="Development">
            An unhandled exception has occurred. See browser dev tools for details.
        </environment>
        <a href="" class="reload">Reload</a>
        <a class="dismiss">🗙</a>
    </div>

    <script src="_framework/blazor.server.js"></script>
</body>
</html>
```

当回顾上述标记时，请注意以下事项。
- 在\<body\>中，App 类型的 Blazor 组件可在服务器上进行预渲染。
- \<div id="blazor-error-ui"\>用于显示 Blazor 错误。当错误发生时，Web 页面的底部将显示黄色的色条。
- blazor.server.js 的脚本块用于管理到服务器的 SignalR 连接。

(11) 在 NorthwindBlazorServer 文件夹中打开 App.razor，注意其中为当前程序集中的所有组件定义了如下路由器：

```
<Router AppAssembly="@typeof(Program).Assembly">
    <Found Context="routeData">
        <RouteView RouteData="@routeData"
                   DefaultLayout="@typeof(MainLayout)" />
    </Found>
    <NotFound>
        <LayoutView Layout="@typeof(MainLayout)">
            <p>Sorry, there's nothing at this address.</p>
        </LayoutView>
    </NotFound>
</Router>
```

当回顾上述标记时，请注意以下事项。
- 如果找到匹配的路由，就执行 RouteView，将组件的默认布局设置为 MainLayout，并将任何路由数据传递给组件。
- 如果没有找到匹配的路由，就执行 LayoutView，并输出 MainLayout 的内部标记(在这种情况下，也就是一个简单的段落元素，用于告诉访问者此处没有任何内容)。

(12) 在 Shared 文件夹中打开 MainLayout.razor，注意其中定义了如下用于包含导航菜单的侧边栏以及用于显示主要内容的\<div\>：

```
@inherits LayoutComponentBase

<div class="page">
    <div class="sidebar">
        <NavMenu />
    </div>

    <div class="main">
        <div class="top-row px-4">
            <a href="https://docs.microsoft.com/aspnet/"
               target="_blank">About</a>
        </div>
        <div class="content px-4">
            @Body
```

        </div>
      </div>
</div>
```

(13) 在 Shared 文件夹中打开 MainLayout.razor.css，注意其中包含了用于组件的 CSS 独立样式。

(14) 在 Shared 文件夹中打开 NavMenu.razor，注意其中定义了三个菜单项：Home、Counter 和 Fetch data。

(15) 在 Pages 文件夹中打开 FetchData.razor，其中定义了一个组件，用于从注入的依赖天气服务中获取天气预报，并将它们呈现到一张表格中，如下所示：

```
@page "/fetchdata"

@using NorthwindBlazorServer.Data
@inject WeatherForecastService ForecastService

<h1>Weather forecast</h1>

<p>This component demonstrates fetching data from a service.</p>

@if (forecasts == null)
{
  <p><em>Loading...</em></p>
}
else
{
  <table class="table">
    <thead>
      <tr>
        <th>Date</th>
        <th>Temp. (C)</th>
        <th>Temp. (F)</th>
        <th>Summary</th>
      </tr>
    </thead>
    <tbody>
      @foreach (var forecast in forecasts)
      {
        <tr>
          <td>@forecast.Date.ToShortDateString()</td>
          <td>@forecast.TemperatureC</td>
          <td>@forecast.TemperatureF</td>
          <td>@forecast.Summary</td>
        </tr>
      }
    </tbody>
  </table>
}

@code {
  private WeatherForecast[] forecasts;

  protected override async Task OnInitializedAsync()
  {
    forecasts = await ForecastService
      .GetForecastAsync(DateTime.Now);
```
```

        }
    }

(16) 在 Data 文件夹中打开 WeatherForecastService.cs，注意 WeatherForecastService 不是 Web API 控制器类，而只是用于返回随机天气数据的普通类，如下所示：

```
using System;
using System.Linq;
using System.Threading.Tasks;

namespace NorthwindBlazorServer.Data
{
  public class WeatherForecastService
  {
    private static readonly string[] Summaries = new[]
    {
      "Freezing", "Bracing", "Chilly", "Cool", "Mild", "Warm", "Balmy", "Hot", "Sweltering",
      "Scorching"
    };

    public Task<WeatherForecast[]> GetForecastAsync(
      DateTime startDate)
    {
      var rng = new Random();
      return Task.FromResult(
        Enumerable.Range(1, 5)
        .Select(index => new WeatherForecast
      {
        Date = startDate.AddDays(index),
        TemperatureC = rng.Next(-20, 55),
        Summary = Summaries[rng.Next(Summaries.Length)]
      }).ToArray());
    }
  }
}
```

2. 理解 CSS 隔离

Blazor 组件通常需要提供自己的 CSS 来应用样式。为了确保不与站点级 CSS 发生冲突，Blazor 支持 CSS 隔离。如果存在名为 Index.razor 的组件，那么建议创建名为 Index.razor.css 的 CSS 文件。

更多信息：可通过以下链接了解关于 Blazor 组件需要进行 CSS 隔离的更多原因——https://github.com/dotnet/aspnetcore/issues/10170。

3. 运行 Blazor 服务器项目模板

前面介绍了项目模板和 Blazor 服务器特有的重要部分，下面启动网站并查看具体的行为如何。
(1) 在终端窗口中输入如下命令以运行网站：

```
dotnet run
```

(2) 打开浏览器，导航到 https://localhost:5001/，单击 Fetch data，如图 20.1 所示。

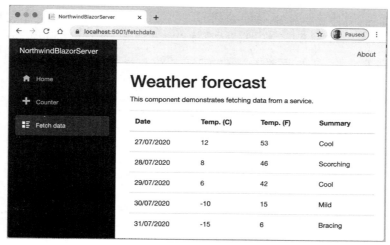

图 20.1　获取天气数据

(3) 将路由更改为/apples，注意产生的组件丢失消息，如图 20.2 所示。

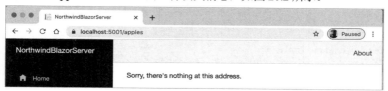

图 20.2　产生的组件丢失消息

(4) 关闭浏览器。

(5) 在 Visual Studio Code 中，在终端窗口中按 Ctrl + C 组合键以停止 Web 服务器。

4. 查看 Blazor WebAssembly 项目模板

下面创建一个 Blazor WebAssembly 项目。对照之前的 Blazor 服务器项目，相同的代码我们不再列出。

(1) 在名为 PracticalApps 的文件夹中创建一个名为 NorthwindBlazorWasm 的子文件夹。

(2) 在 Visual Studio Code 中，打开 PracticalApps 工作区并添加 NorthwindBlazorWasm 子文件夹。

(3) 导航到 Terminal | New Terminal，选择 NorthwindBlazorWasm。

(4) 在终端窗口中，使用带有--pwa 和--hosted 标志的 blazorwasm 模板创建一个新的 Blazor WebAssembly 项目，如下所示：

```
dotnet new blazorwasm --pwa --hosted
```

当回顾生成的 Blazor WebAssembly 项目时，请注意以下事项。

- 系统将自动生成一个解决方案和如下三个项目文件夹：Client、Server 和 Shared。
- Shared 是包含天气服务模型的类库。
- Server 是 ASP.NET Core 网站，用于托管天气服务。天气服务的实现虽然可以与之前返回随机的天气预报相同，但这里却实现为适当的 Web API 控制器类。Server 项目文件包含对 Shared 和 Client 项目的引用，还包含用于在服务器端支持 WebAssembly 的包引用。
- Client 是 Blazor WebAssembly 项目。

(5) 在 Client 文件夹中打开 NorthwindBlazorWasm.Client.csproj，注意其中使用了 Blazor WebAssembly SDK，此外还有三个包引用以及支持 PWA 所需的服务工作程序，如下所示：

```xml
<Project Sdk="Microsoft.NET.Sdk.BlazorWebAssembly">

  <PropertyGroup>
    <TargetFramework>net5.0</TargetFramework>
    <ServiceWorkerAssetsManifest>service-worker-assets.js</ServiceWorkerAssetsManifest>
  </PropertyGroup>

  <ItemGroup>
    <PackageReference
      Include="Microsoft.AspNetCore.Components.WebAssembly"
      Version="5.0.0" />
    <PackageReference
      Include="Microsoft.AspNetCore.Components
        .WebAssembly.DevServer"
      Version="5.0.0" PrivateAssets="all" />
    <PackageReference
      Include="System.Net.Http.Json"
      Version="5.0.0" />
  </ItemGroup>

  <ItemGroup>
    <ProjectReference Include=
      "..\Shared\NorthwindBlazorWasm.Shared.csproj" />
  </ItemGroup>

  <ItemGroup>
    <ServiceWorker Include=
      "wwwroot\service-worker.js" PublishedContent=
      "wwwroot\service-worker.published.js" />
  </ItemGroup>

</Project>
```

(6) 在 Client 文件夹中打开 Program.cs，注意托管构建器将用于 WebAssembly 而不是服务器端的 ASP.NET Core。我们还注册了如下用于发出 HTTP 请求的依赖服务，这是 Blazor WebAssembly 应用十分常见的需求之一：

```csharp
var builder = WebAssemblyHostBuilder.CreateDefault(args);
builder.RootComponents.Add<App>("#app");

builder.Services.AddScoped(sp => new HttpClient
  { BaseAddress = new Uri(
    builder.HostEnvironment.BaseAddress) });

await builder.Build().RunAsync();
```

(7) 在 wwwroot 文件夹中打开 index.html，注意用于支持离线工作的 manifest.json 和 service-worker.js 文件以及用于下载 Blazor WebAssembly 的所有 NuGet 包的 blazor.webassembly.js 脚本，如下所示：

```html
<!DOCTYPE html>
<html>
```

```html
<head>
  <meta charset="utf-8" />
  <meta name="viewport" content="width=device-width, initial-scale=1.0, maximum-scale=1.0,
        user-scalable=no" />
  <title>NorthwindBlazorWasm</title>
  <base href="/" />
  <link href="css/bootstrap/bootstrap.min.css"
        rel="stylesheet" />
  <link href="css/app.css" rel="stylesheet" />
  <link href="_framework/scoped.styles.css"
        rel="stylesheet" />
  <link href="manifest.json" rel="manifest" />
  <link rel="apple-touch-icon" sizes="512x512"
        href="icon-512.png" />
</head>

<body>
  <div id="app">Loading...</div>

  <div id="blazor-error-ui">
    An unhandled error has occurred.
    <a href="" class="reload">Reload</a>
    <a class="dismiss">🗙</a>
  </div>
  <script src="_framework/blazor.webassembly.js"></script>
  <script>navigator.serviceWorker
    .register('service-worker.js');</script>
</body>

</html>
```

(8) 在 Client 文件夹中，注意以下文件与 Blazor 服务器的相同：App.razor、Shared\MainLayout.razor、Shared\NavMenu.razor、SurveyPrompt.razor、Pages\Counter.razor 和 Pages\Index.razor。

(9) 在 Pages 文件夹中打开 FetchData.razor，注意其中的标记与 Blazor 服务器的相似，只不过注入的依赖服务用于发出 HTTP 请求，如下所示：

```
@page "/fetchdata"
@using NorthwindBlazorWasm.Shared
@inject HttpClient Http

<h1>Weather forecast</h1>

...

@code {
  private WeatherForecast[] forecasts;

  protected override async Task OnInitializedAsync()
  {
    forecasts = await
      Http.GetFromJsonAsync<WeatherForecast[]>(
        "WeatherForecast");
  }
}
```

(10) 启动项目，命令如下所示：

```
cd Server
dotnet run
```

(11) 注意，应用程序的功能与之前相同，但代码是在浏览器中执行的，而不是在服务器上执行。
(12) 关闭浏览器。
(13) 在 Visual Studio Code 中，在终端窗口中按 Ctrl + C 组合键以停止 Web 服务器。

20.2 使用 Blazor 服务器构建组件

本节将构建一个组件来列出、创建和编辑 Northwind 示例数据库中的客户。

20.2.1 定义和测试简单的组件

要把新的组件添加到现有的 Blazor 服务器项目中，请执行以下步骤：

(1) 在 NorthwindBlazorServer 项目中，将一个名为 Customers.razor 的新文件添加到 Pages 文件夹中。

最佳实践：组件文件名必须以大写字母开头，否则会出现编译错误！

(2) 添加一些语句，将/customers 注册为路由，输出 Customers 组件的标题并定义一个代码块，如下所示：

```
@page "/customers"

<h1>Customers</h1>

@code {

}
```

(3) 在 Shared 文件夹中打开 NavMenu.razor，为 Customers 组件添加一个列表元素和图标，如下所示：

```
<li class="nav-item px-3">
  <NavLink class="nav-link" href="customers">
    <span class="oi oi-people"
          aria-hidden="true"></span> Customers
  </NavLink>
</li>
```

更多信息：可通过以下链接获取更多可用的图标——https://iconify.design/icon-sets/oi/。

(4) 启动项目并导航到 https://localhost:5001/customers，单击左侧导航栏中的 Customers，如图 20.3 所示。

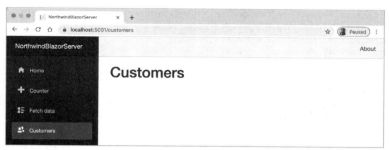

图 20.3 作为页面显示的 Customers 组件

(5) 关闭浏览器。

(6) 在 Visual Studio Code 中，在终端窗口中按 Ctrl + C 组合键以停止 Web 服务器。

20.2.2 将实体放入组件

我们已经得到了组件的最小实现，可以为组件添加一些有用的功能了。下面使用 Northwind 数据库上下文从数据库中获取客户。

(1) 打开 NorthwindBlazorServer.csproj，添加如下用于引用 Northwind 数据库上下文项目的语句：

```
<Project Sdk="Microsoft.NET.Sdk.Web">

  <PropertyGroup>
    <TargetFramework>net5.0</TargetFramework>
  </PropertyGroup>

  <ItemGroup>
    <ProjectReference Include=
      "..\NorthwindContextLib\NorthwindContextLib.csproj" />
  </ItemGroup>

</Project>
```

(2) 在终端窗口中输入 dotnet build 命令，以恢复包并编译项目。

(3) 打开 Startup.cs，导入 System.IO、Microsoft.EntityFrameworkCore 和 Packt.Shared 名称空间，如下所示：

```
using Microsoft.EntityFrameworkCore;
using Packt.Shared;
using System.IO;
```

(4) 在 ConfigureServices 方法中添加一条语句以注册 Northwind 数据库上下文类，从而使用 SQLite 作为数据库提供者并指定数据库连接字符串，如下所示：

```
string databasePath = Path.Combine("..", "Northwind.db");
services.AddDbContext<Northwind>(options =>
  options.UseSqlite($"Data Source={databasePath}"));
```

(5) 打开 _Imports.razor，导入 NorthwindBlazorServer.Data、Microsoft.EntityFrameworkCore 和 Packt.Shared 名称空间，这样在构建 Blazor 组件时就不需要再单独导入名称空间了，如下所示：

```
@using System.Net.Http
@using Microsoft.AspNetCore.Authorization
```

```
@using Microsoft.AspNetCore.Components.Authorization
@using Microsoft.AspNetCore.Components.Forms
@using Microsoft.AspNetCore.Components.Routing
@using Microsoft.AspNetCore.Components.Web
@using Microsoft.JSInterop
@using NorthwindBlazorServer
@using NorthwindBlazorServer.Shared
@using NorthwindBlazorServer.Data
@using Microsoft.EntityFrameworkCore
@using Packt.Shared
```

(6) 在 Pages 文件夹中打开 Customers.razor,注入 Northwind 数据库上下文并输出一张包含所有客户的表格,如下所示:

```
@page "/customers"
@inject Northwind db

<h1>Customers</h1>
@if (customers == null)
{
  <p><em>Loading...</em></p>
}
else
{
  <table class="table">
    <thead>
      <tr>
        <th>ID</th>
        <th>Company Name</th>
        <th>Address</th>
        <th>Phone</th>
        <th></th>
      </tr>
    </thead>
    <tbody>
      @foreach (var customer in customers)
      {
      <tr>
        <td>@customer.CustomerID</td>
        <td>@customer.CompanyName</td>
        <td>@customer.Address<br/>
        @customer.City<br/>
        @customer.PostalCode<br/>
        @customer.Country</td>
        <td>@customer.Phone</td>
        <td>
          <a class="btn btn-info"
             href="editcustomer/@customer.CustomerID">
             <i class="oi oi-pencil"></i></a>
          <a class="btn btn-danger"
             href="deletecustomer/@customer.CustomerID">
             <i class="oi oi-trash"></i></a>
        </td>
      </tr>
      }
    </tbody>
  </table>
```

```
}
@code {
  private IEnumerable<Customer> customers;

  protected override async Task OnInitializedAsync()
  {
    customers = await db.Customers.ToListAsync();
  }
}
```

(7) 在终端窗口中输入命令 dotnet run 以启动网站。

(8) 在 Google Chrome 浏览器的地址栏中输入 https://localhost:5001/，单击左侧导航栏中的 Customers，注意一张包含客户信息的表格将从数据库中加载并呈现在网页中，如图 20.4 所示。

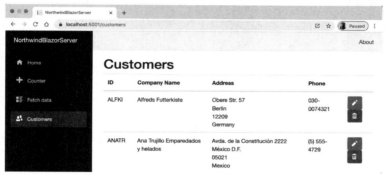

图 20.4　显示客户信息

(9) 关闭浏览器。

(10) 在 Visual Studio Code 中，在终端窗口中按 Ctrl + C 组合键以停止 Web 服务器。

这里还有许多内置的 Blazor 组件，包括用于设置 HTML 元素(如 Web 页面中的<title>元素)的组件以及许多第三方组件。

 更多信息：可通过以下链接阅读关于设置<head>元素的更多信息——https://docs.microsoft.com/en-us/aspnet/core/blazor/fundamentals/additional-scenario-influence-html-head-tag-elements。

20.2.3　为 Blazor 组件抽象服务

目前，Blazor 组件直接通过调用 Northwind 数据库上下文来获取客户，这种方式在 Blazor 服务器上工作得很好，因为组件是在服务器上执行的。但是，Blazor 组件不能在 Blazor WebAssembly 中运行。

为此，下面创建一个本地依赖服务，以便更好地重用 Blazor 组件。

(1) 在 Data 文件夹中添加一个名为 INorthwindService.cs 的类文件，修改其中的内容——为抽象 CRUD 操作的本地服务定义契约，如下所示：

```
using System.Collections.Generic;
using System.Threading.Tasks;

namespace Packt.Shared
{
  public interface INorthwindService
  {
```

```
    Task<List<Customer>> GetCustomersAsync();
    Task<Customer> GetCustomerAsync(string id);
    Task<Customer> CreateCustomerAsync(Customer c);
    Task<Customer> UpdateCustomerAsync(Customer c);
    Task DeleteCustomerAsync(string id);
  }
}
```

(2) 在 Data 文件夹中添加一个名为 NorthwindService.cs 的类文件，修改其中的内容——通过使用 Northwind 数据库上下文来实现 INorthwindService 接口，如下所示：

```
using System.Collections.Generic;
using System.Threading.Tasks;
using Microsoft.EntityFrameworkCore;
using Packt.Shared;

namespace NorthwindBlazorServer.Data
{
  public class NorthwindService : INorthwindService
  {
    private readonly Northwind db;

    public NorthwindService(Northwind db)
    {
      this.db = db;
    }

    public Task<List<Customer>> GetCustomersAsync()
    {
      return db.Customers.ToListAsync();
    }

    public Task<Customer> GetCustomerAsync(string id)
    {
      return db.Customers.FirstOrDefaultAsync
        (c => c.CustomerID == id);
    }

    public Task<Customer> CreateCustomerAsync(Customer c)
    {
      db.Customers.Add(c);
      db.SaveChangesAsync();
      return Task.FromResult<Customer>(c);
    }

    public Task<Customer> UpdateCustomerAsync(Customer c)
    {
      db.Entry(c).State = EntityState.Modified;
      db.SaveChangesAsync();
      return Task.FromResult<Customer>(c);
    }

    public Task DeleteCustomerAsync(string id)
    {
      Customer customer = db.Customers.FirstOrDefaultAsync
        (c => c.CustomerID == id).Result;
      db.Customers.Remove(customer);
```

```
      return db.SaveChangesAsync();
    }
  }
}
```

(3) 打开 Startup.cs，在 ConfigureServices 方法中添加一条语句，用于将 NorthwindService 注册为实现 INorthwindService 接口的临时服务，如下所示：

```
services.AddTransient
  <INorthwindService, NorthwindService>();
```

(4) 在 Pages 文件夹中打开 Customers.razor，删除注入 Northwind 数据库上下文的指令，并添加注入 Northwind 服务(已注册)的指令，如下所示：

```
@inject INorthwindService service
```

(5) 修改 OnInitializedAsync 方法以调用服务，如下所示：

```
customers = await service.GetCustomersAsync();
```

(6) 如果愿意，现在就可以运行 NorthwindBlazorServer 网站项目，以测试是否保留了与之前相同的功能。

20.2.4 使用 Blazor 表单

微软为构建表单提供了一些现成的组件，下面使用它们为客户提供创建和编辑表单的功能。

1. 使用 EditForm 组件定义表单

微软提供了 EditForm 组件和一些表单元素(如 InputText)，从而使 Blazor 表单的创建变得更容易。EditForm 可以通过设置模型来绑定对象，对象具有用于自定义验证的属性和事件处理程序，我们还可以从模型类中识别标准的微软验证属性，如下所示：

```
<EditForm Model="@customer" OnSubmit="ExtraValidation">
  <DataAnnotationsValidator />
  <ValidationSummary />
  <InputText id="name" @bind-Value="customer.CompanyName" />
  <button type="submit">Submit</button>
</EditForm>

@code {
  private Customer customer = new Customer();

  private void ExtraValidation()
  {
    // perform validation
  }
}
```

作为 ValidationSummary 组件的替代方案，我们可以使用 ValidationMessage 组件在单个表单元素的旁边显示一条消息。

更多信息：可通过以下链接阅读有关表单和验证的更多信息——https://docs.microsoft.com/en-us/aspnet/core/blazor/forms-validation。

2. 导航 Blazor 路由

微软提供了名为 NavigationManager 的依赖服务，用于帮助我们理解 Blazor 路由和 NavLink 组件。NavigateTo 方法用于转到指定的 URL。

更多信息：可通过以下链接阅读关于使用 NavigationManager 与 Blazor 路由的更多信息——https://docs.microsoft.com/en-us/aspnet/core/blazor/fundamentals/routing#uri-and-navigation-state-helpers。

3. 构建和使用客户表单组件

下面创建自定义组件以创建和编辑客户。

(1) 在 Pages 文件夹中创建一个名为 CustomerDetail.razor 的文件并修改其中的内容——定义一个表单以编辑客户的属性，如下所示：

```
<EditForm Model="@Customer" OnValidSubmit="@OnValidSubmit">
  <DataAnnotationsValidator />
  <div class="form-group">
    <div>
      <label>Customer ID</label>
      <div>
        <InputText @bind-Value="@Customer.CustomerID" />
        <ValidationMessage
          For="@(() => Customer.CustomerID)" />
      </div>
    </div>
  </div>
  <div class="form-group ">
    <div>
      <label>Company Name</label>
      <div>
        <InputText @bind-Value="@Customer.CompanyName" />
        <ValidationMessage
          For="@(() => Customer.CompanyName)" />
      </div>
    </div>
  </div>
  <div class="form-group ">
    <div>
      <label>Address</label>
      <div>
        <InputText @bind-Value="@Customer.Address" />
        <ValidationMessage
          For="@(() => Customer.Address)" />
      </div>
    </div>
  </div>
  <div class="form-group ">
    <div>
      <label>Country</label>
      <div>
        <InputText @bind-Value="@Customer.Country" />
        <ValidationMessage
          For="@(() => Customer.Country)" />
      </div>
```

```
      </div>
    </div>
    <button type="submit" class="btn btn-@ButtonStyle">
      @ButtonText
    </button>
  </EditForm>

  @code {
    [Parameter]
    public Customer Customer { get; set; }

    [Parameter]
    public string ButtonText { get; set; } = "Save Changes";

    [Parameter]
    public string ButtonStyle { get; set; } = "info";

    [Parameter]
    public EventCallback OnValidSubmit { get; set; }
  }
```

(2) 在 Pages 文件夹中创建一个名为 CreateCustomer.razor 的文件并修改其中的内容——使用 CustomerDetail 组件创建新客户，如下所示：

```
@page "/createcustomer"
@inject INorthwindService service
@inject NavigationManager navigation

<h3>Create Customer</h3>
<CustomerDetail ButtonText="Create Customer"
                Customer="@customer"
                OnValidSubmit="@Create" />

@code {
  private Customer customer = new Customer();

  private async Task Create()
  {
    await service.CreateCustomerAsync(customer);
    navigation.NavigateTo("customers");
  }
}
```

(3) 在 Pages 文件夹中打开 Customers.razor。在<h1>元素之后添加一个<div>元素，这个<div>元素带有一个按钮，用于导航到 CreateCustomer 组件，如下所示：

```
<div class="form-group">
  <a class="btn btn-info" href="createcustomer">
    <i class="oi oi-plus"></i> Create New</a>
</div>
```

(4) 在 Pages 文件夹中创建一个名为 EditCustomer.razor 的文件并修改其中的内容——使用 CustomerDetail 组件编辑并保存对现有客户所做的更改，如下所示：

```
@page "/editcustomer/{customerid}"
@inject INorthwindService service
@inject NavigationManager navigation
```

```
<h3>Edit Customer</h3>
<CustomerDetail ButtonText="Update"
                Customer="@customer"
                OnValidSubmit="@Update" />
@code {
  [Parameter]
  public string CustomerID { get; set; }

  private Customer customer = new Customer();

  protected async override Task OnParametersSetAsync()
  {
    customer = await service.GetCustomerAsync(CustomerID);
  }

  private async Task Update()
  {
    await service.UpdateCustomerAsync(customer);
    navigation.NavigateTo("customers");
  }
}
```

(5) 在 Pages 文件夹中创建一个名为 DeleteCustomer.razor 的文件并修改其中的内容——使用 CustomerDetail 组件显示即将被删除的客户，如下所示：

```
@page "/deletecustomer/{customerid}"
@inject INorthwindService service
@inject NavigationManager navigation
<h3>Delete Customer</h3>
<div class="alert alert-danger">
  Warning! This action cannot be undone!
</div>
<CustomerDetail ButtonText="Delete Customer"
                ButtonStyle="danger"
                Customer="@customer"
                OnValidSubmit="@Delete" />
@code {
  [Parameter]
  public string CustomerID { get; set; }

  private Customer customer = new Customer();

  protected async override Task OnParametersSetAsync()
  {
    customer = await service.GetCustomerAsync(CustomerID);
  }

  private async Task Delete()
  {
    await service.DeleteCustomerAsync(CustomerID);
    navigation.NavigateTo("customers");
  }
}
```

(6) 启动网站项目并导航到 https://localhost:5001/。

(7) 导航到 Customers 并单击+ Create New 按钮。

(8) 输入无效的客户 ID(如 ABCDEF)，注意出现的验证消息，如图 20.5 所示。

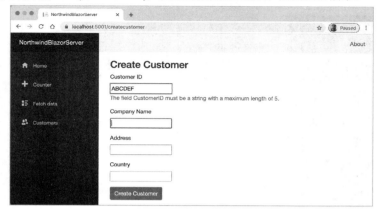

图 20.5　输入无效的客户 ID

(9) 修改客户 ID 为 ABCDE，继续输入其他信息，单击 Create Customer 按钮，如图 20.6 所示。

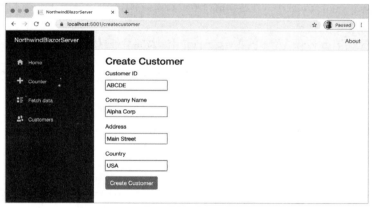

图 20.6　验证成功的客户信息

(10) 当客户列表出现时，向下滚动到页面的底部，就可以看到新添加的客户，如图 20.7 所示。

图 20.7　查看新添加的客户

(11) 在 ABCDE 客户行中单击 Edit 图标按钮，更改地址后单击 Update，注意客户信息将被更新。

(12) 在 ABCDE 客户行中单击 Delete 按钮，注意出现了警告信息，单击 Delete Customer 按钮，客户信息将被删除，如图 20.8 所示。

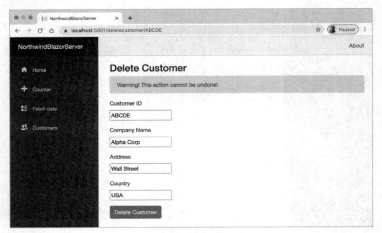

图 20.8　删除客户

(13) 关闭浏览器。
(14) 在 Visual Studio Code 中，在终端窗口中按 Ctrl + C 组合键以停止 Web 服务器。

20.3　使用 Blazor WebAssembly 构建组件

下面使用 Blazor WebAssembly 构建相同的功能，这样就可以清楚地看出 Blazor 服务器和 Blazor WebAssembly 之间的关键区别。

因为是在 INorthwindService 接口中抽象本地依赖服务，所以我们能够重用这个接口以及所有的组件和实体模型类，只需要重写 NorthwindService 类的实现，为其创建客户控制器以调用 Blazor WebAssembly 即可，如图 20.9 所示。

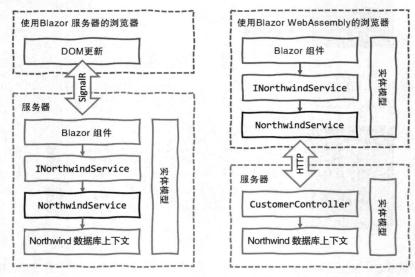

图 20.9　比较 Blazor 服务器和 Blazor WebAssembly 的区别

20.3.1 为 Blazor WebAssembly 配置服务器

我们首先需要构建一个能够由客户端应用程序使用 HTTP 进行调用的服务。

 警告： 项目和数据库的所有相对路径引用都需要向上移动两个层级，例如"..\..\"。

(1) 在 Server 项目中打开 NorthwindBlazorWasm.Server.csproj，添加语句以引用 Northwind 数据库上下文项目，如下所示：

```xml
<ItemGroup>
  <ProjectReference Include=
    "..\..\NorthwindContextLib\NorthwindContextLib.csproj" />
</ItemGroup>
```

(2) 在终端窗口中输入以下命令，从而在 Server 文件夹中恢复包并编译项目：

```
dotnet build
```

(3) 在 Server 项目中打开 Startup.cs，添加语句以导入一些名称空间，如下所示：

```csharp
using Packt.Shared;
using Microsoft.EntityFrameworkCore;
using System.IO;
```

(4) 在 ConfigureServices 方法中添加语句以注册 Northwind 数据库上下文，如下所示：

```csharp
string databasePath = Path.Combine(
  "..", "..", "Northwind.db");

services.AddDbContext<Northwind>(options =>
  options.UseSqlite($"Data Source={databasePath}"));
```

(5) 在 Server 项目的 Controllers 文件夹中创建一个名为 CustomersController.cs 的类文件，并在其中添加语句以定义 Web API 控制器类，如下所示：

```csharp
using System.Collections.Generic;
using System.Threading.Tasks;
using Microsoft.AspNetCore.Mvc;
using Microsoft.EntityFrameworkCore;
using Packt.Shared;

namespace NorthwindBlazorWasm.Server.Controllers
{
  [ApiController]
  [Route("api/[controller]")]
  public class CustomersController : ControllerBase
  {
    private readonly Northwind db;

    public CustomersController(Northwind db)
    {
      this.db = db;
    }

    [HttpGet]
```

```csharp
public async Task<List<Customer>> GetCustomersAsync()
{
  return await db.Customers.ToListAsync();
}

[HttpGet("{id}")]
public async Task<Customer> GetCustomerAsync(string id)
{
  return await db.Customers.FirstOrDefaultAsync
    (c => c.CustomerID == id);
}

[HttpPost]
public async Task<Customer>CreateCustomerAsync
  (Customer customerToAdd)
{
  Customer existing = await db.Customers
    .FirstOrDefaultAsync
    (c => c.CustomerID == customerToAdd.CustomerID);

  if (existing == null)
  {
    db.Customers.Add(customerToAdd);
    int affected = await db.SaveChangesAsync();
    if (affected == 1)
    {
      return customerToAdd;
    }
  }
  return existing;
}

[HttpPut]
public async Task<Customer> UpdateCustomerAsync
  (Customer c)
{
  db.Entry(c).State = EntityState.Modified;
  int affected = await db.SaveChangesAsync();
  if (affected == 1)
  {
    return c;
  }
  return null;
}

[HttpDelete("{id}")]
public async Task<int> DeleteCustomerAsync(string id)
{
  Customer c = await db.Customers.FirstOrDefaultAsync
    (c => c.CustomerID == id);

  if (c != null)
  {
    db.Customers.Remove(c);
    int affected = await db.SaveChangesAsync();
    return affected;
```

```
        }
        return 0;
      }
   }
}
```

20.3.2 为 Blazor WebAssembly 配置客户端

我们还可以重用 Blazor 服务器项目中的组件。这些组件是相同的，可以复制它们，只需要对用于抽象 Northwind 服务的本地实现进行更改即可。

(1) 在 Client 项目中打开 NorthwindBlazorWasm.Client.csproj，添加语句以引用 Northwind 实体库项目，如下所示：

```
<ItemGroup>
  <ProjectReference Include=
"..\..\NorthwindEntitiesLib\NorthwindEntitiesLib.csproj" />
</ItemGroup>
```

(2) 在终端窗口中输入以下命令，从而在 Client 文件夹中恢复包并编译项目：

```
cd ..
cd Client
dotnet build
```

(3) 在 Client 项目中打开 _Imports.razor，导入 Packt.Shared 名称空间，从而使 Northwind 实体模型类型在所有 Blazor 组件中可用，如下所示：

```
@using Packt.Shared
```

(4) 在 Client 项目中，打开 Shared 文件夹中的 NavMenu.razor，为客户添加 NavLink 元素，如下所示：

```
<li class="nav-item px-3">
  <NavLink class="nav-link" href="customers">
    <span class="oi oi-people" aria-hidden="true">
    </span> Customers
  </NavLink>
</li>
```

(5) 将以下 5 个组件从 NorthwindBlazorServer 项目的 Pages 文件夹复制到 NorthwindBlazorWasm 客户端项目的 Pages 文件夹中：

- CreateCustomer.razor
- CustomerDetail.razor
- Customers.razor
- DeleteCustomer.razor
- EditCustomer.razor

(6) 在 Client 项目中创建 Data 文件夹。

(7) 将 NorthwindBlazorServer 项目的 Data 文件夹中的 INorthwindService.cs 文件复制到 Client 项目的 Data 文件夹中。

(8) 在 Client 项目的 Data 文件夹中添加一个名为 NorthwindService.cs 的类文件。可通过使用 HttpClient 调用客户的 Web API 服务来实现 INorthwindService 接口,如下所示:

```csharp
using System.Collections.Generic;
using System.Net.Http;
using System.Net.Http.Json;
using System.Threading.Tasks;
using Packt.Shared;

namespace NorthwindBlazorWasm.Client.Data
{
  public class NorthwindService : INorthwindService
  {
    private readonly HttpClient http;

    public NorthwindService(HttpClient http)
    {
      this.http = http;
    }

    public Task<List<Customer>> GetCustomersAsync()
    {
      return http.GetFromJsonAsync
        <List<Customer>>("api/customers");
    }

    public Task<Customer> GetCustomerAsync(string id)
    {
      return http.GetFromJsonAsync
        <Customer>($"api/customers/{id}");
    }

    public async Task<Customer> CreateCustomerAsync
      (Customer c)
    {
      HttpResponseMessage response = await
        http.PostAsJsonAsync<Customer>
        ("api/customers", c);

      return await response.Content
        .ReadFromJsonAsync<Customer>();
    }

    public async Task<Customer> UpdateCustomerAsync
      (Customer c)
    {
      HttpResponseMessage response = await
        http.PutAsJsonAsync<Customer>
        ("api/customers", c);

      return await response.Content
        .ReadFromJsonAsync<Customer>();
    }

    public async Task DeleteCustomerAsync(string id)
    {
```

```
    HttpResponseMessage response = await
      http.DeleteAsync($"api/customers/{id}");
  }
 }
}
```

(9) 打开 Program.cs，导入 Packt.Shared 和 NorthwindBlazorWasm.Client.Data 名称空间。
(10) 在 ConfigureServices 方法中添加一条语句以注册 Northwind 依赖服务，如下所示：

```
builder.Services.AddTransient
  <INorthwindService, NorthwindService>();
```

(11) 在终端窗口中输入以下命令，从而在 Server 文件夹中编译项目：

```
cd ..
cd Server
dotnet run
```

(12) 启动浏览器，显示 Developer Tools 并选择 Network 选项卡。
(13) 在浏览器的地址栏中输入 https://localhost:5001/。
(14) 选择 Console 选项卡，注意 Blazor WebAssembly 已经将.NET 5 程序集加载到浏览器缓存中，如图 20.10 所示。

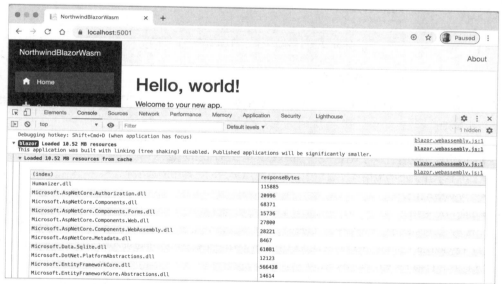

图 20.10　Blazor WebAssembly 已经将.NET 5 程序集加载到浏览器缓存中

(15) 选择 Network 选项卡。
(16) 单击 Customers，注意 HTTP GET 请求以及包含所有客户的 JSON 响应，如图 20.11 所示。
(17) 单击+ Create New 按钮，像前面那样完成表单以添加新客户，注意发出的 HTTP POST 请求，如图 20.12 所示。

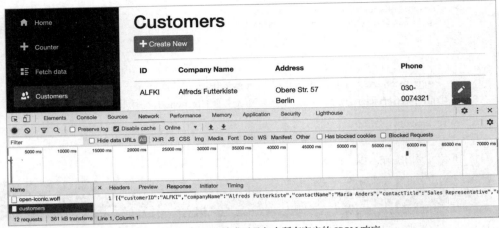

图 20.11 HTTP GET 请求以及包含所有客户的 JSON 响应

图 20.12 用于添加新客户的 HTTP POST 请求

20.3.3 Web 应用程序的渐进式支持

在 Blazor WebAssembly 项目中，对渐进式 Web 应用程序(PWA)提供支持意味着 Web 应用程序将获得以下好处：

- 可作为正常的网页使用，直到访问者明确决定想要得到完整的应用程序体验为止。
- 应用程序安装后，可从操作系统的开始菜单或桌面启动。
- 可显示在自己的应用程序窗口中，而不是显示为浏览器中的选项卡。
- 可离线运行。
- 能自动更新。

下面看看具体如何对 PWA 提供支持。

(1) 在 Google Chrome 浏览器的地址栏中单击带有"安装 NorthwindBlazorWasm"提示的加号按钮，然后单击 Install 按钮，如图 20.13 所示。

图 20.13 将 NorthwindBlazorWasm 作为应用程序安装

(2) 关闭浏览器。

(3) 从 macOS 启动板或 Windows "开始"菜单中启动 NorthwindBlazorWasm 应用程序,注意你将得到完整的应用程序体验。

(4) 在标题栏的右侧单击■菜单,从弹出的菜单中可以通过选择 Unistall NorthwindBlazorWasm...命令来卸载应用程序,如图 20.14 所示。

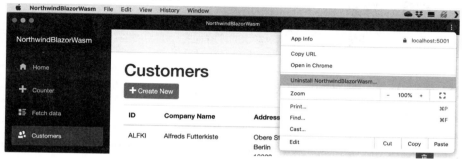

图 20.14 卸载 NorthwindBlazorWasm

(5) 导航到 View | Developer | Developer Tools,或者在 Windows 上按 F12 功能键。

(6) 选择 Network 选项卡,在 Throttling 下拉菜单中选择 Offline,然后在应用程序中导航到 Customers,你将在应用程序窗口的底部看到客户加载失败的提示,如图 20.15 所示。

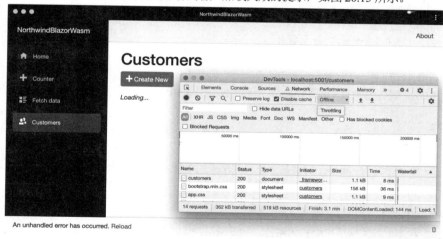

图 20.15 离线时无法加载客户

(7) 在 Developer Tools 中,从 Throttling 下拉菜单中选择 Online。
(8) 单击应用程序窗口底部的黄色错误栏中的 Reload 链接,就可以成功加载客户了。
(9) 关闭应用程序。

改善 NorthwindBlazorWasm 应用程序体验的一种方法是在本地缓存来自 Web API 服务的 HTTP GET 响应并存储新的客户,然后在本地修改或删除客户,最后再与服务器进行同步。一旦恢复网络连接,就发出 HTTP 请求,但这需要付出很多努力才能实现。

 更多信息: 可通过以下链接了解如何对 Blazor WebAssembly 项目提供离线支持——https://docs.microsoft.com/en-us/aspnet/core/blazor/progressive-web-app#offline-support。

改善 NorthwindBlazorWasm 应用程序体验的另一种方法是使用程序集的延迟加载功能。

 更多信息：可通过以下链接了解程序集的延迟加载功能——https://docs.microsoft.com/en-us/aspnet/core/blazor/webassembly-lazy-load-assemblies?view=aspnetcore-5.0。

20.4 实践和探索

你可以通过回答一些问题来测试自己对知识的理解程度，进行一些实践，并深入探索本章涵盖的主题。

20.4.1 练习 20.1：测试你掌握的知识

回答以下问题：

1) Blazor 提供了哪两种托管模型？它们之间有什么不同？
2) 在 Blazor 服务器网站项目中，与 ASP.NET Core MVC 网站项目相比，Startup 类需要哪些额外的配置？
3) Blazor 的优点之一是可以使用 C#和.NET 而不是 JavaScript 来实现用户界面组件。Blazor 需要 JavaScript 吗？
4) 在 Blazor 项目中，App.razor 文件有什么作用？
5) 使用<NavLink>组件有什么好处？
6) 如何将值传递给组件？
7) 使用<EditForm>组件有什么好处？
8) 当设置了参数时，如何执行一些语句？
9) 当组件出现时，如何执行一些语句？
10) Blazor 服务器项目中的 Program 类和 Blazor WebAssembly 项目中的 Program 类有何关键不同？

20.4.2 练习 20.2：练习创建组件

创建一个基于名为 Number 的参数来呈现乘法表的组件，并使用两种方式测试这个组件。
首先，在 Index.razor 文件中添加组件的实例，如下所示：

```
<timestable Number="6" />
```

其次，在浏览器的地址栏中输入路径，如下所示：

```
https://localhost:5001/timestable/6
```

20.4.3 练习 20.3：探索主题

可通过以下链接来阅读本章所涉及主题的更多细节。

- Awesome Blazor(Awesome Blazor 资源的集合)：https://github.com/AdrienTorris/awesome-blazor。
- Blazor 大学：从微软学习新的.NET SPA 框架——https://blazor-university.com。
- Blazor 应用程序构建研讨会，此次研讨会讨论了如何构建完整的 Blazor 应用程序，还探讨了 Blazor 框架的各种功能：https://github.com/dotnet-presentations/blazor-workshop/。

- Carl Franklin 的 Blazor 列车：https://www.youtube.com/playlist?list=PL8h4jt35t1wjvwFnvcB-2LlYL4jLRzRmoz。
- 比较 Blazor 应用程序中的路由与主流 Web 框架(如 React 和 Angular)中的路由：https://devblogs.microsoft.com/premier-developer/routing-in-blazor-apps/。
- 欢迎来到使用 C# 编写并在 Blazor WebAssembly 上运行的 PACMAN：https://github.com/SteveDunn/PacManBlazor。

20.5 本章小结

本章介绍了如何为 Blazor 服务器和 Blazor WebAssembly 构建 Blazor 组件，还讨论了这两种托管模型之间的一些关键区别，比如应该如何使用依赖服务管理数据。

第 21 章将介绍如何使用 Xamarin.Forms 构建跨平台的移动应用程序。

第 21 章

构建跨平台的移动应用程序

本章介绍如何为 iOS 和 Android 构建跨平台的移动应用程序，从而允许在 Northwind 示例数据库中列出和管理客户。通过学习本章，你还将了解可扩展应用程序标记语言(XAML)如何使定义图形应用程序的用户界面变得更容易。

除了附录 B 中涉及的通用 Windows 平台(UWP)应用程序之外，这是唯一没有使用.NET 5 的一章。随着将来.NET 6 的发布，所有的应用程序模型(包括移动应用程序)都将共享统一的.NET 平台。

移动开发这个主题仅用一章不可能讲完，但是像 Web 开发一样，移动开发非常重要，所以本章将介绍一些可能需要实现的功能。本章的作用是抛砖引玉，读者可通过阅读一些致力于移动开发的书籍来学到更多知识。

下面创建的移动应用程序将调用 Northwind 服务，Northwind 服务是在第 18 章使用 ASP.NET Core Web API 构建的。如果还没有构建 Northwind 服务，那么现在就回去构建，也可从本书的 GitHub 存储库中下载，链接为 https://github.com/markjprice/cs9dotnet5。

你需要准备一台配有 macOS、Xcode 和 Visual Studio for Mac 的计算机才能完成本章中的示例。

本章涵盖以下主题：
- 了解 XAML
- 了解 Xamarin 和 Xamarin.Forms
- 使用 Xamarin.Forms 构建移动应用程序
- 在移动应用程序中消费 Web 服务

21.1 了解 XAML

2006 年，微软发布了 Windows Presentation Foundation (WPF)，这是第一个使用了 XAML 的微软技术。用于 Web 应用和移动应用的 Silverlight 也很快跟进，但微软已经不再支持 Silverlight。WPF 如今仍被用于创建 Windows 桌面应用程序；例如，Visual Studio 2019 的部分功能就是使用 WPF 构建的。

XAML 可用于构建以下应用程序的部分功能：
- 用于 Windows 10 设备、Xbox One 和混合现实头盔的 UWP 应用程序。
- 用于 Windows(包括 Windows 7 及更高版本)的 WPF 应用程序。
- 用于桌面和移动设备的 Xamarin.Forms 应用程序，包括 Android、iOS、Windows 和 macOS。随着.NET 6 的发布，Xamarin.Forms 也将演变为.NET MAUI(多平台应用程序用户界面)。

21.1.1 使用 XAML 简化代码

XAML 能够简化 C#代码,特别是在构建用户界面时。

假设需要通过水平排版两个或更多个按钮来创建工具栏。

在 C#中,可以这样编写代码:

```
var toolbar = new StackPanel();
toolbar.Orientation = Orientation.Horizontal;
var newButton = new Button();
newButton.Content = "New";
newButton.Background = new SolidColorBrush(Colors.Pink);
toolbar.Children.Add(newButton);
var openButton = new Button();
openButton.Content = "Open";
openButton.Background = new SolidColorBrush(Colors.Pink);
toolbar.Children.Add(openButton);
```

在 XAML 中,上述代码可以简化为以下形式。当处理 XAML 时,可通过设置等价的属性并调用方法来达到与上述 C#代码相同的目的:

```
<StackPanel Name="toolbar" Orientation="Horizontal">
  <Button Name="newButton" Background="Pink">New</Button>
  <Button Name="openButton" Background="Pink">Open</Button>
</StackPanel>
```

XAML 是在用户界面中声明并实例化.NET 类型的一种很好的替代方式。

21.1.2 选择常见的控件

有许多预定义的控件可供选择,它们适用于常见的用户界面场景,如表 21.1 所示。几乎所有的 XAML 代码都支持这些控件。

表 21.1 常见的控件

控件	说明
Button、Menu、Toolbar	执行操作
CheckBox、RadioButton	选择选项
Calendar、DatePicker	选择日期
ComboBox、ListBox、ListView、TreeView	从列表和层次树中选择选项
Canvas、DockPanel、Grid、StackPanel、WrapPanel	以不同方式影响子容器的布局容器
Label、TextBlock	显示只读文本
RichTextBox、TextBox	编辑文本
Image、MediaElement	嵌入图像、视频和音频文件
DataGrid	用于尽可能快速、容易地查看并编辑数据
Scrollbar、Slider、StatusBar	其他用户界面元素

21.1.3 理解标记扩展

为了支持一些高级特性，XAML 使用了标记扩展。一些比较重要的启用元素、数据绑定及资源重用如下：
- {Binding}用于将一个元素链接到另一个元素或数据源的值。
- {StaticResource}用于将元素链接到共享资源。
- {ThemeResource}用于将元素链接到主题中定义的共享资源。

21.2 了解 Xamarin 和 Xamarin.Forms

为了创建只需要在 iPhone 手机上运行的移动应用程序，可使用 Objective-C，也可使用 Xcode 开发工具的 Swift 语言和 UIKit 库。

为了创建只需要在 Android 手机上运行的移动应用程序，可使用 Java 或 Kotlin 语言，也可使用 Android Studio 开发工具的 Android SDK 库。

但是，如果想要创建能同时在 iPhone 和 Android 手机上运行的移动应用程序，该怎么办呢？如果只想使用自己熟悉的编程语言和开发平台创建移动应用，又该怎么办？Xamarin 允许开发人员使用 C#和.NET 为 iOS(iPhone)、iPadOS、macOS 和 Google Android 构建跨平台的移动应用程序，然后将它们编译成原生 API，并在本地的手机和桌面平台上运行。

业务逻辑层代码可以一次性编写，并在所有移动平台之间共享。在不同的移动平台上，用户界面交互和 API 是不同的，因此用户界面层通常是为每个平台定制的。但即使在这里，也有一种技术可以简化开发。

21.2.1 Xamarin.Forms 扩展了 Xamarin

Xamarin.Forms 扩展了 Xamarin，方法是共享大部分用户界面层和业务逻辑层，使跨平台的移动开发变得更容易。

像 WPF 和 UWP 应用程序一样，Xamarin.Forms 通过特定于平台的用户界面组件的抽象，使用 XAML 为所有平台定义一次用户界面。使用 Xamarin.Forms 构建的应用程序，可通过本地平台小部件绘制用户界面，因此应用程序的观感能够自然地适合目标移动平台。

使用 Xamarin.Forms 进行构建的用户体验永远不可能完美地适合特定的平台，例如使用 Xamarin 自定义的平台，但是对于用户人数尚未达到百万级别的移动应用程序来说，这已经足够好了。

21.2.2 移动先行，云先行

移动应用程序通常能够得到云服务的支持。微软首席执行官萨蒂亚·纳德拉有句名言：

"对我来说，当我们说移动先行时，其实不是指设备的移动性，而是指个人体验的移动性。为了协调这些应用程序和数据的移动性，唯一的方法就是通过云。"

如前所述，在创建 ASP.NET Core Web API 服务以支持移动应用程序时，可以使用 Visual Studio Code。为了创建 Xamarin.Forms 应用程序，开发人员可以使用 Visual Studio 2019 或 Visual Studio for Mac。为了编译 iOS 应用程序，则需要准备好 Mac 和 Xcode。

第 21 章 构建跨平台的移动应用程序

 更多信息: 如果想使用 Visual Studio 2019 创建移动应用程序,可通过以下链接了解如何连接到 Mac 构建主机——https://docs.microsoft.com/en-us/xamarin/ios/get-started/installation/windows/connecting-to-mac/。

表 21.2 列出了开发不同类型的应用时对应使用的编程工具。

表 21.2 开发不同类型的应用时对应使用的编程工具

	iOS	Android	ASP.NET Core Web API
Visual Studio Code	否	否	是
Visual Studio for Mac	是	是	是
Visual Studio 2019	否	是	是

21.2.3 不同移动平台的市场份额

最新的分析报告显示,iPhone 应用程序的收入相比 Android 应用程序至少高出 60%,但随着移动开发的快速发展,情况也可能会有所改变。

 更多信息: 可通过以下链接了解 iOS 和 Android 这两种主流移动平台的优缺点,比如收入来源和用户参与度——https://fueled.com/blog/app-store-vs-google-play/。

21.2.4 了解一些额外功能

下面构建的移动应用程序将使用前几章介绍的许多技能和知识,另外还将使用一些以前没有讨论的功能。

1. 了解 INotifyPropertyChanged 接口

INotifyPropertyChanged 接口允许模型类支持双向数据绑定,可通过强制使用名为 PropertyChanged 的事件来工作,如下所示:

```
using System.ComponentModel;

public interface INotifyPropertyChanged
{
  event PropertyChangedEventHandler PropertyChanged;
}
```

在类的每个属性内部,在设置新值时,必须使用 PropertyChangedEventArgs 实例触发事件(如果不是 null 的话),该实例包含作为字符串的属性名,如下所示:

```
private string companyName;

public string CompanyName
{
  get => companyName;

  set
  {
    companyName = value; // store the new value being set
```

```
        PropertyChanged?.Invoke(this,
          new PropertyChangedEventArgs(nameof(CompanyName)));
    }
}
```

当用户界面控件通过数据绑定到属性时,将自动更新以便更改时显示新值。

INotifyPropertyChanged 接口不仅适用于移动应用程序,也适用于 Windows 桌面应用程序。

2. 了解依赖服务

像 iOS 和 Android 这样的移动平台以不同的方式实现了共同的功能,所以我们需要一种方式来获得共同功能的本地平台实现。为此,可以使用依赖服务。

- 为常用功能定义接口,例如用于电话拨号的 IDialer。
- 实现所有移动平台都需要支持的接口,例如 iOS 和 Android 平台,并使用特性注册实现,如下所示:

```
[assembly: Dependency(typeof(PhoneDialer))]
namespace NorthwindMobile.iOS
{
  public class PhoneDialer : IDialer
```

- 在通用的移动项目中,使用依赖服务获取接口的本地平台实现,如下所示:

```
var dialer = DependencyService.Get<IDialer>();
```

更多信息:可通过以下链接了解关于 Xamarin 依赖服务的更多信息——https://docs.microsoft.com/en-us/xamarin/xamarin-forms/app-fundamentals/dependency-service/introduction。

21.2.5 了解 Xamarin.Forms 用户界面组件

Xamarin.Forms 包含一些专门用于构建用户界面的控件,它们分为四类。

- 页面控件:代表跨平台的移动应用程序的界面,例如 ContentPage、NavigationPage 和 CarouselPage。
- 布局控件:代表其他用户界面组件的组合结构,例如 StackLayout、RelativeLayout 和 FlexLayout。
- 视图控件:代表单个用户界面组件,例如 Label、Entry、Editor 和 Button。
- 单元格控件:代表列表或表格中的一项,例如 TextCell、ImageCell、SwitchCell 和 EntryCell。

1. 了解 ContentPage 视图

ContentPage 视图用于简单的用户界面,它的 ToolbarItems 属性用于显示用户能以本地平台方式执行的操作。每个 ToolbarItem 都有图标和文本。

```
<ContentPage.ToolbarItems>
  <ToolbarItem Text="Add" Activated="Add_Activated"
    Order="Primary" Priority="0" />
</ContentPage.ToolbarItems>
```

更多信息：可通过以下链接阅读关于 Xamarin.Forms 的更多信息——https://docs.microsoft.com/en-us/xamarin/xamarin-forms/user-interface/controls/pages。

2. 了解 Entry 和 Editor 控件

Entry 和 Editor 控件用于编辑文本，通常可通过数据绑定到实体模型属性，如下所示：

```
<Editor Text="{Binding CompanyName, Mode=TwoWay}" />
```

Entry 控件适用于单行文本。

更多信息：可通过以下链接阅读关于 Entry 控件的更多信息——https://docs.microsoft.com/en-us/xamarin/xamarin-forms/user-interface/text/entry。

Editor 控件适用于多行文本。

更多信息：可通过以下链接了解 Editor 控件的更多信息——https://docs.microsoft.com/en-us/xamarin/xamarin-forms/user-interface/text/editor。

3. 了解 ListView 控件

ListView 控件通常用于相同类型的数据绑定值的长列表，可以有页眉和页脚，并且列表项可以分组。ListView 控件使用单元格来包含每个列表项。有两种内置的单元格类型：文本和图像。开发人员也可以自定义单元格类型。

在 iPhone 上滑动单元格或在 Android 上长时间按住单元格时，单元格可以有上下文动作(具有破坏性的上下文动作将以红色显示)，如下所示：

```
<TextCell Text="{Binding CompanyName}" Detail="{Binding Location}">
  <TextCell.ContextActions>
    <MenuItem Clicked="Customer_Phoned" Text="Phone" />
    <MenuItem Clicked="Customer_Deleted" Text="Delete" IsDestructive="True" />
  </TextCell.ContextActions>
</TextCell>
```

更多信息：可通过以下链接阅读关于 ListView 控件的更多信息——https://docs.microsoft.com/en-us/xamarin/xamarin-forms/user-interface/listview/。

21.3 使用 Xamarin.Forms 构建移动应用程序

下面开发一个能够在 iOS 或 Android 上运行的移动应用程序来管理 Northwind 示例数据库中的客户。

最佳实践：如果从未运行过 Xcode，那么现在就运行以查看 Start 窗口，确保安装并注册了所有必需的组件。如果不运行 Xcode，那么可能会在以后的 Visual Studio for Mac 项目中遇到错误。

21.3.1 添加 Android SDK

为了使用 Xamarin.Forms 的最新特性，必须安装最新的 Android SDK，另外还可能需要在 Locations 选项卡中设置路径。

(1) 在 macOS 中，启动 Visual Studio for Mac 并导航到 Visual Studio | Preferences。

(2) 在打开的 Preferences 对话框中导航到 Projects | SDK Locations | Android，选择想要的 Android Platform SDK 和 System Image，例如 Android 10.0-Q。在安装 Android SDK 时，必须选择至少一个系统镜像，作为虚拟机仿真器进行测试。

(3) 选中或清除复选框以决定要安装或删除什么，也可单击 Updates Available 按钮来更新现有的选择，然后单击 Install Updates 按钮。

21.3.2 创建 Xamarin.Forms 解决方案

下面为跨平台的移动应用程序创建项目解决方案。

(1) 在 Start 窗口中单击 New，导航到 File | New Solution…或按 Shift + Command + N 组合键。

(2) 在 New Project 对话框中，在左侧边栏中选择 Multiplatform | App，然后在中间一列中选择 Xamarin.Forms | Blank Forms App using C#，然后单击 Next 按钮。

(3) 为 App Name 输入 NorthwindMobile，为 Organization Identifier 输入 com.packt，为 Shared Code 选择 Use Shared Library。

(4) 单击 Next 按钮。

(5) 将 Location 改为/Users/[user_folder]/Code/PracticalApps，然后单击 Create 按钮。几分钟后，将自动创建一个解决方案和如下三个项目。

- NorthwindMobile：跨设备共享的组件，包括定义用户界面的 XAML 文件。
- NorthwindMobile.Android：特定于 Android 的组件。
- NorthwindMobile.iOS：特定于 iOS 的组件。

(6) NuGet 包应该能自动恢复，如果没有自动恢复，就右击 NorthwindMobile 解决方案，从弹出菜单中选择 Update NuGet Packages，并接受任何许可协议。

(7) 导航到 Build | Build All，等待解决方案以构建项目。

(8) 在工具栏中，在 Run 按钮的右侧选择 NorthwindMobile.iOS 项目，然后选择 Debug，最后选择 iPhone 11 iOS 13.6(或更高版本)。

(9) 单击工具栏中的 Run 按钮，等待 Simulator 启动 iOS 操作系统并启动移动应用程序。

(10) 在 Simulator 工具栏中，单击方向旋转按钮，将 iPhone 旋转到水平位置，如图 21.1 所示。

(11) 退出 Simulator。

(12) 在工具栏中，在 Run 按钮的右侧选择 NorthwindMobile.Android 项目，然后选择 Debug，最后选择 pixel_3a_xl_pie_9.0_-_api_28(或设备的任何其他名称)。

(13) 单击工具栏中的 Run 按钮，等待设备模拟器启动 Android 操作系统并启动移动应用程序，如图 21.2 所示。

(14) 关闭 Android 设备模拟器。

第 21 章　构建跨平台的移动应用程序

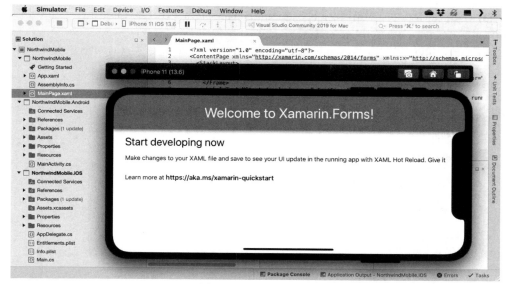

图 21.1　旋转 iPhone 布局

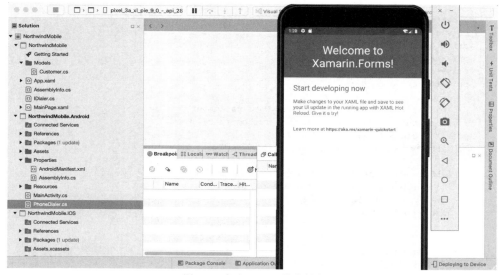

图 21.2　启动 Android 移动应用

21.3.3　创建具有双向数据绑定的实体模型

我们虽然可以重用第 14 章创建的.NET Standard 实体数据模型库，但需要实体才能实现双向数据绑定。为此，下面创建 Customer 实体类，并放在由 iOS 和 Android 共享的项目中。

(1) 右击名为 NorthwindMobile 的项目，从弹出菜单中选择 Add | New Folder，将新建的文件夹命名为 Models。

(2) 右击 Models 文件夹，从弹出菜单中选择 Add | New File...。

(3) 在打开的 New File 对话框中，转到 General | Empty Class，输入名称 Customer，然后单击 New 按钮。

(4) 修改语句以定义实现了 INotifyPropertyChanged 接口的 Customer 类，Customer 类有 6 个属性，如下所示：

```csharp
using System.Collections.Generic;
using System.Collections.ObjectModel;
using System.ComponentModel;
using System.Runtime.CompilerServices;

namespace NorthwindMobile.Models
{
  public class Customer : INotifyPropertyChanged
  {
    public static IList<Customer> Customers;

    static Customer()
    {
      Customers = new ObservableCollection<Customer>();
    }

    public event PropertyChangedEventHandler PropertyChanged;

    private string customerID;
    private string companyName;
    private string contactName;
    private string city;
    private string country;
    private string phone;

    // this attribute sets the propertyName parameter
    // using the context in which this method is called
    private void NotifyPropertyChanged(
      [CallerMemberName] string propertyName = "")
    {
      // if an event handler has been set then invoke
      // the delegate and pass the name of the property
      PropertyChanged?.Invoke(this,
        new PropertyChangedEventArgs(propertyName));
    }

    public string CustomerID
    {
      get => customerID;
      set
      {
        customerID = value;
        NotifyPropertyChanged();
      }
    }

    public string CompanyName
    {
      get => companyName;
      set
```

```csharp
      {
        companyName = value;
        NotifyPropertyChanged();
      }
    }

    public string ContactName
    {
      get => contactName;
      set
      {
        contactName = value;
        NotifyPropertyChanged();
      }
    }

    public string City
    {
      get => city;
      set
      {
        city = value;
        NotifyPropertyChanged();
      }
    }

    public string Country
    {
      get => country;
      set
      {
        country = value;
        NotifyPropertyChanged();
      }
    }

    public string Phone
    {
      get => phone;
      set
      {
        phone = value;
        NotifyPropertyChanged();
      }
    }

    public string Location
    {
      get => $"{City}, {Country}";
    }

    // for testing before calling web service
    public static void AddSampleData()
    {
      Customers.Add(new Customer
      {
```

```
      CustomerID = "ALFKI",
      CompanyName = "Alfreds Futterkiste",
      ContactName = "Maria Anders",
      City = "Berlin",
      Country = "Germany",
      Phone = "030-0074321"
    });

    Customers.Add(new Customer
    {
      CustomerID = "FRANK",
      CompanyName = "Frankenversand",
      ContactName = "Peter Franken",
      City = "München",
      Country = "Germany",
      Phone = "089-0877310"
    });

    Customers.Add(new Customer
    {
      CustomerID = "SEVES",
      CompanyName = "Seven Seas Imports",
      ContactName = "Hari Kumar",
      City = "London",
      Country = "UK",
      Phone = "(171) 555-1717"
    });
  }
}
```

请注意以下几点：

- Customer 类实现了 INotifyPropertyChanged 接口，因此像 Editor 这样的双向绑定用户界面组件将更新属性，反之亦然。每当使用 NotifyPropertyChanged 私有方法修改某个属性以简化实现时，都会触发 PropertyChanged 事件。
- 在从服务中加载后(将在本章稍后实现)，客户将使用 ObservableCollection 进行本地缓存。这将支持给任何绑定的用户界面组件发出通知，比如 ListView 组件，以便当使用底层数据从集合中添加或删除项时，用户界面可以重新绘制自身。
- 除了用于存储从 HTTP 服务检索到的值的属性以外，Customer 类还定义了只读的 Location 属性，从而绑定到客户的摘要列表以显示每个客户的位置。
- 出于测试目的，当 HTTP 服务不可用时，可使用 Add 方法填充三个示例客户。

21.3.4 为拨打电话号码创建组件

为了展示特定于 Android 和 iOS 的组件，下面定义并实现电话拨号组件。

(1) 右击 NorthwindMobile 文件夹，从弹出菜单中选择 Add | New File...。

(2) 转到 General | Empty Interface，将文件命名为 IDialer，然后单击 New 按钮。

(3) 修改 IDialer 文件中的内容，如下所示：

```
namespace NorthwindMobile
{
  public interface IDialer
```

```
    {
      bool Dial(string number);
    }
  }
```

(4) 右击 NorthwindMobile.iOS 文件夹，从弹出菜单中选择 Add | New File...。

(5) 转到 General | Empty Class，将文件命名为 PhoneDialer，然后单击 New 按钮。

(6) 修改 PhoneDialer 文件中的内容，如下所示：

```
using Foundation;
using NorthwindMobile.iOS;
using UIKit;
using Xamarin.Forms;

[assembly: Dependency(typeof(PhoneDialer))]

namespace NorthwindMobile.iOS
{
  public class PhoneDialer : IDialer
  {
    public bool Dial(string number)
    {
      return UIApplication.SharedApplication.OpenUrl(
        new NSUrl("tel:" + number));
    }
  }
}
```

(7) 右击 NorthwindMobile.Android 项目中的 Packages 文件夹，从弹出菜单中选择 Add NuGet Packages...。

(8) 搜索 Plugin.CurrentActivity 并单击 Add Package 按钮。

(9) 打开 MainActivity.cs，导入 Plugin.CurrentActivity 名称空间。

(10) 在 OnCreate 方法中，添加语句以初始化当前活动，如下所示：

```
CrossCurrentActivity.Current.Init(this, savedInstanceState);
```

(11) 右击 NorthwindMobile.Android 文件夹，从弹出菜单中选择 Add | New File...。

(12) 转到 General | Empty Class，将文件命名为 PhoneDialer，然后单击 New 按钮。

(13) 修改 PhoneDialer 文件中的内容，如下所示：

```
using Android.Content;
using Android.Telephony;
using NorthwindMobile.Droid;
using Plugin.CurrentActivity;
using System.Linq;
using Xamarin.Forms;
using Uri = Android.Net.Uri;

[assembly: Dependency(typeof(PhoneDialer))]

namespace NorthwindMobile.Droid
{
  public class PhoneDialer : IDialer
  {
    public bool Dial(string number)
```

```
    {
      var context = CrossCurrentActivity.Current.Activity;

      if (context == null) return false;

      var intent = new Intent(Intent.ActionCall);
      intent.SetData(Uri.Parse("tel:" + number));

      if (IsIntentAvailable(context, intent))
      {
        context.StartActivity(intent); return true;
      }
      return false;
    }

    public static bool IsIntentAvailable(Context context, Intent intent)
    {
      var packageManager = context.PackageManager;

      var list = packageManager
        .QueryIntentServices(intent, 0)
        .Union(packageManager
        .QueryIntentActivities(intent, 0));

      if (list.Any()) return true;

      var manager = TelephonyManager.FromContext(context);
      return manager.PhoneType != PhoneType.None;
    }
  }
}
```

(14) 在 NorthwindMobile.Android 项目中，在左侧窗格中展开 Properties 节点，打开 AndroidManifest.xml。

(15) 在 Required permissions 选项组中检查 CallPhone 权限，如图 21.3 所示。

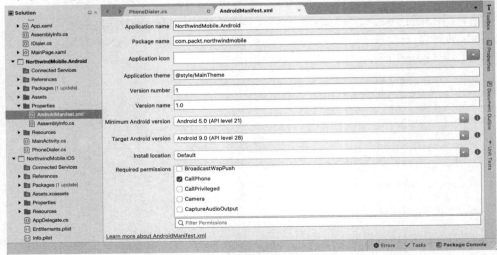

图 21.3　为 Android 设备检查 CallPhone 权限

21.3.5 为客户列表和客户详细信息创建视图

下面用视图替换现有的 MainPage 以显示客户列表和客户详细信息。

(1) 在 NorthwindMobile 项目中，右击 MainPage.xaml，从弹出菜单中选择 Remove，然后单击 Remove from Project。

(2) 右击 NorthwindMobile 项目，从弹出菜单中选择 Add | New Folder，将新的文件夹命名为 Views。

(3) 右击 Views 文件夹，从弹出菜单中选择 Add | New File...，然后选择 Forms | Forms ContentPage XAML。

(4) 将文件命名为 CustomersList，单击 New 按钮。

(5) 右击 Views 文件夹，从弹出菜单中选择 Add | New File...，然后选择 Forms | Forms ContentPage XAML。

(6) 将文件命名为 CustomerDetails 并单击 New 按钮。

1. 实现客户列表视图

首先，我们实现客户列表。

(1) 打开 CustomersList.xaml，修改其中的内容，如下所示：

```xml
<?xml version="1.0" encoding="UTF-8"?>
<ContentPage
  xmlns="http://xamarin.com/schemas/2014/forms"
  xmlns:x="http://schemas.microsoft.com/winfx/2009/xaml"
  x:Class="NorthwindMobile.Views.CustomersList"
  Title="List">

<ContentPage.Content>
  <ListView ItemsSource="{Binding .}"
            VerticalOptions="Center"
            HorizontalOptions="Center"
            IsPullToRefreshEnabled="True"
            ItemTapped="Customer_Tapped"
            Refreshing="Customers_Refreshing">
    <ListView.Header>
      <Label Text="Northwind Customers" BackgroundColor="Silver" />
    </ListView.Header>
    <ListView.ItemTemplate>
      <DataTemplate>
        <TextCell Text="{Binding CompanyName}"
                  Detail="{Binding Location}">
          <TextCell.ContextActions>
            <MenuItem Clicked="Customer_Phoned" Text="Phone" />
            <MenuItem Clicked="Customer_Deleted" Text="Delete"
                      IsDestructive="True" />
          </TextCell.ContextActions>
        </TextCell>
      </DataTemplate>
    </ListView.ItemTemplate>
  </ListView>
</ContentPage.Content>
<ContentPage.ToolbarItems>
  <ToolbarItem Text="Add" Activated="Add_Activated"
               Order="Primary" Priority="0" />
```

```
    </ContentPage.ToolbarItems>
</ContentPage>
```

请注意以下几点：
- ContentPage 已经将 Title 属性设置为 List。
- ListView 的 IsPullToRefreshEnabled 属性已设置为 true。
- 我们已经为以下事件编写了事件处理程序。
    - Customer_Tapped：要显示详细信息的客户。
    - Customers_Refreshing：下拉以刷新列表项的列表。
    - Customer_Phoned：一个单元格，在 iPhone 上向左滑动或在 Android 上长按，然后单击 Phone 按钮。
    - Customer_Deleted：一个单元格，在 iPhone 上向左滑动或在 Android 上长按，然后单击 Delete 按钮。
    - Add_Activated：Add 按钮。
- 数据模板定义了如何显示每个客户：大文本用于显示公司名称，小文本显示在下方。
- Add 按钮用于当用户导航到详细视图时添加客户。

(2) 打开 CustomersList.xaml.cs 并修改其中的内容，如下所示：

```csharp
using System;
using System.Threading.Tasks;
using NorthwindMobile.Models;
using Xamarin.Forms;

namespace NorthwindMobile.Views
{
  public partial class CustomersList : ContentPage
  {
    public CustomersList()
    {
      InitializeComponent();

      Customer.Customers.Clear();
      Customer.AddSampleData();
      BindingContext = Customer.Customers;
    }

    async void Customer_Tapped(
      object sender, ItemTappedEventArgs e)
    {
      var c = e.Item as Customer;

      if (c == null) return;

      // navigate to the detail view and show the tapped customer
      await Navigation.PushAsync(new CustomerDetails(c));
    }

    async void Customers_Refreshing(object sender, EventArgs e)
    {
      var listView = sender as ListView;
      listView.IsRefreshing = true;
      // simulate a refresh
```

```csharp
    await Task.Delay(1500);
    listView.IsRefreshing = false;
  }

  void Customer_Deleted(object sender, EventArgs e)
  {
    var menuItem = sender as MenuItem;
    Customer c = menuItem.BindingContext as Customer;
    Customer.Customers.Remove(c);
  }

  async void Customer_Phoned(object sender, EventArgs e)
  {
    var menuItem = sender as MenuItem;
    var c = menuItem.BindingContext as Customer;

    if (await this.DisplayAlert("Dial a Number",
      "Would you like to call " + c.Phone + "?",
      "Yes", "No"))
    {
      var dialer = DependencyService.Get<IDialer>();

      if (dialer != null) dialer.Dial(c.Phone);
    }
  }

  async void Add_Activated(object sender, EventArgs e)
  {
    await Navigation.PushAsync(new CustomerDetails());
  }
 }
}
```

请注意以下几点:
- 我们已经在页面的构造函数中将 BindingContext 设置为客户的示例列表。
- 当单击列表视图中的客户时,用户会进入详细信息视图。
- 当下拉列表视图时,会触发一次模拟刷新,时间为 1.5 秒。
- 在列表视图中删除客户时,也将从客户的绑定集合中删除他们。
- 在列表视图中单击客户时,单击 Phone 按钮会显示一个对话框,提示用户确定他们是否想拨打电话号码。如果是这样,平台原生实现将使用依赖解析器进行检索,然后拨打电话号码。
- 当单击 Add 按钮时,用户会进入客户详细信息页面,从而为新的客户输入详细信息。

2. 实现客户详细信息视图

接下来实现客户详细信息视图。

(1) 打开 CustomerDetails.xaml,修改其中的内容,注意如下几点:
- ContentPage 的 Title 已设置为 Edit。
- 两列六行的客户网格被用于布局,这与第 20 章介绍的 Grid 元素相同。
- Entry 视图与 Customer 类的属性做了双向数据绑定。
- InsertButton 有一个事件处理程序用来执行添加新客户的代码。

```xml
<?xml version="1.0" encoding="UTF-8"?>
<ContentPage
  xmlns="http://xamarin.com/schemas/2014/forms"
  xmlns:x="http://schemas.microsoft.com/winfx/2009/xaml"
  x:Class="NorthwindMobile.Views.CustomerDetails"
  Title="Edit">

  <ContentPage.Content>
    <StackLayout VerticalOptions="Fill" HorizontalOptions="Fill">
      <Grid BackgroundColor="Silver">
        <Grid.ColumnDefinitions>
          <ColumnDefinition/>
          <ColumnDefinition/>
        </Grid.ColumnDefinitions>
        <Grid.RowDefinitions>
          <RowDefinition/>
          <RowDefinition/>
          <RowDefinition/>
          <RowDefinition/>
          <RowDefinition/>
          <RowDefinition/>
        </Grid.RowDefinitions>
        <Label Text="Customer ID" VerticalOptions="Center" Margin="6" />
        <Entry Text="{Binding CustomerID, Mode=TwoWay}"
            Grid.Column="1" />
        <Label Text="Company Name" Grid.Row="1"
            VerticalOptions="Center" Margin="6" />
        <Entry Text="{Binding CompanyName, Mode=TwoWay}"
            Grid.Column="1" Grid.Row="1" />
        <Label Text="Contact Name" Grid.Row="2"
            VerticalOptions="Center" Margin="6" />
        <Entry Text="{Binding ContactName, Mode=TwoWay}"
            Grid.Column="1" Grid.Row="2" />
        <Label Text="City" Grid.Row="3"
            VerticalOptions="Center" Margin="6" />
        <Entry Text="{Binding City, Mode=TwoWay}"
            Grid.Column="1" Grid.Row="3" />
        <Label Text="Country" Grid.Row="4"
            VerticalOptions="Center" Margin="6" />
        <Entry Text="{Binding Country, Mode=TwoWay}"
            Grid.Column="1" Grid.Row="4" />
        <Label Text="Phone" Grid.Row="5"
            VerticalOptions="Center" Margin="6" />
        <Entry Text="{Binding Phone, Mode=TwoWay}"
            Grid.Column="1" Grid.Row="5" />
      </Grid>
      <Button x:Name="InsertButton" Text="Insert Customer"
          Clicked="InsertButton_Clicked" />
    </StackLayout>
  </ContentPage.Content>
</ContentPage>
```

(2) 打开 CustomerDetails.xaml.cs 并修改其中的内容，如下所示：

```
using System;
using NorthwindMobile.Models;
using Xamarin.Forms;
```

```csharp
namespace NorthwindMobile.Views
{
  public partial class CustomerDetails : ContentPage
  {
    public CustomerDetails()
    {
      InitializeComponent();

      BindingContext = new Customer();
      Title = "Add Customer";
    }

    public CustomerDetails(Customer customer)
    {
      InitializeComponent();

      BindingContext = customer;
      InsertButton.IsVisible = false;
    }

    async void InsertButton_Clicked(object sender, EventArgs e)
    {
      Customer.Customers.Add((Customer)BindingContext);
      await Navigation.PopAsync(animated: true);
    }
  }
}
```

请注意以下几点:

- 默认的构造函数会将绑定上下文设置为新的 Customer 实例,并且视图标题已更改为 Add Customer。
- 带有 customer 参数的构造函数会将绑定上下文设置为 Customer 实例并隐藏 Insert 按钮,由于使用了双向数据绑定,因此在编辑现有客户时不需要 Insert 按钮。
- 当单击 Insert 按钮时,新的客户将被添加到集合中,导航被异步移回先前的视图。

3. 设置移动应用程序的首页

最后,修改移动应用程序,将封装到导航页面中的客户列表作为首页,而不是使用之前删除的、通过项目模板创建的旧客户列表。

(1) 打开 App.xaml.cs。
(2) 导入 NorthwindMobile.Views 名称空间。
(3) 修改 MainPage 的设置语句,创建要在 NavigationPage 实例中包装的 CustomersList 实例,如下所示:

```csharp
MainPage = new NavigationPage(new CustomersList());
```

21.3.6 测试移动应用程序

下面使用 iPhone 模拟器测试移动应用程序。

(1) 在 Visual Studio for Mac 中,在工具栏上 Run 按钮的右侧选择 NorthwindMobile.iOS→Debug →iPhone XR iOS 12.4(或更高版本)。

(2) 单击工具栏中的 Run 按钮或导航到 Run | Start Debugging。构建项目，几分钟后，模拟器将运行移动应用程序，如图 21.4 所示。

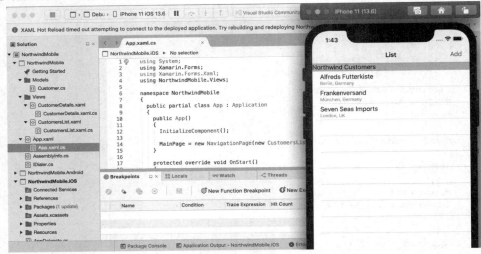

图 21.4　运行 iOS 移动应用程序的模拟器

(3) 单击 Seven Seas Imports，修改 Company Name，如图 21.5 所示。

图 21.5　修改客户详情

(4) 单击 List 返回到客户列表，请注意，由于使用了双向数据绑定，公司名称已经更新。
(5) 单击 Add 按钮，然后填写新客户的相关信息，如图 21.6 所示。

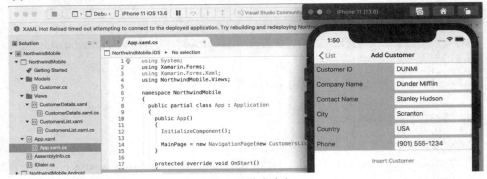

图 21.6　添加新客户

(6) 单击 Insert Customer 按钮，注意新客户已被添加到客户列表的底部。
(7) 将其中一位客户向左滑动，将出现两个操作按钮，分别名为 Phone 和 Delete，如图 21.7 所示。

图 21.7　出现的 Phone 和 Delete 操作按钮

(8) 单击 Phone 操作按钮并注意弹出的提示，选择是否拨打这位客户的电话号码。
(9) 单击 No 按钮。
(10) 将其中一位客户向左滑动，单击出现的 Delete 操作按钮，注意这位客户已被删除。
(11) 单击、按住、向下拖动客户列表，然后释放，注意由于还没有实现刷新客户列表的动画功能，因此客户列表不会更改。
(12) 导航到 Simulator | Quit Simulator 或按 Cmd + Q 组合键。
(13) 切换到 Android 设备模拟器并重复前面的步骤以测试移动应用程序的功能，如图 12.8 所示。

图 21.8　在 Android 设备模拟器上测试移动应用程序的功能

下面使用移动应用程序调用 Northwind 服务以获取客户名单。

21.4　在移动应用程序中消费 Web 服务

苹果公司提供的 App Transport Security (ATS) 将迫使开发人员使用最佳实践，包括应用程序和 Web 服务之间的安全连接。ATS 默认是启用的，如果连接不安全，就会抛出异常。

　更多信息：可通过以下链接阅读关于 ATS 的更多信息——https://docs.microsoft.com/en-us/xamarin/ios/app-fundamentals/ats。

调用使用自签名证书(如 Northwind 服务)保护的 Web 服务是可行的，但操作很复杂。

更多信息：可通过以下链接阅读关于处理自签名证书的更多信息——https://docs.remotingsdk. com/Clients/Tasks/HandlingSelfSignedCertificates/NET/。

为了简单起见，我们将允许不安全的 Web 服务连接，并在移动应用程序中禁用安全检查。

21.4.1 配置 Web 服务以允许不安全的请求

首先，我们让 Web 服务在新的 URL 中处理不安全的连接。
(1) 启动 Visual Studio Code，打开 NorthwindService 项目。
(2) 打开 Startup.cs，在 Configure 方法中注释掉 HTTPS 重定向，如下所示：

```
public void Configure(IApplicationBuilder app,
  IWebHostEnvironment env)
{
  if (env.IsDevelopment())
  {
    app.UseDeveloperExceptionPage();
  }
  // commented out for mobile app in Chapter 21
  // app.UseHttpsRedirection();

  app.UseRouting();
```

(3) 打开 Program.cs，在 CreateHostBuilder 方法中添加不安全的 URL，如下所示：

```
public static IHostBuilder CreateHostBuilder(string[] args) =>
  Host.CreateDefaultBuilder(args)
    .ConfigureWebHostDefaults(webBuilder =>
    {
      webBuilder.UseStartup<Startup>();
      webBuilder.UseUrls(
        "https://localhost:5001", // for MVC client
        "http://localhost:5003" // for mobile client
      );
    });
```

(4) 导航到 Terminal | New Terminal，选择 NorthwindService。
(5) 在终端窗口中输入 dotnet run 命令以启动 Web 服务：
(6) 启动 Google Chrome 浏览器，导航到 http://localhost:5003/api/customers/以测试 Web 服务是否将客户返回为 JSON。
(7) 关闭 Google Chrome 浏览器。

21.4.2 配置 iOS 应用程序以允许不安全的连接

现在配置 NorthwindMobile.iOS 项目，禁用 ATS 以允许将不安全的 HTTP 请求发送到 Web 服务。
(1) 在 NorthwindMobile.iOS 项目中打开 Info.plist。
(2) 单击 Source 选项卡，添加名为 NSAppTransportSecurity 的新条目，并将 Type 设置为 Dictionary。
(3) 在刚才添加的字典中添加名为 NSAllowsArbitraryLoads 的新条目，并将 Type 设置为布尔值 Yes，如图 21.9 所示。

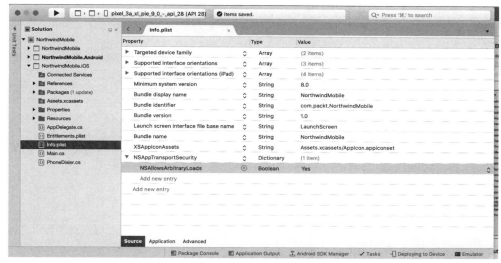

图 21.9　禁用 SSL 加密要求

21.4.3　配置 Android 应用程序，允许进行不安全连接

与苹果和 ATS 类似，Android 9 (API 级别 28) 的明文支持功能默认是禁用的。

　更多信息：可通过以下链接阅读关于 Android 和明文支持的更多信息——https://devblogs. microsoft.com/xamarin/cleartext-http-android-network-security/。

下面配置 NorthwindMobile.Android 项目，启用明文以允许将不安全的 HTTP 请求发送到 Web 服务。

（1）在 NorthwindMobile.Android 项目的 Properties 文件夹中，打开 AssemblyInfo.cs。
（2）滚动到文件的底部，添加如下特性以启用明文：

```
[assembly: Application(UsesCleartextTraffic = true)]
```

21.4.4　添加用于消费 Web 服务的 NuGet 包

接下来，我们必须向每个特定于平台的项目添加一些 NuGet 包，启用 HTTP 请求并处理 JSON 响应。

（1）在 NorthwindMobile.iOS 项目中，右击 Packages 文件夹，从弹出的快捷菜单中选择 Manage NuGet Packages...。
（2）在打开的 Manage NuGet Packages 对话框中，在搜索框中输入 System.Net.Http。
（3）选择名为 System.Net.Http 的包，然后单击 Add Package 按钮。
（4）在 License Acceptance 对话框中，单击 Accept 按钮。
（5）在 NorthwindMobile.iOS 中，右击 Packages 文件夹，从弹出菜单中选择 Manage NuGet Packages...。
（6）在打开的 Manage Packages 对话框中，在搜索框中输入 Newtonsoft.Json。
（7）选择名为 Newtonsoft.Json 的包，然后单击 Add Package 按钮。
（8）重复前面的步骤(1)~(7)，将相同的两个 NuGet 包添加到 NorthwindMobile.Android 项目中。

21.4.5 从 Web 服务中获取客户

下面修改客户列表页面,从 Web 服务中获取客户列表而不是使用示例数据。
(1) 在 NorthwindMobile 项目中,打开 Views\CustomersList.xaml.cs。
(2) 导入以下名称空间:

```csharp
using System;
using System.Collections.Generic;
using System.Linq;
using System.Net.Http;
using System.Net.Http.Headers;
using System.Threading.Tasks;
using Newtonsoft.Json;
using NorthwindMobile.Models;
using Xamarin.Forms;
```

(3) 修改 CustomersList 构造函数,以使用服务代理加载客户列表,并且仅在发生异常时调用 AddSampleData 方法,如下所示:

```csharp
public CustomersList()
{
  InitializeComponent();

  Customer.Customers.Clear();

  try
  {
    var client = new HttpClient
    {
      BaseAddress = new Uri("http://localhost:5003/")
    };

    client.DefaultRequestHeaders.Accept.Add(
      new MediaTypeWithQualityHeaderValue(
        "application/json"));

    HttpResponseMessage response = client
      .GetAsync("api/customers").Result;

    response.EnsureSuccessStatusCode();

    string content = response.Content
      .ReadAsStringAsync().Result;

    var customersFromService = JsonConvert
      .DeserializeObject<IEnumerable<Customer>>(content);

    foreach (Customer c in customersFromService
      .OrderBy(customer => customer.CompanyName))
    {
      Customer.Customers.Add(c);
    }
  }
  catch (Exception ex)
  {
```

```
DisplayAlert(title: "Exception",
  message: $"App will use sample data due to: {ex.Message}",
  cancel: "OK");

Customer.AddSampleData();
}

BindingContext = Customer.Customers;
}
```

(4) 导航到 Build | Clean All。切换到 Info.plist，不安全的连接有时需要干净的构建。
(5) 导航到 Build | Build All。
(6) 运行 NorthwindMobile 项目，注意从 Web 服务中加载了 91 个客户，如图 21.10 所示。

图 21.10　iPhone 模拟器中的 NorthwindMobile 项目

(7) 导航到 Simulator | Quit Simulator 或按 Cmd + Q 组合键。

21.5　实践和探索

你可以通过回答一些问题来测试自己对知识的理解程度，进行一些实践，并深入探索本章涵盖的主题。

21.5.1　练习 21.1：测试你掌握的知识

回答以下问题：
1) Xamarin 和 Xamarin.Forms 有什么区别？
2) Xamarin.Forms 用户界面组件分为哪四个类别？它们分别代表什么？
3) 列出四种类型的单元格。
4) 如何允许用户在列表视图的单元格中执行操作？
5) 如何定义依赖服务以实现特定于平台的功能？
6) 什么时候使用 Entry 而不是 Editor？

7) 在单元格的上下文动作中，将菜单项的 IsDestructive 设置为 true 的效果是什么？
8) 什么时候在 Xamarin.Forms 移动应用程序中调用 PushAsync 和 PopAsync 方法？
9) 如何通过简单的按钮选择(如 Yes 或 No)来显示弹出的模式消息？
10) 苹果公司的 ATS 是什么？为什么 ATS 很重要？

21.5.2 练习 21.2：探索主题

可通过以下链接来阅读本章所涉及主题的更多细节。

- Xamarin.Forms 文档：https://docs.microsoft.com/en-us/xamarin/xamarin-forms/。
- Xamarin.Essentials 为移动应用程序提供了跨平台的 API：https://docs.microsoft.com/en-us/xamarin/essentials/。
- 在 Xamarin.Forms 移动应用程序中，自签名的 iOS 证书和锁住的证书：https://nicksnettravels.builttoroam.com/ios-certificate/。
- 使用锁定的证书保护用户：https://basdecort.com/2018/07/18/protecting-your-users-with-certificate-pinning/。
- HttpClient 和用于 iOS/macOS 的 SSL/TLS 实现选择器：https://docs.microsoft.com/en-gb/xamarin/cross-platform/macios/http-stack。

21.6 本章小结

本章介绍了如何使用 Xamarin.Forms 构建移动应用程序，以及如何使用 NuGet 包 System.Net 和 Newtonsoft.Json 从 Web 服务中获取数据。